普通高等教育"十三五"规划教材

生命科学原理

Principles of Life Science

主　编◎谭　信

副主编◎马　宏　庆　宏

北京理工大学出版社
BEIJING INSTITUTE OF TECHNOLOGY PRESS

图书在版编目（CIP）数据

生命科学原理／谭信主编．—北京：北京理工大学出版社，2017.8（2018.7重印）
ISBN 978－7－5682－4488－6

Ⅰ.①生… Ⅱ.①谭… Ⅲ.①生命科学－高等学校－教材 Ⅳ.①Q1－0

中国版本图书馆CIP数据核字（2017）第182565号

出版发行／北京理工大学出版社有限责任公司
社　　址／北京市海淀区中关村南大街5号
邮　　编／100081
电　　话／（010）68914775（总编室）
（010）82562903（教材售后服务热线）
（010）68948351（其他图书服务热线）
网　　址／http：//www.bitpress.com.cn
经　　销／全国各地新华书店
印　　刷／三河市华骏印务包装有限公司
开　　本／787毫米×1092毫米　1/16
印　　张／25
字　　数／587千字
版　　次／2017年8月第1版　2018年7月第2次印刷
定　　价／58.00元

责任编辑／张慧峰
文案编辑／张慧峰
责任校对／周瑞红
责任印制／李志强

PREFACE 前言

好奇心是人类与生俱来的本能。从孩提时代开始，我们仰望星空，凝视着斗转星移，流星从天边划过；我们想拆开电视或电脑后盖，为了要知道众多画面从哪里涌现；我们惊异于崇山峻岭之壮阔，潺潺小溪之婉约……在这一片惊异之外，我们最后发现，其实最不可思议的对象是我们自己，还有和我们一样会到处跑动的动物，以及路边悄然长高的小草……这些东西仿佛注入了神灵，活灵活现，难以捉摸。他（它）们之间进行着捕食和逃脱的游戏，新生和衰老的轮回，会散发出地球上最为斑斓的色彩，展现出最为快速敏捷的动态变换……更为神奇的是，一些高等动物，尤其是作为万物之灵的人类还产生了好奇心本身。它成为人类想要知晓这些神奇背后原因的强大推动力！

于是在好奇心的驱动下，产生了种种疑问、种种解释、种种学说。思想在碰撞，无数的思想被淘汰了，退出了历史，最终科学思想胜出。在科学发展了400多年之后，无数的未知领域一个个被攻破，人类的知识得到了巨大的发展。我们小时候头脑中出现过有关生命的十万个为什么，其实多数早已有了科学的解答。我们只要捧起书本，就可以非常翔实地得到一个又一个问题的答案。但是不是已知领域越多，未知领域越少，我们的好奇心之旅总有一天会因达到知识的彼岸而结束呢？不会这样的。知识的增长就像一个吹起的球。球越大，球的表面积就越大，这意味着我们的知识越丰富，与未知领域的接触面越大，越多的问题就会产生。一个知识丰富、眼界开阔的人心中的问题也是最多的。好奇心之旅永无尽头。

本书将尽可能较全面、深入浅出地向大家介绍生命科学到目前为止对生命现象的主要认识，力图将生命科学取得长足进步背后的原因和发展脉络介绍给大家。希望学生们在了解生命科学的发展历程的同时，也能逐渐熟悉科学的思维方法和科研过程，增强辨别哪些是真正的科学知识，哪些只是虚妄的伪科学的能力；也希望学生们在充分掌握现代生命科学知识后，对生命科学的前沿领域和所面临的新的挑战能有较清楚的了解。

本书面对的读者是具有一定高中生物学知识的低年级大学生，或与之知识相当的求知者。作为通识教育的一部分，本书力求入门门槛足够低，希望即使原来生物学知识水平不太高的学生也能在开始时不至于遇到较大的阅读困难，并能够按自己的理解一直持续、深入地学习下去；同时本书也力求具有足够的深刻度，能够做到对发散的内容归纳总结到位，发人深省，使具有一定思想力的学生能够从中悟出更深刻的道理，为将来更深入地从事与生命科学有关的研究、教育、开发等做好准备。

谭 信

2017 年 6 月于北京理工大学

目　录

CONTENTS

第2编　遗传与基因组学

第3编　进化与生物多样性

第4编　人体的生理过程与健康

第5编 生物学研究与生物技术产业

第1章
绪　　论

1.1　什么是生命科学

生命科学（life sciences）在整个科学家族中算是比较年轻的科学。生命科学这一词汇大约在20世纪中叶才开始出现并逐渐被广泛使用。即使是更早的生物学（biology）一词也是在19世纪初才被创造出来。但生物知识则属于人类文明最早积累的知识体系。约1万年前农业和其他养殖业的发展，促成了人类的定居生活，人类文明得以出现。世界不同地区的早期人类都在不同程度上积累了丰富的医药、农业、畜牧业等生物学知识，以帮助人类应对和治疗疾病，寻找和储存食物，驯化野生动植物，栽培作物，开展畜牧养殖等。早期的哲人们通常也是生物学知识的大师。比如古希腊先贤亚里士多德就著有《动物自然史》《动物的组成部分》《动物的繁殖》等书籍，对动植物的早期观察、动物分类等提出了自己的见解。可以说，生物学在所有自然科学中属于最古老的学科之一。只是由于其研究对象的复杂性，在近代科学发展的早期，生物学才让位于物理学和化学等更基础的学科，成为以物理学和化学等为基础的后发学科。

1.1.1　近代生命科学的诞生

近代生命科学可以追踪到若干的来源，不同领域的科学家从生命现象的不同的方面入手，然后这些工作相互印证、学科间不断融合，又不断细化，最终促成了20世纪生命科学的分支和知识的爆炸性增长。这些发展的主要线索包括：

1.1.1.1　生命形态学的研究

这包括了宏观的和微观的研究两个方面。宏观的研究主要是指解剖学。早在古罗马时期，著名医生盖伦在他的著述中就告诉读者，要通过实际体验了解人体的奥秘。他因此进行过大量的解剖工作，遗憾的是他只解剖过动物，而对人体有许多错误描述。16世纪开始的科学革命在生物学领域的标志性事件就是维萨里发表的《人体的结构》，在人体解剖学方面形成突破的同时，也点燃了近代生物学领域革命之火。稍后英国科学家哈维的《心血循环论》进一步揭示了血液循环的奥秘，并将解剖学研究向生理学方向推进。在微观的研究方面，英国物理学家罗伯特·胡克（Robert Hooke）用自制的显微镜观察了一系列的微观物体，写成了《显微图像》一书，其中最重要的是对细胞（cell）的描述。尽管他事实上看到的只是软木细胞干缩的细胞壁残骸而已，但却是首次对生命最基本结构细胞的发现。20世纪初电子显微镜的出现也在生命科学领域得到了最为广泛的应用。人类对生命物质的观察范围从细胞深入到亚细胞结构、生物分子，甚至到了原子水平。

1.1.1.2　微生物与疾病的病菌说

显微镜的出现帮助人们发现了一些肉眼看不到的微小生物：微生物。到19世纪下半叶，法国科学家巴斯德证实了微生物是导致某些疾病，包括炭疽病、霍乱等的病因。德国科学家科赫在对结核病的研究中建立了确定病原微生物的“科赫准则”，即病原微生物必须恒定地同某种病理状态有关。证明因果关系的证据，是分离这种微生物，在健康动物身上实验，如出现该病特有的症状和特征，则为致病因子。对微生物的研究还促成了免疫学的发展。疫苗的出现主要就是应对病原微生物的。

1.1.1.3　实验生理学的研究

实验生理学主要以活的有机体为对象，研究身体各器官的功能。这也是在解剖学充分发展之后对这些机体结构的深入探索。在生理学进入实验研究之前，人们对生物体为什么会产生种种功能往往争论不休。主要有两种论调：机械论和活力论。前者认为所有的生命现象完全能够用控制非生命世界的物理、化学规律加以解释；在1748年法国学者拉美特利著的《人是机器》里甚至认为，精神也必定直接依赖于物理化学过程，比如鸦片、酒精等对精神的作用。后者主张在物理、化学因素之外，生命的真正实体是灵魂或者某种“活力”。这种无法被实验证伪的理论逐渐为科学界所抛弃，而实验生理学的介入将机体各个器官的功能一一揭示出来。这些众多的研究当中，最有名的当属巴甫洛夫的“巴氏小胃”实验，其实验结果最终建立了条件反射学说。

1.1.1.4　进化论和遗传学

进化论和遗传学是对生命本质探索的两个方面。表面上看，进化是生命随时间的变化过程，而遗传学则是机体稳定特征的传递，两者的指向相反，但实际上这是生物发展过程的两个侧面，它们涉及相同的原理。达尔文提出了著名的以自然选择作为动力说明的进化论，但它还无法在生物体的代代传承上说明进化发生的细节，而这恰恰是遗传学要解决的问题。与达尔文同时代的神甫孟德尔通过他的豌豆杂交实验实际上已经为解决这一难题提供了绝佳的思路。遗憾的是孟德尔的研究被埋没，这两个科学巨人并没有在他们的有生之年实现交集。直到20世纪的30年代最终由费希尔等人融合了这两个科学理论，奠定了现代生命科学的基石。关于达尔文进化论的意义，我们在下一节当中会专门谈到。

1.1.1.5　用化学来研究生命物质和生命过程

前面提到活力论片面夸大生命的特殊性，将生命物质特殊化，在有机界和无机界之间画上了绝对的鸿沟。但自1828年以尿素合成为标志的有机合成的发展，突破了有机界和无机界的界限，使生命物质走下神坛，为使用化学方法研究生命奠定了前提。1838年荷兰科学家格利特·马尔德首次发现了蛋白质。1868年瑞士科学家弗雷德里希·米歇尔发现了核酸。一系列生物物质和它们之间发生的化学反应的发现，促成了生命的化学——生物化学的发展。如今，生物体内发生的一切变化，都可用生物体内不同化学物质之间的化学反应来加以说明。

1.1.1.6　物理学与生命科学

从16世纪以来，物理学一直是在自然科学中处于支配地位的科学，这种地位在20世纪由于相对论和量子力学的出现而达到顶峰。物理学定律的普遍性一直是物理学最根本的理念，也就是说，各物理定律在任何系统中都是适用的。例如牛顿力学既适用于天体的运动，也能解释地面任何物体的相互作用。这种普适性已经为无数实验研究所证实。然而当物理学家试图将整个物质世界统一于物理学时，各种生命现象成为他们无法回避而又难以解释的对象。面对这一难题，波尔、薛定谔等一些著名物理学家猜测可能存在未知的物理定律，如果能找到它们，就能解释生命现象；而一些生物学家也热衷于关注物理学的最新进展，试图引进诸如量子理论等最新物理学进展以更好解释生命现象。

不过这些努力收效甚微。目前的主流认识是，生命现象完全可以用现有的物理和化学定律去解释，并不存在只适用于生命的特殊物理定律；生命形态的构建主要是从分子水平开始，在物质的原子和亚原子水平并不呈现生命现象。例如从一个生命大分子中分离出来的碳原子和从石墨中分离出来的碳原子本质上并无差别。决定两者之间差异的是它们与其他原子之间的作用方式。生命现象就是物理的和化学的过程的表现，其特殊性仅仅表现为结构的特殊性和复杂性。物理学家薛定谔曾有过一段很形象的比喻，他写道：

> 根据我们已知的关于生命物质的结构，我们一定会发现，它的活动方式是无法归结为物理学的普遍定律的。这不是由于有没有什么“新的力量”在支配着生命有机体内单一原子的行为，只是因为它的构造同迄今在物理实验室中试验过的任何东西都是不一样的。浅显地说，一位只熟悉热引擎的工程师，在检查了一台电动机的构造以后，会发现它是按照他还没有懂得的原理在工作的。他会发现，他很熟悉的制锅用的铜，在这里却成了很长的铜丝绕成了线圈；他还会发现，他很熟悉的制杠杆和汽缸的铁，在这里却是嵌填在那些铜线圈的里面。他深信这是同样的铜和同样的铁，服从于自然界的同样的规律，这一点他是对的。可是，不同的构造却给他准备了一种全然不同的作功方式。他是不会认为电动机是由幽灵驱动的，尽管它不用蒸汽只要按一下开关就运转起来了。
>
> ——E·薛定谔《生命是什么》

通过物理学的或化学的方法对这些结构和功能的解析所遵循的是还原论的方法。还原的方向是用物理学的原理去解释化学现象，用化学的作用去说明生命现象。从历史上看，物理学所取得的每一个进步，生命科学都会相得益彰。这方面的例子非常多，比如在18世纪电的特性刚刚为人们所知晓时，伽伐尼等即开始了生物电的研究；19世纪末伦琴发现X射线后，几乎立即应用于生物医学领域；运用力学原理对生物机体各种力学结构的研究，产生了生物力学、血液流体动力学等学科。物理学对生命科学研究另一个主要贡献是运用物理学原理提供了大量的研究工具，例如电子显微镜、扫描隧道显微镜、各种光谱仪、核磁共振仪等。作为典型的实验科学，没有物理学和化学方法的支持，生物学的发展是不可想象的。

综上所述，现代生命科学汇聚了自科学诞生以来多方面科学支脉的成果，成就了今天这样一个庞大的科学体系。研究对象的复杂性决定了只有在其他的基础科学包括数学充分发展之后，生命科学才有可能取得长足的进步，因此生命科学的发展会稍滞后于物理学和化学的发展。此外，还必须提到信息技术的发展对生命科学的重要性，这主要是由于对复杂生命现象的研究必然会带来天文数量的数据需要处理。现代信息技术主要是作为一种工具为生命科学所使用。

1.1.2 生命科学的研究领域

在中学时同学们都学习过生物学，它和生命科学，以及较少提到的生物科学（bioscience）之间是什么关系呢？大致讲，这几个词含义基本相同。严格地说，它们之间还是存在一定的差别。生命科学作为最晚出现的概念，其含义范围更加广泛。任何与研究生命活动相关的学科都可以列入生命科学的范畴，这既包括了对生命过程本身的研究，也包括了不同生命形态之间的相互作用及生命赖以生存的环境变化，还包括生物学在社会生活中广泛的应用领域。因此像生态学、医学、农业、生物技术和生物工程等都被列入生命科学的范畴。而生物学和生物科学多是指比较纯粹的对生物体的研究，不过这些术语之间的界限是比较模糊的。

进入20世纪以来，传统的生物学受到其他高度发展的自然科学、数学，甚至人文科学的强力介入，研究的范围空前地广泛，形成了众多交叉学科和边缘学科，这些学科可以分成：生命科学的基础学科、交叉学科和边缘学科、应用学科。

1.1.2.1　生命科学的基础学科

1. 遗传学（genetics），遗传现象是最基本的生命现象。遗传学的任务不但要了解个体相似性的代代传递的规律，也要了解整个生命过程受到什么因素的控制、怎样控制的等问题。遗传学与现代进化理论一起，成为透彻理解各种生命现象的基石。目前对遗传过程研究的许多方面已经成为许多其他生命科学学科的任务，如分子生物学、发育生物学、基因组学等。本书的第2编“遗传与基因组学”将专门对此做详细的介绍。

2. 细胞生物学（cell Biology），细胞是生命活动的基本单位。在19世纪的30到50年代，由施莱登（M. J. Schleiden）和施旺（T. Schwann）提出的细胞学说，使生物界千变万化的生命形态第一次在细胞层面得到了统一，细胞成为一种基本的生命实体。细胞的内部结构和功能异常复杂，对它们的透彻了解是理解生命活动的金钥匙。到目前为止，细胞生物学研究是获得诺贝尔生理和医学奖最多的研究门类。本书的第3章将主要介绍细胞生物学。

3. 神经生物学（neurobiology），神经生物学是研究神经系统的解剖、生理、病理等内容的学科分支。之所以把它从一般的解剖学、生理学中分离出来，完全是因为神经系统承载着生命现象中最神奇的部分，即认知、思维、情绪、行为及学习等。从20世纪90年代开始，世界各科研强国都加大了对神经生物学研究的投入，如美国于1990年推出的“脑的十年计划”，欧洲1991年实施的“EC脑十年计划”，日本1996年推出的“脑科学时代计划”等。目前神经生物学研究最为活跃的领域之一——光遗传学（optogenetics）（这一术语并非字面所理解的研究光的遗传现象，而是一种实验技术）结合了遗传工程与光控操作技术，可以做到对个别神经细胞的活性用光照控制来进行操作和研究，实现了对神经组织的精细研究。

4. 发育生物学（developmental biology），是从早期的胚胎学研究发展起来的生命科学分支，研究动物体毕生的发育过程。这一过程包括完整的生命历程：从精子和卵的发生开始，经过受精，胚的发育，胎儿生长、出生，细胞与组织的衰老、替换与更新，直至个体死亡。发育现象作为生命活动最神奇的现象之一，其控制机理一直是公认的生物学难题，被认为是生命科学研究最后的堡垒。在发育生物学成果的推动之下，有关机体再生和组织修复的研究如火如荼。发育生物学的标志性成果是1997年多利的诞生所标志的哺乳动物克隆的成功，和干细胞技术所推进的再生医学。

5. 生理学（physiology），是在了解机体解剖结构的基础上，研究生物功能活动的过程和机理。根据研究对象的不同，生理学又可分为植物生理学、动物生理学和人体生理学等。由于研究对象的差异，通常将植物生理学单独分出。生理学研究可以在不同层次上进行，包括细胞和分子水平、器官和系统水平、整体生理活动的研究等。随着研究的深入，从生理学分化出许多更专门的学科，例如专门研究脑的结构和功能的神经生物学，而细胞和分子水平的生理过程的研究在很大程度上为细胞生物学和分子生物学所承担。生理学主要研究机体正常的生命活动规律，而异常的机体生理活动过程由病理学和病理生理学来进行研究，后两者属于基础医学研究的领域。限于本书篇幅，在第 11 章主要介绍与人体有关的生理知识。

6. 植物学（botany），植物学也是最传统的生物学研究分支。人类文明始于农业和畜牧业的发明，从那时起，植物学的知识便开始积累。现代科学发展以来，对植物的研究趋于系统化。植物学研究的目的一方面是为人类提供食物、药物、材料和能源等，另一方面又服务于植物资源的保护和生态系统的维持。

7. 动物学（zoology），研究动物的种类和分类、不同动物的形态结构、生活习性、分布和历史发展、遗传、繁殖与发育等。研究不同的动物的目的，一方面是因为动物与人类生活关系密切，除了饲养各种宠物之外，各种养殖动物和海洋动物与食品、医药、牧业、渔业、林业、工业等人类社会实践活动密不可分；另一方面各种野生动物资源日显重要，如何保护珍贵动物，特别是珍稀濒危动物，如何维持物种多样性，如何合理开发利用动物资源，都成为动物学研究的重要方面。

8. 微生物学（microbiology），各种用肉眼难以观察到的微小生物统称为微生物，一般为单细胞生物，包括细菌、真菌、立克次氏体、支原体、衣原体、螺旋体、原生动物，以及单细胞藻类等。此外病毒作为介于生命和非生命的“非细胞生物”，通常也被归入微生物的范畴。对它们的研究领域属于微生物学。微生物知识除了在疾病的防治和卫生保健方面的应用外，各种微生物有广泛的工业用途，以基因工程和蛋白质工程为主的现代生物技术主要是使用各种工程微生物菌株，用于工业发酵、药品生产，以及现在发展迅速的合成生物学技术等。

1.1.2.2 与其他自然和社会科学交叉形成的交叉学科和边缘学科

1. 生物物理学（biological physics），是生物学与物理学相互融合形成的新学科。它应用物理学的概念和方法研究生物各层次结构与功能的关系、生命活动的过程，以及生命物质在生命活动中表现出的各种物理特性。在生命活动中，生命物质同样会表现出声、光、电、磁、热等物理特性，这些物理特性为生物体的生理活动和适应性提供了基础，也成为生物物理学研究的对象。主要的研究包括：生物大分子的空间结构，生物膜的结构和功能，生物力学，对感觉、脑和神经活动的研究等。生物物理学最重要的研究成果是对生物大分子的结构分析方面，在 1953 年应用 X 射线晶体衍射技术确立的 DNA 双螺旋结构是生命科学史上划时代的事件。目前运用 X 射线晶体学、核磁共振波谱学、冷冻电镜等技术来研究生物大分子的结构和功能已经取得令人炫目的成就，发展出了一门非常重要的、相对独立的学科分支：结构生物学。

2. 生物化学（biochemistry）和分子生物学（molecular biology），生物化学是运用化学的理论和方法研究生命物质和代谢过程的分支学科。由于生物体结构的高度复杂性，生物化学必须与细胞生物学、组织学、生理学等研究生物结构功能的学科紧密结合，研究细胞内或细胞间不同区域的分子结构和化学反应，以及这些过程背后的种种信号传递和控制机制。分子生物学是在分子水平上研究生命现象的科学。生物化学和分子生物学关系密切，紧密交叉，又各有分工。分子生物学侧重于蛋白质和核酸等生物大分子的结构功能；而生物化学侧重于整个生物体一般的代谢和化学结构；像糖、脂类、氨基酸、维生素等生命小分子的研究多为生物化学的研究范围。生物化学和分子生物学已经成为现代生命科学最重要的研究领域。

3. 生物数学（biomathematics），是运用数学方法研究和解决生物学问题所产生的交叉学科。一方面生命科学研究所产生的海量数据处理为数学的介入提供了广阔的舞台；另一方面基于现有生物学知识，对生命过程建立数学模型，用以模拟、理解和解决未知的生命现象。对生物学数据分析和处理的需要产生了生物信息学和生物统计学等学科，计算机技术极大地提高了对生物信息的分析处理能力。

4. 空间生物学（space biology）与宇宙生物学（cosmobiology），空间科学和宇宙学与生命科学的相互结合形成了空间生物学和宇宙生物学。近半个世纪空间科学的飞速发展为探索太空生命形态和地球生命在空间环境的适应性奠定了基础。在地外空间的各种环境因素中，失重（微重力）和宇宙辐射是影响宇航员和将来太空移民的两个最主要的因素，也是空间生物学的主要研究对象。宇宙科学的发展使得探索宇宙生命的存在和生命起源成为可能，这方面的研究极大地促进了人类对生命本质的认识。

5. 人工智能（Artificial Intelligence，AI），是生命科学与计算机科学的交叉领域。它在了解智能的本质的基础上，开发用于模拟、延伸和扩展人类智能的理论、方法和技术。这方面的研究包括机器人、语言识别、图像识别、自然语言处理和专家系统等。人工智能研究的实践证明，人工智能的某些方面是可以超过人类现有智能的，其标志事件是 1997 年美国 IBM 公司生产的一台超级电脑“深蓝”击败了当时的国际象棋冠军卡斯帕罗夫，和 2016 年由谷歌旗下的一个公司生产的名为 AlphaGo 的围棋智能程序击败了围棋世界冠军李世石。

6. 心理学（psychology），心理学的位置在科学分类中历来模糊。一般认为是介于自然科学，特别是生物学和社会科学之间的学科。自从 19 世纪自然科学迅猛发展之后，自然科学越来越多地介入心理学的研究中，形成了实验心理学、生理心理学、神经心理学等系列学科。心理学研究的对象，诸如知觉、认知、情绪、人格、行为、人际关系等都被认为是神经系统活动的产物，因此心理学越来越贴近于生命科学，成为神经生物学和传统心理学相互融合形成的新的学科。不光是各种正常的心理现象得到了越来越广泛的生物学解释，各种心理疾病的治疗也越加依赖于神经病理学和影响神经系统功能的各种化学药物。值得一提的是，以人类和其他动物心理特征的起源和适应性为研究对象的进化心理学在解释人类心理现象方面已经取得了很大的成功。

1.1.2.3 生命科学的应用学科

生命科学包括从基础研究、技术研究到各方面的实际应用的不同层次和方向。可以将生命科学研究领域分为上游、中游和下游三个方面。上游是指生命科学的各种基础研究；中游是指各种生物技术，例如转基因技术、细胞融合技术、干细胞技术等的研究；下游则是指生命科学成果在社会各个领域实际应用的部分，主要包括农学、医学和药学，以及生物工程等。在 1.3 节中将结合生命科学与现代社会介绍主要的应用学科。

1.2 进化论——现代生命科学观的建立

放眼周围的生命世界，你会见到无数的生物形态：大到几十米、小到不足一微米；有的活动范围可达整个地球，有的毕生只是牢牢钉在一块岩石上；这些生物可以分布在海洋、陆地、天空、洞穴、沼泽、沙漠……它们的外表千奇百怪、五光十色：两足的、四足的、六足的、八足的、几十对足的，还有无足的；其身体可以是两侧对称的、辐射对称的，或者是无对称的；有的坚硬如石，有的柔软无骨；它们的寿命可能只有几天，也可能有几年、几十年、几百年，甚至长生不死……如果你作为一个生物学家，想要研究这些生物，应该如何入手呢？如果要对每一种生物都去解剖它们，研究它们的生理过程、生物化学反应、遗传发育……那么工作量实在是太大了。我们无法对地球上的生物种类一一进行研究，即使是只给它们起名字也是一件不堪重负的工作：目前已经给一百多万种物种命了名，但还有几百万的物种等待去命名。而地球上曾经生活的物种，据估计少说也有上亿种。显然，首先要做的工作不是研究每个具体的生物，而是要进行恰当的归类，找出它们共性的东西进行研究，寻找出生命的本质，找出生命活动所遵循的基本规律。下面我们介绍生命所具有的基本特征和现代生命科学观的建立过程。

1.2.1 生命的层次特征

世界上的生命类型虽然花样繁多，但是如果你深入到生物的内部结构，会发现它们之间有很大的相似性，而且越是接近基本的分子结构，它们的相似度越大。地球上所有的生物都由基本相同的生命分子所构成，这些分子可以被称之为构件分子，重要的有核酸、蛋白质、脂肪酸、多糖……这些构件分子的不同组合，形成了不同层次水平的大分子、细胞、组织、器官、个体……就如同一个城市的建筑尽管千奇百怪，它们都是由钢筋混凝土、砖头、木材、玻璃等构成一样。

1.2.1.1 生命的基本分子

如果我们暂时忽略病毒作为生命存在形式的话，所有的地球生物都具有 DNA 和蛋白质这样的生命大分子。其中 DNA 作为遗传物质，使用了四种基本的构件分子，即腺嘌呤（A）、鸟嘌呤（G）、胞嘧啶（C）、胸腺嘧啶（T），这四种构件的不同一维排列方式形成了生命信息的储存方式。这种物质的神奇之处是可以指导蛋白质的合成。能指导蛋白质合成的遗传物质称为基因。基因的相对不变性造成了在一个物种中蛋白质构成的相对稳定性。蛋白质是执行生物基本功能的大分子。蛋白质的种类和存在形式决定了一个细胞的基本形态和生理特征。

1.2.1.2 亚细胞结构和细胞

生物体的下一个层次是亚细胞结构，这包括了各种细胞器、细胞核、细胞骨架等。用一层生物膜将这些亚细胞结构包裹在一起，就构成了细胞，被包绕进一个细胞核内的所有 DNA 构成了这个细胞的基因组。通常认为到了细胞层面才能称得上是一个相对完整的生命体。地球上存在众多的单细胞生物。一个细胞就可以执行进食、运动、繁殖、防御、进化等生命体所需的基本功能。对多细胞生物而言，尽管需要许多细胞合作共同完成生命活动，但这些聚在一起的细胞通常具有相同的遗传物质，或者说具有相同的基因组，它们是由一个最初的细胞经过反复分裂而形成的细胞群体，是服从一个基因组指令的细胞克隆体系。不过有些生物体的细胞可能有不同的来源，其中存在不止一个基因组。实际上我们人类就是这样一种生物体，除了由从受精卵不断分裂形成的机体细胞外，我们的体内和体表还存在众多的细菌，它们有自己的基因组。这些细菌和我们形成了共生关系，没有它们我们会生活得很不健康，甚至不能存活，所以我们最好善待它们，把这些细菌看成我们身体的一部分。

1.2.1.3 组织、器官和系统

组织是由一群相同的或基本相同的细胞形成的结构。器官是由多种组织联合构成的具有特定形态结构的实体，完成与其形态特征相适应的一种或多种生理功能。在功能上相互关联的一些器官联合在一起，分工合作完成生命必需的某种功能的结构单元称为系统，如消化系统、呼吸系统等。尽管不同生物这些组织、器官和系统的构成差异很大，但在多细胞生物中这些生命的层次是普遍存在的。

1.2.1.4 个体、群体和物种

对多细胞生物来说，个体是在细胞之上又一个相对独立的生命形式，可以独立完成移动、进食、生长发育、繁殖后代等生命活动。个体的独立性依不同的物种而有所不同。有些社会性生物的个体，如蚂蚁或蜜蜂，在离开群体后不能独立生存；对于有性生殖的物种，生命的繁衍需要个体之间性的活动。个体之上的层次是群体和物种，它们被定义为相互之间可以通过性的活动繁衍后代的一群个体。

1.2.1.5 群落和生态系统

生物群落是指在一定区域具有一定关系的所有生物群体的组合，具有复杂的种间关系。一个物种的生物通常不会只和非生命的环境发生关系，而是常和其他生物发生一定关系。这种关系一旦破坏，将可能造成这一物种难以生存的后果。群落中物种间相互作用形式包括竞争、捕食、共栖、寄生、互利共生等。竞争会驱使不同物种的生物去占据不同的生态位；而捕食会构成相对稳定的食物链。在生物群落的基础上再加入无机环境，就构成了生态系统。实际上物质和能量的流动不可能只在群落中完成，生态系统才是相对封闭的物质和能量的循环单位。循环的部分环节在生物体内完成。

1.2.1.6 生物圈

生态系统之上就是生物圈了，它由无数个生态系统共同构成，也是地球生命系统的最高形式。一般认为以海平面为基础，向上和向下 10km，包绕地球的厚度为 20km 的空间为生物圈的范围，其间存在种种生物和生物所依存的非生命环境。生物圈内的生态系统之间相互依存，相互影响。一个生态系统的扰动和破坏会影响到其他生态系统的生存。例如作为一个生态系统，珊瑚礁所形成的特殊水环境宜于不同鱼虾的栖息，防止附近海岸线受到风暴潮的侵蚀，一旦珊瑚礁受到破坏，许多海洋生物将失去栖身之地而造成灭顶之灾。海岸线失去天然屏障后遭受海浪的冲击，也改变了海岸的生态环境。

1.2.2 生命的多样性

地球上的生物种类非常繁多，可以大致分为动物类、植物类、真菌类和微生物等。用一定方式对不同生物进行划归成为生物学家必须要做的一项工作。实际上远古时期的学者们就已经开始这方面的工作。比如亚里士多德已经知道了五百多个物种，并尝试对动物进行分类。他将动物分为脊椎动物和无脊椎动物；按照生殖方式分为无性生殖和有性生殖等。目前采用的物种分类体系是瑞典科学家林奈创立的。我们将在第 8 章中对此做详细介绍。

一般讲，物种的概念只适合有性生殖的生物，性的活动使得同种的生物共有一个基因库；而无性生殖的生物不适合种的概念，只能根据它们之间特征的相似性进行归类和命名，例如不同的菌株等。数百年来，生物分类工作一直在持之以恒地进行，每年都有成千上万种

生物被发现和命名。目前已命名的有约150万种，已经发现的生物只是实际存在生物的极小一部分。对于原核生物数量的估计，因为难以采用一致的标准，其估计的数目从数万种到数百万种不等。

古代所存在的生物和现代的不同，不同地质年代挖掘出的生物化石品种差异很大，其中有一些和现存生物有一定相似性，另一些差别巨大。对比这些随地质年代而不断变化的化石，我们得到这样一个结论：生物是随时间而不断变化的，远古时期的物种与现代的不同。

无论是亚里士多德还是林奈，在做物种分类时依据的是物种间的相似性，主要是某些明显形态特征的相似性，比如奇蹄目动物，包括马、驴、犀牛、貘等之所以归在一起，是因为这些动物的趾数多为单数。这种根据蹄的形态归到一起的动物，也常常共享一些其他特征，比如奇蹄目动物的胃常较简单，不像一些偶蹄目，如牛、骆驼等有那样多的胃室，但其盲肠大而呈囊状，可协助消化植物纤维。这说明了一些相似的动植物之间常具有共同的形态或结构组合。

1.2.3 进化论——将生命现象统一在一起的理论

当我们对生命现象有了一定了解后，自然会提出这样一些问题：生命的多样性、复杂性和层次性是怎么形成的？为什么会是这样而不是另一样？地球上这样一幅生命图景背后有没有内在的、统一的、完整的逻辑支撑它们？

地球上如此繁多的生物具有统一性是毋庸置疑的。表面上看许多如此不同的生物在一些生命层次上具有惊人的一致性。比如将细菌这样“简单”的微生物和人这样复杂的生物进行比较，会发现它们都具有DNA这样的生物大分子，而且这两种来源的DNA以相似的方式进行复制和指导蛋白质的合成。再如，尽管牛、猪和人都属于哺乳动物，它们的体型、习性、智能和人差异很大。但是当人类因缺乏胰岛素这样一种蛋白质而患糖尿病时，却可以通过注射牛或猪的胰岛素而有效地降低人类的血糖，进而控制人类所患的糖尿病。这样的一致性预示着生命世界本来就是统一的。而对于多样性的形成和随时间的变化，进化论给了我们最好的解释。

1.2.3.1 达尔文进化论的主要思想

1859年11月24日，英国生物学家查尔斯·达尔文（Charles Darwin，1809—1882）出版了划时代的巨著《物种起源》（On the Origin of Species），较完整地解释了生命的多样性和统一性，并解决了生物进化的机制问题。达尔文的进化论主要包含两个基本观点：生物的共同起源学说和自然选择学说。

生物并不是一直存在的，而是有一个起源。在达尔文之前的神创论的观点看来，这个起源只能是上帝的创造。地球上众多的生物是上帝一个一个地创造出来的。对于生物之间所具有的相似性，神创论者辩称上帝可能是图省事，在创造下一个生物时不经意地把以前创造的生物的某些形式特征又使用了一次。而像人这样的智慧生物从一开始就被上帝创造出来了。神创论无法解释为什么在远古地层中找不到人类化石的影子、为什么不同地层中生物的种类不同——也就是无法与生物在进化这样一个事实相容。其对于生物统一性的解释也是非常牵强的。

达尔文也认为生命有一个起源，但在起源之初生命是统一的。然后随着环境的变化，生物体向不同的方向分化，变得彼此不同。物种是可变的，这一变化过程叫做生物进化。生物进化是一个不断分支的过程，就像是一棵大树，有一个共同的树根，然后树干不断分枝生长，形成具有众多树枝末端的生命之树，每一个末端都代表现存的或曾经存在的一个物种。进化论还认为生命的形式一开始并不像后来那样复杂，生命可以由相对简单的形式逐渐向复杂化进化。达尔文提出不需借助超自然的力量，在自然界中就存在这样一种力量推动生物的复杂化和进化，这一力量叫做自然选择。

1.2.3.2 达尔文进化论的深远意义

达尔文的进化论是人类思想的丰碑，它的影响范围远不止在生命科学，而是具有深远的思想意义和社会影响，是人类思想的一次彻底解放。著名的进化生物学家道金斯曾这样形容进化理论的重要性：

> 如若宇宙空间的高级生物莅临地球访问的话，为评估我们文明的水平，他们提出的第一个问题将是："他们发现了进化规律没有？"

这句话将能否发现并理解生物进化规律作为检验人类科技文化水平的一块试金石。达尔文的理论之所以造成如此大的冲击，很重要的一点就是对人类自身的来源做出了不同于以往的解释，从而使神学在人类思想的最后一块领域产生了动摇。

自从哥白尼主导的天文学革命之后，尤其是牛顿力学建立以来，自然科学迅速发展，到了19世纪，人们已经普遍相信整个自然界服从物理规律，这些物理规律不依赖于上帝的概念，只要通过科学研究就可以被认识和掌握，并造福于人类生活。但是人们的这种自信还仅限于非生命领域。当时人们还普遍认为生命和非生命是两种完全不同的物质存在。物理学和由其引导的自然科学只能在非生命领域处于自主的和主导的地位。在生命领域，人们还无法解释生命的由来、生命的复杂性、生命的目的和意义等，只能选择相信造物主，相信某种神的目的和设计。达尔文向我们证明了可以不依赖于神创和目的性的概念，只需要通过对大量生物样品的详细观察，借助理性分析的力量，就可以解决上述问题，从而将上帝的影子从生物学领域清除出去。这样包括生物学在内的所有自然科学都不需要上帝的存在，都可以摆脱神学对科学的束缚而实现真正的独立。因此一些自然科学史家把1859年11月24日达尔文的《物种起源》出版的日期视为自然科学的独立日。

生物进化论，加上在此前后科学界对生物体进行的各种物理的和化学的研究，最终填平了生命和非生命世界之间的鸿沟，使我们对整个客观世界的认识统一起来。生物学被纳入了主流科学。而人类也从超自然的地位回归到自然界，生物学对人类的研究也就名正言顺归入到自然科学研究的一部分。

1.2.3.3 进化论是统一生物学各分支的理论

在19世纪，生物学的各个分支已经逐渐建立起来，解剖学、实验生理学、胚胎学、植物育种、微生物学等已经充分地发展，但还缺乏一个将彼此统一在一起的理论，各个领域的学者们还只是相对孤立地描述和整理各自观察到的生命现象，而缺乏对这些现象系统的、合理的、统一的解释。生物进化论的出现完全改变了这种局面。

在某种意义上，生物学是一门"历史的"科学，对生物体各种结构和功能的存在只能从"历史发展"的方面去理解。例如，为什么人类有四肢，而不是像昆虫那样有六肢或像蜘蛛那样有八肢？人类为什么有五指而不是其他数目的指头？对这类问题，解剖学家或生理学家很难做出四肢比六肢，或五指比六指性能优越这样的解释，而只能认定这是一种在生物进化过程中的机遇，或某种特定原因形成的。生物体的任何一个结构或功能，都有自己特定的发展过程，这一过程与生物体所在环境的演变过程相关，都是在原有解剖或生理的基础上对当时环境产生相对适应的结果。比如任何哺乳动物都有和人的五指结构类似的骨骼结构，但与人类形成五指不同，鲸类会用此形成类似鱼鳍那样的结构，而蝙蝠会形成类似鸟类翅膀那样的结构，说明这些构造都是在原有的五指结构的基础上适应不同的新环境而发展出来的。由于生物体趋向于对环境的适应，因此科学家可以相当可靠地根据一个生物的形态或生理特点去推测它所生存的环境特点：是炎热还是寒冷？是陆地还是海洋？是沙漠还是森林？等等；反过来，对一个特定环境，也可以推测生存在其中的生物可能具有的形态或生理特点。比如，对于一个古生物学家来说，如果他发现了某种古生物化石，他就可以根据这些化石的特点去推测该化石代表的生物赖以生存的地质和生态环境。可以说，生物进化论对生命科学各学科的研究都具有潜移默化的、无处不在的方法论的影响。

生物世界的统一性和分支进化的特点，也为生物学研究中对在特定物种所取得的某一成果在其他生物的适用性做出合理的预测。假如在某真核生物的细胞内发现了某种 DNA 聚合酶，那么有理由相信处于相近进化分支的其他生物的细胞内也会存在功能类似的 DNA 聚合酶。这种思想方法非常重要，它极大地方便了生命科学的研究，可以使生物学家只深入研究少数相对容易入手的模式生物，就可以覆盖相当多的类似生物的有关知识，极大地减少了生物学家的工作量。

生物进化论对生命世界所做的唯物主义的解释对生命科学研究所造成的影响直至今日还在继续扩大。众所周知，人类除了具有和动物类似的各种组织、器官和生理功能外，还有独特的语言、心理活动、社会关系，以及文化和艺术等。这些特质在多大程度上是独立于其他身体机能的？它们和我们所理解的各种生理过程之间的关系如何？它们具有生物进化意义上的适应吗？早先的社会科学、心理学和文化方面的学者对运用生物学的方法去解释和“还原”各种社会和心理现象是抵触的，但是以生命科学为主的自然科学仍然坚定不移地将研究的触角不断深入到这些领域。时至今日，至少在心理学、语言学等学科已经越来越具有生命科学研究的性质。进化论的一个分支——进化心理学已经开始试图解释各种人类的社会、心理和文化现象了。

有关生物进化和它们在各科学研究领域的意义在第 8 和第 9 章中将会详细地说明。

1.2.3.4 模式生物和对它们研究的意义

根据进化论的原理，生物学家选择特定的生物物种进行详细研究，用以揭示具有普遍规律的生命现象。这种被选定的物种就是模式生物（model organisms）。这些生物应该具有结构简单，容易操作，与许多生物有广泛的共性，以往已经对它有较深入了解的特点。模式生物有很多种，其中最重要的有以下 6 种：

1. 大肠杆菌：原核生物的模式生物。由于易于操作，常作为对所有生物都有的一类生物学问题研究的起点。例如关于基因表达调控的研究，最早提出的调控模型——乳糖操纵子模型就是通过对大肠杆菌中代谢乳糖的各种酶基因的表达研究而得出的，这是一个通过蛋白质与 DNA 的相互作用而控制基因表达的模型。这种调控模式适用于任何类型的生物。

2. 酵母：是真核生物的模式生物。由于易于操作，常作为对真核生物问题研究的起点。可用于研究细胞周期、真核生物的 DNA 复制、基因重组、代谢等。许多对人类重要的基因的功能都是在从人体分离之后，转入酵母中来研究其功能的。

3. 秀丽隐杆线虫：是研究发育过程的模式生物。这种生物的特点是发育过程严格程序化，很少受外界因素的干扰，便于实验操作研究。成年线虫只有一个毫米大小，但可谓麻雀虽小五脏俱全。我们仍可看到对机体生长生殖所需的各种器官结构是如何发育的。秀丽隐杆线虫具有非常固定的细胞数目：雌雄同体成虫成熟后，含有959个体细胞和2 000个生殖细胞。此外，线虫的生命周期很短，它从出生到性成熟的全过程只有3天半，这就使得不间断观察并追踪每个细胞的演变成为可能。因此秀丽隐杆线虫在研究遗传与发育、行为与神经系统、衰老与寿命、环境生物学和信号传导等领域具有广泛的研究价值。

4. 果蝇：是进行遗传学和发育生物学研究的模式生物。具有生殖周期短，易饲养的特点。从初生卵发育至新羽化的成虫，在实验室条件下，大约为10天时间。它具有染色体数目少、遗传变异多等特点。

5. 拟南芥：是研究植物的模式生物。其优点是个体小、生长周期短、基因组和染色体组成相对简单、易于在实验室培养。另外它结实多，可以在培养皿灭菌条件下进行突变体筛选，便于进行遗传操作，被称为“植物中的果蝇”。

6. 小鼠：是哺乳动物的模式生物。由于人类同属哺乳动物，因此许多对于人体的前期研究，无论是生理生化过程还是药物药理研究，都先使用小鼠进行研究。例如瘦素是一种与营养物质吸收、转运和储存有关的蛋白质。使小鼠的瘦素基因产生缺陷时，小鼠会明显发胖，并有种种代谢方面的变化。利用小鼠构建动物模型来研究瘦素功能，可以服务于人类的健康需要。

1.3 生命科学与现代社会

1.3.1 生命科学的重要性

21世纪是生命科学的世纪，从20世纪后半叶开始，生命科学研究日趋兴旺，逐渐成为科学研究的主流学科。生命科学所起的作用可以从社会对其研究的投入水平窥见一斑。通常说科学是人类的好奇心所驱使的探索自然的过程，这话在当今社会并不完全正确。除了人类的好奇心驱使外，现代科学还需要大量的资金投入，而社会资金到底会投入到哪个科学领域很大程度上依赖于它的使用价值：它能不能创造社会价值？能不能提高财富？能不能让生活变得更美好？这些都是非常重要的考量因素。所以科研力量的投入在很大程度上反映了一门科学的重要性。那么当今社会投入最多的是哪门科学呢？答案是生命科学。我们来看看有关数据：

1. 科研期刊的数量和水平可以大致反映一门科学的活跃程度。在美国“科学引文索引(SCI)”收录的数千种学术刊物中，生物科学相关杂志的数量比其他所有学科期刊的总和还多得多。如果统计全世界引用指数（impact factor）在10以上的一流学术刊物，有80%左右是生物科学相关刊物。一般来讲，引用指数越高，说明一个科研成果越被人重视，也就越说明它的重要性。

2. 在美国，每年授予的博士学位的人数在48万左右，其中从事生命科学的占50%以上；在科学研究队伍中，有约三分之一的研究人员从事生命科学研究。

正是由于生命科学迅猛发展，生物技术产业化给整个自然科学、医学、社会和经济带来巨大的影响，使生命科学成为21世纪重点发展的学科或产业之一。

1.3.2　生命科学成果在现代社会中的作用

前面所讲，生物学是与人类生产和生活最早发生关系的科学，人类所从事的各种食品的生产或采集、医药保健，环境资源等都需要生物学知识。现代人类社会高度发达，老的问题解决了，又会产生新的问题，许多问题仍然属于生命科学的问题：比如生活改善产生的人口问题、粮食问题、能源和其他环境资源问题，医药、保健问题等，都需要不断发展新的生命科学知识去加以解决。

1.3.2.1　生命科学与健康

世界各地的传统医学在迈向现代医学的过程中，生命科学的发展是最为关键的因素。没有生命科学的支持，现代医学的大厦无从谈起。可以说生命科学与医学的结合是现代医学的标志。

1. 生物学和医学自古就紧密结合，难以割舍。在近代实验科学出现后，大量的生物学和医学的实验极大地丰富了医学知识，反过来，医学中出现的大量问题也成为生命科学研究的课题。现代生命科学已成为现代医学发展的基石。在现代医学教育中，医学生首先要学习包括解剖学、组织学，生理学、生物化学、医用微生物学、病理学、药理学、病理生理学等在内的生物学基础学科，然后才去学习诊断学、内科学、外科学、妇产科学、儿科学等临床课程。在现代的科研领域，生物医学通常作为一个词来使用，从一个侧面说明了两者结合的紧密程度。

生命科学的发展极大地改变了医学的面貌和所面临的问题，比如抗生素和疫苗的出现为防治传染病这一在传统社会对人类健康威胁最严重的疾病起到了决定性的作用。在生活水平提高和医学进步的双重作用下，更多的人有机会步入老年，这样由衰老引起的各种疾病变成了现代社会的主流疾病，包括恶性肿瘤、心脑血管疾病、神经系统退行性疾病等。针对这些疾病的研究工作可以说已经分不清哪些是生物学的，哪些是医学的，它们大致可以分属前台和后台的工作，后台进行各种预防、诊断和动物模型的实验研究，而前台是临床的治疗和经验的积累。

2. 生物学也是现代药学的基础。传统的药物往往依赖于野生资源和使用者个人经验，缺乏对药物有效成分的分离、提纯；迫使患者对有效的和无效的药物成分一起服用；而现代药学除了对野生药用材料进行分离、提纯和有效成分的鉴定外，还利用各种生物学和化学知识不断地设计和合成各种新的化学药物。现代药物的生产离不开生物技术的支持。以前需要从生物体内提纯的药物，比如胰岛素和干扰素等，现在可以通过基因工程的方法，利用大肠杆菌等工程菌进行生产。

3. 生物医学工程学。生物医学工程学是生物学、医学和工程学等领域的理论和方法的交叉融合，并结合了物理、化学、微电子学、数学、精密机械制造和计算机等原理和技术所形成的交叉学科。其研究领域包括生物力学、人工器官的制造、生物系统的建模与控制、生物医学信号的检测与传感器原理、医学成像和图像处理、治疗与康复器械的研制等。还包括各种生物学和医学研究所需仪器，如质谱、核磁共振仪、微流控芯片等的制造。

4. 反过来，医学实践也促进了生命科学的发展：在医学实践中发现的一些病例可以加深对生命现象的认识。例如，在小头畸形患者基因组中发现了两个突变基因：MCPH1 和 ASPM，是两个决定大脑大小的基因。将这两个基因与类人猿相比较时发现，它们在人类进化过程中发生了快速进化，提示这两个基因的突变与人类大脑的增大有关，从而揭示了人类大脑的进化之谜。

1.3.2.2 生命科学与农业生产

农业是生命科学应用的重点领域。现代农业技术的飞速发展，作物产量提高和品种增加完全有赖于生物技术在农业上的应用。农学或农业科学是研究与农作物和畜牧业生产相关的学科，包括作物和牲畜生长发育规律及其与外界环境条件的关系、病虫害防治、土壤与营养、种植制度、遗传育种等方面，目的是大力提高产量、增加品种、提高经济效益、保护环境、做到可持续发展等。生命科学和农学的结合产生了一系列的学科，包括植物生理学、植物病理学、育种学、农业昆虫学等。此外，林业科学和水产科学有时也被包含在广义的农业科学范畴之内。

现在的农业生产离不开农业生物技术的发展。这里仅以育种学的例子来说明这些技术的发展对人类生活的巨大意义。

第一个例子：绿色革命。这是指在20世纪60年代一些发达国家将高产谷物品种和农业技术推广到亚洲、非洲和南美洲的部分地区，促使其粮食增产的一项技术改革活动。高产品种与化肥、农药、灌溉等技术相结合，使得发展中国家的农作物产量，包括水稻和小麦这两种最重要的农作物的产量大幅度增加，它极大地解决了因人口增长所带来的粮食压力。在我国，以袁隆平为代表的杂交水稻的研发和推广是我国绿色革命的杰出成果。

第二个例子：转基因生物技术。这是利用基因工程的方法改造原有作物品种的生物技术。这些新的作物品种常具有农业或人类营养所需的某些新特性，比如抗病虫、抗逆、抗除草剂、产量高、改善营养成分等。比如，有一种抗虫基因叫Bt基因，转入了Bt基因的多种作物，可以有良好的抗虫效果，减少了农药使用，降低了农药对作物的污染。再如，黄金大米含有合成类胡萝卜素的基因，类胡萝卜素是合成维生素A的前体。因此食用黄金大米可以预防和治疗维生素A缺乏症。这在亚洲等以稻米为主食，维生素A缺乏症的发病率较高的地区有很好的推广价值。特别指出的是，目前在中国社会上对转基因生物的争议，基本上不属于具有科学意义的争议，而主要源于一种非理性的社会思潮。从目前情况看，绝大多数反对转基因生物的声音和主张没有科学证据支持。

1.3.2.3 生命科学与工业生产

生命科学与各门工程学科的结合，产生了诸如生物工程学、生物材料学、生物传感器等众多应用学科。下面择其主要的加以介绍。

1. 生物工程学。这是从20世纪70年代兴起的工科学科，它以生物学的理论和技术为基础，结合化工、机械、电子、计算机等现代工程技术，通过操纵遗传物质或细胞等，定向地改造生物品种，使其获得人们所需要的功能，再通过合适的生物反应器对这些工程菌或工程细胞进行大规模的培养，以生产出人类所需的生物产品，如食品、药品、工业用酶等，或培育出新品种的动植物。生物工程又包括了基因工程、蛋白质工程、酶工程、细胞工程、发酵工程等。生物工程和生物技术的发展正在改变许多传统工业的面貌，举例如下：

（1）食品方面，利用基因工程、酶工程和发酵工程等现代生物技术改善食品原料的发酵和酿造等加工工艺，生产抗氧化剂、防腐剂等食品添加剂，提高食品产量、附加值和利用率，减少食品的损失，提高食品质量和安全性等。生物技术还用于开拓食品种类，生产新型食品，例如利用生物技术生产单细胞蛋白，可以为解决蛋白质营养的补充问题。

（2）各种酶制剂的使用，例如：在洗涤剂中的应用，可取代原洗涤剂中的磷和皮革鞣制过程中的硫化物；在造纸过程中，酶制剂可以减少氯化物在纸浆漂白过程中的用量；通过生物酶，玉米秸秆可以转化为可降解的塑料，用于食品包装等。

（3）能源方面，生物技术一方面能提高不可再生能源的开采率，另一方面能开发更多可再生能源。例如用酶作为生物催化剂将生物体转化为乙醇、油脂类等可再生液体能源；或使用生物技术将生命物质转化为沼气、氢气等可燃气体等。

2. 生物材料学。生物材料是指能与人体组织相接触或作用而对人体无毒、无副作用、不引起免疫排异或过敏反应的特殊功能材料。这些材料用于各种医学目的，包括制造人造器官，如人工心脏瓣膜、人工血管、人工骨与关节、义齿等，或导入人体的各种医用材料，如医用导管、外科缝线、药物缓释载体、透析与超滤膜材料及其他植入性医用制品的制造。材料科学飞速发展，产生了成千上万种新型材料，它们在用于生物体之前都需要进行生物相容性的检验，看其是否具有上述所要求的种种特性，并通过各种改造，使之符合于作为生物材料的要求。

在本书的第15章将对现代生物技术产业的主要内容加以介绍。

1.3.2.4 生命科学与环境

生态学（Ecology）是研究生物体与其周围环境，包括非生物环境和生物环境相互关系及其作用机理的科学。它既是环境科学的一部分，也属于生命科学。由于人口的快速增长和人类活动范围的不断扩大，对生态环境与资源造成极大的干扰和压力，保护生态环境和可持续发展成为人类迫切需要解决的课题。生态学的理论和方法可用来调整人与自然、资源以及环境的关系，协调社会经济发展和生态环境的关系。而生物技术是解决环境污染问题的有效武器。例如：通过培养微生物，利用工程微生物作为生物反应器，把污染物中的有机汞转变成金属汞并将其回收。又如，可在石油污染的海滩喷洒营养液，促使以石油为食的细菌长起来。再有，一些微生物能产出可降解的生物塑料，避免白色污染的发生等。

在本书的第10章将对生态系统和保护生物学进行介绍。

1.3.3 学习生命科学的现实意义

学习生命科学的重要性到20世纪的后半期才逐渐体现出来。生命科学作为大学生公共基础课程，从20世纪80年代开始在美国等发达国家的著名大学普遍开展起来。在中国，生命科学的基础课程开设相对较晚，大约在1995年以后，国内重点理工科大学陆续把生物类课程列为全校非生物类专业大学生的限选或必修课程。学习生命科学的意义大致有以下几个方面：

1. 生命科学发展迅速，生命科学与其他基础和应用学科交叉融合的趋势日益明显。现代生命科学广泛综合了化学、物理学、数学等各门基础学科的内容。在实践和应用领域，生物技术和生物工程更需要信息技术、工程学、材料学等各门学科的融入，包括融合进这些学科的专业人才。了解生命科学知识，具有扎实的生物学基础，可为自身的事业发展开拓一条全新的道路。

2. 生命科学是实践的科学，它的内容涉及生活的方方面面：求医问药、饮食健康、生理卫生、避孕生殖、环境保护……生活中随时随地需要生物学知识。“生活中的科学”在很大比例上是生物学，以及与生物学密切相关的医药知识。

3. 生命科学及其相关领域是伪科学和诽谤科学的重灾区，需要我们丰富知识，擦亮眼睛，提高识别和防范的水平。由于生命现象的复杂，因果关系确定的难度，生物学知识的普及程度差，以及人们对自身饮食、健康、治疗疾病、提高生活质量等的迫切需求，给了非科学、伪科学广阔的活动空间，生命科学和医学周边的灰色地带一直是伪科学泛滥的重灾区。我们承认科学不是万能的。科学作为经过科学方法获得并经过实验验证的知识体系，永远处于发展过程中，永远存在解决不了的难题。很多生活和健康问题还依靠传统的经验和常识。这些有待将来科学验证的经验和常识，还处于非科学（nonscience）的状态。如果有人借助科学的名声，冠以科学的名义推销一些非科学的东西，那么非科学的东西就成了伪科学（pseudoscience）。通过对生命科学知识的系统学习，将会提高对各种假的或不实的东西的识别能力，能够判定冠以诸如“基因食品”“基因药品”“纳米产品”“干细胞保健品”“核酸保健品”“磁化水”等词汇的食品、药品、保健品、营养品的真伪和实际价值。对于社会上经常出现的诸如对“转基因”的妖魔化等反科学（anti-science）思潮也能有自己独立的见解和思辨能力。对于非生物专业的学子而言，学习生命科学的意义不在于掌握了多少具体的知识和技能，更重要的是科学思维和方法的掌握，以及获得持续不断地学习新知识的能力。

本章提要

本章给出了生物科学的基本定义和基本内容；将生命科学放到整个科学的背景中，介绍生命科学的发展过程；对一些比较主要的生命科学分支加以介绍。面对众多的生物学内容和理论，本章选出进化论作为整个现代生命科学观的基础，以此为纲，介绍了生命的基本特征，包括生命的层次特征、生命的多样性，以及在进化思想指导下的模式生物研究。最后，对生命科学与现代社会之间的关系，包括医药健康、农业、工业等做了介绍；并总结了学习生命科学的实际意义。

资源链接

[1] 斯蒂芬·杰·古尔德. 生命的壮阔：从柏拉图到达尔文［M］. 南京：江苏科学技术出版社，2009.

[2] E·迈尔. 生物学思想发展的历史［M］. 成都：四川教育出版社，2010.

[3] 洛伊斯·M·玛格纳. 生命科学史［M］. 上海：上海人民出版社，2012.

[4] 杰里米·里夫金. 生物技术世纪：用基因重塑世界［M］. 上海：上海科技教育出版社，2000.

[5] 克里斯·布斯克斯. 进化思维：达尔文对我们世界观的影响［M］. 成都：四川人民出版社，2009.

（谭　信）

第1编　生命的化学和细胞

欲理解一个生物体，最基本，也是最有效的方法莫过于分析构成它的每一个组分了。譬如想了解人的心理行为，就要熟知人的神经系统的解剖并分析脑的各个部分的生理活动：大脑、小脑、丘脑……而欲了解一个具体脑区的功能，又要进一步分析其中的各个神经核团和它们间的连接，而各核团都是各种神经细胞构成的复杂网络，并借助神经冲动和神经递质相互作用……这种通过研究各个组件来把握整体的方法是现代生命科学的基本方法。其基本出发点是：某一生命层次的现象，都可以通过分析构成这一层次的各个成分的性质和相互作用而得到解释，这就是生命科学还原论的方法。我们对生命现象的不断还原追溯，不管我们是在研究生命体的哪一部分，最终会落到生命的最基本层次，即原子、分子、亚细胞和细胞的层次上。也只有充分了解了构成生物的各种元素和分子、这些分子的相互作用和化学反应，才能理解它们的上层结构：亚细胞和细胞的结构和功能，进而把握生命活动的更高层次特征。因此要想真正掌握本教材各章节的内容，科学地理解生命世界各种规律，就让我们从了解生命的化学和细胞开始吧！

第2章

生命的化学基础

化学是与生物学关系最为紧密的姊妹学科。生物体的各种结构和生理过程都可以还原成各种原子、分子、高分子化合物等化学成分相互组合所形成的实体结构，和在这些原子、分子之间发生的各种化学反应及伴随的能量转移。在第1章中我们已经强调了生命物质和非生命物质之间没有截然的界限。相对简单的非生命物质可以在天然条件下或在实验室中合成复杂的生命物质；反之生命物质也可以在天然条件下或在实验室中分解为非生命物质。在生物圈当中一些元素或简单分子，如碳、氮、水等不断地在生命和非生命体中穿梭循环，通过进食、呼吸和排泄等形式进出有机体。以生命最重要的元素碳为例，一个碳原子在生物体内可能被组装进不同生物大分子中，蛋白质、核酸、糖类、脂类……而新陈代谢机制又可以把它还原成二氧化碳排到大气中，成为非生命形式的分子。

在第1章中还谈到生命具有层次特征。较高生命层次所显现的结构与功能可以通过低层次的结构与功能特征所解释。生命的最基本层次就是各种生命分子，它们的种类、分布和相互作用决定了上一层次，以至于整个生命体的形态与功能活动。因此，理解生命现象的前提是对组成生物体的基本化学构成、生物分子的基本特征具有比较扎实的知识体系。

2.1　生命的基本化学构成

生物体通过摄取和吸收环境中的物质构建自身，因此所需的元素必定存在于附近环境当中。构建有机体所需要的能量主要来自太阳能，少数来源于地热或其他能源。能量的一部分以化学能的形式储存在生命分子中，其他的以热能的形式释放到环境中。如果生物体摄取和吸收的物质和能量完全来源于非生命的环境，则这些生物属于自养型生物；如果摄取的物质和能量来自其他生物，则这些生物属于异养型生物。不同的生物的形态千变万化，但其基本的化学构成十分相似。各种生命元素、氨基酸、糖类、脂类、蛋白质、核酸等存在于包括自养型和异养型生物在内的一切生物体内，只是根据进化过程中相互关系远近的不同，其成分的构成有一定差距。关系越远差距越大，关系越近差距越小。此外，所有的生物其主要成分都是水。它们或者生活在水中，或者具有某种结构的隔水层，用以防止水分的丢失。

2.1.1　构成生命的元素

在地球上存在上百种元素，其中在生命体中可以找到的大约有50种。在这些元素中，凡是占人体总重量的万分之一以上的元素称为常量元素，包括碳、氢、氧、氮、硫、磷、氯、钙、钾、钠、镁等11种；在常量元素中，碳、氧、氢、氮被认为是四种最主要的生命元素，它们占人体体重的比例分别是：碳18%、氧65%、氢10%、氮3%。这四种元素占据了人体重量的96%以上。其他的常量元素所占比例分别是钙1.5%、磷1%、钾0.35%、硫0.25%、钠0.15%、氯0.15%、镁0.05%。它们都具有已知的重要生理作用。

占人体总重量不足万分之一的称为微量元素。有些微量元素是人体生理活动所需要的；但有的只是通过进食等过程进入体内，看不出对生物体有什么具体作用；有些甚至对生命活动有害。有时候某些微量元素对身体是否有益要看吸收量，在微量存在时可能有助于人体的某些功能，但吸收剂量太高则可能对人体产生毒性。例如氟，当体内缺乏时，易患龋齿，但摄入过多的氟则易引起慢性氟中毒和斑釉症。

根据微量元素的生物学作用可将其分为三类：

1. 人体必需的微量元素，共8种，包括：碘、锌、硒、铜、钼、铬、钴、铁。

2. 人体可能必需的元素包括：锰、硅、硼、钒、镍。

3. 具有潜在的毒性，但在低剂量时，可能具有人体必需功能的元素，包括：氟、铅、镉、汞、砷、铝、锡。

有些微量元素的缺乏会影响人体健康，在食物中应该特别注意补充。例如碘和硒（参见第13章）。表2-1显示了人体中不同元素的含量和微量元素的每日的需求量。

表2-1 人体元素成分

常量元素（保留一位小数）		微量元素		
元素	体重/%	元素	含量/mg	日常推荐量/mg
C	18.5	Fe	4 500	10~18
H	9.5	F	2 600	0.1~4.0
O	65.0	Zn	2 000	3~15
N	3.2	Si	24	5~10
		Se	13	0.01~0.20
Ca	1.5	Mn	12	0.5~5.0
P	1.0	I	11	0.04~0.15
K	0.3	Mo	9	0.15~0.50
S	0.2	Cr	6	0.01~0.02
Na	0.2	Co	1.1	0.14~0.58
Cl	0.2	Ni		
Mg	0.1	Sn		
		V		
		Sr		
		B		
		Al		

构成生物体的所有这些元素都属于原子质量相对较轻的元素，主要位于元素周期表的上

部，它们当中原子序数最大的碘位于第53位，其次是锡，第50位。这与地壳中的元素含量递减规律相一致。在地壳中，原子序数较低的范围内，元素丰度随原子序数增大呈指数递减。这说明生物的生存环境中元素的丰度是决定其是否成为生命元素的一个因素。重要的生命元素应该相对容易地从环境中得到。不过从表2－2可以看出，有机体中的元素丰度和地壳中的元素丰度还是有较大差别的。其中碳、氧、氢、氮这四种主要生命元素中，除了氧在人体中和地壳中的百分比接近外，其他三种元素：碳、氢、氮加在一起在地壳中所占比例不足1%，说明生物体对元素的摄取具有选择性。地球上的生物都是以碳为基本元素的生物，即所谓“碳基生物”，碳原子与某些元素容易形成共价键，形成高分子有机化合物，并行使生物分子的功能。碳原子的化学“偏好”有可能是造成某些元素在生命体内含量较高的原因之一。

表2－2　体内元素和环境含量的比较

元素	元素符号	占人体中的百分比/%	占地壳中的百分比/%
氧	O	65	46.6
碳	C	18	0.03
氢	H	10	0.14
氮	N	3	0.005
钙	Ca	1.5	3.6
磷	P	1.0	0.12
钾	K	0.35	2.6
硫	S	0.25	0.05
氯	Cl	0.15	1.9
钠	Na	0.15	2.8
镁	Mg	0.05	2.1
铁	Fe	<0.01	5.0
碘	I	<0.000 1	痕量
硅	Si	—	27.2
铝	Al	—	8.1

2.1.2　同位素与生命物质

含有相同质子数，但中子数不相同的原子被归入同一种元素，其中具有相同质子数和中子数的原子为一种核素，不同的核素互称为同位素，在元素周期表上占有同一个位置。氢元素就有三种同位素（核素），氕（H）、氘（D，又叫重氢）、氚（T，又叫超重氢）。它们原子核中都只有1个质子，但是分别有0个中子、1个中子和2个中子，因此它们具有不同的原子质量。由于同位素之间的核外电子数量和排列方式是相同的，因此不同同位素的化学性质几乎完全相同，在进入人体内成为生命分子时所参与的化学反应、反应过程和结果基本相同，但会有微小差别，称为同位素效应。

不同同位素的稳定性不一样，有些同位素不能长期稳定地存在下去，会通过放射出粒子和能量的方式而转变为另一种元素，直至形成一种稳定的元素为止，这一过程叫做衰变。对任何一种不稳定的同位素，发生衰变的时刻是不能预测的，但作为一群核素来说，衰变具有十分明确的统计规律。单位时间（dt）内发生衰变的原子数目 dN 正比于当时存在的原子核数目（N），即 dN/dt 与 N 成正比，这类不稳定的同位素被称作放射性同位素（核素）。根据衰变的方式不同，不同的放射性同位素可以分别产生 α 射线、β 射线和 γ 射线。

放射性同位素在衰变过程中产生的各种射线会对包括人体在内的生物体产生损害，导致不同形式的电磁辐射效应，损伤机体的遗传物质，造成放射病和肿瘤的发生。因此在日常生活中应尽量避免接触放射性同位素。

放射性同位素的这种物理效应也可以用于医学实践和生物学研究中。在医学上，可以将放射性同位素作为一种示踪剂，通过检测放射性同位素所发出的射线进行影像学的诊断。方法是使用某种元素的放射性同位素制备可定向趋向于身体某一结构，比如肿瘤的生物活性分子，这些生物分子进入体内后就会以与带有稳定同位素的生物分子同样的方式在体内形成一个分布。通过对放射线的检测并成像，可以得到身体某种结构的影像资料；类似的方法也可以用于治疗目的，例如如果带有放射性同位素的生物分子进入体内后集中于肿瘤区域，就可以利用该同位素产生的射线杀死肿瘤细胞。这种治疗方式称为放射治疗，简称放疗。

在生命科学研究中，也可以利用放射性同位素作为示踪剂，追踪某一个生理过程，或某一个生物分子在细胞内或体内的走向。例如，脱氧胸腺嘧啶（TdR）是合成 DNA 的原料。为了了解在某一时刻细胞内的 DNA 是否复制，或在哪些细胞中正在复制，可以人工合成 TdR，使用具有放射性的 ^3H 同位素替代普通的氢原子，然后将 ^3H-TdR 放入细胞的生存环境中。如果某细胞正在进行 DNA 复制，^3H-TdR 将作为原料进入 DNA，出现在细胞核中。通过检测 ^3H 所发出的放射性存在与否，就可以知道特定细胞内是否发生了 DNA 复制。

放射性同位素在生命科学中的另一项应用是古生物遗骸和化石年代的测定，其原理是检测遗骸和化石中 ^{14}C 与 ^{12}C 的比例。^{14}C 是一种碳的放射性同位素，它是通过宇宙射线撞击空气中的 ^{14}N 而形成，^{14}C 是不稳定同位素，其衰变方式是 β 衰变，转变为 ^{14}N。其半衰期约为 5730 年。由于 ^{14}C 的产生和衰变的平衡，地球环境中 ^{14}C 的丰度基本保持不变，也就是说 ^{14}C 与 ^{12}C 的比例基本恒定。生物体是生态系统碳循环中的一个环节。活的生物体中 $^{14}C/^{12}C$ 与环境中是一样的。但如果生物体死亡，碳循环终止，则生物遗骸或化石中的 ^{14}C 会逐渐衰变减少，可以根据死亡生物体内残余 ^{14}C 的含量推断它的存活时间。这就是 ^{14}C 年代测定法的原理。该项方法的研究获得 1960 年度的诺贝尔化学奖。

2.1.3 水和生命

生命活动离不开水的存在。在地球上，生命总是出现在水存在的地方，这一规律在宇宙的其他星体上很可能也是适用的。人体中的水分占体重的 65% 左右。机体脱水时功能将出现异常。水的重要性和水分子本身的特性有关。水具有的如下基本特性使得生命过程不能离开水的环境。

1. 水分子作为只带有两个氢原子和一个氧原子的简单分子，本身具有一定的极性，就像一块磁铁带有两极那样，这可以使不同水分子的正负极之间产生只相当于共价键 5% 到

10%强度的氢键连接。不同水分子之间形成的氢键连接微弱又短暂，可以使一个水分子在周围水分子之间不断滑动移位，造成了水在地球温度下的液态特征。

2. 水作为很好的溶剂，形成生命活动的场所。水分子形成氢键的能力使它可以很容易地包绕在其他带电的或具有极性的分子周围，使它们溶于水中。存在于水中的生命分子可以比较自由快速地移动并相互作用，为以新陈代谢为重要特征的生命的存在和发展创造了条件。如果生命分子存在的环境是固态的，并与周围的固态物质形成很强的共价键或离子键，那么生命分子就会深陷其中，无法产生有效的新陈代谢活动，反之处于气态环境的话，则各个分子相互逃逸的可能性就比较大。

3. 在生物体的水环境中也会存在大量非极性的生命分子，或在生命大分子中存在非极性的结构。周围的水分子会迫使这些非极性分子或大分子中的非极性的结构聚在一起，这种效应称为疏水排斥。这种疏水排斥效应会促使这些分子呈现一定的形态，而这些形态与它们的功能有密切的关系。例如，很多形成蛋白质的多肽链上有很多疏水的氨基酸。疏水排斥作用会将这些氨基酸赶到一起，形成蛋白质的核心区域，而多肽链上极性的氨基酸则会聚集在蛋白质的表面，客观上造成了该蛋白质形成球状或类似球状，进而行使特定功能。如果没有这种疏水排斥，那么所有的蛋白质都将是缺乏空间结构的、散开的长链状分子。

4. 水分子具有稳定温度的作用。由于水分子之间形成大量的氢键，要想使水分子更自由地移动，也就是具有更高的温度，就要输入大量的热能来破坏这些氢键，所以水具有高比热的特征，使得加热或冷却水需要吸收或释放大量热量。这一特点可以使生活在水中的生物，或以水为主要身体成分的生物体在很大程度上易于保持体温的恒定，使生物体物质不致因出现高温遭到破坏，或低温而使生命活动停滞。

2.2 生物分子基本特征

除了水之外，生物体由大量的大小不等的生命分子所构成，这些分子种类繁多、结构千变万化，但一个明显的共同点是它们都含有碳元素。由于生命分子基本都含有碳元素，历史上将带有碳原子的复杂化合物称为有机化合物，只有极个别的简单含碳化合物，如二氧化碳、一氧化碳等，不属于有机化合物。有机化合物在自然界都在生物体内合成，现在则可以在实验室内进行合成。

2.2.1 以碳原子为主的链状分子

生物分子多呈以碳原子为主的链状结构。每个碳原子可以形成四个共价键，借助共价键与其他碳原子串联形成长短不一的直链，也可以出现分支链，或直链闭合成环状。如果碳原子与氧、氮、硫、氯等其他原子形成共价键，根据这些原子的性质和连接方式会形成不同结构和功能的化学基团，称为官能团。有机化合物主要的官能团包括羟基（$-OH$）、氨基（$-NH_2$）、羧基（$-COOH$）、巯基（$-SH$）、羰基（$-C=O$）、甲基（CH_3）等。这些官能团和它们的不同组合赋予这些分子以特定生物功能。这些链状、分支、环状的骨架分子，再加上各种官能团，所形成的变换无穷的组合，构成了天文数字的潜在生物分子。但真实存在的生物分子数量远远少于潜在数量，这些实际存在的生物分子是自然选择和进化的产物。

2.2.2 生物分子的同分异构现象

同分异构（composition）是指存在两种或两种以上具有相同数目和种类的原子，并具有相同分子式和分子量，但结构不同的化合物。同分异构可分为两种：结构异构和立体异构。

1. 结构异构：是指由分子中原子连接次序不同形成的异构体。原子之间连接的次序叫构造（constitution）。例如正丙醇和异丙醇的分子式都为 C_3H_8O；分子量都为60.10。但它们的羟基所在的位置不同：

$$CH_3—CH_2—CH_2—OH$$

正丙醇

$$CH_3—CH(OH)—CH_3$$

异丙醇

2. 立体异构：具有相同的结构式，但原子的空间分布不同，这种分布叫构型（configuration）。立体异构又分几何异构和旋光异构两种。

（1）几何异构，又称顺反异构，是指双键的存在限制了原子间的旋转，例如丁烯酸中间两个碳原子之间存在一个双键。我们知道双键是不能像单键那样旋转的，因此双键一侧的羧基就存在两种排列方式，前者为顺-2-丁烯酸，后者为反-2-丁烯酸：

$$\begin{matrix} H & & H \\ & C=C & \\ CH_3 & & COOH \end{matrix} \qquad \begin{matrix} H & & COOH \\ & C=C & \\ CH_3 & & H \end{matrix}$$

（2）旋光异构，又称光学异构：由于分子的手性（chirality）造成。当一个碳原子通过四个共价键与四个不同的化学基团相连时，就会形成两种旋光异构体，这两种异构体互为镜影。例如甘油醛的第二位碳原子分别与 H、OH、CH_2OH、CHO 这四种不同的化学基团连接，就会形成互为镜影的两种异构体（图2-1）。

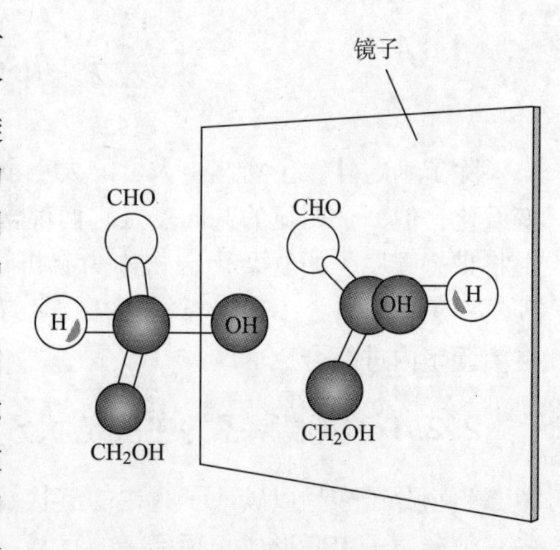

图2-1 甘油醛的旋光异构体

图2-1中处于中心位置的碳原子与四个不同的原子或原子基团共价连接，因而失去对称性，称为不对称碳原子（asymmetric carbon atom），也叫做手性碳原子。不对称碳原子的存在造成了旋光异构性。生物分子通常分子量大、碳原子众多，其中会有很多不对称碳原子，所以潜在的旋光异构体的种类是非常多的。旋光异构体的原子连接方式相同，但生物学性质不同。如果通过化学方法在实验室合成的话，通常会同时合成不同的旋光异构体，但在生物体内通常只合成具有生物活性的那种。例如，生物体合成和使用的葡萄糖是D型的葡萄糖；而合成用于构造蛋白质的氨基酸都是L型的。这里D型葡萄糖和L型氨基酸分别是葡萄糖和氨基酸的旋光异构体中的一种。图2-2将生物分子的异构类型做一归纳。

同分异构 { 结构异构；立体异构 { 几何异构；旋光异构 } }

图 2－2　生物分子的异构现象

3. 构象：化合物中的单共价键可以自由旋转，造成相同的结构或构型的分子在空间有多种形态，形成了不同的构象（conformation）。构型与构象的概念不同：改变构型时需有共价键断裂与生成；而构象改变只需要单键的旋转和非共价键的改变。生物大分子中任意单键的旋转都会改变这一分子的构象，因此一个分子可以有无穷多的潜在构象，或空间结构。不同的空间结构是由一些相对较弱、较次要的化学键，如氢键来维持。空间结构不同的分子生理功能也不同。一个分子因构象不同而有不同的功能是生物分子的普遍特征。

蛋白质分子的多肽链通过单键的旋转，在三维空间的折叠和盘曲，形成特有的空间构象，是蛋白质发挥功能的结构基础。

2.2.3　构件分子与生物大分子

生物分子复杂多变，各种分子的大小相差悬殊，但通常是由数目有限、结构相对简单的小分子按照一定的排列方式相互聚合而成。这些小分子有机化合物包括：单糖或寡糖、核苷酸、脱氧核苷酸、氨基酸、脂肪酸、甘油……它们通过脱水聚合，形成了多糖、核酸和脱氧核酸、蛋白质、脂类等大分子物质；不同的生物大分子之间还可以进一步形成含有两种以上生物大分子的复合生物分子，如糖蛋白、糖脂、脂蛋白等（图 2－3）。

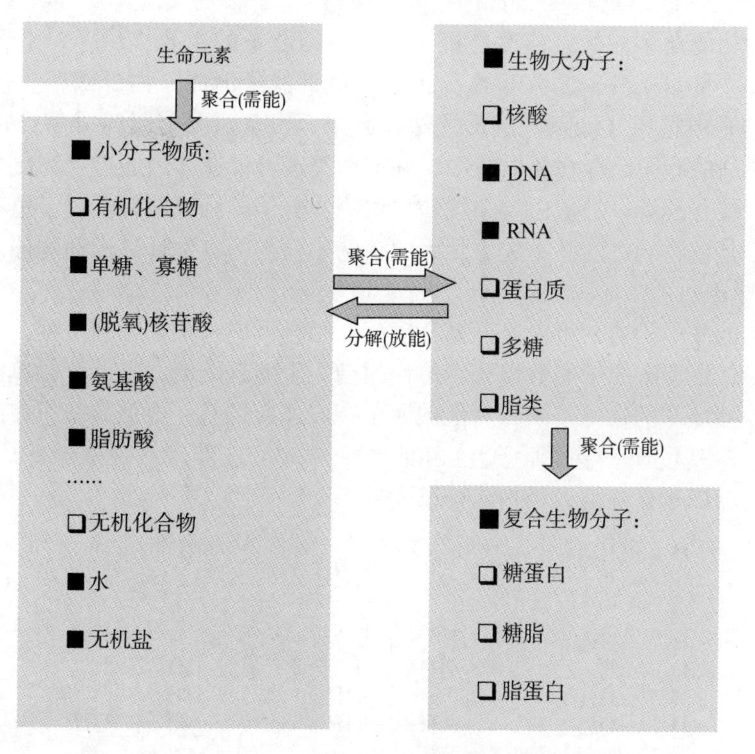

图 2－3　生物小分子与生物大分子之间的关系

生物分子的聚合反应需要能量的输入，在体内这些能量主要来源于ATP；这些能量在所合成的生物大分子中可以以化学能的方式储存在共价键中；生物大分子的分解常是合成的逆过程，它们首先分解成各种构件分子，例如多糖分解成寡糖和单糖，然后再视情况进一步分解。因此合成各种生物分子的身体构建过程是一种耗能反应；而生物大分子和基本构件分子的分解过程则是产能反应。

2.3 主要的生命分子

2.3.1 糖类

糖类是各种多羟醇或多羟酮，以及它们的衍生物的总称。基本的糖类由C，H，O三种元素组成，比例一般为1∶2∶1，恰好是一分子水加上一个碳原子的原子数比例，因此又叫碳水化合物。鉴于后来发现许多糖类化合物中的这些原子并不符合1∶2∶1的比例，如脱氧核糖（$C_5H_{10}O_4$）；而符合这一比例的化合物又不一定是糖类，例如乙酸（$C_2H_4O_2$）；因此碳水化合物这一词汇的使用在减少。

糖类是自然界存在量最大、分布最广的有机化合物。植物界的纤维素和淀粉、动物体内的糖原和黏多糖、血液中的葡萄糖等都属于糖类。在自养型生物生命物质合成过程中，糖类也是首先合成，然后再通过糖类提供的能量和分子改造合成其他的生命分子。对人体来说，每日进食最多的食物成分是糖类，它们以淀粉的形式构成主食的主要成分，以蔗糖、果糖、乳糖等形式存在于水果、蜂蜜、牛奶当中。

糖类物质的功能众多，首先糖类是机体日常活动能量的主要提供者，是合成ATP（三磷酸腺苷）的主要能量来源，多数糖类食品用于每日能量消耗，很少储存。多余的糖类可以以淀粉（植物）或糖原（动物）的形式储存起来，以备需要能量时分解产能；也可以转化为储能效能更高的脂肪储存在体内备用。许多糖类还可以在体内通过生物化学反应用于合成多数氨基酸、核苷酸等，是蛋白质和核酸等生物大分子的合成原料。对于植物，多糖物质纤维素、果胶等是植物构造的基本成分，因此植物中糖类的含量远高于动物体。

2.3.1.1 单糖

单糖是糖类的基本构造，可以通过糖苷键相互结合形成各种寡糖和多糖。单糖的碳原子数从3到7不等，根据碳原子的数量分别称作丙糖、丁糖、戊糖、己糖等；单糖一般具有一个羰基，除了连接羰基的碳原子外，其他碳原子一般连接羟基。根据羰基所在的位置，单糖又可分为醛糖（羰基位于末端碳原子上）和酮糖（羰基位于非末端碳原子上）。下面所示分子结构中，葡萄糖属于己醛糖，果糖属于己酮糖。

```
  O   H                  CH2OH             O   H
   \\ /                    |                 \\ /
    C                     C=O                 C
 H--+--OH             HO--+--H             H--+--OH
HO--+--H               H--+--OH           HO--+--H
 H--+--OH              H--+--OH           HO--+--H
 H--+--OH                 |                H--+--OH
    |                   CH2OH                 |
  CH2OH                                     CH2OH
```

葡萄糖　　　　果糖　　　　半乳糖

单糖分子上存在多个不对称碳原子，例如葡萄糖的第2、3、4、5号碳原子都是不对称碳原子。因此单糖分子具有旋光异构性，例如六碳的己糖有16种同分异构体。一种单糖的不同旋光异构体的生物学性质不同，往往给予不同的名称，例如上图的葡萄糖中连接在第4号碳原子（从上面往下数）上的羟基（-OH）如果从右边换到左边，就成为另外一种单糖：半乳糖。不过单糖离羰基最远的那个不对称碳原子的两种旋光异构体则被认为是同一单糖的不同构型。其命名方法参照最简单的单糖——3碳的甘油醛的两种旋光异构体的命名。在甘油醛的投影式中，第2位碳原子上的-OH在右侧的为D型，在左侧的为L型。其他单糖，包括葡萄糖构型的命名都参照甘油醛的命名方式。因此葡萄糖、半乳糖和果糖都是D型的。实际上几乎所有的天然单糖都是D型的，但山梨糖则是L型的。

单糖可以呈链式或环式。环式的糖通常是在水溶液中由分子中的醛基或酮基与碳链上其他的碳原子的羟基发生的加成反应（半缩醛反应）而形成。最容易形成的环是五元环或六元环。这两种环分别称为呋喃和吡喃。在环化后，第一位碳原子变得不对称，形成的两种旋光异构体分别称为α-型和β-型。下图显示的是呋喃型和吡喃型葡萄糖，当连于第1位碳原子的-OH位于下方时为α-型，-OH位于上方时为β-型。

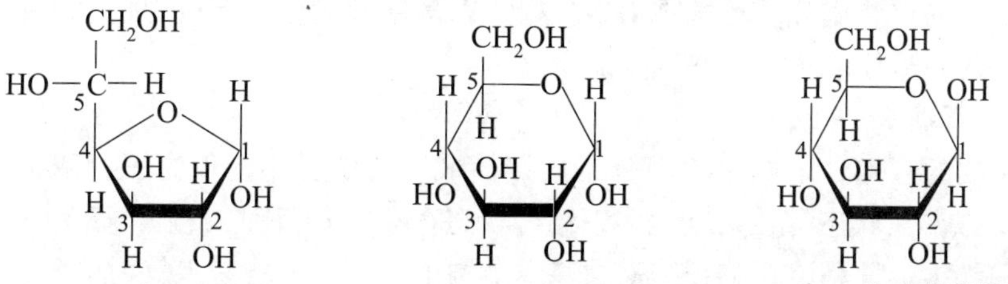

α-D-呋喃葡萄糖　　α-D-吡喃葡萄糖　　β-D-吡喃葡萄糖

单糖的基本功能是：

（1）作为寡糖、多糖等其他糖类的组成元件，也作为糖蛋白、糖脂等含糖的生物大分子的组成元件。

（2）通过分解代谢，提供能量，用于ATP的合成。

（3）参与体内不同物质的转化，作为合成氨基酸、核苷酸等生物分子的原料。

自然界的单糖以戊糖和己糖最多，也最重要。下面择其主要的做简要说明。

1. 核糖和脱氧核糖：两者都为5碳的戊醛糖。它们的差别是核糖的第2位碳原子上连有一个羟基，而脱氧核糖中该碳原子只连有两个氢原子，在整个分子中少了一个氧原子。核糖和脱氧核糖分别参与构成核糖核苷酸和脱氧核苷酸，是RNA和DNA的合成原料，参与遗传物质的构成。此外，与核糖构型相似的核酮糖在植物的光合作用中起着重要作用。

2. 葡萄糖：是最重要的己糖，也是地球上合成最多的单糖分子。在水溶液中链状的葡萄糖分子常在C1~C5之间脱水，通过氧桥相连成吡喃型的环状分子。葡萄糖在细胞内通过分解代谢，提供能量。其分解的方式有：

（1）无氧酵解。在不需要氧或缺氧的条件下葡萄糖分解成丙酮酸和乳酸，释放出来的化学能用于合成两分子的ATP。

（2）磷酸戊糖通路。葡萄糖直接脱氢和脱羧，不经过糖酵解和三羧酸循环，释放出来的化学能储存在NADPH中，用于各种生物分子的合成，而不是用于合成ATP。

（3）有氧氧化。其起点是无氧酵解产生的丙酮酸，在氧存在的前提下通过三羧酸循环分解成二氧化碳和水。释放的能量可以用于合成36～38个APT分子。其他的己糖分子，如果糖、甘露糖、半乳糖等，多通过异构作用先变成糖酵解某一个中间产物，然后再循如上所述葡萄糖的化学途径分解并产生用于合成ATP的能量。

葡萄糖的另一个重要作用是合成主要多糖：淀粉、糖原、纤维素的原料。在人类的食谱中，每餐半数以上食物的营养成分在消化道会分解成葡萄糖，为肠道所吸收，然后再以血糖的形式输向全身。如果血液中的葡萄糖因为胰岛素的缺乏等原因不能够进入细胞加以利用，则血糖浓度会异常升高，并造成葡萄糖出现在尿液中。过高的血糖浓度会造成一系列的机体损害，这类疾病叫做糖尿病。

3. 果糖：是一种己酮糖，主要存在于水果的浆汁和蜂蜜中，果糖是所有的糖中最甜的一种，常被用作食品添加剂。果糖不耐症是一种因为缺乏分解果糖的酶而产生的不能利用果糖的疾病，会造成患儿消化道症状、肝功能异常和营养不良。其防治方法主要是减少食物中果糖的摄入。

4. 半乳糖：是一种己醛糖，葡萄糖的旋光异构体，是哺乳动物乳汁中乳糖的组成成分，也是某些糖蛋白的重要成分。在植物中半乳糖常以多糖形式存在于植物胶中，半乳糖通过与葡萄糖类似的代谢途径氧化分解并产生能量。

2.3.1.2　寡糖

双糖是主要的寡糖，由两个单糖分子连接而成。自然界中，仅有三种双糖（蔗糖、乳糖和麦芽糖）以游离状态存在，其他多以结合状态存在（如纤维二糖）。蔗糖是最重要的双糖，麦芽糖和纤维二糖是淀粉和纤维素的基本结构单位，三者均易水解为单糖。

蔗糖由葡萄糖的半缩醛羟基和果糖的半缩酮羟基之间缩水而成，是植物中光合作用的主要产物，也是植物体内糖的储藏和运输的主要形式。在产糖作物甜菜和甘蔗，以及各种水果中有较大含量。日常的食糖主要成分是蔗糖。麦芽糖是两个α－葡萄糖以（1～4）－糖苷键缩合形成的双糖，是淀粉和糖原分解的产物，可作为食品或食品添加剂使用。乳糖是β－D－半乳糖和α－D－葡萄糖通过（1～4）－糖苷键连接形成，主要存在于哺乳动物的乳汁中。乳糖在肠道内的乳糖酶作用下分解成半乳糖和葡萄糖而被吸收利用。

2.3.1.3　多糖

许多单糖分子通过糖苷键彼此相连形成的长链状大分子，有些多糖还可以形成分支结构。由相同的单糖组成的多糖称为均一性多糖，如淀粉、纤维素和糖原；由不同的单糖组成的多糖称为杂多糖，例如各种黏多糖。杂多糖通常只含有两种不同的单糖，并且大都与脂类或蛋白质结合，形成结构十分复杂的糖脂和糖蛋白。

1. 淀粉和糖原。淀粉和糖原都是D－α－葡萄糖通过α－1，4－糖苷键形成的多糖，在动物体内为糖原，植物体内叫淀粉。两者的区别在于分枝的方式和程度。它们的作用是储存营养。

在植物中淀粉主要存在于种子和块茎中，是谷类食品和土豆的主要部分。唾液中的淀粉酶可将淀粉部分水解成麦芽糖，因此长时间咀嚼米饭等食品时会略感甜味，淀粉进入胃肠后被胰脏所分泌的淀粉酶彻底水解，形成的葡萄糖或麦芽糖被小肠所吸收。淀粉可分为直链淀粉和支链淀粉。直链淀粉相对较小，分子中有几百个葡萄糖残基，遇碘呈蓝色。支链淀粉通过α－1，6－糖苷键在淀粉长链的某些位置形成侧链，葡萄糖残基数在几千到几万的范围内，遇碘呈紫色到紫红色。在豆类种子中的淀粉几乎都是直链淀粉，而在糯米中的淀粉几乎全为支链淀粉。

在人类，糖原主要储存于肝脏和肌肉中，分别称为肝糖原和肌糖原。糖原也可以通过 α-1，6-糖苷键分支，且链短、分支多、结构更加紧密。当进食较多葡萄糖时，葡萄糖可合成糖原储存能量，在饥饿和低血糖时糖原分解，补充血糖和能量。

2. 纤维素。是自然界中分布最广、含量最多的多糖，也是含量最多的有机化合物。各类木材主要由纤维素构成，纤维素是植物细胞壁的主要成分，在植物体中主要起机械支持作用。植物体干重的半数以上为纤维素，纤维素常与半纤维素和木质素共同存在。棉花、亚麻、黄麻等植物纤维均含有大量纤维素，尤其是棉花中纤维素的含量达 90% 以上。

与淀粉和糖原不同，纤维素是通过葡萄糖残基之间的 β-1，4-糖苷键连接而成，葡萄糖残基数在 10 000 ~ 15 000 之间，纤维素没有分支，韧性更大，也更难溶于水。

纤维素作为重要的生物材料，在纺织、造纸、建筑、医疗等行业有广泛的应用。动物本身有分解淀粉和糖原的酶，但没有分解纤维素的酶，因此不能直接消化和吸收纤维素。但草食动物肠道内存在的一些微生物分泌的纤维素酶可分解纤维素，产生葡萄糖，帮助草食动物消化纤维素。

图 2-4 描绘了淀粉、糖原和纤维素的主要结构特点。

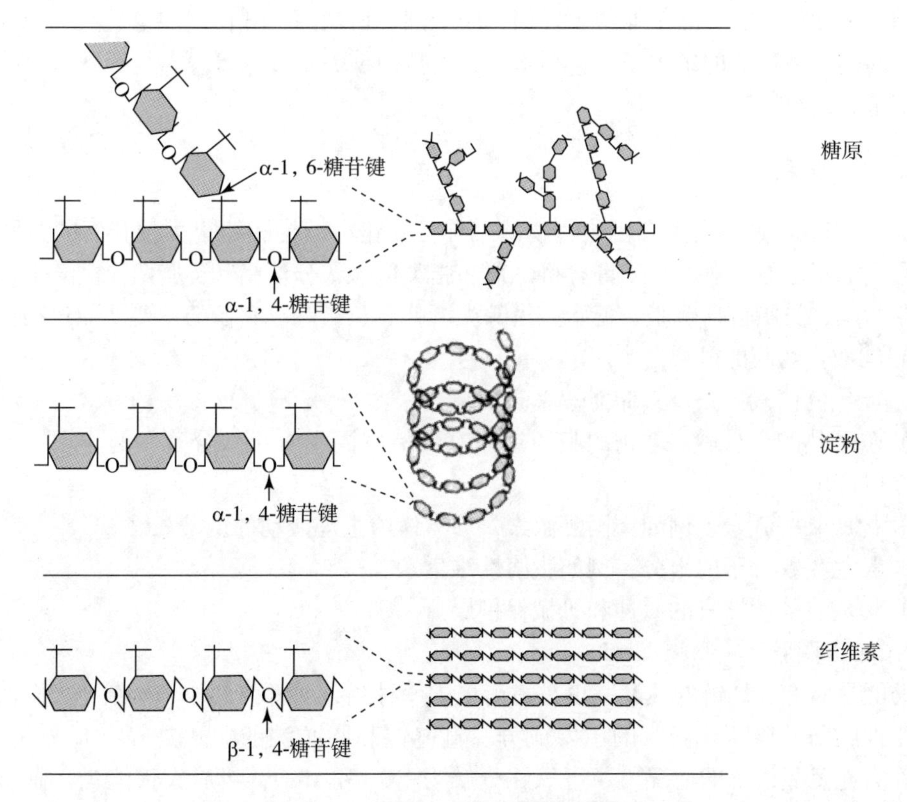

图 2-4　淀粉、糖原和纤维素的结构和化学组成

3. 氨基聚糖（glycosaminoglycan，GAG），氨基聚糖是由重复的二糖单位构成的无分枝长链杂多糖，主要存在于细胞外液。其二糖单位通常由氨基己糖和糖醛酸组成，多数的氨基已糖还与硫酸基团结合。硫酸和羧基基团的存在使氨基聚糖带大量负电荷，可吸引大量阳离子在其周围，这些离子的渗透压效应使细胞外基质中保留了大量的水分子，形成黏稠的胶体，也赋予细胞外基质对抗压力的能力。

根据糖基的组成、连接方式、硫酸化与否及位置，氨基聚糖分为透明质酸、4－硫酸软骨素、6－硫酸软骨素、硫酸皮肤素、硫酸乙酰肝素、肝素和硫酸角质素等类型。在硫酸角质素中糖醛酸由半乳糖代替。除透明质酸及肝素外，其他的氨基聚糖与蛋白质共价结合，形成蛋白聚糖，透明质酸则可与蛋白聚糖以非共价的形式结合。

透明质酸和蛋白聚糖广泛分布在动物体细胞外基质中，起到支持、抗压、润滑等作用。还可分布在软骨、肾小球基膜、结缔组织、动脉壁以及一些细胞表面等处，执行相关的功能。蛋白聚糖代谢异常时可造成各种病理状态。如构成软骨基质的蛋白聚糖异常造成软骨发育障碍，进而引起长骨发育不良，造成个体四肢短小。随着年龄的增长，在关节软骨中的蛋白聚糖含量下降，使保水能力及弹性下降，造成关节功能减弱。

4. 其他重要的多糖还包括几丁质、果胶、半纤维素等。几丁质又称为壳多糖，为N－乙酰葡糖胺通过β糖苷键相互连接聚合而成的同多糖，广泛存在于甲壳类动物的外壳、昆虫的甲壳和真菌的胞壁中，其蕴藏量在自然界中仅次于纤维素而占第二位。果胶是由部分发生甲氧基化的半乳糖醛酸组成的多糖混合物，广泛存在于植物的果实、根、茎、叶中，也是细胞壁的组成成分。在食品工业中主要用作胶凝剂、增稠剂、乳化剂和稳定剂等。半纤维素是多种不同的单糖构成的杂多糖，包括木糖、阿拉伯糖和半乳糖等。它与纤维素等结合，构成植物细胞壁的组分。

2.3.2 脂类

脂类（lipids）是一大类有机化合物的总称，其化学结构相差很大。它们的共同特点是不溶于水，溶于乙醚、氯仿、苯等有机溶剂。脂类可大致分油脂和类脂两大类，也包括其构件分子脂肪酸；类脂包括磷脂、糖脂、甾醇类、萜类、蜡等。它们的主要功能包括：

（1）构成生物膜的骨架。

（2）能量的储藏方式，其储能效率高于糖原。

（3）水和热的绝缘体，动物的脂肪组织有保持体温和防止水分蒸发的作用；植物的蜡质具有类似作用。

（4）构成某些激素，例如类固醇激素，参与体内生理活动的调节。

（5）某些生物分子的组分，例如脂溶性维生素。

（6）构成身体和器官的缓冲和机械保护层。

2.3.2.1 脂肪酸（fatty acid）

脂肪酸是具有长烃链的羧酸，也是最简单的一种脂，通常与其他分子结合成酯的形式存在，是中性脂肪、磷脂和糖脂的主要成分。直链饱和脂肪酸的通式是 $C_{(n)}H_{(2n+1)}COOH$。脂肪酸在有充足氧供给的情况下，可氧化分解为 CO_2 和 H_2O，释放大量能量，是机体主要的能量来源之一。

脂肪酸根据碳链长度的不同可分为短链脂肪酸（碳原子数小于6）、中链脂肪酸（碳原子数为6～12）、长链脂肪酸（碳原子数大于12）。根据是否含有双键以及双键的多少，脂肪酸又可分为三类：

（1）饱和脂肪酸：烃链不含双键；

（2）单不饱和脂肪酸：烃链有一个不饱和键；

（3）多不饱和脂肪酸：烃链有两个或两个以上的不饱和键。

另外，当一个双键形成时，这个链存在两种形式：顺式和反式。顺式（cis）在双键处拐弯，看起来像U形，反式（trans）键看起来像个乙字。顺式脂肪酸室温下常是液态的，反式脂肪酸室温下常是固态的。两种脂肪酸的营养价值参见第13章。

2.3.2.2 油脂

油脂又称真脂，或中性脂。其化学成分主要是甘油三酯或称三酰甘油酯，即甘油和3个脂肪酸通过酯键形成的酯。其结构如图2－5所示。在甘油三酯中，三个脂肪酸通常各不相同，少数两个相同或三个都相同。由于脂肪酸的种类繁多，所构成的甘油三酯的类型是多样的，其熔点也不一致。一般将常温下呈液态的油脂称为油，主要是植物油；而呈固态的称为脂肪，多为动物脂肪。一般讲，含有不饱和脂肪酸越多，脂肪酸越短，油脂的熔点就越低，在常温下就越容易呈现液态。深海鱼油虽然是动物脂肪，但因富含多不饱和脂肪酸，所以在室温下保持液态。

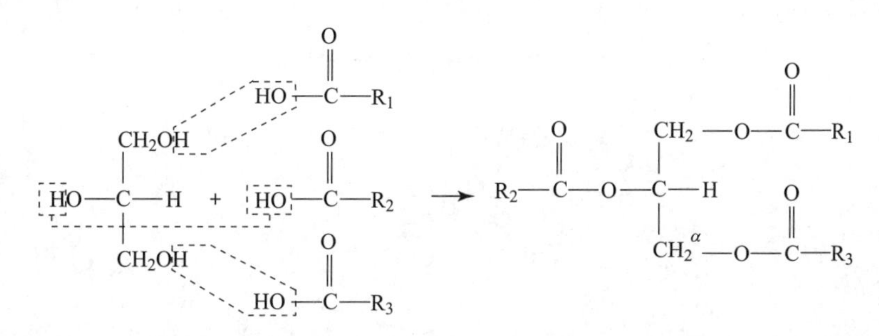

图2－5 甘油三酯的形成。图中R为烃链，R_1、R_2、R_3可以彼此相同或不同，可以是饱和的或不饱和的；R_2多是不饱和的

脂肪的主要功能：

（1）构成脂肪组织，用于储存能量。由于脂肪不溶于水，不像糖原颗粒那样含有大量的水，因而结构更加紧密；此外单位重量的脂肪分解后产生的能量是等重量糖类的一倍以上，故储存效率更高。

（2）构成保护层，保护身体和脏器免受机械损伤。

2.3.2.3 磷脂（phospholipids）

磷脂是含有磷酸基团的脂类物质，是生物膜的主要成分。其又分为含有甘油的甘油磷脂，和含有鞘氨醇或二氢鞘氨醇的鞘磷脂。这里只介绍甘油磷脂。甘油磷脂可以看作是三酰甘油酯中α－位的脂肪酸为磷酸取代的产物，而磷酸上的－OH又连上其他不同化学基团，形成各种磷脂（图2－6），包括卵磷脂（磷脂酰胆碱），脑磷脂（磷脂酰乙醇胺），丝氨酸磷脂（磷脂酰丝氨酸）等。由于磷酸及磷酸所连接的化学基团具有亲水性，构成亲水头；而脂肪酸部分是疏水的；在水溶液中时，疏水的脂肪酸尾部倾向于聚在一起，而亲水头则朝着面向水的方向。它们或者形成实心的微团，或者形成中空的微囊。微囊所具有的膜状结构是生物膜的基础（图2－7）。

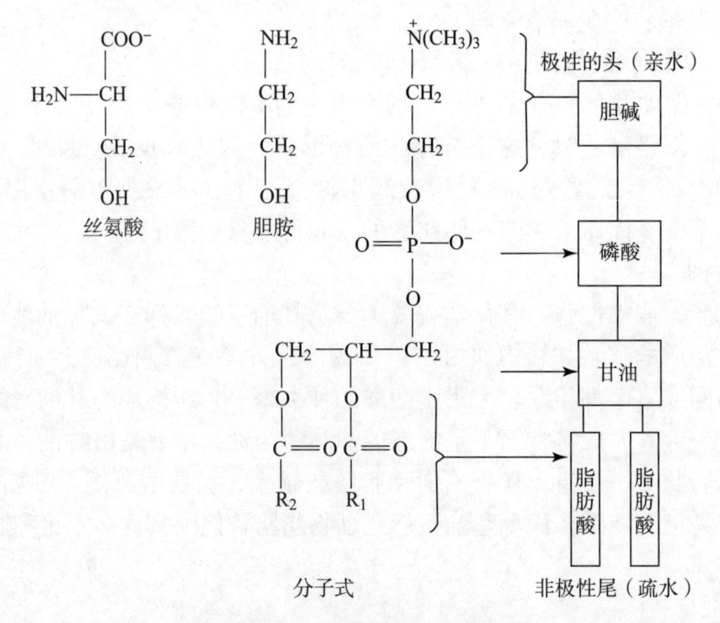

图 2－6　甘油磷脂的分子结构

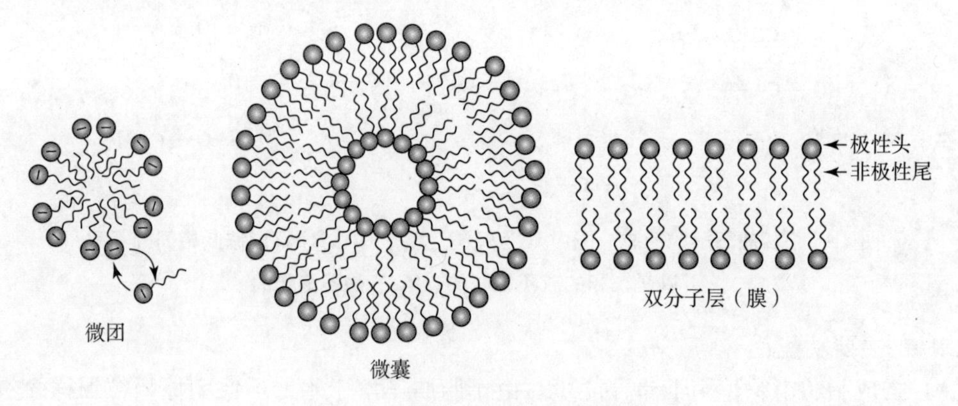

图 2－7　微团、微囊和双分子层

2. 3. 2. 4　甾醇类

甾醇类是一大类结构相似的分子，其基本骨架是环戊烷多氢菲，只是连接的化学基团和所带的侧链有所不同。主要的甾醇类包括胆固醇、维生素 D、胆汁酸和类固醇激素等。

1. 胆固醇，是环戊烷多氢菲的衍生物，广泛存在于动物体内，参与细胞膜的构建，也是合成胆汁酸、维生素 D 以及甾体激素的前体物质，在脑及神经组织中含量最丰富，是动物组织细胞所不可缺少的重要物质。胆固醇可来自动物食品，也可由机体自身合成。临床实践表明，血液中胆固醇过量造成的高胆固醇血症与动脉粥样硬化和静脉血栓的发生有一定相关性。

2. 类固醇激素，是以胆固醇为原料合成的一类脂溶性激素，包括肾上腺皮质激素、雄性激素、雌性激素、孕激素等。它们主要的产生场所是肾上腺和性腺，对身体内环境的稳定、应激调节，以及生殖行为等具有重要调节作用。图 2－8 列举几种人体内的甾醇类化合物。

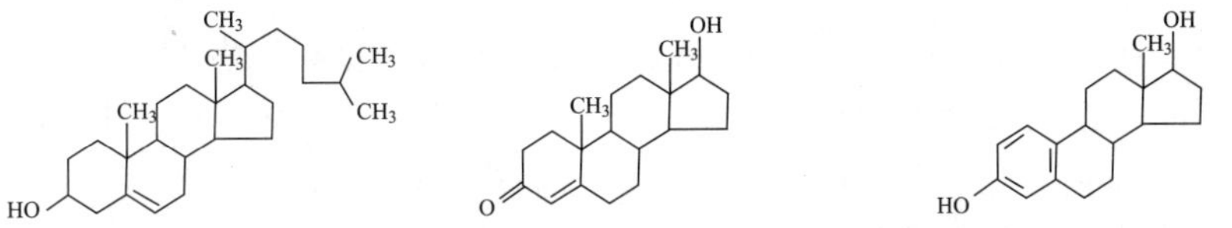

胆固醇　　睾酮（雄性激素）　　雌二醇（雌性激素）

环戊烷多氢菲是环戊烷和三个苯环形成的四个环的稠环，是各种甾醇类化合物的基本结构。

图2－8 人体几种甾醇类化合物

2.3.2.5 萜类

萜类是由异戊二烯聚合而形成的一系列衍生物，链状或环状，具有不同的生理活性。例如胡萝卜素等。

2.3.2.6 蜡

蜡是由高级脂肪酸与高级醇构成的化合物，作为生物体表面覆盖物，有防止水分丧失的功能。存在于皮肤、毛皮、羽毛、植物叶片、果实以及许多昆虫的外骨骼的表面。

2.3.3 蛋白质

蛋白质（protein）是含氮的生物大分子，是生物体中品种最多、功能最复杂高分子物质。生命活动的几乎所有环节都需要蛋白质的参与，蛋白质是各种生命活动功能的执行者。

2.3.3.1 蛋白质的基本组成

蛋白质主要由C、H、O、N四种元素组成，所有蛋白都含有这四种元素；绝大多数蛋白质还含有S；一些特殊蛋白质还可能含有P、Fe、Zn、Cu、I、Mo等元素。由于所有蛋白质都含氮元素，且各种蛋白质的含氮量很接近，平均为16%左右，因此可以通过对氮含量的测定大致确定样品中蛋白质的含量。

2.3.3.2 蛋白质在生命活动中的作用

蛋白质在生物体的细胞内和细胞外发挥着多种多样的功能，几乎涵盖了生命活动的所有方面，主要有：

1. 结构和支持作用。执行这些功能的蛋白为纤维状蛋白质，在生命的不同层次发挥着结构和支撑作用：

（1）在真核细胞内存在一类主要由蛋白质构成的、被称为细胞骨架的结构，赋予细胞以特定形态，执行固定不同细胞器的位置、在细胞内运送各种生物分子、传递各种生物信息的作用。

（2）在动物细胞之间，存在着像钙黏着蛋白、整联蛋白等连接蛋白质，负责连接相邻的细胞，形成一定的组织结构。

（3）在动物细胞外，存在胶原、弹性纤维等或坚韧或富有弹性的蛋白质，构成了骨骼、肌腱、筋膜、皮肤等主要成分。这些是动物形态结构的维持和运动必不可少的。其中胶原是人体内含量最多的蛋白质。

2. 催化作用。一些蛋白质具有酶的活性，可加速生物体内的化学反应，被称为生物催化剂。酶在细胞内和细胞外都可以发挥生物催化作用，可制备各种工业化酶用于生产和生活需要。在本章最后一节还要具体讲到酶的各种特性和作用。

3. 传递和运输作用。蛋白质具有广泛的结合能力，可以结合其他生物分子和气体分子，并以此帮助不溶于水或溶解性差的分子在血液中运输。一个明显的例子是血红蛋白，通过结合氧和二氧化碳，提高它们在血液中的浓度，并将它们输送至身体各处或肺脏。载脂蛋白可以结合血液中的脂类物质。没有载脂蛋白的帮助，不溶于血液的甘油三酯、胆固醇等是无法在血液中运输的。

4. 调节作用。大量的蛋白质具有调节功能，它们调节其他蛋白质或非蛋白生物分子的功能。细胞膜表面存在着许多受体，负责接收外来信号，做出恰当的反应。例如，生长因子与生长因子受体结合，启动细胞 DNA 的复制和细胞分裂。再如许多激素是蛋白质或寡肽，负责调节不同的生理活动。例如胰岛素和胰高血糖素负责调节血糖。

5. 收缩作用。一些蛋白质在消耗能量时具有收缩作用，可以帮助细胞或机体的运动。肌肉的主要成分是蛋白质，包括肌动蛋白、肌球蛋白等。细胞的某些活动也依赖这些蛋白质的功能，例如细胞分裂时主要依赖肌动蛋白构成的收缩环完成细胞质的分裂。细胞表面鞭毛和纤毛的运动也有赖于这些蛋白质。

6. 防御作用。参与免疫反应的抗体、补体、干扰素等都是蛋白质。另外，动物体内细胞膜上存在的主要组织相容性复合体（MHC）负责细胞之间的识别，如果发现非自身的细胞则会产生排斥反应，这对保持有机体自身的稳定有重大意义，同时也为组织器官的移植带来医学难题。

7. 遗传调控。遗传物质 DNA 的活动受到各种 DNA 结合蛋白质的调节。有一类称为转录因子的蛋白质，可以通过与特定 DNA 片段的结合，促进基因的转录。此外，DNA 的复制、DNA 的化学修饰、mRNA 的翻译、染色体的结构等都需要某种蛋白质的作用。

8. 营养作用。一些蛋白质作为营养物质加以储存和利用。例如植物种子中的大量蛋白质用于萌发时所需的营养储备；动物的卵细胞中的卵黄蛋白则是动物胚胎和幼体早期发育的主要营养来源。在日常营养充足，且糖原、脂肪等储备丰富的情况下，生物体一般不会动用蛋白质作为营养和能量来源；一旦发生饥饿，糖原、脂肪等储备不足时，体内蛋白质就会分解，产生化学能以供身体生命活动所需。

2.3.3.3 蛋白质的分类

蛋白质结构复杂，功能众多。在人体内存在 10 万种以上的蛋白质，在生物界蛋白质的种类估计大于 100 亿种。对这些蛋白质有不同的分类方案：

1. 根据蛋白质的组成成分，可分为单纯蛋白质和结合蛋白质。前者只由氨基酸合成的多肽构成，如白蛋白，组蛋白等；后者则由蛋白质和非蛋白类的其他化学基团结合而成，又可分为核蛋白、糖蛋白、脂蛋白，等等。有时结合蛋白质中非蛋白质物质被称为辅基。

2. 按照蛋白质的外形，可以分为纤维状蛋白质和球状蛋白质。纤维状蛋白质分子外形细长，形成纤维，大多数不溶于水，是生物体重要的结构成分，如胶原、肌动蛋白、角蛋白等；球状蛋白质分子形状接近球形，水溶性较好，功能多样，酶蛋白、免疫球蛋白等为球状蛋白质。

3. 根据蛋白质所在的部位分类，可分为膜蛋白、细胞核蛋白、血浆蛋白，等等。

4. 根据功能分类，可分为酶蛋白、受体蛋白、DNA 结合蛋白、运输蛋白、免疫球蛋白、细胞因子……由于蛋白质功能众多，这种分类产生的蛋白质种类必定是非常多的。

5. 根据蛋白质的来源和营养性，分为植物性蛋白质和动物性蛋白质。根据蛋白质中必需氨基酸是否齐全与合乎人体所需比例，蛋白质又分为完全蛋白质和不完全蛋白质等。关于蛋白质的营养价值，在第 13 章中还有专门介绍。

2.3.3.4　蛋白质的基本结构单位——氨基酸

1. 概述。

氨基酸是蛋白质的构件分子，氨基酸的特性决定了蛋白质的性质。氨基酸同时含有氨基和羧基，其中氨基是碱性化学基团，而羧基是酸性化学基团，这样氨基酸既能表现出酸性，又能表现出碱性特征，因此是两性化合物。在自然界中已经发现300 种以上的氨基酸，但只有 20 种参与构成蛋白质。这 20 种都是 α－氨基酸，这些氨基酸无种属的差别，从任何一个物种得到的氨基酸都可以用于构建另一个物种的蛋白质。

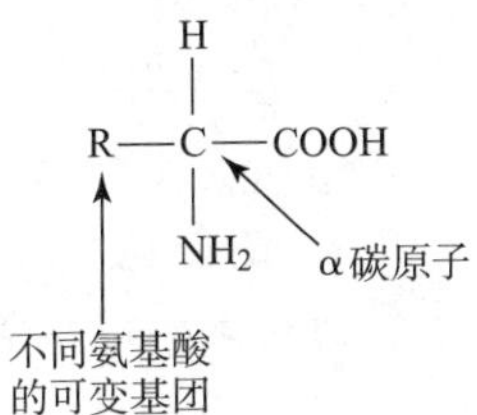

图 2－9　α－氨基酸的通式

所谓 α－氨基酸是指氨基酸的氨基和羧基都连接在碳链的第一号碳原子，也就是 α 碳原子上。所有 α－氨基酸的通式由图 2－9 显示。这里 R 基为可变基团，用于合成蛋白质的 20 种 α－氨基酸中除甘氨酸（R 为 H）外，其他氨基酸的 α－碳原子均为不对称碳原子，因此具有旋光立体异构性，它们都是 L 型的。

2. 氨基酸的分类。根据侧链基团 R 化学结构的不同，可对蛋白质的 20 种氨基酸做如下分类。

（1）根据侧链基团的极性划分为：非极性氨基酸、极性氨基酸，其中又包括极性不带电荷的；极性带正电荷的氨基酸（碱性氨基酸）、极性带负电荷的氨基酸（酸性氨基酸）等。

（2）根据侧链基团化学结构划分为脂肪族氨基酸、芳香族氨基酸、杂环族氨基酸、杂环亚氨基酸等。见表 2－3。

表 2－3　合成蛋白质的氨基酸的名称和结构式（＊ 为必需氨基酸）

名称		根据侧链基团划分	英文缩写	结构式
非极性氨基酸	丙氨酸	脂肪族	Ala	$CH_3—CH(^+NH_3)—COO^-$
	亮氨酸*	脂肪族	Leu	$(CH_3)_2CHCH_2—CH(^+NH_3)COO^-$
	异亮氨酸*	脂肪族	Ile	$CH_3CH_2CH(CH_3)—CH(^+NH_3)COO^-$

续表

名称		根据侧链基团划分	英文缩写	结构式
非极性氨基酸	缬氨酸*	脂肪族	Val	$(CH_3)_2CH—CH(^+NH_3)COO^-$
	脯氨酸	杂环亚氨基酸	Pro	吡咯烷环，N^+ 上连两个 H，环上碳连 COO^-
	苯丙氨酸*	芳香族	Phe	$C_6H_5—CH_2—CH(^+NH_3)COO^-$
	蛋氨酸（甲硫氨酸）*	脂肪族	Met	$CH_3SCH_2CH_2—CH(^+NH_3)COO^-$
	色氨酸*	杂环族	Trp	吲哚环（N—H）$—CH_2CH(^+NH_3)—COO^-$
非电离极性氨基酸	甘氨酸	脂肪族	Gly	$CH_2(^+NH_3)—COO^-$
	丝氨酸	脂肪族	Ser	$HOCH_2—CH(^+NH_3)COO^-$
	苏氨酸*	脂肪族	Thr	$CH_3CH(OH)—CH(^+NH_3)COO^-$
	酪氨酸	芳香族	Tyr	$HO—C_6H_4—CH_2—CH(^+NH_3)COO^-$
	半胱氨酸	脂肪族	Cys	$HSCH_2—CH(^+NH_3)COO^-$
	天冬酰胺	脂肪族	Asn	$H_2N—C(=O)—CH_2CH(^+NH_3)COO^-$
	谷氨酰胺	脂肪族	Gln	$H_2N—C(=O)—CH_2CH_2CH(^+NH_3)COO^-$

续表

名称		根据侧链基团划分	英文缩写	结构式
酸性氨基酸	天冬氨酸	脂肪族	Asp	$HOOCCH_2CH(^+NH_3)COO^-$
	谷氨酸	脂肪族	Glu	$HOOCCH_2CH_2CH(^+NH_3)COO^-$
碱性氨基酸	赖氨酸*	脂肪族	Lys	$^+NH_3CH_2CH_2CH_2CH_2CH(NH_2)COO^-$
	精氨酸	脂肪族	Arg	$H_2N—C(=^+NH_2)—NHCH_2CH_2CH_2CH(NH_2)COO$
	组氨酸	杂环族	His	咪唑环（N-H）—$CH_2CH(^+NH_3)—COO^-$

以上氨基酸中，有8种氨基酸人体自身不能合成，必须由食物蛋白供给，称为必需氨基酸（essential amino acid）。包括赖氨酸、色氨酸、苯丙氨酸、蛋氨酸、苏氨酸、异亮氨酸、亮氨酸、缬氨酸。另有两种半必需氨基酸（semiessential amino acid）：精氨酸和组氨酸，指人体虽能够合成但不能满足正常的需要的氨基酸。

3. 氨基酸的理化特性。

（1）氨基酸的紫外吸收。20种氨基酸中，苯丙氨酸、酪氨酸和色氨酸带有苯环，其上的共轭双键对波长220～300nm的紫外线具有光吸收能力，在大约280nm波长处有最大光吸收峰，蛋白质溶液吸光值与其浓度成正比。利用这一特征，使用分光光度法可很方便地测定蛋白质的含量。

（2）氨基酸的两性电离及等电点。在水溶液中，氨基酸上的氨基具有接受质子的倾向，形成阳离子NH_3^+，而羧基则容易失去质子，形成阴离子COO^-，这样氨基酸就会以兼性离子的形式存在，即阴阳离子共存于一个氨基酸分子中。整个氨基酸的带电状况取决于溶液的pH值，在某一pH值下，氨基酸所带净电荷为零，此时的pH值称为该氨基酸的等电点（pI）。pH值低于pI时氨基酸带正电荷，高于pI时氨基酸带负电荷（图2－10）。

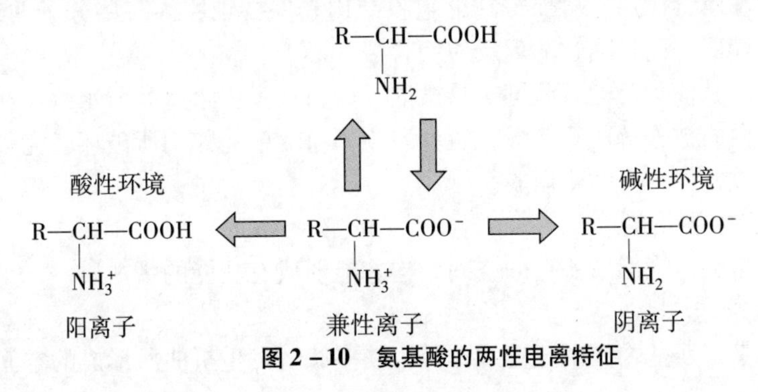

图2－10　氨基酸的两性电离特征

不同氨基酸由于结构不同，pI 值也不同。酸性氨基酸水溶液的 pI 小于 7，而碱性氨基酸的 pI 大于 7。在等电点处氨基酸不带电荷，溶解度最小，可利用氨基酸的不同等电点沉淀不同氨基酸。

2.3.3.5　蛋白质分子的基本结构——肽键与肽

连接不同氨基酸的是一个氨基酸的 α 氨基与另一氨基酸的 α 羧基间脱水形成的酰胺键。酰胺键是共价键，在蛋白质化学中也称为肽键（peptide bond），其结构为 – CO – NH – （图 2 – 11）。由于参与肽键的 O、C、N 上的电子杂化，肽键具有部分双键的性质。

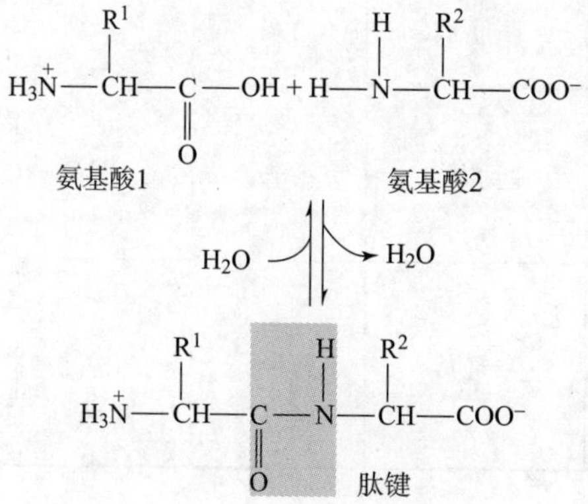

$$H_3\overset{+}{N}-CH(R^1)-C(=O)-OH + H-N(H)-CH(R^2)-COO^-$$

氨基酸1　　氨基酸2

$$\rightleftharpoons \quad (H_2O)$$

$$H_3\overset{+}{N}-CH(R^1)-C(=O)-N(H)-CH(R^2)-COO^-$$

肽键

图 2 – 11　肽键的形成和分解

许多氨基酸借助肽键彼此相连，形成的链状结构叫做肽。肽中的相邻氨基酸在形成肽键的过程脱去一分子的水，因此肽和蛋白质中的氨基酸被称为氨基酸残基。氨基酸残基数目较少、较短的肽叫寡肽，氨基酸残基数目较多的叫多肽，但界限并不严格。一般讲 2 ~ 20 个氨基酸残基的肽属于寡肽，20 ~ 50 个氨基酸残基的肽属于多肽。多肽与蛋白质之间的界限也不十分明显。一般认为能够形成一定空间结构的多肽属于蛋白质，过去认为有超过 50 个氨基酸残基的多肽链才能形成蛋白质。比如人胰岛素有 51 个氨基酸，被认为是最简单的蛋白质。但新的研究发现，即使是某些寡肽，在一定的条件下也能形成一定的空间结构并发挥特定功能。下丘脑分泌的各种肽类激素都是寡肽。

在肽或蛋白质上串联排列的氨基酸残基的种类和位置构成了蛋白质的一级结构。除了肽键外，如果多肽链上形成二硫键，则二硫键的位置和数量也包括在一级结构中。二硫键是肽链上两个半胱氨酸的巯基（ – SH）被氧化，失去两个 H 并相连而形成的，其组成是—S—S—。肽上面的氨基酸顺序一般是由基因编码的，但有些短肽不是。例如谷胱甘肽是一种三肽，具有抗氧化作用和解毒作用，可保护红细胞膜结构和保持细胞内一些分子的还原状态，谷胱甘肽并不由基因编码，而是通过酶促反应而合成的。

比起氨基酸内部的其他共价键，肽键更易被酸、碱，或蛋白水解酶所水解。在食物的消化过程中，食入的蛋白质被分解成氨基酸，氨基酸则不易为消化作用所破坏，完整地为肠道所吸收，再被用于合成机体自身的蛋白质。

2.3.3.6　蛋白质的空间结构

多肽链必须经过折叠盘绕形成一定的空间结构才能形成有功能的蛋白质。

1. 蛋白质的二级结构。

多肽链局部的氨基酸残基之间由氢键的作用，使多肽链发生折曲所形成的空间结构。最常见的是α-螺旋和β-折叠。

α-螺旋是多肽链的右手螺旋，依赖于相邻螺旋临近的正负极性基团之间的氢键作用而形成；氢键的位置在第1个氨基酸肽键上的C=O，与之后第5个氨基酸肽键上N-H之间，由此形成周期性的螺旋结构。如果氨基酸侧链上的R基团过大产生位阻，则倾向于形成β-折叠结构。在β-折叠中，肽链略呈锯齿状排列，故比较伸展。不管是α-螺旋还是β-折叠，都是一种周期性重复结构，其形成的可能性依赖于多肽链上氨基酸的组成和排列。通过大量的数据分析，现在已经可以通过蛋白质的一级结构的信息去估算形成α-螺旋或β-折叠的可能性，可由电脑算出。

α-螺旋是一种疏水结构，常位于球形蛋白质的中心，或者形成跨膜蛋白质的穿膜部分。在得知蛋白质的某些部位可能形成α-螺旋后，可以预测该种蛋白质的更高级空间结构，或对该蛋白质是否是跨膜蛋白以及其他的定位做出判断。

2. 超二级结构和结构域。

超二级结构是指若干的二级结构中的构象单元彼此相互作用，形成有规则的，在空间上能辨认的二级结构组合体。多肽链在超二级结构的基础上进一步绕曲折叠成在局部紧密的近似球形的结构，即成为结构域。结构域具有某种生物功能，例如酶的活化中心、调节中心，DNA结合结构域等，在基因上往往是由独立的外显子编码。不同蛋白质分子如果执行相似的功能，则它们执行该功能的结构域可以是相似的。

3. 蛋白质的三级结构。

在二级结构、超二级结构和结构域的基础上由氨基酸残基侧链相互作用而使多肽链进一步盘旋折叠，形成特定的三维构象。参与维系三级结构作用力有氢键、离子键、疏水键等（图2-12，表2-4）。对于单个多肽链，三级结构就是它最终的空间结构。

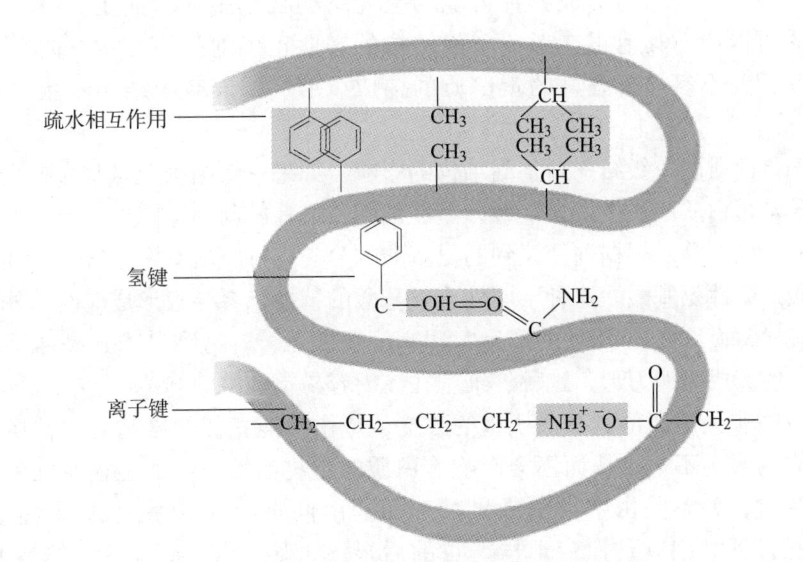

图2-12　参与维系蛋白质空间结构的主要作用力

表 2-4 生物大分子中常见的非共价键

名称	链长/nm	水中链强度/($kJ \cdot mol^{-1}$)	键的形成
共价键	0.15	376.81	共用电子对
非共价键			
氢键	0.30	4.19	静电引力
离子键	0.25	12.56	静电引力
范德华引力	0.35	0.42	引力
疏水键	?	?	周围水的斥力和疏水基团间引力

4. 蛋白质的四级结构，具有独立三级结构的不同蛋白质之间可以通过次级键结合，形成多亚基的蛋白质的四级结构，每个具有独立三级结构的多肽链称为亚基。具备四级结构的蛋白质，其亚基结构可以相同，也可不同。人类最常见的血红蛋白 A 是由被称为珠蛋白的四个亚基组成的四聚体。其中有两个 α 亚基与两个 β 亚基。

2.3.3.7 蛋白质结构和功能的关系

1. 蛋白质分子一级结构与功能的关系。

蛋白质的一级结构对空间结构的构成有决定性的影响，这与多肽链的氨基酸上 R 基团的种类和排列的位置有关，它决定了哪些氨基酸残基之间可能形成氢键、离子键、范德华式力等次级相互作用。另外，一些疏水的 R 基团可能在外界水分子的压迫下相互靠拢，这称为疏水相互作用。但是，蛋白质的一级结构和空间结构之间并不是一一对应的关系。一种一级结构可能形成一组潜在的空间结构，其中只有少数甚至只有一种空间结构具有生理活性。一级结构形成哪种可能的空间结构视细胞环境而定。有一类称为分子伴侣的蛋白质可以帮助其他正在形成空间结构的多肽正确地折叠盘绕，防止不正确的折叠结构。但它们并不参加折叠好的蛋白质的构成。形成错误空间结构的蛋白质往往被细胞清除掉。

正是由于蛋白质的一级结构对空间结构的影响，如果一级结构上氨基酸排列顺序发生改变，可导致异常蛋白质的产生。例如镰刀型红细胞贫血症的起因，是血红蛋白 β 链第 6 位由谷氨酸更换成了缬氨酸。根据前面谈到的氨基酸的分类，谷氨酸有两个羧基，属于酸性氨基酸，而缬氨酸是中性氨基酸。这种不同性质氨基酸的替换，会导致形成空间结构的次级键产生变化，造成异常血红蛋白 HbS 的产生。HbS 溶解度差，容易结晶，其晶体结构会改变红细胞的形态，使其成为镰刀形，这种红细胞在体内容易被脾脏破坏掉。

不过，一些非关键部位氨基酸残基的改变，或由功能相似的氨基酸的替换，有可能对空间结构形成的影响不大，从而不会影响蛋白质的生物活性。例如上述血红蛋白 β 链第 6 位谷氨酸改变时，如不是由中性的缬氨酸，而是由同是酸性氨基酸的天冬氨酸所替代，则不会产生镰刀型红细胞贫血症那样严重的后果。再如，人、猪、牛、羊等哺乳动物的胰岛素分子氨基酸残基排列有少量不同，但并不影响它们降低血糖的功能，因此这些胰岛素可以在不同种生物间相互替代使用。见表 2-5。尽管有些位置的氨基酸的改变不影响蛋白质的功能，但这些氨基酸并不是可有可无的，它们对维持蛋白质的空间结构仍是需要的。

表 2-5　人、猪、牛、羊胰岛素氨基酸构成的差异

生物	A_8	A_9	A_{10}	B_{30}
人	苏氨酸	丝氨酸	异亮氨酸	苏氨酸
猪	苏氨酸	丝氨酸	异亮氨酸	丙氨酸
牛	丙氨酸	丝氨酸	缬氨酸	丙氨酸
羊	丙氨酸	甘氨酸	缬氨酸	丙氨酸
A：胰岛素的 A 链；B：胰岛素的 B 链。显示的数字是氨基酸残基序号。				

2. 蛋白质空间结构与功能的关系。

蛋白质分子的空间结构决定了它的生理功能。这既取决于蛋白质的几何形态，也决定于组成蛋白质的不同氨基酸残基 R 的种类和它们在整个蛋白质空间结构中所在的位置。一些改变蛋白质空间结构的因素可以改变蛋白质的功能，这也是机体内蛋白质活性调节的重要方式。

以血红蛋白为例，血红蛋白是 4 亚基的 4 聚体，具有结合氧气的功能。如果其中一个亚基结合了氧，可改变其他三个亚基的空间结构，使它们结合氧的能力变强。蛋白质的这种空间结构的变化称为变构，是在一级结构不变的情况下空间结构和功能的改变。通过使血红蛋白变构而改变其携氧能力的调节叫做别构调节。除了一个亚基结合氧后可改变其他亚基的构象外，血液中 H^+ 浓度，CO_2，2，3-二磷酸甘油酸等都可以产生别构效应，调节血红蛋白的携氧能力，适应不同的生理功能需要。例如在高原环境中，身体会产生较多的 2，3-二磷酸甘油酸，改变血红蛋白的空间结构，降低血红蛋白对氧的亲和力，有利于人体内氧由血红蛋白向不同组织的释放。

变构剂是可以使蛋白质发生变构的分子，多为生物小分子，例如 O_2、ATP、代谢中间产物等。变构剂常与蛋白质活性中心外的基团通过非共价键结合。身体内很多酶活性的调节属于别构调节，即酶分子和某种小分子调节物结合，改变酶的空间构象，进而影响酶的活性。我们在本章最后一节中再进一步说明。

2.3.3.8　蛋白质变性

1. 变性作用概念：在某些物理、化学因素的作用下，蛋白质的空间构象被破坏，导致蛋白质若干理化性质、生物学性质的丧失，这种现象称为蛋白质的变性作用。

引起变性的因素包括：高温、紫外线、强酸、强碱、有机溶剂，如一定浓度的尿素等。

变性蛋白质的特点：

（1）蛋白质分子次级键的破坏，但一级结构无改变；生物功能丧失。

（2）因为次级键的破坏导致蛋白质分子内部疏水的氨基酸暴露出来，导致蛋白质整体的溶解度下降。

（3）一般不可逆。

（4）变性的蛋白质容易在蛋白酶的作用下破坏肽键，使蛋白质分解。

烹调食物的加热过程可以使蛋白质变性。变性的蛋白质更易被蛋白酶分解消化，这是人们愿意食用熟食的原因之一。

2. 蛋白质变构与变性的不同之处：

（1）变构时蛋白质空间结构仍然保存，只是换了一种构象；而变性是蛋白质的空间构

象的破坏。

（2）变构作用是蛋白质生理的调节方式，变性是生理活性的丧失。

（3）变构作用是可逆的，而变性一般不可逆。

2.3.4 核酸

核酸（nucleic acid）也是含氮的生物大分子，有两种：核糖核酸（RNA）和脱氧核糖核酸（DNA），其基本单位分别是核糖核苷酸和脱氧核苷酸。核酸与蛋白质所含元素的不同之处是，核酸含有 P，但不含有 S。

2.3.4.1 核酸的基本单元和功能

核酸的基本构件是核苷酸。核苷酸由含氮碱基、戊糖和磷酸构成。在核苷酸中发现的所有碱基或是嘧啶的衍生物，或是嘌呤的衍生物。嘧啶是一个含有 4 个碳和 2 个氮原子的杂环化合物，而嘌呤是一个由嘧啶与咪唑融合在一起的双环结构。两种类型的碱基都是不饱和的，即都含有共轭双键。这一特性使得环位于一个平面，也解释了它们具有吸收紫外光特性的原因。可以利用核酸在波长 260nm 处的紫外光吸收峰检测样品中核酸的浓度。这与利用蛋白质在 280nm 处的吸收峰检测蛋白质浓度的原理类似。图 2－13 给出了构成核酸的嘧啶和嘌呤衍生物的结构，和环上原子的系统编号。其中嘌呤第 9 位，和嘧啶第 1 位为与核糖或脱氧核糖连接的原子。

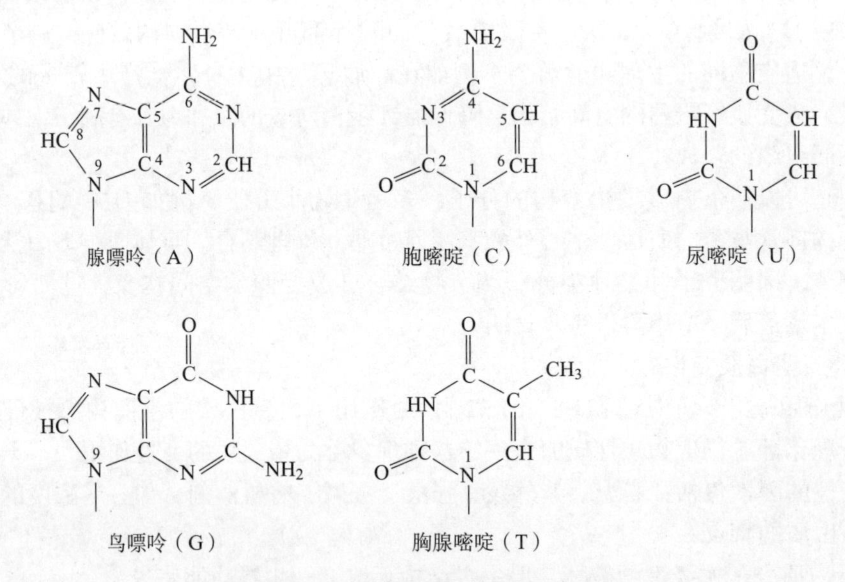

图 2－13　核酸中的嘧啶和嘌呤衍生物

其中 DNA 中的含氮碱基是腺嘌呤（A）、鸟嘌呤（G）、胞嘧啶（C）、胸腺嘧啶（T）；而 RNA 中由尿嘧啶（U）替换胸腺嘧啶（T）。DNA 中的戊糖为脱氧核糖；RNA 中为核糖。核苷酸的功能包括：

（1）用于构建 DNA 和 RNA 分子。在 DNA 或 RNA 上核苷酸残基的排列构成了遗传信息。我们将在第 5 章遗传的分子基础中进一步学习。

（2）化学能的携带者。其中三磷酸腺苷（ATP）是机体内生物化学反应主要的能量直接提供者，被称为生物能量流通的货币（图 2－14）。ATP 所提供的化学能存在于 ATP 磷酸基团的磷脂键中。合成 ATP 的能量来源于各种生物分子在分解代谢时能量的转移。除了 ATP 外，其他的核苷酸也为某些生化反应提供能量。例如 GTP 参与蛋白质合成时能量的提供；UTP 参与某些糖代谢过程的能力提供，CTP 与脂肪代谢某些环节有关。不过 GTP、UTP、CTP 中高能磷酸键的能量都来源于 ATP。ATP 将能量转移到其他三磷酸核苷上，用于特殊的生化反应。

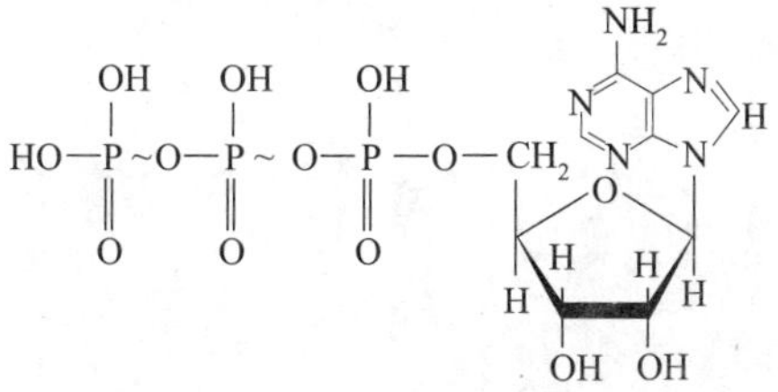

图 2－14　ATP 的分子结构，其中"∽"代表用于提供化学能的高能磷酸键所在的位置，其他的三磷酸核苷与 ATP 的差异仅在于嘌呤或嘧啶衍生物的不同

（3）信号传递分子。例如环－一磷酸腺苷（c－AMP）和环－一磷酸鸟苷（c－GMP）作为常见的信号分子，是核苷酸的环化形式，负责将到达细胞膜的信号传递到细胞内。通常将细胞外的信号分子称为第一信使，而将 c－AMP 和 c－GMP 等称为第二信使（图 2－15）。此外，GDP 和 GTP 也是重要信号分子，参与一些信号的传递。能够结合 GDP 和 GTP 的蛋白质叫做 G 蛋白，是体内一类重要的行使信号传递功能的蛋白质。有多达 40% 的合成药物通过与 G 蛋白偶联受体结合而发挥药效。

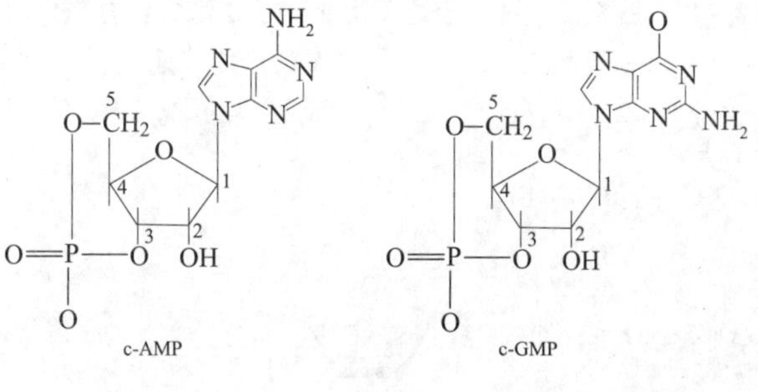

图 2－15　作为第二信使的 c－AMP 和 c－GMP

（4）某些辅酶的成分。辅酶是与酶蛋白分子结合的小分子物质，用于调节酶的活性，提供或接受某些化学基团。一些重要的辅酶，例如辅酶 I（烟酰胺腺嘌呤二核苷酸，NAD^+）（图 2－16）、辅酶 II（烟酰胺腺嘌呤二核苷酸磷酸，NADP）、辅酶 A（CoA）、黄素腺嘌呤二核苷酸（FAD）等，其组成成分中都有核苷酸。

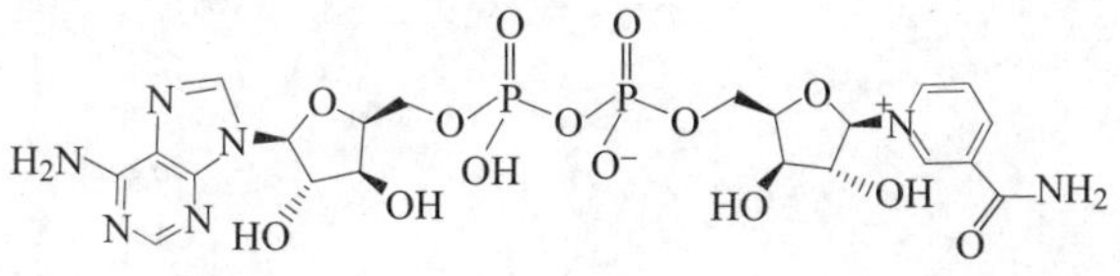

图 2－16　辅酶 I 的分子结构，其结构的左侧部分为腺嘌呤核苷酸

2.3.4.2 RNA 与 DNA

在 19 世纪末已经发现有两类核酸存在，分别存在于细胞核和细胞质。在 1929 年确定其中一种是脱氧核糖核酸（DNA），另一种是核糖核酸（RNA）。它们都是由三磷酸核苷（脱氧核苷）通过磷酸二酯键缩合而成（图 2－17）。这一过程的反复就会形成多核苷酸链（图 2－18）。

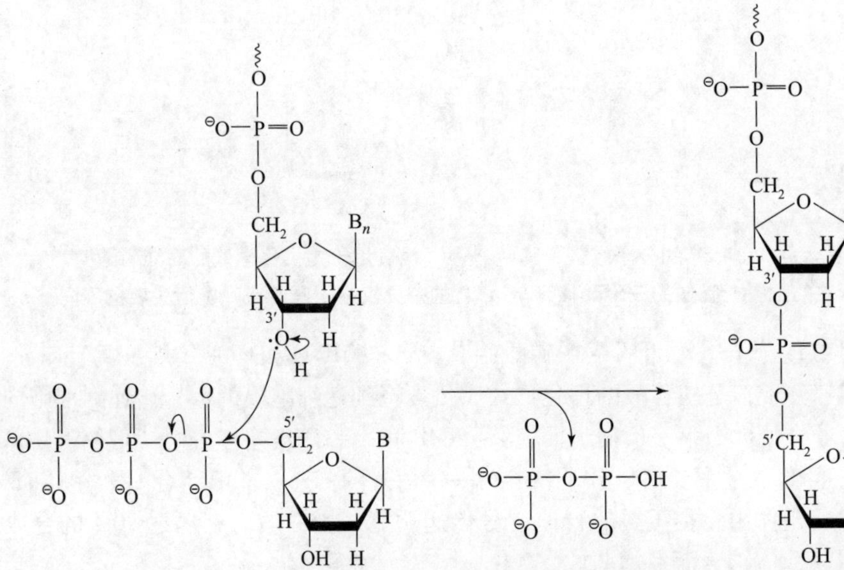

图 2－17　脱氧三磷酸核苷之间通过磷酸二酯键缩合形成脱氧多核苷酸链（DNA）。RNA 的形成与此相仿

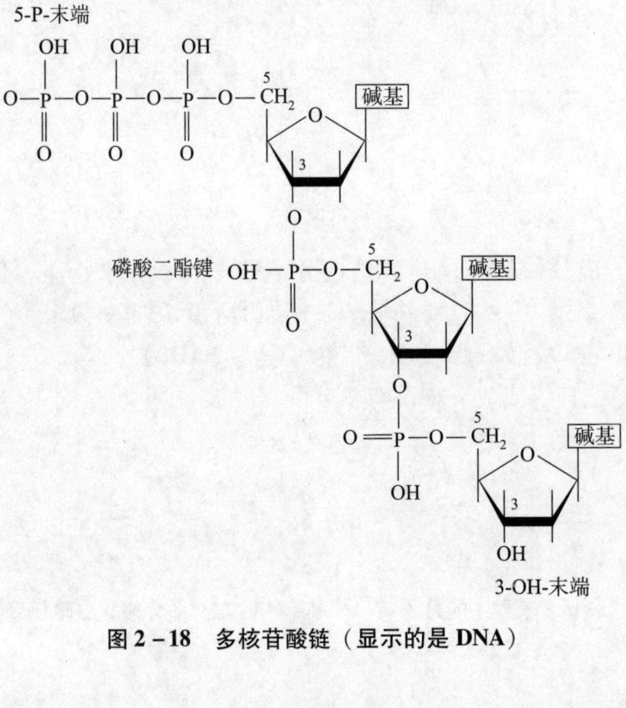

5-P-末端

磷酸二酯键

碱基

3-OH-末端

图 2－18　多核苷酸链（显示的是 DNA）

1. RNA 和 DNA 与遗传信息的储存和传递有关，但有一定的分工。表 2－6 简要说明 RNA 与 DNA 的主要区别。

表 2－6　DNA 与 RNA 的主要区别

	DNA	RNA
戊糖种类	脱氧核糖	核糖
碱基种类	A　G　C　T	A　G　C　U
无机酸种类	磷酸	磷酸
核苷酸种类	脱氧腺苷酸（dAMP）	腺苷酸（AMP）
	脱氧鸟苷酸（dGMP）	鸟苷酸（GMP）
	脱氧胞苷酸（dCMP）	胞苷酸（CMP）
	脱氧胸苷酸（dTMP）	尿苷酸（UMP）
在细胞内的结构	双链	主要为单链，可自身回折形成局部双链。
存在部位	主要在细胞核中。线粒体、叶绿体也有少量	主要存在细胞质中
功能	储存，复制和传递遗传信息	与遗传信息表达与调控有关

2. RNA 与 DNA 的两级结构。与对蛋白质的一级结构的规定相似，DNA 的一级结构是 4 种脱氧核苷酸的线性排列顺序。但二级结构则是两条 DNA 单链通过碱基间借助氢键相互吸引形成的 DNA 双螺旋结构。许多 RNA 也有二级结构，是由一条 RNA 链经过反折在链上的某一区域通过碱基互补形成的部分双链结构。这些双链结构赋予 RNA 分子一定的空间结构。例如 tRNA 画在平面上是三叶草结构，但在立体空间则是类似 L 型的结构。

3. 主要的 RNA 分子及其功能。总结成表 2－7。

表 2－7　主要的 RNA 分子及其功能

	mRNA	tRNA	rRNA
细胞中含量	5%～10%	5%～10%	80%～90%
分子量	$1.5\times10^5 \sim 2\times10^6$	$(2.4\sim3)\times10^4$	$(0.36\sim1.1)\times10^6$
沉降系数	6S～25S	4S	5S　5.8S　18S　28S
结构特征	线形，局部折成发卡状	三叶草形，有部分双螺旋，	线形，某些节段可能成双螺旋结构
存在场所	细胞质或核糖体	细胞质或核糖体	核糖体，核仁
功能作用	转录遗传信息，指导蛋白合成	运输活化的氨基酸，特定的 tRNA 运输特定的氨基酸	蛋白质合成场所——核糖体的组成成分

此外，目前还发现了众多小分子的小 RNA，其功能多与基因的表达调控有关，将放到第 5 章遗传的分子基础中介绍。关于 DNA 的分子结构和功能也在第 5 章中再作深入介绍。

2.3.4.3　核酸的变性、复性与分子杂交

1. 变性：指核酸双螺旋之间的氢键断裂，双螺旋解开，形成无规则线团的过程。这一过程不涉及磷酸二酯键和其他共价键的断裂。凡能破坏双螺旋稳定性的因素，例如加热，极端的pH，甲醇、乙醇、尿素及甲酰胺等有机试剂均可引起核酸分子变性。变性后的核酸对260nm 波长的紫外光吸收值增加，称为增色效应。据此可以估计 DNA 的变性情况。

2. 复性：变性 DNA 在适当条件下，两条互补链可以重新结合，全部或部分恢复到天然双螺旋结构的过程，是变性的逆转过程。热变性的 DNA 经缓慢冷却后可以复性，这一过程称之为“退火”。

3. 分子杂交：不同来源的核酸变性后，放在一起进行复性，只要它们存在相同或大致相同的碱基互补序列，就可形成杂化双链，此过程叫做分子杂交。分子杂交可以发生在DNA 和 DNA 单链之间，也可以发生在 DNA 和 RNA 单链之间，或两条 RNA 单链之间。利用分子杂交的原理，可以检测样品中某一 DNA 或 RNA 序列是否存在。用于探测样品的已知DNA 单链片段叫做探针。如果探针在实验体系中能与样品发生复性，则说明样品中存在这一互补片段。用到分子杂交的实验很多，常用的有聚合酶链反应（PCR），用于检测 DNA 样品的 Southern 杂交实验，和检测 RNA 样品的 Northern 杂交实验等。

2.4　生命的化学反应

2.4.1　生物化学反应的一般特征

生物体除了具有极其复杂的结构外，还发生复杂多变的化学反应，伴随着这些化学反应的是能量使用、储存和释放。与非生命体的化学反应相比，生物体的化学反应的特点是：

（1）生物体的化学反应是长期地、持久地发生，贯穿个体生命的全过程，直至个体死亡这种反应才停止。由于生物化学反应的持续性，各种动物通常带有一定的体温，就是这些反应产生热量的结果。如果你摸摸自己或别人的身体，感到了一定的温度（体温）；放到鼻子边，感到有气体呼出，就会提示你体内正在发生各种各样的化学反应。这些反应如此稳定有序，使你的体温和你的呼吸基本维持在一个恒定的状态。

（2）非生物体的化学反应较少发生，通常在较为极端的条件下，如高热、强酸、强碱、强氧化剂等条件下才能发生，其反应通常较剧烈，可能产生大量的热、光、甚至爆炸；而生物化学反应的条件温和，在常温下发生，例如哺乳动物发生这种反应的温度在 37℃上下，也不需要强酸强碱等条件。这是因为生物体内强有力的化学反应催化剂——酶的存在，使化学反应易于发生、温和而持续。

（3）生物化学反应是可控的。什么时候发生反应？在什么细胞、什么组织发生反应？发生哪些反应？这些都处于机体的控制之下。其控制方式包括神经调节、体液调节，更重要的是生物化学反应本身的负反馈调节，这在非生物的化学反应中是缺乏的。在上述特点中，酶是关键的因素。

（4）生物化学反应的区域性。这种区域性包括细胞内的反应区域的划分，组织或器官的特异性，细胞内和细胞外生化反应的差别等。以细胞内的反应为例，有些化学反应，比如DNA 的合成就只发生在细胞核内；糖酵解只发生在细胞浆里，三羧酸循环只发生在线粒体内，而氧化磷酸化发生在线粒体内膜上，等等。如果这种区域性遭到破坏，就会发生紊乱。举例来说，溶酶体是分解受损的细胞器和不再需要的生物分子的场所。如果溶酶体膜破裂，里边的酶溢出到细胞浆里，就会分解正常功能的生物分子和细胞器，导致细胞受损，甚至死亡。

2.4.2　生物催化剂：酶（enzyme）

生命的各种化学反应都需要酶的催化。酶的种类、分布和活性决定了生物化学反应能否发生、发生的时间、地点、生化反应的强度。酶决定了整个生命活动的走向。

2.4.2.1　酶的定义和分类

酶是具有高度催化活性，起特异催化作用的生物大分子。绝大多数的酶是蛋白质。但有些 RNA 也具有催化作用，被称为核酶。

酶可以有不同的分类方式。

1. 根据酶的化学组成可分为：

（1）单纯酶类，这类酶只由蛋白质构成。例如位于消化道的蛋白酶、淀粉酶、酯酶等。

（2）结合酶类，除了蛋白质外，还有非蛋白质分子的参与，这些成分叫做辅基。辅基可以是小分子有机化合物，如前面提到的辅酶 I、辅酶 II 等；也可以是金属离子，常见的有 K^+、Na^+、Mg^{2+}、Cu^{2+}、Zn^{2+}、Fe^{2+}、Fe^{3+} 等。辅基有时也叫辅助因子。因此一个完整的结合酶的构成是：酶蛋白 + 辅基（非蛋白质） = 全酶。

（3）核酶，酶的性质是 RNA。RNA 通过分子内部的局部双链，形成特定的空间结构并形成自己的催化中心。有时 RNA 和蛋白质结合，共同构成一种酶。它们分开后，原有的酶活性丧失。

2. 根据酶在体内的位置可分为：

（1）细胞内酶：呈分隔分布。由于细胞具有复杂的结构，有各种细胞器，并有内质网等对细胞空间进行分区，不同的区间内具有不同的酶的组合，完成不同的生物化学反应。重要的分割区域有：胞液、线粒体内膜、线粒体基质、细胞核、溶酶体、内质网腔、高尔基体、叶绿体等。一些受损细胞可释放细胞内酶到细胞外。如果在细胞外检测到这些酶，说明有细胞受损。例如谷丙转氨酶主要存在于肝脏。如果血液中这种酶含量明显增加，说明有肝细胞受损，可能是肝炎的征兆。在临床的血液检查中有许多酶的检查项目，其目的就是要探测是否有特定的组织细胞发生了炎症等损伤。

（2）细胞外酶：在细胞内合成被称为酶原的前体物质，分泌到细胞外后产生酶的活性，在细胞外行使酶的功能。例如消化道中消化食品的酶。

2.4.2.2　酶的结构与功能特性

1. 酶的活性中心，是酶行使催化功能的部位。发生化学反应的物质叫底物，底物在活性中心被催化形成产物。活性中心包括识别并结合的底物区域，和催化已结合的底物区域。

2. 酶具有高度的催化效能，这种高效能是通过降低反应所需的活化能而实现的。在化学反应中，底物分子首先要吸收一定的能量，成为活化的状态，才能进一步变化，形成产物。加热在通常情况下能提高化学反应的速度，就是由于给反应体系输入了热能。这种使底物活化所需的能量，称为活化能。催化剂能加速化学反应的机理，就是改变反应的渠道，降低反应所需的活化能。酶作为生物催化剂，同样可降低活化能，使反应易于进行。

3. 酶促反应的高度专一性。在机体内有成千上万种酶，每一种酶只作用于一种或一类化合物，催化特定反应，形成产物。

4. 不稳定性。酶作为蛋白质等高分子化合物，容易受到不同因素的扰动。凡是能使蛋白质变性的因素，如强酸、强碱、有机溶剂、重金属盐、高温、紫外线等都可以使酶失活。酶促反应具有最适 pH 值、最适温度，以及最适的离子环境等。

5. 酶促反应的可调节性。其调节方式包括：

（1）酶分子的合成和降解。

（2）酶原的激活。酶原是酶的前提物质，其激方式一般为在特殊蛋白酶的作用下，切去酶分子的部分肽段，使剩余的部分重新形成空间结构，进而产生酶的活性。

（3）酶活性的调节。下面具体论述这种调节。

2.4.2.3　酶活力的调节，可包括以下方式：

（1）变构位点。有些酶具有和被称为变构剂（参见本章蛋白质一节）的小分子结合的部位，并通过这种结合产生空间结构的改变，进而改变酶的活性。这些位点叫变构位点。这种酶叫做变构酶。

（2）多亚基的酶。有些具有四级结构的酶的不同亚基中，有的起到催化的功能，叫做催化亚基；而有的起调节作用，叫做调节亚基。以前面提到的蛋白激酶 A 为例。当调节亚基与催化亚基相结合时，蛋白激酶 A 没有催化活性。当机体在运动、惊慌、低血糖等因素的作用下血液中肾上腺素或胰高血糖素升高，这些激素作用于细胞受体，引起细胞内 c－AMP 水平的上升。c－AMP 就会结合在蛋白激酶 A 的调节亚基上，促使调节亚基与催化亚基分离，此时催化亚基产生活性，可以促进糖原的分解，提高血糖以供机体使用。

（3）共价修饰。有些酶可以通过共价结合其他化学基团的方式调节其活性。例如有的酶分子上的丝氨酸、苏氨酸和酪氨酸残基的羟基可以在蛋白激酶的催化下与磷酸形成磷酸酯。增加了磷酸基团的酶的空间构象和酶的活性将会改变。有些酶活性升高，另一些酶活性降低。当磷酸化的酶在磷酸酶的作用下脱去磷酸后，就会发生相反的情况。

（4）酶调节蛋白。以上这些调节机制有时会组合起来发挥作用。例如有一种叫钙调蛋白（CaM）的蛋白质，与钙离子结合后，发生构型上的变化，成为一些酶的激活物。在与目标酶结合后，又造成酶的构型变化，改变了酶的活性。这类调节其他酶的蛋白质被称为酶调节蛋白。

2.4.3　生化反应的反馈调节

反馈是控制论中的概念，是一个系统产生的效应反过来影响产生这个效应的过程，从而产生自动控制，包括正反馈和负反馈两种。正反馈是指反馈信息使系统的原始过程得以加强，例如导致爆炸的化学反应，这是化学反应导致温度不断升高，反应不断加快的过程。负反馈则是指反馈信息使原始的过程减弱，使系统处于稳定状态。在人体生理活动中，正负反馈的机制都存在。如果要促使一件事情发生，往往需要正反馈的过程。例如排尿、分娩的发动等都有正反馈在起作用。而负反馈在生物稳态的控制中起主要作用。我们身体各种指标的平稳，如血糖的稳定、血压的稳定、体温的调节等都属于负反馈调节。在生物的化学反应层次上，主要是负反馈在起作用。

生化反应的负反馈的调节表现在，化学反应的产物抑制化学反应本身，而底物则促进化学反应的发生。例如糖酵解的第一步反应是葡萄糖在已糖激酶的作用下产生 6－磷酸葡萄糖。而产物 6－磷酸葡萄糖作为酶的变构剂抑制已糖激酶的活性，减少自身的产出，只有糖酵解继续向下进行，使6－磷酸葡萄糖含量下降后，己糖激酶活性上升，这一生化反应才恢复进行。体内的生物化学反应常常是多步骤反应，每一步反应都有一个酶促使反应加快，产生许多种中间产物。为了使反应的规模限制在一定范围内。通常是最终产物反馈性地抑制整个反应链的初始阶段。以胆固醇合成体系为例，当胆固醇合成过多，或食物中含有过多的胆固醇时，胆固醇会反馈性抑制胆固醇合成起始的关键酶——甲基羟戊二酰辅酶A还原酶的活性，降低整个胆固醇合成的反应链，最终减少胆固醇的合成，使体内胆固醇的含量保持稳定。

本章提要

本章介绍了生物体的基本化学构成和化学反应。从构成生命的化学元素开始；进而讲到它们如何构成各级生命分子，内容包括碳链骨架、异构现象、生物构件分子与生物大分子等；然后介绍主要的生命分子，包括糖类、脂类、蛋白质、核酸等，和它们的功能；最后对发生在生物体内的化学反应的一般特征、生物催化剂酶、生化反应的调节方式等作了介绍。本章是随后各章节学习的基础，只有掌握了生物的化学基础，才能进一步理解包括细胞、组织、器官在内的各层生命结构，生命的遗传和进化等更深入的内容。

（谭信，马宏）

第3章
细胞的结构和功能

人是由约 3×10^{13} 个细胞组成的生物体，每天无数细胞生生死死，不停地新陈代谢，而这些细胞就像一栋大楼的砖块或瓷砖，只是基本材料或零件。细胞的发现始于17世纪。它是由英国的光学仪器修理师胡克（Robert Hooke）在1665年最先发现的。胡克最初是想了解作瓶塞的软木为什么那样轻，于是他就将软木削成一片一片的薄片，放在他自制的显微镜下观察，结果发现软木是由一个一个极小的小室构成的，他就将这些小室称为cell——细胞。其实，当时他所看到的小室实际上仅仅是植物细胞的细胞壁和细胞腔。因为正如大家后来所知道的那样，构成软木的木栓细胞均为死细胞，其内容物早已分解消失，仅残存细胞壁和空腔。细胞的重大发现引起人们研究生物显微构造的极大兴趣，打开了生物显微世界的大门。以后有众多的科学工作者为此作了大量的工作。但在相当长的一时间内，并没有给出任何理论性的概括。细胞到底是什么？在这个问题上人们徘徊了近一个世纪。对细胞的理论性研究直到19世纪才有人开始探索。这便是德国的植物学家施莱登（Schleiden M J）和动物学家施旺（Schwann T）。他们通过对细胞的大量观察和研究，在1838年和1839年分别得出近乎完全相同的结论："一切有机体，从简单的单细胞生物到复杂的多细胞生物都是由细胞组成的。"明确地指出细胞构造是一切生物有机体构造的一般原则。即细胞是有机体构造的基本单位，是有机体生命活动的基本单位。

3.1 细胞概述

细胞是构成有机体的基本单位，是代谢与功能的基本单位，是有机体生长发育的基础，是遗传的基本单位，同时细胞也是生命起源与进化的基本单位。机体的细胞生活在等渗的水溶液中，由细胞膜结构将细胞的环境分化为内环境和外环境，细胞的功能需要内环境的稳定。

3.1.1 细胞的形状

由于结构、功能和所处的环境不同，各类细胞形态千差万别，有圆形、椭圆形、柱形、方形、多角形、扁形、梭形，甚至不定形。原核细胞的形状常与细胞外沉积物（如细胞壁）有关，如细菌细胞呈棒形、球形、弧形、螺旋形等不同形状。单细胞的动物或植物形状更复杂一些，如草履虫像鞋底状，眼虫呈梭形且带有长鞭毛，钟形虫呈袋状。高等生物的细胞形状与细胞功能和细胞间的相互关系有关。如动物体内具有收缩功能的肌肉细胞呈长条形或长梭形；红细胞为圆盘状，有利于 O_2 和 CO_2 的气体交换。植物叶表皮的保卫细胞呈半月形，两个细胞围成一个气孔，以利于呼吸和蒸腾。细胞离开了有机体分散存在时，形状往往发生变化，如平滑肌细胞在体内呈梭形，而在离体培养时则可呈多角形。

3.1.2 细胞的大小

一般说来，真核细胞的体积大于原核细胞，卵细胞大于体细胞。大多数动植物细胞直径一般在20~30μm之间。鸵鸟的卵黄直径可达5cm，支原体仅0.1μm，人的坐骨神经细胞可长达1m。在20世纪三四十年代，由于透射电子显微镜（Transmission Electron Microscopy，TEM）的研制成功，以电磁透镜代替了玻璃透镜，突破了光学显微镜的局限性。电子显微镜应用于生物学的研究中，从而提示了细胞一个新的研究领域——超微结构。60年代末，扫描电子显微镜（Scanning Electron Microscopy，SEM）问世并被广泛应用，使人们能直接观察到生物，乃至细胞的立体结构。随着现代化观察仪器和设备的研制和应用，人类对细胞的研究和探讨会更加深入和完善。应当指出：在生物界还存在着比细胞更为简单的生命有机体，如病毒（virus)、噬菌体等。像病毒只是由蛋白质外壳包围着遗传物质——核酸芯子所构成，故称非细胞生物（non-cellular life)。但当它生活在一定种类的寄主体内，就表现出生命特征，有增殖、遗传、变异等生命现象。因此，细胞是生命有机体的基本功能单位，但不是生命有机体的最小结构单位。

3.1.3 细胞的数量

生物体的大小和细胞的大小没有关系，而是和细胞的数目有关。例如人比小鼠大约重2 000倍，但人体细胞的大小与小鼠细胞相当，例如人和小鼠的卵母细胞的直径都是110μm左右。人的一生大约需进行10^{16}次的细胞分裂，平均每分钟都有上千万个细胞诞生。正常人体有约3×10^{13}个细胞。1g哺乳动物的肝或肾组织有2.5亿~3亿个细胞；我们人体的“司令部”——大脑神经细胞的数量，据研究有几百亿个；成年男性1L血液中大约含有4.0×10^{12}个红细胞，按重65kg的男性体内约有5L血液计算，这个人红细胞总数为20万亿个。

3.1.4 细胞的寿命

人体由体细胞和生殖细胞组成，体细胞中不同细胞寿命差异显著，如肠黏膜细胞的寿命为3天，肝细胞寿命为500天，而脑与脊髓里的神经细胞的寿命有几十年，最长者同人体寿命几乎相等，而血液中的白细胞有的只能活几小时。在整个人体中，每分钟都有数以亿计的细胞死亡。细胞代数学说（亦称细胞分裂次数学说）认为，人体细胞相当于每2.4年更新一代。经实验发现，人体细胞在培养条件下平均可培养50代，每一代相当于2.4年，称为弗列克系数。据此，人的平均寿命应为$2.4\times50=120$（岁）。

3.2 细胞的基本结构

与机体存在功能不同的系统一样，细胞同样有边界，有分工合作的若干组分，有信息中心对细胞的代谢和遗传进行调控。简单来说细胞可分为两大类，即动物细胞和植物细胞（如图3-1），此外，还有细菌细胞和真菌细胞。

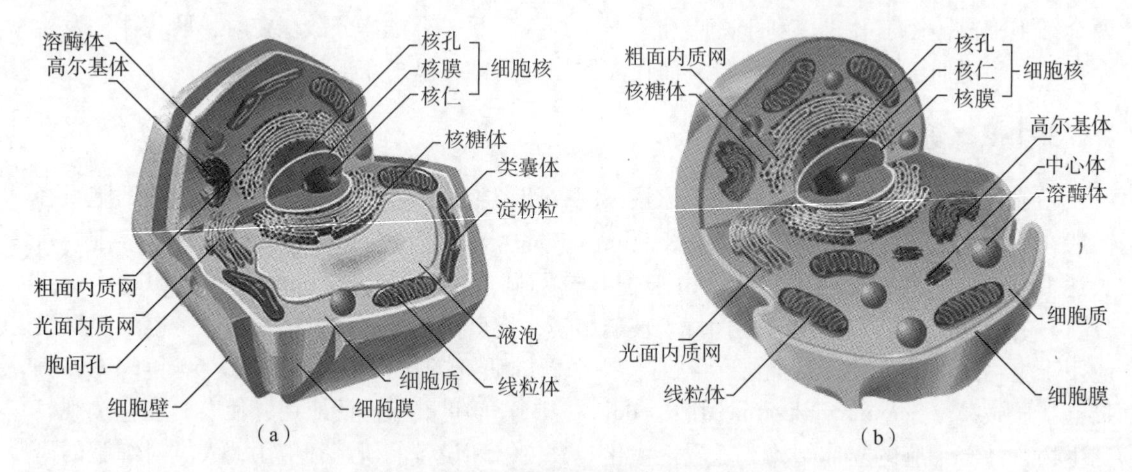

图 3－1　植物细胞与动物细胞结构图（参见王金亭等，2014）

（a）植物细胞；（b）动物细胞

3. 2. 1　动物细胞的结构

动物细胞包括细胞膜、细胞质、细胞核。动物细胞的细胞质包括细胞质基质和细胞器。而细胞器又可细分为：内质网、线粒体、高尔基体、核糖体、溶酶体、中心体。多数细胞只有一个细胞核，有些细胞没有细胞核，如人体内成熟红细胞等。有些细胞含有两个或多个细胞核，如肌细胞、肝细胞等。细胞核可分为核膜、染色质、核液和核仁四部分。核膜与内质网相通连，染色质位于核膜与核仁之间。染色质主要由蛋白质和 DNA 组成。在有丝分裂时，染色体复制，DNA 也随之复制为两份，平均分配到两个子细胞中，使得后代细胞染色体数目恒定，从而保证了后代遗传特性的稳定。

3. 2. 1. 1　细胞膜

细胞膜又称为浆膜，是位于细胞最外层、围绕细胞质的一层薄膜，主要由脂类和蛋白质构成，其外侧有糖类物质。水和氧气等小分子物质能够自由通过，而某些离子和大分子物质则不能自由通过，因此，它除了起着保护细胞内部的作用以外，还具有控制物质进出细胞的作用：既不让有用物质任意地渗出细胞，也不让有害物质轻易地进入细胞。细胞膜在光学显微镜下不易分辨。用电子显微镜观察，可以知道细胞膜主要由蛋白质分子和脂类分子构成。磷脂双分子层是细胞膜的基本骨架。在磷脂双分子层的外侧和内侧，有许多球形的蛋白质分子，它们以不同深度镶嵌在磷脂分子层中，或者覆盖在磷脂分子层的表面。这些磷脂分子和蛋白质分子大都是可以流动的，这样一个细胞膜结构模型叫做液态流动镶嵌模型（如图 3－2）。可以说，细胞膜具有一定的流动性。细胞膜的这种结构特点，对于它完成各种生理功能是非常重要的。

此外，在细胞膜下，与各种膜蛋白相连，由纤维蛋白组成的网架结构，我们称其为细胞膜骨架（又称细胞皮层）。这些纤维平行于细胞膜排列，给细胞膜提供强度和韧性，并与细胞运动有关。

3. 2. 1. 2　细胞质

细胞质（cytoplasm）是细胞膜包围的除核区外的一切半透明、胶状、颗粒状物质的总称。细胞质含水量约 80%，由细胞质基质、内膜系统、细胞骨架和包含物组成，是生命活

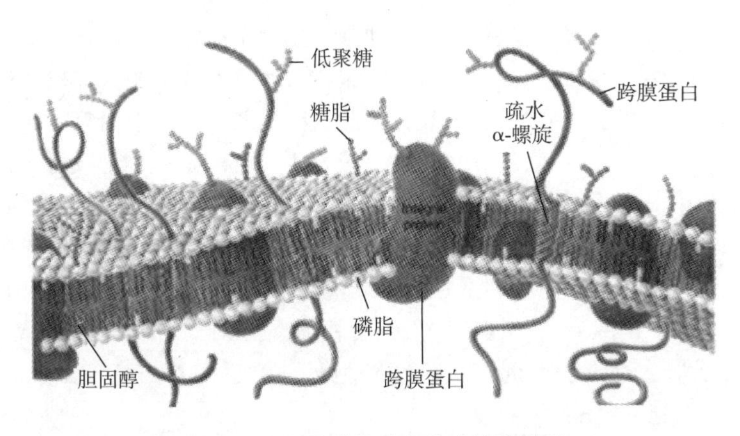

图 3-2　细胞膜的液态流动镶嵌模型

动的主要场所。基质指细胞质内呈液态的部分，是细胞质的基本成分，主要含有多种可溶性酶、糖、无机盐和水等。内膜系统是真核细胞特有的单层膜结构，包括内质网、高尔基复合体、溶酶体、胞内体、过氧化物酶体、分泌泡等。它是结构、功能乃至发生上相互关联的动态整体。

广义上的内膜系统概念也包括线粒体、叶绿体、细胞核等细胞内所有由膜结构形成的细胞器，但线粒体和叶绿体在发生上不同于其他构成内膜系统的细胞器，它们具有双层膜结构和独立的起源。由于有了内膜系统的存在，扩大了细胞内总的膜面积，为酶等提供附着的支架，同时将细胞内部区分为不同的功能区域，保证各种生化反应所需的独特环境。

细胞骨架顾名思义，犹如生物体的骨骼系统那样，对细胞结构起到支撑作用，许多细胞的功能活动与细胞骨架有关。

细胞内其他包含物还有核糖体、储藏物、多种酶类和中间代谢物、各种营养物和大分子的单体等，少数细菌还有类囊体、羧酶体、气泡或伴孢晶体等。

3.2.1.3　细胞骨架

狭义的细胞骨架（cytoskeleton）概念是指存在于真核细胞质中的蛋白纤维网架体系（微管、微丝及中间纤维组成的体系），而广义的细胞骨架还包括细胞核内的蛋白骨架结构。细胞骨架系统，与细胞内的遗传系统、生物膜系统并称“细胞内的三大系统”。直到 20 世纪 60 年代后，采用戊二醛常温固定，才逐渐认识到细胞骨架的客观存在。它是细胞维持基本形态的重要结构。除此之外，细胞骨架在承受外力、保持细胞内部结构的有序性方面也起着重要作用，而且还参与许多重要的生命活动，如：在细胞分裂中细胞骨架牵引染色体分离；在细胞物质运输中，各类小泡和细胞器可沿着细胞骨架定向转运；在肌肉细胞中，细胞骨架和它的结合蛋白组成动力系统；白细胞（白血球）的迁移、精子的游动、神经细胞轴突和树突的伸展等都与细胞骨架有关。

微管（microtubule）在所有哺乳类动物细胞中存在，直径大于 12nm，除了红细胞（红血球）外，所有微管均由约 55kD 的 α 及 β 微管蛋白（tubulin）组成。微管是细胞骨架的架构主干，也是某些细胞器的主体，如中心粒、真核生物的纤毛（cilium）与鞭毛（flagellum）等。微管决定了膜性细胞器（membrane-enclosed organelle）的位置和作为膜泡运输的导轨。由微管形成的结构是比较稳定的，如神经细胞轴突、纤毛和鞭毛中的微管纤维，但同时大多数微管纤维又处于动态聚合和分解的状态，这是实现其功能所必需的性质（如纺锤体）。秋水仙素、长春花碱等药物就是通过结合微管蛋白阻止其他微管蛋白单体继续添加在微管上，进而破坏纺锤体的结构。另一种化疗药物紫杉酚能促进微管聚合，使已形成的微管稳定，然而这种稳定性恰好破坏了微管的正常功能，妨碍细胞分裂，因此这些药物成为癌症治疗的新希望。

微丝（microfilament）也普遍存在于所有真核细胞中，是一个实心状的纤维，直径为4~7nm，一般细胞中其含量占细胞内总蛋白质的1%~2%，但在活动较强的细胞中可占20%~30%。在一般细胞主要分布于细胞的表面，直接影响细胞的形状。微丝具有多种功能，在不同细胞的表现不同：在肌细胞组成细肌丝，可以收缩；在非肌细胞中主要起支撑作用、非肌性运动和信号传导作用。微丝主要由肌动蛋白（actin）构成，和肌球蛋白（myosin，一种分子马达蛋白）一起作用，使细胞运动。它们参与变形虫运动、植物细胞的细胞质流动与肌肉细胞的收缩。

中间纤维（Intermediate Filament，IF），又称中间丝、中等纤维，直径介于微管和微丝之间（8~10nm），其化学组成比较复杂。构成它的蛋白质多达5种，包括波形蛋白、角蛋白、结蛋白、神经元纤维、神经胶质纤维等。在不同细胞中，成分变化较大。中间纤维使细胞具有张力和抗剪切力。中间纤维有共同的基本结构，即构建成一个中央α螺旋杆状区，两侧则是大小和化学组成不同的端区。端区的多样性决定了中间纤维外形和性质的差异和特异性。

以上这些结构单元并非是一成不变的，而是随细胞的生命活动而呈现高度的动态性，它们均由单体蛋白以较弱的非共价键结合在一起，构成纤维型多聚体，很容易进行组装和去组装，这正是实现其功能所必需的特点。

3.2.1.4 细胞器

在细胞质中还可看到一些具有特定功能的呈膜状、泡状、颗粒状的结构，类似生物体的各种器官，因此叫做细胞器，在细胞生理活动中起重要作用。它包括：

（1）属于内膜系统的内质网、高尔基体、溶酶体、液泡等；

（2）与能量代谢有关的，具有双层膜和遗传物质的线粒体（植物细胞中的叶绿体也属于此类）；

（3）非膜性结构的中心体、核糖体等。

内质网是细胞质中由膜构成的网状管道系统。它与细胞膜相通连，对细胞内包括蛋白质在内的生命分子的合成、加工和运输起着重要作用。内质网分为光面内质网和粗面内质网，两者的区别是粗面内质网上附有核糖体，因此后者是合成膜蛋白和分泌蛋白质的场所。

高尔基体是由许多扁平的囊泡构成的、以分泌为主要功能的细胞器，其膜成分来源于内质网。主要功能是将内质网合成的蛋白质进行加工、分类与包装，然后分门别类地送到细胞特定的部位或分泌到细胞外。高尔基体还合成一些分泌到胞外的多糖和修饰细胞膜的材料。它不仅存在于动植物细胞中，而且也存在于原生动物和真菌细胞内。

溶酶体为单层膜包被的囊状结构，直径0.025~0.800μm，由高尔基体通过出芽产生。已发现溶酶体内有60余种酸性水解酶，包括蛋白酶、核酸酶、磷酸酶、糖苷酶、脂肪酶、磷酸酯酶及硫酸酯酶等。这些酶控制多种内源性和外源性大分子物质的消化。因此，溶酶体具有溶解或消化的功能，为细胞内的消化器官。1955年由比利时学者迪夫（Christian de Duve）等人在鼠肝细胞中发现。

线粒体呈线状或粒状，故名。在线粒体上，有很多种与呼吸作用有关的颗粒，即多种呼吸酶。它是细胞进行呼吸作用的场所，通过呼吸作用，将有机物氧化分解，并释放能量，供细胞的生命活动所需，所以有人称线粒体为细胞的“发电站”或“动力工厂”。

核糖体是一种颗粒状小体，是合成蛋白质的场所。存在于内质网膜的外表面的核糖体合成膜蛋白和分泌蛋白质，而位于细胞质基质中的核糖体合成的蛋白质在细胞内发挥功能，合成后留在细胞质基质中，或转运到线粒体、细胞核、过氧化物酶体等处。

中心体存在于动物细胞和某些低等植物细胞中，因为它的位置靠近细胞核，所以叫中心体。中心体与细胞的有丝分裂有密切关系。

3.2.1.5　细胞核

细胞核是细胞内最重要的细胞器，是遗传信息的主要储存、复制、转录场所。细胞核通常位于细胞的中央，核的数目可因细胞类型不同而异。一般来说，细胞核约占细胞体积的10%。细胞核中有一种物质，易被苏木精等碱性染料染成深色，称为染色质。生物体用于传种接代的物质即遗传物质，就在染色质上。当细胞进行有丝分裂时，染色质就变成染色体，因此染色质与染色体是同一物质在不同细胞周期的表现。DNA是一种有机物大分子，又叫脱氧核糖核酸，是生物的遗传物质。在有丝分裂前，染色体复制，DNA也随之复制为两份，细胞分裂时平均分配到两个子细胞中，使得后代细胞染色体数目恒定，从而保证了后代遗传特性的稳定。核表面的双层膜构成核被膜，外层与粗面内质网膜连续，其上有核糖体附着；内核膜内表面附着一层纤维状蛋白网，称核纤层，在核内与核基质连接，在核外与中间纤维相连，构成贯穿于细胞核和细胞质的统一网架结构体系。核膜上的圆形小孔称为核孔，是细胞核和细胞质的直接通道。核孔周围有盘状结构的核孔复合体，负责选择性通透物质。

3.2.2　植物细胞的结构

植物细胞除了和动物细胞一样具有细胞膜、细胞质和细胞核之外，还有细胞壁。植物细胞的细胞质包括细胞质基质和细胞器。植物细胞器除了包括与动物细胞相同的内质网、线粒体、高尔基体、核糖体、溶酶体之外，还含有叶绿体和中央液泡等。研究表明植物细胞质的化学成分包括水（结合水与自由水，占85%~95%）、蛋白质（占7%~10%）、脂类（占1%~2%）、核酸（其中DNA 0.4%、RNA 0.7%）、其他有机物（占0.4%~1%）和无机物（占1%~1.6%），可见细胞内水分含量高。水在细胞中以两种形式存在：一部分水与细胞内的其他物质相结合，叫做结合水（约占细胞内全部水分的4.5%）；细胞中绝大部分的水以游离的形式存在，可以自由流动，叫做自由水。以下只介绍植物细胞特有的结构。

3.2.2.1　细胞壁

细胞壁位于植物细胞的最外层，是一层透明的薄壁。它主要是由纤维素与果胶组成的，孔隙较大，物质分子可以自由透过。细胞壁对细胞起着支持和保护的作用。

3.2.2.2　叶绿体

叶绿体是植物细胞中由双层膜围成，含有叶绿素能进行光合作用的细胞器。可以说几乎一切生命活动所需的能量都来源于太阳能（光能）。绿色植物是主要的能量转换者，它能利用光能同化二氧化碳和水，合成储藏能量的有机物，同时产生氧。所以绿色植物的光合作用是地球上有机体生存、繁殖和发展的根本源泉。

线粒体与叶绿体都是细胞内进行能量转换的场所，两者在结构上具有一定的相似性。

①均由两层膜包被而成，且内外膜的性质、结构有显著的差异。

②均为半自主性细胞器，具有自身的DNA和蛋白质合成体系。绿色植物的细胞内存在

3个遗传系统。叶绿体DNA由Ris和Plaut 1962最早于衣藻中发现，它的基因组大小因植物而异，一般200~2 500bp。数目的多少与植物的发育阶段有关，如菠菜幼苗叶肉细胞中，每个细胞含有20个叶绿体，每个叶绿体含DNA分子200个，但接近成熟的叶肉细胞中有叶绿体150个，每个叶绿体含30个DNA分子。

和线粒体一样，叶绿体只能合成自身需要的部分蛋白质，其余的是在细胞质游离的核糖体上合成的，必须运送到叶绿体，才能使叶绿体发挥应有的功能。由于叶绿体在形态、结构、化学组成、遗传体系等方面与蓝细菌相似，人们推测叶绿体和线粒体一样可能起源于内共生的方式，是寄生在细胞内的蓝藻演化而来的。详见第9章：生命与人类的进化历程。

3.2.2.3 液泡

液泡是由单层膜与其内的细胞液组成的，主要存在于植物细胞中，低等动物特别是单细胞动物的食物泡、收缩泡等均属于液泡。具有一个大的中央液泡是成熟的植物生活细胞的显著特征，而动物细胞的液泡较小。这是植物细胞与动物细胞在结构上的明显区别之一。成熟的植物细胞的细胞核，往往被中央液泡推挤到细胞的边缘。液泡的功能主要是调节细胞渗透压，维持细胞内水分平衡，积累和储存养料及多种代谢产物。液泡膜具有特殊的选择透性，使液泡具有高渗性质，引起水分向液泡内运动，对调节细胞渗透压、维持膨压有很大关系，并且能使多种物质在液泡内储存和积累，如糖、蛋白质、磷脂、单宁、有机酸、植物碱、色素和盐类等。

细胞质不是凝固静止的，而是缓缓地运动着的。在只具有一个中央液泡的细胞内，细胞质往往围绕液泡循环流动，这样便促进了细胞内物质的转运，也加强了细胞器之间的相互联系。细胞质运动是一种消耗能量的生命现象。细胞的生命活动越旺盛，细胞质流动越快，反之，则越慢。细胞死亡后，其细胞质的流动也就停止了。

3.2.3 细菌细胞的结构

与动物和植物细胞相比，细菌的结构没有叶绿体，也没有线粒体及其他细胞器。细菌主要由细胞壁、细胞膜、细胞质、核质体等部分构成，有的细菌还有荚膜、鞭毛、菌毛、纤毛等特殊结构。绝大多数细菌的直径大小在0.5~5.0μm之间。

细菌的细胞壁厚度因细菌不同而异，一般为15~30nm，主要成分是肽聚糖。肽聚糖中的多糖链在各菌株细胞壁中都相似，而横向短肽链却有种间差异。革兰氏阳性菌细胞壁厚，含20%~40%的磷壁酸，有的还有少量蛋白质。革兰氏阴性菌细胞壁略薄，成分较复杂，由外向内依次为脂多糖、细菌外膜和脂蛋白。此外，外膜与细胞之间还有间隙。凡能破坏肽聚糖结构或抑制其合成的物质，都有抑菌或杀菌作用，如溶菌酶、青霉素等。细菌细胞壁的功能包括：保持细胞外形、抑制机械和渗透损伤（革兰氏阳性菌的细胞壁能耐受20kg/cm^{2}的压力）、介导细胞间相互作用（侵入宿主）、防止大分子入侵、协助细胞运动和分裂。

细胞膜：是典型的单位膜结构，通常不形成内膜系统，除核糖体外，没有其他类似真核细胞的细胞器，呼吸和光合作用的电子传递链位于细胞膜上。

核质体：细菌没有核膜，DNA集中在细胞质中的低电子密度区，称拟核或核质体。细菌一般具有1~4个核质体，多的可达20余个。核质体是环状的双链DNA分子，所含的遗传信息量可编码数千种蛋白质，核质体空间构建十分精简，DNA上没有内含子。由于没有核膜，因此DNA的复制、RNA的转录与蛋白质的合成可同时进行，而不像真核细胞那样。这些生化反应在时间和空间上是严格分隔开来的。

核糖体：每个细菌细胞含5 000～50 000个核糖体，部分附着在细胞膜内侧，大部分游离于细胞质中。细菌核糖体的沉降系数为70S，由大亚单位（50S）与小亚单位（30S）组成，大亚单位含有23SrRNA，5SrRNA与30多种蛋白质，小亚单位含有16SrRNA与20多种蛋白质。30S的小亚单位对四环素与链霉素敏感，50S的大亚单位对红霉素与氯霉素敏感。

质粒：细菌核区DNA以外的，可进行自主复制的遗传因子称为质粒（plasmid）。质粒是裸露的环状双链DNA分子，所含遗传信息量为2～200个基因，能进行自我复制，有时能整合到核DNA中去。质粒DNA在遗传工程研究中很重要，常用作基因重组与基因转移的载体。

3.2.4　真菌细胞的结构

真菌是以吸收为主要营养方式的真核生物，有细胞壁，至少在生活史的某一阶段如此。细胞壁多含几丁质，也有含纤维素的真菌细胞，没有质体和光合色素。真菌细胞的结构比细菌的复杂，细胞壁缺乏构成细菌胞壁的肽聚糖，其坚韧性主要依赖于多聚N-乙酰基葡萄糖构成的甲壳质（chitin），并含葡聚糖、甘露聚糖及蛋白质，某些酵母菌还含类脂体。细胞内有较为典型的核结构和细胞器。

真菌是生物的一个重要的门类，现代分类学家将真菌与动物界和植物界并列。因为真菌从形态上看很像植物，但不能进行光合作用，不能自己制造有机物，只能从其他生物获得营养。真菌从营养摄入角度看很像动物，但又没有动物那样的运动系统和神经系统，不能运动。因而生物学家单独将其列为真菌界。灵芝、银耳、蘑菇、木耳、酵母等都为真菌。

真菌细胞可为人类提供丰富的微量元素，如银耳、蘑菇、冬菇中含钾丰富；木耳、松蘑、蓁蘑是铁的良好来源；木耳、口蘑含锰量高；香菇、口蘑中锌元素丰富；口蘑含磷可算蔬菜中的冠军，含铜也不少；松蘑是硒和锌的良好来源；香菇、冬菇中锰的含量也很高。

3.3　原核细胞和真核细胞

地球上成千上万种细胞可以分为两大类，即原核细胞和真核细胞。它们在生命进化的早期就已经分开，原核细胞出现在约35亿年前，而真核细胞出现在约18亿年前。现代理论认为从染色体结构、RNA加工、转录起始、RNA聚合酶、翻译起始类型、核糖体蛋白，以及DNA序列分析看，真核生物主体起源于古细菌，通过吞噬某些真细菌，将其改变成线粒体和叶绿体，再进化成当今的真核生物世界。因此生物按其结构来分，就分为两种类型，一是由真核细胞构成的真核生物；二是由原核细胞构成的原核生物；没有细胞结构的病毒则依附于细胞生存。

3.3.1　原核细胞与原核生物

原核细胞（prokaryotic cell）没有核膜，遗传物质集中在一个没有明确界限的拟核区。DNA为裸露的环状分子，以二分裂方式进行增值，不进行有丝分裂、减数分裂和无丝分裂。该种细胞不发生原生质流动，观察不到变形虫样运动。没有恒定的内膜系统，核糖体为70S

型。原核细胞构成的生物称为原核生物（prokaryote），均为单细胞生物。原核细胞又分真细菌和古生菌两大门类，它们在进化的早期就已经分家，各自适应不同的生态环境。其中古生菌株存在于高热、高盐等极端环境中，而真细菌生活的范围广泛得多。根据外表特征，可把真细菌分为6种类型，即细菌、放线菌、蓝细菌、支原体、立克次氏体和衣原体。

3.3.2 真核细胞和真核生物

真核细胞指含有被核膜包围的细胞核的细胞，能进行有丝分裂，也有些真核生物的细胞进行无丝分裂，如蛙的红细胞、人的肝脏细胞。真核细胞还能进行原生质流动和变形运动，光合作用和氧化磷酸化作用则分别由叶绿体和线粒体进行。所有的动物细胞以及植物细胞都属于真核细胞。由真核细胞构成的生物称为真核生物。原始真核细胞大约在18亿年前出现，现存的种类繁多。真核生物包括大量的单细胞生物或原生生物及全部多细胞生物。一般说来，真核细胞的体积大于原核细胞，在真核细胞的核中，DNA与组蛋白及某些富含精氨酸和赖氨酸的碱性蛋白质等共同组成染色体结构，在核内可看到核仁。其细胞质内膜系统发达，存在着内质网、高尔基体、线粒体和溶酶体等细胞器，分别行使特异的功能。

3.3.3 真核细胞和原核细胞的异同

3.3.3.1 相同点

（1）均有DNA和RNA，且均以DNA为遗传物质。

（2）均有细胞膜、细胞质和核糖体，均能进行转录与翻译，合成蛋白质。

3.3.3.2 区别

（1）大小区别：原核细胞小，真核细胞大。

（2）细胞壁：原核生物为肽聚糖，真核细胞为纤维素和果胶。

（3）细胞质中细胞器：原核细胞不含复杂的细胞器，有的能进行光合作用、有氧呼吸，其场所分别在细胞质基质中、细胞膜上进行，例光合细菌、蓝藻、硝化细菌等。

（4）遗传物质存在形式和部位：原核细胞DNA在拟核、质粒中，无染色体结构。真核细胞DNA和蛋白质组成染色体，在细胞核、线粒体或叶绿体中。

（5）原核生物的遗传不遵循孟德尔的遗传规律，其变异靠基因突变和基因重组，细胞不能进行减数分裂。真核生物的遗传遵循孟德尔的遗传规律，其变异来源有基因突变、基因重组、染色体变异和有性生殖。

（6）生殖方式：原核生物只进行无性生殖，主要进行分裂生殖。许多真核生物进行有性生殖，有些真核生物的生殖方式可变，如酵母菌在不良的环境下进行有性生殖，在良好的环境下进行无性生殖。

3.3.4 病毒的形态和地位

病毒是一类个体微小，结构简单，只含单一核酸（DNA/RNA），必须在活细胞内寄生并以复制方式增殖的非细胞型微生物。病毒具有如下特性：

（1）同所有生物一样，具有遗传、变异、进化的能力。

（2）是一种体积非常微小、结构极其简单的生命形式。病毒颗粒大约是细菌大小的百分之一。

（3）有高度的寄生性，完全依赖宿主细胞的能量和代谢系统，获取生命活动所需的物质和能量，遇到宿主细胞时它会通过吸附、进入、复制、装配、释放子代病毒而显示典型的生命体特征，所以病毒是介于生物与非生物的一种原始的生命体。

病毒由两到三个成分组成，即核酸、衣壳和包膜：

（1）病毒含有遗传物质 RNA 或 DNA，据此将病毒分为两大类——RNA 病毒和 DNA 病毒；

（2）所有病毒都有由蛋白质形成的衣壳，用来包裹和保护其中的遗传物质；

（3）一些病毒（例如流感病毒和其他一些动物病毒）具有包裹在蛋白质衣壳外的一层包膜，这层包膜主要来源于宿主细胞膜（磷脂层和膜蛋白），但也包含有一些病毒自身的糖蛋白。主要功能是帮助病毒进入宿主细胞。

病毒的形态各异，从简单的螺旋形和正二十面体形到复合型结构。病毒具有多种多样的传播方式，不同类型的病毒采用不同的方法。例如，植物病毒可以通过以植物汁液为生的昆虫，如蚜虫，在植物间进行传播；而动物病毒可以通过蚊虫叮咬而得以传播。这些携带病毒的生物体被称为“载体”。流感病毒可以经由咳嗽和打喷嚏来传播；诺罗病毒则可以通过手足口途径来传播，即通过接触带有病毒的手、食物和水传播；轮状病毒常常是尚未产生免疫力儿童通过接触受感染而直接传播；艾滋病毒则可以通过性接触来传播。

病毒并不是独立的生物门类，而是依附于原核生物和真核生物而存在，由此可将病毒分为两类：

（1）依附于原核细胞生存的噬菌体；

（2）依附于真核细胞生存的真核细胞病毒（简称病毒）。

这两类病毒的结构与各自的宿主相关。例如噬菌体使用原核细胞专有的 DNA 聚合酶复制自己，使用原核细胞专有的 RNA 聚合酶进行转录，本身的 DNA 上具有与原核细胞的 DNA 相似的结构元件。而真核细胞的病毒则具有与真核细胞的 DNA 相似的结构元件，如真核细胞启动子、增强子序列、polyA 聚合作用信号序列等。因此病毒实际上是和所寄生的细胞共同进化而来的。噬菌体和原核细胞共进化，病毒则和真核细胞共进化。有些病毒可能是从原始细胞逃逸并独立出来的。

病毒虽可以致病，但对于分子生物学和细胞生物学的研究却具有重要意义，因为它们提供了能够被用于改造和研究细胞功能的简单系统，运用这种系统就可以在医疗、健康、材料等多领域发挥作用。例如：

（1）从材料科学的观点来看，病毒可以被看作有机纳米颗粒，被普遍用作支架来共价连接表面修饰；

（2）噬菌体可以作为防治某些疾病的特效药，例如烧伤病人在患处涂抹绿脓杆菌噬菌体稀释液；

（3）在细胞工程中，某些病毒可以作为细胞融合的助融剂，例如仙台病毒；

（4）在基因工程中，病毒可以作为目的基因的载体，使之被拼接在靶细胞的染色体上；

（5）病毒可以作为精确制造药物的载体；

（6）病毒可以作为特效杀虫剂；

（7）病毒在生物圈的物质循环和能量交流中起到关键作用；

（8）利用灭活病毒制作疫苗。

本章提要

本章节在概括性介绍了细胞的发现历史、形状大小和数量的基础上，重点学习了细胞的基本结构，并依据这些理论知识进一步介绍了真核细胞与原核细胞的异同。在基础知识中我们分别以动物、植物、细菌和真菌为代表介绍了重点细胞中的几大类组成成分，希望学习过程中可以比较性学习，重点理解细胞是组成生命的基本单位。

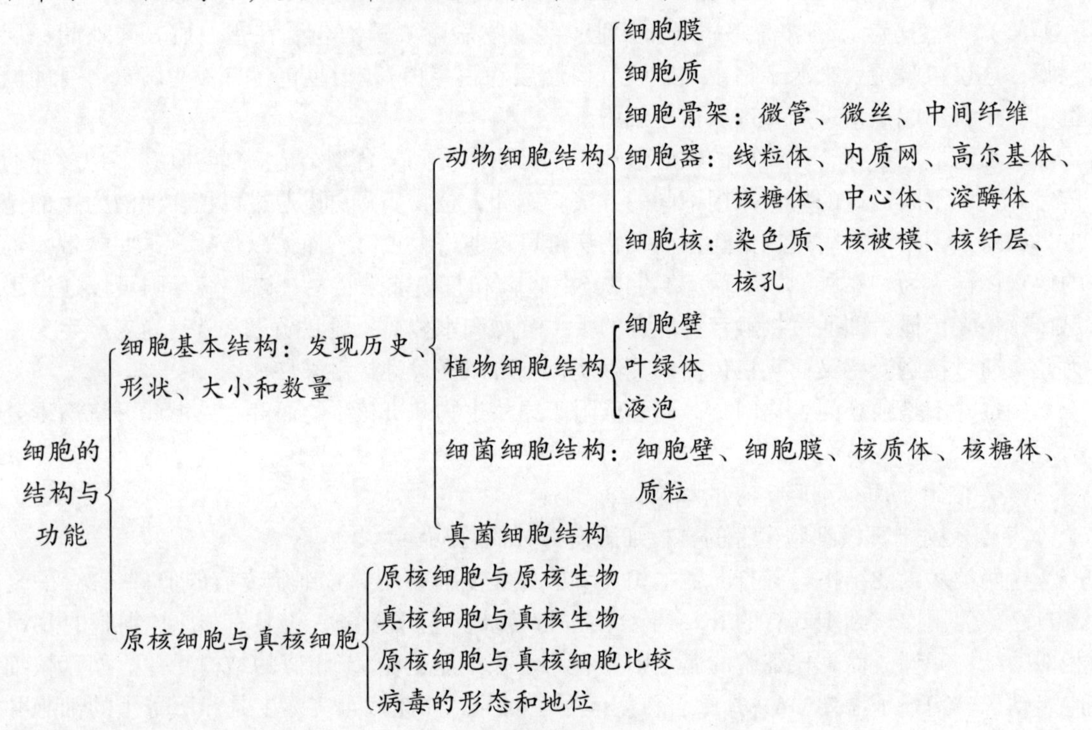

资源链接

[1] 细胞膜的特征和功能，重要细胞器的主要功能：http://www.bilibili.com/video/av2615002/.

[2] 真核细胞与原核细胞的异同：http://www.56.com/w26/play_album-aid-13035934_vid-NjU5MzY3NTE.html.

（马　宏）

第2编　遗传与基因组学

提到遗传现象，人们往往联想到生物体的种种特征由亲代向子代传递的现象，而遗传学正是研究这种传递原理的学问。传统遗传学将亲子之间的遗传和变异看作是遗传学的主要研究内容，但现在的遗传学所涉及的范围要广泛得多。首先，我们应该注意到任何个体都是由被称为受精卵的单细胞发育而来的，由亲代直接向后代传递的所有物质都存在于且只存在于这个单细胞中，因此如何通过这个单细胞实现全部的遗传功能就成了遗传学需要解决的一个大问题。为此，我们需要解决如下一系列问题：遗传信息如何控制胚胎的发育过程？遗传物质如何控制生物体自身结构与功能？遗传物质自身的维持、复制与变化……这一切问题的解决，都有赖于对遗传物质本身，即基因的结构和功能的深入理解。此外，遗传物质的存在并不意味着它们一定起作用，基因表达是受到调控的，表观遗传效应也制约着遗传物质的功能。

生命过程的交接传递被称为遗传，但这种传递不仅仅发生在不同的代次之间，细胞内 DNA 的复制和细胞分裂成子细胞是更基本、也是更经常发生的遗传过程。在生命形成的早期，由遗传物质与环境的相互作用造成的细胞生长和分化构成了宏观的个体发育；在成体阶段，细胞分裂和分化仍然频繁发生，以补充磨损和死亡的细胞。细胞内基因突变可以发生在机体的所有类型的细胞中。基因突变既可以在下一代表现出表型的改变、造成遗传病或群体的遗传多样性，并为进化提供的基本材料；也可以造成机体本身的病理变化，肿瘤细胞的发生就是细胞内基因突变的结果之一。

经典遗传学只研究遗传物质通过细胞分裂向子细胞或后代传递的过程，称为传递遗传学。目前已经认识到遗传物质除了这种传递方式外，还存在着遗传物质在不同细胞，或不同个体之间的横向传递过程，这种传递是通过病毒或质粒等微小基因载体在不同细胞之间的穿梭来完成的。基因横向传递现象最初在对细菌抗药性的研究中被注意到，但随后发现这其实是一种普遍存在的遗传物质的传递现象，在真核生物基因组中有百分之几的遗传物质是通过病毒横向传递的方式得到的。对基因横向传递的研究开辟了遗传学研究的新领域，这些研究成果不但对基因工程、转基因技术的开发和传染性疾病的防治具有重要意义，而且加深了我们对生物进化过程的认识。

遗传物质是遗传学研究的基本对象。研究基因的结构和功能、研究维持生命的存在和代代传递所需的遗传信息的表达和调控、在细胞层次上理解遗传的本质、全方位地阐明遗传物质在细胞之间、机体之间的传递方式和过程等，构成了现代遗传学研究的主要方面。

第4章

遗传的细胞基础和基本定律

若要理解遗传保持和发展生命过程的机制，首先要了解作为生命基本单元——细胞的繁衍过程。生命的延续也就是细胞的延续。宏观的遗传现象依赖于细胞的分裂、分化和死亡过程，这些是我们理解遗传现象的基础。

在细胞分裂时，一个细胞分裂成两个细胞。子代细胞继承了亲代细胞的生命特征，尤其是全盘接受了亲代细胞的遗传物质。细胞分裂所伴随的遗传物质的复制和传递是整个生命世界得以存在和繁衍的基础，这条生命之河从地球上生命诞生伊始，在遗传物质复制和细胞分裂周而复始的运作中，经历几十亿年的岁月延续至今，发展出种类繁多的生命形态。其中单细胞生物还是通过最基本的细胞分裂延续自己；而高等生物构造出多细胞的个体，自此之后细胞分化成为遗传控制必不可少的一环。多细胞生物通过无性或有性生殖方式产生下一代，形成了世代繁衍的遗传过程。

有性生殖的出现派生出新的细胞分裂形式：减数分裂。掌握减数分裂和受精过程的知识是理解有性生殖生物遗传现象的基础。孟德尔和摩尔根等所创建的遗传的基本定律是对行有性生殖生物的遗传现象在个体水平上的系统说明。

4.1 细胞周期和分裂

生命是一个不断更新的过程，也是一个周期性事件，其中最基本的周期是细胞周期(cell cycle)。机体内的不同细胞类型，有些每天都在分裂；有些高度特化的细胞，如成年神经细胞、肌肉细胞一旦形成永不分裂；有些会越过代次的障碍，重新构建下一个生命个体，这里指的是生殖细胞和受精卵。那些能够进行分裂的真核细胞，从细胞首次出现到细胞完成分裂为止，会发生一系列有顺序的事件。细胞周期中一系列事件之所以有条不紊地进行，是因为它受到控制系统的调节，这个系统可以整合来自环境和自身的各种信息，在细胞周期的关键时刻发出指令，调控细胞分裂的进程。

4.1.1 细胞周期

细胞分裂产生的新细胞，经过生长、分裂而增殖成两个子细胞所经历的全过程，称为细胞周期，通常分为间期与分裂期两个阶段。细胞生命活动大部分时间是在间期度过的，如大鼠角膜上皮细胞的细胞周期，间期占14 000分钟，分裂期仅占70分钟。

4.1.1.1 间期（interphase）

在细胞分裂间期进行着遗传物质DNA的复制过程，DNA复制与细胞分裂前后有两个间隔（gap），因此将间期又分为三个时期，即 DNA 合成前期（G_1 期）、DNA 合成期（S 期）与 DNA 合成后期（G_2 期）。间期是细胞合成 DNA、RNA、蛋白质和各种酶的时期，是为细胞分裂准备物质基础的主要阶段（如图 4－1 所示）。

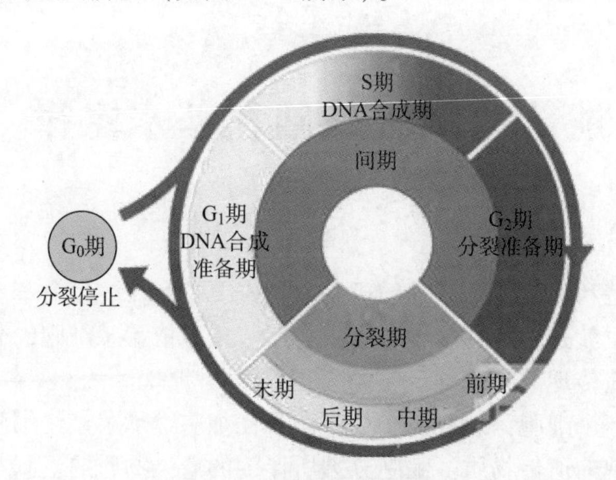

图 4－1　细胞周期示意图

G_1 期（first gap）：从上一次有丝分裂结束到 DNA 复制前的一段时期，又称合成前期，此时期主要合成 RNA 和核糖体。该期特点是物质代谢活跃，迅速合成 RNA 和蛋白质，细胞体积显著增大。这一期的主要意义在于为下阶段 S 期的 DNA 复制作好物质和能量的准备。

S 期（synthesis）：即 DNA 合成期，在此时期，除了合成 DNA 外，同时还要合成组蛋白。DNA 复制所需要的酶都在这一时期合成。

G_2 期（second gap）：为 DNA 合成后期，是有丝分裂的准备期。在这一时期，DNA 合成终止，大量合成 RNA 及蛋白质，包括微管蛋白和促成熟因子等。

4.1.1.2　细胞分裂期（M 期）

细胞的有丝分裂需经前、中、后、末四个时期，是一个连续变化过程，由一个母细胞分裂成为两个子细胞。一般需 1 ~ 2 小时。具体过称参见细胞分裂一节。

4.1.1.3　G_0 期

G_0 期是脱离细胞周期，停止分裂的一个阶段。但在一定刺激下，又可进入周期，合成 DNA 与分裂。G_0 期的特点为：

①在未受刺激的 G_0 细胞，DNA 合成与细胞分裂的潜力仍然存在；

②当 G_0 细胞受到刺激而增殖时，又能合成 DNA 和进行细胞分裂。如肝部分切除后，剩余的肝细胞进入细胞周期恢复分裂能力。

细胞周期可以表示为：G_1 期→S 期→G_2 期→M 期。有的细胞如造血干细胞，始终保持旺盛的分裂能力，沿着细胞周期周而复始，不断进行分裂。绝大多数高度分化的细胞不再分裂，如成熟的红细胞、神经细胞、肌肉细胞等，永远失去分裂能力。也有的细胞暂时离开细胞周期，进入 G_0 期，必要时可重新进入周期，如骨髓干细胞、潜在的癌细胞等。

4.1.2　细胞周期的调控

真核细胞内有一个调控机构，使细胞周期能有条不紊地依次进行。细胞周期的准确调控对生物的生存、繁殖、发育和遗传非常重要。细胞周期调控系统由一些相关基因和特异性的细胞周期蛋白组成。美国的勒兰德·哈特韦尔（Leland H. Hartwell）、英国的蒂莫希·亨特（R. Timothy Hunt）和保罗·诺斯（Paul M. Nurse）三人，经过多年的研究，发现了细胞周期的关键因子与调控机制，促进了人们对细胞周期的进一步了解，开启了癌变与不正常细胞周期调控的研究方向，于 2001 年获得诺贝尔生理学或医学奖。

细胞周期蛋白（Cyclin）在细胞周期中浓度呈周期性变化。Cyclin 有很多种，主要有：Cyclin A，Cyclin B，Cyclin D 及 Cyclin E，不同的周期蛋白在细胞周期的不同阶段发生作用。CDK 是一类蛋白激酶，可以将特定蛋白磷酸化，促进细胞周期运行。CDK 只有和周期蛋白结合才能被激，因此称为周期蛋白依赖性蛋白激酶（Cyclin Dependent Kinase，CDK）。已知在动物中有 7 种 CDK，记作 CDK1 ~7。

周期蛋白和 CDK 是驱动细胞周期正常运转的引擎（如图 4 –2 所示），CDK 与周期蛋白形成 Cyclin – CDK 复合体后可以控制和协调细胞周期进程。CDK 和 Cyclin 都有许多种类，它们之间的不同组合形成不同的 Cyclin – CDK 复合体，由于不同的 Cyclin 只出现在细胞周期的某一个时期，故不同类型的 Cyclin – CDK 复合体只在细胞周期特定阶段产生活性，由此控制细胞周期的不同阶段。如 Cyclin E – CDK2 促使 G_1 期向 S 期转变，Cyclin B – CDK1（MPF）通过磷酸化众多蛋白质，促使染色体凝集、纺锤体形成、核仁分解、核膜分解等，促使细胞进入分裂期。

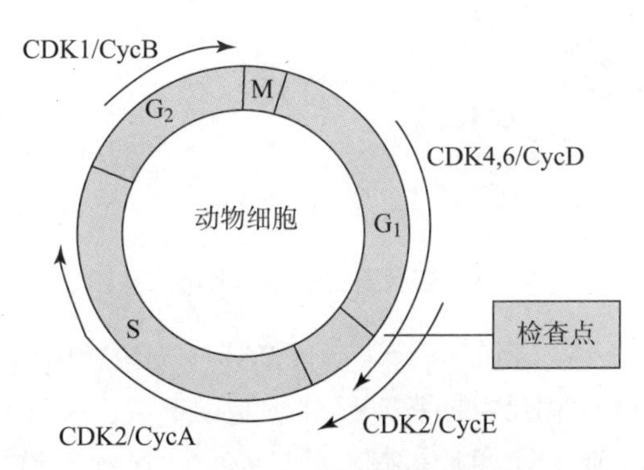

图 4 –2　细胞周期的调控

4. 1. 3　细胞分裂

细胞分裂是一个细胞分裂为两个细胞的过程。分裂前的细胞称母细胞，分裂后形成的新细胞称子细胞。细胞分裂通常包括核分裂和胞质分裂两步。在核分裂过程中母细胞把遗传物质传给子细胞。在单细胞生物中细胞分裂就是个体的繁殖，在多细胞生物中细胞分裂是个体生长、发育和繁殖的基础。细胞分裂分为无丝分裂和有丝分裂。

4. 1. 3. 1　无丝分裂

无丝分裂（amitosis）是在分裂过程中不出现纺锤丝与染色体，细胞核和细胞质直接分裂为大小大致相等的两部分的细胞分裂方式。1841 年，雷马克（Remak）最早在鸡胚的血细胞中发现了这种分裂形式。1882 年，弗莱明（Fleming）发现其分裂过程有别于有丝分裂，称其为无丝分裂。

无丝分裂时球形的细胞核和核仁都伸长，然后细胞核进一步伸长呈哑铃形，最后细胞核分裂，细胞质也随着分裂，并在光面型内质网的参与下形成细胞膜。在无丝分裂中，核膜和核仁都不消失，没有染色体和纺锤丝的出现，当然也就看不到染色体复制的规律性变化。但实际上染色质也要进行复制，随着细胞核分裂分割遗传物质。至于核中的遗传物质DNA是如何分配的，还有待进一步研究。无丝分裂后遗传物质能否平均分配，涉及遗传的稳定性，有人认为无丝分裂大部分出现在不健康的细胞中。但是事实似乎不是这样。

4.1.3.2　有丝分裂

1880年德国施特拉斯布格尔（E. Strasburger）在植物细胞中首次发现，1882年德国弗莱明（W. Fleming）在观察蝾螈细胞分裂现象时提出了有丝分裂的概念。其特点是有纺锤体、染色体出现，子染色体被平均分配到子细胞，两子细胞获得完全相同的一套染色体。这种分裂方式是普遍存在的，是真核细胞分裂的基本形式。

有丝分裂包括前期、中期、后期、末期和细胞质分裂等时期，参见图4－3。

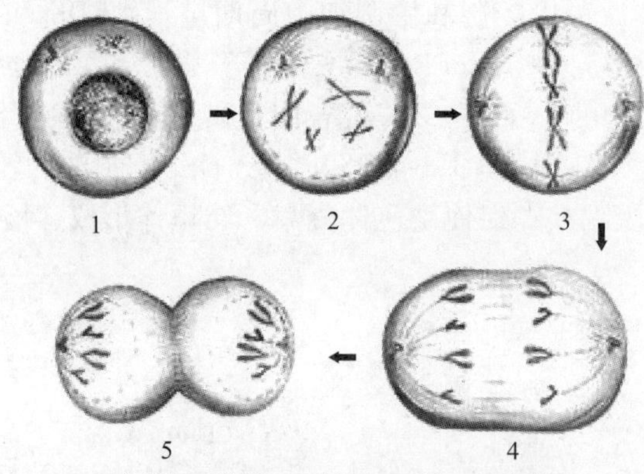

1.间期；2.前期；3.中期；4.后期；5.末期

图4－3　细胞周期染色体形态示意图

前期（prophase）：染色质丝高度螺旋化，逐渐形成染色体（chromosome）。染色体短而粗，强嗜碱性。两个中心体向相反方向移动，在细胞中形成两极；而后以中心粒为起始点开始合成微管，形成纺锤体。随着染色质的螺旋化，核仁逐渐消失。核被膜开始瓦解为离散的囊泡状内质网。

中期（metaphase）：细胞变为球形，核仁与核被膜已完全消失。染色体均移到细胞的赤道平面，从纺锤体两极发出的微管附着于每一个染色体的着丝点上。在中期细胞中可看到完整的染色体群，比如人的体细胞共46个染色体，其中44个为常染色体，2个为性染色体。男性的染色体组型为44＋XY，女性为44＋XX。分离的染色体呈短粗棒状或发夹状，均由两个染色单体借狭窄的着丝点连接构成。

后期（anaphase）：由于纺锤体微管的活动，着丝点纵裂，每一染色体的两个染色单体分开，并向相反方向移动，接近各自的中心体，染色单体遂分为两组。与此同时，细胞被拉长，并由于赤道部细胞膜下方环行微丝束的活动，该部分缩窄，细胞遂呈哑铃形。

末期（telophase）：染色单体逐渐解螺旋，重新出现染色质丝与核仁；内质网囊泡组合为核被膜；细胞赤道部缩窄加深，最后完全分裂为两个二倍体的子细胞。

4.1.3.3　胞质分裂

胞质分裂始于细胞分裂后期，在赤道板周围细胞表面下陷，形成环形缢缩，称为分裂沟。肌动蛋白和肌球蛋白组装成微丝并环绕细胞，称为收缩环。收缩环收缩使细胞分裂成两个子细胞（如图4－4所示）。

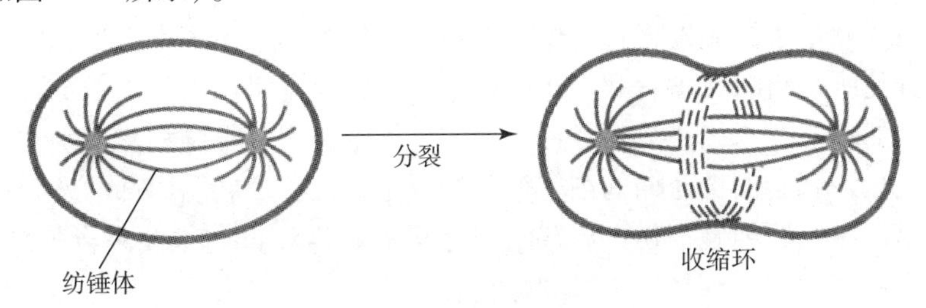

图4－4 胞质分裂示意图

4.2 细胞分化与凋亡

纵观机体内的各种细胞，会发现它们的形态千变万化，有双凹圆盘状的红细胞、体型巨大的卵细胞、众多伪足的巨噬细胞、可伸出长达数米突起的神经细胞，以及小怪物一样的只剩下细胞核和长尾巴的精子，等等。不同细胞的结构和功能也是多种多样，像红细胞丢弃了细胞核，几乎只含血红蛋白这一种蛋白质，专司气体运输；神经细胞的功能主要体现在利用细胞膜两侧的膜电位差以传递神经信号；而各种分泌细胞则是内质网、高尔基体这类负责生产蛋白质的细胞器特别发达……令人惊叹的是，这些形态各异、功能五花八门的细胞都具有相同的基因组，它们来自同一个细胞：受精卵。受精卵是一切身体细胞的起源。一个看起来并不复杂的受精卵如何发展成结构高度复杂的有机体？这是最为神奇的生命现象之一，也是生命科学最为棘手的难题之一，被认为可能是生命科学领域最后攻克的堡垒。

针对发育这样一个谜团，几百年来科学家们提出过许多解决方案。早期曾存在过预成论和渐成论之间的争论。前者认为，发育出来的身体结构实际已经存在于受精卵中。这类观点又分为两类：卵源论和精源论，分别认为在卵子和精子中存在后来发育出的身体结构的原初框架。持这些观点的人甚至还用观察证据支持他们的理念，例如马尔比基在没有经母鸡孵化的蛋里见到了预成的小鸡；而哈特索克在人的精子里看到了微型小人。当然这些现在看来都是虚幻的影像。渐成论则认为身体的结构是在发育过程中逐渐形成的，不存在预成的小人或小鸡，但发育的指令则存在于受精卵当中。目前，胚胎学和遗传学的研究支持渐成论的思想。身体复杂的结构和功能的出现是伴随着细胞增多和机体的长大而逐渐发生的。在这一过程中，细胞水平上出现的一个非常重要的过程就是细胞分化。细胞分化和细胞分裂总是相伴而行，它们与塑造机体的所必需的细胞凋亡一起，构成了发育的基本方面。

4.2.1 细胞分化的概念和意义

具有同一基因组的细胞群体在形态、生理和生化特征上各自发生独特变化的过程叫做细胞分化（cell differentiation）。细胞分化是多细胞生物的基本特征，是多细胞生物不同细胞分工合作，构建组织、器官、系统的前提。细胞分化过程和方向的编码指令来源于三个方面：

①基因组所蕴藏的信息；

②预存的细胞质成分；

③其他细胞的诱导和调控。

此外环境因素也会造成或大或小的影响。

细胞分化主要发生于胚胎发育过程中，但在个体生长乃至整个生命过程中细胞分化一直在进行。细胞分化既是组织、器官和机体构建的需要，也是机体中细胞的更替、组织和器官损伤修复所必需的环节，与细胞分化紧密伴随的是细胞分裂、细胞相互识别、细胞间信号传递，以及细胞凋亡。胚胎发育时期的细胞分化指令主要来源于胚胎内部的发育指令；成体细胞的分化主要是应对组织细胞损伤；有些细胞分化的产生和方向主要来自外来刺激的诱导，例如免疫反应中免疫细胞的选择性扩增和分化。

动物细胞分化具有一定程度的单向性，在时间上从同质细胞向不同的细胞方向发展，使细胞的种类越来越多，分工越来越细，分化潜能越来越窄，组织结构越来越复杂。具有分化潜能的细胞叫干细胞。在细胞分化过程中，干细胞形成了一系列处于不同分化阶段的干细胞谱系。当细胞分化到终末，形成具有特定功能的细胞时，便失去继续分裂的能力，也就丧失了分化的潜能。细胞分化的这种特性决定了越早期的细胞分化对后面发育的影响越大。这一过程犹如建造楼房，前面的工作是后面的前提。基础正确无误，上层才能继续。早期发育的任何错误都会对随后的细胞分化和身体发育产生严重的影响，甚至终止发育。

但这种单向性不是绝对的。在实验室中已经做到使分化终末细胞，如上皮细胞逆转为干细胞。在体内也可能有类似的过程。另外，已证明细胞分化并不是单纯的树枝状分支发展的过程，机体在发育过程中有可能根据需要将细胞从一个分化方向转向到另一个方向，即所谓转分化。对于植物细胞，细胞分化一般是可逆的，在一定条件下植物细胞可返回未分化状态重新发育。

到了成体阶段，体内仍保持一定数目的未分化细胞（干细胞），以待分化细胞被磨损、死亡时，再启动细胞分裂和分化过程，补充损毁的细胞。经常需要通过细胞分化补充的细胞包括表皮细胞、消化道内皮细胞、血细胞、免疫细胞等。当组织器官出现大面积损伤时，例如出现肝脏大范围坏死或手术切除时，可以通过肝脏干细胞的分裂和分化修复形成新的组织器官。可以说，细胞分化贯穿于个体的一生。

一般认为只有多细胞生物才会有细胞分化，细胞分化是细胞分工合作的基础。作为个体的单细胞生物不会有细胞分化，但如果单细胞生物发生聚集，例如形成菌落，则处于菌落中心和外围的细菌在结构和生理特征上就会有所不同。单细胞生物在进化过程中如果发生经常性的聚集和功能上的分化，这些特征逐渐的持久化和固定化，就将导致多细胞生物的诞生和具有不可逆特征的胚胎发育的出现。

不同多细胞生物体结构的复杂性不同，细胞分化的水平也不同。一般讲，低等生物的细胞分化水平较低，细胞的种类较少。实际上人们就是根据细胞分化的总体水平来判定低等动物和高等动物的等级的。当提到海绵是最低等的多细胞动物时，指的是其细胞分化程度很低，不能构成组织和器官。高等生物具有较多的细胞分化谱系，形成较多的细胞类型，如人类成体就具有200多种不同的分化细胞。同时，高等生物的体型也较大。

4.2.2 细胞分化的机理

4.2.2.1 基因选择性的表达

细胞分化是基因特异性表达的结果。所谓基因特异性表达是指某些基因只在特定的细胞中表达。这些基因的表达就决定了这些细胞的类型和分化方向。在基因组中绝大多数基因都与特定的细胞分化类型有关，只有少数在所有细胞中都表达。我们管前者叫组织特异性基因，后者叫管家基因。

管家基因（housekeeping gene）对体内任何细胞维持其基本功能都是必需的。这些基因如果失活，细胞将不能存活。比如和 DNA 结合的组蛋白基因、细胞周期蛋白、与 DNA 复制和转录有关的基因、核糖体蛋白质等，都是管家基因。有的管家基因，如 β - actin，在所有细胞内表达相对恒定。可以利用这一特点，在对细胞内蛋白质进行定量分析时将它们作为固定表达量的内参。

组织特异性基因（tissue - specific genes），也叫奢侈基因（luxury gene），是指在不同的细胞类型中特异性表达的基因，其表达产物赋予各种类型细胞特异的形态、结构特征与功能。不同类型的细胞表达不同的组织特异性基因，例如血红蛋白基因仅在红细胞中表达，而胰岛素基因只在胰腺的 β 细胞中表达等。

4.2.2.2　组合调控与细胞分化

细胞分化需要极为精确的基因表达调控，但分化产生的中间类型细胞和终末分化细胞众多，如果每个分化步骤都需要特殊蛋白质去调控的话，就需要大量的调控基因。例如人体至少有 200 种不同的分化细胞，即使每种细胞只需要一个特定的调控蛋白，也需要 200 种以上的有关基因的存在，人的基因组难以满足这种要求。

组合调控（combinational control）是指有限数量的调控蛋白通过它们之间的不同组合，启动为数众多的特异细胞分化的调控机制。每种调控蛋白可以启动多种细胞的分化，而每类细胞分化又是由多种调控蛋白组合作用的结果。这是一种经济有效的调节方式。就如同我们不必为每个数字给予一个命名，而只需创造十个阿拉伯数字，再通过它们的不同组合，就可以表示任意数字一样。

4.2.2.3　细胞间相互作用

在多细胞生物中，细胞间的相互作用和信号传递是影响细胞生长和分化的重要因素。在细胞分化过程中，一类细胞可以促进另一类细胞的分化，这称为细胞诱导。细胞与细胞的作用方式有：信号分子通过体液传递，通过不同细胞表面直接接触，通过细胞间隙连接传递信号等三种形式。

1. 信号分子通过体液传递时，如果是通过血液循环做远距离的传递，则信号分子叫做激素，是由内分泌腺产生的；如果是由附近的细胞产生，通过在细胞外液的扩散影响临近细胞，则叫做旁分泌控制，信号分子可能是生长因子，或细胞因子等。这些分子都会影响特定细胞的分化。

2. 不同细胞之间可以通过直接接触而产生相互作用。细胞彼此接触时，通过细胞表面的膜蛋白分子之间的相互作用而实现彼此的控制。接收信号的分子叫受体；给予信号的分子叫配体，值得注意的是，有时细胞表面的信号分子的相互作用对两个细胞都会产生一定的效应，虽然还将它们分别称为受体或配体，但其含义已经有所变化。两细胞直接接触有可能导致细胞膜成分从一个细胞膜转到另一个细胞膜上；有时还可通过产生外吐小体（exosome）的形式转移生物膜。外吐小体是供体细胞通过胞吐作用产生的直径 30 ~ 100nm 的囊泡。这种囊泡可以与受体细胞膜发生融合而实现细胞膜的转移。目前认为外吐小体也是一种细胞之间信号传递的方式。

3. 间隙连接（gap junctions）是借助连接蛋白建立的两个相邻细胞之间的持久性亲水跨

膜通道。无机离子和 cAMP 等小分子信号分子可以通过间隙连接进入另一个细胞质中，实现细胞间的信号传递。在胚胎发育的早期，通过间隙连接实现相邻细胞的信号共享，可以保持不同细胞在生长、分化，和组织构建的协调一致，并为相邻细胞提供共同的分化指令。同一组织类型的细胞之间通常建立间隙连接，而不同类型的相邻细胞之间不存在间隙连接，由此调节不同细胞向各自的方向分化。

4.2.3 干细胞

干细胞研究是生命科学研究的热门领域。在基础研究方面，干细胞的生物学特性是理解个体发育过程的金钥匙。干细胞作为个体发育的初始和各个细胞分化阶段的中间细胞，其基本生物学特性，促进干细胞增殖和分化的分子机制，分化的诱导过程、分化方向、分化异常与肿瘤等疾病的发生等，都是值得深入研究的课题。另一方面，干细胞研究具有诱人的、广泛的社会应用前景，包括临床的细胞治疗、组织和器官移植、基因治疗等，畜牧业的动物繁育、对濒危物种的保护、转基因动物等。

干细胞在再生医学上的应用是引人注目的一个方向。长期以来，医学对于疾病的治疗只限于对病源的清除和对现有组织和器官的保护，对各种组织器官不可逆性的损伤常常无计可施。虽然近几十年来器官移植发展迅速，但不同个体间组织器官的免疫排斥反应始终是绕不过去的问题；而且器官来源的限制极大地制约了再生医学技术的应用。干细胞技术的发展可以绕过这些技术和来源短缺的难题。干细胞所具有的强大的增殖能力，多向分化的潜能，加上在体外的可控诱导分化技术，为将来在实验室中按照人们的意愿定向培养出所需的细胞、组织、器官，在临床上用于替代损失的、或衰老的各种组织器官，达到治愈疾病，实现在器官水平上的返老还童方面提供了诱人的医学前景。

4.2.3.1 干细胞的概念

干细胞（stem cells）是一类本身不执行具体生理功能，分化程度较低，但具有自我更新和继续分化潜能的细胞；是形成各种组织、器官的原初细胞。这类细胞具有较强的分裂能力，在一定的刺激因素的作用下可以定向地分化成分化程度相对较高，但分裂能力相对较低的细胞。动物所有组织和器官的细胞都来源于干细胞。干细胞不仅用于在胚胎和个体发育时期的组织和器官的构建，也用于修复和补充各种衰老、受损，或丢失的细胞和组织。

4.2.3.2 干细胞的分类

根据不同的分类标准，干细胞命名方式并不唯一。可以根据使用目的将同一种细胞归入不同的命名体系中。例如一个位于囊胚内细胞团中的、可以分化成任意一种细胞的干细胞，既可以称为胚胎干细胞，也可以叫做全能干细胞。下面介绍不同的干细胞分类方式。

1. 根据干细胞的分化潜能可将干细胞分为全能干细胞、多能干细胞、单能干细胞。

全能干细胞是指能够通过细胞分裂，产生机体任何分化细胞的干细胞。其分化潜能最高，分化程度最低。哺乳动物胚在 8 ~ 16 细胞的桑椹胚阶段之前都是全能的，其中任何细胞都可以独立发育成一个完整个体。同卵双生子或同卵多生子产生的原因就是在这一胚发育阶段的不同全能干细胞彼此分开，在子宫内分别发育成不同的个体。在畜牧业中为了能大量繁殖家畜，利用这一时期细胞的全能性，借助显微镜使用胚胎分割技术将早期胚胎切割成多份，再移植给受体母畜，可获得同卵双胎或多胎家畜。

多能干细胞的分化潜能低于全能干细胞，可以分化一些类型的细胞，而不能分化为另一些类型的细胞。其分化的方向受到了一定的限制。将不同分化潜能的多能干细胞进一步分类，又可分为三胚层多能干细胞和单胚层多能干细胞等。前者有向任何一种胚层细胞分化的潜能；而后者只能分化为同一胚层的不同细胞类型。

单能干细胞的分化潜能最低，只能分化成特定类型的体细胞。

机体的细胞种类繁多。越接近于分化终端的细胞种类越多，越是具有全能性的细胞种类越少。所有的细胞构成了一个不同分化阶段的系谱结构，每类细胞都可以在这个系谱结构中找到各自位置。在这一细胞系谱结构中，一种低分化的细胞可以分化成若干种高分化的细胞。整个系谱形成树状分支结构，处于某一分系谱中的细胞不能分化成另一个系谱的细胞，细胞的分化也只能是单向性的，不能由高分化细胞向低分化细胞逆变。但这种传统观点正在受到挑战。新的研究表明，成体干细胞的发育潜能有可能跨越组织和胚层的界限。例如将小鼠的神经干细胞移植到小鼠骨髓后，可以分化出造血细胞，还可以分化成骨骼肌细胞等。一种组织来源的干细胞具有分化成其他类型细胞的能力称为干细胞的可塑性。

2. 根据来源可大致分为胚胎干细胞、成体干细胞、核移植干细胞等。

胚胎干细胞不是指存在于胚胎中的干细胞，而是来源于内细胞团的细胞。有时也将原始生殖细胞经过体外培养形成的干细胞，以及畸胎瘤中分离的多能干细胞称为胚胎干细胞。在胚发育早期形成的囊胚中，位于囊胚腔一侧的成团细胞叫做内细胞团。将此细胞团取出体外培养，就可以得到胚胎干细胞。胚胎干细胞具有全能性。

成体干细胞广泛存在于不同组织内，像皮肤、胃肠、脑、骨髓、骨组织、肝脏、胰腺、脂肪、心脏、呼吸道、血液、血管、骨骼肌中都可以找到干细胞，它们的作用是补充各种分化细胞的损失，修复组织器官损伤，维持其所在组织结构和功能的完整。原位的成体干细胞只可以分化成所在组织器官的特定细胞类型。近年来的研究发现，如果在体外施加不同的培养条件，一些成体干细胞具有多向分化潜能，可以转分化成其他类型的分化细胞。这为利用成体干细胞实施再生医学，治疗严重组织器官损伤疾病提供了新的思路。

核移植干细胞是通过核移植技术产生的干细胞。其基本方法是取出体细胞核，导入到去细胞核的卵子中，在体外刺激细胞分裂，得到细胞克隆，这些克隆细胞即成为高分化潜能的干细胞。核移植干细胞的主要用场是再生医学领域。当病人的某些组织器官已经损坏，需要移植新的组织器官时，可以从病人身上得到体细胞，通过核移植技术产生核移植干细胞，再经过适当的诱导分化形成所需要的组织器官。以进行器官移植为目的产生的细胞克隆叫做治疗性克隆。核移植技术在医学上的最大的用途就是产生治疗性克隆。

3. 根据干细胞的基本分化方向分为骨髓间充质干细胞、神经干细胞、造血干细胞、脂肪干细胞、表皮干细胞、角膜缘干细胞、胰腺干细胞等。

这些干细胞在需要时分化成一定范围的分化细胞，例如神经干细胞可以分化成神经元细胞、神经胶质细胞等。这些干细胞含量很低，一般情况下不活跃。当组织器官出现耗损、炎症或异常时，成体干细胞进入增殖和分化阶段。

干细胞作为一类可进一步分化的细胞，既可以依据正常的内在或外在指令，依据机体的需要分化成不同正常组织和器官；也可能在存在遗传缺陷和某些外界因素时异常分化，形成肿物。例如畸胎瘤即是体内生殖细胞癌变后，经过异常分化所致。可以在畸胎瘤找到不同程度的分化细胞和组织。一些耗损较大，经常需要补充的细胞，如血细胞，上皮细胞等，其上游干细胞，即造血干细胞和上皮基底膜干细胞等始终处于增殖和分化的活跃状态，如果出现不受控制的增殖，而分化能力下降，则会出现癌症。上皮组织和造血组织都是肿瘤的好发部位。

4.2.3.3　干细胞在体内外的分化

体内干细胞的分化受到微环境中各种因素的制约，如生长因子、激素、周围细胞的诱导与抑制等。在体外，胚胎干细胞可进行人工诱导分化。

体外培养的干细胞通过使用不同的培养条件可诱使干细胞定向分化。例如，可设计生长培养基使骨髓间充质干细胞在体外保持生长增殖而不发生分化；设计不同类型的分化培养基使骨髓间充质干细胞分化成成骨细胞或脂肪细胞等。目前，胚胎干细胞的应用面临一些伦理问题，成体干细胞分化技术的发展为替代胚胎干细胞分化出临床所需的多种组织细胞提供了前景，从而绕过了某些伦理问题。

体外培养的各种成体干细胞，当移植到体内的不同位置后，通过所在微环境的诱导，可形成不同类型的细胞。例如骨髓的间充质干细胞移植到脑中后，可分化为神经元和神经胶质细胞；而被注射进囊胚后，可向大多数体细胞分化。

4.2.3.4　干细胞研究的进展

干细胞作为在发育过程中存在的多发育潜能细胞，已经有上百年的研究历史，但真正实现对干细胞的分离和体外分化则是近半个世纪的事情。1970 年 Evan 成功地从小鼠胚胎中分离出胚胎干细胞，并于 1981 年建立了小鼠胚胎干细胞系。1998 年 Thomson 等人首次建立了人胚胎干细胞系。随后的研究发现培养的干细胞可以跨系谱分化，比如小鼠神经干细胞可以转变为造血干细胞，小鼠骨骼肌干细胞可分化为血液样的细胞等。2006 年，日本科学家山中伸弥等人使用 4 种转录因子，成功地将小鼠成纤维细胞进行重新编程，逆分化为诱导多能干细胞。这种干细胞可以在体外分化成三个胚层来源的各种细胞。这一成果极大地拓展了干细胞的来源，绕过了此前通过人体胚胎取得胚胎干细胞的伦理争议。为干细胞的临床应用敞开了大门。20 世纪末，快速发展的哺乳动物克隆技术与干细胞技术相互结合，为应用克隆技术实现克隆动物和转基因动物的生产、利用治疗性克隆技术的再生医学铺平了道路。

4.2.3.5　干细胞技术的应用

1. 干细胞技术与再生医学。

通过诱导干细胞定向分化，使之成为具有不同功能的分化细胞，甚至组织、器官，就可以对因组织、细胞损伤而导致的各种疾病进行替代治疗。例如，造血干细胞移植已经是治疗白血病、造血系统疾病、自身免疫性疾病的重要手段。造血干细胞可以来源于外周血，也可以来源于脐带血。其中脐带血富含干细胞，采集容易，对供者无损伤。通过建立脐带血库，使之成为造血干细胞的广泛来源。随着人类健康水平的提高和老龄化社会的到来，帕金森病等神经退行性病成为威胁人类健康的主要疾病。对神经干细胞实施的诱导分化，能产生多巴胺神经元，用于治疗帕金森病。神经干细胞还可用于脊髓损伤的修复。此外，糖尿病、心脏病等的治疗也是将来再生医学的研究方向。

组织工程是在体外通过细胞生长和分化重新构造组织或器官的工程技术。干细胞的可分化性和可塑性使之成为组织工程的理想细胞。在生长调节因子的作用下，特定的干细胞在生物材料支架上生长并分化，最终形成人造的组织器官，用于组织器官移植。

2. 干细胞技术与体细胞克隆技术结合，可大量生产克隆动物和转基因动物。体细胞克隆技术依目的可分为生殖性克隆和治疗性克隆两类。

（1）生殖性克隆技术为形成大量品种单一的实验动物和繁殖稀少动物提供了诱人前景。干细胞分化程度低，使用干细胞作为生殖性克隆的供体细胞，可以提高克隆的成功率。还可以使用转基因的胚胎干细胞进行核移植，产生遗传背景单一的转基因克隆动物，用于生物学基础研究、生物活性物质的生产、保护濒危物种等。产生转基因动物的另一方法是将小鼠胚胎干细胞注射到另一小鼠囊胚中，所产生的后代小鼠将是一个嵌合体，除原有胚胎所分化的细胞外，还带有外源的胚胎干细胞分化形成的细胞。这些外源细胞如果参与卵子或精子的形成，就可以在下一代出现胚胎干细胞来源的个体。如果事先对胚胎干细胞进行了转基因操作，就可以用这种方法得到转基因动物。

（2）在治疗性克隆中，从克隆形成的胚胎中分离胚胎干细胞，进行体外培养，然后将其定向分化成所需的不同组织和器官，用于替代患者已经损失的组织器官。由于这种组织器官来自患者本人，可以有效地解决免疫排斥问题。

3. 干细胞技术在基础研究和其他研究方面的应用。

干细胞的研究对理解生物体的发育过程也非常重要。一些像肿瘤和先天性发育不全等人类重大疾病都涉及发育过程的异常。通过在实验室对干细胞的研究，加深对细胞分化过程的理解，尤其是对所涉及的调控机理的认识，将有助于揭开这些谜团，并为这些疾病的防治提供科学基础。

干细胞还可以用于构建各种细胞模型。这些细胞模型可用于新药物的筛选、药效学研究、毒物的细胞毒理研究，以及出生缺陷的研究等。例如通过这类研究可揭示哪些药物对胎儿发育有影响等。

4.2.4　细胞死亡

细胞死亡是个体生命活动中的常态，多细胞生物个体的一生中，由于细胞损伤、衰老，或生长发育的需要不断发生细胞死亡。有两种主要的细胞死亡方式：

（1）因环境因素或病原物入侵而导致的细胞死亡，为病理性死亡，或细胞坏死。

（2）因个体正常生命活动的需要，一部分细胞执行一定的死亡程序死去，称细胞凋亡。

4.2.4.1　细胞凋亡的概念和意义

细胞凋亡（apoptosis）是细胞在一定生理或病理条件下，受内在遗传机制的控制自动结束细胞生命的过程。需要基因表达和一定的凋亡程序。凋亡细胞将被吞噬细胞吞噬。

生物学意义：细胞凋亡对于多细胞生物个体发育的正常进行、自稳平衡的保持、抵御外界各种因素的干扰、清除不健康细胞等方面都起着非常关键的作用。发育过程中产生的废弃的器官、组织或细胞等，都要通过细胞凋亡的方式除去。以下情况都有细胞凋亡的发生：

（1）在蝌蚪变成青蛙的转变中经历了变态过程，其尾部逐渐退化、萎缩、消失。构成尾部的细胞发生了细胞凋亡。

（2）在昆虫的生活史中需多次变态：卵发育成幼虫，幼虫转变为成虫，其身体结构发生很大的改变，原有结构发生细胞凋亡以除去多余的细胞。

（3）哺乳类：动物的皮肤和指（趾）甲等经常被磨损。为了应付这种磨损，皮肤和指（趾）甲不断再生，而在皮肤最表层的细胞和指（趾）甲等处的细胞发生了凋亡。

（4）淋巴细胞是一种免疫细胞。95% 以上的淋巴细胞在胎儿成熟之前通过细胞凋亡而除去。这些细胞通常是针对机体自身细胞和生物大分子发动免疫反应的细胞，如果不被除去，将会造成自身免疫性疾病。

(5) 在细胞增殖的过程中，如果出现 DNA 复制不完整、DNA 损伤等情况，为了防止异常细胞的产生，往往会诱发细胞凋亡，将有 DNA 缺陷的细胞清除。

4.2.4.2 细胞凋亡的基本过程

细胞凋亡作为一种程序性的细胞死亡过程，必须保证：

①细胞必须接到确定的凋亡信号后才发生凋亡。

②细胞的凋亡过程不牵连到周围其他正常细胞的结构和功能。

③凋亡的细胞必须在体内被及时清除掉。

基于上述要求，生物体在进化过程中进化出一整套的凋亡程序：

1. 接受细胞凋亡信号。凋亡信号分细胞外信号和细胞内信号两种。

(1) 细胞外信号通过细胞膜受体起作用。以 Fas－FasL 信号通路为例：Fas 是位于细胞膜上的蛋白质受体，它接触细胞外的 FasL 时启动细胞凋亡。参与细胞免疫的 T 细胞和 NK 细胞（自然杀伤细胞）产生 FasL。因此这类杀伤性免疫细胞可有效地造成靶细胞的凋亡。

(2) 内源性细胞凋亡的发生与线粒体的功能有关。线粒体是细胞内能量的来源，如果线粒体功能异常，细胞将处于不健康的状态。为了保障生命整体的利益，这种线粒体异常的细胞通常自我凋亡。一种存在于线粒体内的蛋白质，细胞色素 C 参与氧化磷酸化和形成 ATP 的过程；当线粒体功能异常时，细胞色素 C 被释放到线粒体外，则转变功能，变成细胞凋亡信号分子，启动细胞凋亡。其他凋亡信号也常通过促使细胞色素 C 从线粒体中的释放来发挥作用。

不管是哪种途径启动细胞凋亡，在细胞内都会激活一系列被称为 Caspase 的蛋白水解酶系统，导致细胞凋亡下游事件的发生。

2. 待凋亡的细胞从细胞群体中剥离出来。正常的细胞通常与周围细胞形成某种连接，共同构成组织结构，待发生凋亡的细胞需要与其他细胞分开、游离出来，使该细胞的死亡不至于影响到正常细胞，同时也有利于巨噬细胞单独对凋亡细胞的吞噬清除。待凋亡的细胞是通过改变细胞膜的结构来做到这一点的。磷脂酰丝氨酸是一种膜磷脂。位于细胞膜脂质双分子层的内面。凋亡信号出现后，磷脂酰丝氨酸由细胞膜内侧翻转到细胞膜外侧，进而改变了细胞表面的特性，与其他细胞的黏附性下降；微绒毛、细胞突起及细胞表面皱褶消失、细胞表面出泡、膜流动性降低，凋亡细胞与其他细胞分离，准备走向死亡。

3. 凋亡细胞分割成较小的凋亡小体。为了防止发生凋亡的细胞破碎，内容物溢出而损害周围细胞，生物体调动巨噬细胞吞噬掉凋亡细胞。在吞噬前凋亡细胞需要缩小体积，以利于吞噬过程：首先细胞内的 DNA 受到切割，细胞核浓缩并分裂成若干小核。然后待凋亡细胞分裂成若干凋亡小体，每个凋亡小体内含有这些小核、其他细胞器及细胞内容物。

4. 巨噬细胞吞噬掉凋亡小体，可以将其内容物分解，形成小分子营养物质，有利于机体内营养物质的再利用。在整个过程中细胞膜不发生破裂，无细胞内容物外溢，因而不会刺激周围组织而造成炎症反应。

许多疾病的治疗措施都利用了细胞凋亡的原理。例如使用化疗药治疗恶性肿瘤时，这些药物通常并不直接杀伤肿瘤细胞，而是通过损伤其 DNA 分子，引发细胞凋亡程序，再通过巨噬细胞的吞噬而消灭肿瘤细胞。

有关细胞凋亡的研究工作获得了 2002 年度诺贝尔生理学或医学奖。

4.2.5　细胞分化异常与肿瘤

未分化的细胞常具有较强的增殖分裂的能力，随着细胞分化，其增殖能力逐渐降低，而其执行特定生理功能的能力增强。肿瘤的发生可能是细胞分化异常所致。其机理可能涉及某种干细胞受到干扰进入异常分化途径，导致畸胎瘤；或停止分化而转入增殖，从而形成肿瘤；另一种可能是已分化的细胞在某些因素的作用下重新回到某种未分化的状态并开始异常增殖。因此肿瘤可以看作是因细胞分化异常而出现的疾病状态。肿瘤细胞属于一类不同程度上的未分化细胞。

4.2.5.1　肿瘤细胞起源于干细胞

如果在成体组织中存在的各种成体干细胞发生异常，丧失了细胞内外各种因素对它的调节和正常分化的能力，就会变成自行其是、不受增殖调控的肿瘤细胞。肿瘤细胞的性质与其来源的干细胞有关。例如来自肝脏的成体干细胞异常增生后一般形成肝癌；来自造血干细胞形成的肿瘤细胞造成白血病；若将小鼠胚胎生殖脊进行异位移植，则可导致畸胎瘤的发生等。另外，形成的肿瘤的恶性程度与此前干细胞的分化程度有关，干细胞的分化程度越低，恶性变之后的恶性程度越高。分化程度较高的干细胞转化后产生恶性程度较低的肿瘤或良性肿瘤。

肿瘤细胞的发生与干细胞分裂的活跃程度有关，在经常发生损伤或需要不断更新的组织，像消化道、呼吸道等经常出现细胞的磨损，骨髓等不断进行造血活动，恶性肿瘤的发生率就明显高于其他组织器官。有慢性炎症的组织，发生恶性肿瘤的机会也明显增加。

4.2.5.2　肿瘤内具有不同分化阶段的细胞

肿瘤细胞在生长过程中形成不同分化状态的细胞群体，包括：

（1）具有无限增殖能力的肿瘤干细胞，用于维持肿瘤的自主生长和更新；

（2）过渡细胞，这些细胞由干细胞分化而来，其分裂能力受到一定的限制；

（3）分化成熟的细胞，丧失了继续分裂的能力；

（4）处于 G_0 期，暂时不分裂的肿瘤细胞。这些细胞在一定条件下，可以脱离 G_0 期进入分裂状态。因此在肿瘤组织中不同类型的细胞的增殖速度是不同的。

上述提到的不同类型的肿瘤细胞中，肿瘤干细胞是使肿瘤保持不受限制生长的细胞类型，它来源于正常的干细胞。成体干细胞在各种诱变因素的作用下，发生若干次细胞癌基因或肿瘤抑制基因的突变后转化为肿瘤干细胞。这些细胞保留了普通干细胞未分化的特点，但丧失了对机体正常生长调控的响应和定向分化的能力，其生长和分化过程失去控制。分裂形成的肿瘤细胞一般不具有正常分化细胞所具有的各种生理功能。例如肝癌细胞就不具有正常肝细胞具有的代谢和解毒等功能。关于肿瘤干细胞的最新进展详见第 14 章有关内容。

4.3　减数分裂与有性生殖

4.3.1　减数分裂的概念和意义

减数分裂（meiosis）是与有性生殖有关的一种特殊形式的有丝分裂。在减数分裂之前，染色体复制一次，然后经过两次连续的细胞分裂，使最终形成的细胞中染色体的倍数减半、数目减半。减数分裂过程中同源染色体的非姐妹染色单体间发生交换，造成基因重组，使配子的遗传多样化，增加了后代对环境的适应潜能，因此减数分裂不仅是保证生物种类染色体数目稳定的机制，同时也是物种适应环境变化不断进化的机制。

减数分裂的发生见于三种情况：

（1）配子减数分裂（gametic meiosis），为脊椎动物生殖细胞的形成所需，减数分裂形成的细胞称作配子。

（2）孢子减数分裂（sporic meiosis），特点是减数分裂和配子发生没有直接的关系。在植物和某些藻类中，减数分裂首先形成单倍体的配子体，雄性（小孢子）再经过两次有丝分裂形成一个营养核和两个雄配子的成熟花粉；雌性（大孢子）则经过三次有丝分裂形成含一个卵核、两个极核、三个反足细胞和两个助细胞的胚囊。

（3）合子减数分裂（zygotic meiosis）：在某些低等植物中，受精后形成的合子马上发生减数分裂，形成单倍体的孢子，再通过有丝分裂形成单倍体后代。不管是哪种形式的减数分裂，都与有性生殖有关，其基本意义是遗传物质在世代传递过程中的混合重组。

减数分裂是首先被科学家们预测出来，然后才被发现的。1883 比利时科学家范·贝内登（Van Beneden）发现，蛔虫卵在受精时，精子的两个染色体和卵子的两个染色体联合，在合子中形成具有四个染色体的新细胞核。在合子随后的细胞分裂产生的每个细胞都含有四个染色体，称为二倍体，其含义是染色体数目是配子的二倍。假如每次受精中染色体数目都要加倍的话，下一代染色体数都会成倍增加，因此必然有一种机制防止这种情况发生。因此，斯特拉斯伯格（Strasburger）和魏斯曼先后提出配子形成之前必须进行“减数分裂”。从范·贝内登的观察开始，经过一系列研究，最终在 1890 年由赫特维克对减数分裂过程作了详尽描述。

4.3.2 减数分裂的基本过程

减数分裂由紧密连接的两次分裂构成，减数分裂Ⅰ和减数分裂Ⅱ。减数分裂Ⅰ分离的是同源染色体，减数分裂Ⅱ分离的是姊妹染色单体。与有丝分裂的分期相似，两次减数分裂都可分为前期、中期、后期和末期四个时期。但减数分裂时染色体的行为与普通有丝分裂有较大的差别。

4.3.2.1 第一次减数分裂（减数分裂Ⅰ）

1. 第一次减数分裂的前期（前期Ⅰ），在第一次减数分裂之前染色体先复制一次，使每条染色体都具有两条完全相同的染色单体。前期Ⅰ的过程比较复杂，时间也比较长，又可以根据其形态变化和特征，细分成细线期、偶线期、粗线期、双线期和终变期共五个时期。在前期Ⅰ，除了发生一般有丝分裂都有的染色体浓缩成型，内质网、高尔基体和核膜解体，纺锤体形成之外，染色体发生的特殊行为是同源染色体的联会和交换。

（1）同源染色体联会。在二倍体细胞中，染色体成对存在，分别来自这个个体的父母。它们之间大小、结构、所携带的遗传物质基本相同，互称为同源染色体。各对同源染色体平时在空间上并不发生明显关联，各自行使各自的复制、转录等功能。但在减数分裂前期Ⅰ的偶线期时，成对的同源染色体彼此靠近，纵向平行地紧密连接在一起，称为同源染色体联会。联会所形成的双染色体结构称为二价体，意指这是由两条染色体组成的结构。一个处于前期Ⅰ的细胞内就会出现相当于单倍染色体数目的二价体，比如人的减数分裂前期Ⅰ细胞内就有 23 个二价体。由于每个二价体内包含有 4 条染色单体，故又称四分体。四分体和二价体的意义是一样的。同源染色体为什么要联会在一起？它的目的何在？下面我们将看到，联会意义在于交换。

（2）交换。在电子显微镜下仔细观察会发现，二价体上的两条不同染色体的染色单体之间，也就是非姐妹染色单体之间常出现交叉，这种结构在双线期较为明显。如图 4－5 所示。在出现交叉的位置上，两条非姐妹染色单体在相同的位置上同时发生断裂，然后相互交换断端并重新连接。这一过程叫做交换。交换的意义在于两条同源染色体的片段进行重新组合，形成与原有染色体完全不同的新染色体，而联会就是为交换的发生做的准备工作。

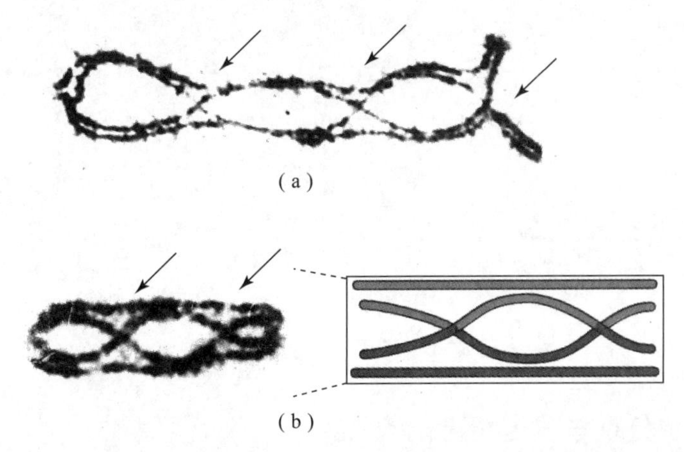

图 4－5　二价体上出现的交叉。箭头所指是交叉出现的位置。图（b）右侧的模式图是对交叉所做的推测：在交叉点上，两条同源染色体的非姐妹染色单体之间发生了染色体片段的交换

2. 中期 I，不同二价体在纺锤体的作用下排列在被称为赤道板的平面上，准备进行染色体的分离。

3. 后期 I，二价体中的同源染色体在纺锤体的作用下彼此分离，进入不同的子细胞中。每个子细胞只得到了一半数目的染色体，但每条染色体具有两条染色单体。请特别注意：这种染色体的分离方式与一般有丝分裂完全不同。在一般有丝分裂的后期，发生的是姐妹染色单体的分离，两个姐妹染色单体在着丝粒处彼此断开，各自进入不同的细胞，细胞分裂完后每个子细胞中的染色体数目保持不变，而减数分裂后期 I 发生的同源染色体分离时并不发生姐妹染色单体的分离。子细胞中只能得到父源的或母源的两条同源染色体中的一条。另外，不同的二价体之间的分裂彼此独立，互不干扰，造成非同源染色体之间在子细胞中的随机组合。

4. 末期 I，带有两个染色单体的染色体分别到达细胞的两极，细胞一分为二，形成次级精母细胞或次级卵母细胞。随后进行第二次减数分裂。

4.3.2.2　第二次减数分裂（减数分裂 II）

减数分裂 II 在本质上与一般的有丝分裂没有什么不同，只是在减数分裂 II 之前染色体不发生复制。减数分裂 II 也分为前期、中期、后期和末期。其染色体分裂的过程和一般的有丝分裂基本一致，都是姐妹染色单体彼此在着丝粒处断开，分别移向细胞两极。可参见本章第一节有关内容。减数分裂 II 不会造成染色体数目减半，但遗传物质量还是减半了，此时子细胞中每条染色体都只剩一条染色单体。

图4-6以形成精子时发生的减数分裂为例，说明减数分裂时遗传物质分配的一般情况。

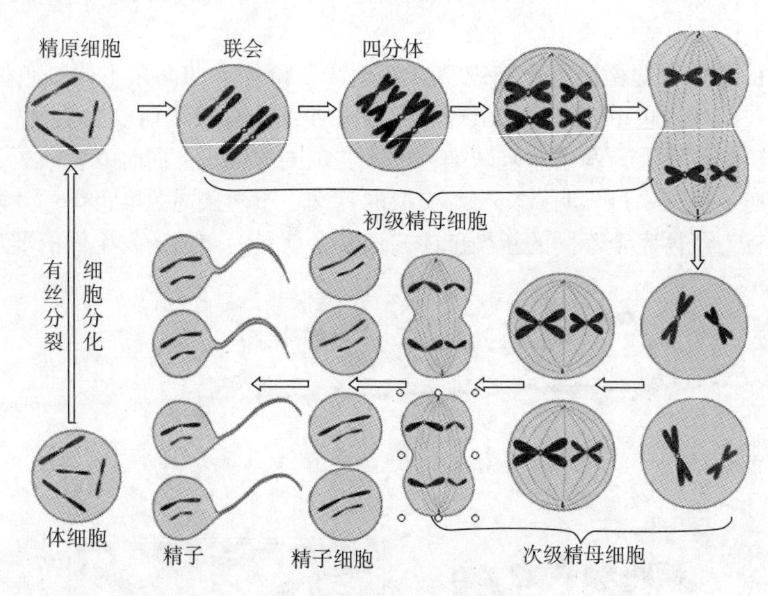

图4-6 精子形成过程示意图

4.3.3 减数分裂与遗传和进化的关系

1. 减数分裂造成细胞中染色体的数目减半，遗传物质量随之减半。在雌雄配子结合后染色体恢复二倍性。父本和母本各为后代贡献一半的遗传物质，由此保证遗传物质量在遗传过程中保持恒定。

2. 减数分裂造成了遗传物质的重组，大大增加了后代的遗传多样性。有两个机制促成了这种多样性：

（1）在减数分裂Ⅰ后期同源染色体彼此分离，非同源染色体之间可以自由组合，其潜在的组合可能是非常多的。以人为例，人有23对同源染色体，它们之间可能形成的组合数是2^{23}，达到百万数量级。这仅仅是没有考虑联会和交换时的计算。

（2）减数分裂前期Ⅰ发生的联会和交换打乱了原有的染色体片段，组合成新的染色体。由于在染色体全长的任何位置都可能发生交换，因此新的染色体的种类几乎是无穷尽的，因此极大地增加了配子中的遗传多样性。需指出的是，新的染色体虽然与提供原材料的两条同源染色体都不相同，但新旧染色体之间仍旧是同源染色体的关系。比如两条1号染色体经过联会和交换形成了两条新的染色体仍然叫1号染色体，它是两条旧1号染色体不同片段的重新组装。从减数分裂的过程我们可以看到，一条染色体的寿命与两代个体之间的时间间隔相当，每个个体都具有自身独特的染色体和染色体组合。一个人和他（她）的任何亲属的任何染色体都不会相同，染色体组成完全是个体化的。在染色体的传递链上，染色体的寿命甚至短于个体的寿命，比如一个人30岁生子，那么在这条传递链上，染色体经过30年后就会打乱自身，产生新的染色体传给后代。

联会和交换除了丰富了遗传多样性外，一些学者还认为通过这样一个机制增加了染色体上不同等位基因相互组合的不确定性，这种不同基因组合的不确定性可以有效减少等位基因之间的生存竞争，有利于不同基因的合作并维护基因组的完整。这些内容超出了本书的范围，有兴趣的读者可以阅读有关书籍（推荐马克·里德利《孟德尔妖——基因的公正与生命的复杂性》）。

4.3.4　卵子和精子发生时的减数分裂

4.3.4.1　卵子发生

卵子发生过程分为增殖期、生长期和成熟期。在增殖期，卵原细胞通过有丝分裂增加细胞数量，然后分化为初级卵母细胞。哺乳动物卵巢内的卵原细胞在胚胎期就已完成增殖期。例如人类胚胎在 5 个月的时候就已形成数百万个初级卵母细胞，此后多数初级卵母细胞发生凋亡，只有少数进入减数分裂。在胎儿出生前绝大多数卵母细胞已进入第一次减数分裂的双线期，然后长期停留在那里。出生后这些处于双线期的卵母细胞继续退化、凋亡。到青春期时只剩下 3 万 ~4 万个初级卵母细胞。然后在不同月经周期中依次发生减数分裂，直至停经。

多数脊椎动物初级卵母细胞在第一次减数分裂的双线期停滞，进入积累营养物质的生长期。其时间跨度依动物的寿命不同从数日到几十年不等。生长期卵母细胞体积逐渐增大，营养物质积累，为将来发育的胚胎提供养分。卵生动物的卵需要备足整个胚胎发育所需的营养物质，因此形成较大的卵（蛋）。而哺乳动物胚胎在母体内发育，只需储备在着床前胚发育所需的养分，所以卵母细胞相对较小，但也会达到一般细胞体积的数百倍。

成熟期是指初级卵母细胞经过两次减数分裂形成可以受精的成熟卵母细胞的过程。因此卵母细胞的减数分裂又称为成熟分裂。从双线期再次启动减数分裂需要一定的激素刺激。垂体分泌的促性腺激素可促使卵母细胞周围的卵泡细胞分泌类固醇激素，后者启动减数分裂的恢复。在哺乳动物，垂体的卵泡刺激素（FSH）和黄体生成素（LH）的周期性分泌导致卵母细胞的分期成熟和排卵，并形成月经周期。卵母细胞减数分裂的细胞质分裂具有显著不对称性。减数分裂 I 完成后形成一个较大的次级卵母细胞和很小的第一极体，第一极体虽然小，但带走了一半的遗传物质。次级卵母细胞随后进行减数分裂 II，到减数分裂 II 的中期再次发生停滞，此时哺乳动物排卵。次级卵母细胞未受精时退化。如果发生受精，则完成第二次减数分裂，形成受精卵和第二极体。

4.3.4.2　精子发生

精子发生在睾丸曲精小管中完成。精原细胞通过有丝分裂扩增并继续分化，形成初级精母细胞，随后开始两次减数分裂。第一次减数分裂形成两个次级精母细胞，第二次减数分裂形成四个精细胞。

从遗传学的角度看精母细胞与卵母细胞的减数分裂意义相同，都形成了遗传物质减半的配子。两者的不同点是：第一，精原细胞的扩增和随后的减数分裂在成年后的整个生殖期持续进行，因而可以产生数量惊人的精细胞。第二，因为没有为胚胎发育提供营养的义务，精子发生过程中不存在积累营养物质的生长期。第三，基于同样理由，与卵母细胞为保存富含营养物质的细胞质而发生不均等细胞质分裂不同，精子发生时的减数分裂是均等分裂，形成 4 个同样具有形成配子能力的精细胞。不仅如此，所形成的精细胞还要通过一次没有细胞核分裂的细胞质分裂，进一步弃掉多余的细胞质，只保留最重要的细胞核，和发展出精子运动和受精所必需的结构，如精子尾巴。丢失细胞质、结构改变和形成精子尾巴的过程称为精子形成，最终形成的细胞叫做精子。

4.4 遗传的基本定律

现代遗传学有一个伟大的起点：孟德尔（Gregor Johann Mendel，1822—1884）于1865年2月8日和3月8日在捷克布尔诺发表了两篇有关豌豆杂交实验的论文，使遗传学的基本规律得以阐明。其实在孟德尔之前已经有了一些不同品种的植物杂交实验。早在孟德尔论文发表之前100年，德国植物学家J. G. Koelreuter就已经注意到了一些性状在某一代消失后，又会在下一代中出现。但是J. G. Koelreuter和随后的研究者却没有因此总结出分离定律。究其原因，是早期研究者未能采用孟德尔所使用的科学方法。

那么，孟德尔研究的方法具有什么突出特点，使得遗传学研究突显曙光呢?

第一，孟德尔抛弃了传统的融合性遗传的观点，强调对单个遗传性状的分析，并假定独立的遗传载体：遗传因子的存在。

第二，孟德尔注重数据搜集，在生物学中首次引入统计和概率运算方法，从数据中发现问题的答案。

第三，孟德尔选择了适合遗传研究的材料——豌豆。豌豆的优点是：

①有众多不同的品系可以相互杂交；

②每个品系都是纯种，可以稳定遗传；

③自然条件下是自花授粉，但人工异花授粉的后代可育；

④操作方便。

第四，孟德尔遵从了科学研究的一般守则，提出了可供证伪的科学假说，然后通过设计实验证明假说，使之上升为遗传规律。

遗传学有三大基本定律，即：分离定律、自由组合律和连锁遗传规律。前两者是孟德尔的贡献；连锁遗传规律则是摩尔根的发现。

4.4.1 分离定律

分离定律（law of segregation）是第一个遗传学定律，它阐明了控制生物性状的基因在体细胞中是成对存在的，在遗传上具有独立性，在减数分裂的配子形成过程中，成对的基因相互分离，进入不同生殖细胞，使后代出现不同的性状。

4.4.1.1 孟德尔经典的豌豆遗传实验

当孟德尔只关注豌豆的一种相对性状，比如豌豆花色的遗传时，他注意到，当开紫花的植株与开白花的植株杂交时，下一代（子一代，F1代）只出现开紫花的植株。但是开白花的性状并没有永远消失，如果让F1代植株自交，F2代又会出现开白花的植株。如果孟德尔的研究到此为止，那孟德尔并没有什么超越前人之处，但孟德尔进行了统计：在F2代中，有705棵开紫花，224棵开白花。孟德尔敏锐地推测这两种花植株的理论比例可能是3∶1，并依此对整个现象提出了分离假设：

①遗传性状由成对存在的遗传因子决定。

②形成生殖细胞时，成对的遗传因子相互分离，每个生殖细胞中只有成对因子中的一个。

③合子形成时，遗传因子恢复成对的状态。

④遗传性状具有显隐性之分，这是由决定它们的遗传因子的特性决定的。

根据这些假设，对豌豆花色实验的解释如图 4－7 所示，这里开紫花是显性性状，开白花是隐性性状。亲代开紫花植株具有的成对遗传因子是 PP，亲代开白花植株具有的遗传因子是 pp，F1 代植株具有的遗传因子是 Pp。F1 代自交时，根据上述分离假设的②和③，可以得出图 4－7 的右图，由此解释 3∶1 的性状分离比。

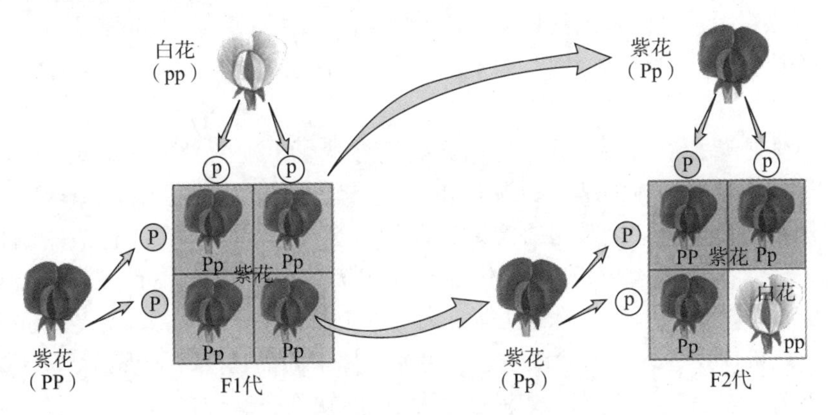

图 4－7　孟德尔豌豆花色实验的图解

为了验证分离假设，孟德尔设计了测交实验，即使用 F1 代植株与开白花的亲代植株进行杂交。根据对遗传因子走向的推演，孟德尔预计实验结果应是开紫花和开白花植株的比例接近 1∶1，如图 4－8 所示。

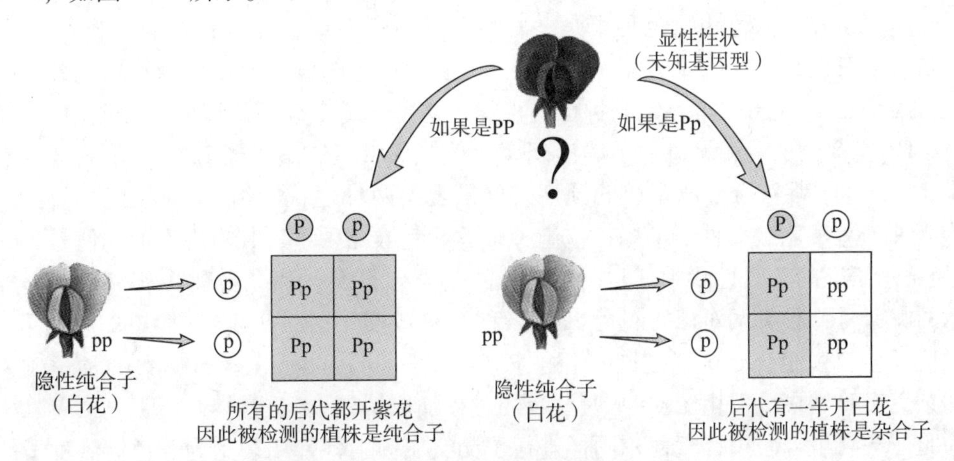

图 4－8　孟德尔豌豆花色实验的测交实验

实验结果表明，杂交产生的两种花色植株的比例确实接近 1∶1，从而圆满地证实了理论的正确性。孟德尔使用其他 6 对性状进行实验，结果都符合分离假设。这样孟德尔的假设就得以证明，并成为遗传学的第一定律——分离定律。

4. 4. 1. 2　孟德尔分离定律的扩展

孟德尔分离定律被重新发现以后，科学家使用不同的动植物检验分离定律的有效性，证明这是一条普遍的遗传规律，但也根据新的发现扩展了分离定律，提出一些新的概念。

（1）半显性。孟德尔使用的 7 种豌豆性状都表现出显性和隐性的完全性，即显性性状完全遮盖隐性性状的表达。但在不同生物中并不是所有性状都表现出这种泾渭分明的显性和隐性，有很多杂合子的性状不同程度地介于两种纯合子之间。例如红花金鱼草和白花金鱼草杂交，F1 代的花色为粉色；F2 代开红花、粉色花、白花的植株比例为 1∶2∶1。这说明了在这种植物中红花对白花呈不完全显性，或半显性。杂合子中显性基因决定性状的程度叫显性度。杂合子表现的性状越是偏向于显性性状，则显性度越高。显性度达到百分之百时即为完全显性。

（2）复等位基因。等位基因数目多于两个时叫复等位基因（multiple alleles）。例如决定 ABO 血型的等位基因有 3 个，分别称为 I^A、I^B 和 i。它们决定了 6 种基因型，4 种表型（即血型）。

（3）共显性。杂合子的两个等位基因都决定性状，出现两种可观察到的性状。例如在 ABO 血型的遗传中，当个体的基因型为 I^A 和 I^B 的杂合子时，血型呈现为 AB 型。

（4）基因的多效性。一个基因决定多方面的表型效应。例如有一种叫做成骨不全的人类显性遗传病，患者表现出身体不同部位的多种症状，如多发性骨折、蓝色巩膜和耳聋等。按照现代遗传学的理解，一个基因的功能是决定一个蛋白质的构成形式，这个蛋白质在机体的不同部位，在机体发育的不同阶段表达，可能发挥不同的功能，表现出不同形式的表型效应。如成骨不全，致病基因的直接效应是 I 型胶原的缺陷，这种缺陷在身体的不同部位表现出不同的症状。

4.4.2 自由组合律

每对性状的遗传符合分离定律，任意两对性状在遗传时是否会相互影响？孟德尔对此做了进一步实验研究。黄色和绿色种子是一对性状，黄色对绿色显性；饱满（圆形）和皱缩的种子是另一对性状，饱满对皱缩显性。孟德尔选用黄色饱满种子的植株和绿色皱缩种子的植株进行杂交，F1 代出现黄色饱满种子的植株，这是分离定律所预计的。当他用 F1 代进行自交时，F2 代黄色种子和绿色种子的出现率比值是 3∶1；饱满种子和皱缩种子出现率的比值也是 3∶1；这些都符合分离定律的预期。如果观察两种性状的组合，则出现了 4 种表型：黄色饱满种子、黄色皱缩种子、绿色饱满种子、绿色皱缩种子，其出现次数比值是 9∶3∶3∶1。在孟德尔研究的 7 对性状中任意两对性状的杂合体自交，都会出现 9∶3∶3∶1 的分离比。孟德尔的解释是：具有两对以上的性状的杂种在形成配子时，决定各性状的遗传因子（基因）之间发生自由组合。这就是自由组合律（law of independent assortment）。种子颜色和饱满度的杂交实验结果可以用图 4－9 所演示的过程加以解释。

为验证自由组合假设，孟德尔同样进行了测交实验，他使用表型为黄色饱满种子的双杂合的 F1 代与表型为绿色皱缩种子的双隐性性状的植株进行杂交，预期后代出现 4 种表型：黄色饱满种子、黄色皱缩种子、绿色饱满种子、绿色皱缩种子，其比例是 1∶1∶1∶1。实验结果证明了自由组合律的预测。

孟德尔从 1856 年开始，共进行了 8 年的豌豆杂交实验，于 1865 年在布吕恩（今捷克布尔诺）自然科学研究协会上报告了他的研究结果，1866 年在该会会刊上发表了题为《植物杂交实验》的论文。因为他超前的研究结果一时不为人所理解，直到他去世也没有什么反响。1900 年成为遗传学史乃至生物科学史上划时代的一年，这一年来自三个国家的三位学者几乎同时独立地“重新发现”孟德尔遗传定律。从此遗传学迈入了孟德尔所划出的康庄大道。1909 年，丹麦生物学家约翰逊将孟德尔的“遗传因子”改称为基因（gene）。随后遗

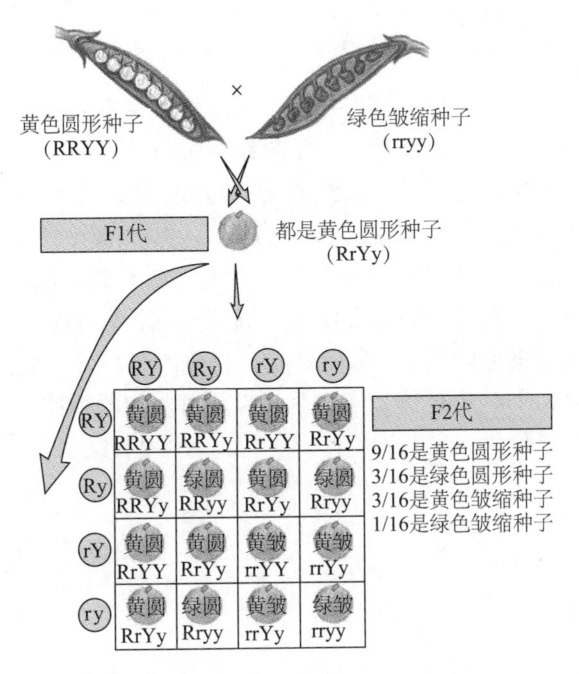

图 4-9　孟德尔豌豆种子颜色和饱满度自由组合过程的图解

传学的术语逐渐得到统一，重要的概念有：

等位基因（allele）：同源染色体上相对位置上的决定同种性状的不同基因。

性状（character）：生物的形态、结构、生理功能等特征。

基因型（genotype）：生物个体的特定基因组成。

表型（phenotype）：生物个体在基因型的作用下产生的性状表现。

纯合子（homozygote）：由两个相同的等位基因构成基因型的个体。

杂合子（heterozygote）：由两个不同的等位基因构成基因型的个体。

显性（dominant）：杂合子生物表现出来的性状。

隐性（recessive）：杂合子生物被掩盖的性状。

4.4.3　遗传的染色体学说和伴性遗传

4.4.3.1　基因位于染色体上

孟德尔的实验预测了独立的遗传因子即基因的存在，但基因的化学物质到底是什么？在当时并不清楚。与此同时，人们对细胞的精细结构有了越来越多的了解。1879 年，德国学者弗莱明发现染色体和有丝分裂，1883 年又发现了减数分裂。但当时孟德尔定律还没有被广泛认识，减数分裂的遗传学意义也没有被充分认识。1900 年孟德尔定律被重新发现后，1902 年美国遗传学家萨顿（Sutton）等人提出孟德尔的遗传因子在染色体上，理由是它们在世代传递过程中表现出同样的行为：

（1）染色体和遗传因子都是成对存在的。

（2）它们在减数分裂和生殖细胞形成时均出现分离现象，即同源染色体的分离和成对遗传因子的分离。

（3）生殖细胞结合成合子后它们都又表现为二倍性。

由此提出了遗传的染色体学说。

4.4.3.2　伴性遗传

首次将特定基因定位在一条染色体上的是美国遗传学家摩尔根（T. H. Morgan）。他以果蝇为实验材料进行孟德尔式的杂交实验。正常果蝇的眼睛颜色是红色的，摩尔根发现了一只白眼雄果蝇。他用它与正常红色眼睛的雌蝇交配，后代（F1 代）都是红眼果蝇，由此证明红眼对白眼是显性性状。当摩尔根用 F1 代继续交配，在 F2 代中出现了约 1/4 的白眼果蝇，这些都满足于孟德尔的分离定律。但仔细观察后发现，所有的白眼果蝇都是雄性的。在 F2 代雄性果蝇中，白眼占 1/2 左右。如果用白眼雄蝇与 F1 代雌蝇测交，则后代无论雌雄都有约 1/2 的白眼果蝇。摩尔根由此推断白眼的遗传与性别有关，并可能位于性染色体上。在性染色体中，X 染色体远大于 Y 染色体，考虑到雌性也可能出现白眼，而雌性没有 Y 染色体，那么决定白眼的基因只能位于 X 染色体上。整个实验过程和结果可由图 4－10 描述的过程加以解释。

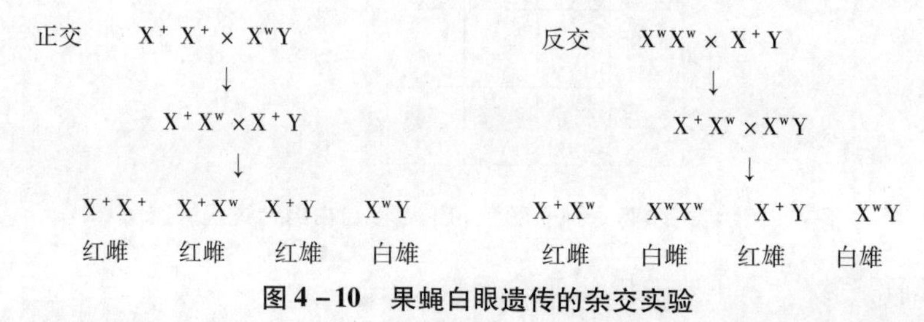

图 4－10　果蝇白眼遗传的杂交实验

这种位于性染色体上的基因所决定的性状在传递给后代时，具有明显的性别分布上的差异，称作伴性遗传（sex-linked inheritance）。伴性遗传的发现也证明了遗传的染色体学说的正确性。

4.4.4　连锁交换律

孟德尔在研究豌豆的两对性状组合的遗传中发现了自由组合律。但后人在对果蝇、香豌豆等物种进行两对性状的伴随遗传研究时发现，有时两对性状在子代中不能自由组合，而是发生原有的组合（亲组合）出现得更多的情况。摩尔根经过仔细的分析，提出了基因的连锁交换律。

4.4.4.1　连锁和连锁群

细胞内具有成千上万个基因，但基因的载体——染色体的数量则很少，像果蝇只有 4 对染色体。因此必定有许多基因位于同一条染色体上。这些位于同一条染色体上的不同基因之间的关系叫做连锁（linkage）。每条染色体上所有的基因组成一个连锁群，连锁群的数量和该物种单倍体的染色体数相当。例如人类有 24 种染色体（22 种常染色体和两种性染色体），则人类的所有基因组成 24 个连锁群。位于同一连锁群的不同基因之间在形成配子时就不能发生自由组合。孟德尔的自由组合律在这种情况下不能成立，只有在所研究的两个基因分属不同的连锁群，或者说位于非同源染色体上时，它们之间及它们决定的性状之间才能产生自由组合。

4.4.4.2　连锁交换律

摩尔根使用果蝇对连锁现象进行了大量研究，并对杂交后代出现的不同性状组合的数目进行统计分析，发现了不同类型的连锁关系。

1. 完全连锁。

在摩尔根的一个实验中，灰色长翅（基因型为 BBVV）和黑色残翅（基因型为 bbvv）杂交可得到灰色长翅的后代（BbVv）。若 F1 代的雄性与黑色残翅（bbvv）的雌性测交，不能得到自由组合律所预期的灰色长翅（B_V_），灰色残翅（B_vv），黑色长翅（bbV_），黑色残翅（bbvv）四种类型的后代，而只有灰色长翅（B_V_）和黑色残翅（bbvv）两种后代。说明决定这两个性状的两基因之间存在连锁关系。基因 B 和基因 V 在一条染色体上，而基因 b 和基因 v 在另一条染色体上。如图 4－11 所示。这种在 F2 代中只出现亲代中存在的性状组合的现象叫完全连锁。

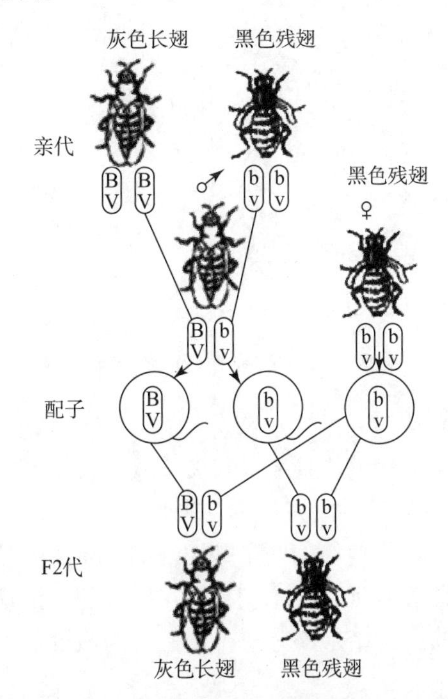

图 4－11　果蝇体色和长翅/残翅的完全连锁（雄性）

2. 不完全连锁。

在上述实验中，如果使用 F1 的雌蝇与黑色残翅（bbvv）雄蝇测交，在 F2 代中除了灰色长翅（B_V_）和黑色残翅（bbvv）果蝇外，还出现了少量灰色残翅（B_vv）和黑色长翅（bbV_）两种新的表型组合。这 4 种表型组合中，灰色长翅和黑色残翅这两种性状组合在亲代中存在，叫做亲组合，它们的出现率相当，共占 F2 代果蝇的 83%，而灰色残翅和黑色长翅是新的性状组合，叫做重组合，占 F2 代果蝇的 17%。

出现重组合的原因是：在配子形成的减数分裂过程中，同源染色体的同源片段之间发生了交换，使得位于不同位置的等位基因之间产生了重组。见图 4－12。

从上述实验可以看到，雄性果蝇中决定黑色体色和残翅的基因之间不发生交换现象，只有雌性果蝇才出现交换，目前还不知道产生这种现象的原因。

摩尔根的一个学生斯特蒂文特（Sturtevant）注意到，如果检测一条染色体上的 3 个基因两两之间的交换率，它们在数值上是可以叠加的。例如果蝇决定黑体、朱红眼、残翅的 3

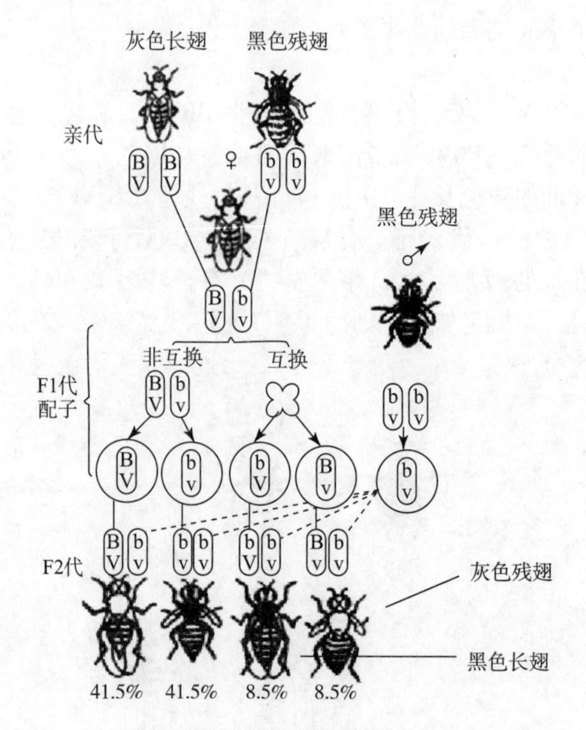

图 4-12 果蝇体色和长翅/残翅的不完全连锁（雌性）

个基因位于一个连锁群中，它们之间的交换率分别是：黑体/朱红眼的交换率 =9%，残翅/朱红眼的交换率 =8%，黑体/残翅的交换率 =17%。这里黑体/朱红眼的交换率 9% 和残翅/朱红眼的交换率 8% 相加，就得到黑体/残翅的交换率 17%。斯特蒂文特想到如果这些基因在染色体上呈线性排列，且一条染色体的两个基因之间发生交换的可能性与两个基因在染色体上的线性距离有关，两者距离越远，发生交换的可能性越大的话，则可以解释这些实验数据，(图 4-13)。后来众多的实验结果支持斯特蒂文特的假设。

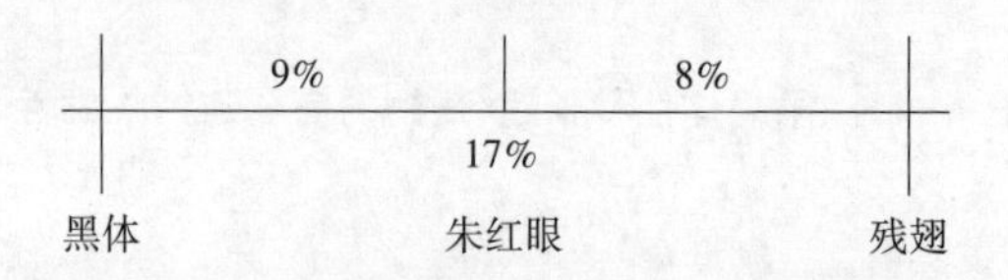

图 4-13 基因在染色体上的距离与交换率

运用这一原理，可以通过对相互连锁的不同基因之间交换率的检测确定连锁群中不同基因的位置和排列顺序。基因间的距离采用 1% 的重组频率为基本单位，称为 cM（厘摩）。例如决定黑体和朱红眼之间的交换率 9%，则两个基因的遗传学距离是 9cM。这就是基因作图（即确定基因在染色体上的位置）的基本原理。

通过大量的实验，摩尔根总结出了遗传学的第三个定律：连锁交换率（law of linkage and crossing-over）。该定律认为位于同一条染色体上的基因彼此连锁，而不能在形成生殖细胞时自由组合，减数分裂时发生的交换可以改变基因之间的连锁关系，则表现出不完全连锁关系。此时相互连锁基因组合在一起（亲组合）的频率大于交换造成重新组合的频率。

摩尔根后来出版了《基因论》，较全面地总结了染色体遗传理论。其基本点是：

（1）基因位于染色体上，每一个基因控制一个性状。

（2）一个染色体通常含有多个基因，这些基因组成连锁群。位于不同连锁群（或染色体）的基因在形成配子时符合分离定律和自由组合律。

（3）同一连锁群的基因在减数分裂时有时与同源染色体上的等位基因之间发生交换，交换的结果是连锁群基因的重新组合。

（4）基因在染色体上有一定的位置和顺序，并作直线排列。

这些观点奠定了现代遗传学的基础。

本章提要

细胞是遗传物质的载体，细胞内的遗传物质作为相对独立的整体进行复制，并随着细胞分裂而分离，因此了解细胞周期和细胞分裂过程成为理解遗传现象的前提。本章首先介绍了细胞周期和细胞分裂的一般过程和调节机制，重点说明在此过程中遗传物质的走向。然后介绍细胞分化与凋亡，借此说明多细胞生物中同一套遗传物质是如何控制产生众多的细胞类型的。细胞分化从干细胞始发，其不可逆性造成了生命过程的单向性发展，形成了发育和衰亡的过程，这一过程伴随着生物自动清除多余细胞的细胞凋亡现象。

减数分裂是有性生殖生物所具有的特殊细胞分裂形式，也是理解孟德尔遗传的前提。在遗传的染色体学说基础上，本章的最后介绍了遗传学的基本定律：分离定律、自由组合律、连锁交换律。

资源链接

［1］马特·里德利．孟德尔妖：基因的公正与生命的复杂［M］．北京：北京理工大学出版社，2004.

［2］王廷华，潘兴华，李力燕．干细胞理论与技术［M］．北京：科学出版社，2013.

［3］Snustad D P，Simmons N J. 遗传学原理［M］．赵寿元，等，译．北京：高等教育出版社，2011.

（马宏，谭信）

第 5 章
遗传的分子基础

随着孟德尔研究结果的广泛传播，人们逐渐接受了颗粒性遗传的观点，并认同有独立的遗传载体，或基因的实体存在。遗传的染色体学说的提出，更让人们确信这种独立存在的遗传物质就位于染色体上。染色体主要由两种生物大分子构成：蛋白质和核酸。两者在染色体中含量相当，都是早在 19 世纪中叶就被生物化学家们所发现。其中蛋白质的发现更早，其结构更复杂，所具有的功能也更多，以至当时绝大多数学者，包括恩格斯在内都认为蛋白质就是生命存在的形式。至于核酸，虽然结构也非常复杂，但这种复杂性主要基于核苷酸碱基的一维排列顺序，在当时还不被了解。人们除了知道它们存在于细胞核及染色体上外，对其功能一无所知。因此，在染色体上的蛋白质和核酸谁是遗传物质的争论中，蛋白质一开始就占有绝对优势。

转折出现在 20 世纪 40 年代。1944 年，艾弗里（O. T. Avery）等人完成的肺炎双球菌转化实验第一次证明了 DNA 才是遗传物质的载体。此后遗传学家们转向对 DNA 的结构和功能的深入研究，终于在 1953 年提出了 DNA 双螺旋结构模型。这一结构模型不仅解决了 DNA 的分子结构问题，还揭示了遗传信息的储存、复制方式和对机体生物性状的控制方式。可以说，在此之前一系列迷惑遗传学家的基本问题突然间都寻到了答案。由于找出了调控各种生物结构和功能的背后之手，生物学的许多研究领域一下子变得光明起来。一门新兴的学科分支——分子生物学自此诞生。对 DNA 结构和功能的认识，和达尔文的进化论一起，成为认识生命现象，指导生命科学研究的两个基石。

越来越多的研究表明，基因对生命体的调控不是单向的，而是存在基因与环境，DNA 与 RNA，DNA 与蛋白质的相互调控。生命信息的传递是多向的、网络化的。遗传学的研究对象非常复杂。遗传信息的存在和传递是复杂生命现象的前提，也是所有生物体存在的共同基础，著名遗传学家赖特在 1959 年曾经断言："整个生物学领域将由于遗传学而变成统一的学科，最终将同物理学媲美。"这句话意指这种有了物质基础的信息传递与控制属于生命的最本质特征。只有当我们充分理解遗传物质本身，遗传物质与其他生命物质、遗传物质与环境的相互作用和信息传递之后，各个门类的生命科学研究才具有了坚实的基础。

5.1 DNA 的结构与复制

早在 1868 年，瑞士生物化学家米歇尔（F. Miescher）就在脓细胞核中提取到了富含磷的酸性化合物，命名为核酸。1885—1900 年期间，科赛尔（Kossel）、Johnew 和列文（Levene）等确认了核酸的基本结构是碱基 - 核糖 - 磷酸构成的核苷酸。由于核酸位于承载遗传物质的染色体上，人们对DNA这一遗传物质的候选对象也充满了兴趣。但在1912年列文提出核酸中含有等量的4种核苷酸，这4种核苷酸组成固定的结构单位，核酸则是该4种核苷酸结构的聚合物的错误说法，一下子减低了人们对核酸的兴趣。因为按照这一假说，核酸只是一种简单的高聚物，难以携带复杂的遗传信息；而构成蛋白质的氨基酸种类繁多，化学性质复杂，其结构所能承载的信息量大，被普遍看好是构成遗传物质的理想物质。这种观点被扭转有赖于20世纪前中叶对核酸的一系列出色的研究工作。

5.1.1　DNA是遗传物质的证明

要证明一种分子载有遗传信息，应该证明这种分子具有如下特点：

①在体细胞中含量稳定；

②在有性生殖生物的生殖细胞中含量减半；

③能精确地自我复制；

④能发生变异。

在20世纪的上半叶一系列研究提示DNA可能是遗传物质。

5.1.1.1　DNA是遗传物质的间接证明

1. DNA通常只在细胞核中的染色体上找到，而蛋白质见于细胞内以及细胞外的各个组分中。

2. 同一种生物，不论年龄大小，不论身体的哪一种组织，每个细胞核的DNA含量基本上是相同的，而精子的DNA含量正好是体细胞的一半。蛋白质等其他化学物质不存在这种情况。见表5-1。

表5-1　几种生物的细胞中DNA含量测量结果　　（单位：$10^{-6}\mu g$）

生物种类	肾细胞	肝细胞	红细胞	精子
家鸡	2.4	2.5	2.5	1.3
牛	6.4	6.4	—	3.3
鲤鱼	—	3.0	3.3	1.6
人	5.6	5.6	—	3.5

3. 各类生物中，能改变DNA结构的各种物理的或化学的因素都可引起遗传学意义上的突变。两者的平行关系提示DNA是遗传物质的可能。例如已知紫外线可造成基因突变；紫外线可以改变DNA分子结构，但一般不引起蛋白质结构的变化。

4. DNA的化学性质非常稳定，而基因突变也非常罕见。

5.1.1.2　核酸是遗传物质的实验证明

在20世纪的40—50年代，有三个著名实验证实了核酸才是真正的遗传物质：

1. 肺炎双球菌转化实验。该实验从1928年由格里菲斯（Griffith）开始，到1944年才由艾佛里（Avery）等人完成。这项跨度长达十几年的马拉松式的研究第一次通过实验证明了DNA是遗传物质。实验原理和过程简述如下：肺炎双球菌有可致病的S型和不致病的R型菌株。格里菲斯将不致病的R型菌和加热杀死的致病的S型菌共同注入小鼠体内，结果会产生活的S型菌并让小鼠致病。这一结果提示一定是死的S型菌中的某种物质改变了R型菌的遗传特性，使之变成S型菌。艾佛里继续这项研究，他将死的S型菌中的各种化学物质，包括蛋白质、DNA、RNA、脂类、多糖等一一分离出来，在体外分别与R型菌作用。结果发现只有DNA可以使R型菌转化成为S型菌；如果使用DNA酶分解分离物中的DNA，则这种转化效应消失。因此结论是：DNA是造成细菌转化的原因，换句话说，DNA才是遗传物质。

2. 1952年赫尔希（Hershey）和蔡斯（Chase）进行的噬菌体感染实验进一步证明了DNA是遗传物质。噬菌体是细菌的病毒，需要进入细菌内才能复制成新的噬菌体，其化学构成是DNA和蛋白质。在噬菌体感染细菌时并不是整个噬菌体都进入细菌细胞内，而是部分物质进入，部分留在细菌外面。显然，能够进入细菌细胞内的物质才带有遗传信息，在细菌体内用于指导合成新的噬菌体。为了弄清在噬菌体感染时到底哪种物质进入了细菌，哪种没有，赫尔希和蔡斯使用了同位素示踪技术，他们使用放射性的^{32}P和^{35}S分别标记噬菌体中的DNA和蛋白质。结果发现只有^{32}P进入了细菌体内。这一出色的实验无可争议地表明DNA携带遗传信息。

3. 在1956年进行的烟草花叶病毒重建实验进一步证明，在某些病毒中的RNA也可以是遗传物质。

这一系列实验使遗传学家确认DNA，特殊情况下RNA，才是遗传物质。这一共识促成了DNA双螺旋结构的发现。

5.1.2 DNA双螺旋结构模型的建立

5.1.2.1 DNA双螺旋结构模型建立的研究背景

DNA双螺旋结构模型的建立是不同学科、不同知识背景的学者通力合作，集思广益所取得的伟大成果。在20世纪中叶，一批物理学家和化学家转入生物学研究领域，与生物学家共同努力，逐渐形成了分子生物学这一新的生命科学分支。主要的工作方向有：

（1）结构生物学家使用X射线结晶学的方法，从40年代开始研究蛋白质和核酸的晶体结构，这一研究方向直接导致了DNA双螺旋结构的发现。

（2）以物理学家德尔布吕克（Delbruck）和微生物学家卢瑞亚（Luria）为首的“噬菌体小组”，试图通过噬菌体研究揭示染色体上的信息编码。上述噬菌体感染实验就是这个小组成员的成果。

（3）生化遗传学派用生物化学方法从事遗传学研究。他们的主要成果是证明了基因的主要功能就是指导蛋白质的合成。

直接导致DNA双螺旋结构模型建立的两个重要工作是：

1. 富兰克林（R. Franklin）和威尔金斯（M. Wilkins）在1952年年底拍得了DNA结晶的X射线衍射照片。通过这一照片可以推测：DNA的结构是一个螺旋，螺旋沿着长轴具有两个周期性重复，衍射图还暗示DNA分子含有两条链，这些成为确定DNA的结构至关重要的线索（图5-1）。

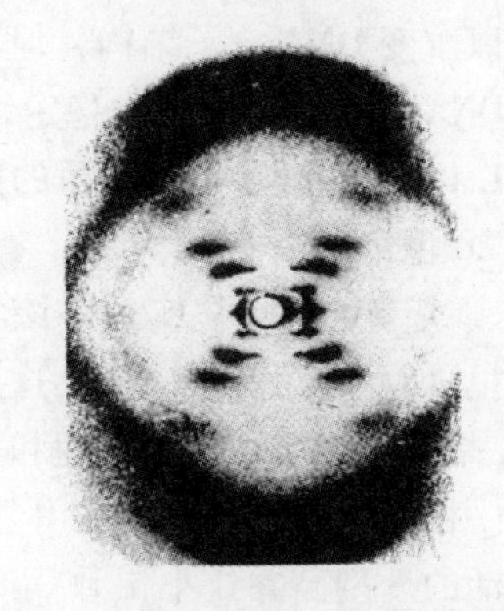

图5-1 DNA结晶的X射线衍射照片

2. 查伽夫（E. Chargaff）通过对来自不同种属的原核生物和真核生物的DNA样品水解物的分析，发现 DNA 样品中的 4 种碱基组成的规律：

①不同种属的 DNA 的碱基组成不同，即 DNA 的碱基组成具有种属的特异性。但来自同一种属不同组织的 DNA 样品具有相同的碱基组成，其碱基组成不会随机体的年龄、营养状态和环境变化而改变。

②在所有的 DNA 中，腺嘌呤残基 mol（摩尔）数等于胸腺嘧啶残基 mol 数，即 A = T；而鸟嘌呤残基 mol 数等于胞嘧啶残基 mol 数，即 G = C。

因此，嘌呤残基的总 mol 数等于嘧啶残基的总 mol 数，即 A + G = T + C。

这一原则叫查伽夫法则。碱基之间的这些定量关系对于建立 DNA 的三维结构以及理解 DNA 是如何复制的非常关键。

在此前后，剑桥大学数学研究生格里菲斯运用化学键理论计算出不同碱基之间的键合力，以及它们之间如何搭配才能使分子最为稳定。结果表明 G 和 C 之间形成 3 个氢键，A 和 T 之间形成 2 个氢键，且这样的键最稳定。这一计算结果正好与查伽夫的统计相吻合。

5. 1. 2. 2　DNA 双螺旋结构模型和生物学意义

1953 年 3 月，沃森和克里克（J. D. Watson & F. H. Crick）根据富兰克林和威尔金斯提供的 DNA 结晶 X 射线衍射图和查伽夫法则的提示，搭建了 DNA 双螺旋结构模型。这一模型可以圆满地解释当时所积累的所有有关 DNA 的数据，并满足查伽夫法则。他们于 1953 年 4 月 25 日在《Nature》上发表的题为《核酸的分子结构——脱氧核糖核酸的结构模型》的论文是 20 世纪生命科学最重要的文献，对生命科学的发展和人类对生命的认识水平产生了不可估量的影响。它的意义不仅在于阐明了一种重要的生物大分子的结构，更重要的是这一结构模型可以立即解释众多遗传现象的发生机理，如 DNA 的复制和遗传信息的储存等。

5. 1. 2. 3　DNA 双螺旋结构模型的结构要点

1. 两条反向平行的多核苷酸链围绕同一中心轴缠绕，形成一个右手的双螺旋，即两条链均为右手螺旋。一条链上的碱基通过氢键与另一条链上的碱基连接，形成碱基配对。G 与 C 配对，形成 3 个氢键；A 与 T 配对，形成 2 个氢键。这一配对原则叫做碱基互补。

2. 脱氧核糖和带负电荷的磷酸基团交替连接形成的长链位于双螺旋的外侧，两条链上的嘌呤碱基与嘧啶碱基由于它们的疏水性，堆积在双螺旋的内部。

3. 在双螺旋的表面产生了 2 条不等宽的沟，宽的、深的沟叫大沟，窄的、浅的称之小沟。能够与特定的碱基对相互作用的蛋白质分子可以在这些沟的位置上接触并识别相关碱基序列，而不必将螺旋破坏。这对于可以“读出”特殊序列的蛋白质是特别重要的（见图 5 - 2）。例如识别特定碱基序列的限制性内切酶就是以这种方式与 DNA 作用的。

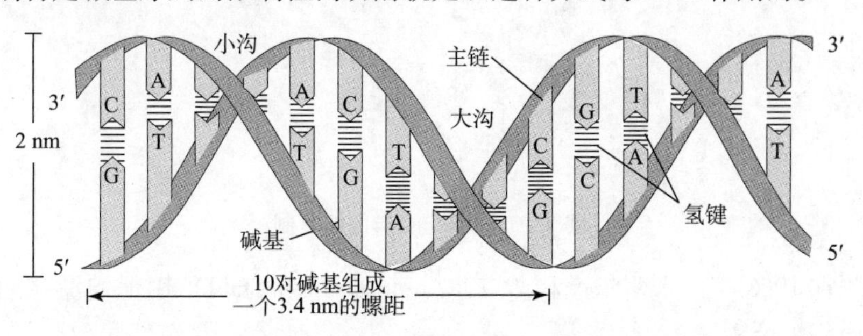

图 5 - 2　DNA 双螺旋的大沟和小沟

4. 双螺旋的平均直径为2nm（实测为2.37nm），相邻碱基对的距离为0.34nm（实测为0.33nm），相邻核苷酸的夹角为36°（实测为34.6°）。沿螺旋的长轴每一转含有10个（实测为10.4）碱基对，其螺距为3.4nm。

5. 许多弱的相互作用稳定双螺旋DNA结构，包括疏水相互作用、碱基堆积力、氢键和静电排斥力等。DNA的双螺旋结构有助于维持DNA的稳定性，为防护遗传物质的损伤提供了一种措施。

5.1.3 DNA的复制

在沃森和克里克发表DNA双螺旋结构模型的论文之后仅一个月，1953年5月两人又在《Nature》杂志上发表名为《脱氧核糖核酸结构的遗传学意义》一文，用双螺旋结构模型阐述了DNA进行自我复制的原理。他们注意到，碱基之间吸引力的搭配，正好可以解释DNA复制的原理，即以DNA单链为模板，通过G和C、A和T之间的氢键吸引力来指导新合成DNA链的碱基排列顺序，合成另一条互补的DNA单链。在DNA复制之前，氢键断裂，两条链彼此分开，每条链都作为一个模板复制出一条新的互补链，这样就得到了两对相同的DNA链。每条DNA双螺旋上都有一条新链、一条旧链。这种DNA的合成方式叫做半保留复制（semiconservative replication）（图5-3）。根据碱基互补的复制原理，只要知道DNA双螺旋中一条DNA链上的碱基排列顺序，就可以推知另一条互补链上的碱基排列顺序。

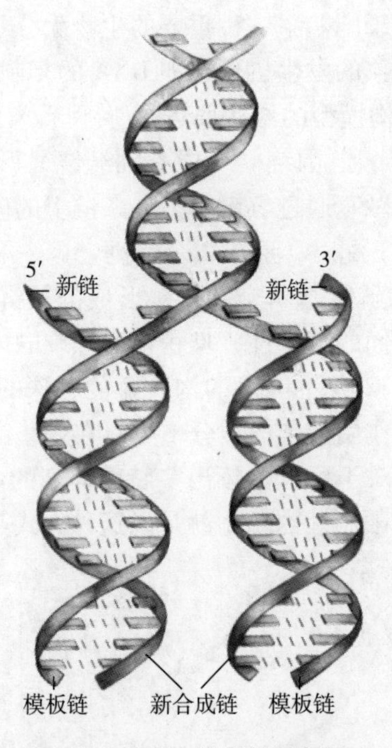

图5-3 DNA的半保留复制

这一推测在1958年由米西尔逊和斯塔尔（Meselson & Stahl）用他们漂亮的用氮同位素所做的实验得到了证实。

5.1.3.1　DNA的复制的一般过程

1. DNA复制起点。DNA只能在DNA分子上特定的位点起始复制。在原核细胞中DNA只有一个复制起点，而在真核细胞中每条染色体都有许多复制起点。复制起点越多，复制速度越快。但真核细胞的复制起点并不是在每次DNA复制时都启用，复制起点是否启用取决于对染色体复制速度的要求。快速分裂的细胞，比如胚胎细胞，要求DNA快速复制，启用的复制起点就多，反之就少。DNA的复制起点是一段特定碱基序列，可以结合一些与DNA复制起始有关的蛋白质，形成前复制复合体（pre-replication complex）。在S期开始时前复制复合体促使与DNA复制有关的各种酶和因子组装成复制体（replisome）。

2. DNA复制的启动。在复制体的解螺旋酶的作用下，复制起点的DNA双链解旋打开，然后单链结合蛋白结合在形成的DNA单链上以稳定其结构。

3. 引物合成。DNA不能够直接启动DNA的合成，必须首先在DNA模板上依据碱基互补原则合成一段RNA序列，这段RNA序列叫做RNA引物（RNA primer）。游离核苷酸首先通过氢键与模板上的碱基相结合，在引物酶的作用下，结合上去的核苷酸之间脱水缩合，形成新的磷酸二酯键将各核苷酸连接在一起。RNA引物的作用是提供核酸链的核糖3′末端，以启动DNA链的合成。

4. DNA延伸。在RNA引物的3′端，按照碱基互补的原则，在DNA聚合酶的作用下，以周围的游离脱氧核苷酸为原料开始延伸出新的DNA单链，与RNA引物连接形成RNA－DNA混合链。

5. DNA局部解链复制造成DNA链局部的泡状结构称为复制泡，DNA复制的位置称为复制叉。复制叉随着半保留复制的进程向两边延伸，形成逐渐扩大的复制泡，直到与相邻的复制泡相互融合。一个复制起点所负责的复制范围叫做一个复制子（replicon）。

6. 新的脱氧核苷酸只能加入到先前存在的RNA或DNA的核糖3′末端上，所以DNA合成只能沿5′端→3′端进行。这样两条链中有一条可以随着DNA双螺旋的逐渐解开，连续合成DNA新链，因而复制较快，称为先导链。而另一条新链的合成是不连续的，只能随着DNA双螺旋的解开不断合成新的RNA引物，再往下合成一小段DNA序列。每一小段有大约200个碱基，称为冈崎片段（Okazaki fragment）。DNA修复酶切除RNA引物后，再通过DNA合成的延伸补充切除RNA后的缺口，然后在DNA连接酶的作用下相互连成完整的新链。这条合成较慢的链叫做后随链。这种DNA合成方式被称为半不连续合成（图5－4）。

5.1.3.2　DNA的错配修复

DNA复制具有高度的保真性，根据热力学的错配耗能，其自然复制出错率仅在10^{-5}上下，但这还远远不能满足DNA精确复制的需要。在进化过程中出现了DNA复制校对修复机制，可以先将错配脱氧核苷酸切除，然后继续向下复制。错配修复机制可进一步使最终出错率小于10^{-9}。以人的基因组含有3×10^{9}个碱基计算，每次人体基因组复制只出现个位数字的碱基错误配对。

如果错配修复机制出现问题，将会导致复制出错率的升高。例如MSH－2或MLH－1基因编码错配修复酶，如果发生基因突变可能导致癌症。家族性遗传性非息肉病型结肠癌就存在较高的MSH－2或MLH－1突变检出率。

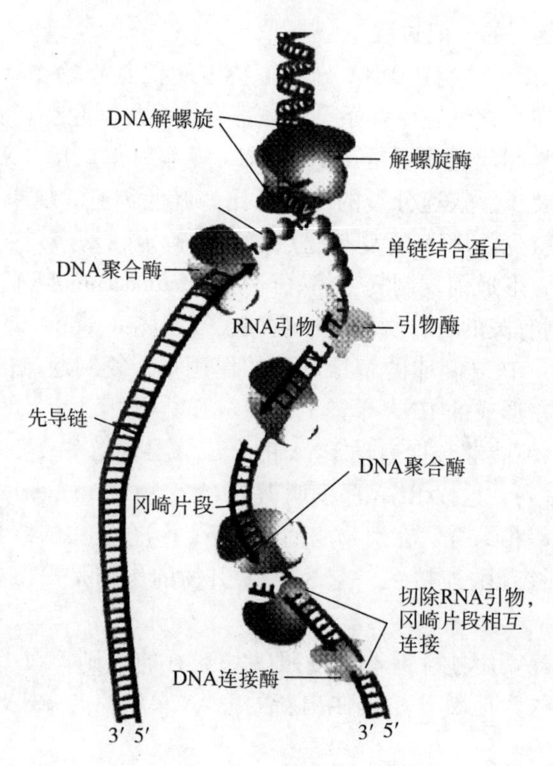

图 5-4　DNA 的半不连续合成

5.1.3.3　端粒的复制和端粒酶

由于 DNA 复制只能沿 5′端→3′端的方向进行，线状 DNA 在 5′端切除了 RNA 引物后就会产生一段无法复制的 DNA 片段。随着 DNA 复制次数的增多，DNA 的末端将可能产生越来越大的缺失。此外，DNA 的末端也比较容易在各种因素的作用下降解，使 DNA 逐渐变短。为了保护线状 DNA 的末端，真核细胞染色体的末端出现一种特殊的延长结构，称为端粒（telomere）。端粒由特殊的重复 DNA 序列和相应的蛋白质构成。脊椎动物的端粒 DNA 重复单元为 TTAGGG，该重复单元重复了数百到数千次，其长度在 2～20kb 之间。

端粒不是半保留复制的产物，而是在端粒酶的作用下通过酶促反应将脱氧核苷酸添加到染色体的末端而形成。端粒酶（telomerase）是一种含有 RNA 的酶。端粒酶的蛋白质部分具有反转录酶活性，可使用 RNA 提供的模板合成端粒 DNA。在端粒酶的 RNA 上有一段为端粒重复序列的合成提供模板的序列片段，如人的模板序列为 5′-CUAACCCUAAC-3′。这段模板序列在合成端粒时可反复使用。合成一个重复单元后，RNA 模板向 3′移动，再和新合成 DNA 片段配对，依此循环往复，形成端粒的重复序列（图 5-5）。端粒的 3′端延长后，端粒酶移开，以延长的单链为模板合成 RNA 引物，再合成互补链。剩余的 3′末端回折，深入到双链 DNA 的内部，形成发夹结构。这种结构有利于保护端粒 DNA 免受 DNA 酶的破坏。

端粒的主要作用包括：

（1）保持染色体末端的完整。

（2）与核纤层相连，使染色体固定在核膜内侧。

（3）影响染色体的行为。

（4）可能控制细胞的寿命。

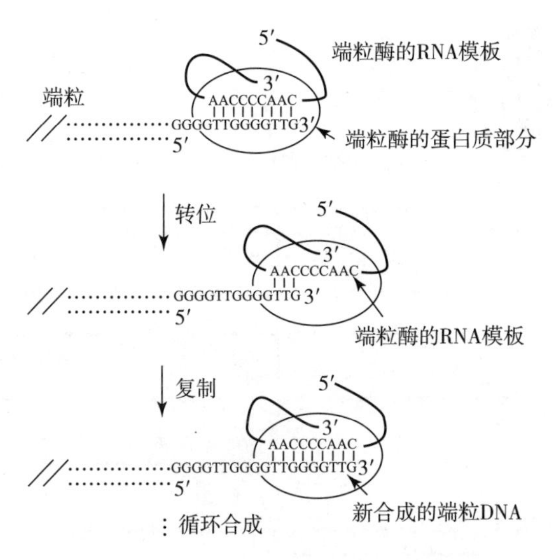

图5－5　端粒DNA的复制（四膜虫）

在一般人体细胞中没有端粒酶的活性，端粒在DNA反复的复制过程中不断变短。推测染色体端粒的变短可能与细胞的寿命有关。在体外培养的细胞一般只能分裂50次左右，当端粒短到一定程度后，DNA即停止复制，细胞分裂终止。生殖细胞、干细胞和多数癌细胞中有端粒酶活性，可以不断合成端粒，维持端粒的长度。因此具有端粒酶的细胞可以反复分裂。这一机理与肿瘤细胞的无限生长有关。开发抑制端粒酶的药物，是肿瘤药物研发的一个方向。

5.1.3.4　聚合酶链反应（PCR）

PCR是根据DNA复制的一般原理，由科学家发明的在体外复制某一特定DNA片段的方法。我们知道，DNA的复制需要DNA模板、脱氧核苷酸、DNA聚合酶、DNA复制起始所需的引物等，那么我们在体外将这些东西准备好，就可以进行特定DNA片段的复制了。

首先必须知道被复制片段的碱基序列，然后人工合成待扩增片段两端的两种引物。PCR包括变性、退火、延伸三步骤的反复循环。

（1）变性：加温使双链DNA解链成单链。

（2）退火：迅速降低温度，使两种引物分别与两条DNA单链在待复制（扩增）片段的两端与互补DNA片段结合。

（3）延伸：将温度提升至适宜DNA聚合酶起作用的温度（这里使用的DNA聚合酶必须耐受高温，使之不至在DNA高温变性时被破坏），开始进行新DNA片段的合成。待新的DNA双链形成后重新加温变性，重复上一个循环；此时新合成的DNA单链也可以作为模板使用。这样，每经过一次变性、退火、延伸的循环，被扩增的DNA片段数都会增加一倍，DNA模板数也会增加一倍。这就是PCR产物可以成指数扩增的原理：经过30～40个合成循环可得到成千上万的目的DNA片段（图5－6）。

PCR是最广泛使用的生物学技术之一，可以用它扩增所需要的DNA片段或探查某个DNA片段是否存在于样品中。在基因克隆、临床病原微生物的检测、DNA指纹分析和基础生物医学研究中有广泛的应用。

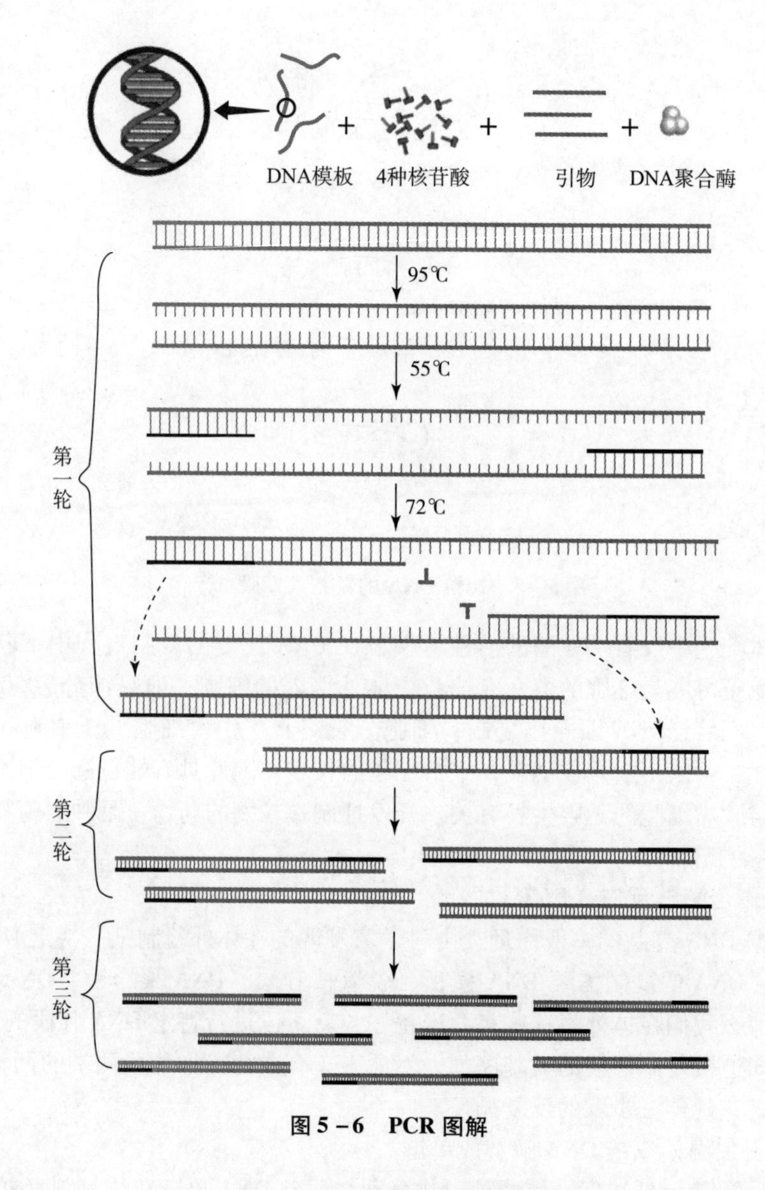

图 5－6 PCR 图解

5.2 遗传信息的流动

DNA 的双螺旋模型预示遗传信息蕴藏在 DNA 碱基序列中。DNA 碱基序列信息可以控制机体的生长发育和生理活动，并借生殖细胞传向后代。克里克在 20 世纪 50 年代末就遗传信息的流动提出了中心法则。该法则指出了 DNA→RNA→蛋白质的遗传信息流动方向。DNA 通过转录和翻译等过程指导蛋白质形成的过程称为基因表达（gene expression）。

5.2.1 中心法则

中心法则（central dogma）描述了遗传信息传递的单向性，DNA 上的碱基序列决定了在转录过程中形成的 RNA 的碱基序列；而 RNA 的碱基序列在翻译过程中又决定了蛋白质上氨基酸序列。这样一个序列信息的传递一般是不可逆的。RNA 不会接受从蛋白质传递过来的序列信息；而DNA的复制不会受RNA或蛋白质序列信息的影响，它只依照自身的信息自我复制。但1960年RNA依赖性的RNA聚合酶的发现和1970年反转录酶的发现对上述概念提出了一定的修正。这两类酶存在于某些反转录病毒及细胞内，可以分别以RNA为模板合成互补的RNA链和DNA链，提示RNA也可以作为独立的遗传物质存在，并且在特殊情况下遗传信息可以由RNA流向DNA（图5－7）。需说明的是，蛋白质的氨基酸序列信息虽然不能逆向决定核酸的碱基序列，但DNA的复制、转录、转录后加工和翻译过程都受到蛋白质的调控。DNA是否复制，什么时候复制，哪些基因转录，何时转录，转录后如何加工、如何翻译等都受到蛋白质因子的调控。从这个意义上说，基因和蛋白质处于相互调控的状态。在本章后面基因的表达调控中有专门介绍。

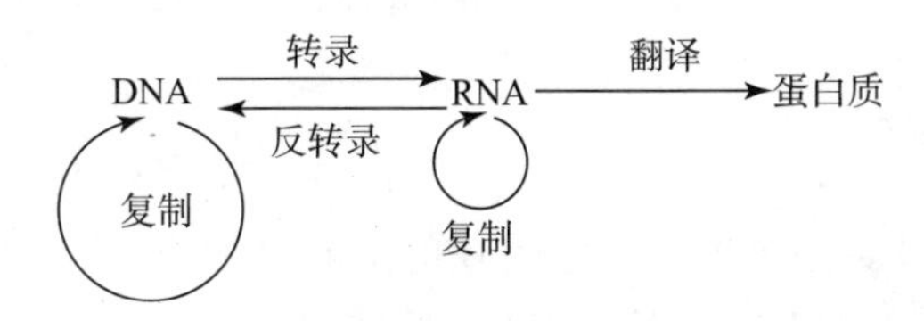

图5－7 中心法则

5.2.2 转录

使用DNA指导的RNA聚合酶，依据碱基互补方式，用DNA上的碱基序列指导合成RNA的过程叫做转录（transcription）。在转录过程中，DNA上的腺嘌呤（A）在RNA上的互补碱基是尿嘧啶（U）。除了个别情况，作为一个基因的DNA双链片段中只有一条链被转录。由于转录形成的RNA碱基序列与模板链互补，而与非模板链相同，为了使DNA序列与所编码的RNA序列表述一致，规定非模板链为有意义链。在科学文献中，都是按照非模板链的DNA序列记录和书写的，本书所有涉及DNA序列的地方也都是如此。

转录形成的RNA包括mRNA、tRNA、rRNA，以及各种小RNA等。总之，一切形式的内源RNA都是通过转录形成的。

5.2.2.1 转录的启动

决定一个基因是否转录不取决于编码序列本身，而要看基因两侧的侧翼序列中是否存在与转录有关的序列，如启动子、增强子、终止子等，以及在细胞核内是否存在一些与转录有关的蛋白因子。

在真核细胞，在转录因子和增强子的作用下，DNA解链，启动子结合RNA聚合酶，以三磷酸核苷为原料合成RNA。关于真核生物基因转录的调控机制，详见5.4节。

5.2.2.2 转录的延伸和终结

转录沿着5′至3′方向进行的，新的核糖核苷酸不断通过氢键吸引到DNA模板上，形成新的磷酸二酯键而使RNA不断延伸。DNA上有促使转录终止的信号序列，转录到达此序列后，在一些蛋白因子的作用下转录停止，DNA－RNA杂交双链解旋，新合成的RNA和RNA聚合酶从DNA上解离下来（图5－8）。

在原核细胞内，新合成的mRNA可立即用于蛋白质的合成，而真核细胞的RNA初始转录产物还要进一步加工、转运或储存，其中只有一部分运送到细胞质中参与翻译过程。

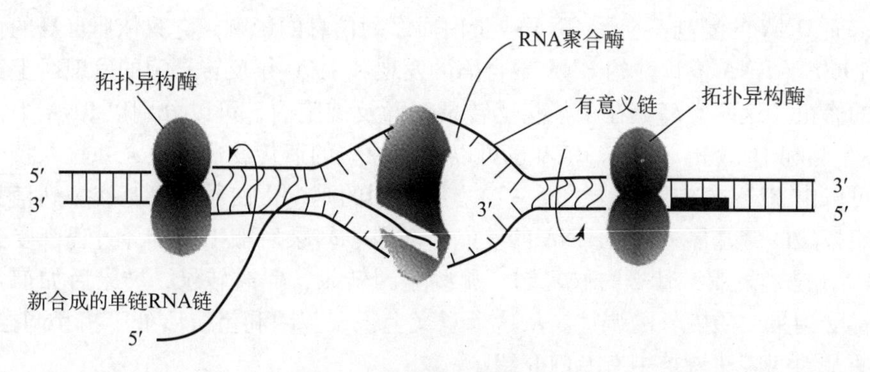

图5-8　转录的延伸和终结

5.2.3　转录后加工

真核生物 RNA 在转录后需要进行一定的裁剪，或再加上一定的核苷酸才能成熟。这里仅介绍 mRNA 的转录后加工（图5-9）。其内容包括以下几方面。

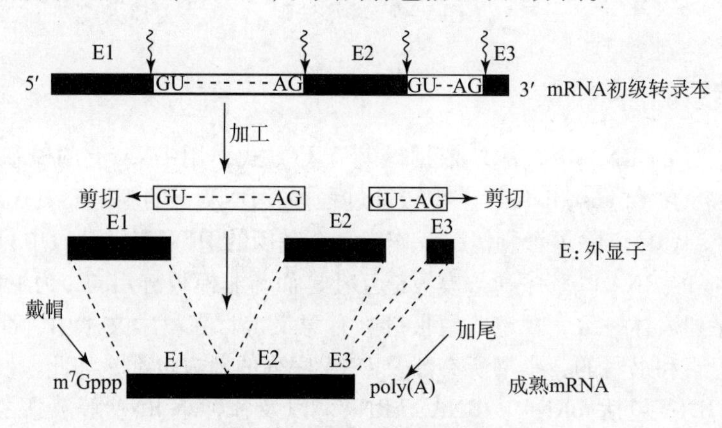

图5-9　mRNA 转录后的加工

5.2.3.1　剪接

mRNA 转录后的初级转录本叫核内不均一 RNA（hnRNA）。在剪接体（splicesome）的作用下将内含子剪去的过程叫剪接。剪接体是很大的多分子复合体，包括核内小 RNA（snRNA）和许多蛋白质。

在剪接时有可能发生可变剪接，即剪接的位置有可能发生变化，保留了原本认为的内含子或切除了原本认为的外显子。不同的细胞或在发育的不同阶段发生的可变剪接，使得同一个原初 mRNA 转录本形成多种成熟的 mRNA，进而合成不同的多肽。这在生物界是常见的情况。

5.2.3.2　mRNA5′端加帽

这是指 mRNA 的5′端在酶的作用下，连接上一种特殊核苷酸“7 甲基鸟嘌呤核苷酸”，其作用是促进 mRNA 与核糖体的结合并保护该端。

5.2.3.3　mRNA3′端添尾

在多聚腺苷酸酶的作用下在 mRNA 的3′端添加100～200 个腺苷酸（poly A），其作用是延长 mRNA 的寿命，促进转移，并有利于核糖体的识别。

hnRNA 在转录后加工过程中，仅有总量的 1/2 左右转移到细胞质内，参与蛋白质合成的过程，其余的都在核内被降解掉。

5.2.4　翻译

翻译（translation）是用 mRNA 指导蛋白质合成的过程，需要将 mRNA 上的序列信息解读为所合成的多肽上的氨基酸序列信息。

5.2.4.1　遗传密码

在 DNA 或 RNA 蕴藏的遗传信息传递给蛋白质时涉及两种不同序列信息的对应问题，即核酸碱基的排列顺序如何编码蛋白质上氨基酸的排列顺序。这两个序列的编码对照叫做遗传密码（genetic code）。

要由只含有 4 种碱基的 DNA 为带有 20 种氨基酸的多肽编码，前提是必须存在 20 种以上的碱基密码子，因此碱基和氨基酸显然不是一对一的对应密码关系。如果是两个碱基的排列对应一个氨基酸，也只能形成 16 种碱基密码子。因此需要有至少 3 个碱基的排列决定 1 个氨基酸的密码子。实验表明确实如此。

密码的破译工作始于 1961 年。尼伦博格（M. Nirenberg）等人首先用人工合成的只含有多聚尿嘧啶核苷酸的 RNA 作为模板，在不含其他核酸的无细胞体系中合成多肽，结果得到一条只含有苯丙氨酸的多肽，由此推断 UUU 是决定苯丙氨酸的三联密码子。同样的方法又证明了 CCC 为决定脯氨酸的密码子，AAA 为决定赖氨酸的密码子等。尼伦博格等人在此基础上不断改进实验方法，合成了各种不同的 RNA 模板进行测试，最终在 1966 年完成了全部遗传密码的破译工作，得到遗传密码表（表 5 -2）。

表 5 -2　遗传密码表

第一个核苷酸	第二个核苷酸				第三个核苷酸
5′端	U	C	A	G	3′端
U	UUU 苯丙氨酸	UCU 丝氨酸	UAU 酪氨酸	UGU 半胱氨酸	U
	UUC 苯丙氨酸	UCC 丝氨酸	UAC 酪氨酸	UGC 半胱氨酸	C
	UUA 亮氨酸	UCA 丝氨酸	UAA* 终止密码	UGA* 终止密码	A
	UUG 亮氨酸	UCG 丝氨酸	UAG* 终止密码	UGG 色氨酸	G
C	CUU 亮氨酸	CCU 脯氨酸	CAU 组氨酸	CGU 精氨酸	U
	CUC 亮氨酸	CCC 脯氨酸	CAC 组氨酸	CGC 精氨酸	C
	CUA 亮氨酸	CCA 脯氨酸	CAA 谷氨酰胺	CGA 精氨酸	A
	CUG 亮氨酸	CCG 脯氨酸	CAG 谷氨酰胺	CGG 精氨酸	G
A	AUU 异亮氨酸	ACU 苏氨酸	AAU 天冬酰胺	AGU 丝氨酸	U
	AUC 异亮氨酸	ACC 苏氨酸	AAC 天冬酰胺	AGC 丝氨酸	C
	AUA 异亮氨酸	ACA 苏氨酸	AAA 赖氨酸	AGA 精氨酸	A
	AUG* 甲硫氨酸	ACG 苏氨酸	AAG 赖氨酸	AGG 精氨酸	G

续表

第一个核苷酸	第二个核苷酸				第三个核苷酸
5′端	U	C	A	G	3′端
G	GUU 缬氨酸	GCU 丙氨酸	GAU 天冬氨酸	GGU 甘氨酸	U
	GUC 缬氨酸	GCC 丙氨酸	GAC 天冬氨酸	GGC 甘氨酸	C
	GUA 缬氨酸	GCA 丙氨酸	GAA 谷氨酸	GGA 甘氨酸	A
	GUG 缬氨酸	GCG 丙氨酸	GAG 谷氨酸	GGG 甘氨酸	G

这套遗传密码在整个生物界具有通用性，无论是动物、植物还是微生物都使用这套遗传密码，从一个侧面证明了达尔文的所有生物具有共同祖先学说的正确性，也说明遗传密码的高度的保守性，其在进化过程中不轻易发生改变。不过也有些生物的个别遗传密码与通用密码不同。例如 CAA 三联码一般编码谷氨酰胺，但在四膜虫则编码谷氨酸。另外，存在多个三联码编码同一种氨基酸的情况。例如 GCU、GCC、GCA 和 GCG 均编码丙氨酸，这叫做遗传密码的简并性。这个例子也提示三联密码子中的第三个碱基的种类有一定灵活性，在信息传递的重要性上不如前两个碱基。

5.2.4.2　转移核糖核酸（tRNA）

在 20 世纪 50 年代末，克里克认为存在着一种与核酸和氨基酸都能相互作用的适配器（adapter）分子，该分子能够破译贮存于 DNA 中的遗传信息，又能够结合特定氨基酸；并认为适配器是一类小的核酸分子，应该有 20 种以上，对应着每一种氨基酸。到 60 年代发现的 tRNA 正是这种适配器。

tRNA 呈三叶草形：氨基酸臂上连接相应的氨基酸，对面的反密码子环带有反密码子，能与 mRNA 上密码子通过碱基互补而结合。tRNA 行使转运氨基酸的功能，将贮存在 mRNA 中的遗传信息与多肽的氨基酸序列联系起来。对于 mRNA 上的每一个密码，与该密码互补的 tRNA 就将携带一个相应的氨基酸到生长中的肽链末端。

5.2.4.3　翻译的基本过程

1. 翻译起始复合体的形成。

起始复合体是由核糖体小亚基和大亚基、模板 mRNA、一个特殊的起始氨基酰 - tRNA 和几个称为起始因子的辅助蛋白质组成。在真核细胞中，翻译的起始氨基酸总是甲硫氨酸，而在原核细胞中，翻译的起始氨基酸为甲酰甲硫氨酸。首先核糖体小亚基与 mRNA 结合，然后起始氨基酰 - tRNA 上的反密码子与 mRNA 上的起始密码 AUG 结合，接着核糖体大亚基再结合上去。这些过程需要起始因子的参与。

在核糖体大亚基上有 3 个结合位点：A 位点即氨基酰 - tRNA 的结合位点，P 位点是肽酰 - tRNA 的结合位点，E 位点为 tRNA 的退出位点。

2. 肽链的延伸。

当蛋白质合成启动后，起始氨基酰 - tRNA 占据 P 位，A 位被用来接收下一个氨基酰 - tRNA。在肽链延伸阶段，每连接一个氨基酸都要进行一轮延伸循环反应，有三个反应步骤（图 5 - 10）：

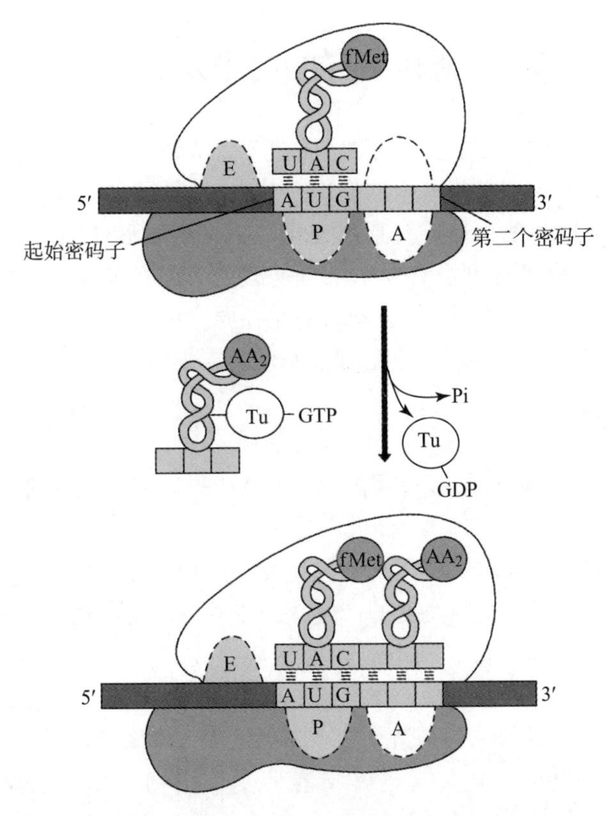

图5－10　肽链的延伸

（1）进位：将正确的氨基酰－tRNA定位在A位。

（2）转肽：将位于A位氨基酰－tRNA上的氨基酸与先前合成的多肽在氨基酰转肽酶的作用下形成新的肽键，多肽转移到A位的氨基酰－tRNA上。

（3）移位和脱落：mRNA相对于核糖体移动一个密码子，肽酰－tRNA移到P位，让出A位，而原在P位的tRNA进到E位，然后释放出来。

延伸反应需要延伸因子（EF）的参加。每进行一轮延伸循环，连接在P位tRNA分子上的氨基酸残基数就增加一个。

3. 多肽链延伸的终止。

在多肽链中的最后一个肽键形成后，携带新合成多肽链的肽酰－tRNA从A位转移至P位，一个终止密码（UAA、UAG或UGA）将出现在A位，没有任何tRNA可以与终止密码结合，只有释放因子（RF）能够结合终止密码。释放因子结合终止密码后改变了肽酰转移酶的特性，使得该酶能够水解肽酰－tRNA酯，多肽产物从核糖体释放出来。核糖体随即解离为大亚基和小亚基，为合成另一个多肽分子做准备。

多肽合成后，通常要经过一系列的化学修饰，经过正确的折叠过程，才能形成具有正确空间结构和功能的蛋白质。具体描述可参见第2章。

5.3 遗传变异的类型及其成因

遗传物质的变异指 DNA 上碱基排列顺序的改变，表现形式有基因突变、遗传重组和染色体变异。这些变异如果导致某些基因的损伤、缺失、拷贝数改变或表达异常，则会产生遗传效应，在人类可造成遗传病，遗传易感性变化，携带者、群体内部的遗传多样性等情况。还有一种情况是 DNA 的碱基序列没有发生不可逆改变，但在碱基上发生了一定程度的化学修饰。这种化学修饰不影响 DNA 按照原来碱基互补原则的复制和传递，但可以影响到基因的表达，进而对表型产生影响。这种情况叫做表观遗传变异。

5.3.1 基因突变

基因突变（gene mutation）是指基因在结构上发生碱基对组成或排列顺序的改变。

5.3.1.1 基因突变的原因

基因突变是变异的主要来源，也是生物进化发展的根本原因之一。基因突变的原因很复杂，根据现代遗传学的研究，基因突变的产生，源于外界环境条件和生物内部因素。

1. 物理因素：一些物理条件，如电离辐射、紫外线等可造成 DNA 的损伤和基因突变。并不是所有电磁辐射都导致基因突变，在电磁波的光谱中，波长越短能量越强，越容易造成 DNA 损伤。能导致基因突变的主要是紫外线、X 射线及 γ 射线等辐射；而无线电波、微波、红外线等不会造成基因突变。电离辐射是指能使受作用物质发生电离现象的、波长小于 100nm 的电磁辐射。而 DNA 对 280nm 左右波长的紫外线具有特殊的能量吸收能力，因此紫外线也是造成基因突变的原因。

2. 化学因素：导致基因突变的化学物质称为诱变剂。一些碱基类似物在 DNA 复制时掺入到 DNA 中，干扰复制，导致碱基排列顺序的改变。如 5 - 溴尿嘧啶与胸腺嘧啶（T）类似，掺入后既能与 A，也能与 G 配对，导致碱基替换。再如吖啶类染料，如原黄素，吖啶黄等与 DNA 结合，夹在碱基之间，错开碱基，导致移码突变。一些致癌物，如黄曲霉素、苯并芘等也都是直接的或间接的诱变剂。

3. 生物学因素：

（1）DNA 复制时可能造成随机的复制差错。人体细胞每复制一次 DNA 都可出现一定数目的复制差错，一个人的一生在机体内可发生达 10^{16} 次的细胞分裂，平均每秒发生 10^{6} 次。可以想象随着年龄的增加，基因突变将会逐渐积累。据估计，在所有的碱基改变中，由复制差错造成的占 60% 以上。

（2）一些遗传病可导致基因突变率上升，例如着色性干皮病患者的 DNA 修复酶有缺陷，从而不能修复 DNA 损伤，导致突变积累。再如 MSH - 2 基因也与 DNA 复制时的错配修复有关，它的异常会导致基因突变率的上升，造成一种类型的结肠癌发病增加。

（3）在病毒感染时，病毒 DNA 插入到基因组时也可造成基因插入点的基因突变。

5.3.1.2 基因突变的效应

发生在基因组不同区域的基因突变具有不同的表型效应。例如，发生在启动子区的突变可以改变基因的表达模式；RNA 剪接部位的突变可影响 RNA 的剪接，造成异常的 mRNA；发生在基因编码区（外显子）的突变可以改变所决定的多肽链上氨基酸的排列顺序，造成变异蛋白质的产生等。以上的突变均可导致机体的病理改变，但如果突变不影响多肽链的关键氨基酸，对个体可不产生可察觉的有害效应或有利效应。从进化的角度看，这种突变称为“中性突变”。发生在非基因片段的突变一般不会引起任何表型改变，也属于中性突变。中性突变是造成群体中遗传多样性的重要原因。

基因突变可发生在个体发育的任何阶段和任何细胞中。发生于生殖细胞的基因突变可能通过受精卵而直接遗传给后代。而体细胞突变能引起这些体细胞在遗传结构上的改变，经过有丝分裂，可以形成一个有相同遗传改变的细胞克隆，造成体细胞遗传病或肿瘤发生，但不会传递给后代。

基因突变是等位基因和新基因产生的方式。基因突变后在原有座位上出现新的等位基因，称为突变基因。在进化过程中，有些基因在基因组中可以形成很多拷贝，这些拷贝可以产生不同的基因突变，在选择压力的作用下，这些基因的功能沿着不同的方向改变，从而产生新的基因。

基因突变可以是显性的或隐性的。如果显性基因突变在生殖细胞中发生，可通过受精卵直接遗传后代，并在子代中表现出显性效应；如果生殖细胞中发生的基因突变是隐性的，则其效应就可被未突变的等位基因所掩盖，造成携带这一隐性基因的携带者。在后代这一隐性基因纯合时才产生表型效应。

5.3.1.3　基因突变的分类及效应

根据碱基变化的情况，基因突变可分为碱基替换、核苷酸的插入或丢失和动态突变等类别。

1. 碱基替换。

碱基替换（base substitution）是指一种碱基被另一种碱基所替换。替换方式有两种：同类碱基之间的替换，如一种嘌呤被另一嘌呤所取代，或是一种嘧啶被另一嘧啶所取代称为转换；不同类碱基的替换，如嘌呤取代嘧啶，或嘧啶取代嘌呤称为颠换。一般来讲，转换的发生率高于颠换。

根据编码序列的碱基替换对多肽链氨基酸序列的影响，可分成4种类别：

（1）同义突变（same sense mutation）：是指碱基替换使某一密码子发生改变，但改变前后的密码子都编码同一氨基酸；实质上并不造成所编码的氨基酸序列改变，不影响表型。这是遗传密码的简并性造成的。

（2）错义突变（missense mutation）：指碱基替换导致改变后的密码子编码另一种氨基酸，结果使多肽链氨基酸种类和排列发生改变，产生变异的蛋白质分子。

（3）无义突变（nonsense mutation）：是指碱基替换使原来编码某一个氨基酸的密码子变成终止密码子，导致在翻译时多肽链合成提前终止。这类突变造成多肽链截短，通常产生无生物活性的多肽。

（4）终止密码突变（termination codon mutation）：与无义突变相反，指原有的终止密码子经碱基替换变成编码某个氨基酸的密码子，导致多肽链在该停止合成的位置继续延长，直到 mRNA 的末尾或下一个终止密码子出现才停止，结果形成过长的异常多肽。

2. 核苷酸的插入或丢失。

这是指在编码的 DNA 序列上插入或丢失一个或多个脱氧核苷酸所造成的突变，包括如下情况：

（1）移码突变（frame shift mutation），在DNA编码顺序中插入或缺失一个或多个碱基对，但不是3个或3的倍数，造成这一位置以后的阅读框架发生改变。移码突变的结果使变动部分以后的氨基酸种类和顺序全部发生改变，从而对所合成的蛋白质功能产生较大的影响。

（2）如果在编码的DNA序列上插入或丢去的脱氧核苷酸数目是3或3的倍数，则相当于插入或缺失了一个或多个密码子，造成所合成的多肽链上增多或减少一个或多个氨基酸。

3. 动态突变。

动态突变（dynamic mutation）又称为不稳定三核苷酸重复序列突变。在基因组中常见由3个脱氧核苷酸为单元形成的串联重复序列。这种重复序列在某些因素作用下其拷贝数会随时间逐渐增加，因而称之为动态突变。有些三核苷酸重复序列位于基因内部，它们的拷贝数增加有可能影响基因的表达，或造成基因表达产物中某一种氨基酸的串连重复数增加。

亨廷顿舞蹈病是一种三核苷酸（CAG）重复序列异常扩增导致的神经系统疾病，呈常染色体显性遗传。CAG是编码谷氨酰胺的密码子，在正常人的亨廷顿基因中有11～34个CAG串联拷贝，在亨廷顿蛋白质中出现相应的一长串谷氨酰胺。当一个个体CAG的重复次数达到39次以上时就有可能造成亨廷顿舞蹈病的发病。$(CAG)_n$ 重复次数越多，发病年龄越早，症状也越严重。病因是过多的谷氨酰胺重复造成蛋白质溶解性改变，该蛋白质的异常沉积损害神经细胞，造成神经功能异常。

动态突变发生的分子机制可能与DNA复制过程中DNA链的“滑动”造成错误的配对，或减数分裂时同源染色体的不等交换有关。

5.3.2 遗传重组

遗传重组（genetic recombination）是指任何原因造成不同DNA分子间发生的共价连接，从而导致DNA序列的重新排列。其过程包括DNA链的断裂、交换或转移片段，并以新的方式相互连接，形成新的DNA分子。遗传重组既可以发生在相同物种的DNA之间，也可以发生在不同物种的DNA之间。遗传重组可以是生物体内自然发生的过程，也可以是在体外按人为的设计，通过人工操作形成自然界所没有的、新的DNA分子的过程，这种人工技术称为重组DNA技术。遗传重组包括同源重组、位点特异性重组和转座作用等类型。遗传重组是遗传变异和生物进化的基本原因之一。

5.3.2.1 同源重组

同源重组指具有同源序列的DNA分子之间或分子之内的重新组合。发生重组的DNA片段在较大范围的同源序列之间发生碱基互补结合，在同源位点同时断裂后相互交换对等的断端，再进行接合。这一过程需要重组酶的催化。减数分裂时的同源染色体的非姐妹染色单体交换，细菌的转导、接合，某些病毒的重组都属于同源重组。

5.3.2.2 位点特异性重组

DNA重组时，以小范围的DNA同源序列为特殊位点，供重组蛋白识别，发生两个DNA分子不对等的交换重组。一个DNA分子有时整合到另一个DNA分子之中，例如λ噬菌体DNA的通过att位点和大肠杆菌DNA的attB位点之间通过这种重组，使λ噬菌体DNA整合到大肠杆菌的DNA中。

5.3.2.3 转座作用

转座子（transposon）是基因组中具有转位特性的DNA序列，可自主复制，从染色体的一个区段转移到另一个区段，或从一条染色体转移到另一条染色体，或将新的拷贝转移到基因组其他地方。1932年，美国遗传学家麦克琳托克（B. McClintock）首先发现了玉米籽粒色斑不稳定遗传现象。紫色的玉米籽粒可由于色素合成缺陷变成白色，在玉米籽粒发育过程中又可重新出现籽粒的紫色斑点。为了解释这一现象，麦克琳托克提出转座子的概念，认为是转座子在色素合成基因的插入和离开，造成了该基因的失活和恢复活性，进而形成玉米籽粒上的紫色斑点。

根据转座方式的不同，可以将转座子分为剪切－粘贴转座子、复制转座子和反转录转座子等类型。反转录转座子的转座需借助RNA。这种转座子首先转录成RNA，在反转录酶的催化下形成互补的cDNA序列（由于反转录形成的DNA称为cDNA）；cDNA经过遗传重组插入到基因组的某一部位就形成了反转录转座子新的拷贝。在人类基因组中约有40%的序列是由转座子进化而来，转座子可能影响基因的正常功能。某些人类遗传病致病基因的出现，就是由于转座子插入到正常基因内部造成的。例如一些血友病患者的凝血因子VIII基因因插入了被称为L1序列的反转录转座子而失活，造成了患者凝血障碍。

5.3.2.4　重组DNA技术

重组又称遗传工程（genetic engineering），是有目的地将一个供体细胞内的DNA片段与另一个不同的DNA分子进行遗传重组，形成重组DNA分子，可以转移到其他细胞内使之产生新的遗传性状。受体细胞通常是某种工程细菌。来自供体的目的基因被转入受体细菌后，可进行基因产物的表达，从而获得用一般方法难以获得的蛋白质产品，如胰岛素、干扰素、乙型肝炎疫苗等。重组DNA技术还可以帮助形成优质的动植物新品种，如金色水稻，抗虫或抗除草剂的玉米、大豆、棉花，还有花卉、蔬菜等。重组DNA技术是现代转基因技术的基础。

5.3.3　染色体畸变

染色体在数目上或结构上的改变统称为染色体畸变（chromosomal aberration），可分为数目异常和结构畸变两大类。

5.3.3.1　染色体畸变的原因

染色体畸变可以自发地发生，或者说找不出明显的诱因，称为自发畸变；因各种已知因素引起的染色体畸变称为诱发畸变。各种可能的原因包括以下几方面。

1. 物理因素：包括高热、电离辐射等因素。某些辐射，如X射线、γ射线、α和β粒子、中子等可造成染色体的断裂。

2. 化学因素：许多化学药物可以导致染色体畸变，包括一些烷化剂、核酸的类似物、嘌呤、抗生素、硝酸或亚硝酸类化合物、一些抗癌药物（如环磷酰胺）、许多农药（如某些有机磷杀虫剂）等，还包括一些工业的废水毒物，如苯、甲苯、砷等。

3. 病毒的作用：病毒可诱发染色体断裂。例如麻疹病毒感染后可导致患者淋巴细胞染色体的重排和粉碎化，或染色体的丢失。含有病毒的细胞通常会相互融合形成合胞体，在有丝分裂时形成多极纺锤体，从而造成染色体数目异常。

4. 年龄因素：体内非整倍体细胞的发生率随着年龄增长而增加，染色体结构畸变在老年人中更常见。培养的淋巴细胞对一些化学诱变剂（如烷化剂）的敏感性与年龄呈正相关。处于减数分裂前期的初级卵母细胞在母体内存在时间越长，越容易造成染色体不分离，因此高龄母亲出生的三体型患儿的风险增大。

5. 遗传因素：某些遗传素质与染色体畸变有关。例如，不同的个体对射线和化学诱变剂的敏感性上存在很大差异；一些常染色体隐性遗传病患者的染色体常发生自发断裂，这类遗传病统称为染色体不稳定综合征。

5.3.3.2 染色体数目异常

染色体数目异常包括整倍性改变和非整倍性改变两类。

1. 整倍性改变。

（1）概念：染色体数目呈整倍性增加。正常的多倍体可见于植物，如小麦等。它们又分同源多倍体和异源多倍体；前者产生于细胞内染色体数的加倍，后者产生于不同物种细胞间的融合。但动物的多倍体通常是异常的。

人类全身性三倍体（$3n$），四倍体（$4n$）个体是致死的，在流产儿中可见到三倍体和四倍体。在活婴中只有极罕见的三倍体、四倍体个体，且多为含有二倍体的嵌合体或异源嵌合体（$2n/3n$）。

（2）多倍体的形成机理有：

①双雌受精：卵母细胞在减数分裂时由于某种原因未能排出极体，结果形成二倍体卵子，与一个正常精子受精后，即可形成三倍体受精卵。

②双雄受精：一个卵母细胞受精时有两个精子穿卵，也形成三倍体受精卵。

③核内复制：在两次细胞分裂之间，染色体复制了一次以上。

④核内有丝分裂：染色体正常复制了一次。但在细胞分裂的中期，核膜未能破裂，纺锤体不能形成，因此不能出现后期染色单体的分离和胞质的分裂，从而形成四倍体。

⑤在植物中，两个不相同的种杂交，再经过染色体加倍，形成异源多倍体。

2. 非整倍性改变。

（1）概念和类型：细胞中个别染色体数的增加或减少，形成非整倍体。在人类染色体畸变中，非整倍性数目改变较其他染色体畸变的出现率高。人类非整倍性改变的主要类型有：

①单体型：某种染色体少了一条，使细胞内染色体总数只有45条。

②三体型：某种染色体增加了一条，使细胞内染色体总数为47条。三体型在临床染色体病中最常见。

③多体型：某种染色体增加了两条或两条以上。在临床上只能看到性染色体多体型的个体。

（2）非整倍性改变形成的主要原因是染色体不分离：细胞分裂时某些染色体没有按照正常的机制分离，从而造成两个子细胞中染色体数目的不等分配。在人类减数分裂的染色体不分离时，会形成带有22条或24条染色体的配子，受精后分别形成单体型和三体型（图5－11）。

5.3.3.3 染色体结构畸变

1. 概念：染色体结构畸变是指染色体部分片段的缺失，重复或重排。染色体断裂及断裂后的异常连接是形成所有染色体结构畸变类型的基础。

2. 染色体结构畸变的主要类型包括：

①缺失：染色体某一片段的丢失。缺失又称为部分单体型。

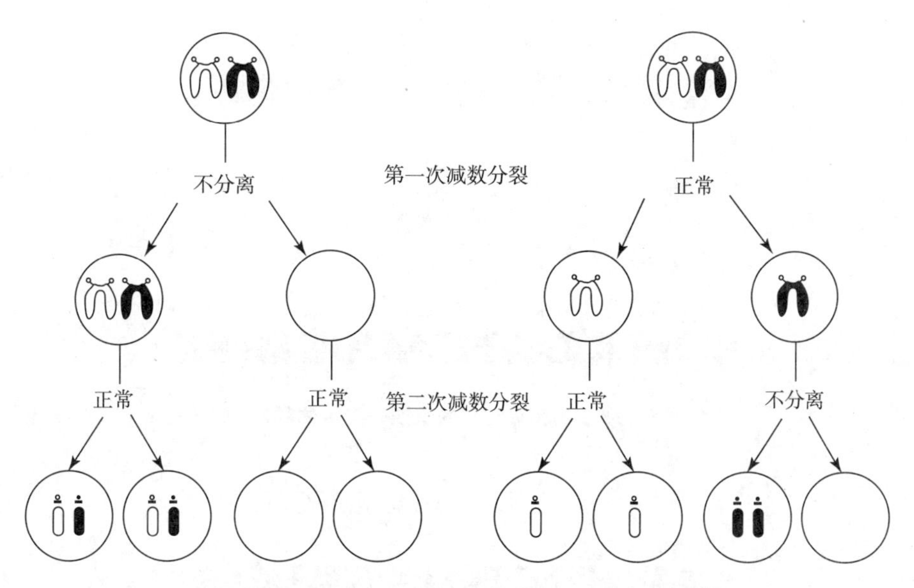

图 5－11　减数分裂Ⅰ（左）和减数分裂Ⅱ（右）的染色体不分离

②重复：某一染色体片段有两份或两份以上。重复又称为部分三体型。

③倒位：一条染色体发生两处断裂，中间的断片颠倒后再与两端的断片接合，结果形成中间片段的方向与断裂前相反。倒位可分为臂内倒位：两次断裂发生在着丝粒的一侧；臂间倒位：两次断裂分别发生在长、短臂上。

④易位：染色体发生断裂后，无着丝粒的片段转移到另一条染色体上。主要类型有：

A. 相互易位：两非同源染色体均发生断裂，两者相互交换无着丝粒片段；

B. 罗伯逊易位：又称为着丝粒融合，两近端着丝粒染色体都在着丝粒附近断裂，然后两长臂接合在一起形成一条较大的染色体；两短臂丢失。

此外，染色体结构畸变还包括环状染色体、等臂染色体、双着丝粒染色体等类型。

染色体结构畸变如造成细胞内遗传物质的丢失或增多，就被称为“不平衡的”，如缺失和重复。如未造成遗传物质的丢失或增多，就称之为“平衡的”。后者一般不造成表型的改变。倒位、易位一般是“平衡的”，见于某些正常人。将人类染色体与类人猿染色体相比，发现人和黑猩猩的四号染色体因一个臂间倒位而不同（图 5－12）。在黑猩猩、大猩猩、猩猩中均不存在人类的二号染色体，但多了两条近端着丝粒染色体。比较这些物种的染色体的结构发现，人类的二号染色体产生于这两条较小的近端着丝粒染色体之间发生的罗伯逊易位（图 5－13）。

3. 染色体结构畸变经过减数分裂的传递。

染色体畸变携带者的细胞中某对同源染色体中的一条发生了结构畸变，另一条正常，称为结构杂合体。第一次减数分裂时，结构杂合体的两条同源染色体为了能实现同源片段的联会，需要形成某些特殊的结构，有可能造成异常的减数分裂，并生下染色体病的后代。

（1）相互易位：存在相互易位的生殖细胞在第一次减数分裂的前期同源染色体联会时，为了能使同源片段结合在一起，相互易位产生的两条衍生染色体和未发生易位的各自的同源染色体聚在一起形成四射体。在分裂后期这四条染色体不同的分离方式可能产生异常的

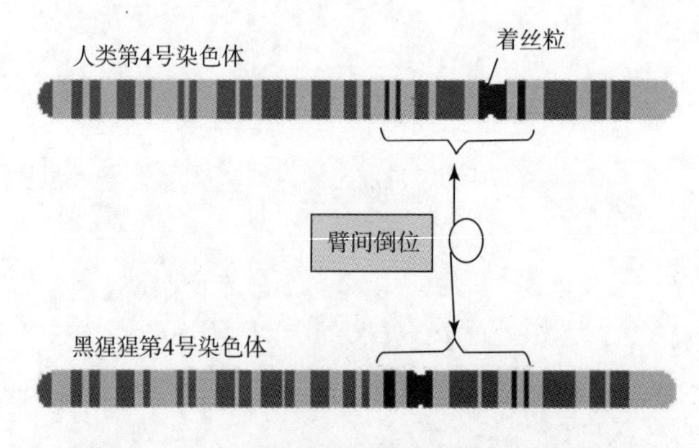

图 5－12　人和黑猩猩的第四号染色体的比较

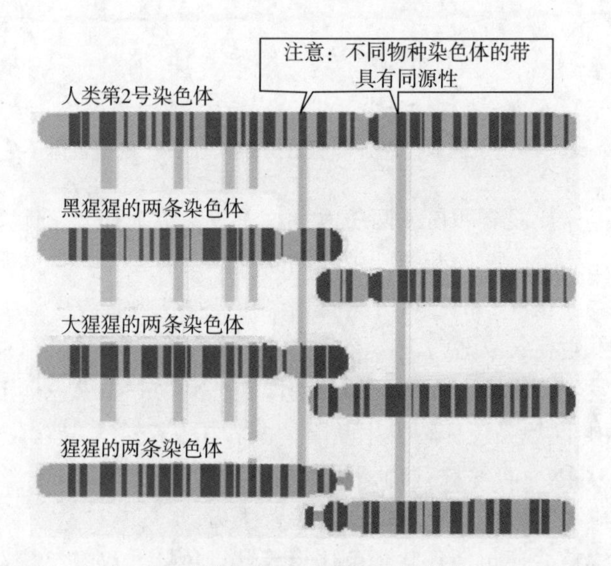

图 5－13　人类二号染色体由罗伯逊易位产生，而在黑猩猩、大猩猩、猩猩中没有发生这个易位

配子。

（2）倒位：在减数分裂过程中倒位的片段为了能与同源染色体上的正常片段联会，将形成特有的倒位环。如果在倒位环内发生奇次交换，臂间倒位将会出现同时带有缺失和重复的两种新的染色体（图 5－14）。臂内倒位将会出现双着丝粒染色体和无着丝粒片段。

5.3.3.4　嵌合体

一个个体内同时存在两种或两种以上的核型的细胞系。若不同核型的细胞系都来自同一个合子，就称为嵌合体（mosaic）。如不同核型的细胞系来自两个或两个以上的合子则叫做异源嵌合体（chimera）。

嵌合体产生于卵裂早期发生的各种染色体数目异常或结构畸变。异源嵌合体产生的主要原因是两个不同的卵子同时受精，由此形成两个受精卵，如果靠得过近，合成一个胚并发育，就会形成异源嵌合体；如果彼此靠得远一些，两胚没有完全融合，就会造成程度不等的连体儿；如果两个受精卵完全分开发育，就会形成异卵双生子。

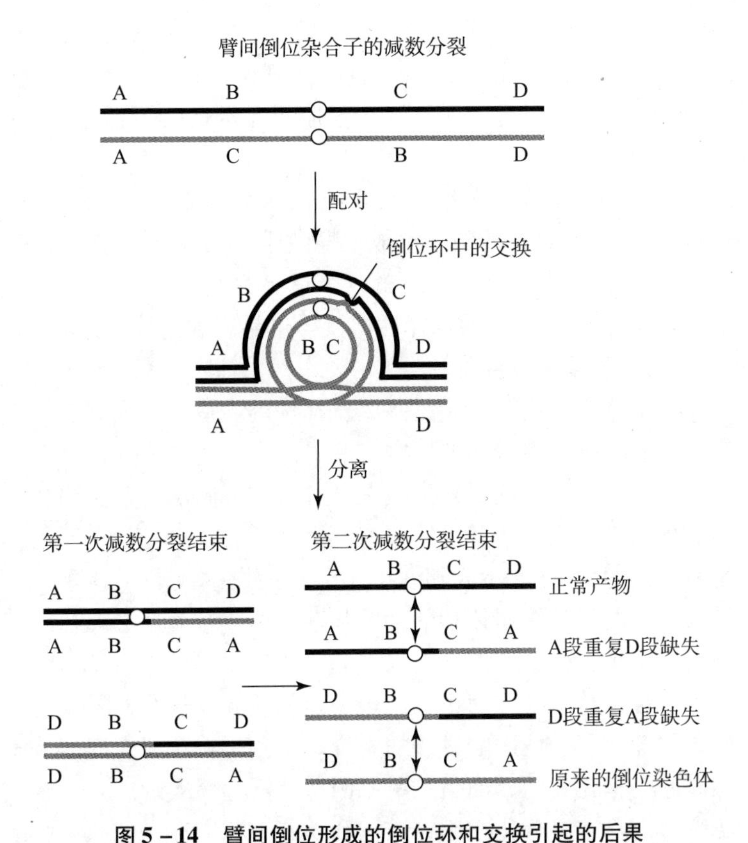

图5-14 臂间倒位形成的倒位环和交换引起的后果

5.3.4 表观遗传变异

5.3.4.1 表观遗传变异的概念

基因的DNA序列不发生改变，但是由于DNA和组蛋白的化学修饰、RNA的选择性剪接、RNA编辑等作用，使得基因表达的方式发生可遗传改变的现象，称为表观遗传变异（epigenetic variation）。表观遗传变异类型可以通过细胞分裂而向子细胞传递，造成细胞的不同分化。

表观遗传变异可在个体的体细胞中终生存在。但在生殖细胞形成过程中，DNA和组蛋白上的化学修饰会被抹去，这是生殖细胞去分化的原因之一。因此表观遗传变异一般不会通过生殖细胞向后代传递，但也有一些表观遗传变异形成的基因表达模式的改变可在不同代次间连续传递。例如研究发现，在儿童期经历过19世纪饥荒年代的瑞典男性的孙子的心血管疾病的死亡率降低；而在胚胎期经历饥荒女性的孙女寿命则缩短。这些饥荒并不会改变DNA的序列，但会造成某些基因表达模式的改变，这种表观遗传变异可以向后代传递，它们不属于孟德尔遗传学意义上的遗传，而属于表观遗传现象。

5.3.4.2 表观遗传变异的主要分子机理

1. DNA甲基化。DNA甲基化（DNA methylation）是DNA化学修饰的一种形式，在甲基转移酶的催化下，在DNA的CpG二核苷酸序列的胞嘧啶上选择性地添加甲基，形成5-甲基胞嘧啶，即CH_3+胞嘧啶→5′-甲基胞嘧啶。

DNA 上胞嘧啶的甲基化抑制或降低附近基因的转录水平，是表观遗传变异的主要原因。在基因转录起始点附近，常有高度密集的 CpG 重复序列，被称为 CpG 岛。推测该序列与基因转录活性有关。CpG 岛发生甲基化与否，决定了附近基因的转录活性。CpG 序列的存在，可以提示附近有结构基因存在。

2. RNA 编辑（RNA editing）。RNA 编辑是 RNA 转录后加工的一种形式，RNA 编辑通过尚不十分清楚的信息输入改变 RNA 的碱基组成，导致生成的 mRNA 分子的序列不同于它的 DNA 模板序列。RNA 编辑的发现是中心法则的一个重要例外。

此外，组蛋白的化学修饰、RNA 的选择性剪接等也是表观遗传变异的原因。

5.3.4.3　细胞分化与表观遗传变异

在第 4 章中谈到，细胞分化机理之一是基因选择性的表达，而表观遗传变异正是造成在不同分化方向的细胞中基因差异性表达的原因之一。

在细胞分化过程中，一个引人注目的事实是，分化的细胞尽管在结构和功能上变得彼此不同，但在绝大多数生物中，它们的基因组没有发生变化，每个分化了的细胞都带有一个完整的基因组，每个基因的 DNA 序列不会随着细胞分化而发生改变。显然，不同类型分化细胞所发生的特异性改变不能从传统遗传学的基因与性状的直接关系去解释，而要从不同基因的选择性表达去理解。由单个受精卵发育而来的同卵双生子，由于生长环境的差异，彼此在身体结构、生理特征、性格特点等方面也会出现一定的差异，这些差异说明了某些环境因素会造成基因表达模式的改变，进而影响机体的发育。这些影响在很大程度上通过表观遗传变异的机制，使一些基因甲基化失活，而另一些基因保持活性而实现。

某种表观遗传变异的存在是分化细胞在结构和功能上稳定存在的原因之一。在个体发育的过程中，随着细胞的不断分化，表观遗传变异的内容也在持续改变。

5.3.4.4　基因组印记

1. 基因组印记的概念。

基因组印记（genomic imprinting）也叫遗传印记，是指不同亲代来源的染色体上等位基因因甲基化的程度不同而产生基因表达的差异性。基因组印记产生于配子形成时期，母源染色体基因甲基化失活，父方等位基因得到表达，称为母系印记；父方染色体基因甲基化失活，而母方来源的等位基因可以表达，称为父系印记。在个体发育成熟后，印记（甲基化）的基因在生殖细胞形成时，原有的印记会被抹去，重新打上自己性别的印记。例如来自父亲的染色体传递给女儿后，在女儿卵母细胞成熟时，父亲的男性甲基化位点脱去甲基，而依照女性的印记方式重新将染色体上的某些基因甲基化，形成母系印记。

2. 父源和母源印记基因的不同效应。

由于父母来源的基因具有不同的印记方式，可以产生不同的表型效应。例如：PWS（Prader－Willi）和 AS（Angelman）是两种不同的疾病。它们都可产生于第 15 号染色体同一片段的丢失。父亲该片段缺失导致 PWS；而母亲相同片断的缺失却引起 AS。说明在这一染色体区域存在一些不同的基因，其中有的是父源基因被印记，有的是母源基因被印记。如果一个基因是父源印记失活，而母亲的这一基因缺失，就会造成该基因不能表达的后果，造成 AS；反过来同一区域另一个基因是母源印记失活，而父亲的这一基因缺失时，就会造成 PWS。

1984 年，McCarth 等用人工单性生殖的方法产生两种小鼠胚胎，一种两套染色体组都来自雄性亲本，另一种两套染色体组都来自雌性亲本。两类小鼠均在发育期死亡。全套染色体都来自雄性亲本的胚胎胎盘发育良好，但胚体发育不良；而全套染色体都来自雌性亲本的胎盘发育不好，但胚体发育相对较好。这一实验说明父源基因组对胎盘和胎膜十分重要，而母源基因组对受精卵的早期发育非常重要。两者的差异是基因组印记造成的。

3. 为什么会形成基因组印记?

哈佛大学的大卫·黑格认为遗传印记是有胎盘的哺乳动物和种子依赖母体存活的植物所特有的。两性配子的遗传利益不同导致了基因组印记的产生，胎盘是胎儿摄取母亲营养的器官。雄性的生殖细胞所带的基因有助于形成较大的胎盘，以便尽可能有效地汲取母亲的营养。但过大的胎盘会造成母体在分配体内营养物质给胎儿和留给自己时，过多的营养物质流向胎儿而造成自身营养缺乏。因此雌性生殖细胞内与形成胎盘有关基因的表达方式有助于降低形成胎盘的能力。发生基因组印记的基因多与胎盘的形成有关。

胎盘既是胚胎摄取母体营养物质的器官，也具有分泌某些激素的功能：

①释放绒毛膜促性腺激素，可以维持母体孕激素的浓度，后者提高母亲的血压和血糖，这有助于维持胚胎发育和胚胎利用母体营养，但会造成孕期高血压和高血糖。

②人胎盘催乳素（hPL）：可降低母体对葡萄糖的利用并将其转给胎儿作能源，同时增加母体游离脂肪酸以利于胎儿摄取更多营养。所以这些激素有促进胎儿生长的作用，但是对母体的健康不利。

雌性为防止雄性有关基因的表达所造成的胎盘功能过度，则产生另外一些机制，例如：

①母体提高胰岛素分泌水平以降低血糖水平。

②雌性生殖细胞的基因通过基因组印记降低形成胎盘的能力等。

可以想象，基因组印记的形成是两性在生育过程中分担的任务不同，而造成的分歧进化的结果。

关于表观遗传的更多内容和进展请阅读第 14 章“生物学研究进展概述”的有关内容。

5.4　基因的表达调控

多细胞生物的基因组中存在数以万计的基因，显然这些基因并不是随时随地都在表达，而是根据细胞的需要有选择性地表达，从而造成多细胞生物虽然只有一套基因组，却存在形态、功能不一的各类细胞的情况。这种基因表达的差异涉及基因表达的复杂调控过程。

即使是单细胞生物，基因的表达也是受到严格调控的，这种调控主要是受到环境因素的制约，包括温度、营养来源、无机盐等都是影响特定基因表达的因素。

影响基因表达的主要是一些蛋白质因子，它们或者是激素，或者是细胞因子、信号传递分子、转录因子等。一些 RNA 也参与基因表达的调控。

5.4.1　原核生物的基因表达调控

有关基因表达调控的研究工作首先是从原核生物开始的。1961 年法国科学家雅克布和莫诺（F. Jacob & J. Monod）对大肠杆菌乳糖的代谢做了深入的研究，发现代谢乳糖的酶必须在周围环境中存在乳糖的情况下才会表达，在缺乏乳糖及代谢物别乳糖时这些基因保持沉默。显然其基因是否表达依据该基因的表达产物，即分解乳糖的酶是否有用而定。两人因此提出了大肠杆菌的乳糖操纵子模型。这是一个负反馈调控模型，首次指出一些基因负有调控其他基因表达的功能。

5.4.1.1　乳糖操纵子（operon）

乳糖操纵子是大肠杆菌 DNA 上一个完整的乳糖基因调控单元，由结构基因、启动子、操纵基因和调节基因等组成。结构基因包括三个基因顺序排列：β－半乳糖苷转移酶（Z）、透过酶（Y）、硫半乳糖苷乙酰转移酶（A），这三个基因共用一个启动子；操纵基因位于启动子和三个结构基因之间；而调节基因位于操纵子的最左边。图 5－15 描述了乳糖操纵子的基因排列和其他序列结构，三个乳糖代谢酶及它们的作用。

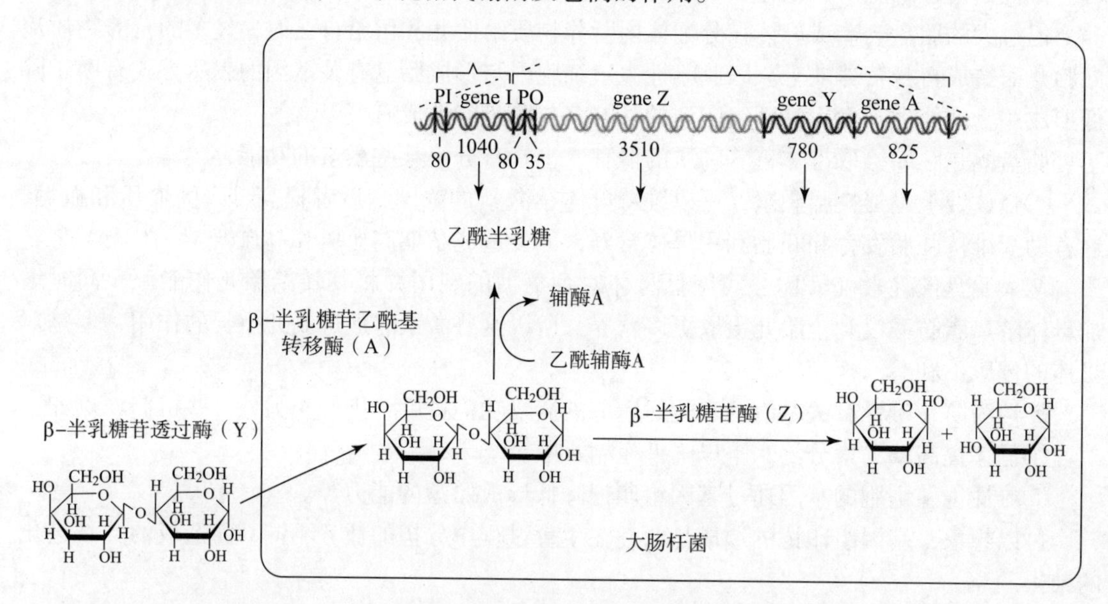

图 5－15　大肠杆菌的乳糖降解代谢途径和乳糖操纵子

在乳糖操纵子的基因中，只有调节基因恒定表达。调节基因的产物是一种阻遏蛋白，它结合在起始三个结构基因转录的启动子上，抑制启动子序列与 RNA 聚合酶结合，从而抑制结构基因的转录。当培养基中存在乳糖时，乳糖代谢物别乳糖可以和阻遏蛋白结合，使之离开结构基因的启动子序列。使启动子得以结合 RNA 聚合酶，启动结构基因的转录，产生与代谢乳糖有关的三个酶，使大肠杆菌将乳糖作为营养物质来源，代谢和消耗乳糖。一旦培养基中乳糖含量下降，阻遏蛋白重新恢复活性，三个结构基因的转录即行终止。

调控乳糖操纵子三个结构基因表达的另一个机制是葡萄糖的控制。细胞内的 cAMP 可以和一种叫做 CAP 的蛋白质结合，促进乳糖操纵子的转录。cAMP 作为信使分子，是 ATP 在腺苷酸环化酶的作用下发生环化而形成的。在当培养基中存在葡萄糖时，葡萄糖会抑制细胞内腺苷酸环化酶的活性，使 cAMP 的生成减少，从而抑制乳糖操纵子转录。其生理意义在于：在有葡萄糖存在时，大肠杆菌优先消耗葡萄糖作为营养来源，只有葡萄糖含量不足时，大肠杆菌才转而利用乳糖作为碳源。

乳糖操纵子是通过反馈机制自动调节基因表达的完美模型。它保障了有关的酶只有在需要的时候才会表达。在生命现象中处处体现了这种经济原则，基因是否表达，何时表达受到环境和生理因素的精确控制。

5.4.1.2 原核生物基因转录调控的一般模式

以后的研究发现操纵子这种调控模式在原核生物中普遍存在。原核生物的结构基因多以各种操纵子的形式形成组合，共用一个启动子序列，在需要时一组基因得以同时表达，共同完成某一类代谢任务。在不需要时一组基因都停止表达。

总的来讲，原核生物的转录调控以负调控为主，它保障了大多数基因的转录活动受到抑制，只有在需要时才开启。

5.4.2 真核生物基因表达调控

5.4.2.1 真核生物基因表达调控方式

与原核生物局限于转录水平的调控不同，真核生物基因表达涉及多水平的调控。包括：

（1）转录前调节：染色质的结构状态和DNA与蛋白质的化学修饰水平影响基因的转录活性。细胞核内的染色质根据其结构的疏松状态可以分为常染色质和异染色质。常染色质结构疏松，有较高的转录活性；异染色质结构紧密，所在基因的转录活性低。当需要转录时，一些异染色质可以松散开来形成常染色质；停止转录后再次形成异染色质。在细胞分化过程中染色质的动态变化叫做染色质的重塑（chromatin remolding）。胚胎细胞与成体细胞相比，基因表达旺盛，细胞核内常染色质较多，而分化的成熟细胞常染色质较少。DNA甲基化水平和组蛋白修饰可以影响到染色质的状态，并调控基因的表达。有的细胞为提高某些基因的表达水平，还可能发生基因扩增。

（2）转录调节：通过DNA和调控蛋白之间的相互作用，控制转录的发生。

（3）转录后调控：包括mRNA的储存、运输、剪切、降解过程的控制。

（4）翻译调控：包括何时起始翻译、翻译效率调节等。

（5）翻译后调控：包括新形成多肽的折叠，化学修饰、转运、降解的调节等。

在以上的调控环节中，转录水平的调控为最主要环节，特异性最强。以下重点介绍转录水平的调控。

5.4.2.2 转录调控元件

细胞分化的转录调控元件包括顺式作用元件和反式作用因子。

1. 顺式作用元件是指存在于DNA分子上的特定序列，这些序列不编码多肽，但与基因表达有关，它们与所调控的基因处于同一个DNA分子中，包括启动子、增强子、上游调控序列、沉默子、绝缘子等。

（1）启动子（promoter）：是位于基因转录起始点上游的侧翼序列，可以结合RNA聚合酶和转录因子，并提供转录起点的位置信息。在真核细胞中，常见的启动子序列包括TATA盒（因富含TATA而得名），位于转录起点上游－19到－27bp处；CAAT盒，位于转录起点上游－70到－80bp处；GC匣（富含GC序列），位于转录起点上游更远的地方，也可以叫上游调控序列。这些序列可以和不同的转录因子结合以决定是否启动转录以及转录的效率。

（2）增强子（enhancer）：是能够增强基因转录活性的序列，可以在基因的任何位置，位于转录起始点的上游或下游，与基因的距离可远可近，甚至插入在内含子中。发挥作用时无明显的方向性，通常具有组织特异性。例如免疫球蛋白基因的增强子只有在B淋巴胞内才有最高活性。增强子一般也需要和蛋白因子结合才能发挥作用。

2. 反式作用因子是与转录调控有关的蛋白质或RNA分子，其中蛋白质分子也叫转录因子，是激活或抑制转录的蛋白质因子。

（1）转录因子（transcription factor），通过与特定顺式作用元件结合而发挥转录调节作用，种类繁多。编码转录因子的基因与被转录因子调控的基因不一定在同一染色体上，而可能在基因组的其他地方。转录因子一般存在两个结构域：DNA 结合结构域和转录活化结构域，前者识别特异的顺式作用元件，后者通过与 RNA 聚合酶或其他转录因子的相互作用影响转录。DNA 结合结构域主要包括：螺旋－转角－螺旋（HTH）、锌指结构、亮氨酸拉链、螺旋－突环－螺旋（HLH）等类型，在 DNA 的大沟处识别特异序列；所识别的 DNA 序列多是反向重复序列（图 5－16）。

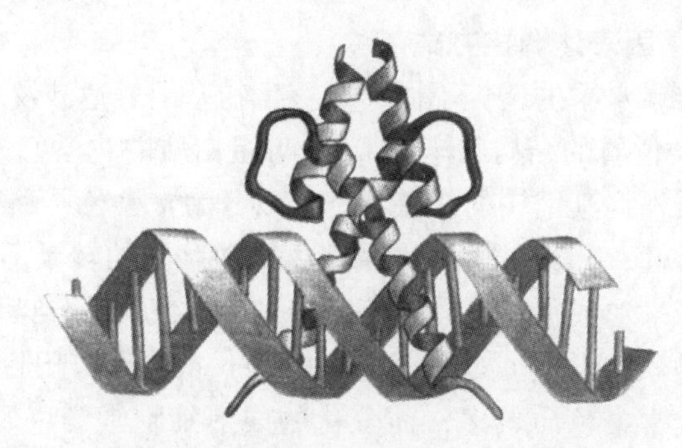

图 5－16　HLH 结构域与顺式作用元件（DNA 序列）的结合

转录因子可以分为两类：

①普遍转录因子：在任何转录过程中都用到的转录因子，没有基因特异性，具有识别一般启动子序列的功能，与 RNA 聚合酶Ⅱ共同构成转录起始复合体。

②特异性转录因子：只与特定类型基因的转录有关。例如成红细胞中存在表达血红蛋白所需的 EF1 因子，胰岛细胞中存在表达胰岛素所需的 Isl 因子，骨骼肌中有表达肌球蛋白所需的 MyoDI 因子等，都属于特异性转录因子。

转录因子本身可被诱导合成，然后再调控其他基因的转录，形成基因转录激活的级联过程。例如类固醇激素受体是细胞内受体，多为转录因子，在与类固醇激素结合后启动初级响应基因的转录，一些初级响应基因也编码转录因子，再启动次级响应基因的转录，进而形成细胞对激素的完整反应过程。

（2）一些小的 RNA 分子也具有调控转录功能、有时也将具有转录调控作用的 RNA 分子归入反式调控元件。在下一小节作专门介绍。

5.4.2.3　RNA 干涉（RNA interference，RNAi）调控基因表达

1. 基本概念：RNA 干涉是小 RNA 分子特异性地抑制特定基因的表达的过程。与 mRNA 同源的短链 RNA 可使该 mRNA 降解或抑制转录而造成这一基因表达的沉默。RNA 干涉在调节胚胎的时序发育、细胞增殖、肿瘤的发生发展、干细胞分化及抗病毒等过程中起着重要的调控作用。参与作用的 RNA 主要包括 miRNA 和 siRNA 等。

2. miRNA（micro RNA）基因广泛存在于基因组中，约占基因组的 1%。它们有的成簇存在，在动物细胞中可形成多顺反子结构，即转录形成的前体 RNA 可加工成多个 miRNA。miRNA 的前体（pri-miRNA）长约数百个碱基，具有如同 mRNA 那样的帽子结构（7MGpppG）和多聚腺苷酸尾巴。通过特殊 RNA 酶（Drosha、Dicer、DCL1 等）的切割，形成约为 22 个核苷酸长度的双链 miRNA。

①在动物细胞，成熟的 miRNA 解链后与靶 mRNA 发生部分互补结合，主要通过阻止核糖体在 mRNA 上的移动而抑制翻译过程。

②在植物，miRNA 与靶 mRNA 产生较完全的碱基互补结合，除了抑制翻译过程外，还利用 RNA 诱导沉默复合体（RISC）的核糖核酸酶降解靶 mRNA。

③在裂殖酵母，miRNA 可与另一个蛋白质复合体 RITS 结合，形成的一条单链 miRNA 与同源 DNA 或 mRNA 结合并降解 mRNA；RITS 也可使组蛋白发生甲基化，导致异染色质形成，抑制该基因的转录。

miRNA 与其靶分子组成复杂的调控网络，一个 miRNA 可以调节多个 mRNA 的活性，不同的 miRNA 也可以结合在一条 mRNA 链上。miRNA 的表达具有时序性和组织特异性，在生物发育的不同阶段和不同的组织中有不同的 miRNA 存在，提示它们调控组织特异性基因的表达。

3. siRNA（small interfering RNA）的作用机制与 miRNA 相似，也是双链 RNA 分子经过 Dicer 切割，形成 20 ~ 25 个碱基的双链 RNA，并结合 RISC 的核酸酶。所不同的是 siRNA 是外源的，来自病毒或人工合成，通过转染进入细胞。siRNA 通过完全互补的方式与靶 mRNA 结合并切割降解 mRNA，或抑制转录过程（图 5 - 17）。

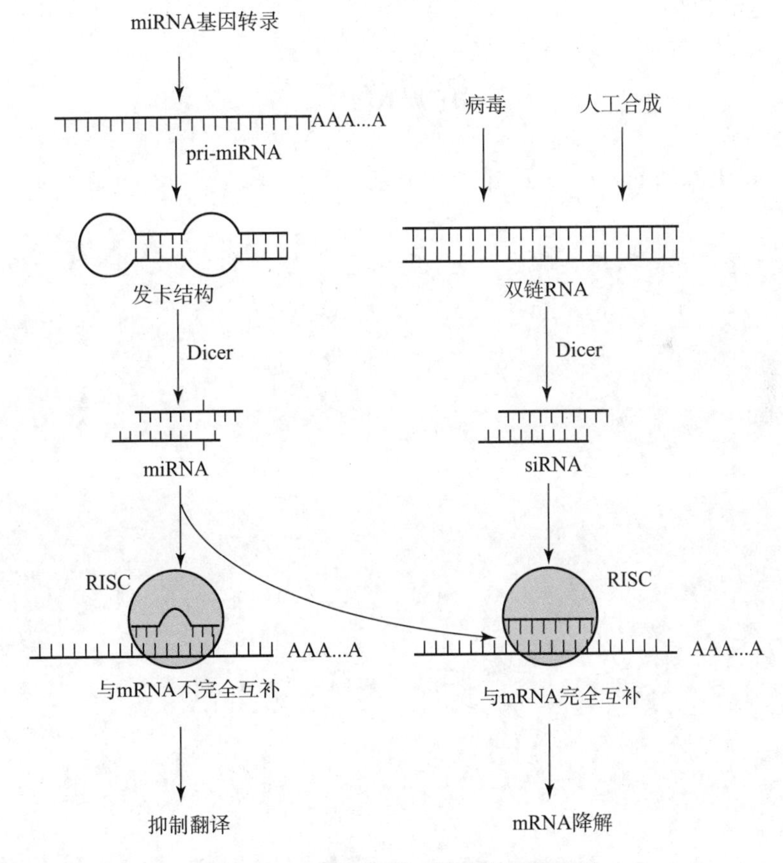

图 5 - 17　RNA 干涉对基因表达的抑制

本章提要

DNA 双螺旋的发现是 20 世纪生命科学最伟大的成就，本章围绕 DNA 的结构、功能、变异和功能调控等展开学习，其要点有：

1. DNA 双螺旋结构模型的要点和生物学意义，DNA 的半保留复制过程，端粒 DNA 的复制，聚合酶链反应扩增 DNA 的原理。

2. 中心法则解释了控制生物性状的遗传指令的储存和传递问题。基因控制蛋白质合成并发挥功能的过程称为基因表达，包括转录、RNA 的转录后加工、翻译等环节。可变剪接的存在使一个基因可以编码多个多肽。遗传密码决定了 RNA 碱基序列与多肽上面的氨基酸序列的对应关系。

3. 遗传变异的类型包括基因突变、遗传重组和染色体畸变。转座是遗传重组的一种重要的方式。表观遗传变异是在不改变 DNA 碱基序列的前提下，通过化学修饰影响基因的表达和个体的表型。基因组印记是与性别有关的表观遗传变异。

4. 原核生物常以操纵子为单位进行基因表达调控，真核生物则通过转录前调节、转录调节、转录后调控、翻译调控和翻译后调控等环节实现基因表达调控。RNA 干涉是某些 RNA 对基因表达的调控。

资源链接

[1] Snustad D P, Simmons N J. 遗传学原理 [M]. 赵寿元，等，译. 北京：高等教育出版社，2011.

[2] 约翰·格里宾. 双螺旋探秘——量子物理学与生命 [M]. 上海：上海科技教育出版社，2001.

（谭　信）

第6章

基　因　组

基因组（genome）是指一个研究对象的全套DNA序列（RNA病毒基因组则是指全套RNA序列），包含了它的全部遗传信息。在不同的语境下这一词汇所包含的范围不同：广义的含义是指一个物种的全部DNA序列及携带的遗传信息，包括了该物种全套的常染色体、性染色体、线粒体、叶绿体（如果有）所带有的全部DNA序列总和；狭义的含义是指某一个个体，如一个人的基因组。由于同一物种不同个体间基因组序列的高度相似性，因此常寻找少数个体作为一个物种的样品确定基因组的内容。有时也会将整个基因组拆开，分别称为核基因组、线粒体基因组、叶绿体基因组等。对地球上不同生物的基因组序列和特性研究的学科叫做基因组学（genomics）。

基因组学与传统遗传学研究的不同之处在于它研究范围的广泛性和系统性。传统遗传学通常只从单个或少数基因入手，研究比较具体的问题。而基因组学从高通量、大数据入手，广泛使用生物信息技术，对一个物种或其中一个个体的遗传系统特征进行全方位的分析、综合、寻找关联、构建模型、建立数据库。需要说明的是，基因组学不会取代传统遗传学的研究，但可更新传统的研究方法。对于一个具体的问题，还需要有针对性的遗传学研究。基因组学所做的就是提供广阔的研究数据、背景信息、不同物种的数据比较等，使研究工作更加高效、系统和数据化。

基因组学研究主要包括几方面的内容：以全基因组测序为目标的结构基因组学（structural genomics）；以基因功能鉴定为目标的功能基因组学（functional genomics），功能基因组学又被称为后基因组（postgenome）研究，是根据基因组测序所取得的结果进一步研究分析这些DNA序列所具有的功能和它们的功能组合，它与系统生物学的研究紧密结合；比较基因组学：比较不同个体，不同物种之间基因组的结构和功能的差异，确定不同个体体质差异的遗传原因，不同物种之间的亲缘关系和在进化过程中的位置等。

基因组学的发展源于DNA测序技术的进步，DNA的系统测序始于1977年。1995年完成了第一个生物体完整的基因组序列的测序工作，对象是一种细菌——流感嗜血杆菌（Haemophilus influenzae）。1996年完成了第一例真核生物基因组——芽殖酵母（Saccharomyces cerevisiae）的测序工作。1998年完成了第一例多细胞生物——秀丽隐杆线虫（Caenorhabditis elegans）基因组测序工作。人类基因组计划始于1990年，最终于2006年完成，是人类遗传学，乃至整个生命科学研究的里程碑式的事件。这些工作为日后的生命科学研究带来了不可估量的影响。21世纪的生命科学由此产生飞跃式的发展。

6.1 基因组DNA的不同序列

对基因组这一概念容易产生的一个误解，是认为基因组是一个物种全套基因的组合，这是错误的，是中文名称引起的歧义（我国台湾地区将 genome 译为基因体）。实际上基因组中不仅仅含有生物体全套的基因，还有大量的非基因序列。人类全部基因序列只占整个基因组的不足5%。如果再去除基因内非编码的内含子序列，真正的编码序列也就占基因组序列的1%到2%。大量的非编码序列是什么？怎么形成的？有何功能？这些都是本节试图加以说明的。

6.1.1 不同物种DNA的含量

不同物种DNA的含量差别很大，每种生物的单倍体基因组的DNA总量称之为 *C* 值，是每种生物的基本生物学特性，以每个细胞中的皮克（pg，10^{-12}g）水平表示。表6-1列出了一些生物的 *C* 值：

表6-1 一些生物基因组的 *C* 值比较

物种	基因组分子量/道尔顿	碱基数/bp	长度
SV40病毒	3.3×10^{6}	5 226	1.75μm
Φ×174（dsDNA）	3.5×10^{6}	5 386	1.8μm
Λ噬菌体	3.3×10^{7}	4.65×10^{4}	16μm
大肠杆菌	2.8×10^{9}	4.1×10^{6}	1.4mm
鼠伤寒沙门氏菌	8.0×10^{9}	1.1×10^{7}	3.8 mm
芽殖酵母	1.2×10^{10}	1.75×10^{7}	5.95 mm
粗糙脉杆菌	1.85×10^{10}	2.7×10^{7}	9.18 mm
果蝇	1.2×10^{11}	7.75×10^{8}	5.95 cm
海胆	5×10^{11}	8×10^{8}	27.2 cm
玉米	4.4×10^{12}	6.6×10^{9}	2.24m
百合	2×10^{14}	3×10^{11}	100 m
蛙	1.4×10^{13}	2.25×10^{10}	7.65 cm
小鼠	1.45×10^{12}	2.2×10^{9}	75 cm
人	1.9×10^{12}	3×10^{9}	94 cm

注：基因组的长度按 10 bp = 3.4nm 计算。

从表6-1可以得到这样一个印象：单细胞的、简单的生物DNA含量较少；而多细胞的、复杂的生物DNA含量相对较多；非细胞形态的病毒生物DNA含量最少。这符合我们的常识感觉。但仔细的比较会发现，生物体DNA的含量并不总是和我们认定的生命的复杂程度呈正相关。比如一般认为人是世界上最高级、最复杂的生命形式，理应有含量最多的

DNA为这种复杂的生命结构编码；但事实是，像玉米、百合这样的植物，和青蛙这样的两栖类动物的C值都比我们高，甚至高出百倍以上。从图6-1给出不同门类多细胞生物C值范围上看，一般认为的处于生物进化最高级阶段的鸟类和哺乳类动物的C值范围，在所有的多细胞生物中仅处于中游水平，与软体动物差不多。

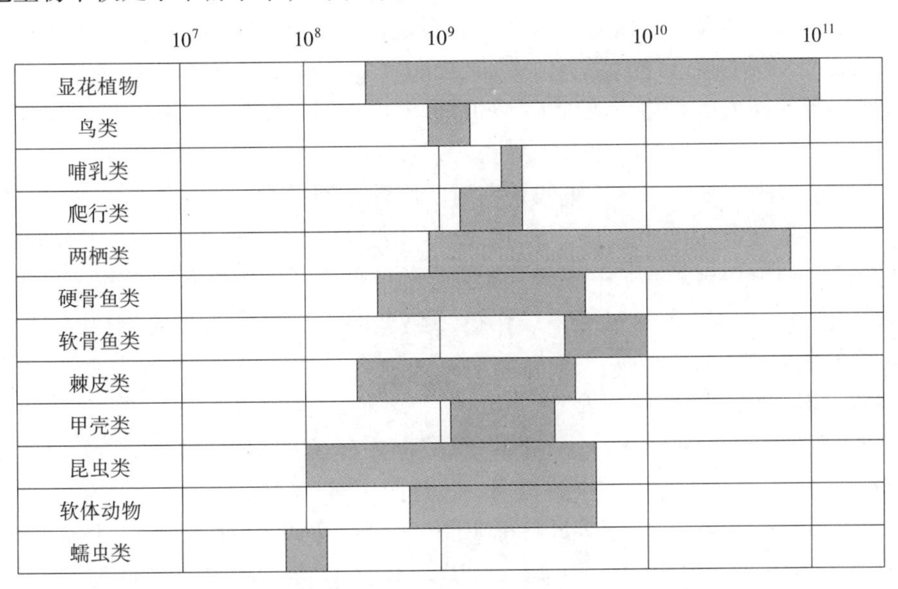

图6-1　不同门类的多细胞生物的C值范围

面对这样一个与一般认知不相符的C值测量结果，一些学者提出了所谓的“C值悖论”，即存在某些低等生物的C值比高等生物大的反常现象。

为了解释这一现象，生物学家们提出了序列复杂性这一概念。序列复杂性取决于DNA序列中的重复序列的多少。重复序列越多，序列复杂性越低。检测方法是让基因组DNA加热变性，形成单链，然后低温退火，让具有互补序列的DNA片段之间重新形成双链。如果有重复序列存在，则不同的重复序列之间尽管不是原来序列的“原配”，也能在一定程度上杂合成双链。这样根据退火形成杂合双链的难易程度，就可判断DNA序列的复杂性。结果发现，具有很高C值的生物，DNA的复杂性偏低。如果去除重复序列后来比较不同生物的C值的话，则不同生物C值之间的差异将缩小。

现代基因组测序技术高度发展后，人们对基因组的结构有了更多的认识，发现所谓的“C值悖论”其实可能是一种假象，是非编码序列的多少造成的。有的生物非编码序列多，C值就大；非编码序列少，C值就小。如果只比较编码序列的大小，则多细胞生物之间相差不大。举例来讲，表6-1中人的DNA含量高于同为哺乳动物的小鼠，但其实它们的编码基因的组成是高度一致的。在人细胞中发现的基因在小鼠细胞里几乎都有，反之也一样。人和小鼠C值差异的主要原因只是非编码序列的长度不同而已。很多非编码序列是重复序列。

根据基因组DNA的碱基排列顺序重复出现数目的大小，将基因组中的DNA序列划分为单一序列DNA和重复序列DNA两大类型。下面分别加以介绍。

6.1.2　单一序列

单一序列（unique sequence）也称单拷贝序列，在一个基因组中只出现一次或少数几次，在人类基因组中约占50%。大多数编码蛋白质的基因，或称结构基因（structural gene）为单一序列。只有少数因细胞功能需要而转录量大的基因，如rRNA基因、免疫球蛋白基因、组蛋白基因等是多拷贝的。

6.1.2.1　结构基因的基本构成

绝大多数真核生物编码蛋白质的基因为断裂基因（split gene），即基因序列是不连续排列的，中间被不编码的插入序列隔开。在成熟mRNA中被保留的序列称为外显子（exon），外显子序列之间的插入序列称为内含子（intron），也称间隔序列。此外，编码序列两侧的侧翼序列虽然不参与编码，但是决定基因是否转录和转录效率的高低，一般也认作基因序列的一部分。在整个基因序列中，真正编码蛋白质的序列比例很低，往往不到十分之一。内含子序列的长度通常是外显子的十几倍，甚至是几十倍。准确地说，外显子不一定就是编码序列：翻译是从第一个外显子的某一部位开始，之前的外显子片段是不编码的；同样，最后一个外显子终止密码之后的序列也是不编码的。典型的人类基因长度是30 000碱基，成熟RNA平均长度在1 500碱基左右。

6.1.2.2　多基因家族和假基因

多基因家族（multigene family）是由某一祖先基因在基因组中经过多次重复和突变所产生的一组基因，它们在序列上只有微小的差别，并行使相同或相关的功能。图6-2显示几种生物组蛋白基因家族的情况。这些家族成员都在位于一条染色体上成簇排列，但不同的动物排列顺序和间隔有所不同（这里H1、H2A、H2B、H3、H4是五种不同的组蛋白）。假基因（pseudogene）：与某些有功能的基因结构相似而不能表达出基因产物的序列。假基因的起因：

（1）有功能的基因因突变而失去功能。

（2）反转录形成的cDNA插入到基因组中。

这样形成的假基因不含内含子和与启动基因转录有关的侧翼DNA序列，但在5′端有mRNA特有的多聚腺苷酸序列。例如在珠蛋白基因家族中存在若干没有转录功能的假基因。

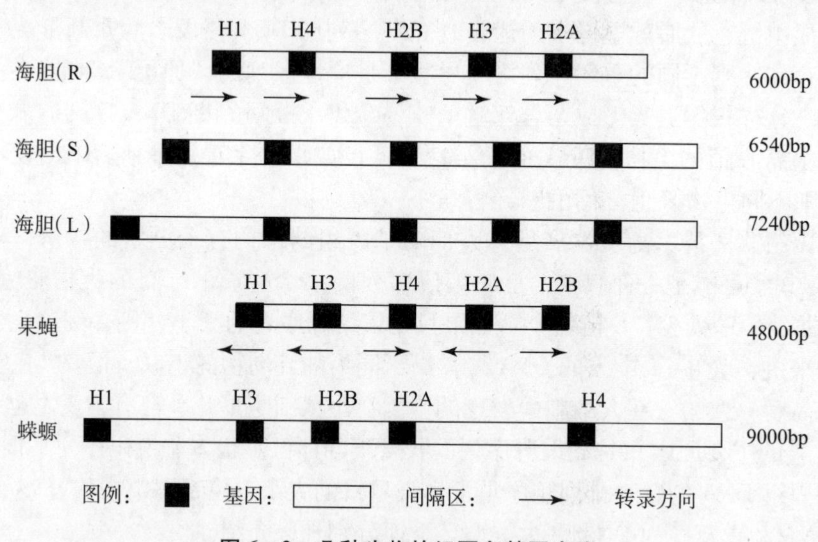

图6-2　几种生物的组蛋白基因家族

6.1.2.3　新基因的形成

新基因可以在原有基因的基础上通过基因突变形成。在祖先基因经过重复形成多拷贝后，不同的拷贝在进化过程中突变成不同的基因。可变剪接的存在（见第5章）让新基因的产生方式更加丰富。如果外显子在可变剪接中被剪去，就成了内含子；或者反过来，一些内含子当作外显子使用时，也会形成新的基因。很多时候，不同外显子会重新组合形成新的基因，这种情况叫做外显子改组（exon shuffling）。内含子在外显子改组中起到相隔和中介的作用。外显子改组是基因进化过程中产生新基因的方式之一。很多蛋白某一部分相似，另一部分不同，这是不同结构域（外显子）的组合引起的。在第2章中谈到，一个蛋白质常有一些结构域，行使不同的功能。这些结构域重新组合形成的新蛋白质，其功能取决于这些原有的结构域的功能。例如，组织纤溶酶原激活因子是一种蛋白质，与凝血过程有关，它的4个外显子分别与血纤粘连蛋白、表皮生长因子、血浆纤溶酶原相一致，是在进化过程中不同外显子改组形成的，使组织纤溶酶原激活因子具有了这几个外显子特有的功能；例如表皮生长因子来源的外显子赋予这一新蛋白质刺激细胞增殖的功能。

6.1.3　重复序列

重复序列（repetitive sequence）是指在基因组中有很多拷贝的DNA序列。有些重复序列与染色体的结构有关，大多数重复序列的生物学功能还有待于进一步研究。由于实验证明，去除这些序列不影响生物的功能，因此常被看成是“垃圾DNA”。根据重复序列的大小、拷贝数的多少和重复的方式，重复序列又可分为串联重复序列、分散重复序列（图6-3）、多基因家族等几类。

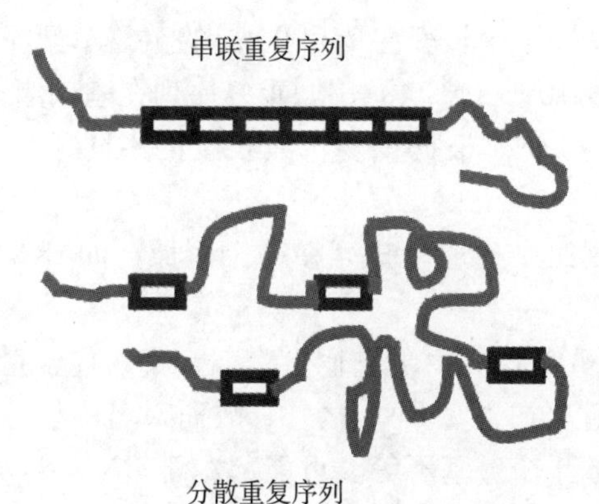

图6-3　串联重复序列和分散重复序列。图中的线段代表DNA非重复片段，方框代表重复片段

6.1.3.1　分散重复序列

这种序列散在分布于基因组中，可占人类基因组DNA序列的40%，其序列长度为300～7 000bp，每种拷贝数在10^2～10^5。它们由反转录转座机制而形成，分为三种类型：

1. LTR反转录转座子，可编码反转录酶或整合酶，故可自主转座。这种转座子具有LTR序列（长末端重复序列）。LTR序列也是反转录病毒所具有的序列。反转录病毒可以看作是一种特殊形式的反转录转座子。反转录病毒是一类RNA病毒，艾滋病毒、Rous肉瘤病毒等都属于反转录病毒。这种病毒进入细胞内后所携带的RNA被反转录成cDNA。cDNA形式的反转录病毒两端带有LTR序列，因此反转录病毒在进化上和LTR反转录转座子同源。但反转录病毒可以编码外壳蛋白，因而可以包装成病毒颗粒离开细胞，去感染其他细胞；

LTR 反转录转座子则失去了编码外壳蛋白的基因，不能形成病毒颗粒，成为一种整合在基因组中的内源病毒。在转录→RNA→反转录→DNA→基因组的循环中增加自己的拷贝数，分散整合到基因组中。

这种重复序列大约占人类基因组的 8%，它们在历史上可能曾是活跃的病毒，现在成为人类基因组的一部分。目前在人类基因组中已发现一百多种这类病毒来源的反转录转座子，它占的比例甚至比全部人类基因序列在基因组中所占的比例还要高几倍。在植物基因组中这种重复序列所占比例更高，例如在玉米基因组中有 75% 的序列由 LTR 反转录转座子构成。

2. 非 LTR 反转录转座子。该转座子呈 DNA 时，无 LTR 序列。根据重复单元的大小，又分为长分散元件（LINE）和短分散元件（SINE）。前者单位序列长度可达 5 000 ~ 7 000bp，有 10^5 以上的拷贝，后者单位序列长度在 300 ~ 500bp，拷贝数可达 10^6。两者的区别在于：LINE 可编码反转录酶和 DNA 结合蛋白，因而可以在转录→RNA→反转录过程中形成 DNA 而发生自主转座；SINE 序列过短，它不编码任何蛋白质，因而不能自主转座，需要 LINE 等提供反转录酶才能发生转座，但这类借其他转座子的反转录酶的反转录转座子的转座效率却很高。人类最常见的 Alu 序列是一种 SINE，它的重复次数在人类基因组中是最高的，达百万次以上。这些序列只有极少数还保持转座活性，其余的为历史上转座活动的遗迹。SINE 占人整个基因组的 13.1%；LINE 则占人整个基因组的 20.4%；其他的生物所占比例各有不同。

3. 剪切 - 粘贴转座的 DNA 转座子家族。这类转座子大约占人类基因组序列的 3%。

6.1.3.2 串联重复序列

串联重复序列是指在基因组中长度在 2 ~ 200bp 的重复单元呈串联排列。一个重复单元在基因组中总共可重复出现 10^6 ~ 10^8 次。串联重复序列在基因组 DNA 中所占的比例因种属不同而有差异，在人类约占 8%。根据重复单元长度的不同，可以分为卫星 DNA、小卫星 DNA、微卫星 DNA 等。

有些多基因家族在基因组中也成串排列在一个区域。如 rRNA 基因、tRNA 基因、组蛋白基因、免疫球蛋白基因等。

1. 卫星 DNA（satellite DNA）。由于它们含有较高 G + C 含量，比重与一般 DNA 不同，在氯化铯密度梯度离心后游离在主要 DNA 之外，故而得名；是一类高度重复序列 DNA。其重复单元可从 1 个碱基到数千个碱基不等。可能起源于 DNA 复制模板链与新链之间的滑动错位，造成拷贝数的增加。这类 DNA 多位于染色体着丝粒和端粒，与染色体自身稳定性有关。

2. 小卫星 DNA（minisatellite DNA）：是 6 ~ 25 个核苷酸为基本单元的串联重复序列。小卫星 DNA 是卫星 DNA 的一种，同样起源于 DNA 复制模板链与新链之间的滑动错位，或同源染色体片段的交换时可能出现的不等交换。这种序列长度的变化速率使得无亲属关系的人之间的序列长度不同，但又慢到一个个体与其父母的长度在绝大多数情况下一样。该特性为 DNA 指纹分析提供方便（见下一节）。

3. 微卫星 DNA（microsatellite DNA）。2 ~ 6 个核苷酸串联重复序列称为微卫星 DNA，如 $(GATA)_n$、$(CA)_n$ 等。微卫星 DNA 又称短串联重复序列（Short Tandem Repeats，STR），它在人的基因组中分布广泛并表现出多态性。某些串联重复次数的增多与一些人类遗传病的发病有关。例如慢性进行性舞蹈病人的 huntingtong 蛋白 5′端的 CAG 重复次数明显高于正常人。产生 3 个核苷酸串联重复序列变化的突变叫动态突变。在第 5 章中已经介绍。

群体中不同个体的串联重复序列重复次数的差异称为多态性。每个人的多态性序列可以按照孟德尔遗传方式传递给下一代。图6-4显示在一个家系中，某一种串联重复序列的传递过程。

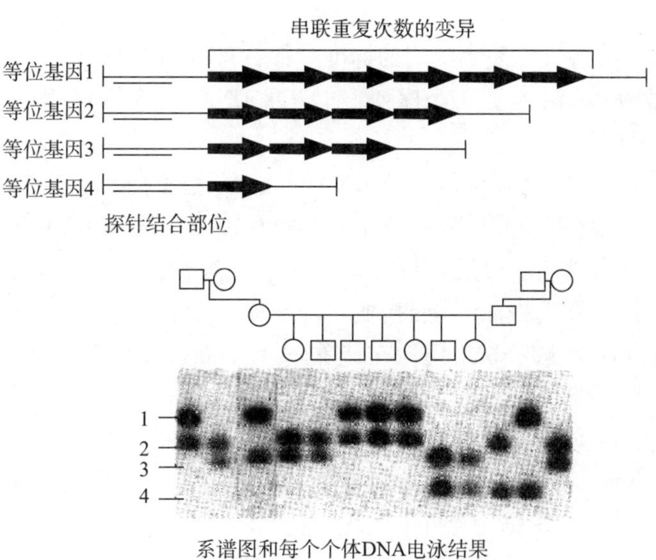

图6-4 串联重复序列在一个家系中的遗传

表6-2对已知的人类基因组串联重复序列进行了归纳。

表6-2 人类基因组中的串联重复序列

分类	长度	重复单位	分布
卫星DNA			
I		25~48	异染色质
II、III类	100kb~1Mb	5	染色体全长
a		171	着丝粒
β（Sau3A）		68	部分着丝粒
小卫星DNA			
端粒DNA		6	端粒
高变	0.1~20kb	6~25	染色体全长
微卫星DNA	<150bp	2~6	染色体全长

6.2 DNA指纹技术及其应用

6.2.1 DNA指纹技术

这是指利用DNA分子超级稳定性的特点，使用DNA碱基序列作为一个个体的生物学标签，进行个体身份鉴定的技术。主要用途是个人识别和亲子鉴定。借用过去使用指纹鉴定个体的术语，称其为 DNA 指纹技术。从前文可以看到，人类基因组结构非常复杂，可以作为 DNA 指纹分析的 DNA 片段应该：

（1）在人群中高度的多态性，即人与人极少相同，可以借此 DNA 序列的差异将他们区分开；

（2）易于操作，经济、方便。使用的标准化探针可以用于所用人群。

用于 DNA 指纹分析的主要是三类序列：小卫星 DNA（VNTR）、微卫星 DNA（STR）和单核苷酸多态（SNP）。

6.2.1.1　基于小卫星 DNA 和微卫星 DNA 的 DNA 指纹技术

两者都是串联重复序列，其重复次数在人群中有较大变异，可以用于鉴定个体。通常采用 PCR 的方法。PCR 方法极为灵敏，只需要极微量的基因组 DNA 就可以完成 DNA 指纹分析。如果是常规鉴定，可以取得个体的指血、静脉血、带有发根的毛发、口腔上皮细胞等。这些样品中含有的 DNA 足够分析之用。在特殊场合，如犯罪现场或考古现场取样，可以从烟蒂、牙刷、口香糖、指甲、精斑、唾液、化石等得到 DNA 样品。当然，特殊情况下得到的样品有可能混杂了其他个体的 DNA 而造成鉴定误差。

在检测时先根据所要检测的串联重复序列两侧的 DNA 序列设计引物，再取得个体的 DNA 样品进行 PCR 实验。根据每个个体该序列重复次数的不同，经 PCR 反应后扩增出的 DNA 片段长短不同。可以通过 DNA 电泳的方法确定这些 DNA 片段的长度。即使是两个个体在某检测片段上重复次数相同，但因为 DNA 指纹鉴定是同时对基因组的多个位点的 VNTR 或 STR 进行检测，两个没有血缘关系的人在所有位点上都相同的可能性微乎其微。只有同卵双生或多生个体才会有完全相同的 DNA 指纹。父母和子女之间有大约半数的 PCR 扩增片段是相同的，这是因为每个人体内的 DNA 有一半来自父亲，一半来自母亲。利用这一点可以进行亲子鉴定。

图 6－5 是一次亲子鉴定结果的示意图。夫妻双方和 4 个子女的 DNA 样品先用 PCR 对特定 DNA 片段进行扩增，然后进行电泳。由于 DNA 带有负电，在电场中会向正极方向移动，比较小的 DNA 片段移动速度快，会移到电泳凝胶的下方，较大的片段移动速度慢，留在电泳凝胶上方的原点附近，由此将不同长度的 DNA 片段分开，得到图 6－5 所示的电泳图。被检测的每个人的扩增 DNA 片段都被展示成处于不同位置的 DNA 条带。可以认为这些不同的 DNA 条带构成了 DNA 的“指纹”。从结果可以看到，夫妻的 DNA 的指纹完全不同。子女 A 和 C 的条带中，约有半数与父亲相同，半数与母亲相同。证明他们俩是这对夫妻的亲生子女。A 和 C 之间约有半数条带一致，属于同父母的同胞。子女 B 显示的 DNA 条带中，只能找到一些与母亲相同，不能找到与父亲相同的，同时出现一些父母所没有的条带，说明

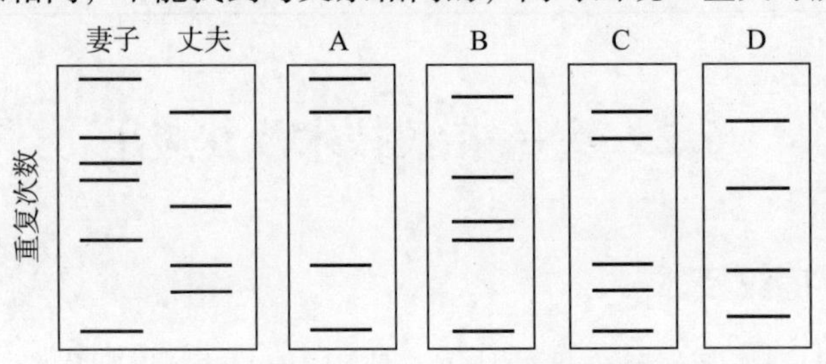

图 6－5　DNA 指纹技术进行亲子鉴定

他（她）的生物学父亲另有他人。子女 D 所显示的条带与父母均不相同，说明这对夫妻不是这个孩子的生物学父母。

6.2.1.2 单核苷酸多态（SNP）用于鉴定个体

上述 DNA 指纹分析使用的 VNTR 或 STR 通常都是非编码序列，不在某个基因的内部。它们重复次数的多少，或者说序列的长短不能反映表型的差异。因此，鉴定结果只能确定个体，而不能说出这一个体的种族、肤色、外貌等体质特征。就像身份证上的条形码可以指向某个具体人，却不能指明该个体的种族、肤色、外貌一样。单核苷酸多态（SNP）是个体之间单个碱基的差别。如果 SNP 存在于某个基因的内部，那么特定的 SNP 就能反映一个个体的体质特征。因此 SNP 检查可以作为 VNTR 或 STR DNA 指纹鉴定的一个补充，可能提示某一 DNA 样品的个体属于某一种族、具有某种体征等。

6.2.2 DNA 鉴定的应用

6.2.2.1 DNA 指纹鉴定用于法医学、个体鉴定和系谱分析

从 1986 年第一次应用 DNA 指纹技术进行刑事案件凶手的认定以来。DNA 指纹鉴定在法医学得到了广泛的应用。由于个体 DNA 状态的极度稳定性，如今 DNA 指纹鉴定结果已经是确定案犯的金标准。各国在打击犯罪的行动中通常建立各种 DNA 档案和数据库，保存成百万的案犯、嫌疑犯或相关人的 DNA 资料，用于海关、国家安全和日常刑侦工作。在早期首先应用小卫星 DNA（VNTR）进行上述鉴定，近来更多地应用微卫星 DNA（STR）做 DNA 指纹分析。

DNA 指纹鉴定技术和遗传标记在个体鉴定方面还有许多其他的应用领域。

（1）亲子鉴定。在美国每年有成百万例亲子鉴定，主要是为抚养的孩子确定父亲身份，或对婚生子女的确认。

（2）在军队中 DNA 测试用于确定战争行动中的伤亡人员，以避免“无名烈士”的出现。

（3）在各种自然的或人为的灾难中，或恐怖主义袭击中受害人的确认。

6.2.2.2 Y 染色体 STR 和线粒体 DNA 测试在法医学的应用

Y 染色体为男性独有的染色体，对 Y 染色体 DNA 的检出可以确定样品来源于男性。Y 染色体 STR（Y－STR）测试可以从混合了两性 DNA 的样品中发现男性的特异性信息，在强奸案现场 DNA 的采集分析中会出现这种情况。但由于一个家庭中的所有男性父系亲属共有同一条 Y 染色体，因此 Y－STR 测试不能将父子或兄弟彼此区分开。但在某些情况下这种相同反而有用，例如找不到犯罪嫌疑人时，可以测试犯罪嫌疑人的父亲、兄弟、儿子、叔叔等人的 Y－STR。其结果可缩小嫌疑范围，再借助案件的其他线索确定案犯。

线粒体 DNA 呈母性遗传，对它的分析可以提供母系家族成员的身份线索。同样可以在找不到犯罪嫌疑人时，测试犯罪嫌疑人的母系亲属，如兄弟姐妹、舅舅、姨妈等人的线粒体 DNA 而提供案犯线索。因为线粒体 DNA 拷贝数高于核 DNA 的拷贝数，在 DNA 已经降解的样品，或如毛发等 DNA 含量很少的样品中，当常规 DNA 检查没有效果时，可检查线粒体 DNA 作为补救。

6.2.2.3 Y－STR 和线粒体 DNA 在系谱研究中的应用

在人类学研究中，Y－STR 和线粒体 DNA 可以分别用于追踪一个人的父源和母源的祖先来源。在一些移民国家，像美国，很多人搞不清自己的祖先来自何处。这时可以分析 Y－STR 和线粒体 DNA，与 DNA 数据库中的资料进行比对，就可查出父系或母系的来源，甚至数百年间他们的先民们在世界范围内的迁徙路线。作为一种商业服务，有许多公司提供以系谱追踪为目的的 Y－STR 和线粒体 DNA 的鉴定服务。

对 Y 染色体亚伦（Y－chromosomal Aaron）的追踪是 Y 染色体系谱研究的著名事例：亚伦是犹太传说祖先摩西的哥哥，他的后裔在犹太教内担任重要教职，被称为科恩家族（Kohanim）。在现代犹太人中有许多叫科恩的男人。如果这些人真的属于一个父系家族，他们的 Y 染色体就应该是同源的。研究者在以色列首都特拉维夫检测了 100 个叫科恩的德系犹太男人，和 100 个来自其他国家的叫科恩的人。发现有 70% 的科恩具有共同来源的 Y 染色体，这一染色体称为 Y 染色体亚伦；而 Y 染色体亚伦只出现在 15% 的不叫科恩的犹太男人身上。证明了这一父系遗传的相对真实性。

兰巴人（Lemba）是南非的一个部落，他们自己相传来自犹太人，但外表与犹太人毫无关系，和其他南非人没什么区别。这个部落有 4 个社会等级，等级之间互不通婚。对他们的 Y 染色体研究表明，几乎所有的统治层男性的 Y 染色体来自 Y 染色体亚伦，而另外 3 个等级极少有 Y 染色体亚伦。对此结果的解释是在 300～400 年前，一个带有 Y 染色体亚伦的个体来到过这里，把自己的 Y 染色体传给后代，然后再通过遗传漂变扩散到整个统治层。

6.2.2.4 DNA 序列分析在科学研究中的应用

DNA 序列分析作为一种强大的分析工具，在生命科学中具有广泛的应用领域。例如在动物学研究中应用 DNA 序列分析，可以了解不同物种动物的交配习性、种群内部或家族的亲缘关系、动物不同品系的鉴定，也可揭示不同动物的婚配制度和进化过程等。在农业进行的农作物品种管理及育种上也有非常广泛的应用。DNA 指纹分析同样可以应用于古人类的婚姻构成、迁徙路线、现代人类近亲物种等研究中，在本书第 9 章对此中还有专门的介绍。

像小卫星 DNA 和微卫星 DNA 等缺乏基因活性，对表型没有影响的“垃圾 DNA”，却首先在广阔的社会领域，如法庭、防恐、亲子鉴定、系谱追踪等发现了使用价值，得到广泛的应用。目前每年在各政府、大学或私人实验室中进行着成百万的这类遗传变异检测，进行大量 DNA 数据库建设，以满足这种社会需求。在近 30 年的应用中产生了不少的著名案例，如 1991 年对纳粹战犯约瑟夫·门格勒的尸体的辨认，1994 年对俄国最后的沙皇罗曼诺夫家族成员遗骨的鉴定，以及 1998 年对美国开国元勋杰弗逊私生子疑案的研究等，都是轰动一时的社会案例。

6.3 基因组学与精准医疗

基因组学的研究依赖于基因组测序技术的发展。近几十年来对 DNA 序列的检测技术明显领先于对蛋白质氨基酸序列的检测技术，是基因组学研究相对于蛋白质研究领先一步的重要原因。这里首先简要介绍 DNA 测序的基本原理；然后介绍人类基因组计划、后基因组学和其他生物的基因组研究，并简要介绍基因组学研究的重要支撑学科——生物信息学，最后说明基因组的应用及前景。

6.3.1　DNA 测序原理

DNA 测序技术是分子生物学研究中的重要技术，目前测序方法虽然突飞猛进，其基本原理还是 1977 年由桑格（Sanger）等人提出的双脱氧链终止法。该技术的发展与 DNA 电泳技术的发展密不可分。精确的 DNA 电泳可以将大小只差一个核苷酸的 DNA 片段加以区分。

要理解双脱氧链终止法，首先回顾一下 DNA 链的合成过程。DNA 链的合成是游离的脱氧核苷酸与 DNA 单链末端上脱氧核糖的 3′羟基之间形成新的磷酸二酯键的结果，因此 DNA 持续合成的前提是新加入的脱氧核苷酸带有 3′羟基，以供下一个加入的脱氧核苷酸所利用。桑格的双脱氧链终止法引入了双脱氧核苷三磷酸（2′，3′－ddNTP）作为链合成的终止剂，2′，3′－ddNTP 与普通的脱氧三磷酸核苷的不同之处在于前者的脱氧核糖的 3′位缺少羟基。它可以在 DNA 聚合酶的作用下和多核苷酸链的 3′羟基形成磷酸二酯键，但却不能再与下一个核苷酸缩合，结果使得多核苷酸链的延伸终止。图 6－6 显示双脱氧核苷三磷酸的分子结构。

双脱氧核苷三磷酸

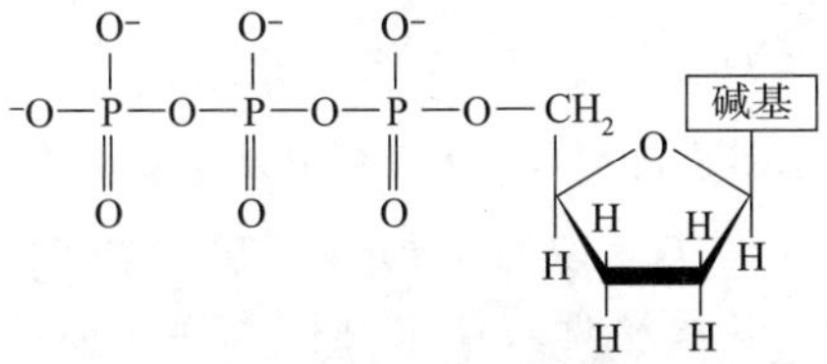

图 6－6　双脱氧核苷三磷酸的分子结构

在实际操作时，DNA 的合成反应体系中除了加入 4 种正常的脱氧核苷三磷酸（dNTP）外，再加入一种少量的 ddNTP，那么多核苷酸链的延伸将与偶然发生但却十分特异的链终止展开竞争，每当掺入了 ddNTP 时 DNA 合成终止。在反应体系中有许多 DNA 相同的模板，它们所介导的 DNA 合成都是独立进行的，所以最终的反应产物是一系列的长短不一的核苷酸链，合成终止的位置都是该种 ddNTP 对应的正常碱基所在的位置。例如使用双脱氧 ATP（ddATP），则所有链的最后一个脱氧核苷酸均是腺嘌呤核苷酸。在 4 组独立的 DNA 合成反应中，分别加入 4 种不同的 ddNTP，结果将生成 4 组核苷酸链，它们将分别终止于每一个 A、每一个 G、每一个 C 和每一个 T 的位置上。对这 4 组核苷酸链进行聚丙烯酰胺凝胶电泳，就可读出 DNA 的序列组成。

目前使用荧光标记 4 种不同的 ddNTP，每种发出不同波长的荧光。这样可将上述的 4 个反应放在一个反应体系中，最终形成终止于每个脱氧核苷酸的长度不一的一系列 DNA 链，其 DNA 链的数目与模板 DNA 碱基的数目一致。然后通过毛细管电泳将它们分开。长短不同的 DNA 链将形成相差一个脱氧核苷酸的阶梯。每个 DNA 片段因掺入的不同 ddNTP 而发出不同的荧光，这些不同颜色的荧光信号通过激光检测到。不同颜色的荧光的排列顺序代表了 DNA 碱基的排列顺序。如图 6－7 所示。目前的 DNA 测序工作都由不断改进的自动测序仪完成。

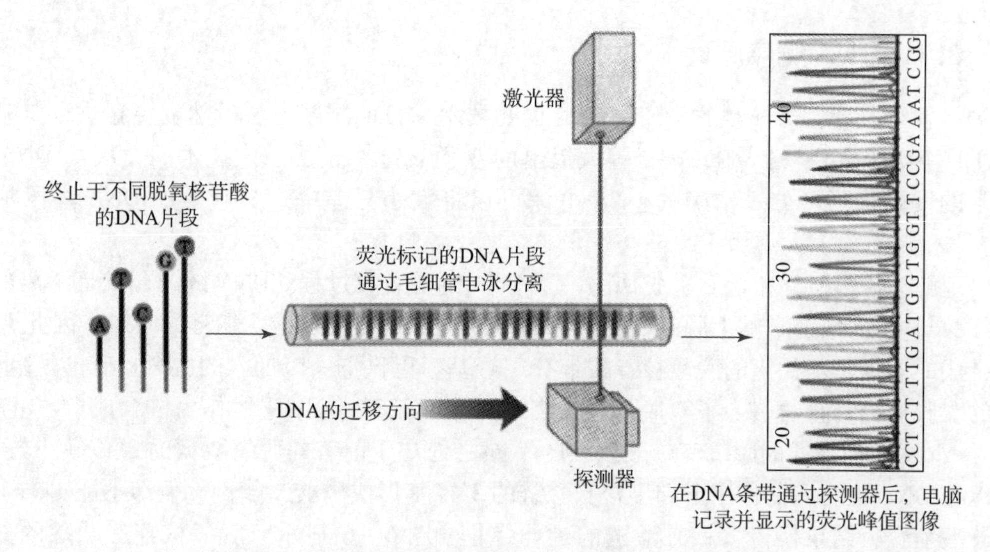

图 6-7　使用荧光标记进行的双脱氧链终止法 DNA 测序

6.3.2　人类基因组计划

人类基因组计划（Human Genome Project，HGP）是一项各国科学家广泛合作的人类基因组的测序计划。早在 1984 年，美国政府部门就开始讨论对人类全基因组测序的可能性。到 1986 年，诺贝尔奖获得者，美国科学家杜尔贝科（Dulbecco）在《科学》上撰文，呼吁对人类基因组全序列进行测序，随后得到了 DNA 双螺旋发现者之一的沃森的响应。最后由美国能源部和美国国立卫生研究院合作，在 1990 年启动这一计划，目标是建立人类基因组的结构图谱，包括遗传图、物理图与序列图，并在此基础上鉴定人类的基因，做出基因图。这项庞大的计划以后又有英国、法国、德国、日本和中国的加入。中国是 1999 年 9 月加入 HGP 的，承担了大约占基因组 1% 的测序任务。这是一个人类遗传学研究中的一揽子计划，总共耗资 30 亿美元，计划 15 年完成，希望能就此找出所有人类基因、这些基因的功能以及与疾病的关系等，实际完成时间是 2006 年。

做出基因图只是整个人类基因组学的第一部分内容，这部分叫结构基因组学。进一步的研究包括功能基因组学，即鉴定人类所有基因的功能；比较基因组学，即比较不同个体，不同物种之间基因组的结构和功能的差异，等等。

在人类基因组计划的规划中，基因组图谱应包括传统的遗传图谱，即遗传标记的连锁图；物理图谱，包括大克隆的连锁图；序列图，即全部碱基序列；基因图谱等。

6.3.2.1　遗传图（genetic map）

遗传图又称连锁图（linkage map），它是以具有遗传多态性的遗传标记作为“位标”，以遗传学距离（genetic distance）为图距的基因组图。以下是一些基本概念：

1. 遗传多态性：在这里是指一个遗传座位上至少有两种等位基因频率高于 1%，这样的座位称为多态性座位。多态性越高，作为遗传标记的价值就越大。

2. 遗传学距离：减数分裂发生联会和交换时，两个基因座之间的重组率与两基因座在染色体上的距离呈正比，以 1% 的重组率为 1cM（厘摩）。人类基因组的大小约为 3600cM，分布在 24 种染色体（22 种常染色体，X 和 Y 两种性染色体）上。大的染色体相距较远位点之间会发生频繁的交换，各位点交换率的叠加，就会出现遗传学距离大于100cM的情况。一般来讲，交换率接近50%时，就无法单从表型组合上看出两个基因是位于不同染色体上，还是在一条很大的染色体的两端。

3. 图谱标记：在构建遗传图谱过程中需要一些可以鉴别的标记（marker），可用的标记包括：

（1）基因标记：用基因作为标记，该基因应该是多态性的。分析各基因间的交换率，得出遗传学距离。

（2）DNA遗传标记，包括：限制性片段长度多态性（RFLP），1980年提出，现在已很少采用；短串联重复（STR），在1996年时建立了使用6000多个STR构建的连锁图，平均分辨率为0.7cM；单核苷酸多态性（SNP），人类基因组中平均每1300个碱基就存在一个SNP，其标记的密度大大高于STR。

6.3.2.2　物理图（physical map）

物理图是以已知核苷酸序列的DNA片段（序列标记位点（Sequence Tagged Site，STS））为位标，以实际碱基数为单位测量图距的基因组图。

1. 邻接克隆群。在构建物理图时，需要将整个基因组DNA打散成片段，通过分子克隆技术克隆到不同载体上，然后对这些片段的长度进行测量。为了能知道这些打散的片段之间的连接方式，不同的克隆片段之间需要有一定重叠的小片段。而且在两个相邻片段的重叠小片段上具有同一个STS。这样构建的一群具有彼此重叠DNA片段的克隆叫做邻接克隆群。

2. 人工染色体。人工染色体是具有染色体的关键部位，如端粒、着丝粒、负责DNA复制的自主复制中心等关键元件的人造染色体。除了这些关键元件外，其他的DNA片段都可以被置换成被克隆的目的基因片段。装配起来的人工染色体在行为上与天然染色体相似，可以进行自我复制，在细胞分裂时可像正常染色体那样分离等。用人工染色体作为基因克隆载体可以克隆出较大的DNA片段，从而在克隆基因组时减少克隆的数目。人工染色体包括酵母人工染色体（YAC），可克隆片段大小为0.5～2Mb；细菌人工染色体（BAC），可克隆片段大小为80～200kb，以及哺乳动物类人工染色体（MAC）等。

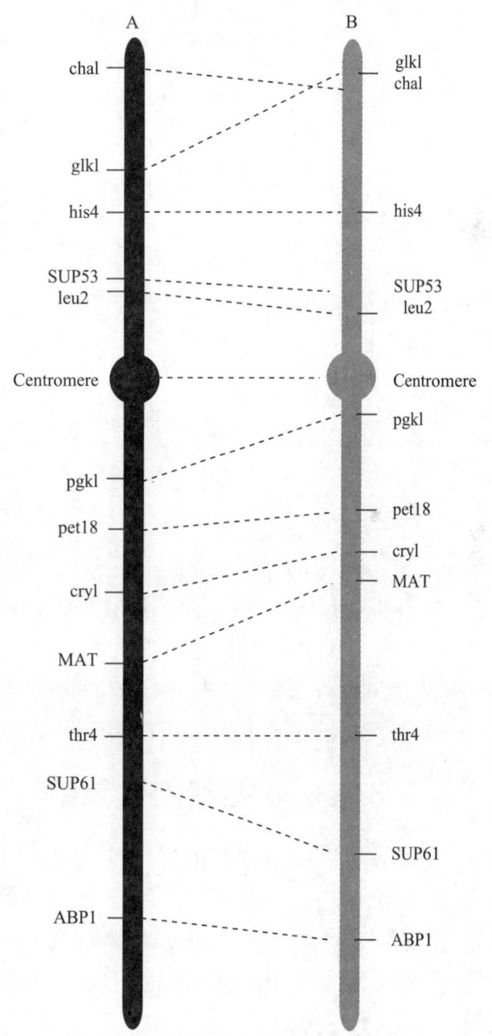

图6－8　酵母菌第3号染色体的遗传图谱（A）与物理图谱（B）的比较

物理图以碱基数目作为长度标准，与遗传图相比，更接近于测序的要求。图6－8是酵母菌第3号染色体的遗传图谱（A）与物理图谱

（B）的比较。可以看出两图在不同位点之间的关系上基本相似，在距离上有一定不同。

6.3.2.3　序列图（sequence map）

序列图是最终测序后产生的基因组图。其测序方法有两种：

1. 先构建 BAC 邻接克隆群，再将各克隆随机切成小片段，克隆到测序载体上，然后测序。这样做的理由是测序时的 DNA 片段不能太大，一般一次只能测千个左右的碱基片段，故要切成长短合适的片段再行测序。测序后根据片段的邻接关系再将结果拼接成较大的片段。最后将所有的测序结果拼接在一起，形成完整的染色体 DNA 序列（图 6-9）。这是人类基因组计划采用的策略。

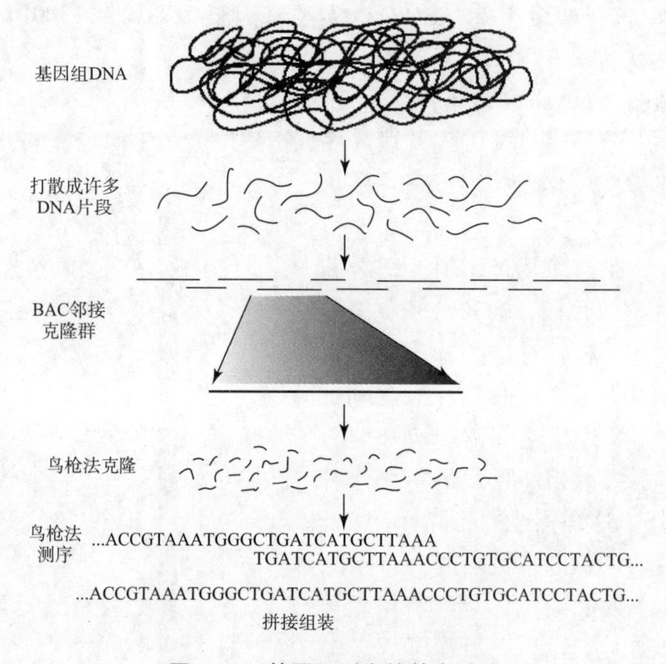

图 6-9　基因组测序的基本过程

2. 全基因组的鸟枪法测序：在有了一定遗传图和物理图的基础上，直接将基因组 DNA 分解为 2kb 左右的小片段进行随机测序，用计算机进行序列组装。虽然这样肯定会造成重复测序和遗漏，但省略了构建各种不同大小克隆的工作负担，相比之下费用更少。这是美国的塞莱拉（Celera）基因技术公司于 1998 开始对人类基因组测序时采用的手段。

最终序列图的产生包含了两种测序策略的使用。

6.3.3　人类基因组的基本情况

人类基因组计划最初由美国政府部门主导进行；到 1998 年，美国 Celera 公司宣布采用鸟枪法独立地进行人类基因组测序。两路研究并驾齐驱，进展顺利。在 2001 年人类基因组工作草图发表。这一年 2 月，人类基因组计划与美国 Celera 公司分别在《自然》和《科学》杂志上公布了人类基因组精细图谱及其初步分析结果。两者的结果惊人地相似。到 2006 年全部测序工作完成。

6.3.3.1　人类基因组概况

人类基因组 DNA 含有 3.0×10^9bp，估计有 2 万 ~2.5 万个基因，其余为非编码序列，有许多为多拷贝的重复顺序。这里的人类基因组指的是人的22条常染色体和X、Y两条性染色体，以及线粒体DNA的全部碱基序列。人类的每个体细胞含有2套基本相同的染色体，构成2个染色体组（chromosome set）。所以严格地说一个体细胞中有2个基因组，细胞内具有的碱基数是3.0×10^9bp的两倍。其他主要数据有：

最大的染色体：1号染色体，长85mm；最小的染色体：21号染色体，长16mm。

含基因最多的染色体：1号染色体，能确定编码的蛋白质的基因数是2 012个。含基因最少的染色体：Y染色体，能确定编码的蛋白质基因数45个。

已知的miRNA基因数1 700多个；未知功能的非编码RNA基因数1 200多个。

线粒体DNA碱基数16 569bp，含有编码蛋白质的13个基因，另外还有22个tRNA基因及rRNA基因。

整个基因组中重复序列约占50%。

SNP的数量约300万个，密度为1/1250bp。

外显子最多的基因是Titin，含有364个外显子。

这些数据随着研究的深入仍在不断变化中。对人类基因组不同类型的序列归纳如图6-10。

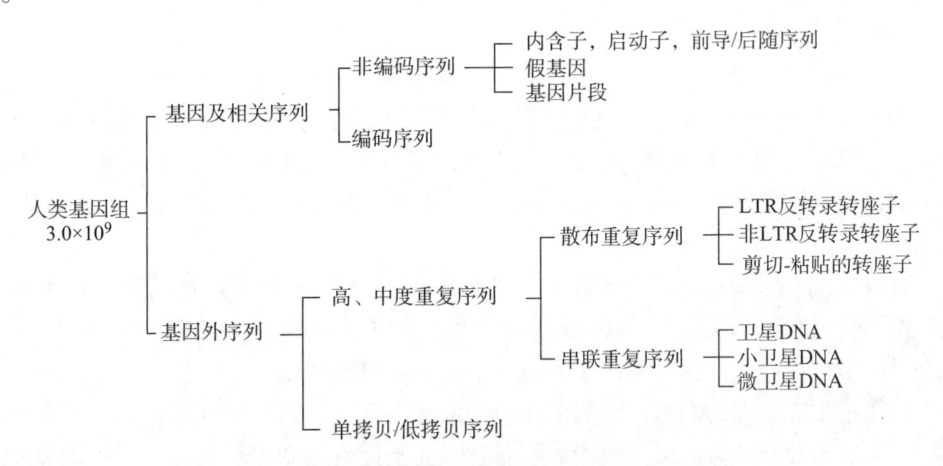

图6-10 人类基因组中不同类型序列的归纳

6.3.3.2 人类基因组的特点

（1）基因数目比最初想象的少得多。早先估计人类的基因数当在10万个以上，但实际发现的数也就2万个左右；算上估计存在的基因，一般认为不会超过2.5万个。这一数字与黑猩猩、倭黑猩猩的基因数基本相当，比小鼠甚至还略少一点。与所谓的“低等生物”相比，这一数字也只比秀丽隐杆线虫（19 000个基因）的基因多1 000个左右。果蝇也有13 600个基因。因此人类具有的基因数在动物界不足为奇，与植物相比也不占优势。例如Populus trichocarpa（一种杨树）就发现有多达7万3千多个基因。人类的基因数甚至少于芥菜。所发现的人类基因没有一个基因片段是人类特有的，人类与其他生物不同的“新”基因都是不同原始结构（外显子）的新组合。

此外，人类基因组中还发现了1万多个假基因，其中有一些基因以前可能具有功能，但在进化过程中失去了。以嗅觉受体基因为例：基因组中大约有1 000个嗅觉受体基因，主管人类的嗅觉。这些基因所决定的蛋白质所感受到的不同化学信号的组合，就构成了日常的嗅觉。不过这些嗅觉受体基因多数已成为假基因，只有约100个基因还保持转录活性。但在猫、狗等食肉目动物中，这些嗅觉受体基因大多数都在表达，因此猫和狗的嗅觉比人类灵敏得多。

可变剪接的存在可以使基因所编码的蛋白质数远高于基因数，估计人类所能合成的蛋白质数在7万~8万个之间。但可变剪接并不是人类所独有，其他生物同样通过可变剪接增加编码的蛋白质数。因此人类“万物之灵”的地位并不在于遗传的复杂性，而是另有机制。

实际上，过去对基因数量对生命复杂程度的作用多少被夸大了。基因组中的基因更像是一个字典中的字库。我们可以使用字典中有限数目的文字元素写出体裁多样的文章。生物体同样可以使用基因组中不同的基因，在时间、空间上控制它们的表达和表达量，不同基因的表达组合，构造不同的亚细胞结构、不同的细胞、组织，行使不同的功能等；这相当于使用这2万个基因文字去谱写人类生命这篇壮丽的文章。在我们用文字写文章时，既可以使用几千个汉字去写，也可以只使用26个英文字母的组合去写，同样都可以写出很好的文章。就基因来说，就算是人类的基因明显少于很多生物，但并不妨碍人类的这篇文章写得更好。人类在生物界中所具有的智力水平和优势地位应该取决于不同蛋白质之间的作用方式。

不过，人类基因数量并不特殊这一点给了我们一个提示：人类只是生命世界大家庭的一员，从生物的角度讲并不比其他生物“高贵”，每种生物都是独特的。

（2）基因只占人类基因组的很小一部分，基因组上存在大量的非编码区。而且基因在染色体上也不是平均分布，存在一些基因成簇密集分布的区域，也有大片没有基因的“荒漠”区域。比如基因密度最大的19号染色体平均每100万个碱基有23个基因；而基因密度最小的Y染色体平均每100万个碱基只有5个基因，其余区域被大量的没有什么功能的重复序列所占据。

对这种现象的一个解释是：由于这些序列不编码蛋白质，不决定机体的结构与功能，因而它们的扩增不会受到达尔文自然选择的影响，在很大程度上成为一种随机事件。但如果这种扩增发生在可以指导蛋白质合成的基因序列内，会造成不同基因表达产物之间配合上的混乱，一般会给生物体带来灾难性的后果，影响个体的发育和功能。一个明显的例子是21-三体综合征（参见第7章）。在细胞内增加了一条21号染色体（上面有200多个基因），这会造成个体明显的发育障碍。这种病症产生的原因显然不是21号染色体上各种重复序列的增加，而是那200多个基因在细胞内拷贝数的增加。其他DNA的扩增，除了浪费资源，对表型影响不大，何况这种扩增不是一蹴而就，而是在几亿年的漫长进化岁月中一点点积累而来。每一代只可能发生微小的变化。比较基因组学研究提示：人类基因组有约5%序列受到自然选择影响。

这就是可以利用串联重复序列长度的多态性进行亲子鉴定和系谱追踪的原理。假如使用编码蛋白质的序列做DNA指纹分析，那会很难鉴定个体，因为这些序列人与人之间的差异很小，都必须是“正确的”序列。

（3）人与人之间99.99%的基因序列是相同的。从DNA序列中找不到种族存在的证据。在分子水平上研究人类的遗传差异，没能找到任何决定种族的基因。不存在一个在某个种族的所有个体中全都存在，而在其他种族又都不存在的基因。只是某一个基因频率在某一个人群中相对较高，另一个人群相对较低而已。“种族”间不同的个体DNA的差异并不大于种族内部不同个体DNA的差异。例如，一高一矮两个黄种人之间的基因差异，要大于两个身高相同的黄种人和白种人的基因差异。世界所有人群之间的变异都是连续的，不存在“纯种”的人。每个人的体内大约 10% 的基因是杂合的。说明在遗传学上，人类不同“种属”之间并没有本质上的区别。

6.3.4 人类基因组的其他研究

1. 转录图（transcription map），或 cDNA 图。提取一类细胞的 mRNA，反转录成 cDNA，然后进行测序，所得到的结果叫做转录图。转录图包含了某类细胞，在某一个发育时期所表达的全部基因。在实际作图时并不对取得的 cDNA 片段全部测序，只对表达序列的一部分测序，这段序列就作为表达序列标签（Expressed Sequence Tag，EST），代表这一转录本。

转录图显然比基因组序列图小得多。一方面它不包含非编码序列，另一方面也不包含在这一细胞中没有表达的基因序列。生物体内细胞种类众多，每种细胞在不同发育阶段、不同的生理环境下所表达的基因的种类都会有所不同，因此实际上一个个体、一个物种的转录图是非常多的。例如肝细胞的转录图肯定与神经细胞的转录图不同。对转录图的研究可以了解一类细胞在某一时刻的生理功能，并判定细胞的分化状态。可以在公共资料库中检索各种 EST，以及它们在不同细胞中的表达情况。

2. 外显子组（exome），基因组中的所有外显子构成了外显子组，它代表了编码蛋白质的 DNA 片段。人类的外显子组含有大约 18 万个外显子，约占全部基因组序列的 1%。外显子的平均长度是 145 个 bp。内含子则要大得多，约占全部基因组序列的 26%。

对外显子测序的研究计划包括：Personal Genome Project（PGP）、NIH 资助的 Exome Project、Mendelian Exome Project 等。

3. 转录组（transcriptome）是某一生理条件下，一个细胞或同一类细胞群体内的全部 RNA 分子的种类，除了编码的 mRNA 外，还包括非编码的 rRNA、tRNA、snRNA，snoRNA、miRNA、长链非编码 RNA 等对其功能有一定了解的 RNA，以及未知功能的 RNA 等。通常包括细胞内每种 RNA 分子的类型、含量或浓度。不同类型的细胞具有不同的转录组。广义的转录组指细胞内所有转录产物的集合；狭义上仅指所有 mRNA 的集合。对 mRNA 的测序结构就形成了转录图。

6.3.5 其他生物基因组的研究

结构基因组学的研究不仅仅是人类基因组计划，还包括了其他生物基因组研究。

6.3.5.1 模式生物基因组的测序

优先进行基因组测序的生物是各种模式生物。对它们基因组的了解有助于深化我们对生命现象的认识，也是理解某一类型生命现象的捷径。这些工作的完成时间多早于人类基因组计划：芽殖酵母基因组的全部测序完成于 1996 年；大肠杆菌完成于 1997 年；第一个多细胞生物秀丽隐杆线虫基因组测序完成于 1998 年；拟南芥基因组完成于 2000 年；在同一年果蝇基因组测序完成；小鼠基因组测序完成于 2002 年。其主要数据归纳在表 6－3。

表 6－3 主要模式基因组的主要数据

物种	基因组大小/bp	基因数目	基因/Mb
大肠杆菌	4.6×10^{6}	4 300	935
酿酒酵母	1.5×10^{7}	6 000	400

续表

物种	基因组大小/bp	基因数目	基因/Mb
拟南芥菜	1.25×10^8	25 500	204
秀丽隐杆线虫	9.7×10^7	19 000	190
果蝇	1.2×10^8	13 600	113
小鼠	3.0×10^9	80 000	27

6.3.5.2　其他动植物基因组的测序

随着DNA测序技术的飞速发展和测序费用下降，研究人员对越来越多的动植物基因组进行了研究。据不完全的统计，已有250种以上的动物基因组，100余种植物基因组被测序。以哺乳动物为例，基因组已经测序的有44种以上，包括：小鼠（2002年）、大鼠（2004年）、狗（2005年）、猫（2007年）、马（2009年）、牛（2009年）、非洲象（2009年）、亚洲象（2015年）、欧洲兔（2010年）、大熊猫（2010年）、猪（2012年）、海豚（2012年）、狮子（2013年）、虎（2013年）、雪豹（2013年）、长须鲸（2014年）、小须鲸（2014年）等。

得到基因组测序的与人类关系密切的灵长类动物有：猕猴（恒河猴）（2007年）、黑猩猩（2005年）、大猩猩（2012年）、倭黑猩猩（2012年）。值得一提的是，一种已经灭绝的与人类关系最近的人属动物尼安德特人的基因组测序完成于2010年。这一成果对研究现代人的进化过程非常重要，是一个里程碑式的事件，将在第9章中加以详细论述。

植物中除了拟南芥外，一些经济植物和模式植物的基因组得到测序。包括：水稻（2002年）、玉米（2009年）、大豆（2010年）、小麦（2013年）；此外还有甜菜、西瓜、黄瓜、花生、可可、苹果、杏、梨、橘、葡萄、土豆、西红柿、胡椒等都已得到全基因组测序。

6.3.5.3　微生物基因组研究

许多微生物作为重要的生物工程生物或病源，是生命科学研究的重点。微生物基因组序列的研究一直是基因组学研究的重要方面。已被测序的微生物菌株非常多。近年来发展的热点是宏基因组学（metagenomics）。

宏基因组又叫环境基因组。与既往的只检测具体的微生物的基因组不同，宏基因组学直接从环境中取样，提取环境中全部（微生物）的DNA进行测序。通过对所有生物所共有的rRNA序列差异，对样品中的微生物进行分类。再使用“鸟枪法”或PCR技术对环境微生物DNA进行无差别的测序。其研究结果可以更全面地反映地球上所有微生物的面貌：微生物的群落、生态、类型、地理分布……可以更好地理解地球生态环境和生物圈的运作过程，利用所有微生物资源为人类生活服务。据估计，地球生物量一半以上是我们看不见的微生物，其中99%以上是我们从不知道的。与之相比，动物只占生物量的千分之一。微生物基因组的总量远远大于人们可见到的多细胞生物的基因组总量，蕴藏着无数有可能加以利用的未知基因。它们就像物理学中的暗物质、暗能量影响着宇宙的演化那样，以我们还不了解的方式影响着生态环境中所有生物的生存和进化。现在科学家们有了基因组学这一锐利武器，揭示这一地球最大生物种群的谜团，将会引起生命科学新的革命。

宏基因组研究通常要对环境中的微生物进行全方位的采集。例如，对海洋微生物的宏基因组取样时，先将待研究海域像棋盘格那样画线，每个格子面积一定，比如是100平方千米，更大，或更小。然后开船过去，在每个划定区域中从海水取样，带回实验室进行DNA分析。据估计，1ml海水里平均含有上百万个细菌，上千万个病毒。科学家每天通过DNA测序和分析，就可以发现成千的新基因和新的物种。这样一种研究速度在基因组学之前是不可想象的。

特别应该提到的是我们人体中的宏基因组学研究。在人体的体表和体内一些腔道，如肠道、口腔、阴道、鼻腔等，生活着无数的微生物。一般来讲，这些微生物与机体的生命活动息息相关，和我们自己以及其他微生物之间形成了相互依赖的共生关系。微生物可以帮助我们消化食物，产生维生素，抵抗某些新来的、不友好的细菌，等等。例如食草哺乳动物依赖肠道内的细菌消化进食的纤维素，没有这些微生物，食草哺乳动物难以生存。反之，我们的身体也给予这些微生物以稳定的环境和充分的营养。

这些微生物加在一起不算多，只占体重的百分之几（当你称体重时，想象一下其中有多少是细菌的重量，你的“净重”是否应该减掉这百分之几）；但它们的细胞总量10倍于我们身体的细胞量。它们有数百个品种，也就是说，与我们自己只有一个基因组相比，我们身体中的微生物有数百个基因组。其基因总数量是我们自身基因的一百倍。当我们想“自己”这个概念时，也许应该包括这些微生物，当然恐怕没人喜欢这种想法。但越来越多的证据表明，这些微生物广泛地参与机体的生理活动，很多机体功能异常和微生物的异常状态有关。例如，肠道菌丛出现问题时，身体就可能出现肥胖、消化不良、便秘、免疫功能障碍、孤独症等一系列情况。鉴于这些微生物基因组对我们生理行为及健康的巨大影响，有人称肠道菌群基因组为“人体第二基因组”。此前我们对这些微生物几乎一无所知，现在借助基因组学研究方法，可以更深入地了解它们，更新我们的观念，发展出新的保健、疾病诊断、预防、治疗的方法来。

6.3.5.4　比较基因组学研究

在对生物界众多物种基因组研究的基础上，可以在它们之间对基因组的构成和功能进行比较研究。研究的目的包括：

（1）判断不同基因的功能和重要性。根据进化论的原理，在不同物种中都存在的基因往往是重要基因。如果在一个物种中发现某个基因的功能，那么该基因在另一个物种中很可能行使相似的功能。这一原理有助于借鉴其他物种研究的结果，快速确定一些未知基因的功能，或寻找到相似功能的基因。小鼠的基因组与人的相比：大约有50万个相似的DNA序列，我们称之为保守序列。这些序列都是相对重要的序列，其中只有1/3编码外显子，说明除了直接编码蛋白质的外显子之外，还有很多不知道功能的重要序列。它们可能是转录调节序列、染色体结构因子，或编码特殊的RNA等。

（2）有助于对不同生物进化关系的分析。对不同物种基因组之间进行序列比较，可以得到这些物种在系统发生树中的相对关系；得到不同物种更加明确的系统分类；并对一些重要基因在进化过程中在结构、功能和调控上如何改变，以适应新的环境和功能需要等有所了解。对于非编码的重复序列，同样可以通过比较研究，确定它们的进化途径。比如在基因组中存在大量的转座子重复序列，通过对它们的序列变异分析可以得到其转座的具体过程，得知哪个序列出现的早些，哪个晚些。在进化过程中有的时间段发生集中转座，另一时间段则转座减少。基因组在进化过程中的整体变化称为基因组进化。

（3）基因的传递不仅限于个体生殖时的“纵向”传递，也可以借助基因传递媒介在不同生物个体间产生横向的传递。比较基因组学研究发现一般生物基因组中有 1.5% ~14.5% 的基因与物种内或物种间横向迁移有关。造成基因横向传递的机制主要是病毒的活动：病毒的基因组可以“逃离”某个细胞，钻入另一个细胞；一些宿主的基因有可能被病毒基因组摄取和携带，从而造成基因的横向转移。基因横向传递也可产生于不同植物之间的杂交。在无性生殖的细菌间也可以通过转化、借助噬菌体的转导，以及接合等方式横向转移 DNA 片段。

6.3.6 后基因组学

后基因组学（post-genomics）是指在基因组图谱构建以及全部序列测定完成后，进一步以全基因组的基因功能、基因之间的相互关系和调控机制为主要内容的学科方向，包括 DNA 微列阵技术、酵母菌双杂交系统、蛋白质组学、生物信息学等。这类研究内容众多，发展多样，其内涵和外延并不十分确定。以下介绍比较重要的研究方向及成果。

6.3.6.1 蛋白质组学（proteomics）

这是在基因组学研究的基础上提出来的概念。意指对一种基因组所表达的全套蛋白质的结构和功能进行的研究，属于功能基因组学的一部分。由于存在基因的选择性表达、mRNA 的可变剪接、蛋白质翻译后的修饰加工，以及蛋白质之间相互聚合成大的复合体等情况，蛋白质组不应被视为基因组的直接产物，与转录组也没有一一对应的关系，但三者之间仍然存在某种程度上的关联。

机体的不同细胞表达的蛋白质种类不同，因此蛋白质组学研究又常指对一类细胞或组织所表达的全部蛋白质的研究。这种意义上的蛋白质组对一个物种而言，依分化细胞的种类不同而有许多类型，每一种类型对应一种特殊细胞的结构和功能。蛋白质组学研究细胞内整个蛋白质谱的内容、表达水平、翻译后的修饰、空间结构变异、不同蛋白质之间的相互作用等。图 6-11 展示了人类基因组所编码的不同功能蛋白质的百分比。可知除了功能未知的蛋白质外，占百分比较大的蛋白质种类有：转录因子（12%,）、转移酶类（8.8%）、核酸结合蛋白（8.5%）、转运蛋白（6.4%）、受体（6.3%）、信号分子（5.6%）、酶调节蛋白（5.0%）等。

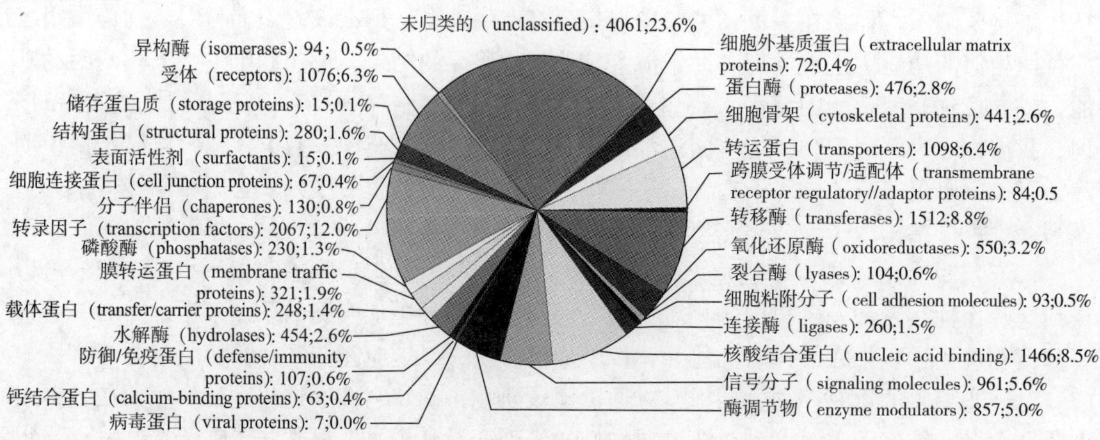

图 6-11 人类基因组编码的不同功能蛋白质的百分比（改自 Häggström，Mikael. “Medical gallery of Mikael Häggström 2014”. Wikiversity Journal of Medicine）

6.3.6.2 生物信息学（bioinformatics）

这是随着生命科学数据的飞速积累、计算机科学和信息技术的迅猛发展，彼此相互结合形成的一门新学科。生物信息学致力于生物信息学相关软件工具的开发，研究生物信息和生物学实验数据的采集、处理、存储，数据库的建立、传播、加工、分析和解释，力图揭示大量而复杂的生物数据背后的生命世界奥秘。生物信息学的主要工作包括：

1. 序列比对。基因组学和蛋白质组学研究产生了大量的DNA碱基序列和蛋白质氨基酸序列信息。为了研究这些序列的来源、进化过程、不同生物序列的同源性等，需要对不同生物的序列，或同一生物的不同DNA位点的序列，不同多肽上氨基酸的序列进行比对，寻找序列间的相似性，确定相似程度，进而推测它们所决定的功能的相似性，以及这些序列在进化过程中的演变过程。在基因组测序中，所得到的相互重叠的小的DNA序列之间需要在计算机上对不同测序片段的重叠部分进行序列比对，以便把这些小的DNA片段进行拼接，还原出原有的DNA长链分子序列。

2. 基因组注释。所谓基因组注释是指在已经测序的基因组中，根据RNA的表达或某些序列特征找出新的基因，并标注它们的功能或可能的功能。基因组注释也包括对非编码DNA片段，重复片段等标注出它们生物学特征。这些工作需要各种相关的软件来完成。

3. 蛋白质结构的预测。蛋白的氨基酸序列与其空间结构之间存在一定的关系，对给定的蛋白质的一级结构，根据既往对一级结构和空间结构关系的研究及所得到的数据库资料，可以在一定程度上预测其空间结构及功能。

4. 图像处理。在生物学研究中会产生大量的图像资料，其中蕴含着种种生物结构和功能的信息。究竟哪些图像代表了真实的结构及功能表达，哪些仅仅是假象或背景噪声，需要在已有的大量图像识别经验的基础上构建算法，开发图像识别和处理软件。目前很多生物学图像可以用图像处理软件完成分析工作。

此外，生物信息学的研究内容还包括文献分析、蛋白表达分析、基因表达数据分析、基因表达调控、全基因组关联分析及进化树、蛋白质之间的相互作用、药物设计与开发等。另外包括数据库、算法，计算及统计技术和各种分析软件的开发。

6.3.7 基因组研究的应用——精准医学

早在人类基因组计划提出之初，将基因组研究的成果用于医疗事业、提高人类健康水平就是其主要目标。很多学者更是将人类基因组计划与癌症的早期诊断和治疗等目的直接关联。随着人类基因组计划的完成，更多的基因被寻找到，很多与致病相关的基因，尤其是与“复杂疾病”（参见下一章）有关的基因被发现，为了解疾病，掌握疾病的诊断、治疗、预防的手段与方法提供了有力的武器。人类基因组计划，以及对其他生物基因组测序的开展，极大地促进了DNA测序技术的改善，使其成为生物技术中发展最快的技术之一。随着测序费用的下降，个体测序已成为可能。

2007年5月，DNA双螺旋发现者之一，79岁的沃森获得了“454生命科技公司”赠予他的一对储存着自己全部基因序列的DVD光盘，从而成为世界第一份完全破译的“个人版”基因组图谱的拥有者。这份作品被很多媒体称为个人“生命天书”（图6-12）。当时只花费了不到200万美元就可为沃森进行基因组测序，而在十多年前的人类基因组计划的花费是 30 亿美元。454 生命科技公司总裁表示："随着价格的下降，我们可以为特定的人做基因组测序了。" 自那以后，DNA 测序费用直线下降。到目前测定一个人的基因组序列只需花费 1 万元左右人民币，用 1～2 天时间即可完成。当一个人得到自己的基因组信息，就在一定程度上获得了对自己身体及心理现状的解释和对未来健康的预测能力。比如将会长多高，会不会发胖，会不会秃顶，患糖尿病、癔症、癌症的风险，生育子女的情况……

图 6－12　获得个人基因组图谱的沃森

测序技术的改善可以在不远的将来，使基因组分析进入日常医学检查常规。这些基因组信息可以帮助医生寻找风险人群，了解个体的基因情况、各种患病风险，从而指导个体提早采取预防措施、采用适合个人健康的生活方式、进行环境因子的干预等；对于已发病的患者，根据基因的情况寻找精准的治疗靶点，采取个体化的，因而是最优化的治疗措施，以确保更好地使用医学资源，提高健康水平或医疗的效果，真正达到"精准医疗"的目的。

精准医疗（Precision Medicine）是指针对不同个体的具体遗传背景和发病情况而设计并实施的个体化医疗方案。"精确医学"所依赖的基础是丰富的个体生物学信息和整合所有生物医学研究成果所获得的相关信息的知识网络。医学实践告诉我们，尽管我们对人类的不同疾病进行了严格的医学划分，但每个人自身的遗传背景、生活环境、发育过程、体格特征等的差异，使得所患的疾病情况、程度、病因、进展、对不同治疗措施的响应、预后等均不相同，远远不是现有的疾病划分和规范的诊治方案所能包容的，需要对疾病有更精准的分类，对个体有更具针对性的预防和治疗。要实现这些，必须有对个体遗传背景和发病因素更详尽的资料。只有在个体基因组测序技术的快速进步，生物信息与大数据处理能力不断提高的基础上，这些新的医学理念与医疗模式才能成为现实。

个体的基因组可以告诉我们众多的基因信息。对不同等位基因的分析表明，具有某些等位基因的个体，在某些疾病的发病可能性高于或低于有其他等位基因性个体。试举几例加以说明：

（1）在人的 19 号染色体有载脂蛋白 E 基因。在人群中存在基因序列上两个碱基的变异，组合成三种等位基因形式，即 T－T，T－C，C－C，分别称为 E2、E3 和 E4。其中 E4 的纯合体（E4E4）有 60%～70% 的风险患老年性痴呆。这种基因型在人群中占 3%。

（2）艾滋病毒（HIV）专门感染 T 淋巴细胞，前提之一是在 T 淋巴细胞表面存在 CCR5 蛋白。HIV 以 CCR5 蛋白作为辅助受体进入 T 淋巴细胞。CCR5 基因有缺陷的个体不会感染艾滋病。在欧洲人群中有 10% 的 CCR5 突变基因频率，这种突变体的纯合子约占 1%，他们不会感染 HIV。目前已经针对 CCR5 蛋白设计抗 HIV 的药物。CCR5 的抑制剂可以控制 HIV 进入细胞。

（3）凝血因子的异常有可能造成血栓等凝血性疾病。基因组分析发现有 5% 的个体携带一种凝血因子 V 的变异，而在深静脉血栓的急诊病人中却有 50% 带有这种变异。说明这种变异与深静脉血栓发病的相关性。

（4）已经发现有几百个基因的变异与肿瘤的发生有关。一个人具有这些基因不一定发生肿瘤，但可能提高发病风险。对于一些肿瘤易感家庭，可以通过基因组检测，了解这些基因的构成，再通过相应软件做数据分析，就可以对肺癌、乳腺癌、前列腺癌等不同肿瘤的发病风险有一个事先的评估，并采取有针对性的防范措施。对于已经发生的肿瘤，基因组检测可以告诉医生哪些基因的异常与肿瘤的产生有关，有助于医生使用有针对性的抗肿瘤药物，达到精准治疗的效果。

在无法确定致病基因的情况下，有时可以根据基因间的连锁关系分析疾病。这种分析叫做单倍型分析。所谓单倍型，是指染色体一定区域上排列的不同基因或DNA片段的组合。它们之间相互连锁，以较大的概率共同向后代传递。使用SNP作为遗传标记，构建的连锁关系图叫做单倍型图。当与疾病有关的基因和某个SNP共处在一个单倍型时，尽管我们还无法知道具体是什么基因，但可以通过检测这个SNP来估计这一基因的存在并引起疾病的可能性。例如，有某一种单倍型的个体炎症性肠炎的发病率较一般人群高2.5倍。

在实施精准医疗时不应忘记：在人体体表和体内存在大量的微生物。这些微生物的失调有可能导致疾病的发生。例如，一种名为核粒梭形杆菌（*Fusobacterium nucleatum*）的肠道菌与结直肠癌的形成有关。显然，想完整地认识和有效治疗复杂疾病，对这些与我们共生的微生物的了解不可或缺。对微生物基因组的研究也应成为精确医学信息来源的重要部分。它将有助于我们实现对疾病新的分类；在制定医疗方案时，应做到保护和调节人体正常菌群的构成，同时实施精准针对病原微生物的药物治疗。

个体基因组学的发展一方面给人类的医疗和健康带来了非常美好的前景，另一方面也带来了新的伦理问题。比如保护基因隐私权问题，这涉及什么人有权利知道这些基因信息：医生？政府部门？刑侦部门？企业经理？保险公司？在日常的生活中，会不会出现基因歧视？人类的公正和平等等概念或许需要重新定义。

在基因组研究取得的巨大成果的鼓舞下，高通量、大数据的研究成为生命科学研究的热门，扩散到科学研究的其他方面，形成了许多以“-omics”为词尾的“-组学”。以下只是其中部分罗列：

Computational genomics：计算基因组学

Epigenomics：表观基因组学

Functional genomics：功能基因组学

Metabolomics：代谢组学

Genomics of domestication：对人类养殖的动植物的基因组学研究

Immunomics：免疫组学

Metagenomics：宏基因组学

Personal genomics：个体基因组学

Proteomics：蛋白质组学

Psychogenomics：心理基因组学

小结，什么是基因？

随着生命科学的发展，基因的概念一直在演变。基因概念的雏形是孟德尔使用的“遗传因子”，意指是一个未知物质依托的遗传实体。自20世纪初遗传的染色体学说建立，并将遗传因子更名为基因之后，基因成为位于染色体的遗传实体，并与所决定的性状相关联。一个基因一个性状成为当时的共识，并常用所决定的性状的名称命名每个基因，例如“红眼基因”“血友病基因”等。到20世纪40年代。Beadle和Tatum在使用微生物进行遗传实验时发现遗传突变体表现为酶活性的异常。他们认为基因发生突变，就可能导致酶活性的丧失；由此提出“一个基因一个酶”学说；在一个基因一个性状之间插入了酶这种蛋白质作为中介。随着对遗传物质DNA化学本质的认识和基因表达过程的了解，“一个基因一个酶”的说法让位于“一个基因一个蛋白质”，再转变为“一个基因一个多肽”。

此后又发现如断裂基因、调节基因、多顺反子（操纵子）、可变剪切、反式剪接、重叠基因、转座子、RNA编辑、蛋白质修饰和剪切、反式翻译等现象，与传统的“一个基因一个多肽”“基因是一个完整遗传单位”这些认识并不符，使得定义一个基因变得困难起来。

我们发现基因不再是一个连续的DNA序列，也不具有单一的蛋白质产物；有的基因转录形成的RNA并不编码蛋白质，而是有帮助蛋白质合成、mRNA剪辑、调控其他基因表达等其他功能；许多DNA序列不发生转录，但可与蛋白质发生作用，调节基因的转录功能；还有更多的DNA序列没有发现任何功能，只是随着其他DNA的复制而复制……到底什么是基因?

目前定义一个基因，通常是根据它能够产生的某种产物：蛋白质或RNA来确定。也就是通过产物来认定基因的存在。比如说“血红蛋白基因”，人的血红蛋白是两种多肽聚合的4聚体，编码其中一个多肽的基因位于11号染色体上，编码另一个多肽的基因位于16号染色体上；每个基因都带有许多外显子序列、启动子序列等；这些位于不同染色体的序列加在一起，构成了“血红蛋白基因”。基因的直接产物是多肽，因此根据形成的多肽定义一个基因更确切些。在可变剪接等情况出现时，一段DNA序列编码一组多肽，可以根据每种多肽去定义基因和基因内部的内含子；还有可能出现一个DNA序列分别被不同基因重叠占用的情况，也是依据同样的原则：根据产物来确认，尽管此时基因已经不是排他性的实体。

在一时找不到多肽或RNA等表达产物时，在DNA序列中直接寻找基因并不容易。可以根据一些间接的序列线索估计某些基因的存在，如CpG岛等。目前根据DNA序列确定哪里有基因的把握性只有70%以上。这就是为什么人类基因组测序已经完成，但基因数目还只能估计在一个范围的原因。能够找到确定的多肽或RNA仍是确定一个基因存在的金标准。在人类目前这一数字是2万。

本章提要

基因组学是当前生命科学研究新的生长点，是大规模、高通量的DNA技术与现代信息技术相结合的产物。本章对有关内容做了较详细的介绍，重点内容有：

1. 基因组的基本概念，基因组中DNA的各种序列，断裂基因、多基因家族和假基因、重复序列、分散重复序列与反转录转座子、串联重复序列等概念。

2. DNA指纹技术及其在法医学、个体鉴定和系谱分析上的应用。

3. 基因组学的概念，人类基因组计划，人类基因组的特点，序列图、转录图、外显子组、转录组等概念，对宏基因组学、比较基因组学、蛋白质组学、生物信息学等内容的了解。

4. 精准医疗的概念，精准医疗与个体基因组测序，个体生物信息的规模采集与大数据处理的关系。

资源链接

[1] Green E D, Watson J D, Collins F S. Human Genome Project. Twenty – five years of big biology [J]. Nature, 2015, 526 (7571): 29.

[2] https://en. wikipedia. org/wiki/Human_Genome_Project.

（谭 信）

第7章
人类疾病的遗传基础

自1900年孟德尔遗传定律被重新认识以后，遗传学的研究迅速遍及不同的生物门类。通过对啮齿类动物、果蝇等研究发现，遗传规律在动物界同样成立，这不但扩展了遗传学的研究领域，而且进一步模糊了动植物之间存在的界限。那么孟德尔遗传定律是否也适合于人类呢？在1903年，研究者找出了第一个符合孟德尔式遗传的人类疾病：短指（趾）症。1908年，德国医生加洛德（Garrod）发表了有关尿黑酸尿症的论文，这是第一个被发现的人类常染色体隐性遗传的病症。随后的几十年中，孟德尔遗传定律广泛应用于人类遗传现象的研究。但仍有一些常见的遗传性状，像身高、肤色、经济作物的一些遗传性状等无法直接用孟德尔遗传定律说明。为此，瑞典遗传学家尼尔逊·埃尔在1908年提出多基因遗传假说，对数量性状的遗传做出了与孟德尔定律相容的解释。到了20世纪50年代末，随着染色体分析技术的提高，人们开始认识到另一类遗传病——染色体病。分子遗传学的发展，使越来越多的人类疾病的遗传基础被发现。自20世纪70年代开始，基因诊断和基因治疗技术开始发展。从1990年到2003年进行的人类基因组计划，从根本上改变了人类遗传学的研究面貌，使我们对人类疾病的发生、发展、预防、治疗和遗传有了全新的认识，遗传医学面临着一场彻底的革命。

7.1 什么是遗传病

因遗传因素而患的疾病被称为遗传病（genetic disorder）。请注意这一定义较既往的定义涵盖范围广。以前仅仅将在一个家系中向后代传播的疾病叫做遗传病，这意味着发生在生殖细胞或受精卵中的遗传物质改变才导致遗传病。但现在则将任何细胞的遗传物质改变所导致的疾病都归入遗传病的范畴。遗传物质的异常既可以存在于生殖细胞或受精卵，也可以源于体细胞内遗传物质在结构或功能上的改变。前者可以传递给下一代，即呈现垂直传递的特征，造成一般意义上的遗传病；后者可造成个体患病，但不会传给后代，这种病叫做体细胞遗传病。

遗传病分为可以向后代传递的、传统意义上的遗传病，和不能传递给后代的体细胞遗传病。各种肿瘤是主要的体细胞遗传病。垂直传递的遗传病又分为染色体病和基因病。染色体病是可以观察到染色体异常，且这种异常导致疾病发生的遗传病；而基因病在染色体水平上察觉不到改变，只能通过实验分析发现某些基因发生的突变。基因病又分为单基因病和多基因病。单基因病又分为核基因遗传和线粒体遗传病等类型。各种遗传病的分类如图7－1所示。各种遗传病的具体定义参见随后各节。

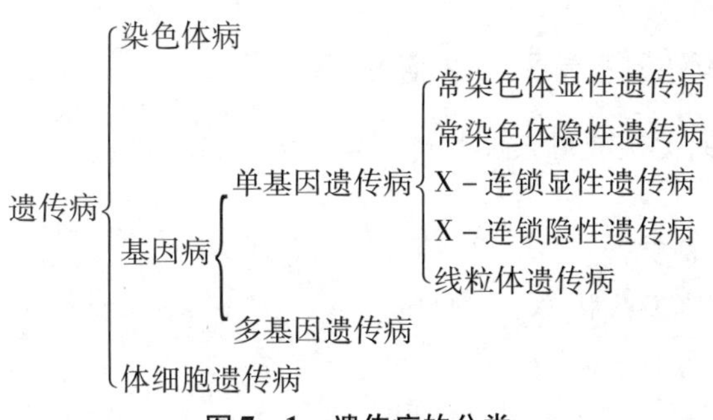

图7－1　遗传病的分类

遗传病与先天性疾病、家族性疾病不是同一概念。遗传病容易与先天性疾病和家族性疾病的概念混淆，但它们并不一致。先天性疾病指出生时已存在的畸形或疾病，但并不一定是父母的遗传物质异常所引起的。例如，母亲怀孕期间感染风疹病毒可造成胎儿先天性心脏病，这种情况下就不是遗传病。家族性疾病指表现出家族聚集现象的疾病，共同的生活环境和生活习惯可能是共同发病的原因。例如，维生素C缺乏所致的坏血病就是一种营养素缺乏引起的疾病，有可能在一个家族成员中反复出现。反之，很多遗传病并不出现家族性聚集，或先天发病的情况。

除了上述严格意义上的遗传病外，可以说几乎所有疾病的发生都有遗传基础。任何疾病的病因都可以归结到遗传因素和环境因素两大类，只是不同的疾病中两类因素所占的比例各不相同。比如先天性心脏病的病因中，遗传因素占约35%，其余与环境因素有关；而精神分裂症的遗传因素占到80%。很多疾病无法具体说出这样精确的比例，只能说遗传和环境因素缺一不可。例如，在中国南方一些地方高发“蚕豆病”，表现为进食蚕豆后引发溶血性贫血。患者体内缺乏葡萄糖－6－磷酸脱氢酶（G6PD）。控制这一酶的基因位于X染色体上。该病属于X－连锁不完全显性遗传，但进食蚕豆也是发病原因之一。如果具有这一基因缺陷的个体不进食蚕豆，则不会表现出病症。目前已发现众多与特定疾病发生有关的易感基因，对个体所做的基因组分析有助于做出一个个体在什么情况下可能患什么样的疾病的判断。

7.2　人类疾病的孟德尔式遗传

前面所举的短指（趾）症和尿黑酸尿症等的遗传符合孟德尔的遗传定律。这些疾病都是单基因遗传病。只有位于细胞核的单个基因异常导致的疾病，它的遗传方式才符合孟德尔定律。这种遗传称为孟德尔式遗传。线粒体遗传病的病因是线粒体内基因的异常。这类病的遗传不符合孟德尔式遗传，而是呈母性遗传。这是因为只有母亲才提供给后代线粒体，所以只由女性患者向自己的子女传递导致疾病发生的致病基因。

致病基因由正常基因突变而来，形成正常基因的等位基因。如果致病基因与正常的等位基因处于杂合时个体患病，则所患疾病是显性遗传病；如致病基因与正常的等位基因处于杂合子时个体不患病，致病基因纯合时才发病，则所患疾病是隐性遗传病。根据致病基因的存在位置，将孟德尔式遗传的单基因遗传病分为常染色体遗传病和X－连锁遗传病。

7.2.1 常染色体显性遗传病（简称 AD）

AD 是从同样患病的父亲或母亲那儿传下来，典型特点是：

①患者多是杂合子。

②患者的父母之一是患者。

③患者的子女有一半发病机会。

④男女患病机会均等。

⑤连续遗传，即连续几代人都可见到患者。

⑥双亲无病，子女一般不发病。

以上特点都可以从孟德尔遗传定律中推导出来。

常见的 AD 病有家族性高胆固醇血症、迟发性成骨发育不全症、成年多囊肾病、神经纤维瘤、多发性家族性结肠息肉症等。在临床上有很多 AD 并不一定完全具有上述特点，这是因为导致疾病发病的原因非常复杂。环境因素、年龄因素和其他基因的存在都可能影响疾病的发生以及病情的轻重。比如像成年多囊肾病这样的成年疾病，一些没有活到发病年龄的个体在家族调查中就可能被忽略掉。

第一个被确认符合孟德尔遗传的疾病是 A－1 型短指（趾）病，是在 1903 年由美国学者法拉比在他的博士论文中最早提到的。但在此之后的近百年时间里并不知道该病的致病基因是什么，在哪条染色体上。直到 2001 年，这一基因才被我国科学家贺林成功地定位在人类 2 号染色体的长臂上并克隆，命名为 IHH 基因。这一成果为该病的诊断和治疗带来希望。这一事例提示了一种较普遍的情况：一些疾病的遗传方式早已为人所知，但寻找出相应基因，并由此了解疾病的病理过程则是一个相对艰难得多的工作。

7.2.2 常染色体隐性遗传病（简称 AR）

AR 病系谱表现出如下特点：

①患者的双亲一般不患病，但都是致病基因的携带者。

②患者的同胞有 1/4 的发病可能，男女发病机会均等。

③系谱中一般见不到连续几代发病的连续遗传现象，往往出现散发病例。

④近亲结婚可使发病风险明显增加。

近亲婚配明显提高 AR 病的发病风险的原因是：AR 病发病的前提是婚姻的双方带有同样的致病基因。这在随机婚配时发生的概率很低，但如果两个有血缘关系的个体婚配，由于他们之间存在共同祖先，他们身上可能带有从共同祖先分两条路线传递而来的共同基因。他们的后代发生致病基因纯合的可能性明显增大。

衡量两个有血缘关系的个体基因相近程度的指标叫亲缘系数（relationship coefficient）：是指两个有共同祖先的个体在某一基因座上具有相同等位基因的概率。根据亲缘系数的大小，可将血亲分成不同的亲属级别：一级亲属：包括一个人的父母、子女、同胞。他们之间的亲缘系数为 1/2。二级亲属：亲缘系数为 1/4 的亲属，包括一个个体父母的父母、子女的子女、父母的同胞和同胞的子女等。三级亲属：亲缘系数为 1/8 的亲属，例如祖父母的父母（即曾祖父母）、曾孙（女）、祖父母的同胞、同胞的孙子（女）、堂兄弟姐妹、表兄弟姐妹等。其他亲属级别依此类推。

在我国婚姻法中禁止近亲结婚，其主要理由就是防止常染色体隐性遗传病的发生。

常见的AR病包括镰刀型红细胞贫血症、苯丙酮尿症、半乳糖血症、黑矇性白痴等。由于某种酶缺乏造成的疾病通常是常染色体隐性遗传病。

7.2.3　X－连锁显性遗传病（简称XD）

X染色体遗传的分析：男性的X染色体来源于母亲，又只将X染色体传给自己的女儿，不存在男性→男性之间的传递。这种X染色体在两性之间的传递方式称为交叉遗传。一般情况下女性XD患者为杂合子。由于女性带有X染色体的数目是男性的两倍，所以女性带有致病基因并发病的可能性为男性的两倍左右。但女性杂合子患者因有正常等位基因存在，在不完全显性的情况下病情比男性相对较轻且常有较广泛的变异。

由此XD病的基本特点可归纳为：

①群体中女性患者的人数多于男性，但女性患者的病情较男性轻。

②男性患者的母亲是患者，父亲一般正常；而女性患者的父母之一是患者。

③男性患者的女儿都是患者，儿子都正常；而女性患者的儿子和女儿患病的概率各为1/2。

④系谱中可见连续遗传的现象。

7.2.4　X－连锁隐性遗传病（简称XR）

X－连锁隐性遗传病的基本特点是：

①男性发病的可能性大大高于女性，系谱中常常只见男性患者。

②男性患者的致病基因来自携带者的母亲。

③在系谱中表现出女性传递，男性发病的交叉遗传的特点，因此在系谱中可出现隔代遗传的现象。在患者父亲和母亲的两个家系中，只有母亲家系中的男性个体，如舅舅、外甥等，可能是同病的患者。

④女性患者的父亲一定是患者。

常见的X－连锁隐性遗传病包括甲型和乙型血友病、进行性肌营养不良症等。有一些X－连锁隐性遗传病的患者通常不能活至成年，其致病基因常通过家族中的女性亲属向后代传递。比较著名的例子是英国维多利亚女王家族的血友病。

7.2.5　从性遗传和限性遗传

从性遗传（sex-conditioned inheritance）：常染色体的基因所控制的性状，在不同的性别有不同的遗传方式，从而造成男女（雌雄）性状分布上的差异。例如秃顶是男性常见的一种症状，女性少见。秃顶基因位于常染色体，男性杂合子即可发病，而女性必须是秃顶基因的纯合子才可能表现秃顶。这是因为秃顶的发生除了要有秃顶基因的存在外，还受到体内雄性激素水平的影响。

限性遗传（sex-limited inheritance）：性状只在一种性别中表达，而在另一种性别完全不表达。例如，女性子宫阴道积水、男性的尿道下裂等均为常染色体遗传。致病基因虽在两性中都存在，但在一种性别中因缺乏适宜的表达器官而不表现性状。

7.3 复杂疾病

一些人类疾病的病因复杂，既有遗传因素，也有环境因素的影响，而遗传因素常涉及众多基因的作用。这类疾病叫做复杂疾病（complex diseases）。大多数常见的慢性疾病，如II型糖尿病、癌症、精神分裂症、心脑血管疾病的发病都受到许多基因和环境因素错综复杂的共同影响，每个基因单独的作用都是有限的，它们相互作用，外加生存环境、生活方式的影响，才导致发病。复杂疾病不能像单基因遗传病那样通过孟德尔式的遗传分析掌握发病规律，而是需要非常复杂的、细致的病因分析，以掌握某些基因和环境因素与疾病之间的相关性。在复杂疾病中，遗传因素的影响通常占30%～70%不等。在主要考虑遗传因素的影响时，这类疾病也叫多基因病，是相对于呈孟德尔式遗传的单基因病而言。

7.3.1 多基因性状

早在孟德尔遗传规律被重新重视不久，人们就发现很多遗传现象，包括一些疾病的遗传不能用孟德尔定律加以解释。如身高、体重、智力、肤色等的形成具有明显的遗传因素，但它们的变异分布是连续的，不能像孟德尔对豌豆性状那样有所谓“粉花”“白花”等确定的性状描述。比如身高，我们知道，高身材的人后代身材也趋向于较高，但对身高的描述很难定性，需要用一把尺子去测量，用一个数值去说明身高。这种用具体数值说明的性状叫做数量性状（quantitative trait），而孟德尔遗传所描绘的性状叫做质量性状（qualitative trait）。在早期有人认为数量性状不适合孟德尔遗传学，他们试图用其他方法，如数量分析和统计学的方法去处理这些遗传现象。

但到1908年，瑞典人尼尔逊·埃尔对数量性状进行分析后发现，只要提出多基因遗传假说，就可以使数量性状也符合孟德尔提出的遗传学原理。其基本点是：

①数量性状由许多不同基因座基因共同控制。

②每个基因座的等位基因之间呈共显性关系。

③每个基因对表型只有微小的作用。表型的形成依赖于众多微效基因的累加作用。

④环境因素对数量性状的形成具有明显的影响。这种遗传有时也叫多因子遗传。

参与形成多基因性状的每个基因的遗传都符合孟德尔遗传规律，但由于表型是由各个基因的效应累积而成，因此不会表现出典型的孟德尔分离比。其性状在群体中的分布不像单基因性状那样具有特征明显的、不连续的、常表现为有或无的性状特征，而是呈现出一种连续分布。这种分布近似于数学上的正态分布。以身高为例，身材很高的人和身材很矮的人在人群中都占少数，多数人都是中等身材，接近于平均身高。身高的群体分布可用正态分布曲线近似地表达出来（图7-2）。

7.3.2 多基因病（复杂疾病）复发风险的推算

多基因病（polygenic disease）涉及多种基因和环境因素，包括了许多常见病、多发病，如高血压、糖尿病、精神分裂症、哮喘病、有遗传因素的肿瘤等。在对其进行遗传分析时难以像单基因病那样通过孟德尔式的分析推算致病基因的传递和发病风险。但有其他方法推算多基因病的发病风险，主要有：

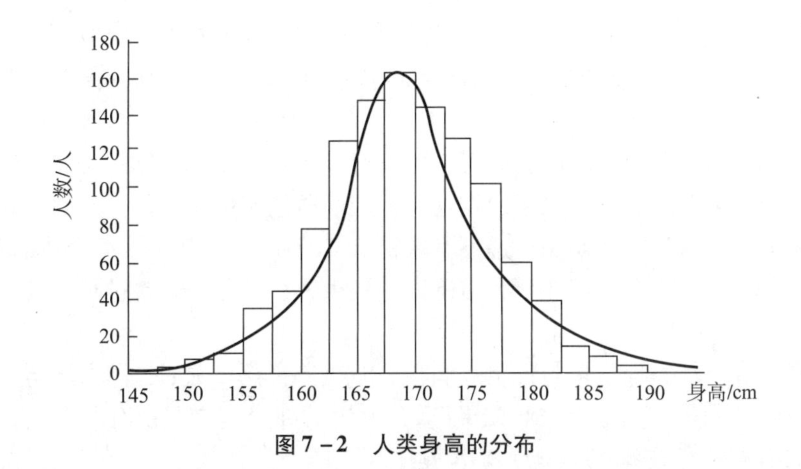

图7－2　人类身高的分布

1. 多基因病患者一级亲属的复发风险与该病的遗传率和一般群体发病率有一定数量关系。所谓遗传率是指一个性状或疾病出现的原因中，遗传因素所占的程度的多少。遗传率可以通过适当方法计算出来。当疾病的群体发病率在0.1%～1%之间，遗传率为70%～80%时，患者一级亲属的发病率约等于群体发病率的平方根。例如，唇裂在我国人群中的发病率为0.17%，其遗传率为76%，患者一级亲属的发病率为0.17%的平方根，即4%左右。

2. 患病人数与发病风险。一个家庭中患病的人数愈多，则发病风险愈高。例如当一对表型正常的夫妇生出一个唇裂患儿后，再次生育的复发风险为4%；如果他们生过两个这种患儿，再次生育的复发风险就增高2～3倍，即近于10%。这是因为生育患儿越多，说明这对夫妇所携带的患病基因越多，越有可能将更多的患病基因传递给下一个孩子，使复发风险相应地增高。

3. 病情严重程度与发病风险的关系。患者的病情越严重，其亲属得同样疾病的风险就愈高。因为病情反映了患者带有的易感基因的量，病情越重，带有的易感基因越多，其父母更有可能带有较多的易感基因，下一个子女更有可能患病。同样拿唇裂为例，患者只有一侧唇裂，其同胞的复发风险约为2.46%；如果是两侧唇裂并发腭裂，则同胞复发风险可达5.74%。

7.3.3　复杂疾病的研究方法

复杂疾病涉及了几乎所有对人类健康有重大威胁的疾病，包括了高血压、冠心病、卒中等心脑血管疾病；老年性痴呆、帕金森氏症、自闭症等神经系统疾病；糖尿病、甲亢等代谢性疾病；红斑狼疮、类风湿病等自身免疫疾病等。深入研究这些疾病的病因、病理和诊治成为现代生物医学的艰巨而重要的工作。

7.3.3.1　相关基因的寻找

这些基因不同于单基因病中的致病基因，它们的存在不一定导致疾病的发生，但会使患病的可能性增加，有时候称这类基因为易感性基因（或易感基因）。通常使用全基因组关联研究（Genome-Wide Association Study，GWAS）的方法寻找和研究这些基因。所谓关联研究是通过比较某一疾病的病例组和来自同一人群的表型正常组的某一个多态性遗传标记出现率的差异来寻找易感基因。假使某一个遗传标记或特定基因变异在两组中频率相差较大，就可以初步确定疾病的发生与这一遗传标记或特定基因的关联，进一步在该遗传标记的附近染色体区域寻找可能与发病有关的基因。全基因组关联研究主要以基因组中数以百万计的单核苷酸多态性（SNP）作为分子遗传标记，为全基因组序列进行关联研究分析，具有大数据、高效、高通量的特点。

分析的样品可以是基于家系的关联研究，也可以是基于无关个体的关联分析。在基于家系的关联研究时，需要找出发病家系，在这一范围内通过疾病与遗传标记的关联研究确定哪些基因与发病有关。这种方法叫做传递不平衡检验（TDT）。在基于无关个体的关联分析时，进行随机人群的关联分析，可以在更大范围内寻找患者，并与非患者进行比较，以找出易感基因。

运用关联研究已经发现众多与特定疾病相关的遗传变异。例如，高血压与血管紧张素原基因之间，老年性痴呆与载脂蛋白 E 的 E4 等位基因的纯合体之间都有一定相关性。易感基因的最终确定有赖于有关基因片段的 DNA 测序。

7.3.3.2 动物疾病模型

通过动物模型研究人类疾病，首先要使用与人类某些功能相似的实验动物，这些动物可以患有所要研究的人类疾病。常用的动物是小鼠。通过给药、手术、基因敲除、转基因等方法让动物患病，制造动物的疾病模型，用此寻找和分析致病基因或易感基因，进行药效和药理学实验，研究预防、诊断和治疗的方法，研究环境和遗传因素在发病过程中的作用等。

目前已经构建了大量的动物疾病模型，并找出许多相关基因。例如在建立遗传性高血压的动物模型后，发现了与高血压有关的十几个基因位点。此外还有糖尿病模型、肥胖模型、老年性痴呆模型以及许多癌症模型等。这些模型对深入研究复杂疾病起着非常重要的作用。

7.4 染色体病

7.4.1 基本概念

染色体病（chromosomal disorder）是由染色体畸变所导致的疾病。一般讲，全身的细胞中必须有相当比例的细胞带有同一种染色体畸变，且与疾病呈因果关系，所患的疾病才是染色体病。造成染色体病的染色体畸变通常产生于雌雄配子的发生时期，形成了带有异常染色体的配子，受精后通过发育过程，造成染色体病。

染色体病是全身性疾病。这是因为带有染色体畸变的细胞存在于患者全身，所以形成的病症常呈现综合征的形式，即全身一组症状和体征的集合，故又称染色体综合征。由于每条染色体带有成百上千的不同基因，因此如果染色体发生可以观察到的异常，哪怕是微小的畸变，都会造成大量基因的表达异常，从而引起机体的结构和代谢的严重紊乱，所以染色体病往往是比较严重的疾病，并且是造成早期流产的重要原因。

一些染色体畸变发生在早期卵裂过程中，此时只会有部分胚细胞带有这一染色体畸变，由此可能产生症状相对较轻，且不典型的染色体病。

7.4.2 染色体畸变对人类后代的影响

当受精卵中存在染色体畸变时，依畸变的性质可产生如下后果。

1. 自然流产：染色体异常是造成流产的重要原因。据查在流产儿中约 50% 有染色体异常，而人类约15%的可察觉妊娠以流产而告终，可见染色体异常在受精卵中的发生率是很高的。

2. 出生缺陷：只有少数人类的各种染色体异常胚胎能够出生，可以大致分为四种类型：单体型、三体型、部分单体型和部分三体型。临床症状常以综合征的方式表现出来。常染色体病主要表现为出生缺陷，基本特点为生长发育迟缓、智力低下和特征性异常体征。性染色体病主要表现为青春期后性征和生育能力的异常。据估计，新生儿染色体异常的发生率为0.5%～1.0%。

3. 携带者：带有染色体结构畸变但表型正常的个体。分为平衡易位携带者和倒位携带者两类。携带者带有的染色体结构畸变一般来自同样是携带者的父亲或母亲的遗传。这些携带者的生殖细胞在减数分裂时可产生不平衡的配子，因此常有较高的流产、死胎率和新生儿死亡率，并可生育各种畸形儿。例如在第5章中讲到倒位携带者的染色体在减数分裂时通过形成倒位环而形成异常染色体。人群中染色体结构异常携带者的发生率估计在0.25%～0.47%。

7.4.3　常染色体病

在常染色体病中最常见的是三体型，即某一号染色体多出一条，使个体细胞内存在47条染色体。主要以21－三体型、18－三体型和13－三体型最常见。其他常染色体病主要是染色体结构畸变造成的部分三体型和部分单体型所致。疾病特征取决于哪些基因有缺失或重复。

7.4.3.1　先天愚型（21－三体综合征，Down's syndrome）

先天愚型是人类最常见的染色体病，新生儿发病率为1/600～1/800。由于患者寿命较低，故成年人中少见。该病的主要特征在1866年由英国医生Langdon Down首先描述，因此命名为Down综合征，但长期不能确定病因。直到1959年才由Lejeune证实患者体内多出一条21号染色体，因此以后又称之为21－三体综合征。这是第一个得到证明的染色体异常导致的疾病。

先天愚型的主要临床表现为生长发育迟缓，不同程度的智力低下和包括头面部特征在内的一系列异常体征。患者呈现特殊面容：如眼距过宽、鼻根低平等。患者中40%有先天性心脏病，白血病的发病风险是正常人的15～20倍；存活至35岁以上的患者还易出现老年性痴呆的病理表现。患者多出的21号染色体产生于减数分裂时21号染色体不分离，其中95%的病例来源于母亲。高龄产妇容易产下先天愚型患儿。有少数患者没有多出的21号染色体，但有易位到其他染色体上的21号染色体片段。这种带有易位片段的染色体一般来自平衡易位携带者体内减数分裂所产生的不平衡配子（参见第5章）。他们的父母在婚后往往有较高的流产率。这种类型先天愚型的发病有明显的复发倾向，再生孩子时仍有10%～20%患有同一疾病的可能性。

7.4.3.2　其他常染色体病

较常见的三体综合征还有18－三体综合征和13－三体综合征，它们的发病率都远低于先天愚型，症状也远较先天愚型严重。大多数发生流产，出生儿的平均寿命也很少超过一年。高龄妇女容易生出三体型患儿。染色体结构畸变造成的染色体病种类很多，但基本都是一些罕见的综合征。多数病例是父母生殖细胞中新发生的染色体结构畸变所引起的，少数是平衡易位携带者或倒位携带者产生不平衡配子所引起的。如果是后者，则再次生育时还有染色体病患者出生的可能。

5p－综合征（猫叫综合征）产生于第5号染色体短臂部分缺失，发病率在新生儿中占1/50 000。该病最具特征性的特点是患儿的哭声尖细，似猫的叫声。其他症状有生长、智力发育迟缓，各种特征性体态异常和内脏畸形等。患者存活能力低下，有10%～15%系平衡易位携带者产生的不平衡配子所引起。

7.4.4 性染色体病

X染色体或Y染色体在数目或结构上的异常可导致性染色体病的发生。这类疾病的主要特征是性发育不全或两性畸形，有些也产生智力低下、各种畸形和行为异常等。

性染色体对性别决定起重要作用，但人类X染色体数目的多少与性别决定无关；Y染色体的有无则决定了个体的性别。真正决定性别的仅仅是Y染色体短臂上很小的一个片段，其中SRY基因在决定性腺的组成上起决定性的作用。SRY编码一种DNA结合蛋白，只在睾丸分化前在性嵴的体细胞中表达。这一基因的失活将导致46，XY性腺发育不全的女性表型出现。X染色体和Y染色体在减数分裂同源片段的重组有可能导致SRY从Y染色体易位到X染色体上，从而造成46，XX男性个体或46，XY女性个体的出现。

7.4.4.1 性染色体病的类型

1. 先天性睾丸发育不全综合征（Klinefelter综合征）：患者的核型为47，XXY，较正常男性多出一条X染色体，因此又叫做47XXY综合征。本病以睾丸发育障碍和不育为主要特征，在男性中每850人中就有一名患者，在男性不育患者中占1/10。患者体征呈女性化倾向，表现为少胡须、无喉结、体毛稀少、皮下脂肪丰富、女性型乳房等。一些患者有精神分裂症倾向，47，XXY核型产生于减数分裂时性染色体不分离。与常染色体的三体型相似的是，出生患儿的风险随母亲年龄的增加而增大。

2. XYY综合征：男性的核型中多出一条Y染色体，为47，XXY，发生率0.11%。多数个体有正常的寿命和生活，性征和生育能力一般正常。少数患者有性腺发育不良、隐睾、尿道下裂和不育等。患者的体态特点是身材高大，但常肌肉发育不良。少数个体有社会适应不良，人格异常和犯罪倾向，但其犯罪常常是非暴力的。多出的Y染色体也来自减数分裂时染色体不分离。

3. 性腺发育不全（Turner syndrome，Turner综合征）：女性患者的核型为45，X。缺少一条X染色体，该病发病率为1/2500～1/5000。患者常在出生时或青春期发育之前即可表现异常，有出生体重低，婴儿期的足淋巴水肿，身材发育缓慢尤其缺乏青春期发育，使成年身材显著矮小；有明显的体征异常，第二性征发育差，乳房不发育，卵巢无卵泡，原发闭经，因而不能生育。少部分患者智力发育迟缓，空间感知能力差。具有Turner综合征症状的患者可有不同的核型，其共同之处是有X染色体缺失或部分片段的缺失。对性腺发育不全的患者可在青春期后给予性激素产生人工月经周期，改善症状，增加身高，但难以恢复生育能力。

4. X三体综合征：也叫XXX综合征，是一种带有三条X染色体的女性，新生儿中发生率在1/1 000左右。X三体个体多数表型正常，并可生育，不构成临床问题。但约25%的患者卵巢功能异常、月经失调、乳腺发育不良等，可不育。

7.4.4.2 X染色体的剂量补偿

通过上述对性染色体数目异常造成症状的描述看，尽管X染色体是一条很大的染色体，约占全部单倍体染色体全长的6%，但与长度相似的常染色体（例如7号或8号染色体）相比，X染色体数目异常的后果要轻微得多，7号或8号染色体数目异常都是致死的。这种情况与X染色体的剂量补偿机制有关。

所谓X染色体的剂量补偿是指，当包括人类在内的哺乳动物细胞内X染色体的数目有两条或两条以上时，只有一条保持活性，其余的都没有转录活性，并固缩形成X染色质。因此无论男女，细胞内都只含有一条具有转录活性的X染色体，使两性X连锁基因表达产物的量保持在相同水平上。这种效应称为X染色体的剂量补偿。这可以保证个体在有X染色体的数目异常时，多余的X染色体可以通过失活而减少危害性。但X染色体的失活并不完全，某些X染色体片段的二倍性对女性性征的正常发育是必需的，因此像核型为45，X的女性会出现女性性征发育的异常。

7.4.5 两性畸形（hermaphroditism）

个体的性腺或内、外生殖器、第二性征具有不同程度的两性特征或有与本性别相反的特征称为两性畸形。判定个体性别的依据是存在何种性腺组织。有睾丸组织的是男性，有卵巢的为女性。患者体内同时存在睾丸和卵巢组织时称为真两性畸形；只存在一种性腺组织，但外生殖器或第二性征具有程度不同的异常特征者为假两性畸形。

两性畸形形成的原因很复杂，性染色体的畸变有时导致两性畸形的发生，但并非所有两性畸形都由性染色体异常引起。某些单基因的缺陷和环境因素也可造成两性畸形。在性别分化和发育过程中，由于遗传或环境因素的影响使性激素的分泌或代谢发生的任何紊乱，都可导致两性畸形。在一些遗传病中，两性畸形可作为多发畸形的体征之一而表现。

真两性畸形的染色体可分46，XX型；46，XY型；46，XY/46，XX嵌合型等类型。一些46，XX型真两性畸形个体用SRY基因探针做荧光原位杂交（FISH），显示其常染色体或X染色体上具有Y染色体上的SRY基因，这是Y染色体片段易位的结果。假两性畸形根据性腺为睾丸或卵巢，可将其分为男性假两性畸形和女性假两性畸形。造成男性假两性畸形的原因可有：雄激素合成障碍、雄激素的靶细胞受体异常或促性腺激素异常等。造成女性假两性畸形最常见的原因是肾上腺性征异常综合征，该病肾上腺皮质增生，造成雄性激素产生过多。有时母亲在怀孕其间不适当地使用孕激素或雄性激素，或者母亲肾上腺皮质功能异常活跃，都可使女胎男性化，造成出生后女性假两性畸形。

7.5 恶性肿瘤与遗传

肿瘤是一类因基因突变导致细胞异常增殖引起的疾病。导致基因突变的诱变剂和导致肿瘤发生的致癌剂常是同一类物质，说明了基因突变在肿瘤发生中的作用。这类导致肿瘤的基因突变如果发生在体细胞内，则肿瘤就是散发的，没有家族遗传特征。由于细胞内基因突变需要随着年龄积累，因此肿瘤多发生在老年时期。但有一些导致肿瘤的基因突变发生在某一位祖先的生殖细胞中，这一突变通过生育在家族中传播，则会导致这一肿瘤在家族中发病率明显升高。有两类基因的突变与肿瘤的发生有关，分别是癌基因和抑癌基因。

7.5.1 癌基因

癌基因（oncogene）是能引起细胞恶性转化的核酸片段，在体外能引起细胞转化，在体内诱发肿瘤的发生。癌基因首先在致癌的反转录病毒的基因组中被发现，后来在真核细胞基因组内发现了和病毒癌基因同源的基因，后者就被称为细胞癌基因或原癌基因。

研究发现，原癌基因广泛存在于从酵母到人的真核细胞内，其高度的保留性说明其功能的重要性。这些基因与细胞生长、增殖和分化有关。在胚胎发育时期这些原癌基因高度表达以适应发育的需要。在成体阶段当需要通过细胞分裂补充受损细胞时，原癌基因恢复表达，以维持机体的生命活动。在不生长分裂的细胞中癌基因处于封闭状态，不转录表达。一旦原癌基因在错误的时间和地点不适当地表达，或原癌基因发生突变导致所合成的蛋白质的功能改变，即可导致细胞恶性转化。这称为原癌基因的激活。

所有原癌基因所产生的蛋白质都与细胞增殖有关，包括：生长因子、生长因子受体、参与生长信号传导的蛋白因子、细胞核内的转录因子等，它们都影响细胞周期的运行。这些蛋白质的结构或表达量的异常造成细胞的恶性转化。

病毒癌基因之所以与细胞癌基因同源，起源于在生物进化过程中反转录病毒对真核细胞的入侵。反转录病毒感染细胞后，其基因组整合到细胞基因组时有可能插入到原癌基因的附近，当重新形成 RNA 病毒时误将原癌基因带入自身基因组中，就形成了病毒癌基因。病毒癌基因和同源的细胞癌基因在各自的进化过程中不断发生变异，在结构和功能上产生一定区别。病毒癌基因常不够完整，常与病毒自身基因形成融合基因，所编码的氨基酸序列也有变化等。

对于恶性肿瘤患者，搞清楚哪一类癌基因是致病因素对有效治疗至关重要。例如有10%的肺癌的发生与一种生长因子受体（EGFR，一种原癌基因）的异常表达有关，易瑞沙（Iressa）作为一种抗癌药物，是 EGFR 的抑制剂，只对 EGFR 表达异常的肺癌有效。所以应在治疗肺癌前先检测是否有这个突变，决定是否使用易瑞沙治疗。

7.5.2 肿瘤抑制基因

肿瘤抑制基因（tumor suppressor gene）也叫抑癌基因（anti-oncogene）。其作用与原癌基因相反，是一类对细胞增殖起抑制作用的基因。原癌基因和肿瘤抑制基因相互制约，共同控制细胞的增殖活动。这些基因的失活或缺失也会导致细胞非正常的分裂。P53 是一种重要的肿瘤抑制基因，其作用是当 DNA 有缺陷时阻止细胞分裂，促使有缺陷的细胞凋亡。许多癌症化疗药物通过破坏肿瘤细胞 DNA 的复制，使之产生缺陷，再通过 P53 蛋白的作用，促使肿瘤细胞凋亡而起作用。如果 P53 基因发生突变而被破坏，则许多化疗药物因不能借助 P53 杀灭癌细胞而失效。

7.5.3 肿瘤发生的病因分析

7.5.3.1 肿瘤的遗传方式

肿瘤的发生是一个复杂的病理过程，通常涉及一系列的基因异常，一些肿瘤具有多基因遗传病的特征，例如结肠癌患者有 12% ~25% 具有结肠癌家族史，胃癌患者的一级亲属的发病率比一般人群高3～4倍，乳腺癌患者的女儿患乳腺癌的风险也高于一般人群3～4倍。

少数肿瘤与单个基因的异常有关。例如家族性视网膜母细胞瘤。患者有Rb基因的缺失，Rb基因是第一个被发现的肿瘤抑制基因。当有一个Rb基因缺失时不会导致肿瘤，但这种缺失可能在生育时传给下一代，如果所生子女的视网膜细胞中另一个Rb也丢失的话，就会造成视网膜母细胞瘤的发病。因此这种肿瘤常有家族性发病的特点，并常在儿童期发病。这类有明显家族遗传倾向的肿瘤叫做遗传性肿瘤。

某些遗传病患者恶性肿瘤的发病率明显较高。例如先天愚型患者白血病发病概率较正常人高15～20倍；多发性家族性结肠息肉是一种常染色体显性遗传病，半数患者到40岁以后会发生结肠癌；有一类被称为染色体不稳定综合征的遗传病，患者易患白血病。

7.5.3.2　不同肿瘤的易感基因

一些表面上属于同一类肿瘤实际具有完全不同的发病机理。要想对肿瘤进行有效的治疗就需要对肿瘤进行病因区分。对多种基因异常引起的肿瘤需要对不同基因进行综合分析，找出该病中外显率相对较高，并对疾病易感性有实质影响的主基因。

目前已经寻找到一系列与不同肿瘤发生有关的基因。以乳腺癌为例，已经发现40多个与乳腺癌发生有关的致病基因。例如在1990年，通过对乳腺癌的综合分离分析和连锁分析，在17号染色体上发现一个与乳腺癌发病有关的易感主基因BRCA1。1994年又在13号染色体上发现另一个乳腺癌相关基因BRCA2。这两个基因都是肿瘤抑制基因。已发现数百种BRCA1或BRCA 2的基因突变。带有BRCA1基因突变的妇女患乳腺癌和卵巢癌的风险分别是50%～85%和15%～45%，而带有BRCA2基因突变的个体患乳腺癌和卵巢癌的风险分别是50%～85%和10%～20%。因此对有乳腺癌或卵巢癌家族史的个体，最好进行这些基因的检测，若发现异常，进行预防性乳腺或卵巢的摘除是一种有效的预防手段。几年前一个著名女演员选择了乳腺和卵巢的预防性切除，其原因就是她的母亲患乳腺癌去世，经过基因检查得知自己身上带有BRCA1致病基因，日后患乳腺癌和卵巢癌概率很大。

7.5.3.3　病毒感染与肿瘤发生

一些癌症的发生与病毒感染有关。据估计有约20%的癌症是由于感染了某种病原体所致。例如人乳头瘤病毒（HPV）是一种DNA病毒，具有多种类型，侵犯人体皮肤和生殖系统，引起人体皮肤、黏膜的损害和各种癌症的发生。据估计，近半数的妇女感染HPV，有90%以上的宫颈癌都伴有高危型HPV感染。因此可以说大多数宫颈癌是通过传染的方式发病的。在美国，近一半的妇女20岁之前就接种了HPV疫苗，这对防止宫颈癌的发生意义重大。宫颈癌成为第一种可以通过疫苗接种预防的癌症。由肝炎病毒感染造成的肝炎也与肝癌的发生有密切的关系。无论是人乳头瘤病毒还是肝炎病毒，它们所造成的慢性炎症需要干细胞不断的增殖活动给予组织修复，但这也导致了发生癌症可能性的增加。这些在本书的第4章已有介绍。

本章提要

DNA控制着生物体的各种性状。疾病作为一种特殊性状，无疑也受着遗传因素的控制。主要受遗传因素的作用而导致的疾病被称为遗传病。本章主要介绍了呈孟德尔式遗传的单基因病、许多基因和环境因素共同决定的多基因病、与染色体异常有关的染色体病，以及发生在体细胞的基因突变造成的恶性肿瘤等。本章对这些疾病发生的原因、遗传方式和发病预测等也进行了介绍。

资源链接

[1] 美国国立生物技术信息中心网站：https://www.ncbi.nlm.nih.gov/.

[2] 人类疾病的孟德尔遗传（Online Mendelian Inheritance in Man）：http://www.omim.org/.

[3] R M 尼斯，G C 威廉斯．我们为什么生病：达尔文医学的新科学 [M]. 海口：海南出版社，2009.

[4] 麦尔·格里夫斯．癌症：进化的遗产 [M]. 上海：上海科学技术出版社，2010.

（谭　信）

第3编 进化与生物多样性

若无进化之光，生物学将毫无道理可言（Nothing in biology makes sense except in the light of evolution）。

——杜布赞斯基（美国生物学家，1972年在美国生物学教师全国联合会上的演讲）

在前面的章节中，我们陆续了解了生物体的化学组成、细胞结构、遗传物质的构成和遗传方式；在后面的章节中我们还将了解人体的基本结构和生理过程……凡此种种知识，都在告诉我们生命是怎样构成的、是如何行事的。但这些仅仅是告诉了我们生命是什么，而没有说明生命为什么是这样，为什么不是另外的样子。一个对这个世界充满探求欲望的人是不会只满足于这些生命细节的罗列的，尽管这些细节巧夺天工，令人叹为观止。我们学习生命科学的目的不是只观看一个个令人炫目的生命技巧或魔术般的表演秀，而是要刨根问底，不断追问这些绚丽的生命现象背后的原因是什么。是什么样看不见的手在构造生命的有机体、指挥生命的过程？生命是必然出现的吗？生命必然是这个样子吗？地球之外还存在其他生命吗？凡此种种令人困惑的、充满哲学味道的问题，却在一个半世纪之前，由一个生物学家所提出的几条表面上看并不复杂却意味深长的原理照亮了解决问题之路。这个人就是人类历史上最伟大的思想家之一——达尔文。作为人类思想的丰碑，达尔文的进化论在随后的一百多年里，不断地融合了各种生命科学新的发现，不断完善各种细节。等我们回过头来观看，会惊讶地发现经过了20世纪生命科学的大发展，种种学说粉墨登场，此起彼伏，进化论的基本原理依然岿然不动，不但变得更精致、更有说服力，而且深入到了生命的不同层次：大分子的、细胞的、群体的、群落的、生物圈的、宇宙的……成为沟通生命科学各分支的桥梁和解释各种生命现象合理性的有力武器。各种生命现象研究的成果总是一再地成为进化论正确的论据。

在本编的几章中，将会讲到关于进化的种种学说，其中包括我们有一定了解的达尔文的进化论，也包括非自然选择引起的分子进化，以及新奇的基因选择学说；还会讲到生命的进化历程，这会从地球的历史开始，一直讲到人类的进化，这一话题将延伸到宇宙生命的进化；最后将从宏观的意义上讲到物种之上的生命系统，以及为了保护人类现存的生活方式，我们应该如何保持生态系统的存在和不变。

第 8 章
进化学说

首先应该认识到，进化并不仅仅是生命所特有的现象。非生命的世界，从山川、河流，到地质构造，再到太阳系，乃至整个宇宙都在不断地进化过程中；甚至由人类进化所派生出来的文化现象也处于进化过程中。在中文语境中，习惯把非生物世界的进化称为演化，如宇宙演化等，而生命现象的变化过程叫“进化”；但在英文中，所有的这些变化都是“evolution”，生物进化只是整个物质世界演化的一部分。19 世纪时英国哲学家斯宾塞曾给“evolution”下了一个定义：“进化乃是物质的整合和与之伴随的运动的耗散，在此过程中物质由不确定的、支离破碎的同质状态转变为确定的、有条理的异质状态。”从现在的观点看，事情也不完全按这样的方向发展，有时事物丢弃了某种复杂性也是进化，例如蛔虫逐渐失去感光能力，人类胚胎失去尾巴等也是进化。实际上，生物的进化方向一般是趋近于对当时环境的适应性。对于宇宙的演化来说，在时间方向上，如果轻元素聚合成重元素可以看成复杂性的增加的话，那么重元素的衰变过程也是“evolution”的一部分。

这一章讲解进化论的提出过程和进化论的发展。各种新的研究的深入，极大地丰富了我们对生物世界的认识。在进化论的框架下，现有的所有关于生命现象的知识和理论体系得到统一，我们将学习如何用进化逻辑去编排这本绚丽的生命之书。

8.1 达尔文的进化论

生物进化是一个大时间跨度事件，人一生的时间很难观察到进化的发生，但研究者可以从各种迹象认识到进化，比如化石研究、基因组研究等。不同的地质地层存在不同生物形态的化石，因此可以发现远古时期生物与现代的不同。实际上到 19 世纪中叶达尔文提出他的自然选择学说之前，生物在进化这一点已经成为生物科学界的共识，所需要的是一种理论解释这一现象。在种种不同的学说中，达尔文的自然选择学说最终胜出，成为最成功的理论，从而也成为现代生物学理论的基石。

8.1.1 生物进化论的前奏

在数百年科学发展的过程中，不同领域的科学家注意到物质世界不同方面的变化过程，提出过种种学说和理论。例如康德在 1755 年针对宇宙演化提出的星云说，赖尔等通过地球表面变化的研究提出的地质演化的观点（1830 年），还有 20 世纪的大爆炸宇宙学，以及种种社会发展和文化进化的学说等；其中一些学说直接或间接地促成了生物进化论的提出。我们首先回顾一下与生物进化有关的前期研究和发现。

生物进化论的产生源于对生命起源和分类的探索。对于像我们的世界是怎么来的，人类和其他生物诞生于何方何地这样终极性的问题，任何早期的文明社会都不会忽视。世界不同的民族创造出各自的早期神话、传说和理论。中国的古代有盘古开天地和女娲造人这样的传说；古代希伯来文明有上帝七天创世说；古印度有宇宙出现于混沌幽冥，孕育出一个金蛋，金蛋分裂产生世界这样的说法。这种认为宇宙最早产生于蛋的说法也见于古埃及，等等。这些说法缺乏事实依据，属于古人基于各自文化背景的想象。

而现代进化理论作为科学理论，有一个发展过程，大致有如下三个阶段：

1. 古代的演变论的自然观。
2. 中世纪的创世说和不变论。
3. 19 世纪以来进化论的发展。

8.1.1.1 进化的早期理论

首先通过较深入的观察思考，进而较系统提出进化思想的是古希腊的思想家们。作为人类思想的重要发源地之一，古希腊的哲人们当然不会忽视对世界和生命起源的思考，其中不乏真知灼见。他们多是唯物主义者，视生命为一种自然现象。例如早在苏格拉底之前的哲学家阿那克西曼德（'Αναξίμανδρος，英文 Anaximander）就认为一切事物都有开端，最原始的动物是从海里的淤泥变化而出，人则是从鱼类演化而来。阿那克西曼德的可贵之处在于跳出了人类中心的限制，拓展了思考的维度。亚里士多德则进一步指出："自然界由无生物进展到动物是一个积微渐进的过程，因而由于其连续性，我们难以觉察这些事物间的界限及中间物隶属于哪一边。在无生物之后首先是植物类……从这类事物变为动物的过程是连续的……"在亚里士多德眼中，生物是自然发生的，非生物和生物的界限是模糊的。这一观点演化成后来的自然发生论。这种从无到有的观点也见于中国古代哲人的思想中。例如老子说"万物生于有，有生于无"，列子说"有形者生于无形"，等等。

但到了中世纪，西方成了基督教统治的社会，各种教义替代了早期思想家的种种理论。世界万物被描述成上帝的创造物。神创论占据统治地位。这类教义认为自然界是被神创造出来的，而且这些创造是一次性产物，可以永恒不变。创世纪的思想延伸出两条基本教义——目的论和物种不变论。目的论构造了一个人格化的创始者，把世界描绘成创始者有目的的活动。在宗教的强力统治下，自然科学只能在神学的束缚下工作。物理学的任务只是探索创物主制定的宇宙秩序的法则，而生物学家的任务则是为众多上帝创造的生物做分类和命名。

随着自然科学的发展和社会进步，神创论并没有消失，而是作为科学的对抗物，产生了各种变种，例如智慧设计论。智慧设计论拿生命的复杂性做文章，认为包括人在内的众多生物体结构的复杂性和对环境的适应性很难解释成由简单的事物，在不借助超自然的力量的前提下，只按照随机组合的方式而形成；故生命只能是有意识的智能设计出来的。智慧设计论也是一种目的论，认为世界万物是基于某种目的而产生的。它虽然没有明指设计者是上帝或神，但引进了一个超自然的东西。这种图省事的理论虽然在一些人看来解释了生命复杂性的问题，但在逻辑上是不经一驳的。试想如果复杂的事物一定要由更复杂的事物，比如上帝设计的话，那么上帝是谁设计的？上帝之上应该有更高等的上帝设计它……这将形成一个无限循环的逻辑悖论。

此外，由于生命现象的特殊性，有时很难用当时发现的物理定律解释，使得很多人假定生物体内存在特殊的，被称为"活力"的神秘成分。它控制和规定着生物的各种生命活动和特性，而不受物理规律的支配。这种解释叫活力论。无论是神创论、目的论还是活力论，都要引入某种不可知的因素来解释世界和生物的起源和运行，而不能仅仅从客观世界本身的过程和规律出发，来阐明生命起源和变化的过程。

所幸的是，自文艺复兴以来，也有很多的思想家试图在物质世界层面提出自己对演化问题的观点。例如哲学家康德说过："从人类追踪到水螅，从水螅追踪到乃至苔藓，到地衣，而最后就到自然最低级为我们所察觉到的种类，在这里我们就达到了粗糙的物质……"；黑格尔也说进化的进程是："首先出现的是湿润含水的产物，在水中出现植物、水螅类和软体动物，然后出现了鱼类，随后是陆生动物，最后从这些动物产生了人……"；达尔文的祖父E达尔文则更是提出"所有的生物都属于来自一个祖先的大家庭"，这一思想后来发展成他孙子的进化论的重要论点，即地球上所有的生物都是有共同起源的。

8.1.1.2　生物分类学的发展

地球上存在数以百万的物种，其形态和生理特征千变万化令人目不暇接。在对它们进行系统研究之前，进行恰当的分类是一个必需的工作。好在物种数目虽多，仔细观察会发现，不同的物种之间总会存在一定程度的相似性。比如猫和老虎，尽管它们的体型差异很大，但它们有明显相似的面部和体态特征，都具有可收缩的利爪，都具有捕食性……如果把猫和兔子相比，则它们的相似性要差一些，但它们都是四足动物，都有脊椎、头部、双耳、双目等。这样，根据不同物种之间的相似程度，就可以将已发现的物种进行归类。

最早对生物进行科学分类的是古希腊的柏拉图和亚里士多德。柏拉图关注世界表象之外的本质，认为被感觉到的物体只是抽象的永恒事物的影像。这种物种本质的观点影响了包括亚里士多德在内的哲人们，促使了依据这种本体特征的物种分类的发展。亚里士多德考察了众多的动植物，对不同动植物解剖和生理特征，特别是生殖行为等进行了较详细的描述，写出了《动物志》《论植物》等著作；并运用"种""属"等概念作为对生物分类的范畴。亚里士多德特别重视通过生殖行为的不同进行生物分类，他的生物图式中存在从低等到高等的自然等级：植物位于底层；动物具有感觉和运动能力；而人类还具有理性的灵魂，因而处于顶层。

近代生命科学的发展使人们找到了比以前多得多的生物品种。在17世纪开始时人们才记载了六千多种植物，一百年之后这一数字翻了一番。在这一形势下人们迫切需要能对不同物种进行系统分类的新方法。新的分类系统也应具有容纳新发现物种的能力。如何科学地建立物种的概念，依据什么原则进行分类的问题再次被提出来。当时的物种分类方式是混乱的。比如植物分类，多数的植物书籍仅仅按照植物名称的字母顺序，或者按照它们对人类的相对重要性排序；也有学者按照某个特殊器官的特征分类。第一个以物种（Species）作为分类单位的是英国博物学家约翰·雷（John Ray），他认为通过种子产生相同后代的植物才可以恰当地归为一个物种，也就是将通过种子繁殖永久延续的特点作为一个物种的标志，不能满足这一点的生物则被归入不同的物种。这一物种标准和现在作为遗传学单位的物种概念已经基本一致。这一标准为孟德尔日后的豌豆实验打下了科学基础。

物种分类系统的集大成者是瑞典学者林奈（C. Linnaeus，1707—1778）。在1735年，林奈的《自然系统》一书出版。在这一书中，林奈提出了以植物的生殖器官进行分类的基本方法，建立了纲（class）、目（order）、属（genus）、种（species）不同等级的物种分类体系。为了统一不同物种的名称，林奈用拉丁文为生物统一起学名。他采用双名制命名法，即生物的学名由两部分拉丁文所组成，前者为属名，要求用名词，可以缩写；后者为种名，要求用形容词。例如：Mus musculus 是小鼠的学名，其中 Mus 是属名的缩写，musculus 是种名；再如 Pongo Troglodytes（猩猩），Homo sapiens（智人）等。由此林奈统一了术语，方便了生物学界的交流。

林奈的最大功绩是将前人的全部动植物知识系统化。他创造的自然分类方法，极大地促进了当时生命科学的发展。他的缺点是认为物种是上帝创造的，不能改变。他所做的工作只是整理上帝所创造的成千上万的物种。尽管林奈不愿意承认物种是可变的，但是他依据物种之间的亲缘关系所使用的自然分类法已经暗示了不同物种的共同起源和分支进化。

8.1.1.3　比较解剖学和古生物学

比较解剖学（Comparative Anatomy），研究比较不同动植物的器官、系统形态和结构，也比较研究古生物化石和现存物种之间的结构关系，找到同功或同源器官，并由此阐明各类生物门类间的关系和系统演化过程。比较解剖学的发展从另一方面为生物进化理论提供证据。

居维叶（G. Cuvier，1769—1832）比较研究了大量现存动物和古生物化石。他提出的“器官相关法则”认为动物身体是一个统一的整体，其各部分结构都具有相应的关联。例如牛、羊等反刍动物既然存在磨碎粗糙植物纤维的牙齿，就应该有相应的嚼肌、上下颌骨和关节，相应的消化道等构造；虎、狼等肉食动物则应具有与捕猎需求相适应的各种运动、消化方面的构造和机能等。他通过比较研究古生物化石与现存物种，建立了物种绝灭的概念，并阐明了现存种类与绝灭种类之间的亲缘关系，客观上为生物进化论提供了科学的证据。居维叶在不同地层发现的不同种类的生物化石，表明地球历史上生存过许多现今不复存在的物种，由此提出了“灾变论”，认为是自然界的明显变化导致了生物类群的大绝灭。

通过比较解剖学的研究，可以找出不同动物的“同源”和“同工”器官。所谓同源器官是指不同生物的某些器官在解剖结构及胚胎发育的过程彼此相似，但可能产生不同的外形和功能的器官。例如图 8－1 所示的人的手臂、猫的前肢、鲸的前鳍、蝙蝠的翅膀等在外形和功能上都有很大不同，但在骨骼结构上却可以相互参照，都是用相同的模式构建。骨头之间大小和形状的变化是为了功能的需要。例如人手臂的肱骨、尺骨和桡骨在鲸的前鳍中均变短，而指骨变多变长，以适应用前鳍进行游泳的需要。蝙蝠的翅膀中指骨和掌骨均变长，有利于伸展出较大的翅膀等。

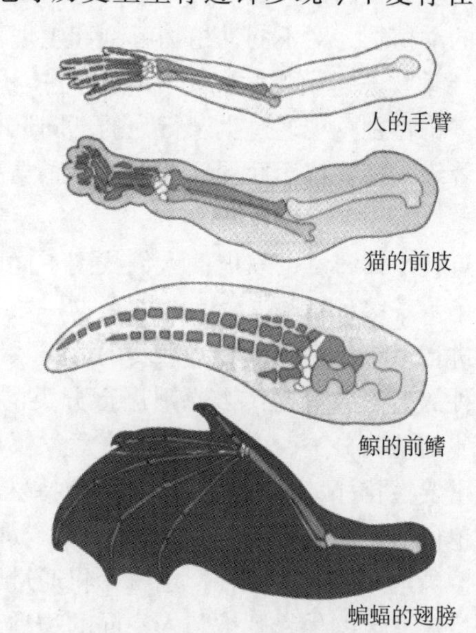

图 8－1　人的手臂、猫的前肢、鲸的前鳍、蝙蝠的翅膀解剖和骨骼构造的比较

同工器官则是指在不同物种中功能或形状上相似，但其来源与解剖结构均不同的器官。例如蝴蝶与鸟类均有翅膀用于飞行，但蝴蝶的翅膀是由皮肤扩展而形成的膜状结构，而鸟的翅膀是由脊椎动物前肢形成，内有骨骼，外被羽毛，它们是同工器官。又如鱼和鲸都具有流线形身体，这种身体结构有利于动物在水中的快速游动。但两者分属不同的动物门类，它们的骨骼系统、生殖系统和呼吸系统均不同。

不同生物之间之所以出现同源器官，合理的解释是这些生物具有共同的祖先。随时间的推移，它们的后代们进入了不同的生活环境。为了适应不同的环境，原来相同器官发生了结构改变，产生了诸如适于抓握的人的手臂、适于奔走的猫的前肢、适于游泳的鲸的前鳍以及适于飞翔的蝙蝠翅膀等。出现同工器官的合理解释是不同来源的生物，为适应相似的环境因素和生存需要，不同的器官逐渐变得在结构或功能上彼此相像。通过比较解剖研究，还发现一些退化的器官。例如人的手和脚都有五指（趾），但有的哺乳动物，如马或驴，每条腿只有一个脚趾。其实在胚胎发育阶段，马或驴都存在五个脚趾，只是在成体阶段退化了。再比如陆生哺乳动物的骨盆和股骨用于站立和行走。鲸作为水生哺乳动物，已经不需要站立和行走，其骨盆和股骨虽已退化，但仍然存在。这些都提示了生物体的一些器官在结构或功能上曾发生过变化。

8.1.1.4　比较胚胎学

比较胚胎学从另一个侧面比较研究不同生物形态和结构的差异。在胚胎阶段进行的比较研究，常发现不同生物发育的早期彼此更加相像，只是随着个体发育的进程逐渐出现差异，最后生长成在身体结构和对不同环境适应性差异很大的不同成体。图 8－2 中显示的一些脊椎动物在胚胎早期不但具有非常相似的外形，而且都出现腮裂。只是在胚胎发育的晚期，陆生脊椎动物的腮裂退化，外形也逐渐分化。这些一方面同样提示了这些生命的共同起源，另一方面也提示了陆生脊椎动物最初是由海生脊椎动物进化而来的。

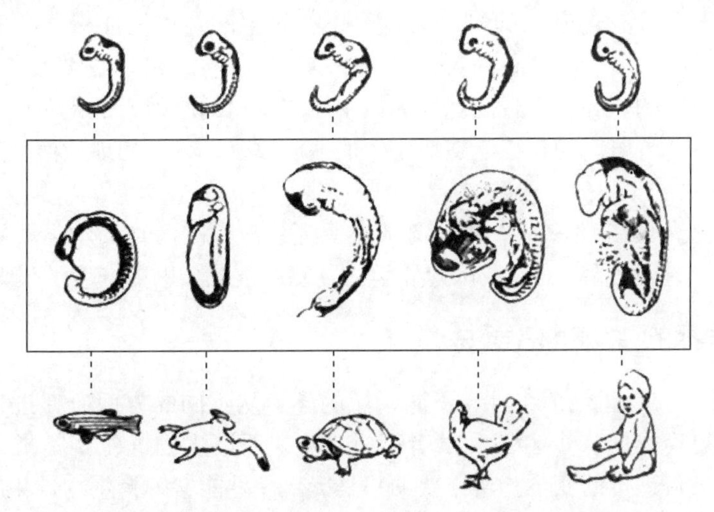

图 8－2　鱼类、两栖类、爬行类、鸟类和人类早期胚胎形态十分相似。在胚胎发育过程中逐渐分化，到成体阶段则变得完全不同

德国生物学家海克尔（E. Haeckel，1834—1919）据此提出了“生物重演律”，认为胚胎发育过程实际上是生物进化过程的浓缩和重演。后来新的研究发现这种说法过于绝对，很多胚胎发育过程并不严格遵循重演的原则。但不管怎么说，胚胎发育过程中部分的重演是存在的。这种存在也说明在生物进化过程中，后面发生的进化事件通常是在胚胎发育较晚的阶段，也就是说通常是通过对原有胚胎结构的修补改造而实现的。胚胎发育是基因按顺序打开的过程，早期表达的基因的作用会逐级放大，越早表达的基因越重要，并且往往是较古老的基因，较晚表达的基因则是后来进化形成的。

8.1.1.5 地质学

地质学的发展也曾给予生物进化的思想以很大的启发。在地球的历史长河中，由于火山和沉积等作用，其地质构造一直在变化。对不同地层化石的发现和研究，使得地质学和古生物学的研究相互伴随，共同还原地球远古时期所发生的事件。

地球上的岩石可分为由火山的岩浆经过冷凝而形成的岩浆岩，由岩石风化形成的碎屑物、火山喷发物、有机物等松散沉积物固结而成的沉积岩，以及变质岩等三种类型。其中生物化石主要存在于沉积岩。各种松散的沉积物掩埋着各种生物遗迹，经过漫长的时代，上覆沉积物越来越厚，下边沉积物越埋越深，经过压固、脱水、胶结等成岩作用，逐渐变成坚固的成层的岩石。生物遗迹也就变成其中的化石。各种沉积岩记录着沉积当时的地理环境信息和生物信息。因此，沉积岩是重塑地球历史和恢复古地理环境的重要依据。

在沉积岩层的序列中，先形成的岩石位于下面，后形成的位于上面。可以根据沉积岩所在的层次得知其形成的地质年代。整个分层的沉积岩如同天然的历史教科书，每一页都展现了当时的自然风貌，包括各种生物品种。这一规律叫做地层层序律，是丹麦地质学家 N·斯太诺 1669 年提出来的。1791 年，英国科学家史密斯注意到化石和地层之间的关系，认为每一岩层都含有其特殊的化石，根据化石就可以鉴定地层顺序和同类岩石。这就是化石顺序律。例如煤仅出现在前寒武纪以后，也就是多细胞生物形成之后。

地质进化的集大成者是英国地质学家莱尔（Charles Lyell，1797—1875)，他写的《地质学原理》论述了地质变化的基本原理、无机界正在发生的各种地质变化、生物界在各种地质条件下的变化等。针对当时流行的灾变论，莱尔提出了与之相对的均变论，认为地质改变是均匀、缓慢地发生的，导致现代地球表面微小地质变化的原因，也是历史上大的地质变化的原因。小的改变随着时间的积累，造成了大的地质改变。莱尔的地质演化观点对达尔文进化论的提出影响很大。

值得一提的是，早在 1872 年，由《地质学原理》改写的《地质学纲要》就被翻译成中文出版，书名为《地学浅释》，对我国地质学的发展以至社会思潮产生了很大的影响。

8.1.2 早期的生物进化学说

综上所述，到了 19 世纪前半叶，不同领域的学者从不同的方面研究进化。而生物进化在达尔文之前也已经作为一个事实为学者们所接收。所谓生物进化就是指：随着时间的推移，生物体发生的可遗传的变化。所需要的只是提出一种能够解释生物进化的理论。

一个令人信服的进化理论必须能够做到：

1. 承认物种可变。
2. 原有的和变异的特征可通过遗传从亲代获得并传给下一代。
3. 必须能够在排除超自然的原因下解释进化。

8.1.2.1 生物进化思想的萌芽

生物进化的提出有一个过程。首先要做的是承认物种是可以改变的，地球的历史应该比圣经所描述的几千年长得多，否则无以说明地质和生物所产生的明显变化。在达尔文之前已有许多学者提出各种进化的思想，一个不完全的名单包括：法国的马耶、布丰、拉马克、圣提雷尔、莫泊丢，英国的E·达尔文（达尔文的祖父）、韦尔、普里查德、劳伦斯、马修、钱伯斯、华莱士等。在19世纪，生物学已从自然哲学分离出来，成为一门实验性科学。出现一批职业的生物学工作者，取代了研究内容包罗万象的“自然哲学家”。而有关生物进化的争论则是在“博物学家”中展开。

首先对传统宗教观念提出挑战的是法国博物学家布丰（G. Buffon，1707—1788），《自然史》的作者。这部百科全书式的巨著内容广泛，描述了当时宇宙、地球、生物、矿物等完整的自然过程。认为行星从太阳演化而来，地球的年龄不是通过圣经所计算的4 004年，而是十万年。这一时间估算虽然仍太短，但对圣经的说法已经是大胆的突破。布丰重新解释圣经，将创世的七天解释为七个纪元：地球起源是第一个纪元，经第二个纪元三千年的旋转和冷却形成固体，第三个纪元出现海洋……到第七个纪元出现人类。布丰认为物种是可变的，如果按照林奈所做的那样对物种进行相似性归类，那就可以推断所有动物来源于同一祖先。总之，布丰的论述中已经包含了进化的许多基本要素，但碍于当时社会思想的压力，布丰采取了一些折中的说法。例如对比较解剖学研究中所发现的不完善的、无用的、退化的器官进行解释时，他认为新的物种是同一祖先“退化而来”，而不是“进化”，以维持上帝造物的完美性。

8.1.2.2 获得性遗传学说

拉马克（Jean - Baptiste Lamarck，1744—1829）的获得性遗传学说（用进废退学说）是达尔文之前影响最大的进化学说。比起布丰，拉马克鲜明地指出生物是进化的，并且认为进化是一种连续的变化过程。拉马克的基本观点是：

1. 生物生长的环境，使它产生某种欲求。
2. 生物改变旧的器官，或产生新的痕迹器官，以适应这些欲求。
3. 继续使用这些痕迹器官使这些器官体积增大，功能增进，但不用时退化。
4. 环境引起的性状改变是可以遗传的。

这种学说认识到环境因素在进化过程中起作用。但对这种作用机制的解释却是错的。拉马克看到了不同器官的用进废退现象，但轻率地认为这种用进废退的器官改变可以遗传给下一代，这没有实验研究根据。另外，受当时思想观念的限制，拉马克继承了亚里士多德的观念，认为生物存在等级。进化是由低等生物向高等生物改变的过程，而人处于生物界的顶端。其他生物，包括猩猩，都处在向人进化的某个中间阶段。再有，拉马克的理论主观色彩浓厚，使用诸如“欲求”这类含义模糊的词汇。这些显然是不能用科学方法证实的。

8.1.3 达尔文的进化论的提出和意义

真正提升了前人的进化思想，并加以科学说明的是近代最伟大的思想家之一英国科学家C·达尔文。达尔文出生的那一年恰好是拉马克《动物哲学》出版的那一年。他的进化论的提出，一方面受到前人不同科学思想的启迪，另一方面更是来源于自身对不同生物随地理环境变化的科学考察。

1831年，22岁的达尔文以学者的身份搭乘英国的军事水文地理考察舰“贝格尔”号，开始了历时五年的环球科学旅行。作为一个以追求真理为第一要义的人，五年的实地科考使达尔文从一个言必称《圣经》的基督教徒，转变成不相信上帝存在的无神论者。它改变了达尔文的人生，也永远地改变了生物学。

在贝格尔号沿南美洲航行时，达尔文注意到各种变种是怎么随着地理位置的不同而变化的，特别是加拉帕戈斯群岛上观察到特有的物种，让达尔文意识到地理隔离对不同物种存在的重要作用。由此推测不同生物具有共同祖先，并且随时间推移物种会逐渐改变和形成不同分支。接着需要解决的就是生物进化的机制问题，也就是进化的动力是什么。

除了自身进行的生物地理学的考察外，达尔文还从其他的学者那里摄取思想的火花。达尔文后来提到对他的进化思想影响最大的两本书。一本是前面提到的莱尔的《地质学原理》，莱尔的地质"均变论"的思想，使达尔文意识到生物也同样通过缓慢的、持续不断的变化的积累而产生显著的进化现象。

另一本书则是马尔萨斯（R. Malthus）的《人口论》。在这本书中，马尔萨斯使用简单明了的数字类比分析道，人口是按照几何级数增长的，如果没有妨碍的话，每一代人口会按照1，2，4、8，16，32，……的倍数增长，而食物等生活资料的供应最多只能按照算数级数增加，即以1，2，3，4，5，6，……的倍数增长。必然会存在一些机制防止人口不平衡增长的出现。马尔萨斯认为，疾病、战争、饥荒、杀婴等就属于这些机制。因此，人口数量必然地为生活资料所限制。《人口论》中关于争夺资源而竞争的观点，启发了达尔文提出自然选择为生物进化动力的学说。

8.1.3.1　达尔文的进化论的基本观点

达尔文的进化论的基本观点包括了以下两个基本部分：

1. 生命的共同起源学说。

归纳林奈的物种分类学、居维叶等人的比较解剖学、古生物学以及达尔文亲自参与考察的生物地理学，这些知识都指向一个结论，就是地球上所有生物都有一个共同起源，之后初始生物随着地理分布的变化和隔离，不断分支进化，形成了当今千变万化的生物世界。

随着生命科学的发展，共同起源的证据越来越多。例如，所有生物的遗传基础都是核酸，所有生物都有蛋白质的合成，其合成场所都是核糖体，所有生物所使用的遗传密码的同一性，所有生物细胞结构的相似性等，这种在生命基本层次的一致性说明了在生命之初这些已经存在并在进化过程中得以保留。

2. 自然选择学说。

自然选择学说提供了与拉马克的获得性遗传不同的生物进化原因。其基本观点如下：

（1）生物体具有随机发生的可遗传的变异能力，这种变异没有方向性，具有不同变异的个体对环境的适应性存在差异。

（2）有限的资源和变化的环境对不同变异的个体产生生存机会的选择。这种环境对生物体的选择，称为自然选择。

这样，自然选择学说将遗传变异和适应这两个机制分开，分别由生物体和环境（自然）来完成。遗传和变异（突变）由生物自己在世代繁衍过程中完成；而自然则进行适应与否的选择。这种选择是由环境去做，而不是像拉马克所想象的那样是生物自己完成的。突变和选择的不断积累造成了新的物种的形成和生物的进化。这里，达尔文将目的论排除在进化的原因之外，生物的变异不再如拉马克所解释的受生物的"愿望"所驱使，而是基于没有造物主，没有主观愿望的大自然的力量。这里虽然使用了"选择"这个拟人的词汇，但并不掺杂"意识"在其中，仅仅是说明自然环境本身，或自然环境的变化对生物进化的过程和方向所起的作用。

使自然选择得以实现的先决条件是：

（1）生物体的繁育潜力总是大大超过它们的繁育率。

（2）至少一部分性状变异是可以遗传的。

第一个条件保障了生物体能够产生足够多的变异提供给自然进行选择，增加了生物体对环境适应的可能性，减少了在环境突变时物种灭绝的机会。事实上，地球上各种生物都具有远远超出维持其种群数量的繁育潜力。这种例子不胜枚举，谷物所结的谷粒的数目，杨树所产生的飞絮，葡萄所结的籽，鱼、昆虫等产的卵等都数目惊人；即使是哺乳动物的产子量，也大大高于实际存活的数量。

第二个条件保障了新产生的变异，在经过了自然选择的考验后，有可能传给后代。在当时由于遗传学还没有发展，遗传物质还不知道，更不了解基因突变的机理，这给达尔文解释新性状的遗传机理造成了很多的困扰。尽管当时孟德尔已经开展了他的划时代的豌豆杂交实验，提出了颗粒性遗传，即遗传因子的假说，但当时达尔文完全不知道这些。这一问题的解决有赖于后来遗传学的发展。这将在本章的第二节加以介绍。

达尔文的进化论是深思熟虑的产物。自达尔文乘坐贝格尔号环游世界科考后，他已经初步形成了进化的思想，但他并没有马上发表自己的观点，而是在20多年间继续收集资料，深入研究，掌握了大量的进化资料。直到他得知另一个英国博物学家华莱士也得出了与他相似的结论并准备发表时，才匆匆将自己的论文与华莱士的论文一同发表在林奈学会的学报上。此后，达尔文又花了13个月的时间，终于在1859年出版了划时代名著——《物种起源》。达尔文在这部书中对其进化理论做了详细的说明，列举了大量事实说明进化论的正确性。由此可见达尔文在提出进化论的过程中严谨的治学态度。有一个著名的说法，“在拉马克有一个事实的地方，达尔文掌握了一百个事实”，形象地说明了这一点。

8.1.3.2 达尔文进化论的进一步深化和影响

1.《物种起源》发表之后，达尔文又于1868年发表了《动物和植物在家养下的变异》，1875年发表了《人类的由来和性选择》等著作。前者对自然选择，尤其是自然选择的一种特殊形式——人工选择做了更详尽的论述。人工选择与自然选择遵循着同样的道理。后者则一方面明确地说明了人类进化的问题：达尔文对人类由来的讨论所依据的是人与其他类人猿的比较解剖学知识；另一方面又提出了一种新的自然选择方式：性选择，即两性之间的相互选择。在性选择中，异性行使了自然选择的功能，被异性选中的个体可以存留并产生后代，反之则被自然选择淘汰。

这样自然选择就包括了自然界对个体生存能力的选择、人工选择和性选择等。自然选择会导致竞争和进化。包括了：

（1）同类之间的竞争。包括配偶、食物、栖息地等竞争。

（2）物种间的竞争和协同进化。例如捕食者和被捕食者都试图跑得更快，尽管它们的目的不同；失败的一方将面临灭绝。两者之间的竞争导致了协同进化，即彼此适应对方的生理特征和能力，并针对对方的特点进化出相应的特征和能力。

（3）对环境的适应。即面对变化了的环境是否有足够的能力生存下去。

自然选择造成了各种生物特征和适应性的出现，例如高大的树木用于争夺阳光，动物快速的奔跑以适用于捕猎或逃避捕猎，性选择导致第二性征的产生等。

2. 进化论的提出在极大程度上深化了人们对生命现象的认识。

（1）进化论将时间和历史引入到生物学中。早期的自然科学以物理学为核心。在牛顿建立的经典物理学中时间是可逆的，宇宙没有历史。19 世纪提出的热力学第二定律规定了时间的方向性，即为熵增的过程。但生物的进化却是一个由无序向有序的相反过程的积累。这是很费解的现象。自然选择为这一过程提供了有力的说明，即自然界存在这样一种机制，在保证能量输入的前提下，局部高度有序化的物体可以通过适应环境而保留和发展出来。这一思想的提出也推动了其他学科对有关问题的思考。1969 年普里高津提出耗散结构理论，认为非生命的物质也有类似于生物的进化现象，即从混沌到有序的演变。

（2）进化的思想影响了现代人的观念和自然史观，使自然科学完全摆脱了对神学的依赖，宣告了即使是最复杂、最不可思议的事物，也可以依赖科学本身的力量加以说明。自然选择学说结构简洁，论述清晰，对于任何不抱偏见的读者来说是很具有说服力的，但它的提出又是人类思想史上罕见的灵光一闪。“达尔文的斗犬”赫胥黎在读了达尔文的书后感慨道：“我怎么没有想到物种起源的思想呢？这是多么愚蠢啊。”

（3）达尔文的理论整合了生命科学不同层次的研究，生物界五花八门的门类和物种只有用进化论的思想才能统一起来。没有进化论的生命科学只能是一堆杂乱无章的资料积累。

3. 生物进化论的影响超出了生物学和自然科学的范畴，对社会科学领域同样产生了深刻的影响。

（1）在西方，哲学家斯宾塞等人将进化思想应用于人类社会领域研究，提出了人类社会的进化过程。他详细地比较了动物的生存和人类社会，发现他们之间的相似性。很多人将斯宾塞的思想归结为社会达尔文主义，但事实上，斯宾塞早在达尔文《物种起源》发表之前就已经独立提出了社会进化的思想，认为进化是一个普遍的规律。“适者生存”这个表述就是斯宾塞首先使用，而后应用到对达尔文自然选择学说的阐明的。另外达尔文的表弟高尔顿认为人类应该“帮助”自然对人类进行选择，提出了“优生学”的主张。不过高尔顿错误地将很多环境因素造成的人的特征差异归结于遗传的影响，给人类优生实践造成了一些负面的影响。优生学和社会达尔文主义的某些观点后来被帝国主义和种族主义者利用，在 20 世纪造成了灾难性的后果，而后逐渐衰败。

（2）在当时的中国，进化论起到了思想启蒙的作用。清末思想家严复翻译、赫胥黎撰写的《进化论与伦理学》，以《天演论》的名称在中国出版，产生了巨大的社会反响。这种“物竞天择，适者生存”的观点震动了当时中国的朝野，出现了不革新就灭亡的政治解释，推进了维新运动的发展。不过，生物进化论在中国的影响主要是在社会改革的层面上，在生物学领域却鲜有触及。时人接受的是“生存竞争，适者生存”的社会哲学思想，而不是科学理论。

关于进化论的争论一直没有停止过。不过这种争论主要不是在生命科学界内部，而是作为一种对人类尊严的冲击波，在宗教、文化、教育等非科学研究领域持续地展开争辩。例如“斯科普斯审判案”即是其中一个著名事件。在 1925 年，美国田纳西州立法，禁止学校讲授违反《圣经》的进化学说，并起诉一个讲授进化论的中学教师斯科普斯，法庭宣判斯科普斯有罪。但州最高法院最终撤销了判决，此事轰动了美国。此后，对学生是否应讲授进化论的争论仍然不断，直到 1972 年，对田纳西州一所中学的调查仍然发现，3/4 的学生相信《圣经》中关于创世的观点，而不信达尔文。不过这些只是进化论在非科学界的涟漪，在生命科学领域，进化论早已在充分的证据和严密的逻辑下成为基本的共识和科学研究的准则。

8.1.4　生物适应的多样性

地球上的生态环境复杂多变，有陆地、海洋、高山、沙漠、冻土地带……还有生物自身活动构成的雨林、针叶林、草原、珊瑚礁等地区……有南极的近－90℃的低温，也有赤道60℃以上的高温地区。令人惊讶的是，在几乎所有的生态环境下都有可能找到生物的存在，表明以核酸和蛋白质为主要成分的地球生物的极大适应性。

8.1.4.1　适应的相对性

每种生物都朝着适应自身环境的方向进化着，它们彼此的进化方向各不相同。例如：

(1) 对于生活在人体肠道的蛔虫来说，它们必须适应肠道偏碱性的，带有消化酶的环境。在这种生活方式中，视力的进化就是没有必要的。

(2) 对于食肉的和食草的哺乳动物，尽管它们都有一对眼睛，但在头部的位置往往不同。食草动物必须有广阔的视野，以便及时发现狩猎者的靠近，并在逃逸狩猎者的追捕时寻找到最佳的逃逸路线，因此两眼通常长在头部的两侧，以取得最大视野；而食肉动物在追捕猎物的奔跑过程中，只需两眼紧盯猎物，并且具有随时判断猎物距离的能力，因此两眼通常长在头的前端，注视同一个方向，以取得立体视觉。

(3) 不同生物所处的环境不同，其所需的能量来源也不同：自养型生物的能量依赖于太阳能和地热；异养型生物依赖于其他生物体内蕴藏的化学能。就自养型生物而言，绝大多数依靠太阳能提供能量，也有一些依赖地热，产热的火山口、温泉等处，或分解硫化合物等含能化合物以从中获得能量。每一种生物都适应了自身存在的环境，而每种生物都构成其他生物生存环境的一部分。

多细胞生物是从单细胞生物发展而来的，但地球上仍然存在大量的单细胞生物，这些单细胞生物生存的范围往往更加广泛，很多多细胞生物无法到达的一些生态环境，如火山口、高温、高盐、深海、很深的地下……都生活着种种不同的微生物，它们同样经历了几十亿年的进化以适应它们生活的环境。因此所谓适应是相对的。每一种生物、每一个性状的存在都与当时当地的环境相关。因此，从亚里士多德到拉马克所设想的生物的进化等级是不存在的。所谓高等生物和低等生物的概念必须有另外的诠释。

8.1.4.2　适应策略的复杂性

在地球生物进化的长河中，不同的生物发展出令人炫目的种种生存策略。这里仅举几个例子说明。

(1) 在寄生虫的生命周期中通常要更换宿主，存在宿主外的生活阶段，以防止随着宿主死亡而带来的自身的绝种。这是一种很高的生活技巧。例如弓形虫是一种细胞内寄生虫。寄生于细胞内。它的一生需要两个宿主：一个是猫；另一个是一些恒温动物，它们的第二宿主，比如人或老鼠。弓形虫能进入老鼠的大脑，影响神经系统的活动，使老鼠变得胆大，经常外出活动，因此易被猫吃掉，这样弓形虫就可以回到第一宿主的体内，并由此完成生命周期循环。这些勇敢的老鼠只是弓形虫繁殖自己的载体。弓形虫对人的性格也会产生一些影响，有研究者统计不同民族的弓形虫感染率，发现弓形虫感染率高的民族容易变得“神经质”。目前全世界有30多亿人感染弓形虫。

(2) 矛形双腔吸虫的生活史比较复杂。它的成虫主要寄生于家畜。虫卵排出体外发育出的囊蚴进入锥实螺或蚂蚁的体内。其囊蚴可以控制蚂蚁的神经系统，使蚂蚁喜欢爬到树叶上，易被食草动物吃掉，囊蚴由此进入家畜体内，在肝脏发育为肝吸虫，完成生命循环。这里蚂蚁的行为同样被寄生虫所控制。

（3）狂犬病毒的生存策略：狂犬病毒进入犬或人的体内后，存在于患病动物的神经组织和唾液中。进入神经系统的病毒可以影响动物的行为，使其狂躁，追咬同类或其他类动物，包括人；而存在于唾液中的狂犬病毒就可以借机进入被咬者的体内，完成传染过程。狂犬病是致死性疾病，病毒必须在宿主死亡之前完成自身宿主的转移，以免同归于尽。

8.2 现代综合进化理论

达尔文的进化论完美地解释了生物进化的内在机制，但是遗憾的是，达尔文没能找出一种合理的遗传学解释来说明自然选择的结果是如何通过生育传给后代的，也无法说明变异是如何产生的，以及哪些变异可以向后代传递。他提出了融合性遗传的想法，主张两亲代的相对性状在后代中融合而成为新的性状。其方式被达尔文想象成每个器官、组织和细胞都产生被称为“胚芽”的微小单位，在生殖器官中被包装起来，传给后代。这套理论不但缺乏实验的支撑，反而有获得性遗传之嫌，削弱了自然选择学说的主张。作为解决这些问题的线索的孟德尔遗传学基本定律和达尔文进化论的结合发生在20世纪之初。生物学家们首先将拉马克的获得性遗传思想从进化论中彻底清除；然后再从孟德尔遗传学的原理出发，分析了群体的遗传行为，建立了一门遗传学新的分支——群体遗传学；根据群体遗传学的研究成果，最终形成了生物进化论的升级版本——现代综合进化论。

8.2.1 魏斯曼的种质连续论

种质连续论是德国生物学家A·魏斯曼（A. Weismann）于1892年提出的有关遗传本质的学说。这一学说将遗传现象归因于遗传物质通过细胞分裂活动所实现的传递，并阐明这种传递与机体发育之间的关系。他认为生物体内的物质分为种质和体质。种质具有连续传递性，可以从一代延续到下一代；由种质可以生长出新个体的体质，即个体的各种组织和器官。体质随个体死亡而消失，不能传给后代。魏斯曼的学说中的种质就是指传给后代的遗传物质，由生殖细胞所承载。这一学说彻底否认了获得性遗传，因为体质在一生中受环境影响而获得的特性是无法传递给后代的。魏斯曼的种质连续论简洁而精辟，它澄清了达尔文遗传观点的种种含糊之处。魏斯曼只接受和强调生存斗争的原理，把“自然选择”强调为进化的主因和达尔文学说的核心思想，坚决反对拉马克主义与新拉马克主义。经过魏斯曼等修正的达尔文学说被称为“新达尔文主义”，这是达尔文学说的第一次大修正。当今我们所广泛接受的达尔文进化论，在相当程度上是经过魏斯曼修订和提炼过的。

8.2.2 群体遗传学基础

群体遗传学是解释生物进化的遗传机理的钥匙，它研究群体中的遗传结构及其变化规律，是孟德尔遗传学向群体遗传问题的延伸。它采用数学方法来构建群体的遗传模型，进而分析群体遗传结构的组成和随时间发生的变化。

8.2.2.1 群体遗传学的几个基本概念

1. 群体（population）：是指生活在某一地区内，能相互交配的，同一物种的一群个体，又称为孟德尔群体。

2. 基因频率（gene frequency）：是指某一等位基因的频率，即在群体中该等位基因数量占这一基因座全部基因的比例。

3. 基因型频率（genotype frequency）：某一基因型频率是群体中这一基因型数量占群体中个体总数的比例。

下面以MN血型为例说明基因频率和基因型频率的概念，以及它们是如何计算出来的。

MN血型是不同于ABO血型的另一种血型系统，有两个等位基因决定这一血型：M和N。具有MM基因型的个体的血型为M型，NN基因型的个体的血型为N型，MN杂合子的血型为MN型。调查了747人，其中M型血型者为233人（占31.2%）；N型有129人（占17.3%）；MN型者485人（占51.1%）。据此计算M的基因频率p和N的基因频率q的值。由于每个M型的个体有两个M等位基因，MN型个体具有一个M等位基因，所以接受调查的人群中M等位基因数为$2\times233+485$，该人群等位基因总数为2×747，因此：

$$p=(2\times233+485)/(2\times747)=0.57$$

同理：

$$q=(2\times129+485)/(2\times747)=0.43$$

由于M和N等位基因不存在显性隐性的关系，它们是共显性的，可以通过一个人的血型直接判断他（她）的基因型，即M血型者的基因型为MM，以此类推。因此调查得出的血型频率就是三种基因型的频率，即31.2%、17.3%和51.1%分别为MM，NN和MN的基因型频率。

8.2.2.2　影响基因频率的因素

群体的基因频率和基因型频率并不是固定不变的，它们会随时间在某些因素的作用下发生改变，这些因素包括：

1. 突变。

基因突变使一个等位基因变成另一个等位基因，造成前者基因频率下降，改变了基因频率的构成。突变还造成群体内部的遗传多样性；一些基因突变影响表型，产生表型的变异，为自然选择提供素材。

2. 自然选择。

不同基因型的个体存活和生育率的差异，造成不同基因频率的增减。能够适应所在环境的表型的基因和基因型的频率增加，反之则基因和基因型的频率下降，甚至消失。自然选择的强度通过比较生育率来衡量。适合度和选择系数是常用的两个基本参数。

（1）适合度（fitness，f）：一种基因型的个体与其他基因型的个体相比能够存活并留下后代的相对能力。一般用相对生育率表示。即：

$$f=\text{某种基因型的个体的生育率}/\text{其他基因型的个体的生育率}$$

适合度越低，说明带有这种基因型的个体与其他个体相比，留有后代的数量越少，则形成这一基因型的等位基因频率会逐代减少，直至被自然选择淘汰。举例说明：软骨发育不全是一种常染色体显性遗传病，患者由于软骨的骨化异常，影响长骨的发育，表现为出生后身高增长缓慢，最终造成短肢型侏儒。据在丹麦的一项调查：接受调查的108名患者共有后代27人。而其457个正常同胞留有后代582人。由此推算造成软骨发育不全基因型的适合度：

$$f=\frac{27/108}{582/457}=0.2$$

软骨发育不全患者（Aa）的后代将有1/2带有致病基因并因此发病，但患者的适合度（相对生育率）只有正常人的20%，因此下一代中致病基因A的频率将下降，使得致病基因频率逐代减少，这就是自然选择的作用。

（2）选择系数（s）：是选择作用下降低的适合度，即 $s=1-f$。适合度越低，选择系数越高。在软骨发育不全的例子中，选择系数：$s=1-0.2=0.8$。

适合度或选择系数都可用来表示自然选择的强度。由于选择系数在数值上与选择压力成正相关，使用方便，所以使用选择系数的时候较多。

3. 自然选择和突变对基因频率的共同影响。

如果只考虑自然选择的因素，那么所有的不良基因频率都会逐代下降，早晚会被淘汰掉。但实际上在群体中不良的基因并没有真的完全被淘汰，而是以一定程度的低频率存在于群体中。其原因就是基因突变。基因突变会造成有害基因频率的增加。当自然选择的作用和突变的作用到达平衡点时，有害基因的频率得以保持稳定。对于人类来说，就表现为一些遗传病在不同代次中保持相对稳定的发病率。有害基因的频率与选择系数（s）呈负相关，而与导致有害基因形成的突变率（v）呈正相关。对于常染色体显性遗传病的致病基因频率（p），有：

$$p=v/s$$

这个等式说明选择系数 s 越大，基因频率 p 的值越低，而突变率 v 越大，基因频率 p 的值也越大。s 和 v 的数值稳定时，基因频率（p）保持不变。

4. 平衡多态。

由于通常基因突变率是很低的，因此不良基因应该维持在一个很低的水平上。但有时一个明显不利的基因的频率却维持在一个很高的水平上，这种高水平不能用突变率来解释。例如，镰状细胞贫血是一种常染色体隐性遗传病。患者由于贫血，其生存能力很差，留有子女的数量明显低于正常人。纯合子的选择系数高达0.75。按照上述的突变-选择的平衡，这种病的致病基因频率（q）应该维持在一个很低的水平上才对。但据调查，在非洲东部致病基因（Hbs）的 q 高达0.206，有超过30%的个体为致病基因的携带者。造成这一现象的原因是平衡多态。平衡多态是由于杂合子选择优势所造成的遗传平衡状态。当杂合子的适合度高于任何纯合子时，不良基因的频率就会维持在一个高的水平上。

设一对等位基因A和a，A的频率为 p，a的频率为 q；Aa的选择系数为0，AA选择系数为 s，aa选择系数为 t。在平衡多态的作用下，达到遗传平衡时有如下等式：

$$ps=qt$$

经过等式变换，可得：$q=s/(s+t)$，和 $p=t/(s+t)$

即基因频率的大小取决于两种纯合子相对于杂合子的选择系数的大小。如果已经知道这两个选择系数，就可以计算出平衡多态时基因频率的值。

以镰状细胞贫血为例：致病基因Hbs的基因频率 $q=0.206$，患者（Hbs/Hbs）的选择系数为0.75。由此可计算出：

$$p=1-q=1-0.206=0.794$$

$$s=qt/p=(0.206\times0.75)/0.794=0.195$$

所以正常基因纯合子的选择系数（s）是0.195，适合度则为0.805。即正常基因纯合子的相对生育率只有带有致病基因杂合子的80.5%。杂合子适合度高是因为对疟疾有较高抵抗力。调查发现，镰状细胞贫血高发的亚洲和非洲地区也是疟疾的高发地区，两者在地理上有高度的重叠性。正是由于带有镰状细胞贫血致病基因杂合子在疟疾高发区比正常基因纯合子有更高的适合度，其副产物就是镰状细胞贫血的致病基因频率远高于突变所能维持的水平。这一推论也可以从移民调查中得到支持。移民到美国的黑人由于生活在非疟疾流行区，带有致病基因的杂合子不再具有选择优势，致病基因 Hbs 的频率逐代下降。目前的 q 值已从 0.206 降到接近 0.10。

由于平衡选择造成的群体多态现象也见于其他的基因。囊性纤维化是一种在欧洲发病率较高的常染色体隐性遗传病。通常具有慢性梗阻性肺部病变、胰腺外分泌功能不良和汗液电解质异常升高等特征。约半数儿童因感染或心肺功能衰竭等于 10 岁前死亡，因此这种病的选择系数较高。这种病是由 CFTR 基因异常所引起的。这种致病基因频率之所以较高，是因为该等位基因可以保护携带者少受伤寒的感染，而伤寒在欧洲发病率较高。囊性纤维化的致病基因的存在是囊性纤维化和伤寒平衡作用的结果。

很多事例表明，人类基因的许多多态性与地区传染病有关。判断一个基因的好坏要看携带该基因的个体的生活环境。不同选择压力的平衡决定了一个等位基因的频率。

5. 遗传漂变。

有限群体中由于机会造成的基因频率的随机波动称为遗传漂变（genetic drift）。按照孟德尔遗传规律，一对等位基因到底哪一个可以传给后代具有随机性，其概率各是 1/2。一个基因型为 Aa 的个体，在他（她）生育子女时这两个等位基因只有一个会传给后代，至于哪个会传下去是随机的。这样一种随机传递的结果也会造成后代基因频率的改变，特别是在规模较小的群体中。假设一个有 10 个个体的群体，基因 A 和基因 a 的频率都是 0.5，因为群体规模小，到子女这一代基因 A 和基因 a 的频率很可能发生变化，比如基因 A 变成 0.55，基因 a 变成 0.45。在子代生育孙代时这一新形成的基因频率继续变化。这种连续随机分配产生的基因频率改变即使在不存在自然选择的情况下也会持续发生，由此也会产生生物进化。对于很大的群体，遗传漂变的效应相应较低。群体越大，遗传漂变的效应越弱，但不会消失。在漫长的进化长河中，遗传漂变会逐渐积累成比较明显的效应。遗传漂变是自然选择之外的另外一个进化机理。

遗传漂变最终可使某些等位基因在群体中消失，或取代其他等位基因而固定下来。假设没有因突变产生新的等位基因，遗传漂变的长期效应将会造成一个基因座原有等位基因数目的减少；经过足够长的时间之后，该基因座上将只存在一个等位基因，这种情况叫做**固定**。据计算，固定一个等位基因所需的平均时间大约是群体中个体数两倍代次的时间。例如对于有 1 万个个体的群体，假设自然选择不发挥作用，在某一个基因座上，不管最开始有多少个等位基因，大约经过 2 万代的时间，由于遗传漂变的作用，最终将只有一个等位基因被固定下来，其他等位基因都将陆续在某一时刻消失。至于谁固定谁消失是机会造成的。为了方便大家理解，对于这一原理我们可以做一个引申：人类姓氏的传递在很大程度上也受漂变的影响。假定姓氏没有高低贵贱之分，都同等传递；生育男孩时姓氏继续传递，生育女孩时传递终止。又假定一个群体不再创造新的姓氏，则原有的姓氏由于漂变的作用在历史的长河中将逐渐减少，并逐渐积累出大姓现象。在中国社会存在诸如张姓、李姓等大姓现象，这在其他文化中是少有的。究其原因，可能与中国姓氏历史悠久有关。理论上讲，一个群体经过大约个体数两倍代次的时间，所有人都会姓同一个姓氏。这种情况在小群体确实发生着，例如太平洋的一个岛上几乎所有人都姓 christan。究其原因，应该是姓氏漂变造成群体中姓氏数逐渐减少的结果。

建立者效应：现群体从原来的群体中分离出的一部分个体发展起来，这一小部分个体称为建立者。随之发展起来的群体不管规模有多大，所形成的基因库都来自这些建立者。这个遗传隔离群的建立者所携带的特殊基因可能在遗传漂变的作用下逐渐扩散，基因频率增加，甚至在随后的群体中固定下来，而将其他等位基因淘汰。例如：

（1）在太平洋的东卡罗林岛上的人群存在发生率很高的全色盲，这是一种在世界其他地区发生率很低的常染色体隐性性状。形成全色盲高发原因可能是：历史上有一次强台风袭击该岛屿，夺取了很多人的生命，使全岛只剩下 30 人左右，其中可能有一或数个全色盲基因的携带者，他们成为建立者。由于自然选择对全色盲没有很强的选择压力，这个基因在随后遗传漂变的作用下形成了较高的基因频率。

（2）猎豹几乎都是纯合子，如果把一个猎豹的皮肤移植到另一个猎豹上，几乎不发生移植排斥反应，这里免疫系统不起作用。究其原因，有可能猎豹在历史某一时期经历过种群数目非常少的时期，在这个瓶颈期存在的猎豹就成了随后发展出的种群的建立者，使得猎豹的遗传多样性很低。

8.2.2.3 自然选择与衰老

为什么有寿命和衰老？其中的生物学原因是什么？我们能否避免衰老和死亡？这是历代生物学家和医学家都力图解决的大问题。纵观地球上的生物界，具有相对恒定的衰老和死亡周期的生物主要是行有性生殖的生物。无性生殖的生物，如单细胞的细菌、多细胞的海葵等，虽然它们也会死亡，但一般不存在固定的寿命；或者说在它们的机体内没有衰老和死亡的设定。它们的死亡是由于外界原因造成的。有性生殖的生物存在世代繁衍，上一代在通过生殖期后就会衰老死亡。按照生物进化论，生物的各种特征，无论是体态还是生理特征，都是适应环境的产物，那么有性生殖生物的生老病死的意义是什么呢？我们为什么在相对固定的年龄衰老和死亡？自然选择在其中起到什么作用？

在 20 世纪 40 年代，英国进化生物学家霍尔丹用进化论的眼光解释了衰老和死亡现象。他指出，衰老和死亡其实并不是自然选择的结果，而是自然选择不起作用的结果。在前面提到，自然选择通过个体的相对生育能力来进行优胜劣汰的选择，那些与生育能力有关的基因在选择压力的作用下进化。如果这些基因在与其他等位基因的竞争中处于劣势，那将面临淘汰的境地。但对于在生育期之后才表达的基因则难以受到自然选择的影响。这些基因在突变的作用下难以一直维持良好的状态而逐渐退化为不良基因。在缺乏自然选择的情况下，这些不良基因传给下一代，逐渐积累造成了个体生育期后生命力的下降，最终造成个体的瓦解和死亡。因此对于有性生殖生物来讲，生育期一过，个体就将逐渐衰老、死亡。

有时一个基因有多种效应，有好有坏，例如上面提到的镰状细胞贫血基因是不良基因，但在疟疾高发环境下就表现出好的一面。自然选择权衡的结果往往是：一个等位基因所决定的好性状在生长发育期和生育期表达，而坏的则尽量在生育期之后表达。例如，男性的平均寿命低于女性。男女两性的差异主要来源于雄性激素水平的高低。调查发现那些去势的男性的平均寿命明显提高，说明雄性激素的水平与男性的短寿有关。雄性激素对于维持男性性征和生育能力至关重要，缺乏这一激素的男性不能生育，因而受到自然选择的作用。在这里，产生雄性激素的基因在男性的生育期是好基因，但生育期一过，这些基因则变成不良基因，造成男性短寿。自然选择压力迫使生物在一个基因不能十全十美的情况下，把好的方面放在生育期，坏的留到生育期之后。

霍尔丹的理论解释了生育期之后的衰老问题。但什么时候出现生育期？生育期是怎么维持的？研究发现不同生物的寿命与它们的个体的大小有关。一般来讲，身材较小的生物生育期来得早，寿命也较短；而身材较大的生物生育期相对推迟，整体寿命也较长。这涉及天敌与不良环境的存在与生育策略的问题。在自然界存在两种基本的生存策略：K选择和r选择。通常来说，缺少天敌与不良环境的物种长寿。这是因为在良好环境下，个体总是尽量延长发育期，等到个体比较大时再生育。这样生育的后代体型也比较大，容易存活，并在与同种的其他幼儿的竞争中处于优势。这叫做K选择。如果在环境中充满天敌，比如捕食者，则个体安全通过发育期到达生育期的机会变小。自然选择会迫使其缩短发育期，尽早生育，以确保能够留有后代。这称为r选择。K选择生育的子女较少，但存活率较高；r选择相反，生育的子女较多，但存活率较低。例如小鼠和人同为哺乳动物，小鼠由于有猫、蛇、鹰等捕食者，经常被捕杀，因此采用r选择策略。出生一个月的小鼠就已经进入生育期，可以产子，一次可以产子十几个。小鼠的平均寿命两年左右。人作为万物之灵，缺乏天敌，则采取K选择，发育期长，生育期晚，一般每次只生育一个子女，但子女的存活机会很大，人的寿命也较长。大型的生物，如大象、鲸等都属于K选择的生物。

上述天敌等不良环境与寿命的关系得到了一些实验的证实。如美国科学家斯蒂芬·奥斯达德（S. Austad）研究弗吉尼亚负鼠的寿命与天敌的关系。由于生活在大陆上的负鼠很容易成为多种天敌的食物，而生活在岛屿的负鼠天敌很少，奥斯达德预测岛屿上的负鼠寿命应该长于大陆的负鼠。研究者将负鼠抓来在实验室饲养，结果发现岛屿负鼠寿命确实较长。

8.2.3 物种的形成与灭绝

在生物分类学中，物种是一个基本概念，林奈的任务就是给物种命名，他在做这项工作时总是假定物种是稳定的、不变的。达尔文给自己的书起名为《物种起源》，很重要的目的就是要指出物种是有起源、有发展的，物种是可变的。进化论的思想首先在物种的层面上加以阐明。到了20世纪30年代，遗传学家杜布赞斯基在群体遗传学研究的基础上更加清晰地解释了新的物种形成的过程。

8.2.3.1 物种的概念

物种是一些生物群体，它们之间可以互相交配，并繁育出有生育能力的后代。它们的全部遗传物质形成一个基因库，并通过相互之间有性生殖的方式延续这一基因库；物种是一个相对封闭的遗传体系。一个物种构成了一个基因库的遗传单位。

个体间是否可以通过交配产生可育后代成为判断两个体是否属于同一物种的基本标准。举例来说，尽管不同狗的品种之间在形态和体型上差别很大，但它们彼此之间都是可以产生可育后代的，因此它们属于一个种。狗与野生的山狗（coyotes）和狼（wolves）在行为和社会结构上的差异使它们之间很少发生交配行为，但它们之间仍可以杂交，并且后代可以生育。这种情况说明，狗、山狗、狼仍然属于同一个种。它们是同一物种 *Canis lupus* 的不同亚种（subspecies）。马和驴有时也可以交配并产生后代，叫做骡，但是骡是不能生育的，因此马和驴就不属于一个物种。它们的基因不能在后代混合并稳定地传递下去。

8.2.3.2 新种的形成

新的物种是从原始的物种分化而来的。新种的形成涉及地理隔离和生殖隔离。其基本过程是：

1. 地理隔离：同一物种的生物由于地理上的障碍而分成不同的种群，它们之间不再发生交配和基因交流。产生地理隔离的原因很多，比如一个物种的成员向不同的地区扩散；海平面的上升将同一个大陆分割，形成了不同的大陆或岛屿；河道走向的改变使原处于河道一侧的生物变成分属河道的两侧；地壳的变化，比如大陆漂移，在造山运动中局部隆起形成的山脉等都会分割同一物种的生物，某一地区的沙漠化或其他不适于某种生物生存的生态改变也会将原本生活在一个连续区域的生物分割开，等等。

2. 生殖隔离：由地理隔离造成的不同隔离群内生物朝向适应自身环境的方向进化，同时基因库发生各自独立的变化，以至在它们重新相遇时不能再发生生殖行为，或者说它们的基因不能再相互配合产生有繁殖力的后代，此时不同的隔离群就形成新的物种。形成生殖隔离的生理机制包括：生态隔离、季节隔离、心理隔离、机械隔离、行为隔离、杂种不活性、杂种不育等。

图 8－3 是地理隔离导致生殖隔离的一个实例：美国科罗拉多大峡谷两侧生活的松鼠。在大峡谷北侧生活着一种叫做 Kaibab 的松鼠，而在南侧有一种在形态上十分相像的 Aberts 松鼠。这两种松鼠原来被认为是一个物种，科罗拉多河以及由科罗拉多河冲刷形成的峡谷的出现隔离了原有的松鼠种群，结果形成了两种松鼠。

Kaibab squirrel

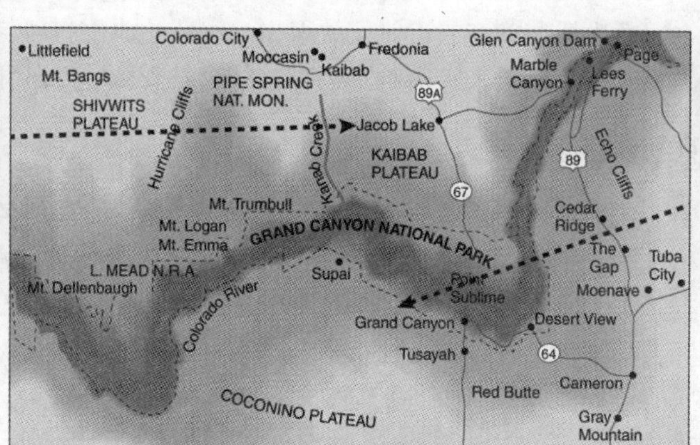

Aberts squirrel

图 8－3 科罗拉多大峡谷两侧生活的松鼠（取自 Concepts in Biology. Fig 13.2）

8.2.3.3 时间种的概念

当一个物种随着时间而发生改变，使后代的表型明显区别于祖先时，则可以归属于一个新的物种，这样认定的物种叫做时间种。时间种是特殊的物种概念，与上述由于地理隔离造成的分支种明显不同。显然不能用是否能发生生殖行为来认定两个时间种是否属于一个物种。时间种的长短与进化速率有关，其划分也有一定程度的主观性。例如现代人类（晚期智人）来源于早期智人，但晚期智人和早期智人不是一个时间种。

8.2.3.4 灭绝

新的物种是由旧的物种分支而来，如果我们逆着时间方向往前推，到几十万年前我们将和尼安德特人合并为一个种，到一百多万年前将和那时分布在欧亚大陆的直立人合并为一个种，到五百万年前将和黑猩猩合并为一个种……由此一直向前追溯下去，地球上所有的物种将会汇集到一个共同祖先那里。地球上整个生命体系将是从一个根经过不断的分支所形成的巨大的生命之树，这样一个树状结构叫做系统树，用来表示一切生物之间的亲缘关系。

如果生物进化仅仅有物种的分支分化的话，地球上的物种应该会越来越多。但事实并不是这样。在可以追溯的古生物年代中，物种数并不是一直向数量增多的方向发展，而是有时多有时少。以哺乳动物为例，在两亿多年的时间跨度内基本上保持着 90 个左右的属。物种没有因分支而增多的原因是物种灭绝的发生，也就是说，不是每一个分支物种都能延续到现在，曾经存在的绝大多数物种在历史的某一时刻灭绝了。现存的物种不及地球上曾经存在的物种数量的百分之一。

物种灭绝的方式有：

1. 常规灭绝：在自然选择的作用下，不能适应环境的物种被淘汰。灭绝可以是种间竞争的结果，造成占据同一生态位的某一物种被排挤而淘汰；也可能是某一生态链遭到破坏，例如珊瑚生态环境或者热带雨林生态系统的破坏，造成这一链中的某些物种灭绝。

2. 集群灭绝：指相对短的时间内大量物种灭绝，例如造成包括恐龙灭绝在内的晚白垩纪灭绝。从化石记录看，在生物进化史上曾经发生过 5 次大的集群灭绝，和几十次规模相对小些的集群灭绝。其中最大的晚二叠纪有 90% 以上的物种灭绝了。究其集群灭绝的原因，很可能是地球地理环境的突然变化造成的，例如气候的突然变冷是导致几次大灭绝的原因；巨大陨石撞击地球则很可能是晚白垩纪大灭绝的原因，在这次集群灭绝中几乎所有体重超过 25 千克的陆生动物都灭绝了，更不用说恐龙这样的巨大动物了。

灭绝尤其是集群灭绝造成了物种多样性的减少，但一些生物的灭绝也为其他生物的发展进化创造了条件。灭绝造成生态位的空出，在随后的年代中将由新出现的物种占据。一般认为 6 500 万年前包括恐龙在内的爬行动物的大灭绝为后来哺乳动物的发展创造了空间和机会，而这种发展最终导致人类的出现。

8.2.3.5　已知的现有物种数量

对现有物种数量的估计变化很大，从几百万种到上亿种不等，这些生物包括：真菌界约 150 万种，其中包括 3 千余种褐藻，1 千 7 百余种地衣；30 多万种植物，包括 28 万多种被子植物、1 千多种裸子植物，其他还有红藻、绿藻、苔藓、蕨类植物等；动物界中，绝大多数是无脊椎动物，其中四分之三的无脊椎动物属于昆虫，约有一百万至三百万种；其他非昆虫类无脊椎动物多数是各种蜘蛛；脊椎动物有 6 万 3 千多种，包括 3 万多种鱼、7 千多种两栖类动物、近万种爬行类动物、约 1 万种鸟类和 5 千余种哺乳类动物。

8.2.4　现代综合进化论

8.2.4.1　达尔文进化论面临的困境及其解决

在 19 世纪中叶达尔文等提出进化论时，生命科学还没有充分发展。达尔文虽然天才地推测出自然选择是造成进化的根本原因，但在当时还缺乏其他科学材料的支持，更有其他科学研究的不成熟和错误观念也造成了人们对进化论的指责和怀疑。当时自然选择学说存在所谓的三大困难。第一是缺少过渡型化石。达尔文的进化论主张生物进化是连续进行的，但地层中的化石记录却是不连续的，这对自然选择学说构成了挑战。在 20 世纪 70 年代，美国古生物学家古尔德（S. J. Gould）等提出间断平衡（punctuated equilibrium）学说，认为生物进化并不是均匀发生的，而是有时快有时慢，是渐变与突然变化交替进行的过程。另外还应考虑到化石的形成条件十分苛刻。现在发现的化石仅仅是过去存在生物的“抽样”，不可能完全还原过去的全貌。第二是生物进化时间与地球的年龄的矛盾。当时的科学计算的地球年龄只有一亿年左右，不能满足生物进化的时间需要。这一质疑随着宇宙学将地球年龄修正为50亿年而自然消散。第三个困难是最致命的，达尔文不能提出一种合理的遗传机制来说明变异是如何产生，而优势变异又是如何能向后代传递的。达尔文也意识到了这一点，在《物种起源》发表后的几十年中他一直致力于构造一种理论，以对此加以说明，但是并不成功。而这一问题，随着生命科学的发展，尤其是细胞学和群体遗传学的发展，通过魏斯曼提出的种质连续论和随后的群体遗传学得以逐步解决，进化论的思想变得更加明晰，其中存在的错误观念也得以逐渐修正。这一系列成果最终归结为现代综合进化理论。

8.2.4.2 现代综合进化论

孟德尔遗传学提出生物的遗传基础是决定各种性状的遗传因子，1909年约翰逊将这一概念改称基因，1910年摩尔根发现果蝇产生新的变异，可按照孟德尔的遗传方式传递。1927年H. J. 马勒用X射线在果蝇等生物诱发基因突变，可导致生物表型的改变，并且可以遗传。因此达尔文理论所指的可遗传的变异实际上是基因突变的产物。这样，现代遗传学就解决了达尔文进化论中可遗传的变异的来源和如何向后代传递的问题。

将孟德尔遗传原理结合生物统计方法，所发展出的群体遗传学对达尔文进化论的思想进行了量化的处理，所提出的基因频率、适合度、选择系数、平衡选择等概念对原有的自然选择概念做了进一步的说明。比如，将进化理解为群体中基因频率的变化；将自然选择理解为不同的环境因素对基因频率的影响；将适应理解为适合度较高，等等。此外，还进一步提出平衡多态、遗传漂变的等进化机制，丰富了进化论的基本思想。到20世纪的30年代，费希尔（R. A. Fisher）、杜布赞斯基（T. Dobzhansky）等人将群体遗传学的成果总结为现代综合进化论。它是进化论与遗传学相互结合的产物。

现代综合进化理论的基本观点包括：

（1）基因突变、染色体畸变和通过有性生殖而实现的基因重组是生物进化的原材料。

（2）进化的基本单位是群体而不是个体，进化体现在群体中基因频率的改变，并由此造成的表型改变上。

（3）自然选择决定进化的主要方向，生物对环境的适应性是长期自然选择的结果，遗传漂变是造成进化的另一原因。

（4）隔离、突变和选择导致新种的形成。长期的地理隔离导致隔离群发生彼此独立的突变和选择过程，最终导致生殖隔离，并由此形成新种。

现代综合进化论继承和发展了达尔文学说，能更好地解释各种生物进化现象，达尔文进化论从一开始的一种解释物种进化机理的假说演变成了研究范围广泛的进化生物学（evolutionary biology）。进化生物学在对进化机制的研究上，除了研究具体生物特征和物种的进化外，还包括种群以上更高级分类群的进化问题，即所谓的大进化，包括生态系统的进化、进化系谱的研究等；还包括进化的具体过程、进化速率、进化趋向、物种的形成和灭绝等，以及生命的起源和化学进化等过程。

8. 2. 5　进化论的发展及一些内容的澄清

8. 2. 5. 1　进化论中一些易被错误理解的概念

生物进化论已经成为一种被广泛接受的解释生物由来的理论，但其实很多人并没有完全理解进化论的思想，形成了许多错误观念，其中很多是想当然形成的，并不是达尔文进化论的本意。

1. 进化是生物由低级到高级的发展过程吗？

并不是，进化是以对特定环境的适应为前进目标的。一个物种对环境的适应越成功，它就越能存在。环境的变化迫使环境中的生物也不断变化，进化只是发生在时间上的前后差别，没有低级和高级之分，况且低级和高级的概念是模棱两可的，使用不同的标准可以产生不同的结果。

2. 低等生物比高等生物原始吗？

不是，任何现存生物都有共同祖先，它们都经过了同样长的进化时间。而且实际上属于低等生物的原核生物的种类更多、数量更大、分布更广，说明对环境适应更强。地球上有许多“高等生物”不能达到并存活的地区都是原核生物的世界，如很深的地下、火山口、高盐高热的水环境等。

3. 进化是从简单到复杂的发展过程吗？

不是，为了适应环境，简单生物有可能变得复杂；也可能改变自身，变成另一种简单形式；甚至变得更简单，例如细菌甩掉内含子，使基因组变小，以利于快速复制。复杂的物种也可进化成简单生物，比如寄生生物视觉的丢失。可以说结构相对复杂的生物出现在更晚的时期，但这只是生物多样性变化带来的必然趋势，但并不是具体物种的必然进化趋向。

4. 人类是由猴子进化而来的吗？

准确地说，不对。应该说存在一种人和猴子的共同祖先，这一祖先物种发生分歧进化，形成了包括人和猴子在内的各种灵长类动物。人类和猴子平行进化，各自走过了上千万年的历程，其进化都是朝向适合于自身环境的方向，比如某种猴子适合于某种热带雨林，如果人的祖先也一直生活在这一环境中，就不可能进化成现代人类。另外，现代的猴子已经没有机会进化成人类。因为猴子已经进入另一条进化道路。猴子必须退回到人类和猴子分家的那一刻，也就是人类诞生的起点再行进化。但这是不可能的。进化是有时间指向的，是不可重复的、唯一的事件。

进一步说，生物对环境的适应性具有历史的特征。任何现有的适应状态总是在之前所存在的适应状态的基础上发展起来的。生命的现状严重依赖于进化的途径。在生命历史的长河中，任何阶段生命的状态都会对后来的进化渠道产生影响。假如生命进化过程重来一次，即使有 99. 9% 的时间段环境因素绝对一致，那 0. 1% 的差异也足以使现代生命形态呈现完全不同的状态。很多生物体的结构和生理之所以没有出现最佳的适应状态，例如不完全适合站立的人类脊椎的构造、人类阑尾的存在、男人多余的乳头等，都是基于这一原因。

5. 进化是物种由少到多的过程吗？

由于同时存在物种的分歧进化和灭绝两种机制，物种总是时多时少，这在前面“物种的形成与灭绝”一节中已经有较详细的说明。但如果不考虑在生命诞生伊始与 DNA 生命相互竞争的其他生命形式，单就 DNA 形式的生命发展而言，比起生物进化之初，物种确实变多了，但随后就不一定了。

6. 进化论可以证明吗?

提出这样的问题多半出于对进化论的不了解。长期以来，一些物理学家，甚至某些生物学家认为进化理论不完全符合科学理论的标准，例如生物进化过程不能在实验室里重复和验证。但实际上这是一种误解。有很多方式证明进化论的正确性，姑且不谈比较解剖学、分子生物学、化石研究等间接证据，单就在实验室中就有许多模拟进化过程的实验，比如细菌的耐药性的产生，新的生物品种的人工选择等。有人争辩说这还是不能还原进化的原过程，这些人大概忘了各种物理实验也不能完全还原实际的物理过程。例如宇宙学不可能还原宇宙大爆炸的过程，只是进行推测和验证，而生物进化论也大致如此。无论是大爆炸理论还是生物进化论，都有无数的研究证明了它们的正确性。这一点在分子进化一节中还要进一步说明。

8.2.5.2 广义的进化理论

1. 小进化和大进化，这是对不同层次生命现象进化研究而提出的概念。

小进化：物种自身特征的维持和变异规律。

大进化：以更高级的生物分类单元（如门、纲等）为考察对象，研究生物物种规模进化的规律。

2. 物种大爆发与集群灭绝现象。

科学家在大进化的研究框架内提出了“协同进化”的观点，认为不同物种形成的群落是在一定时期内作为一个整体一起进化的。在进化速率上表现为物种演化速度较慢的稳定时期和短期发生的快速演化时期。快速演化阶段会有大量物种消失，进化出新的物种取代旧有的物种。物种常常以集群的方式，或者说以成组的方式，同时产生和同时消失、这称为物种大爆发与集群灭绝。

8.3 分子进化与中性进化学说

生物进化发生在生物系统的不同层次上，表型、解剖、生理、习性等只是传统关注的层次；之上还有群体、群落、生态系统、生物圈的进化过程；之下有细胞结构、亚细胞结构和生物分子的进化等。这些进化既相互重叠、相互影响，也各有自己的特点。遗传物质的改变是所有进化的来源，在不同层次的进化中，自然选择和遗传漂变都在起作用，只是作用的大小程度有所不同。本节讨论的核酸和蛋白质的进化属于分子进化，它与宏观的表型进化虽然都受到自然选择和遗传漂变的影响，但生物体表型的进化主要受到自然选择的驱使，而在分子进化层次上，遗传漂变的作用明显增大，特别是在 DNA 水平上。

分子进化是地球上最早出现的生物进化，且贯穿于生物进化的始终，而以物种为单位的进化发生在生物进化较后的阶段。

8.3.1 分子进化

分子进化有广义的和狭义的理解。广义的分子进化是指生物在进化过程中，生物分子结构和功能的变化过程，包括生命的化学起源、各种层次的生命分子（包括氨基酸和核苷酸，糖类、脂类、蛋白质、核酸及其他生命分子）的起源和进化过程等。狭义的分子进化主要是指核酸碱基序列或蛋白质氨基酸序列随时间的改变过程（如图 8－4 所示）。蛋白质氨基酸序列的改变取决于DNA碱基序列的改变，但大多数DNA碱基序列的改变并不导致蛋白质氨基酸序列的改变。本节主要讨论DNA碱基序列和蛋白质氨基酸序列的进化，也涉及与蛋白质分子的结构和功能的关系。分子进化速度以碱基或氨基酸的替换率表示。有关生命起源和化学进化的内容将在下一章论述。

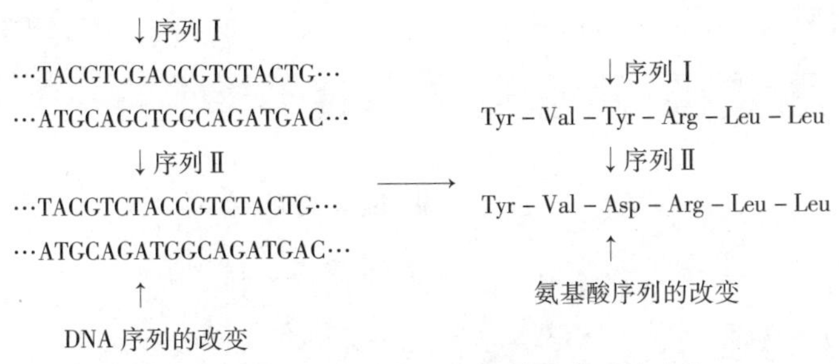

图8－4 DNA碱基序列和氨基酸序列的改变

8.3.1.1 分子进化的研究方法

要想得知DNA分子或蛋白质分子是否在进化以及进化的具体过程，其基本做法是对不同生物进行同源DNA碱基序列或同源蛋白质氨基酸序列的比较，同源蛋白质结构和功能的比较等。DNA和蛋白质测序方法的迅猛发展为这种研究创造了极大的方便。在20世纪80—90年代进行DNA测序还是相当麻烦、低效和昂贵的；目前测序费用的直线下降使得DNA测序的数据快速积累，使得DNA序列分析成为最常规的生物学研究方法之一。与DNA序列测定相比，蛋白质上氨基酸序列的测定难度相对大些，因此通常进行编码的DNA测序，再根据遗传密码推测所决定的蛋白质氨基酸序列。

所谓同源DNA或同源蛋白质是指在一定的时间范围内起源相同，在进化过程中相互分家的DNA或蛋白质。可通过碱基或氨基酸序列的比较，或蛋白质功能的比较找出它们的相像性；同源蛋白质通常行使相同或相似的功能，例如血红蛋白和肌红蛋白就具有同源性，它们之间的氨基酸序列具有很大的相似性，都具有结合氧气的能力。不同物种之间DNA或蛋白质之间也可分析其同源性，通过序列比较可以确定不同物种之间的进化关系。

8.3.1.2 分子进化的基本特点

分子进化有两个主要特点：DNA或蛋白质序列进化速度的相对恒定性和关键位置进化的保守性。

1. 序列进化速度的相对恒定性：以核酸或蛋白质的一级结构在单位时间内的替换率作为进化速率的度量，所测定的多数分子进化速度几乎是恒定的。例如：不同动物血红蛋白氨基酸的年替换率大致为10^{-9}。即使在表型进化停滞的“活化石”如杰克逊鳖，其现有的形态与远古化石的形态几乎一致，但其血红蛋白的分子进化速度与其他物种基本一样，都是每个氨基酸每年约10^{-9}的替换率。

2. 关键位置进化的保守性：引起表型发生明显改变的碱基或氨基酸替换率较无明显表型效应的替换率低，对生物生存制约性大的生物大分子进化速度慢于与生存压力关系相对较小的生物大分子。例如，血纤肽的氨基酸替换率是血红蛋白的7倍，这是因为血红蛋白的空间结构与其携氧能力关系很大，与蛋白质空间结构有关的一级结构相对保守；而血纤肽是血液中纤维蛋白原在凝血酶作用下切割下来的多肽。纤维蛋白原切去血纤肽后形成纤维蛋白，参与凝血块的形成，而血纤肽则不再具有功能，因而其上的氨基酸的替代较少受到自然选择的影响，故替换率较高。在同一个分子内部，关键氨基酸的替换率明显低于非关键部位。图 8-5 所示的是在细胞周期进程中起关键作用的三种周期蛋白（cyclin）某一段同源氨基酸序列的比较。这三种周期蛋白一些位置的氨基酸保持一致，另一些位置的氨基酸则可以发生替换。那些保持一致的氨基酸与周期蛋白在细胞分裂完成后被降解有关，如果这些氨基酸在进化过程中被替换了，将导致该周期蛋白不能及时被降解，使细胞不能正常分裂，影响个体的发育和存活。

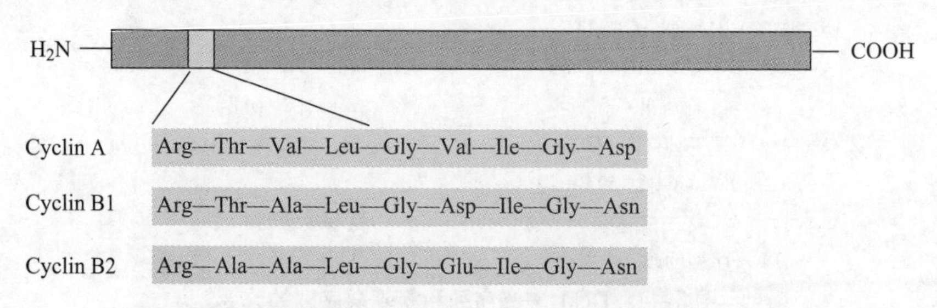

图 8-5　三种周期蛋白（cyclin）某一段同源氨基酸序列的比较
（氨基酸用三字母的英文缩写表示）

对于 DNA 序列，发生在非编码序列上碱基替换率高于编码区序列，内含子碱基的替换率高于外显子碱基的替换率。密码子中第三位碱基替换率高于前两个碱基，编码区内的同义替换率高于错义替换。可以说，能够逃避自然选择的 DNA 序列发生碱基替换的可能性都高于受到自然选择制约序列的替换率。

一种蛋白质对生命过程越重要、越基本，就越可能在所有的生物中都存在。这是因为它们不容易通过较多氨基酸替换而进化成新的蛋白质，或者失去功能。这种情况叫做蛋白质的保守性。

3. 垃圾 DNA 的存在。

基因组中除了能转录的 DNA 序列外，绝大多数 DNA 序列看不出有什么功能，被称为垃圾 DNA。很多垃圾 DNA 或是转座机制或串联重复序列增加造成的，或是长期进化遗留的基因“化石”。

对于那些失去功能，或可能转录出有害蛋白质的原始基因，细胞可以通过使其甲基化等方式防止这些基因表达。当这些限制失灵时，化石基因就可能复活，生物就会出现返祖或病理现象。

8.3.1.3　蛋白质的演化

通过对蛋白质分子进化的研究，可以得出如下结论：

（1）越是功能上重要的蛋白质，演化的进程越慢。这些蛋白质存在于几乎所有生物中。复杂的生物进化出特殊功能的蛋白质。这些后发展出的蛋白质决定了物种之间的差异。

（2）越重要的蛋白质空间结构就越保守，对空间结构影响小的氨基酸的替代发生的可能性大。许多蛋白质有相同或相似的空间结构，称为结构域，执行相同或相似的功能。结构域平均由 100~200 个氨基酸残基构成。已知构建蛋白质功能模块有一百多种。这些模块的组合形成了多种蛋白质。

手性分子的起源：在有机分子的旋光异构体中通常只有一种构成生命分子，例如合成蛋白质的氨基酸为 L 型、生物体所使用的葡萄糖为 D 型等。现在认为，这种对称性的破缺是自然选择的结果。物理学家认为，旋光异构体的物理特性有差异，从而在进化过程中造成可选择性。另外，生命分子之间的相互作用要求分子之间的空间结构必须协同进化，使得一旦有一种旋光异构体被选中，在进化过程中就会一直保持下去，很难中途更换。手性的异常可能与某些疾病的病理过程有关。

8.3.2　中性进化学说

鉴于在分子进化研究中发现的大量由于保存下来的随机突变而产生的进化。日本学者木村资生在 1968 年提出中性进化学说。这一学说的要点是：

（1）在分子水平上存在的大量突变既不是有利的，也不是有害的，它们在选择上是中性的或接近中性的，并不影响个体的适合度。

（2）中性基因在群体中的频率的增减、固定或消失主要由遗传漂变引起，自然选择只起到次要作用。由此产生的进化称为中性进化。

（3）功能上次要的基因比功能上重要的基因进化速率快。中性进化和由选择引起的达尔文进化一起是生物进化的基本动力。

在 DNA 水平上之所以存在中性突变，主要是由于在基因组中存在大量的不影响基因表达的非编码序列，如发生突变并不影响蛋白质氨基酸的序列构成。在编码区发生的碱基替代如果是同义突变，也不会影响所决定的氨基酸序列；即使基因突变影响到氨基酸序列，但如果只造成较次要的氨基酸的替代，对蛋白质功能影响很小的话，也算是中性突变。

中性突变造成在分子水平上的大量遗传变异，形成了在群体中丰富的遗传多态和个体差异。这些多态的等位基因属于正在漂变过程中的基因，其命运可能是消失，也可能是固定，这与平衡选择造成的多态性不同。中性突变总是随时产生，随机漂变，又随机消失。

8.3.3　分子钟和分子进化树

8.3.3.1　分子钟

基因突变率与环境中致突变因素的存在及细胞内突变修复机制有关，在进化的长河中，单位碱基发生的基因突变率具有相当的稳定性，中性的基因突变因不受自然选择的作用而可能发生随机的固定，宏观地看就是一个物种某个位置的碱基发生了替代。基因突变率的相对恒定造成一个物种碱基替换率的相对恒定，因此可以根据碱基替换率，通过统计单位长度 DNA 中碱基替换数，来得知这一进化过程所经历的时间长度。

同样，由于中性突变造成的蛋白质一级结构中氨基酸替换率也是相对恒定的，故也可以通过统计单位长度多肽序列中氨基酸的替换数，来推算蛋白质分子的进化时间。这样，我们实际上是利用碱基或氨基酸的替换率的相对恒定性设计了一种钟，用来计算分子进化以及物种进化的时间。这种钟叫做分子钟。

碱基和氨基酸替换率计算的时间依据是化石记录。通过找到两物种分歧确切的化石并测定这些化石存在的年代，就可以得知两者从共同祖先产生分歧的时间，再测定两物种碱基或氨基酸残基的替换数，就能算出替换率，由此构建一个分子钟。在标定分子钟时，只需要检测少量物种之间分歧的化石记录就可以，然后画出回归曲线（图 8－6）。对于其他任意两个物种，只要测定其碱基或氨基酸差异的比例，就可根据标定好的分子钟，推算出分歧的时间。

举例说明：使用血红蛋白 α 链的分子钟来计算人和鲨鱼分家的时间：血红蛋白 α 链有 139 个氨基酸。人和鲨鱼血红蛋白 α 链氨基酸的差异数是 74 个，其氨基酸差异比例（P_d）是：$P_d = 74/139 = 53.2\%$。

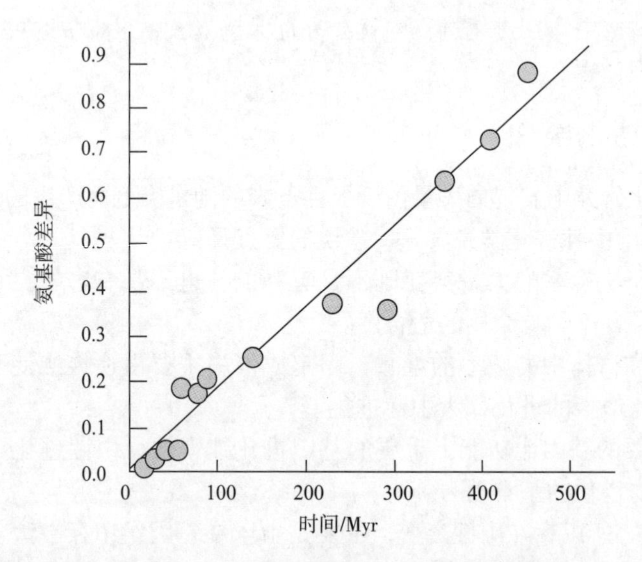

图 8-6　分子钟的构建，先测定已知分歧时间的物种之间的氨基酸差异，标定在坐标中，然后构建回归曲线，由此标定分子钟。其他未知生物之间的分歧时间可由该分子钟确定

但这种现存的差异往往比实际发生的氨基酸替换率小，因为有些氨基酸的替换不能被观察到。例如两种血红蛋白 α 链同一位置上如果各自发生一次氨基酸替换，应该算两个替换，但在比较时只能算成一个；再如在血红蛋白 α 链同一位置上发生了回复替换，则尽管实际发生了两次替换，但却观察不到，等等；因此需要对计算得来的氨基酸差异比例进行校正，以得到实际氨基酸替换百分比 K_{aa}。公式是：

$$K_{aa} = 12.3\text{Log}_{10}\ (1 - P_d)$$

将人和鲨鱼血红蛋白 α 链的 $P_d = 53.2\%$ 代入公式，得到 $K_{aa} = 75.8\%$。

已知血红蛋白 α 链的氨基酸的替换率为 0.9×10^{-9}，则造成 75.8% 氨基酸替换所需的时间为：

$$75.8\% \div (0.9 \times 10^{-9}) \div 2 \approx 4.2 \times 10^{8}\text{(年)}$$

也就是 4.2 亿年。这里之所以要除以 2，是因为两者分家后沿着两条不同路线进化，两序列氨基酸的差异是两条不同进化路线氨基酸替换累加的结果，因此要除以 2 以得到实际分离的时间。

人和马的血红蛋白 α 链有 18 个氨基酸的差异，同样计算，结果是人和马大约在 8 000 万年前分家。

生物有许多 DNA 分子或蛋白质分子可以当作分子钟使用，但不同分子钟的走动速度不同。例如病毒 DNA 的突变率最高，进化速度最快，用作分子钟时，检测时间跨度短的进化过程，可比喻为分子钟的秒针；线粒体 DNA 的突变率低于病毒，但高于核 DNA，其同义置换的频率比核 DNA 快 7 倍，可以当作分子钟的分针；核 DNA 突变率最低，可比喻为分子钟的时针，用于计算较长时间跨度的进化事件。

8.3.3.2　分子进化树

以上我们可以看到，通过比较不同物种碱基或氨基酸的替换数，就可以得出任意两个物种分家的准确时间。在确定许多物种分歧时间的基础上，就可以勾画出这些物种的进化树，这种进化树叫做分子进化树。

可以使用任意碱基或氨基酸的替换率相对恒定的 DNA 或蛋白质分子构建分子进化树，前提是所涉及的物种必须具有同源的 DNA 或蛋白质分子，因此使用那些在多数生物中普遍存在的保守碱基或氨基酸序列是构建比较全的分子进化树的前提。

下面看一下从细胞色素 c 氨基酸序列的比较得到的分子进化树。细胞色素 c 是需氧生物普遍具有的一种蛋白质。从原核生物到真核生物、从单细胞生物到多细胞动植物，都具有细胞色素 c。不同生物的细胞色素 c 在结构上有差异，但在这些生物中它的作用是相同的。即这些结构差异没有影响到功能，因此它们在选择上是中性的。对其氨基酸序列测定所构建的进化树可以涵盖绝大多数生物。

人的细胞色素 c 由 104 个氨基酸组成。黑猩猩的细胞色素 c 氨基酸序列与人完全相同，罗猴的细胞色素 c 的氨基酸序列与人的差异为 1；马、果蝇、向日葵、链孢霉、红色螺菌的细胞色素 c 与人的氨基酸序列差异数分别是 12、27、38、48 和 65。由此可见，不同物种细胞色素 c 氨基酸的差异数反映了它们的亲缘关系远近（图 8 – 7）。

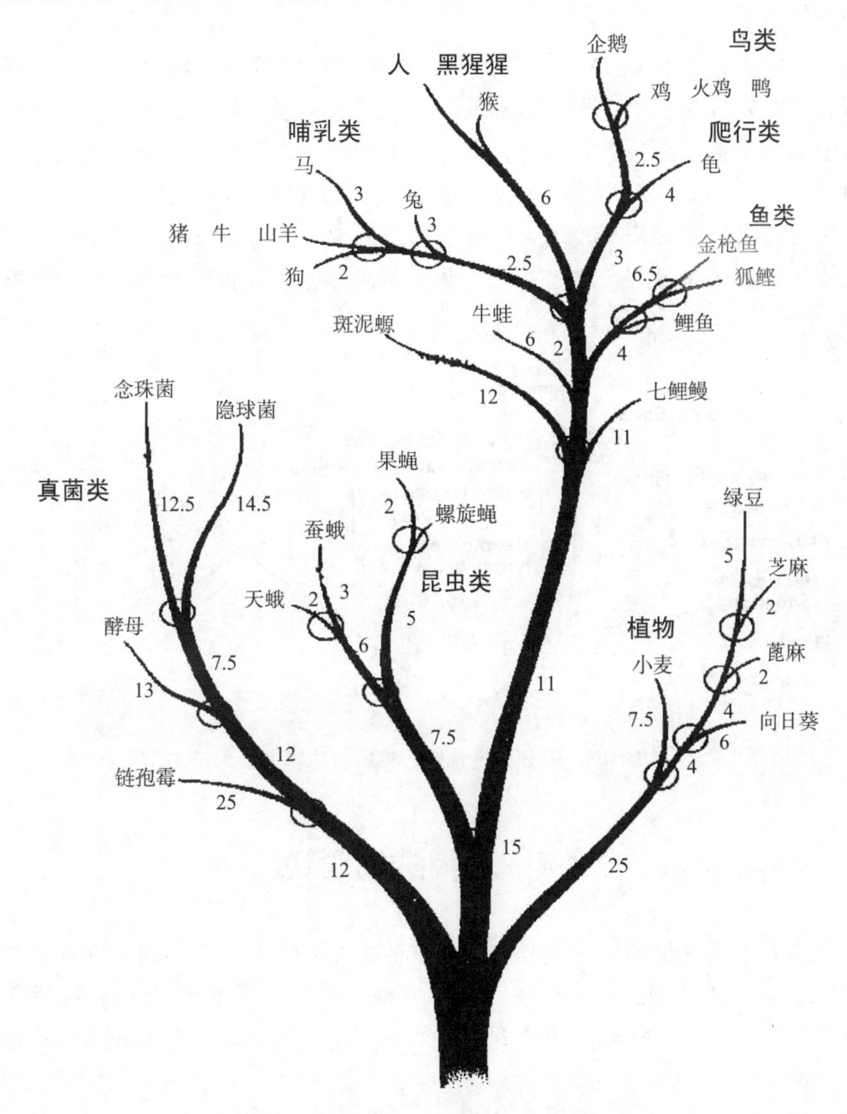

图 8 – 7　细胞色素 c 的分子进化树

使用其他保守蛋白质也可以构建其他的分子进化树。研究结果表明，不同蛋白质的分子进化树的分支形态高度一致。它们与使用传统方法构建的进化树也基本一致，但有小的改动。

氨基酸序列决定于 DNA 中的核苷酸序列，对不同生物 DNA 的同源碱基序列的比较是确定它们亲缘关系更直接的方法。例如，对人和多种灵长类动物中编码碳酸酐酶的 DNA 的测序比较显示，以人为标准，黑猩猩核苷酸置换数为 1，猩猩为 4，猕猴为 6，狒狒为 7，同样反映了人类与这些灵长类生物之间进化分歧的时间。通过 DNA 同源序列的比较得出的分子进化树与蛋白质分子进化树基本一致，与根据表型进化研究得出的结果，例如有关化石在地层中出现年代的顺序也一致。这些结果说明使用分子钟构建的进化树是可靠的，也证明达尔文的生物共同起源学说的正确性。

8.3.3.3 三主干六界学说

如果想构建包含地球上所有生物的分子进化树，就要找出一种在所有生物都存在的分子进行序列比较。rRNA 可担此任，这是因为所用生物都必须使用核糖体合成蛋白质，rRNA 是核糖体的组成成分。

通过比较不同生物 16S rRNA 序列的差异，构建了包含所有生物的分子进化树。这棵进化树可将所有生物划分为三个主干，即细菌、古生菌、真核生物。这三类在三十亿多年前分道扬镳。其中真核生物又划分为四个界，即原生生物界、真菌界、植物界和动物界，加上细菌和古生菌两个界，构成了六个界。由此提出了三主干六界的生物分类方法（图 8－8）。此外，分子进化的研究结果支持真核细胞的共生起源假说。即真核细胞来源于与古生菌的共同祖先，在真核生物的进化过程中通过吞噬某些细菌而形成了细胞内的线粒体和叶绿体。

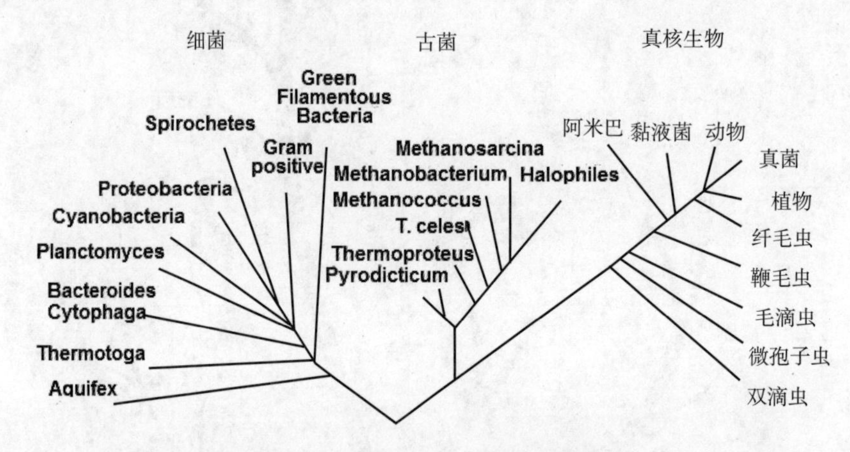

图 8－8　16S rRNA 的分子进化树，将所有生物划分为三主干六界

8.4　基因选择学说

科学上的重大发现往往带来对人类尊严的重大打击。哥白尼的日心说让我们的家园从宇宙的中心“迁”到了一个微不足道的角落，达尔文的进化论让我们知道我们的祖先并不高贵，不过是一种猿，而弗洛伊德的精神分析说使我们人类再也无法认为自己是理性的动物。

——弗洛伊德

达尔文的自然选择学说解释了各种生物性状的产生原因是源自对所在环境的适应性。直到20世纪60年代之前这种解释还主要限于对外在特征，生理过程，某些行为，如捕食、反捕食等的解释，还没有对许多动物的复杂行为，例如动物的社会性、互助行为、两性行为等给予有力的解释，而动物的行为和神经系统活动，包括人的行为和心理特征等，显然也具有适应的意义；适合度高的行为得以保留和进化，适应度低的行为被淘汰；但是在动物和人类中存在一些与生存竞争策略似乎相悖的行为，如互助行为、自杀、同性恋等，自然选择学说如何解释这些？

基因选择学说对此进行了解释。到70年代美国动物行为学家威尔逊（E. O. Wilson）在所著的《社会生物学》一书中将对动物行为的研究结果推广到人类的行为，引起了很大的轰动和保守人士的攻击。到1990年后，对动物和人类行为的研究发展出进化心理学。进化心理学听起来似乎是心理学的分支，实际上是达尔文进化理论用于对动物和人类行为以及对这些行为背后的神经活动的研究。这些研究结果进一步证明达尔文自然选择学说的正确性，同时也说明了动物和人类的各种行为和心理特征具有进化上的适应意义。

本节只介绍其中的行为遗传学、利他行为和进化上的稳定策略。

8.4.1 行为遗传学

1960年前后，动物行为学和遗传学开始交叉，形成行为遗传学，将行为也纳入表型的范畴，用以研究动物行为的遗传基础。其基本问题是：基因如何控制行为？这些行为是否可以进化？

8.4.1.1 动物行为的遗传性

研究发现某些动物行为确实可作为基因作用所形成的表型。看一下下述经典事例：

蜜蜂是典型的社会性生物，它们的社会行为具有分工。拿雌蜂而言，有专司生殖的蜂王和不管生殖但负责照顾和养育蜂王后代的工蜂。其中有的蜜蜂品系的工蜂有将死于蜂房中的幼虫叼走弃掉的行为，而有的品系则没有这一行为。为了探明这一行为的遗传性，研究者使用孟德尔的杂交方法对两者进行杂交，然后观察后代的行为。为了叙述方便，我们姑且将叼走遗弃死去幼虫的品系称为卫生蜂，将没有这种行为的品系称为非卫生峰。卫生蜂的工蜂的这一行为包括两个动作：咬破蜂室的蜡盖、把死去的幼虫叼走。

当卫生蜂与非卫生蜂杂交，后代（F1）全都是非卫生蜂。当F1世代与卫生蜂品系交配时产生四种不同行为型的个体，除了卫生蜂和非卫生蜂外，第三种行为型可以咬破蜡盖，但不把死幼虫叼走；第四种个体不会咬开蜡盖，但如果蜡盖被人为打开，却能把死幼虫叼走。四种行为型的发生频率大体相等。

显然，这符合孟德尔的决定两个性状的基因的自由组合律。其中一个基因只决定咬破蜡盖的行为，另一个决定把死幼虫叼走的行为，这两个等位基因都是隐性基因。卫生蜂同时具有决定这两个行为的等位基因，而非卫生蜂不具有这两个等位基因。F1代作为双杂合子，这两个性状都被隐藏了。F1代与卫生蜂进行回交后即出现了四种行为型，其比例符合孟德尔所预期的比例。

当然，一个基因就决定一个行为只是罕见的特例。绝大多数动物的行为遗传涉及许多基因的共同作用，比这个例子要复杂得多，属于多基因遗传，并受到环境因素，特别是学习的明显影响。但是行为受到遗传控制是没有疑问的。

8.4.1.2 行为的遗传与进化

行为是可以进化的。例如猫夜行的习性是由于其猎物老鼠也多是在夜间出来活动，猫和老鼠的行为产生了共进化。行为遗传的研究者通过人工选择，可以在实验室中造成动物行为的进化。例如，1958 年科学家使用丫形迷宫研究一种果蝇的趋光行为。迷宫的一个臂是明亮的，另一个是黑暗的。研究者记录每个果蝇飞行趋近光源的次数，将趋光次数最多的和趋光次数最少的果蝇分别饲养繁殖。在对下一代的实验中，对强趋光品系果蝇再选取趋光次数多的个体饲养，对弱趋光品系果蝇选取趋光次数少的个体饲养。这样连续选择 29 代后，得到了趋光的果蝇和避光的果蝇两种品系。

8.4.2 基因选择学说

一个可遗传和进化的行为必须有利于提高个体的适合度。一个“自私”的行为得以存在和进化，这似乎比较容易被自然选择学说所解释，毕竟“自私”的行为有利于个人的存活和生育后代，但实际上很多生物，特别是社会性生物存在许多“利他”的行为，例如照顾同伴、帮助同伴觅食、相互驱除寄生虫等。有的时候某些利他行为会威胁到自身的安全甚至生命，比如蜜蜂的工蜂具有刺螯行为，这种行为对蜜蜂而言是致死的，因此并不轻易发动，只有在它感到蜂巢遭遇威胁时才会产生。问题是这种刺螯行为对工蜂自身有什么好处？在人和动物中更多看到并习以为常的是父母，尤其是母亲，对其子女所表现的照顾和抚养等利他性行为。这些行为产生的遗传基础是什么？它们是怎样进化而来的？

8.4.2.1 相对于群体选择的基因选择学说

针对这些似乎难以用自然选择解释的利他行为，主要发展出了两种学说：

1. 瓦恩－爱德华兹（Wynne－Edwards）在 1962 年提出了“群体选择”理论。

这一理论认为达尔文的生存竞争在物种之间展开，为了整个物种的更大利益，个体可能成为牺牲品。如果一个群体的个体成员为群体的利益牺牲自己，这一群体就会比个体成员把自己的利益置于首位的群体有选择优势，群体的规模就会逐渐扩大，因此被选择出来，而“自私”的群体将会被淘汰。换句话说，有一种群体的适合度，需要比较两个群体的适合度来决定哪个群体适合留存，并扩大该群体的基因库。

这一学说的致命缺点是它无法防止导致“自私”行为的基因突变的产生，并在群体内取得优势。因为尽管“无私”的基因对群体有提高适合度的好处，但一旦某个体不遵守群体的“利他”规则，则与群体中其他个体相比将获得选择优势，并通过自身较高的适合度不断遗传给后代，最终从内部瓦解群体共同的利他规则。

2. 基因选择学说。

这一学说认为，自然选择的基本单位不是物种，也不是个体，而是个体所携带的基因，并且基因决定行为，凡是有利于基因拷贝数增加的行为都会成为自然选择的优胜者而存在，反之则灭亡。这是美国进化生物学家乔治·威廉姆斯（George C. Williams）在 1966 年提出的。他认为一个基因可以通过控制某种行为，来帮助具有自身拷贝的其他个体，提高这些个体的适合度可以造成自身基因拷贝数目的增多。这样就会出现个体的利他行为，其最终后果是导致决定这种行为的基因拷贝数目的增多。因而利他行为得以进化出来。

英国生物学家汉密尔顿（W. D. Hamilton）在 1964 年提出近亲选择（kin selection），以解释家族内部利他行为的起因。在本书的第 7 章曾介绍了“亲缘系数”的概念。亲缘系数是指两个有共同祖先的个体在某一基因座上具有相同等位基因的概率。一个个体的父母，子女和同胞之间的亲缘系数为1/2，也就是说当一个动物或人具有某一等位基因时，他（它）的父母，子女和同胞具有同样等位基因的概率是1/2。一个个体父母的父母、子女的子女、父母的同胞和同胞的子女等的亲缘系数为1/4。堂（表）兄弟姐妹之间的亲缘系数为1/8，等等。亲缘系数的大小决定了利他行为的强弱。两个体之间的亲缘系数越大，近亲选择越强烈。

假设一个个体产生救助他人生命的行为，却会因此导致自身的死亡，那么通过自然选择，这种行为会不会以及在什么情况下出现？如果它救助一个兄弟姐妹的生命，并因此丧生，那么它体内的基因将损失掉，但在它救活的兄弟姐妹的身上有它的半数基因得以继续存在，也就是说这个行为导致它一半的基因损失；但假如它救助三个兄弟姐妹的生命，并因此丧生，则它自身损失的基因可由它救活的兄弟姐妹补偿，并且其拷贝数还有可能增加，则这种行为可以获得选择优势，导致这一行为的等位基因频率将上升。因此越是近亲，救助行为使其他个体得到的好处越大，这种行为的适应意义就越大。对于人类而言，相对于其他人，人们更倾向于帮助自己的近亲；相对于外民族，更愿意帮助本族人；相对于其他生物，更愿意帮助人类，等等，都是这个道理。其实属于同一物种的任意两个个体之间多少会有一些共同的等位基因，这些共同基因的存在成为帮助他人的遗传基础。

利他行为获得选择优势的条件：所谓个体A对个体B进行投资是指个体A牺牲对自身在内的其他个体的投资而增加了个体B的生存机会，因而所付出的所有代价和收益可以按适当的亲缘系数和其他因素进行加权计算。根据不同亲属的亲缘系数，一个个体某一行为模式的净收益＝对自己的利益－对自己的风险＋1/2对兄弟的利益－1/2对兄弟的风险＋1/2对另一个兄弟的利益－1/2对另一个兄弟的风险＋1/8对堂兄弟的利益－1/8对堂兄弟的风险＋1/2对子女的利益……如果结果是正值，决定该行为的等位基因就可能被选择出来。

8.4.2.2　亲代投资

亲代对子代个体进行任何形式的投资，从而增加了子代生存和繁殖的机会，但要以牺牲亲代对自身和子代其他个体进行投资的能力为代价。养育子女是亲代投资的最主要形式，但即使养育的不是自己的亲生子女，但与自己有一定的血缘关系，则仍有投资价值。例如姑姑帮助养育自己哥哥的孩子，舅舅帮助养育自己姐姐的孩子等。

雌性哺乳动物具有忽然停止排卵，因此失去生育能力的所谓停经现象，对此进化生物学家提出了所谓“祖母假说”。该假说认为高龄雌性生育力下降，出生的孩子存活率降低。当自己所生育的孩子活到成年的平均机会比自己的孙子或孙女活到成年的平均机会的一半还低时，高龄雌性就会终止自身的生育，转而去养育自己子女的孩子，这些孩子与自身的亲缘系数是1/4，是自己子女的一半。当抚养这些孩子的收益比抚养自己新生的孩子收益还大时，导致这种生理和行为的等位基因会被选择出来。断乳也是亲代投资选择的一种形式。在哺乳期雌性哺乳动物停止生育，转而养育已出生子女，以尽可能提高后代的存活率。这一时期的长短取决于投资的收益大小。当已出生子女相对独立，继续养育已出生子女不如再生育下一个子女更能扩大自身基因向后代传递的可能性时，雌性动物就会断乳，转而投向生育。

决定亲代投资的其他因素还有所谓“肯定性”指数：不同亲属关系的亲缘系数的确定性不同，会影响利他行为的实施。这一点说明了母亲比父亲对子女有更多抚养行为的原因，也解释了父母对子女比对兄弟姐妹有更多利他行为的原因，尽管它们之间的亲缘系数都是

1/2。外貌和习性可能成为动物估计亲缘系数的途径，因此倾向于对外貌和它们相象的个体表现出利他和抚养行为。

亲代投资最好的例子来源于对膜翅目昆虫利他行为的研究。膜翅目昆虫包括蚂蚁、蜜蜂等社会性生物。以蜜蜂为例，它们的雄性为未受精的单倍体，蜂王和工蜂为二倍体雌性。因此雄峰只有母亲没有父亲，雌蜂既有母亲也有父亲。工蜂不能生育，它却抚养蜂王的子女，也就是自己的姐妹。那么工蜂从中究竟可以得到什么好处呢？我们计算一下蜂群不同个体间的亲缘系数：工蜂与自己可能的女儿之间的亲缘系数是1/2，而彼此之间的亲缘系数却是3/4。这是因为父亲是单倍体，其精子形成时没有经过减数分裂而会将全部遗传物质传递给每一个女儿，因此姐妹之间得到的父亲那边的基因是完全相同的，母亲的卵子经过减数分裂，所以得到的母亲那边的基因约一半相同，故姐妹之间的亲缘系数是3/4。所以从工蜂的利益考虑，付出同样的代价，养育自己的子女（亲缘系数1/2）不如养育自己的姐妹（亲缘系数3/4）划算。工蜂与自己的兄弟之间只有1/4的基因一致，这是由于雄峰体内没有姐妹所继承的父亲的基因。美国进化生物学家特里弗斯（Robert Trivers）因此估计工蜂更愿意照顾雌性幼蜂，而不是雄性幼蜂。观察结果果然证明了这一点！特里弗斯发现工蜂倾向于丢弃雄性幼蜂，而选择性培育雌性幼蜂。这一实验结果出色地证明了基因选择学说的正确性。

8.4.3　进化上的稳定策略（ESS）

“策略”一词在这里仅仅是一种拟人化的形容方式，实际上是指由基因决定的一组预先编制好的行为方式，这种行为方式的选择取决于同物种的其他个体的行为。动物的行为策略作为可遗传的性状，是自然选择的结果。当一个物种的大部分成员采用某种策略，它便优于其他策略，任何偏离这种策略的行为将会受到自然选择的惩罚，这种策略就是进化上的稳定策略（Evolutionarily Stable Strategy，ESS），与该策略形成有关的基因将得进化。ESS的提出是基于博弈论、行为生态学和进化生物学的原理而提出来的。

ESS理论可以解释许多生物的行为，比如雄粪蝇在牛粪上等待雌蝇并与之交配的最适时间，取决于其他雄蝇的等待时间。采用固定等待时间的策略就不如随机等待时间的策略，这是因为其他雄蝇可以根据这一固定时间选择，只要稍长一点就会取得竞争的胜利。如果固定等待时间过长，则提早离开的雄蝇便可到另一堆牛粪上与来临的雌蝇交配。因此，随机地选择等待时间是雄蝇在配偶的竞争中采取的ESS。将一群彼此陌生的母鸡放在一起，通常会导致打斗，一段时间后分出高下，打斗减少，稳定社会等级形成，产蛋量增加；而群体成员不断更换会带来频繁的打斗，产蛋量下降。所以，尽快形成稳定的社会等级，减少竞争，是群体中所有成员的ESS。

ESS也可以解释性比例的形成。有性生殖的物种只需少数雄性就可以让所有雌性受精，有雄性过剩的现象。但两性比例却总是维持在1∶1。假定一个群体雌性多于雄性，则生育雄性时，由于缺少竞争，该雄性具有更多的机会将基因传递给后代。反之在雄性多于雌性的群体，生雌性所获得的遗传利益最大。因此生育哪种性别后代比较好，要视其他个体的生育情况而定。其他的都生雄性，则最好生育雌性，反之亦然。通过理论计算得知，在基因选择时，最适宜的性比率1∶1，这是一种ESS。动物在性比例偏离这一比例时，总会有一种方式使性比例恢复过来。

本章提要

本章介绍生命科学的核心内容——生物进化论。首先介绍了导致进化论的各种前期科学探索，然后详述自然选择学说的内容和它的深远影响。之后对达尔文进化论在20世纪发展的主要方面做了介绍，包括遗传学和进化论结合形成的现代综合进化论，分子水平的中性进化，以及可以解释社会行为的基因选择学说等。本章的目的在于介绍生物进化论的基本原理，而把进化的基本过程放到下一章。

（谭　信）

第 9 章
生命与人类的进化历程

达尔文进化论提出了所有生命具有共同起源，人类是从类人猿进化而来。随后，人们通过对地球历史、化石、同位素测定、分子生物学等的研究，逐渐勾勒出生物进化过程的基本面貌。生物进化贯穿地球历史的始终，从地球形成伊始，生物进化就开始了。在最终形成生命的基本形式——细胞之前，还经过了漫长的化学进化过程，逐步形成生物分子和生物大分子，建立遗传机制。上一章描述的分子进化有时也包括原始生命出现之前的进化，即生命起源的化学演化。这方面信息是根据早期的地球化学研究和实验室的环境模拟研究取得的。

在生命的基本形式形成后，尤其是多细胞生命出现后，对生物进化的历史脉络主要依赖两方面的研究：一，寻找记载生命进化历程的化石，结合地层研究、生物地理学研究和同位素探测等，得到生物进化的过程。二，对现有生物的核酸和蛋白质的结构进行分析研究，推测它们的演变过程，还原生物进化的原貌。

了解地球生命进化历程可以加深对生命本质的认识，也会对其他地外生命是否存在，存在的概率，以及存在形式做出预测。本章对宇宙生物学和地外生命的研究现状也作一定的介绍。

9.1　地球的历史与生命的发生

纵观太阳系的不同行星和卫星，地球的环境对于生命真是得天独厚，其他星球，要么太冷、要么太热、要么缺乏大气，最关键的是，缺乏水……比较这些星球，回头观看地球环境，有成分适宜的大气、有海洋、有适宜的温度，这些简直就是给生命的存在做准备的。但实际上在太阳系诞生伊始，地球与其他行星相比，并没有这么显著的差别，地球之所以形成今天的面貌，与生命的存在密不可分。事实上，早期生命诞生的环境与今天大不相同。那时的环境下才能产生化学进化。生物体系与地球环境共同进化，相互改变对方。现在地球上适合生命存在的环境，说到底，是由过去存在的生命修饰和改造形成的。生物和非生物的长期相互作用的结果，构成了今天的生物圈。

9.1.1　生命的起源之争

生命具有延续性。这让人感觉生命好像是一个无始无终的过程。但万物皆有源，生命是否也存在一个起源问题？如果有，这一起源是如何发生的？从无生命到生命的鸿沟是怎么被跨越的？最原始的生命该是什么样子？这些问题就像“第一推动”困扰着牛顿等像物理学家那样，对人类智慧构成了巨大的挑战，也给了人们以无限的想象空间，自古以来，有无数的思想家试图填补这一空间。

9.1.1.1 自然发生说

生命来源于非生命，这一点是现代进化生物学家的共识。自然发生说虽然也持这种观点，但却把事情简单化了，它把生命看成是随时可以产生的东西。自然发生说是一种很古老的观点，古希腊的亚里士多德就持这种观点，他认为生命随时可以发生，存在一个从无生命、低等生命、植物、动物的一个完整发生和进阶序列。到了19世纪，虽然很多观察和实验证明大的生物不太可能从非生命直接产生，但是那时已经发现了微生物，这种微小的生物无处不在，经常不招自来，使很多人还是相信微生物是可以自然发生的。

若想否定微小的生物的自然发生说，就必须证明如果没有原有微生物的传播，本来不存在微生物的地方就不会自发地出现微生物。做到这一点的是法国出色的微生物学家巴斯德（Louis Pasteur，1822—1895），他的曲颈烧瓶实验令人信服地证明微生物不会自发地产生，其实验过程是这样的：

首先，巴斯德将肉汤装入带有细管的烧瓶中，然后，加热烧瓶，使肉汤中的微生物全被杀死。但是如果将这个无菌的肉汤在烧瓶放置一段时间，不久就又会充满微生物。为了证明这些微生物不是由肉汤自发产生的，而是由外界带入的，巴斯德用火将烧瓶的细管烧弯，结果久置后肉汤不再腐败，即不再自发产生微生物。其原因是：弯曲的细管尽管允许空气通过，但却会沉淀空气中的微生物，使其不能自由进入烧瓶中。可见肉汤中的微生物是从外界借助空气传播来的。

巴斯德的实验否定了自然发生说。到1870年，赫胥黎提出了生源说（biogenesis），断言生命来自先前已经存在的生命。而在此之前，德国病理学家威尔赫（Rudolf Virchow）在总结细胞学说时已经指出：所有的细胞都来源于先前存在的细胞。这样自然发生说逐渐地被否定。但最初的生命是如何起源成为一个问题。

9.1.1.2 化学进化说（chemical evolution theory）

这一假说由苏联生物化学家奥巴林和英国遗传学家霍尔丹等提出，认为在极其漫长的时间内，地球上的生命由非生命物质经过复杂的化学演变逐渐形成。地球早期的环境有利于小分子物质聚合成大分子物质，形成生物分子和多分子复合体，并最终导致具有遗传和生物化学系统的细胞的出现。

化学进化说与自然发生说不同，后者认为生命在当代随时可以发生，而化学进化说将生命的产生推向非常久远的过去。那么早期的地球环境是否支持化学进化呢？这要从早期地球物理和地球化学的研究中寻找答案。

1. 原始地球环境。

早期地球的环境与现今有很大的不同。表面上看，那时的地球环境很不利于当今生物的生存，比如太热、火山频繁、缺乏氧气……但恰恰是那种环境有利于生命的化学进化。

在尘埃云聚合成地球后，在内部放射性物质衰变生热和星子撞击摩擦产热的共同作用下，原始地球处于灼热的状态。在随后几亿年里逐渐冷却，形成地壳；含有固态气体和冰的陨石和频繁的火山喷发出的气体和水为地球带来了大气和水分，为早期地球生命的诞生创造了条件。对生命的化学进化有利的环境包括：

（1）能量和温度。过热本不利于细胞生命的稳定代谢活动，但却为有机分子的合成提供能量。现在地球生命主要依赖于太阳能，而早期有机分子合成所需能源却主要来自地球内部的地热，这些地热存在于深部海底，尤其是海底热泉喷口附近和火山周围。由于地表常经受大量的陨石撞击和频发的海洋蒸发，不利于生命物质的积累，海底就成为稳定的、有利于生物物质持续存在的场所。这里还存在的大量硫化物可以为早期生物提供能源，热泉生态系统存在的 CH_4、H_2 和 CO_2 等为合成生命物质提供了原料。

雷电和火花放电也是能量利用的重要方式。在火山爆发时，被喷射到高空的高温气体可产生雷电和火花放电，造成局部高温，并产生紫外线，由此形成混合能源，用于生命分子的合成。放电发生在地表附近，所合成的生成物可直接运到海洋中去。

（2）大气。原始的大气构成与现今很不相同，它缺乏氧气，而充满 CO_2、CH_4、N_2、水蒸气、H_2S 和 NH_3 等成分。这些气体成分有利于分子的还原合成作用，而不利于氧化分解，因此被称为还原型大气。由此有机分子得以逐渐积累，而不至于被很快氧化分解掉。此时的氧主要以氧化物的形式存在。

（3）水。地表的水来自火山喷发出的水蒸气和彗星带来的水分。当地球降至 100℃ 以下时，水蒸气形成雨水降到地面，形成海洋、河流和湖泊。相比于气态环境，液态水更有利于有机分子之间发生频繁的化学反应，聚合成更高分子的化合物，为更复杂的生物物质合成打下基础。水还可以阻止强烈的紫外线对原始生命分子的破坏作用，利于原始生命物质的积累。因此，原始海洋成为生命化学演化的中心，原始生命分子与水的结合构成了地球至今仍存在的生命形式。

在当今地球上，仍然可以找到与生命诞生之初相似的环境，而且发现在这样的环境中照样可以生存着现代生物。20 世纪 70 年代末，科学家在达尔文曾驻足的加拉帕格斯群岛附近发现几处深海热泉里生活着众多的生物类群，包括管栖蠕虫、蛤类和古生菌等。一些自养型细菌从热泉喷出的硫化物中获取能量去还原 CO_2 而产生有机物，其他动物则以这些细菌为食而生存。

2. 产生原始生命分子的模拟实验。

美国芝加哥大学研究生米勒（S. L. Miller）在导师尤里的指导下于1952 年进行了著名的米勒实验。米勒设计了一个密闭的循环装置，里边充以 CH_4、NH_3、H_2 等气体用来模拟原始的大气；在一个烧瓶中装水并加热，用来模拟原始炽热的海洋；水变为水蒸气进入模拟的原始大气中，然后在管中制造电火花以模拟那时天空的闪电放能，提供模拟气体发生化学反应的能量；设计一个冷凝装置使反应物随水蒸气液化而凝集于管底。一个星期后，在收集的水中发现了多种氨基酸、尿素、乙酸和乳酸等有机化合物；其中甘氨酸、谷氨酸、天冬氨酸、丙氨酸等是构成蛋白质的氨基酸（图 9 – 1）。在此后其他人进行的类似实验中，获得了合成蛋白质所需的所有 20 种氨基酸、几种单糖、包括磷脂在内的脂质、嘌呤、嘧啶、核糖、脱氧核糖、核苷酸，甚至 ATP 等生命分子；证明在所设想的原始地球环境下，有可能合成原始生命分子并开启化学进化的历程。

9.1.1.3　宇宙胚种说

这一学说认为地球上的早期生命可能来自宇宙的其他星体。支持这一想法的证据有：

（1）有利于诞生原始生命的还原型大气也见于其他行星，对土星、木星等的大气分析表明这些大气也包含着氨、甲烷等气体，星云中也有类似的成分，这些环境是有可能如同米勒实验所表明的那样合成生命分子的。事实上，对陨石成分的分析表明，一些陨石确实携带着氨基酸、嘌呤、嘧啶等生命小分子，甚至在月球上也可检测到氨基酸等物质。

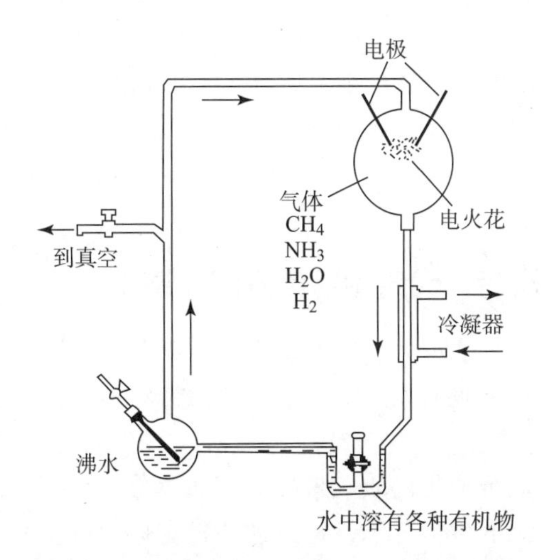

图 9－1　米勒设计的有机小分子非生物合成的模拟实验（自米勒）

（2）宇宙间生命分子的运输并非难事，可以借助彗星、陨石等实现生命物质在星际间的搬运。在诞生之初的地球饱受陨石的撞击，据估计，有大量的有机化合物因此被送入地球。有人推断一颗或数颗穿越地球的彗星将“生命的胚胎”留在了刚诞生的地球上，从而出现了地球生命，既然地球上大量的水是彗星带来的，那么生命分子也有可能随之而来。

当然，生命分子的存在和生命本身的诞生还是两码事。有人认为像细胞这样的生命基本形式也可以通过某种宇宙运输到达地球，成为地球生命的种子，不过这类说法争议很大。一般认为，氨基酸、嘌呤、嘧啶等生命小分子在宇宙当中并不罕见。这些分子发源于地球本身，或来自宇宙其他地方都是可能的，但由氨基酸聚合成蛋白质，或由核糖、嘌呤、嘧啶等聚合成核酸则应是在地球完成的，随后开始更复杂的进化。

9.1.2　早期生物的地质学证据

地球生物含有碳元素，那些进入生物体内的碳元素，通过生物学同位素效应造成稳定碳同位素的比值（$^{13}C/^{12}C$）与非生物碳化合物不同，据此可以探知沉积岩中那些与有机质有关的碳元素，进而发现生命存在的痕迹。

目前发现的年代最悠久的含有有机碳的岩石来自格陵兰，距今 38 亿年，说明地球生物固碳可能已有 38 亿年的历史了，而最早的沉积岩也只出现在 38 亿年前。地球的年龄是 45 亿年，表明在地球的很早阶段，随着地表温度的降低，生命就已经进化出来，并随着沉积作用，永久地留在了岩石记录当中。地球上生命起源的时间范围，估计从距今 41 亿年地壳开始硬化，到距今 38 亿年之间。在随后的岩石中，有机碳的含量近乎恒定。

叠层石是主要由蓝细菌（蓝藻）参与的生物作用和沉积作用的相互影响而形成的一种生物沉积结构。蓝细菌是可以进行光合作用的原核生物。蓝细菌通过光合作用将大气中的二氧化碳以碳酸盐的形式转移到岩石圈中，同时释放氧气，造成大气氧含量的上升。因此叠层石的存在意味着能进行光合作用生物的存在。2016 年在格陵兰岛的岩石中发现了最古老的叠层石，距今已有 38 亿年，这是目前发现的地球上最古老的化石。

叠层石通常由一系列的碳酸盐纹层堆积成各种不同的形态，而纹层的形成与藻类生长周期有关。对叠层石的形状和这些纹路的分析，可以得到早期地球的信息。例如在显微镜下可以看到叠层石明显的亮暗分层。这些分层与四季和白昼的变化有关。研究者发现有的S形叠层石包含至少470个纹层，推断当时一年至少有470天。由于潮汐作用，可产生纹层周期性的厚度变化，如果相邻两个厚度峰值之间相隔40个纹层，则说明该叠层石形成时一个月至少有40天。潮汐作用逐渐造成地球自转变慢，使月球逐渐远离地球，并使月球绕地公转的速度不断减慢。

9.1.3 生命体的构造，代谢和遗传系统的演化

在化学进化阶段，需要通过四个基本步骤才能形成生命的基本单位细胞，这包括：

（1）小的含碳分子在还原性环境下，通过能量的输入，可以自发合成氨基酸、核苷酸等生命小分子。

（2）这些生命小分子聚合成蛋白质、核酸等生命大分子。

（3）出现可以自我复制的生命分子，通过遗传稳定地保持生命分子的持续存在。

（4）上述这些生命分子以膜为界组合到一起，形成生命分子之间相互分工合作的体系，即细胞。

9.1.3.1 生物大分子的形成

通过米勒实验，人们相信生命小分子在非生命条件下可以自发完成，这是化学进化的第一步，但是化学进化的第二步，即核苷酸聚合成核酸，或氨基酸聚合成蛋白质则没有那么简单。在化学上这类反应属于缩合反应，需要不断地脱去水分子。满足脱水缩合的方式可能有：

1. 在生物小分子浓度较高的地方，水分的蒸发可以造成氨基酸等生物小分子发生脱水缩合反应，形成类似蛋白质的聚合物。美国科学家福克斯在实验室中最早做到了这一点。有学者认为，在原始火山周围可以满足脱水缩合的条件。

2. 如果有缩合剂的存在，也可以在常温条件下发生脱水缩合反应。例如氨基氰就是一种脱水缩合剂。铝硅酸盐等黏土矿物即使在水中也可以催化缩合反应。据此，“黏土假说”认为在生物进化的早期缺乏生物催化剂酶的情况下，黏土很可能起到了催化缩合反应的作用，促进了蛋白质和核酸的产生。

9.1.3.2 多分子体系和原始细胞的出现

在化学进化早期所形成的大小生物分子彼此不归属于任何个体或细胞，它们共存于被称为“原始汤”的早期海洋或水池中，共同发生着化学和遗传系统的进化，直到多分子体系和细胞膜的出现，才表现出我们所熟悉的生命形态。我们一般定义的生命形态的最基本的前提是：

（1）生命和非生命之间具有明显的边界，使生物体自成体系，并在体系内部发生代谢和进化。细胞膜的产生满足了这一前提。

（2）它又是一个半开放体系，允许生物体和非生物体（环境）之间发生物质和能量的交换，通过这种交换维持生命系统的稳定，造成新陈代谢。酶的出现促进和规范了新陈代谢的进行。

（3）遗传信息系统的存在，遗传物质的出现，造成了生命系统的相对稳定性，并使得适应环境的生物性状得以稳定的保留。这将在下一小节加以介绍。首先看一看多分子体系的形成。

多分子体系是指包括蛋白质、核酸、糖类等生物分子的复杂系统。这些复杂体系可以逐渐显示出生命现象来。这是化学进化的第三步。奥巴林和福克斯等对此做了许多实验，说明在一定条件下可以形成多分子体系。

1. 团聚体：在20世纪50年代，奥巴林将蛋白质水溶液和糖溶液混合，发现混合后液体变混浊，这是因为液体内生物分子出现团聚，所形成的聚合物叫做团聚体，后来的实验显示蛋白质与蛋白质、蛋白质与核酸相混，均可能形成团聚体。团聚体直径1～500μm，其外围增厚形成膜样结构。如果把酶放入，酶也可以进入团聚体并产生生物化学反应；如果团聚体大到一定程度，还可能发生“分裂”，形成两个或多个团聚体；这说明“团聚体”已具有代谢和繁殖的功能（图9－2）。

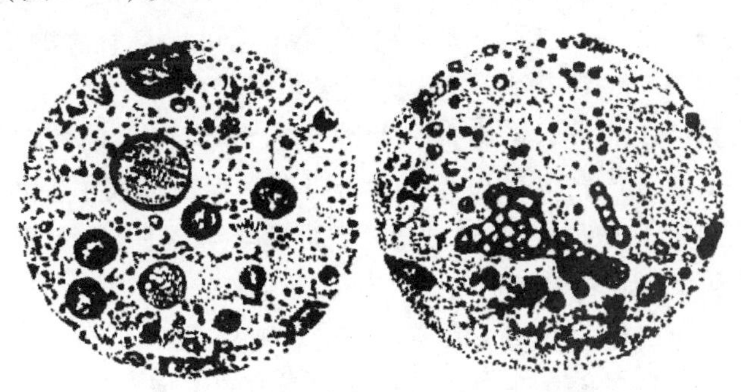

图9－2　奥巴林的团聚体（自奥巴林，1957）

2. 微球体：上面提到的福克斯将他脱水缩合得来的类蛋白质溶解在稀薄的盐溶液中并冷却，这些类蛋白质就会聚合在一起，形成所谓“微球体”。有研究者加入磷脂，发现它们可以自动形成磷脂双分子层结构。在包绕微球体后就会形成原始的细胞结构，也能进行简单的生物化学反应和分裂（图9－3）。磷脂膜可以实现微球体内外的选择性物质交换。由于微球体的原料不是现成的蛋白质，而是在非生命体系中形成的，更能够说明早期生命形态的形成机制。

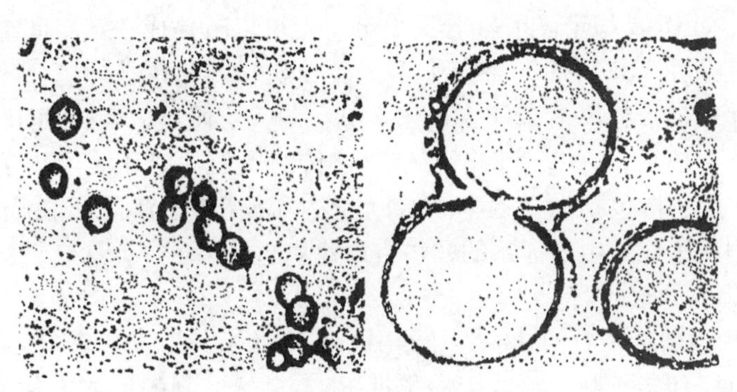

图9－3　类蛋白微球体（自福克斯）

团聚体和微球体在实验室的形成，说明在生命形成早期，生物大分子可以以类似的形式形成多分子体系，进而形成细胞。

9.1.3.3　遗传系统的演化

1. RNA世界的存在。

现代生物体为了完成生命的基本功能需要一系列的生物大分子的协同作用，其中DNA

为主要遗传物质，蛋白质负责执行酶的功能，RNA 则负责翻译以传递遗传信息，等等。在生命形成的早期，要使这么多种生物大分子有序地聚在一起，并进行分工合作并不是一件容易的事情，因此在生物进化的早期，最早期的生物大分子一定是多能的，可以同时完成遗传信息的储存、翻译、酶的催化等一系列任务，也就是同时具有 DNA、RNA、蛋白质的功能。并存在生物大分子由“多能”向“专能”转变的过程。

经过长期的研究，人们发现 RNA 就是这种全能的生物大分子。自 20 世纪 50 年代以来，陆续发现 RNA 是遗传信息的传递体，具有翻译模板的功能，可以结合氨基酸，是蛋白质合成机器核糖体的组成成分；RNA 病毒的发现说明 RNA 也可以成为遗传物质；反转录酶的发现说明遗传信息可以逆着中心法则反向流动。有关 RNA 最惊人的发现是 20 世纪 80 年代美国科学家托马斯·切赫（Thomas R. Cech）发现 RNA 也可以具有酶的功能，作为生物催化剂加快生物化学反应。

由于这一系列的发现，1989 年诺贝尔化学奖获得者吉尔伯特（W. Gilbert）提出了“RNA 世界”的假说。指出“在生命起源的某个时期，生命体仅由一种高分子化合物 RNA 组成。遗传信息的传递始于 RNA 的复制，其复制机理与当今 DNA 复制机理相似，作为生物催化剂的、由基因编码的蛋白质还不存在”。生命产生之初，尽管在原始环境下可以合成核苷酸、氨基酸，并在黏土的催化作用下合成最初的 RNA 和蛋白质分子，但只有 RNA 再经过上亿年的进化，成为具有自主催化能力、自我复制能力的生物大分子；而其他生物分子还只能依赖非生物途径随机合成。目前已经可以在实验室里进行 RNA 仅依赖于自身的催化完成的自我复制。

RNA 指导翻译蛋白质功能的出现大大提高了生物体产生蛋白质的稳定性，借助 RNA 的自我复制和翻译，蛋白质的合成将不再是随机的、低效的、偶然的了。蛋白质较高的酶活性和其他功能使由 RNA 和蛋白质共同组成的生命复合体远胜于仅由 RNA 形成的生命体。RNA 的世界开始衰退。

由于 RNA 带有核糖 2′羟基，化学活泼性远大于 DNA，这有助于行使酶的活性，但也因此使其化学性质不如 DNA 稳定。RNA 作为大分子，可以折叠成一定空间结构，发挥酶的功能，但其潜在的复杂性不如具有 20 种氨基酸的蛋白质，因此在进行包括酶活性在内的众多生命活动上不如蛋白质那样灵活多效。在化学进化的一定阶段，RNA 演化出 DNA，并通过翻译稳定地合成蛋白质后，RNA 就逐渐将储存遗传物质的功能让渡给化学性质呈惰性、稳定性高的 DNA 承担，将包括酶活性在内的众多生命活动让渡给蛋白质承担。由此，由 DNA、RNA、蛋白质组成的生命体系的初步格局建立起来。

2. 稳定遗传体系的形成。

RNA 最终将担当遗传物质的功能转让给 DNA，很大程度上是由于 RNA 在复制过程中过高的出错率，且缺乏纠错机制。地球生命早期 RNA 自然复制的出错率估计在 1% 左右，也就是以 RNA 为模板，平均每复制一百个核苷酸就会有一个是错的。这种出错率很难保证生命特征的稳定和延续。尤其是不利于复杂生命形式的出现。生命能否持续存在取决于复制的稳定性，否则生命将在 RNA 错误的积累中归于毁灭，这种情况叫做突变熔毁。打个比方：如果某人抄写《论语》，平均每 100 个字抄错一个，后面的抄写者使用这个错误的版本接着抄，有同样抄错概率。这样经过两千年时间抄下来，你将根本看不到孔子的《论语》，只能看到毫无章法的文字堆积。

RNA指导的RNA聚合酶的出现可以大大降低复制出错率，这是因为酶促反应的复制过程可以提高复制的准确性，可降低出错率几十倍、几百倍，或更多。但随着生命复杂性的发展和RNA分子变长，这样一个复制的精确性还是不够，RNA的高复制出错率使RNA生命不能进化出复杂生物。据估算，RNA病毒可能已经接近RNA生命复杂性的上限，更复杂的生命在反复的突变中无法生存和进化出来。

DNA的突变率远低于RNA。双链DNA上碱基的脱落率比单链的DNA要低4倍。在DNA成为遗传物质后，生物体又发展出复制校正机制，可在复制的同时寻找出大多数复制错误并通过修复酶加以校正。以DNA为遗传物质的细菌的复制出错率仅仅是RNA病毒的十万分之一。因此更复杂的生命是在以DNA为遗传物质的生物出现之后再进化出来的。

维持生物遗传物质稳定的其他因素还有：

（1）自然选择：存在较多突变的个体适应性减弱，容易被自然选择所淘汰。例如在细胞层面上，DNA缺陷较多的细胞会发生细胞凋亡。

（2）增加遗传物质的副本：生物可形成二倍体或多倍体。一旦某些基因因突变而失活，另一个副本基因可以替代失活基因的功能。这也是有性生殖的作用。

（3）通过DNA的甲基化修饰等方式关闭失活基因，防止不良效应。

3. 遗传密码的进化。

遗传密码体现了核酸碱基序列和蛋白质氨基酸序列的对应性。绝大多数生物的遗传密码都是一致的，说明地球生命共同起源说的正确性，也说明了遗传密码的保守性。遗传密码一旦建立，在几十亿年的进化过程中很少改变。但毕竟有少数生物的个别遗传密码不同于绝大多数生物，说明了遗传密码还是存在一定变异空间的，尽管很小。mRNA上面的遗传密码是由携带特定氨基酸的tRNA负责识别。遗传密码的改变涉及tRNA基因的突变，一旦tRNA基因上反密码子序列发生改变，将导致该tRNA将不同的氨基酸带入多肽序列中，这将会影响到几乎所有蛋白质的合成，其影响面是非常大的。显然，这种异乎寻常的突变由于会带来过大的表型改变，通常是致死的，被自然选择迅速淘汰，也就很难进化出来。

9.2　生命系统的演化

自细胞出现后，生命与非生命之间建立了边界，生物进化就从化学进化演变为达尔文式的进化，在所处环境下最容易生存和繁衍的细胞得以存留和发展。最早出现的细胞是体积较小的原核细胞，随后原核细胞进化出两个分支：古生菌和真细菌。大约在17亿年前，由古生菌分化出体积更大、更复杂的真核细胞，形成生物界的古生菌、真细菌和真核生物三个主干。大约在10亿年前，肉眼可见的多细胞生物开始出现，然后进化出真菌、植物、动物等生物门类。

9.2.1　原核生物的繁衍和生态系统的建立

原核生物是地球上产生最早、存在时间最长、分布最广的生物类群，并具有极强的适应性。在许多真核生物，尤其是多细胞生物无法到达或生存的环境中，如极冷或极热的环境、过酸或过碱的水中、地下几公里的深海、地上几公里的太空，都可以见到原核生物的存在。现存的几乎所有高等真核生物，如动物、植物等都和某些原核生物形成共生关系。真核生物的一些生理功能，如消化、产生某种化合物等，是借助原核生物完成的。有些生命元素的循环过程，如固氮作用，只能由原核生物完成。可以说，不与原核生物共存的“纯净”动植物是不存在的；生物圈中的真核生物无法独立存在，但原核生物可以。

9.2.1.1 营养方式的进化

生命最初的细胞应是异养的，它们直接消耗外部的非生命合成的有机分子产生所需的能量并获得碳元素。随着地球生物量的增多，周围有机分子日趋减少，非生命合成的有机分子不能满足生物营养需要，随后进化出自养型的原核生物。自养型的原核生物包括光能自养型或化能自养型；它们都以二氧化碳为碳源，前者能够利用光能促使二氧化碳合成有机化合物，如蓝细菌；后者则从某些无机化合物，如硫化氢（H_2S）、氨（NH_3）等汲取能量，例如生活在深海热水喷口的古生菌。这几种营养方式进化至今，成为地球上所有生物的营养方式。

蓝细菌是最早能够进行光合作用，并生成ATP的自养型生物。光合作用将水分子光解，产生氧气。由于氧气不利于生物大分子的合成和积累，蓝细菌等是将氧气作为光合作用产生的废物排泄到大气中的。在光合作用产生的早期，排泄到大气中的氧气会通过与还原性的矿物质结合而被除去；最主要结合物是还原铁，形成铁氧化物在大洋底部积累。直到约23亿年前，地表氧化物达到饱和，大气中的氧气含量才开始逐渐积累起来（图9-4）。

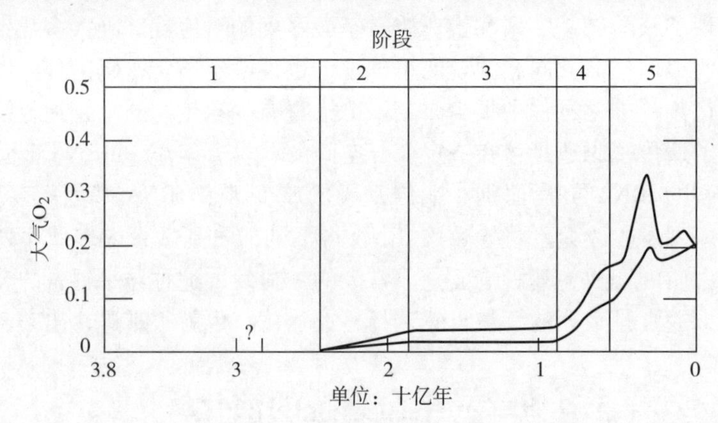

图9-4 大气氧含量的变化（来自维基百科 Geological history of oxygen）

氧气的出现并不像一般人想象的那样必定促进生物的繁荣发展，其直接作用是造成当时多数生物的灾难。存在于氧气出现前的原核生物都是厌氧生物，氧气对它们是有毒的。随着氧气浓度的提高，大量厌氧生物灭绝。所以蓝细菌的发展是在地球历史上的这次最重要的生物大灭绝的主要原因。氧气含量的上升造成了地球生物类型的大更替，厌氧型生物减少，一些生物发展出利用氧气的酶系统，由此需氧原核生物进化出来。通过有氧氧化，可以更彻底地将作为食物的有机化合物氧化成CO_2和H_2O，并产生更多的能量。渐渐地，在氧气存在的环境下，生物合成和有氧分解达成相对平衡，地球的生物量保持一个相对恒定的水平。

9.2.1.2 原核生物的两个主要分支

通过比较不同原核生物的基因组，原核生物可分成两个主要类型：古生菌和真细菌。它们之间的大小和形状类似，但其结构、生化和生理特征、分布上则有明显的不同。

古生菌一词原指最古老的细菌类型，它们可以生活在生命诞生之初所处的环境中，如温泉、盐湖和无氧环境等。有些古生菌非常耐热，可以生活在超过100℃的深海喷泉处。由于这些环境对于人类和绝大多数生物来说属于难以生存的极端环境，因此被发现的较晚，并被冠之以“嗜极端菌”的称号。实际上这些环境非常类似于生命诞生之初的环境，只不过随后绝大多数生物脱离了这种环境，转而在新的环境中生存并适应了新环境，而一些古生菌则继续适应原始的生存环境并繁衍至今。有些古生菌，如产甲烷菌适应了人和食草动物消化道的无氧环境，从消化纤维素获得营养，并产生甲烷气体。

虽然古生菌被认为是古老原核生物，但它们和真细菌一样经历了几十亿年的进化历程，地球上的所有生物同样古老。只是在地球氧气含量上升后，厌氧的古生菌遭受到了较大的打击，因而不如真细菌分布广泛。对 16S rRNA 基因的比较研究提示，相比于真细菌，真核生物与古生菌关系更近，它们的细胞之间具有更多的相似性，两者共同祖先分家的时间也更晚。

与古生菌相比，真细菌存在的范围要广泛得多，是适应范围最广的生物类群，其生物量在所有生物类群中是最大的，其营养方式也是最多样的。可以是异养、自养，可以是厌氧的、也可以是需氧的。在不利于细菌生长的极端环境，如高温、缺乏营养、干燥等环境中，很多细菌可以形成芽胞，使生命活动处于休眠状态，有些细菌可以在这种状态下存在数百年，甚至沸水也不能杀死一些芽胞。一旦条件适宜，芽胞可以重新转变为可以代谢、生长的细菌。

细菌在生物圈的各种物质循环中都是不可或缺的环节。例如，大气中氮气要经过植物根系的固氮菌的作用合成含氮化合物，直接为植物所利用，间接为动物所利用；各种死去的动植物尸体中的有机化合物需要经过细菌的作用分解，重新形成无机物，完成物质循环。

生物进化离不开构成生命的元素的不断循环和利用。在地球整个生命史中，曾经存在的生物体总量是非常巨大的。如果设定所有具有宏观体型的生物平均体重为 10g，平均寿命为 1 年，则近 7 亿年来累积的生物总重量为地球重量的 1 000 倍，因此没有生物圈内的生命和非生命的物质循环是无法想象的。生物圈全部物质更新周期约为 8 年。大气的氧每 1 000 年通过生物体一次。构成我们身体的各种物质成分，在过去的岁月中曾无数次地进入细菌、动物、植物或他人体内，而我们的身体在一生中，其物质成分也在不断地更换中。

9.2.2　真核生物和多细胞生物的起源

真核细胞比原核细胞大上千倍，它们的基因组也比原核生物大得多。多细胞生物基本上是从原始真核生物进化而来。真核生物的出现极大地提高了生命的复杂性。

9.2.2.1　真核生物的起源

真核生物精确的诞生年代还不能确定，化石研究提示在 16 亿年前到 21 亿年前之间；但分子生物学研究提示诞生的年代更早。它们的直接祖先很可能是一种巨大的、行异养方式生存的古生菌，依靠吞噬小的原核生物而生存。由于体形巨大，其细胞内部需要切割成不同的功能区域。真核生物的祖先通过将细胞膜内陷、分褶，构成后来发育成内质网和核膜的内膜系统。这一内膜系统包绕在拟核区周围后就成为真核细胞的核膜，细胞核由此产生。内膜系统通过出泡，可以形成高尔基体、溶酶体等细胞结构。细胞内膜系统的出现极大地增加了细胞内的膜表面积。在细胞内的众多生物化学反应都是在生物膜表面完成的。内膜面积的增加有利于生化反应的复杂化和区域化。为了能支撑庞大的细胞体，作变形和吞噬运动，真核生物的祖先细胞发展出微纤维系统，之后进化成细胞骨架。

“内共生学说”解释了真核细胞内线粒体和叶绿体的起源。按照这一学说，线粒体来源于原始真核细胞对某种能进行有氧氧化的异养型细菌的吞噬。一般情况下，被吞食的细菌被当作食物消化分解，但由于偶然的情况，有的没有被消化，而是在真核细胞内存活下来，与原始真核细胞形成内共生关系。能进行有氧氧化的细菌可以帮助原始真核细胞更彻底地消化分解有机化合物，充分获得化学能；而原始真核细胞则为内生的细菌提供稳定而安全的环境。内共生的结果是被吞噬的异养型细菌演变成线粒体。

叶绿体起源于原始真核细胞的另一次吞噬活动，这次吞噬的是类似于蓝细菌那样能够进行光合作用的细菌，被吞噬的细菌同样保留在细胞内，与原始真核细胞形成内共生关系。前者帮助后者利用光能，以 CO_2 和 H_2O 为原料合成有机化合物，后者同样为前者提供稳定而安全的环境。可以行光合作用的细菌演化成为叶绿体。

当今包括动植物和真菌在内的所有真核细胞都带有线粒体，但只有植物带有叶绿体，因此估计原始真核生物形成线粒体在先，形成叶绿体在后。完成第二次内共生的真核生物进化成植物，只完成第一次内共生过程的其他真核生物进化成现代的动物、真菌等。

内共生学说得到了广泛的实验支持。首先，线粒体和叶绿体都是双层生物膜，其中外层的化学结构与真核细胞膜相似，而内膜则与原核细胞膜的化学性质相似；这是曾发生过吞噬的证明。其次，线粒体和叶绿体的许多结构和生理生化过程与真核生物不同，但与原核生物相似；例如核糖体的结构就与原核细胞的核糖体基本一致。最后，也是最有力的证据是，对线粒体和叶绿体的基因组分析显示它们来源于原始细菌。

9.2.2.2　多细胞生物的出现

在生物进化的历程中，曾反复多次发生过多细胞进化。一些原核生物，像蓝细菌、黏细菌等，都曾形成过多细胞生物；但只有真核生物进化出的多细胞个体能够实现从生殖细胞向多细胞个体的发育和分化，形成世代现象。这就是魏斯曼所说的种质和体质的分离。植物、动物、真菌、褐藻等从各自的单细胞真核生物祖先那里独立进化出来；例如陆生植物从绿藻进化而来，动物起源于原始鞭毛虫等。

多细胞生物的出现为生命的复杂性提供了无限的前景，但正如在生物进化一章（第8章）所强调的，生物进化结果是适应环境的产物，进化并不一定总是从单细胞生物向多细胞生物发展。有时某种生物也会从多细胞生物返回到单细胞状态。例如某些酵母返回到单细胞的生活状态；有些生物，如一些寄生生物则会减少细胞的数量和类型以适应寄生生活。多细胞生物依赖细胞之间的信号通信而相互作用，共同完成机体的生理活动。肿瘤细胞是多细胞生物体内失去与其他细胞的正常联系和相互调控的细胞，可以被认为是一种多细胞性的丧失。

有多种假说解释多细胞生物的起源。共生理论认为多细胞生物起源于具有共生关系的不同单细胞生物的组合。解释这些不同生物的基因组如何合并是这一理论的难题。合胞体理论认为多细胞体系产生于多核细胞，这些多核细胞通过在细胞内产生细胞膜而形成多细胞结构。集落理论认为同种单细胞生物聚合在一起生活，然后细胞群体的不同细胞发生功能分化，进而形成多细胞生物。

不管是通过哪种方式形成多细胞体系，细胞与细胞之间必须形成某种黏附，这依赖于细胞表面的蛋白类分子之间的识别和黏附。海绵是最原始的多细胞生物。它们只是聚集在一起的同种生物细胞，其内部只有最基本的细胞分化，细胞不形成组织、器官、系统等。如果用机械方法使海绵分散成单个细胞，再将不同种属的不同颜色的海绵细胞混合时，同种细胞会迅速聚拢在一起。这是由于在细胞表面的特异性黏附信号分子在起作用。对具有胚层分化特征的两栖动物原肠胚的研究表明，如果将胚层细胞打散，再将它们混合时，同一胚层的细胞将会自动聚合在一起。这样，通过以细胞识别为基础的细胞迁徙和细胞黏附，逐渐形成组织和器官。细胞识别具有种属特异性，如果两种哺乳动物的肝细胞和鸟类的肝细胞混合，则由于种属关系的临近，两种哺乳动物肝细胞可以混合，而不与鸟类肝细胞结合。这样，通过细胞间的黏附形成多细胞生物体，在体系内部发生细胞分化，出现了个体发育和衰老的过程，世代繁衍的生命形式登上历史舞台。

9.2.2.3　多细胞生物出现后的生物进化

多细胞生物出现后，与之相应的一些结构随之产生，并进一步带动了全球生态系统的变化。这些结构和变化主要有：

（1）支撑结构的出现。例如植物的木质化维管系统、动物的外骨骼和内骨骼的出现，以维持生物体的形态和结构。

（2）动物极性躯体的形成和感觉系统的发展。动物的运动性造成感觉和神经系统主要位于朝向运动的一侧，使动物出现了头部和尾部。

（3）性的出现。两性生殖成为许多动植物的生殖方式，由此形成物种和物种的进化。社会性动物也随之出现。

（4）生物由海洋向陆地发展。陆地生态系统逐渐建立，全球生物圈形成。

9.2.2.4　陆生生物的出现

随着大气中氧含量的增加，在距地面 20 ~ 50km 的大气中的平流层开始出现臭氧层。臭氧层可以保护地球上的生物，特别是陆生生物免受短波紫外线的伤害，犹如一件保护伞保护地球上的生物，为陆生生物的出现创造了条件。

自真核生物诞生后，具有叶绿体的一支真核生物演化成的绿藻，继续通过光合作用富集大气中的氧气，并在 5 亿 ~ 6 亿年前（一说 10 亿年前）登陆大陆，发展成陆生植物（plant），使地球成为一片绿色的世界。近 10 亿年来大气氧气含量的明显上升为化能异养型的多细胞生物——动物的出现创造了条件。在 5.5 亿 ~ 5.7 亿年前，不同门类的动物几乎同时出现，这一事件被称为寒武纪大爆发（Cambrian Explosion）。在寒武纪地层中出现了节肢动物、软体动物、腕足动物和环节动物以及脊索动物的化石。寒武纪大爆发的出现说明生物的进化不是均一进行的，有可能出现某些快速发展的阶段。在 20 世纪 70 年代，美国古生物学家古尔德等提出的间断平衡理论解释了寒武纪大爆发的原因。陆生植物的出现，为第一批陆生动物的到来做好了准备。到 3 亿多年前，第一批脊椎动物在陆地出现。两栖类动物是最早登陆的脊椎动物。

9.2.3　性和性别的产生及其意义

9.2.3.1　为什么会有性

生物主要以两种方式进行生殖活动：无性生殖和有性生殖。表面上看，有性生殖相比于无性生殖是低效能的。有性生殖前进行减数分裂时要甩掉一半的遗传物质，这样一个个体只能遗传给下一代半数的遗传物质；而无性生殖则可以将全部遗传物质悉数传给后代。有性生殖能够进化出来，就一定会有某些优势来弥补它效能低下的缺陷。为此，进化生物学家提出过种种假说。

有性生殖生物的二倍体有两套基因组，每次生育时只传给后代一套单倍体，交配对象提供另一套单倍体，在后代再组合成二倍体。为此有人提出副本理论来解释性存在的意义。这种理论认为二倍体生物只要有一套基因组就可以维持生命活动，另一套是一种遗传储备，用于当某些基因出现缺陷时填补缺陷。性的作用就像开车时增添一个副驾驶，以备驾驶员出现问题时接替驾驶位置。这一理论的缺陷是：不一定非得用性的方式添加副驾驶，生物通过染色体加倍的方式也可以形成二倍体，甚至多倍体，事实上很多行无性生殖的生物是二倍体或多倍体。美国密歇根大学的康卓约夫（Alexey Kondrashov）提出了另一个解释性产生的理论。他认为性有助于消除不利的基因。在减数分裂时不同染色体之间的自由组合，以及同源染色体之间的交换，都会增加后代的变异类型。后代中的一些个体可能积累了较多优秀的基因，另一些则积累较多有缺陷的基因。尽管这与无性生殖一样，都是零和游戏，但有性生殖时会产生更多的积累较多缺陷基因的个体，使有害的基因更容易通过自然选择的机制被淘汰，而无性生殖就很难分离出较差的基因加以淘汰。另一位进化生物学家梅纳德·史密斯打了一个比方说明这种理论：假设有两部坏了的汽车都临近报废。聪明的做法是，将两部车好的零件集中在一起构造一辆好车，剩下的坏零件构造的车弃之不用。这就是所谓“有性的汽车机制”来构造更好的汽车。有性生殖通常产生众多后代，如果有些后代注定要被淘汰，那它最好承载更多的不良基因，而让能遗传下去的个体承载更多的好基因。

更加流行的理论认为性的产生是宿主生物与寄生生物相互争斗的结果。性是为了对付寄生生物而产生的生存策略。这种理论叫做“红色皇后”理论，是汉密尔顿提出的。它得名于童话《爱丽丝漫游奇境》里边象棋中的红色皇后的一段话：“为了能停留在原地，就要拼命地跑。”假如一种生物身上有寄生生物，例如人身上的虱子、螨虫，或体内的蛔虫、病毒等。这种生物希望进化出更好的身体摆脱寄生生物，而寄生生物也希望进化出更好的特性以维持寄生生活。两者便展开进化竞争，任何停止进化或进化缓慢的一方都将因输掉这场竞争而被淘汰。这就是进化上的红色皇后效应。一般来讲，体型较小的生物生命周期短，代次更换频繁，进化的速度就较快，所以体型小的寄生生物一般比宿主进化快，宿主在红色皇后原则的竞争中将会失利。因此被寄生的生物就要寻找一种机制加速进化，这种机制就是性，也就是通过将现有基因进行混淆来加速进化，产生新的性状，改变寄生生物的生存环境，使其适应性下降。这就像锁和钥匙的关系。宿主用锁将家门紧闭，防止寄生生物的造访，寄生生物则通过快速进化产生大量变异的钥匙进行试探。宿主也会通过进化制造出新的锁让寄生生物制造的新钥匙失灵。性成为一种加快制造新锁的方法。

为了验证这一理论，科学家构建了性与寄生虫的电脑模型：设计一种有性繁殖的生物和一种无性繁殖的生物在电脑上竞争。在无寄生虫时，有性生物因为生育率低不久被淘汰，无性生殖的生物胜出；但在有寄生虫存在时情况相反。有性生殖的生物胜出。这一假说的结论是：一个物种的生命周期越长，就越需要性来进行更多的基因混淆。这一推论符合实际的情况：体型较大、长寿的生物都是有性生殖的；而体型小、生命周期短的生物有性生殖相对较少。无性生殖造成的快速扩增更有利于它们的生存方式。

9.2.3.2 性别的起源

有性生殖可以做到自己的基因与另一个体的基因相互混淆，产生新的基因组合。一开始性的双方地位等同，所有个体只产生同型配子，可以和同物种的任何其他个体进行性的活动。这种情况叫做同配生殖。在性的进化过程中，性的双方在解剖生理方面逐渐产生差别，进而形成雌性和雄性两种性别。进化生物学家用抑制细胞器冲突理论来解释性别的起因。

在细胞内除了细胞核，细胞质中的一些细胞器，如线粒体，或寄生生物也带有遗传物质DNA，用于指导这些细胞器或寄生生物的生理和生殖行为，它们也处于选择压力下。当两个配子融合成合子时，这些原来位于不同配子中的细胞器或寄生生物将在新的细胞质内相遇，由于处于相同的生态位，就会产生生存竞争。它们各自会产生一些机制限制或杀死对方。竞争的结果，将会使这些细胞器减少，这对新产生的合子的发育不利。例如：海莴苣是一种同配生殖的海藻，在两个配子融合后，一方带来的叶绿体在几分钟后溶解，这是另一方叶绿体产生的毒性作用的结果。

为了使细胞内所有的DNA有效合作，避免两败俱伤的结果，有性生殖生物继续进化，使两种配子产生了分化，只有一方的配子提供带有遗传物质的细胞器，另一方不提供，以避免细胞器之间的竞争。这样就产生了性别——能够产生带有细胞器的配子的性别为雌性，所产生的配子叫做卵子；不能产生带有细胞器的配子的性别为雄性，所产生的配子称为精子。

9.2.3.3　两性的分歧进化

精子和卵子的进化策略一旦分化，将连带产生它们的个体的性别发生分化。卵子在保留细胞器的同时，将尽量蓄积营养物质，生产成本高，将以质量取胜，精子在抛弃细胞器时，也尽量使自己的体积减小，形成较多数量，以便保证能在运动中能找到卵子，将以数量取胜。后代发育需要的营养将主要由提供卵子的性别承担，因此雌性会进化出子宫、乳腺等器官。雌性的进化方向是产卵能力和受精后抚养后代的能力；而雄性则是接近和获得雌性个体的能力，性选择的压力下将会产生如发达的肌肉、犄角等雄性性状。

性选择是一种特殊的自然选择形式，通过两性对交配对象的选择而实现。由于生产精子的成本低，少量雄性产生的精子就能为大量卵子受精，因此一般会出现雄性过剩的现象，使得雄性经受的选择压力较大。性选择主要表现为雄性竞争，而雌性去选择。

9.2.4　大陆漂移与宏进化

在地球演化的历史中，大陆不是固定不变的，而是在灼热的地幔的作用下缓慢但持续地移动，位于不同大陆的生物也随着大陆的移动而变换自己的位置。大陆漂移对生物群落和生物圈的影响主要包括：伴随着大陆向两极或赤道移动，生物不断地产生适应冷热和生态环境的进化；不同大陆的合并或分离时，生活在不同地区的生物会相遇进而产生新的生存竞争，或由于大陆分离而产生分支进化；不同形状的大陆会改变海洋环流的走向，进而影响全球气候和生态环境，造成一些物种的灭绝，或产生一些新的物种；造山运动、火山和地震活动都是在板块的交界处发生，这些对生态系统也会产生明显的影响。

有两个时期的大陆漂移对生物进化产生明显的影响。一是约2.5亿年前，所有的大陆都聚集在一起，形成被称为盘古大陆的超级大陆。盘古大陆的形成造成原属不同大陆的生物相遇，形成新的生存竞争，其过程与当今不同地区的物种入侵相似。大陆合并后，海岸线缩短，近海生物减少；同时内陆面积增加，远离海洋的干燥大陆气候也改变了生物群落的格局。此次生态格局的变化造成了90%的海洋生物灭绝，也严重影响了大陆生物的生存。二是在1.8亿年前盘古大陆开始分裂，形成了非洲、欧亚、美洲、大洋洲、南极等大陆。每个大陆构成了不同地理隔离区，促进了生物多样性。海洋环流也随之发生改变，影响地球不同地区的温度分配，造成世界气候类型的改变。盘古大陆的分裂方式也解释了许多令人迷惑的问题。例如，为什么澳大利亚的动物和植物类型与世界其他地区如此不同？这是因为澳洲较早与其他大陆分离。为什么在西非和巴西能发现十分相似的中生代爬行动物化石？这是因为西非和南美东部在那些动物存在的年代是彼此连在一起的。

9.3 人类的起源和进化

人类在生物分类上属于真核生物—动物界—脊索动物门—脊椎动物亚门—哺乳纲—灵长目—类人猿亚目—人科—人亚科—人族—人亚族—人属—人种。目前人亚族只有一个属，即人属（Homo）；而人属只有一个种，即智人（Homo Sapiens），也就是我们。但是在人类进化史上人亚族至少存在过4个属，而人属也曾有不同的种，只是这些属和种在进化的某一时期灭绝了，只留下了人种。

与人类进化关系最近的物种是黑猩猩。黑猩猩和猩猩、大猩猩等都属于类人猿，但实际上黑猩猩与人之间的遗传距离比黑猩猩与猩猩、大猩猩的遗传距离要小得多。人和黑猩猩的绝大多数蛋白质的氨基酸序列完全一样，靠比较这些蛋白质序列无法察觉它们的差异。如果比较DNA序列，则人和黑猩猩大约有1%的差异。因此有人认为黑猩猩和人应该属于一个族——人族。

9.3.1 人类的起源

阐明人类起源的具体时间之所以存在争议，不在于我们难以确定进化史上某件事情发生的时间范围，而是在于如何定义人类起源这一概念。实际上人类起源和其他一切进化事件一样，是一个连续变化的过程。我们可以以站立行走作为人类诞生的标志，可以以使用石器等工具作为人类出现的标志，或者以人脑容量增大为标志，或者以语言的出现为标志。这些标志出现在完全不同的时期，并不存在短期内人类主要特征突然出现的时期。我们经常用和人遗传关系最近的动物——黑猩猩分家的时间视为人类的诞生，可以通过分子生物学研究和化石研究大致确认这一时间。

9.3.1.1 人类与黑猩猩分家时间的分子生物学研究

通过比较人和黑猩猩的蛋白质氨基酸序列或DNA的差异，利用分子钟的原理（第8章），可以确定两个物种的分歧时间。

测定灵长类血清中的白蛋白的氨基酸序列，发现人的白蛋白和黑猩猩的差别是1.2%，这个差异相当于约五百万年。比较DNA的差异，推算出人和黑猩猩的分支时间是在500万~700万年前。这与用白蛋白比较的结果相一致。

9.3.1.2 根据古人类化石推测的人亚科系统树

分子生物学方法可以检测两个物种分家的时间，但不能提供表型信息，无法描述人类进化过程中形态和生理的变化，化石研究则可以提供这方面的信息。

人类化石的研究由来已久，早在1856年，第一个古人类化石就在欧洲的尼安德特出土了。随着尼安德特人化石被大量发现，人们一度认为欧洲是人类诞生的摇篮。但在19—20世纪的交界，科学家在亚洲发现了较多的能够直立行走的猿人化石，其中较著名的有1892年在印度尼西亚发现的“爪哇人”、1929年在北京发现的“北京人”。这些被称为“直立人”的化石的发现，使人们倾向于认为亚洲才是人类发源地，不过这一结论还是下得早了点。从20世纪前中叶开始，更多的猿人化石在非洲被发现，在南非发现的大量古猿化石被称作南方古猿。南方古猿存在的时间比之前发现的尼安德特人、爪哇人和北京人等都早得多，最早的南方古猿生活于4百万年前，南方古猿直立行走，脑容量和身体特征介于直立人和猩猩之间，面部、牙齿特征近似于猩猩，多数学者认为它就是猿和人之间的缺环。

从20世纪50年代起，人们的注意力从南非转向了东非，那里有一条南北走向的东非大裂谷。在大裂谷地区发现了多达数千具古猿化石。其中两个发现最具有意义：

（1）在70年代发现的“露西”（Lucy）化石，“露西”属于南方古猿的阿法种，生活在340万年之前，是一具非常完整的古猿个体的骨骼，包含了约40%的骨头。如果考虑到骨骼的两侧对称性，这些骨头能提供约70%的骨骼信息，它属于一个约20岁的女性，身高只有1米。从她的骨盆、脊柱、膝盖骨判断，“露西”是直立行走的生物。

（2）在20世纪90年代，在埃塞俄比亚阿法地区发现更古老的人亚科化石“阿尔迪”，阿尔迪也是一位女性，属于人科的地猿属，其存在年代达到440万年之前。阿尔迪身高约1.2米，具有与猿类似的头部和脚趾，因此应生活在丛林，但骨骼特征显示她可以直立行走，是已发现的最早的两足行走的古猿。阿尔迪可能是迄今最接近人与黑猩猩共同祖先的物种。南方古猿和地猿是自人类祖先与黑猩猩在500万年前分家后，向现代人类进化的中间物种，这是目前的共识。

到目前为止，已经发现的人亚科化石至少属于18个物种，可以归为4个属，南方古猿属（Australopithecus）、地猿属（Ardipithecus）、傍人属（Paranthropus）和人属（Homo）。在非洲发现了全部这4个属的化石。而只有人属的某些种在欧亚大陆被发现（图9-5）。这些属和种中，只有人属的智人（Homo sapiens）存活至现在，其他的在不同的时期灭绝了，其中尼安德特人在距今3万年前灭绝。

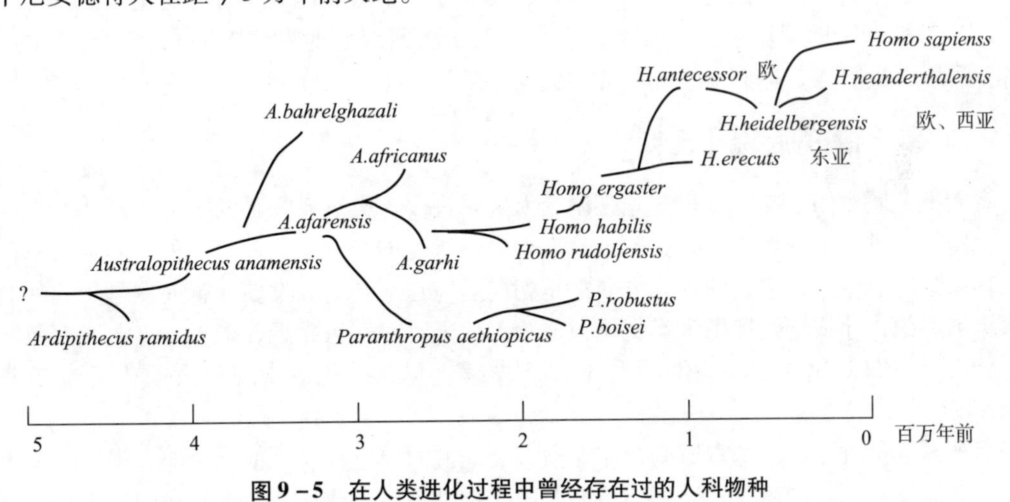

图9-5 在人类进化过程中曾经存在过的人科物种

由于大量非洲古人类化石的发现，使人们确信人类起源于非洲，然后逐渐扩散到全世界。

9.3.1.3 人属的进化

人属从南方古猿进化而来，以下这些都属于人属：

（1）早期猿人：距今100万~250万年。例如能人在20世纪50—60年代被发现于东非的坦桑尼亚。特点是颅骨较发达、平均脑容量650ml，牙齿比南方古猿小，能制造石器。能人是最早的人属成员，仅见于非洲。

（2）晚期猿人：距今24万~150万年，例如直立人。直立人首先被发现于爪哇岛，此后在亚洲其他地区、欧洲、非洲等地都有发现。在我国发现的直立人化石有北京人、元谋人、蓝田人等。其中1929年发现的北京直立人生活在距今20万~50万年前。平均脑容量为1 089ml。直立人已经开始用火，能够制造复杂的石器工具（图9-6）。

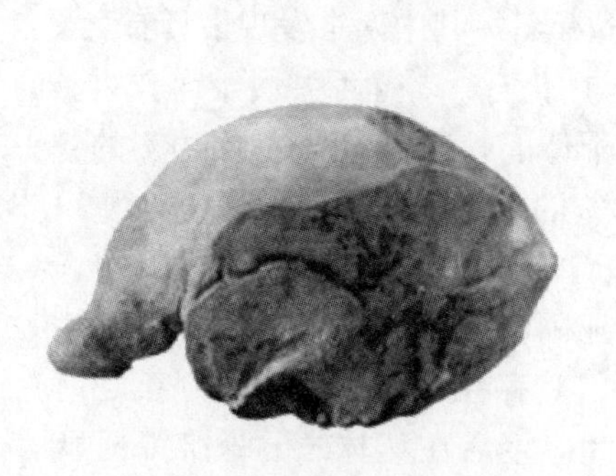

图9-6　北京人头盖骨化石及复原图

（3）早期智人：距今4万~25万年。早期智人的代表是尼安德特人，生存年代为3万~25万年前，广泛分布在欧洲和亚洲西部。尼安德特人身高1.5~1.6m，颅骨容量平均为1 500ml，较现代人的平均脑容量1 350ml还要大些。尼安德特人的骨骼和肌肉强健，四肢粗大，牙齿也大，胸部较宽，手和脚也比较大；比现代人有着耐寒的体格；肤色估计是浅色的。早期智人能制造较复杂的石制工具和用于狩猎大型野兽的木制长矛，并能用兽皮制作简陋的衣服，会取火。尼安德特人有制造首饰、具有原始宗教、埋葬死者的文化习俗。

（4）晚期智人即现代人种，简称智人。发现于法国南部的克鲁马努人，我国的山顶洞人等都属于晚期智人。他们最终发展成现代人。

9.3.2　智人的起源和迁徙

智人是人属中的一支。这里首先强调，人属是许多人类近亲物种的集合，但并不是每个人属生物都会进化为现代人。人类并不是人属生物进化的必然结果。每一种人属生物都在特定的环境条件下生活，它们的进化方向都是朝向适应这一环境而发展。智人在自身的生活环境压力下进化，才最终发展出人类文化，成为现代人。对于黑猩猩、能人、直立人，乃至尼安德特人……即使让它们在没有人类干扰下继续进化，进化成为现代人的机会也是非常小的。

另外，依据进化论的基本原则，在探索人类起源时要记住一个前提，即人类是一个生物物种，只能有一个共同祖先，不可能是多个祖先物种平行进化，并都演化成现代人类。那种认为欧洲人、亚洲人、非洲人在各自大陆独立地由当地类人猿进化，成为现代的白种人、黄种人、黑种人的观点不符合生物学原理。甚至人种（race）的概念也没有科学意义，现在世界上所有的人都属于一个物种：智人。

9.3.2.1　非洲起源学说和多地区起源学说

人类起源于非洲，这一点已经没有异议。不同学说争论的焦点是现代人类什么时候从非洲扩散到世界其他地方的。多地区起源学说认为从 100 多万年前开始从非洲扩散到欧亚大陆的直立人各自继续独立进化，分别在欧洲、亚洲和非洲进化成现代人，并形成现代的主要人种。这一理论的根据是化石记录。比如一些中国学者认为在中国大陆发现的不同年代的猿人化石形态上具有连续性，呈现一种持续的形态变化，并具有与现代黄种人相似的某些特性。非洲起源学说则认为智人在 20 万年前还局限于非洲，在 10 万年前向世界各地扩散，完全取代了其他地区的古人种，包括直立人，成为现代人。现代分子生物学的研究表明，非洲起源学说是正确的。

9.3.2.2　非洲起源说的 DNA 证据

1. 线粒体夏娃。

1987 年，美国遗传学家卡恩（Rebecca Cann）等人运用母系遗传的线粒体 DNA 的多态性进行研究，寻找到了全人类共同祖先生活的年代，提出了著名的“线粒体夏娃假说”。

所有人的线粒体 DNA 均来自母亲，这种遗传称为母系遗传。线粒体内的 DNA 存在相对固定的突变率，可以标定线粒体 DNA 为一个分子钟（参见第 8 章）。通过比较人类不同个体线粒体 DNA 上碱基的差异数，对照线粒体 DNA 分子钟的走速，就可以知道他们的祖先分家的时间，并能做出人类各种族的系统进化树。

卡恩的研究小组选择了来自非洲、欧洲、中东、亚洲，以及几内亚和澳大利亚土著妇女共 147 人的线粒体 DNA 进行研究，根据她们线粒体 DNA 碱基序列的差异，推定这些线粒体分歧的时间，最终推断它们都来源一个共同女性祖先的遗传。该女性生活在约 20 万年前（一说 15 万年前），她提供了所有现代人的线粒体。借用《圣经》中第一个女人的名字，该女性被形象地称为“线粒体夏娃”。这项研究后来又扩大了受试人群的数量，在迄今接受测试的所有人中，没有发现不同于线粒体夏娃的线粒体类型。

那么这个线粒体夏娃生活在什么地方呢？研究发现，在非洲地区人群的线粒体 DNA 的碱基序列差异比世界其他地区的人大得多。由于群体在向世界扩散时，总是少数人离开原地，多数人留下，并造成原地的遗传多样性比其他地方大。因此可以确定这个线粒体夏娃应该生活在非洲，这与众多的古人类化石发现相一致。

2. Y 染色体亚当。

与线粒体 DNA 的序列分析用于追踪人类的女性家系相似，分析 Y 染色体同样可以追踪人类男性家系的系谱。

Y 染色体只在男性之间传递，由父亲传给儿子，儿子传给孙子。这种传递类似于人类的姓氏传递。通过人类的姓氏传递脉络可以构建男性氏族的家谱，基于同一原理，通过比较不同男性的 Y 染色体也可以构建不同男性的 Y 染色体系谱。Y 染色体 DNA 的碱基也以相对固定的频率发生改变，通过 Y 染色体 DNA 的分子钟，可以追溯到人类男性的 Y 染色体共同祖先。2001 年，斯坦福大学的昂德希尔等人考察了全球 22 个不同地区的 1 062 个男性的 Y 染色体 DNA 序列，显示了他们的亲缘关系，追踪到了他们的共同祖先，这一祖先也借用《圣经》中第一个男人的名字，叫做 Y 染色体亚当。这一人类 Y 染色体的共同祖先生活在 12 万～20 万年前，与线粒体夏娃生活的年代相当。根据世界不同地区 Y 染色体 DNA 的多态性，同样推定 Y 染色体亚当很可能生活在非洲。

3. 正确理解线粒体夏娃和 Y 染色体亚当的遗传学意义。

对于线粒体夏娃和 Y 染色体亚当的发现，很多人存在错误的理解，甚至很多科普文章的解释都是错误的。比如认为线粒体夏娃是全人类的女性祖先，Y 染色体亚当是全人类男性的祖先，似乎在线粒体夏娃和 Y 染色体亚当生活的年代世界上只有一个男人和女人，并因此证明了《圣经》的说法。还有人对线粒体夏娃和 Y 染色体亚当生活的时间没有完全对上号而感到迷惑。其实这完全是一种误解。无论在线粒体夏娃还是 Y 染色体亚当生活的年代人类都是一个群体。像任何物种一样必定有许多个体，这些个体一般都会留有后代。线粒体夏娃的线粒体，或 Y 染色体亚当的 Y 染色体能够传递到现代，而其他线粒体和 Y 染色体没有传下来完全是机会的原因。这种传递的过程符合遗传漂变的原理。

在第 8 章中谈到，遗传漂变的结果，最终可使某些等位基因在群体中消失，或取代其他等位基因而固定下来。这对线粒体和 Y 染色体同样适用。遗传漂变的长期效应将会造成人类群体中线粒体和 Y 染色体的种类逐渐减少，经过足够长的时间之后，就会只存在一个线粒体或 Y 染色体类型，这种情况叫做固定。我们设想如果某个女性没有生孩子，那么她的线粒体就会失传；如果她只生了男孩没生女孩，线粒体也会失传。她的线粒体一直向后代传递的前提是她的女儿必须再生外孙女，外孙女必须再生曾外孙女……此过程必须持续几千代才能将她的线粒体传递到现在，这种可能性是非常低的。因此 20 万年前绝大多数女性的线粒体都失传了，只有一位女性的线粒体有幸传递下来，并分布到我们每一个人的身上。Y 染色体的遗传也遵从同样的原理。

需要强调的是，这里仅谈到了线粒体和 Y 染色体 DNA，没有谈及其他染色体。实际上其他的 23 种染色体均有各自的传递途径；只不过因为有性生殖，这些染色体在两性之间不断穿梭，无法勾画出倒立树状的父系或母系的系谱图来。如果没有减数分裂染色体的重组的话，我们每个人具有的 46 条染色体应至多来源于 46 个祖先。但考虑到减数分裂时的连锁交换，每个人具有的染色体，除了 Y 染色体外，都是在父母的生殖细胞里重新形成的。染色体上更小的 DNA 片段的传递受到遗传漂变和自然选择的双重影响，各有不同的祖先。因此一个人的生物学祖先是非常多，非常复杂的。

9.3.2.3 DNA 记录的人类的迁徙过程

根据世界不同地区人群所出现的线粒体或 Y 染色体 DNA 上的碱基替换情况，可以勾勒出自人类走出非洲后的迁徙路线和每个迁徙发生的大致时间。

1. 中国的情况。1999 年我国学者宿兵等人使用 Y－SNP（单核苷酸多态）分析，发现中国南方人群的基因多样度高于北方人群，各人群的遗传多样度按东南亚非汉族人群、南方汉族人群、北方汉族人群、北方非汉族人群排列逐渐下降。这一发现与线粒体 DNA 单倍型的分布相符。前面讲到，在迁徙发生时，实际迁徙的人群总是占总人口的少数，因此其遗传多样性比不上留在当地的人群，迁徙应是顺着遗传多样性梯度下降的方向进行的。这揭示人类进入东亚始于中国南方，然后向北方发展，定居下来，成为华夏子孙。

2. 欧洲的情况。分析现代欧洲人的线粒体，发现主要有 7 种线粒体类型。提供这 7 种线粒体的女人被称作 7 位“欧洲夏娃”，这 7 种线粒体均来自线粒体夏娃。进入欧洲的时间发生在 1 万年多前。但实际上早在 4 万年前现代人类就到达了欧洲，比如克鲁马努人就生活在距今 3 万年前。研究认为这是先后到达欧洲的智人之间的取代。在 1 万年前农业已经在中东地区兴起，掌握先进农业技术的中东人向欧洲迁徙，在与当地的土著欧洲人的竞争中占了上风。他们代替了原来的人群，成为后来欧洲人的主体，原有的欧洲人被压缩在很小的区域：有一个欧洲民族叫巴斯克人，主要生活在北西班牙地区。他们在 4 万年前进入欧洲，与其他欧洲人外貌明显不同，讲一种非印欧语言。

3. 2005年，美国国家地理协会开始了一项雄心勃勃的计划：用基因测序技术勾画在几万年间人类在地球的迁徙路线图。参加测试者遍及一百多个国家的几十万人。测试显示，大约7万年前人类祖先越过红海南部或通过埃及到达中东地区，随后分别向东或向西扩散，并不断分支发展，占据欧亚大陆的不同地区（图9－7）。如果一个DNA变异发生在分支之后，则这一变异就只存在于人类的这一支系当中，分析不同变异的分布，就可以勾勒出世界各地不同人群的迁徙路线和发生时间。例如Y染色体上的M168标记只出现在非洲之外的世界上所有男人的Y染色体上，说明这一变异发生在离开了非洲的某一个男子身上，再通过遗传漂变扩散到非洲以外的人群。再如，P186号变异出现在当今大部分中国人身上，中国汉族有69%～86%，韩国人有70%～82%，日本有47%～65%。印度男性只有23%带有P186号变异，说明这一变异发生在向东流动的人群当中，是典型的东北亚人群的特征标志。

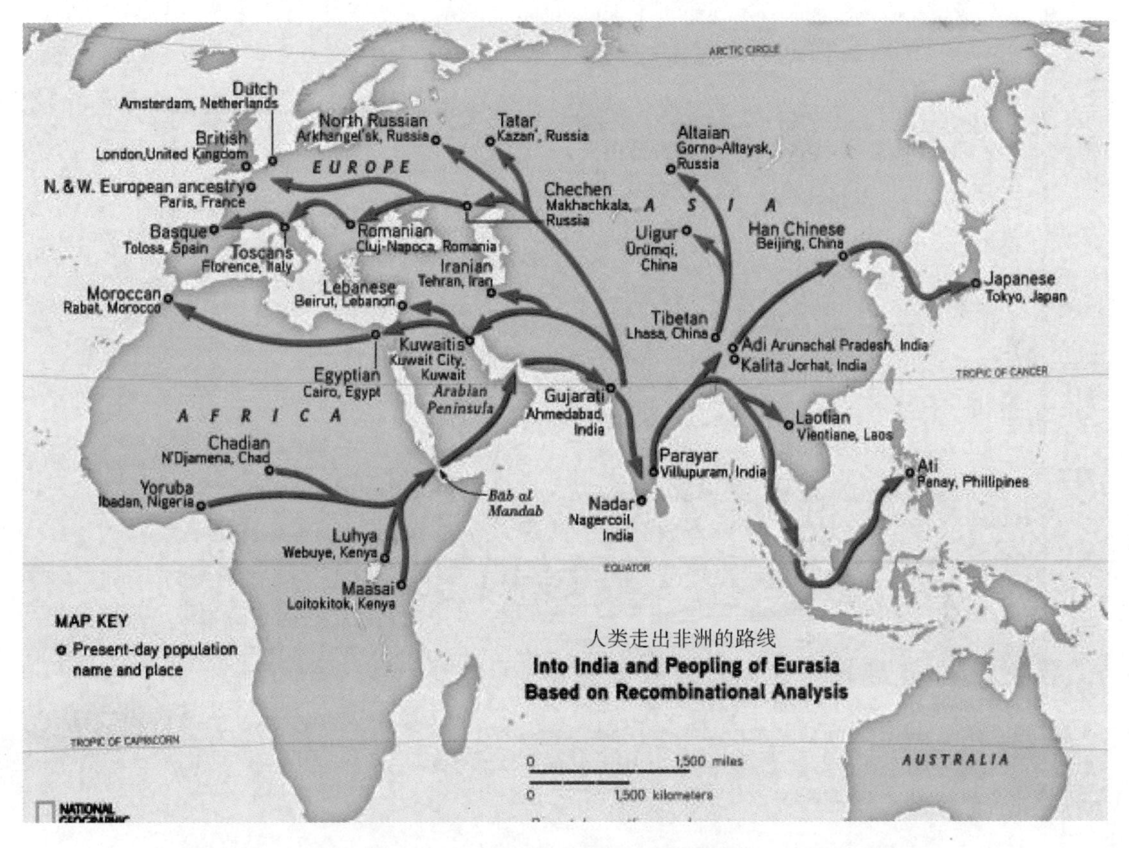

图9－7　现代人走出非洲之后向欧亚大陆扩散的路线图（本图来自David Maxwell Braun 2011年登载在https：//voices. nationalgeographic. org网站的文章）

9.3.2.4　如何解释中国发现的化石代表的古人类的去向

DNA记录显示智人在4万～5万年前由印度经东南亚进入中国，逐渐演变为华夏民族，但是目前发现的遍布中国大地的许多古人类的年代远早于4万年，例如云南发现的元谋人生存于上百万年前，北京周口店猿人也生活在50万～30万年前；这些猿人的子孙都去哪儿了，和现在中国人的关系是什么？

图9－8显示了在中国所发现的主要古人类化石，它们存在的时间和地点。图中提示在

距今10万年到4万年之间几乎没有古人类化石出土。一般来讲，越是靠近现代，能够存留的遗骨或化石应该更多才是，因此这一缺位是不同寻常的。合理的解释是在10万年前，由于某种原因，位于中国的所有古人类都灭绝或迁徙了，直到智人在5万~4万年前进入中国大陆填补了空白。究其原因，可能与距今5万~10万年前的第四纪冰川有关。那一时期地球变冷，冰川自北极向南移动，覆盖了东亚地区，使得这一地区绝大多数生物种类灭绝，古人类也不例外。这种情况也出现在世界其他地区，比如欧洲，也导致那里的尼安德特人数量大大减少。而当时生活在温暖的非洲和中东地区的智人没有受到明显影响。在冰川期结束后现代人随着温暖气候的北移，和其他动植物一起进入中国大陆，成了这块领地的新居民。因此包括元谋人、北京猿人在内的直立人并不是我们的直接祖先，但可以比喻为现代全人类的旁系近亲。

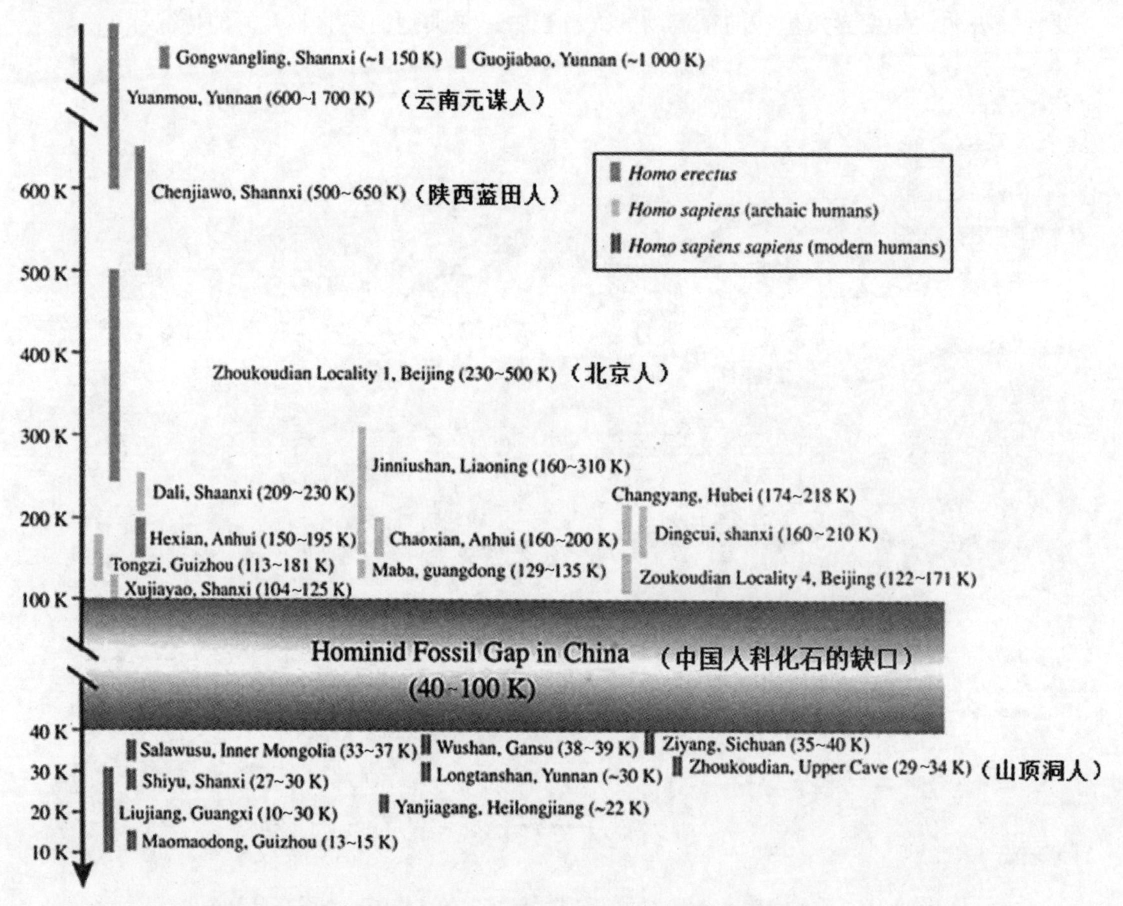

图9-8　中国发现的古人类化石记录（本图改自 Li Jin & Bing Su. Natives or immigrants: modern human origin in east Asia. Nature Reviews Genetics，2000，1，126-133）

9.3.3　DNA的记录成为一个新的生物学和文化历史研究工具

9.3.3.1　种内的遗传多样性与种群的大小

当DNA碱基的替换率相对恒定，在经过长时间平衡时，种群内的多样性也最终达到恒定，此时的多样性与物种个体数量有关。

人类每 1 300 个碱基中有 1 个不同，这是人类遗传多样性的水平，这叫做单核苷酸多态（SNP）。两个任意黑猩猩之间的 SNP 数较人类多 1 倍；两个任意红毛猩猩之间的 SNP 差异 8 倍于人类。这表明黑猩猩和红毛猩猩种群的遗传多样性远大于人类。据估计，每 1 300个碱基中有 1 个 SNP 的多样性水平为个体数为 10 000 个左右的物种所具有。这一数字与现在人类的规模差距甚大，需要从人类进化的过程中寻找原因。如果计算正确，说明在几百万年人类进化的历程中古人类的种群规模一直很小，或者人类在几万年前通过了一次人口瓶颈，瓶颈处的人口不超过 1 万人。没有通过瓶颈的古人的基因随之消失，降低了多样性。通过人口瓶颈的少数人就成了世界所有现代人基因的建立者。

由于 DNA 碱基的替换率基本恒定，人类人口规模在随后近 3 千代的急速增长对种群的多样性不会产生明显影响，所以世界各地的人类彼此之间在遗传上非常相像，比黑猩猩之间相像得多。全人类之间的差异主要是文化上的差异。

9.3.3.2　DNA 分析对人类学研究的其他意义

古人类留下的 DNA 样本记录了人类的踪迹和走向，也同时揭示了某些人类文化和历史事件。这里试举几例。

1. 不同人类群体线粒体 DNA 和 Y 染色体 DNA 变异的比较所揭示的人类婚姻习俗。

如果比较两个人类群体的 DNA，他们之间 DNA 的差异水平代表了他们之间的遗传学距离；差异越大，遗传学距离越大，说明两者之间人员相互隔离，相互交往较少。当比较世界各地不同群体的线粒体 DNA 和 Y 染色体 DNA 的遗传学距离时，发现 Y 染色体的 DNA 遗传距离总是大于线粒体 DNA 的遗传距离。提示男性迁徙率小于女性，这似乎与人们的直观印象相悖，但确是事实。这实际反映了人类婚姻居住类型效应。即一般婚配是多是女方出嫁，居住到男方家里。等生下女儿长大后，又再次出嫁到另一个地方，由此造成女性迁徙率大于男性的宏观效应。由于在世界各地的遗传学分析都发现这种情况，说明这种男婚女嫁的情况不是某些民族的习俗，而是历史上世界不同地区的人们普遍采用的婚配形式。这一历史特征保留在 DNA 记录中。

为了验证 DNA 记录所预测的准确性，有人研究了泰国山区原始部落的婚姻情况。他们挑选了两类部落进行比较：一类是婚后女方居住在男家，另一类是婚后男方居住在女家。研究结果证实了 DNA 记录预测的准确性：婚后男方居住在女家的部落之间，线粒体 DNA 的遗传学距离会反过来大于 Y 染色体 DNA 的遗传学距离，与婚后女方居住在男家的情况正相反。

2. 战争和入侵所留下的 DNA 痕迹。

作为战争入侵所导致的结果，会反映在 Y 染色体的多样性上。例如，研究者发现在整个中亚有大约 8% 的个体带有特殊的 Y 染色体世系标记，它来自蒙古，反映了 12 世纪之后，成吉思汗和他的后代入侵并统治中亚时所留下的遗传足迹。再如委内瑞拉一部分地区的印第安人的线粒体主要是印第安人起源的，而 Y 染色体则是欧洲起源的，说明在约 500 年前西班牙人入侵时，抢占了当地女性为妻，造成了这一结果。

9.3.4　智人在进化过程中与其他人科动物的通婚

旧的物种通过分歧进化，形成不同的新的物种，期间需要经过地理隔离，再过渡到生殖隔离，但生殖隔离并不是突然发生的，需要有一个过渡时间。两个物种的异性在过渡期间相遇，仍有生育出有生育能力的后代的可能，尽管这种可能性大大降低。在智人的进化过程中，就曾发生过与其他人科物种的生育行为，这些也被忠实地记录在人类的DNA中。

智人在5万~10万年前越过红海进入欧亚大陆时，那里还生活着一些被称作早期智人的人科生物。据估计，智人与尼安德特人在同一地区共同生活了几万年的时间。以前认为他们是两个物种，相互之间只是一种竞争关系，由于智人的社会组织性、人数，以及智力方面可能占有优势，最终尼安德特人灭亡，智人占领全世界。但DNA序列分析技术发展后，人们可以从古人类化石中提取DNA，与现代人进行序列比较，结果发现了他们之间混血的证据：现代非洲以外的人都带有平均2.5%的尼安德特人的DNA序列，这包括我们中国人。丹尼索瓦人是2008年发现的人属生物化石。提取DNA进行分析显示，丹尼索瓦人与早期现代人类和尼安德特人的遗传信息均不同，属于不同物种。现代人当中，生活在太平洋岛屿的美拉尼西亚人带有5%的丹尼索瓦人基因，提示了人类与丹尼索瓦人之间发生过婚配。此外在西非地区还可能发生过另一次智人和其他人属生物的交配。三个人属物种在几万年前的分布和智人的扩张线路见图9-9。

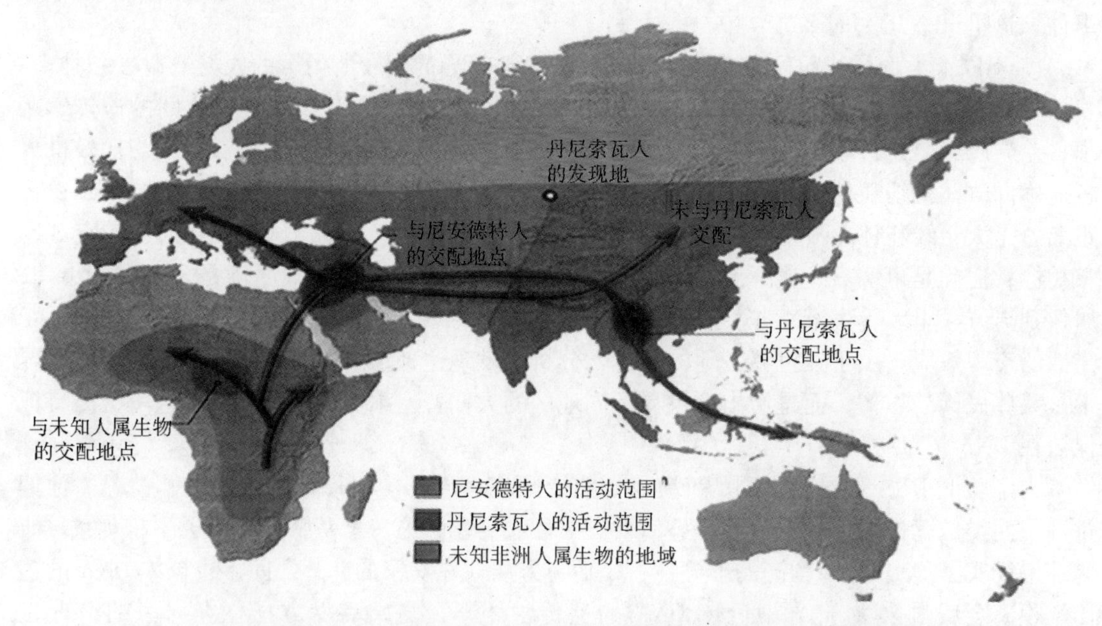

图9-9　智人、尼安德特人和丹尼索瓦人在智人离开非洲前的分布区域，以及发生交配的可能地点。非洲的深色区域是未知人属生物所在区域，欧亚大陆西边是尼安德特人所在区域，东边则是丹尼索瓦人所在区域。深色代表可能的交配地点（本图改自 MordicalKnode：Homo Sapiens Didn't Evolve in a Vacuum：Scientific American Human Hybrids（2013）的插图）

总之，人类进化历程比以前认为的更加复杂，除了纵向的直线进化外，不同人属生物之间还发生过少量的基因间横向交流，甚至文化交流。由于智人的分布范围广，这种交流有时局限于人类的某一群体，因此出现丹尼索瓦人的DNA主要见于现在的美拉尼西亚人，非洲人没有尼安德特人的基因的情况。

9.3.5　人类重要特征的进化

9.3.5.1　直立行走

直立行走起源于生活环境的改变。当人类祖先与黑猩猩分家并从森林搬到草原生活时，直立行走就成为一种必需的能力。猿类用于在树之间攀援的前肢需要改变功能，就进化成了手臂和手；后肢则独立承担行走的任务。在森林生活的时期成为直立行走的过渡阶段：前肢先变成类似猿的手臂，再进化成人的手臂和手。如果没有这一过渡时期。在草原生活的四足动物很难跨越进化障碍，一下子进化成两足行走的动物。直立行走提高了古人类的视野，便于发现猎物和危险；腾出的双手可以怀抱幼子、制造和使用工具，有利于大脑和智力的进化。

9.3.5.2　语言的进化

语言的进化与古人类发声器官的改进有关。遗传学家进行了与语言有关的基因研究。在19世纪60年代法国医生布洛卡（Broca）注意到一些有语言缺陷的人脑在额下回有损伤，从而发现言语运动中枢的布洛卡区。之后又发现了其他的失语症类型。到20世纪后期，与这些失语症有关的基因被发现：有一个失语症家族KE家庭来自英国，一些成员语言能力的丧失。他们的舌头、嘴唇的连续控制存在问题，无法掌握语法，但听得懂别人的语言。失语成员的第7号染色体异常，导致布卢卡区或维尔尼克区的损伤。科学家在这一染色体区域发现了Foxp2基因。

Foxp2基因是控制语言运动能力的基因。在许多具有复杂发声能力的动物，例如鸣禽中都有发现这一基因。该基因的突变影响发声能力。它的异常在人类导致先天性言语障碍，它也是孤独症易感基因。DNA序列分析显示人类的Foxp2基因在近二十万年发生了快速进化，这使人类语言的出现成为可能。

9.3.5.3　脑容量的变化

在人类进化过程中脑容量持续增加，说明脑容量的增加有利于人类的适应性。寻找与脑容量有关的基因也是遗传学家的工作。

有一种遗传病叫小头畸形，在患者基因组中发现了两个与小头畸形有关的突变基因：MCPH1和ASPM。这两个基因与类人猿基因组中的同源基因对比，发现发生了快速进化，有可能是导致人脑增大的原因，也说明在进化过程中出现过导致脑增大的正向选择。MCPH1最新突变发生在37 000年前；而ASPM的最新突变出现在5 800年前。

不过人脑容量并不总是不断增大。在过去1万多年里，人类的脑容量明显下降了，从5万年前的1 468ml（雌性）和1 567ml（雄性）下降到1 210ml（雌性）和1 248ml（雄性）。人脑容量的下降有可能与食物类型的改变有关。进入农业社会以来，人类从狩猎和采集过渡到定居和农业。肉食减少而素食增加。另外社会组织的完善、人与人通信能力的提高和等级制度的形成，使人们减少只依靠个体智慧，而依赖于群体完成各种活动。据观察，驯化动物的脑容量一般小于野生祖先，例如：狗的头颅较同体积的狼小20%左右。

9.4　宇宙生物学与地外生命

人类航天的先驱齐奥尔科夫斯基曾说过：“地球是人类的摇篮，但人类不可能永远被束缚在摇篮里。”随着对地球生命本质的深入了解，人类已经有可能去思考和研究人类进入太空的前景，对宇宙其他生命存在的可能性和形态进行估算。这些研究既具有理论意义也具有实际价值。理论意义在于通过对太空生命现象的研究可以更深刻地理解生命现象的本质、宇宙生命的起源，使生命科学产生新的质的飞跃；实际价值在于人类的发展使得早晚有一天地球的资源不能满足人类，人类会移民太空，走向宇宙。到底什么地方是适宜人类移民之处？我们是否会遇到其他宇宙生命？都是必须提前有所估计的问题。如果解决这些问题，将创造自哥伦布发现新大陆之后又一次人类发展的新天地。

9.4.1 地球生物进入太空可能遇到的生理问题和对策

生物是在地球表面环境下进化出来的，现代生物最适应的环境是目前的地球环境：一个大气压、21%的氧气、0.3%的二氧化碳、1个重力加速度（1g）、适宜的温度……而太空环境与此有很大的不同。在人类和地球生物进入太空之前，必须对于生命生存有关的太空环境有所了解，并采取必要的措施尽量模拟地球环境，或对太空环境可能造成的人体或生物体的损害采取一定防治措施。

9.4.1.1 载人航天的简要历史和面临的问题

在人类宇航员进入太空之前，人们首先将实验动物送上太空，研究太空环境对实验动物的影响。1948年，美国首先组织了一次有航天医生和生命科学专家参加的关于“空间旅行的航空医学问题”讨论会，探讨空间飞行可能面临的医学问题及风险。次年美国探空火箭“Blossom”搭载了一只名“Albert”的猴子，标志着利用航天器进行空间生物学研究的开始。Albert在飞行途中不幸死于窒息。

第一个在太空中存活一周的哺乳动物是苏联的科学家在1957年载入太空的叫做“莱卡（Laika）”的小狗。1961年，苏联宇航员加加林（Yuri Alekseyevich Gagarin）乘坐东方1号载人飞船第一次升入太空，标志着人类开始进入太空环境。1969年7月21日美国的阿波罗11号载人飞船成功登月，阿姆斯特朗成为第一个走上月球的地球人。

与此同时航天医学的研究也开展得有声有色。1986年苏联发射的和平号空间站是人类首个可长期居住的空间研究中心，其中医生航天员玻里雅创造了438天的空间飞行记录。为未来的太阳系探测活动所需的长期飞行提供了宝贵的航天医学数据。国际空间站（International Space Station，ISS）是一个由六个国际主要太空机构联合推进的国际合作计划。参与该计划的共有16个国家或地区组织，于1993年完成设计，开始实施。装配完成后的国际空间站长110m，宽88m，大致相当于一个足球场大小。国际空间站上的生命科学研究包括人体生命与重力生物学等方面。

地球生物在太空所面临的主要问题包括：微重力、太空辐射、真空环境、缺氧、低温等。人类等地球生物在进入太空或登陆某个星球后，一般不能直接暴露在外界环境中，必须采取一定的隔绝措施，创造适合地球人和其他生物生存的小环境。例如空间站的内部会维持与地面尽量一致的大气压、氧气浓度、温度等。当宇航员离开航天器独自进入太空，即所谓太空行走时，需要穿上绝对封闭的航天服。在航天服内人体接触的界面保持应有的气体、大气压力、温度等。但在太空有几个效应还是无法避免，主要是微重力和太空辐射。

9.4.1.2 空间重力的改变

在地球上进化的生物已经完全适应地球的重力环境。这些生物的体形、大小、运动特征都与地球 1 个重力加速度保持协调一致。而在不同的太空环境，将面临不同的重力加速度：在以第一宇宙速度绕地飞行时，重力效应完全消失，这种情况叫做微重力；而在其他星球着陆时，根据不同星球的质量会产生不同的重力效应。例如月球表面的重力只相当于地球的 1/6，火星的表面重力约为地球的 2/5 等。此时所有的物体变轻，人所做出的动作容易“过猛”，以至于伤及自己。一般讲重力加速度的下降会使人体产生不适应，但只要能维持一定的重力加速度，比如相当于地球一半的重力加速度，人体经过一段时间后可以适应。但是微重力对人体有害。此外，在飞行器飞行的某些阶段还有可能产生超重，使人体产生几个重力加速度的重量。

微重力首先是对体液分布的影响。在地球表面时，受重力的作用，身体内的体液，包括血液会流向身体下部，造成体内血压随高度的不同而不同。脚部的血压最高，头部的血压最低。日常检查的是手臂的血压，检查时要求手臂与心脏尽量齐平。实际检测的是心脏附近的血压水平。身体的各部分已经适应了各自的血压和血液。一旦在太空失重，体液将会从下肢回流。下肢水压力下降的结果会造成下肢血流不足，营养不够，下肢骨质吸收，肌肉萎缩；而面部将承受过多的血液，造成上身静脉扩张、面部肿胀、颅内压增高、头晕目眩等（图 9 - 10）。再有，承重的下降会造成废用性效应，例如骨丢失，即骨密度下降和骨质疏松，对抗重力的肌肉萎缩等。这些效应在返回地面，重力恢复后，一般可以适应性恢复。但是长期太空微重力造成的骨丢失有可能无法完全恢复。

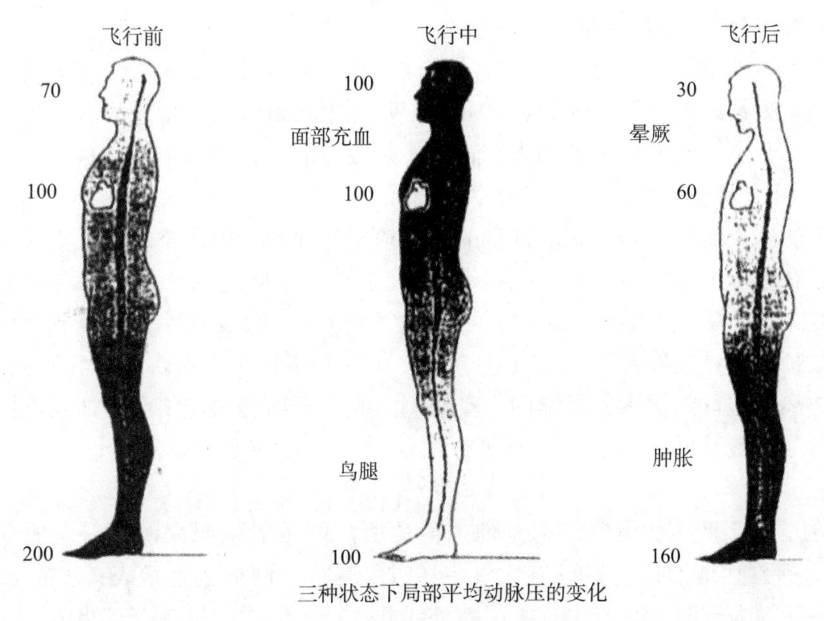

图 9 - 10　失重造成的体液分布改变

微重力造成的其他效应包括：

（1）运动病，即平衡器官功能一时的不适应所产生的一系列不适，包括发热、面色发红、恶心、呕吐、嗜睡、头疼、厌食等；

（2）心电改变，包括心率加快、心率紊乱等；

（3）定向障碍和错觉；

（4）代谢变化；

（5）立体耐力和运动耐力下降；

（6）脱水和体重减轻；

（7）红细胞质量下降，血浆容量减少；

（8）免疫功能降低等。

宇航员为了适应微重力和超重，需要进行适应性训练。对微重力的模拟可以采用在飞机上进行抛物线飞行，让人体验短期的微重力效应；对超重的适应性训练就要用到大型离心机，通过离心机的旋转产生超重效应。早期要求参与航天飞行的宇航员能经受 $10g$ 的重力加速度，现在随着发射技术的提高，航天器在发射和返回的过程中产生的超重已经不超过 $5g$。长期在轨飞行时为了让宇航员和研究人员克服微重力效应，要求在轨人员经常参加运动，采用多种方法改变身体负荷，防止肌肉萎缩和骨丢失。返回地面后要经过一段时间的适应性恢复训练。

重力对生物体的效应与生物体的体积大小有关，越小的生物对重力改变越无所谓。像细菌这类单细胞生物对重力就很不敏感，因为它们不存在细胞和细胞之间的强力牵拉或挤压。对于亚细胞结构或生物大分子来说，重力更是可有可无的东西。生物化学的各种反应并不涉及重力的因素，主要是电磁力在起作用。电磁力才是生命运行所涉及的基本的力的形式。只有生物体大到了一定程度，重力，或者说引力才会在其中起到一定作用。一般讲，生物体对抗超重的能力与其本身的质量成反比。

9.4.1.3　太空宇宙辐射效应

比起微重力，太空辐射是对进入太空的地球生物更大的威胁因素。由于大气层和地球磁场的存在，绝大多数太空辐射不能到达地面，使陆地生物得以繁衍生息。地球生物一旦升入大气层之外，离开磁场的保护，各种太空辐射将是致命的。各种辐射的能量将会破坏生命分子，遗传物质 DNA 将会产生过高的突变率。

至今人类的航天员尚未经历完全剂量的太空辐射，即使在国际空间站长期工作。由于空间站的轨道只在地球上空的 400 km 左右。这一位置在地球磁场的作用下，有三分之一的太空辐射会改变方向，从地球的两极绕过；低层大气的折射也使得在宇宙射线到达国际空间站之前已被拦截掉了最具危险粒子的三分之一，仅有很少部分的宇宙射线打到了人体的身上。但是如果人类离开地球的保护，继续向深空探测，太空辐射的效应将会是严重的问题。

太空辐射除了各种电磁辐射外，还包含大量质子和 α 粒子等的粒子辐射。太空辐射的来源是：

（1）太阳。太阳产生的电磁辐射是地球生命所需能量的主要来源，射向地球的辐射只有 23% 可以直接到达地面；有 20% 在大气中经过反复折射间接到达地表；还有 43% 被弹回宇宙空间；14% 被大气吸收。其中有害的紫外线几乎被大气中的臭氧全部吸收。在太阳耀斑爆发时，会产生被称作“太阳耀斑宇宙线”的粒子辐射，主要是质子，对航天飞行的人员产生有害影响。太阳耀斑爆发有一个周期，大约是 11 年。

（2）银河系宇宙线。是宇宙空间的粒子辐射。初级宇宙线包括：质子占 85%，α 粒子占 13%，重核、电子和光子占 2%。初级宇宙线进入大气层后，引起地球大气分子电离或核分裂产生的辐射叫做次级宇宙线：其能量相当于初级宇宙线的 1/50。

影响宇宙线在空间分布的因素有：

（1）高度效应：从 160km 到 50km，射线强度基本不变；在 50km 以下时，由于大量次级粒子的形成，强度越来越大；在 20km 处到极值，高度继续下降，辐射强度又急剧下降，到地面时最低。

（2）纬度效应：由于地球磁场的作用，大量辐射绕地球两极而过，故赤道较两极的辐射为弱。

对人和生物体产生危害的太空辐射主要是电离辐射。电子脱离原子的作用称为电离。能引起电离作用的射线都称为电离辐射。主要有 X 射线、α 射线、β 射线、γ 射线、中子流、重核等。

电离辐射对生物分子的效应包括：

（1）直接作用于生物分子，引起激发和电离，破坏生物大分子，特别是 DNA 分子。

（2）间接作用：首先使水分子活化和生成自由基，由自由基再造成生物分子的损伤。

电离辐射对人体的危害主要有：

（1）急性放射病：是短期大幅照射所致。分为造血型，肠型和脑型放射病等。

（2）慢性放射病：可以是局部问题，也可以是全身损害。

（3）远期影响：引起癌症发病率增加和后代患遗传病的风险增加。

对太空辐射的防护主要是采取必要的隔离机制，穿防护服，航天器外壳具有足够的屏蔽作用；其次是加强监控，在太空辐射较强的时期，例如在太阳耀斑爆发时，避免航天活动。

9.4.2　对宇宙生命的探索

生命可以在地球环境中诞生，假如宇宙中存在其他类似地球的环境的星球，是否同样能够诞生生命？这样的星球有多少？可能存在的宇宙生命有多少？这是自哥白尼宣布地球不再是宇宙的中心而只是一角之后人们自然会提出的问题。为了回答这一问题，首先要研究产生生命的条件，再根据天文学的观测估算出现这种条件的概率；其次还要有一个对生命的基本定义，以便知道在什么样的定义条件下讨论宇宙生命才有意义；最后就是设计各种信号发射和接收装置，以便与宇宙其他生命取得联系。

9.4.2.1　地球拥有产生生命的得天独厚的条件

1. 地球上存在水。

在对地球生物地理学的研究早就发现，地球上只要有水的地方就会存在生命，而缺水的地方生命就难以存活，因此水是生命存在的前提早已是不争的共识。水的液态也很重要：每当地球变冷，冰川覆盖的地区生命就难以存在；一个地区过热导致水分蒸发，那里的生命也会随之消失。在地球历史上温度反复变化过程中，可能出现过地球过冷使液态水全部冰冻的短暂时期，地球的生命有可能就此中断。幸好火山喷发的二氧化碳造成温室效应，加温地球，使地球回复液态水状态。

2. 地球拥有磁场。

早期的地球处于熔融状态，较重的元素沉向地心，较轻的元素浮向地表。随着地球温度的下降和地核巨大的压力。位于地核内核的铁变成固态，而地核外核的铁仍处于液态，两相移动的结果就产生了地球磁场。地球磁场对生命的存在意义巨大。因为从太阳射出的高速带电粒子流，也就是太阳风，会吹走地球大气和水蒸气，让地球变得像火星一样干燥。地磁场可以把太阳风阻挡在地球之外，使之从地球两极绕过地球，从而保护地球的大气和水分，使之在重力的作用下，牢牢地吸在地球表面。我们在地球两极看到的极光就是太阳风和地球磁场作用所发出的光线。地磁场及地磁场保留的大气层也使各种宇宙线被挡住或使之绕过地球，从而保证地球生命的平稳进化。

3. 月球。

月球起源于太阳系早期两个天体：提亚和地球前身的碰撞，碰撞结果形成一大一小两个星球，大的是地球，小的成为地球的卫星。这次的碰撞对生命起源和存在具有重大影响：

（1）碰撞使提亚的铁质内核被地球吞噬，使地球质量增加，从而吸引住大气，并有利于形成地球磁场。

（2）碰撞使地球自转角度偏转约 25°，造成了地球的四季现象。

（3）月球引起地球海洋的潮汐，潮汐坑的干湿变化促使生命大分子的形成，以及后来海陆生命物质的交换和循环，造成海洋生物登陆大陆。潮汐作用也有利于地球运转的稳定，避免抖动和大范围的气候变化。

4. 木星。

木星拥有的巨大引力将大量的小行星和陨石吸进木星，使太空显得更加空荡和干净，否则这些小行星和陨石落入地球的频率将大大增加。这些小天体撞击地球严重影响生命的存在和发展。6 500 万年前恐龙的灭绝就与一个巨大陨石撞击地球有关。可以想象，如果没有木星这个太阳系行星大哥大的存在，造成地球生物大灭绝的小行星和陨石撞击地球的概率将大大增加。

5. 大气。

大气层保护了地球。如果我们观看了月球上伤痕累累的陨石坑，而地球则是一片郁郁葱葱，就明白大气层对我们的保护作用了，它使地球经受的撞击明显减少、大气层也保护了地球生物免受太空辐射的袭击。大气层之所以能够保持，还有赖于地球磁场的存在。

9.4.2.2 太阳系的其他星球生命的存在的可能性

在太阳系的 8 颗行星中，除了地球外，还有 3 颗接近太阳的类地行星：水星、金星、火星。其中水星太小，磁场非常弱，难以留住大气；金星大小与地球相似，由于自转缓慢，金星缺乏自身的磁场，因此水蒸气等较轻气体被太阳风吹出大气层；金星的大气层非常浓密，二氧化碳占 97% 以上，造成严重的温室效应，使金星表面温度高达 500℃，大气压约为地球的 92 倍。

火星虽然比地球小很多，但其环境是最像地球的行星，因此人们也对火星具有生命抱有希望。例如火星的一年是 686.96 天，一天是 24 小时 37 分，都很接近地球。火星在早期存在磁场，因而能够保护大气不被太阳风吹走。但在 39 亿年前，火星内核冷却下来后，磁场慢慢停止运作。没有磁场保护，太阳风剥夺了火星大气层，使之散失在太空中，至今火星仅有非常稀薄的大气，很弱的磁场也无法防止宇宙射线直接照射到地面，破坏可能存在的生命分子。火星上可能曾有过海洋，大气层的消失令海水最终蒸发。但火星的地下可能保存水资源，在某些地方的水资源储量甚至与地球内部相当。

综合这些情况，现今的火星条件恶劣、十分荒芜；但在遥远的过去火星可能存在适合类似地球生命生活的条件。可能的情况是，火星过去也许存在生命，但随着气候的变化，这些生命在目前消失了。即使能够在火星上发现生命，也只能是一些微生物。

除了这些类地岩石行星外，还有一些卫星可以考虑是否存在生命。比如木卫二欧罗巴（Europa）。科学家通过宇宙探测器“旅行者”2 号发回的照片，推测木卫二有一个带冰壳的固体核心，而且在冰壳和核心之间，可能有一层液态水，即存在着一个地下海洋。这将是除地球之外，太阳系中唯一有大量的液态水存在的地方。虽然还未探测到生命存在，但至少知道那里可能的物理环境可以支持生命的存在。

9.4.2.3　太阳系外生命存在的可能性

基于地球存在生命的经验，在宇宙其他地方寻找生命时，首先要寻找与地球类似的星球，即行星。由于行星很小，且不发光，过去难以确定一颗恒星是否有行星围绕。现在有一些方法确定行星的存在。例如行星的重力会造成恒星在一条微小的圆形轨道上移动。这一移动如果能被观测到，就可以确定行星的存在；当行星运行到恒星前方的时候，恒星的光芒会相应减弱，对它的检测也可以确定行星。截至 2016 年，人类已发现数千颗太阳系外的行星。潜在的行星数量可能是非常巨大的。

在行星上存在生命需要一些条件，比如不能过冷、过热，存在磁场以保存大气等。这样就出现了“适宜带”（Habitable zone）的概念。适宜带是指行星系中适合生命存在的区域，适宜带中行星的表面温度应能使水维持液态，以利于生命的发展。比如，太阳系的适宜带就是地球附近区域，包括了金星和火星，但金星仍太热，火星仍太冷。因此适宜带是很苛刻的条件。尽管如此，目前已经发现太阳系外的至少十几颗行星位于适宜带中，天文学家目前估计银河系至少有上亿颗行星位于适宜带中。因此目前认为，宇宙中几乎肯定有地外生命存在，只是我们还没有发现而已。

适宜带的概念也遭到了不少批评。首先，这要假设外星生物需要和地球完全一样的生活条件，但实际情况并不一定如此。在不同的条件下完全有可能产生不同形式的生命。其次，有可能在适宜带之外产生适合生命存在的环境区域，例如上面提到的木卫二欧罗巴就在适宜带之外，但它照样可能存在液态水和生命。除了液态水的条件外，磁场的存在也是应考虑的重要因素，它是行星保存大气和水的重要条件，也保护生命免受无处不在的宇宙射线的照射。

9.4.3　宇宙生命的形式

到目前为止，我们在讨论宇宙生命时一直是以地球存在的生命形式为标准，即以核酸和蛋白质为基础的生物化学，以液态水为发生生物化学反应的场所，等等。那么，在宇宙其他地方有没有可能出现完全不同于地球的生命，甚至智慧生命呢？就以“智慧”这一点来说，目前人们在广泛讨论人工智能，其实人工智能已经在很多方面超过了人类的智能。比如 2016 年谷歌创造的“阿尔法狗”（Alpha Go）就已经战胜了人类最强的围棋棋手。人工智能在其他方面超过人类智慧也只是时间问题。问题是，这些“智慧”算不算生命？我们该怎样定义生命？如果宇宙中的某个地方进化了“阿尔法狗”之类的智慧，但又没有核酸和蛋白质之类的“生命物质”形式，我们该怎么看待？

9.4.3.1　广义的进化

如果我们先避开生命的物质构成，提取生命的抽象特征，我们会发现生命是一种可通过复制而延续的实体，这种延续通过遗传和进化而实现。一切生命都服从因复制实体的生存差异而进化的定律。生命可以通过进化而实现其复杂性。这是一种广义的生命的定义。

除了我们熟知的核酸 - 蛋白质 - 细胞这一进化体系外，世界上还有没有其他的通过复制和选择而进化的复杂体系呢？有的，比如文化就是。如果把文化看作后天习得并传播的一种特征，则文化的现象并非人类所独有。例如许多鸟的叫声是出生后学会的，具有特定的含义。

文化的传播能导致某种形式的进化。文化产品，比如一首歌可以通过模仿、复印、电子拷贝而传播，在传播过程经受人工选择，好的歌越传越广，不好的歌很快失传。好的歌在传播过程中可能出现变种，然后继续经受选择。这种过程与基因，即 DNA 的复制、传递和进化在原理上是相似的。

道金斯在他的名著《自私的基因》中用“Meme”（觅母）一词表示在文化进化中的上述复制实体。Meme 可代表各种文化因子，如一首歌、一段诗、一个主张、一个设计，等等。它们都通过模仿、复制、接受的过程从一个脑子转到另一个脑子，或从一个电脑进入另一个电脑。正如人类群体有一个基因库那样，人类同样存在一个 Meme 库。基因出现的原始土壤是远古地球环境。而文化的出现的原始土壤是地球上新的环境：大脑的出现。电脑的出现表明，Meme 也可以依存于电脑中，而不一定非在大脑中保存。

正像基因和环境相互影响一样，Meme 和它的环境（生物体）也相互影响。这种影响常常表现为 Meme 和基因常常相互支持、相互合作。但它们有时也要发生矛盾，或遵循不同的传递方式。例如独身主义是不能通过生殖而遗传的。促使个体实行独身主义的基因在基因库里肯定没有出路，但这一 Meme 在文化进化中却可继续通过书籍、思想、各种仪式等的传递而存在。

9.4.3.2 宇宙的生命形态应该是多样的

上面举出 Meme 的事例，是为了说明在宇宙中有可能出现不依赖于核酸 - 蛋白质 - 细胞体系的其他生命形式。这些可能的生命形式服从于一般的生命法则，即可通过复制而延续自身实体，这些复制的实体产生各种变异，通过对环境的适应性与否而经受自然选择，并因此而产生进化。在这一过程中可能出现不同程度的复杂性。如果我们在探索宇宙生物时发现这类“生物”，就需要学会和它们打交道。

有一点几乎是肯定的，就是如果我们发现“火星人”或宇宙中其他什么生物，它们肯定不会像科幻电影里演的那样具有类似人的性状和特征，如四肢、头部、双眼、语言……在地球上发现的生物多样性都令我们目眩，在其他星球诞生的生命更会超出我们的想象，有可能是碳基、硅基生命，或其他构造。当然这些生命必须符合物理的和化学法则。比如身材受到所在行星质量的限制。星球越重，身材可能越小；星球越轻，身材可能越大，等等。

本章提要

本章介绍了生命起源的过程和条件；生物的不同方面，包括不同生物门类、代谢类型、陆生生物、遗传系统和性别的演化过程；人类的起源和进化过程；DNA 分析提示的人类遗传多样性、人类在历史上的迁徙和不同古人类之间的通婚过程。本章最后介绍了人类进入太空与地外生命的有关知识，这种探索有助于加深对生命现象和本质的认识。

（谭　信）

第 10 章

生态系统和保护生物学

本章属于生态学的知识范围。生态学是研究生物体与其周围环境（包括非生物环境和生物环境）相互关系的科学。在讨论生命的时候不可能避开生命所处的环境。可以这样比喻，环境是各种生命现象的雕刻师，现今的所有生命形态是过去地球所经历的环境过程使用各种非生命元素不断塑造、雕琢而成的，这一过程就是进化，并且还将持续下去。对于任何生物来说，其他生物也是它周围环境因素的一部分。不同生物之间构成的种种关系，不论是捕食、寄生、共生还是竞争，都是决定该生物是否能够继续生存，该生命有何结构和功能的决定性因素。每种生物的生存方式，都会都对周围其他生物造成影响。人类社会的高速发展，给地球原有环境，以及在这些环境下生活的所有生物带来了新的、快速变化的环境因素。这种环境变化之快，会造成大量无法跟上这种环境变化的生物受损，甚至灭绝。就连造成这种情况的人类都无法很好适应。作为从现存环境发展起来，并适应这种环境的物种，人类应该尽量保持现有环境的存在和不变。保护生物学正是出于这种目的而发展出来的学科。它研究当前物种濒危、灭绝的机制，提出维持生物多样性的意义和途径，营造有利于人体健康的环境。这是当今生命科学的重要课题。

10.1 种群、群落和生态系统

种群、群落、生态系统以及生物圈属于地球生物界的不同层次。

10.1.1 种群生态

种群（population）指在一定时间内占据一定空间的同种生物的所有个体。种群内部彼此可以交配，并通过繁殖将各自的基因传给后代。种群和物种的概念有所区别，物种的概念强调物种内所有成员可以相互婚配产生可育后代，即使没有生活在同一区域的个体，如果满足于这一点，它们就属于同一物种，但不一定属于同一个种群。物种包括的范围大于种群。种群只是生活在一起的同一物种的个体。

10.1.1.1 种群密度分布类型

种群在一个地区的分布与适宜个体生存的具体生境的分布有关，也与种群的传播方式有关，根据分布特点，可以区分成如下类型：

1. 集群分布：种群内个体的分布不均匀，常成群、成簇、成块或斑点地分布。这常与生长和传播方式有关，例如一些植物在繁殖时种子洒落在该植物的附近，当种子萌发生长后就产生了一簇幼小的植物，这样就会看到植物成簇生长的情况；也与土壤、湿度、温度等特定的生境因子有关。

2. 均匀分布：发生在均质性生境，当个体需要一定的生长环境空间时出现。例如在沙漠中水分有限，植物种群就出现均匀分布。人工栽培作物，例如水稻、人工林等常是均匀分布的。

3. 随机分布：发生在均质性生境，当种群个体间相互争夺环境作用很弱，一个个体的存在不影响其他个体的生存时出现。种子繁殖的植物入侵到新的地区时可以出现这种情况。

种群的分布可以是连续的或不连续的，取决于生境是否连续。一望无际的草原属于连续分布；生活在一系列湖泊、沼泽中的种群呈不连续分布。长期的地理隔离有可能造成种群分化，最终进化成不同的物种。

10.1.1.2　种群生长方式

1. 指数模型：在非限制环境中，种群按其生长潜能生长的模式，也叫J模型。

2. 逻辑斯蒂模型：在一定条件下，生物种群开始时增长速度快，随后由于环境的限制，速度减慢，直至停止增长，这种增长曲线大致呈横着的“S”形。达到环境所限制的数量后，种群规模在一定时间保持恒定。

逻辑斯蒂增长方程为：

$$dN/dt = r \times N \times (K - N) / K$$

其中 K 为环境所能支撑的种群规模的最大值，r 为潜在增长能力，N 为种群个体数。

不同种群的个体寿命构成是不一样的，有的大量存在短命的个体，到成年时的生存者数目明显减少，比如墨鱼；有的种群个体生存时间是随机的，随时可能死亡，不存在明显的寿命，如水螅；而有的种群幼体大多存活，度过一个相对恒定的存活期后，死亡率明显上升，有明显的寿命特征，例如人类（图 10－1）。

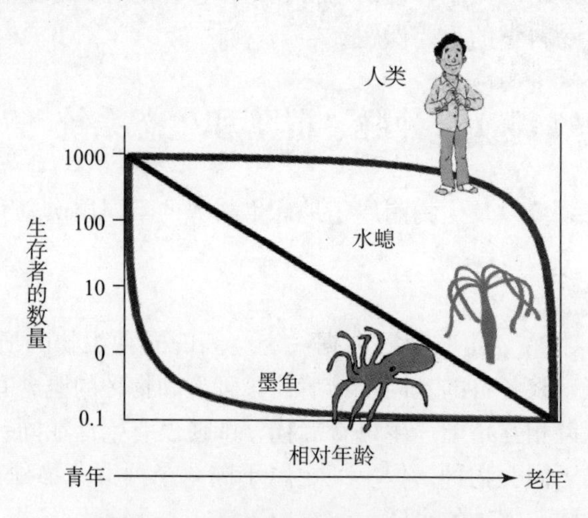

图 10－1　种群个体的存活曲线类型

这里可以看到，不同的物种为了生存的需要，会出现不同的繁殖策略，大致可以分为两个极端：K 选择和 r 选择。K 选择是繁殖较少的、但生存能力较强的个体。这是在稳定环境中生活的选择。r 选择通过提高潜在的增长能力，使后代多，生长快，但死亡率高。在环境压力增大时采用。其原因在第 8 章进化学说中已有介绍。

10.1.2　群落生态

群落指生活在某一区域不同种群的集合。群落中的所有生物具有稳定的种间关系和相互作用，其作用形式包括：互利共生、竞争、捕食、共栖、寄生等。例如森林中的植物为栖息的动物提供住处和食物；一些动物可以帮助植物授粉；或传播种子；土壤中生存的微生物，主要靠分解落叶残骸为生，也分解群落中动物留下的尸体。所有这些构成一个整体。群落具有不同的组成形式，例如森林、灌丛、沼泽、草地等。不同的优势种，有不同的物种间的相对丰盛度、营养结构等。

10.1.2.1　生态位

生态位（ecological niche）是指每个个体或种群在群落中的时空位置及功能关系。构成生态位的元素为在该位置的各种生境，如温度、湿度、土壤、其他生物、栖息方式、营养来源等。一个物种占据哪个位置取决于它的特定结构、生理和行为。在自然选择的作用下，任何处于同一生态位的两个物种都将发生种间竞争，失败者或者灭绝，或者转而占据新的生态位，并在形态和生理上产生相应的改变。故同一生态位上一般不会有两个物种。这叫做竞争排斥原理。例如，同为猫科动物的虎和猫在进化过程中就分别占据不同的生态位：一种以大型动物为捕食对象，另一种转而捕食小型动物。它们的体型也随之发生改变。

10.1.2.2　群落中不同种群的相互关系

1. 互利共生：互利共生是指两种生物生活在一起，彼此有利，两者分开以后都不能独立生活。例如，地衣就是藻类和菌类的共生体。

2. 共栖：是指两种生物在一起生活，对一方有利，对另一方也无害。例如，有些附生植物附着在大树上以得到充足的光照，但是并不吸收大树体内的营养。

3. 捕食：不同种群之间的捕食关系构成了食物链。处于食物链上层的物种对下层的物种的种类、数量和分布起到重要作用。对于杂食性顶级捕食者而言，当某一捕食对象因为捕食等原因而减少时，会转而捕食数量较多因而相对容易捕食的动物，由此既可避免某种被捕食者因过度捕食而灭绝，也限制某些优势被捕食者的过度增殖，从而有利于维持物种的多样性。当去除这个顶级捕食者后，有可能由于被捕食的食草动物之间的竞争造成某一优势的食草动物过度增多，而另一些濒于灭绝。

4. 寄生：两种生物在一起生活，一方给另一方提供营养和居住场所，使得一方受益，另一方受害。主要的寄生物有细菌、病毒、真菌和原生动物等；而有些昆虫对于植物来讲也是寄生物。寄生与捕食的区别在于寄生物通常不会像捕食者那样直接杀死猎物，而且对被寄生者的生存有一定依赖性。

5. 协同进化：两个相互作用的物种在进化过程中的共同进化，彼此以适应对方的特征为进化方向。例如花蜜长舌蝙蝠具有罕见的长舌，用于取食加长钟形花的花蜜。在进化过程中，长钟形花为了避免动物取得花蜜而不断延长花冠筒的长度，而花蜜长舌蝙蝠则进化出超长的舌头以取得花蜜，由此超长花冠筒和超长舌头这两个特征得以协同进化（图 10－2）。

10.1.2.3　群落的演替过程

生物群落是一个随时间推移而发展变化的动态系统。一些物种的种群消失，另一些物种的种群随之而兴起，最终群落达到稳定阶段。像这样随着时间的推移，一个群落被另一个群落代替的过程，叫做演替。演替包括：

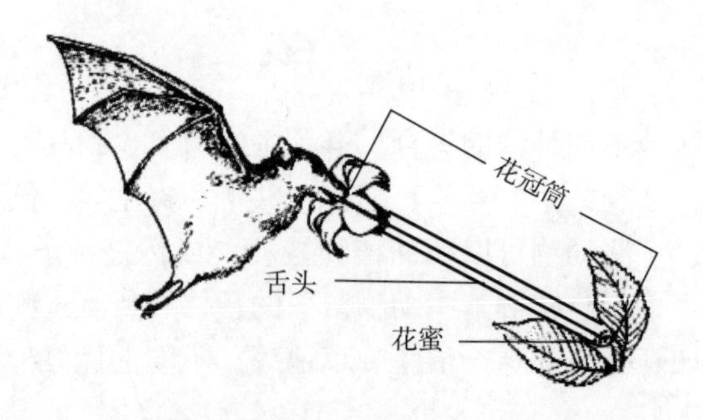

图 10－2　花蜜长舌蝙蝠取食加长钟形花的花蜜（图取自 2013 年北京高考卷）

（1）初级演替：在起初没有生命的地方开始发生的演替。

（2）次级演替：在原有生物群落消亡或受到严重破坏后发生的演替。以火山喷发后裸岩上的演替过程为例，在演替过程中会经历：裸岩阶段→地衣阶段→苔藓阶段→草本植物阶段→灌木阶段→森林阶段。其中裸岩阶段到出现地衣生长为初级演替，之后的阶段为次级演替。

10. 1. 3　生态系统（ecosystem）

生态系统是指由生物群落与无机环境构成的统一整体，包括特定空间内生活的所有生物（即生物群落）与其环境之间，以及生物与生物之间通过物质交换和循环、能量流动和转化、与之伴随的信息传递而形成的相互联系、相互作用、相互制约的整体。构成生态系统的元素包括非生物的物质和能量，例如大气、水、阳光、温度、腐殖质等有机物质，和生物成分，包括生产者、消费者、分解者等。

生态系统类型众多，主要的生态系统包括温带落叶林、草原、稀树草原、沙漠、北方针叶林、温带雨林、冻土地带、热带雨林等。生态系统也可大致分为水生（淡水、海洋）和陆生（森林、草原、荒漠、山脉等）两大类。生态系统具有等级结构，较小的生态系统组成较大的生态系统，简单的生态系统组成复杂的生态系统。每一种生态系统的形成都有赖于当地的地质、土壤和气候环境。例如，稀树草原产生于干旱和雨季交替出现的地区。雨水有利于树木生长，而干旱季节常出现火灾，烧毁成片的树林，进而妨碍了森林的出现。与一般的认知相反，热带雨林的土壤缺乏营养物，植物是直接从林下凋落物层借助于真菌来获得营养成分的。在赤道附近的热带雨林的土壤并不适合于典型的农业栽培。

有许多生态系统的形成与人类活动有关，例如池塘、农田、水库、村落、城市等都是人工生态系统。

10. 1. 3. 1　生态系统的营养结构

1. 初级生产和次级生产。

（1）初级生产是由无机物合成生物分子的过程，光合细菌和植物等为生产者，主要通过光合作用来完成有机物的合成，同时将太阳能等能量以化学能的形式固定在有机物质中。植物将大约 50% 的初级生产量用于自身的新陈代谢；剩余的 50% 可以供其他生物消费，这部分能量称为净初级生产量。水是初级生产量的基本限制因子，各地区降水量与初级生产量有密切关系。在干旱地区植物的初级生产量与降水量几乎呈线性关系。

（2）次级生产是净初级生产量经消费者和分解者的同化作用转化成后者自身的物质和

能量的过程。

2. 生产者、消费者和分解者。

根据不同生物在生态系统营养结构中的位置，可作如下划分：

（1）生产者：主要指各种绿色植物，也包括化能自养菌与光合细菌，也叫自养生物。

（2）消费者：各种异养型生物，包括各种动物：食草动物、食肉动物、杂食动物、腐食动物、寄生动物和部分微生物。其中直接以生产者为食的消费者为初级消费者，以初级消费者为食的称为二级消费者，其后依次为三级消费者、四级消费者等（图 10－3）。

（3）分解者，即各种异养型微生物。

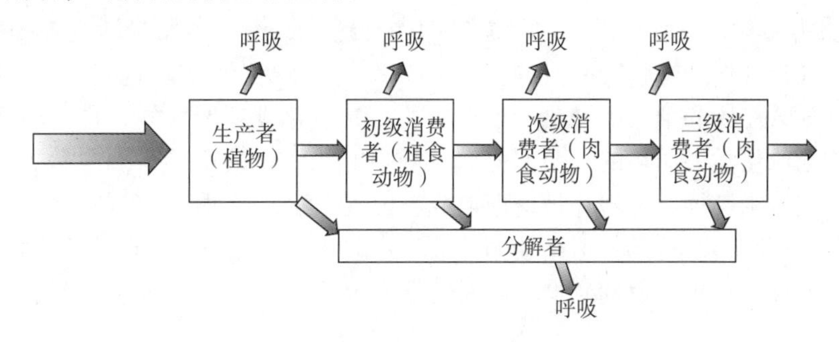

图 10－3 生产者、消费者和分解者之间的关系

10.1.3.2 能流

能流指能量在生态系统中的流动过程。主要的能流是太阳能转变为植物体内的化学能；然后通过食物链，使能量在各级消费者之间流动；死去的生产者和消费者身体中尚存的能量通过分解者继续流动，最终都转变成热能或矿物能源。

生态系统中贮存于有机物中的化学能在生态系统中层层传导，生物之间以食物营养关系彼此联系起来的序列称为**食物链**。食物链可分为捕食食物链、腐食食物链和寄生食物链等。在很多时候，一种生物并不只固定在一条食物链上，它们可以同时存在于几条食物链上，从而构成食物网。食物网越复杂，生态系统就越稳定；食物网越简单，生态系统就越容易因食物链的中断而发生崩解。

在食物链传递过程中，能流是单向性的，每经过食物链一个环节，能量都明显减少，一些能量变成热能而散失。下一级从上一级获得的能量大约占上一级蓄有能量的十分之一。食物链越长，散失能量越多。能量的逐级损失，使食物链中的能量由下向上呈现下宽上窄的金字塔形，称为能量金字塔。比方说，一块草地上可能有数百万株草，数十万个蚱蜢、蚜虫等，蜘蛛等肉食动物数千个，鹰有数只。自然界中的大型动物为了维持自身的高能量消耗，就必须缩短食物链的营养级数，以获得充足的能量。如大象吃植物，多数鲸食用浮游植物等。

10.1.3.3 化学循环

在地球表层生物圈中，生物有机体经由生命活动，从其生存环境中吸取元素或化合物，通过生物化学作用转化为生命物质，同时排泄部分物质返回环境，并在其死亡之后又被分解成为元素或简单化合物，返回到环境中。这一个循环称为**生物地球化学循环**。

1. 水循环：是指地球上不同的地方上的水，通过蒸发、降水、渗透、流动等过程，构成闭合的循环系统。水循环的成因主要是太阳辐射和重力作用，降水、蒸发和径流是水循环过程的三种最重要方式，它们共同构成了地球水的走向，造成全球各区域水量的平衡，也决定着一个地区的水资源总量。水循环可以分为海陆间循环、陆上内循环和海上内循环三种形式。以海陆间循环为例，陆地和海洋的水通过蒸发进入大气，再通过降雨返回陆地和海洋。由于海洋或湖泊水的巨大容积，大气中的水汽主要来自这些水域，被风输送到陆地上空凝结降水，然后再通过河流回到海洋或湖泊。

生物体也参与了地球水循环。植物大量地吸收水分，再通过蒸腾作用将水分送回环境中。与蒸发不同，蒸腾作用不仅受外界环境的影响，还受到植物本身的调节和控制。蒸腾作用可以使当地的空气保持湿润，通过蒸腾吸收热能使气温降低，可使森林保持潮湿凉爽的气候。

2. 碳的生物循环：指碳元素在生物圈中的循环过程，主要通路是绿色植物从空气中吸收二氧化碳，经光合作用转化为有机物质，并放出氧气（O_2）。这些含碳有机物通过食物链的传递，通过呼吸作用和细菌的分解，逐渐转化成二氧化碳返回大气（图 10－4）。生物碳循环只占碳的地球化学大循环的一小部分。大气中的二氧化碳循环一次约需 20 年时间。一部分动、植物残体未被彻底分解，被掩埋形成有机沉积物，经过漫长的年代，转变成煤、石油和天然气等化石燃料。这部分退出碳循环的生物碳约占生物残体总量的千分之一。它们在近代变成人类能源，在重新返回碳循环时对气候产生重大影响（参见下一节）。

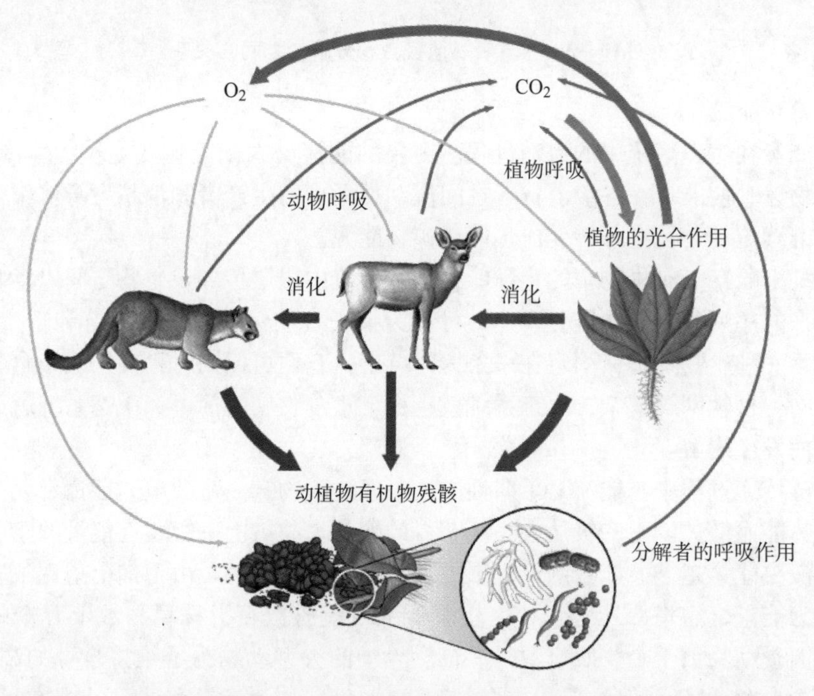

图 10－4　碳的生物循环（取自 E. D. Enger & F. C. Ross Concepts in Biology）

3. 氮的生物循环（图 10－5）：植物吸收土壤中的铵盐和硝酸盐，同化成植物蛋白质等有机氮。动物将植物有机氮同化成动物有机氮。动植物的遗体和排出物中的有机氮被微生物分解成氨，（氨化作用）。在硝化细菌的作用下氧化成硝酸盐（硝化作用）。产生的无机氮被植物吸收利用。在氧气不足时硝酸盐被反硝化细菌等还原成亚硝酸盐和分子态氮，后者返回到大气中（反硝化作用）。豆科植物的根瘤中的固氮菌等可将空气中的氮转化为植物可利用的含氮化合物。如此反复，形成循环。

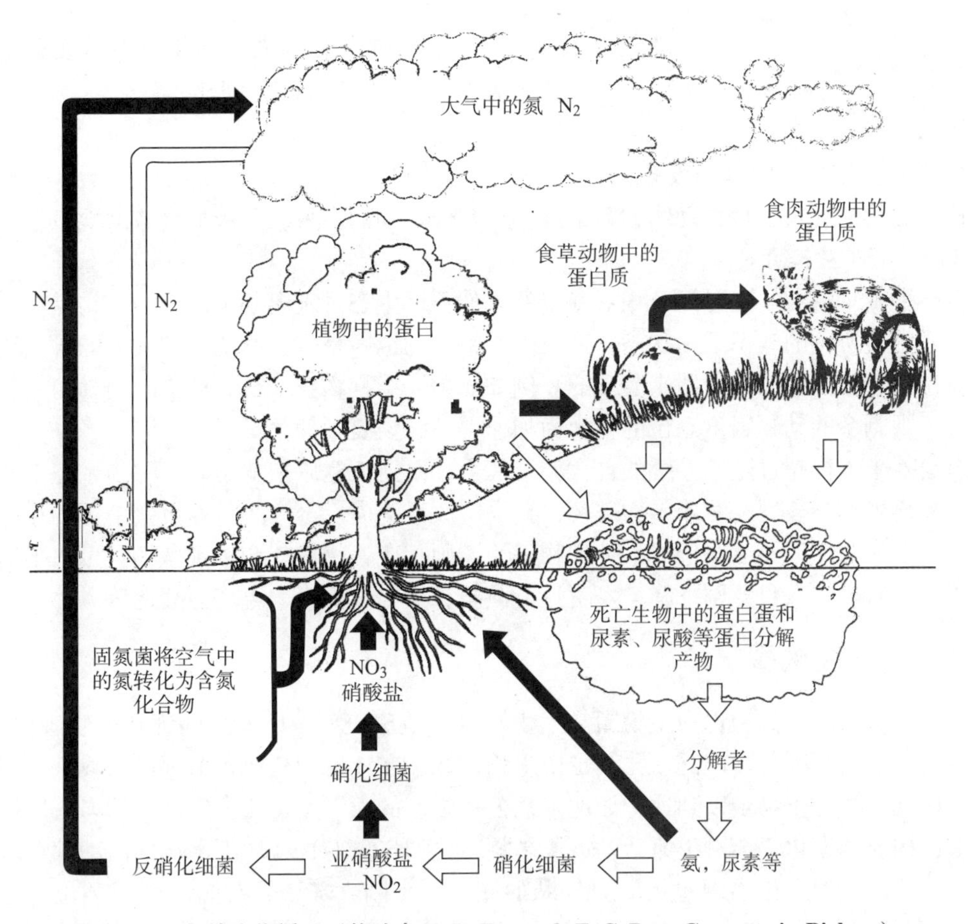

图 10－5　氮的生物循环（修改自 E. D. Enger & F. C. Ross Concepts in Biology）

10. 1. 3. 4　生态金字塔（ecological pyramid）

把生态系统中各个营养级有机体的个体数量、生物量或能量，按营养级位从下向上排列，并绘制成图，其形似金字塔，故称生态金字塔。

1. 生产量金字塔：描述进入营养级的能量随食物链营养级的上升而递减的现象（图 10－6）。

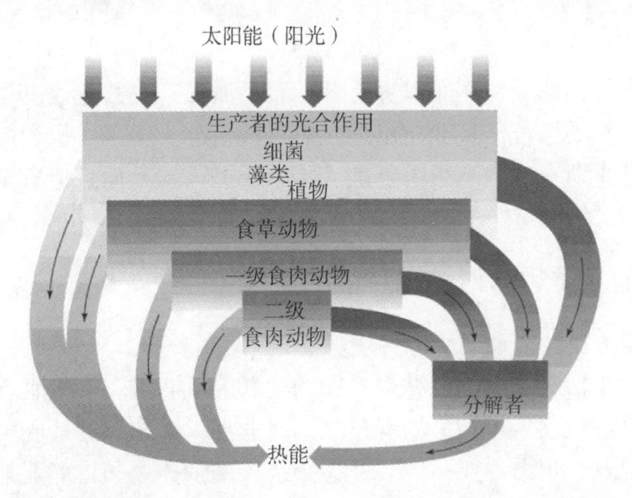

图 10－6　生产量金字塔（修改自 E. D. Enger & F. C. Ross Concepts in Biology）

2. 生物量金字塔：各营养能级包含的生物总重量的递减过程。打个比方：如果猪食用玉米，人食用猪，则5 000kg的玉米只能养活1～2头共重500kg的猪，后者只够养活一个50kg的人。

3. 数量金字塔：随营养级的上升，生物个体数目递减的过程。譬如草原上草的数量远多于食草动物的数量，食草动物的数量远多于食肉动物的数量，顶级捕食者的数量最少等。

10.1.3.5 生态平衡

生态平衡是指在一定时间和相对稳定的条件下，生态系统内各个部分的结构与功能均处于相互适应与协调的动态平衡状态。造成生态平衡的原因是生态系统具有内部的自我调控能力，而自我调控主要通过反馈来实现的。例如如果一个食物链中某一环节的动物因人为捕杀而减少，则剩余的动物因生态位的空出而加速繁殖，恢复种群数量。

但当外来干扰超过生态系统的自我调节能力，不能恢复原初状态时，称为生态平衡失调或生态平衡破坏。表现在营养结构破坏，食物链关系消失，金字塔营养级紊乱等。在上述例子中，如果人为捕杀过度，造成某种动物灭绝，则相应食物链就会遭到破坏。生态平衡的破坏表现在：有机体数目急剧下降，发生逆行演替，生物量下降，生产力衰退等。

10.1.4 生物圈

全球生态系统的总和称为生物圈。生物圈位于地球表面，所有生物都在生物圈内生活。地球生物的生活范围非常广泛，尤其是微生物；几乎在地球的任何角落都可以找到它们的存在。一些地方尽管生物难以到达，如地表几公里之上的大气层，几公里之下的岩石层等，但这些地区构成的变化仍会对生命活动造成影响，比如气象变化、地下水流的活动都会影响各种生物的活动，因此生物圈包括了大气圈的底部、水圈大部、岩石圈表面等部位。一般规定，以海平面为基础，向上和向下10km，包绕地球的厚度为20km的空间为生物圈的范围。在生物圈内各种生态系统相互影响，彼此进行着能量和物质的交流。一些重要的地质和气候事件，如全球变暖，对生物圈中所有的生态系统都会造成影响。

10.2 人类与环境

作为自生物诞生以来地球上最强有力的物种，人类的活动对地球环境产生了重大的影响，这种影响自人类走出非洲，遍布世界后开始日益明显；农牧业改变了众多生态系统的面貌，出现了新的人造生态系统。工业化出现之后这种情况又上了一层台阶，不但进一步改变了各生态系统，在几乎所有的生态系统都加入了人类的因素，而且造成全球变暖这种影响整个生物圈的变化。

10.2.1 史前人类活动对生态环境的影响

10.2.1.1 早期人类的活动对生态环境的影响

人类的祖先最初生活在非洲的丛林中。在约1 500万年前，非洲地质环境开始发生巨大的变化，致使生态系统也发生了相应的变化。当时非洲大陆东部的地壳沿着红海，经过今天的埃塞俄比亚、肯尼亚、坦桑尼亚一线裂开，导致埃塞俄比亚和肯尼亚地域的陆地上升，形成了海拔270m以上的高地。这些高地改变了非洲的气候，使东部成为少雨的地区，丧失了森林生存的条件。连续的森林开始分割，变成片林、疏林、灌木丛和稀树草原等。约在 1 200 万年前，那里的环境进一步发生变化，形成了一条从北到南长而弯曲的峡谷。隔离在大峡谷东面的人类祖先，为了适应开阔环境中的生活，进化出一套全新的生存技能，如两足直立行走、解放上肢以使用和制造工具等。人类的食谱也随之发生改变。他们的食物来源变得广泛，从原来采集果实为生改变为杂食生物。他们的男人变成出色的狩猎者。集体狩猎使狩猎的效率大为提高，甚至远远超出各种顶级肉食动物的狩猎能力。

随着第四季冰川的消退，人类追随着猎物走出非洲，遍布到世界各地。人类的狩猎对世界许多动物，尤其是大型动物的生存造成重大影响，野生动物的种类和数量明显减少。例如一万多年前进入美洲的印第安人促使原在那里生活的许多大型动物，如美洲的古马、猛犸、骆驼和树懒等的灭绝。据估计，80% 的北美洲大型动物于人类到达西半球的一千年内消失。随着人类占据世界的每一个角落，各种动物，尤其是大型动物的生存空间日趋缩小，种群数量大大降低。

10. 2. 1. 2　农牧业的发展对生态环境的影响

大约在一万年前，农牧业在现今的中东地区开始发展。有观点认为人口的增多和过度的狩猎活动造成野生动物的大量减少是迫使人类从事农业生产的原因。早期的农民放弃了对野生动物的肉食，改为种植粮食。这种变化对人类自身和环境都造成重大的影响。

1. 农业。一方面，人类回归素食后营养变差，体型缩小，脑容量下降；农业和定居生活使人口激增，人口密度加大，传染病开始流行，造成人类体格下降。另一方面，人类密度的增大，交流的增多，食物供给的充足又促使了人类文化的发展。

农业技术的发展和农田耕作面积的扩大对人类活动周围的原有生态环境造成了严重的破坏作用，大量森林被砍伐，焚烧，相继改造成农田。农田面积的扩大，逐渐从平原地区扩展到丘陵，甚至山区，形成了梯田等人造景观。人类农业所到之处，野生的动植物随之后退。目前在适宜人类生存的沿海和平原地区已经很少见到野生的动植物，这些地区的生态系统彻底改变。

2. 畜牧业。野生动物资源的减少迫使人类的狩猎活动减少，所幸人类及时驯养了一些具有重要经济价值的家畜，在一定程度上保证了人类肉食营养的来源。通过研究家畜或宠物的基因组，与它们的野生品种比较，可以揭示这些动物被人类驯化的时间和地点。目前知道的包括：

（1）羊：8 000 年前被驯化，有 2 次独立的驯化过程，地点在西南亚。

（2）牛：6 000 年前被驯化，有 2 次独立的驯化过程，地点分别在西亚和东亚。

（3）猪：8 000 年前被驯化，有 2 次独立的驯化过程，地点分别在中国和西南亚。

（4）狗：10 000 年前由狼被驯化，地点在中国。

上述动物中最早驯化的动物是狗。

家畜的驯养对人类文明的发展非常重要。美国生物学家贾雷德·戴蒙德（Jared Diamond）在他的名著《枪炮、病菌与钢铁：人类社会的命运》中论述了家畜的驯养对人类不同文明的影响。他指出家畜的驯养是一件难度很大的工作：在几千种哺乳动物中只有 14 种体重超过 100 磅的哺乳动物在 20 世纪前被人类驯化；只有 5 种遍布全世界并且显得特别重要，它们是牛、绵羊、山羊、猪和马。19 世纪生物学发展起来后，又有许多人使用现代动物养育技术尝试对其他大型野生动物的驯养，都以失败告终。进入美洲的早期人类（印第安人）的文化之所以不够发达，和他们缺乏可驯养的大型动物有关：在他们可能驯养野生动物之前已经通过过度狩猎使这些动物灭绝了。当欧洲人发现美洲时，中美洲只有两种驯化的动物：火鸡和狗。

如今，世界上的野生动物已经大大减少，大多数大型动物都处于被人类驯养的状态：家猪数量大大超过野猪，马的数量大大超过野马……但其物种数量与远古时代相比早已不可同日而语。

10.2.1.3 对某些经济类动植物的过度开采造成物种濒于灭亡

这种过度开采有时是直接的，如我国近海捕鱼常年过度，已经造成鱼类品种和数量的大幅度下降。据估计，从有记录以来，渤海、黄海和东海生物物种的种类在人类的捕捞下已分别减少了40%和30%。也可以间接通过全球贸易造成某一物种陷于濒危之中。例如，人们喜欢食用的鱼翅来自鲨鱼鳍中的细丝状软骨。为满足食用需要，世界各地渔民争相在海中捕杀鲨鱼，造成全球鲨鱼种群遭遇绝灭之灾。据估计鲨鱼总数50年来因此下降了80%。由于鲨鱼属于海洋生态系统金字塔的顶端，它们的减少会严重影响海洋物种的多样性。这种情况还见于穿山甲、非洲象等：由于穿山甲在中国可以入药，大量走私买卖穿山甲的结果造成世界许多地区穿山甲基本灭绝；象牙走私的结果造成非洲象成为濒危物种。

其实这种情况古已有之。在18世纪时海獭大量分布在美洲沿岸，估计有15万~30万只。在清朝与美洲的贸易中大量进口海獭毛皮，致使海獭数量锐减。到1911年由美国等国签订国际协议禁止捕捉海獭时，其数量只剩数千只。但签订协议为时已晚，海獭数量已难以恢复，至2000年只剩一千余只。

10.2.2 工业化对生态环境的影响

工业化使人类的生产效能产生了质的飞跃，同时对环境资源的摄取也急剧增加，人类建造的城市、交通设施、矿山等不断地改变着地球的面貌，这些都严重影响了地球各个生态系统。

10.2.2.1 能源的摄取和释放

现代工业需要大量能源作为支持。随着人口的增长和生产力的提高，对能源的需求量越来越大。在上一节提到的由古代动植物遗骸转变的煤、石油、天然气等作为化石能源被开采出来，为现代人所用。燃烧这些能源大量产生的二氧化碳是一种温室气体，其在大气中浓度的升高阻止了地球表面热量的散失，使地球截留更多的太阳能，造成全球变暖，影响到生物圈中所有生态系统的结构和功能。大量不适应的动植物可能因此灭绝（图10-7）。例如Baur观察在苏格兰Basel地区的蜗牛，29个种群中有16个遭受绝灭，原因是当地温度的升高，使蜗牛卵的孵化率下降。全球变暖造成的地球两极冰川融化，海平面上升，许多沿海人类居住地将因此进入水下，沿海的生态环境也将改变。

10.2.2.2 地貌和生态系统的改变

传统社会的人类活动已经在很大程度上改变了地球的自然环境，进入工业化以来，各种生态结构进一步变化，旧有的生态系统消失，新的系统不断出现。城市、道路、桥梁、港口……这些新生事物正不断改变着地球表面的面貌，对人类生活以及其他生物的生存造成了极大的影响。

这里仅以水循环的改变为例说明：人类为充分利用水资源，构筑水库，开凿运河、渠

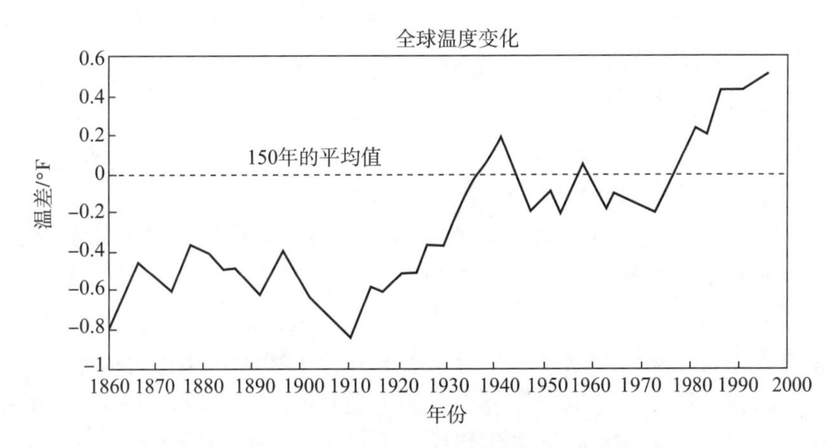

图 10－7　全球温度变化（自钱易，2010）

道、河网，并大量利用地下水等，改变了水原来的径流路线，引起水的分布和水流向的变化。农业耕地的扩大，森林面积的缩小，引起蒸发、径流、下渗等过程的变化，人类对水资源的摄取，城市和工矿区的不透水层面和热岛效应都可改变一个地区水循环的状况。

生态环境中许多物质的交换和运动，许多动物的生活周期和生殖依赖于水循环。大气中的颗粒物也可通过降水等过程返回地面。土壤和固体废物，包括有害物质受降水的冲洗、淋溶等作用，通过径流、渗透等途径，通过水流而迁移扩散。陆地上每年流入海洋的水把约 3.6×10^9 吨的可溶解物质带入海洋，这包括人类生产和消费活动产生的污染物。因此人类排放的工业废水和生活污水，除了使地表水或地下水受到污染外，最终使海洋受到污染。

人类的活动构造了许多新的生态系统，例如城市、港湾等生态系统的出现。在城市，除了人类和人类养殖的各种植物外，一些小型动物也依此生存。例如城市鼠类、蟑螂等都伴随着人类的聚集生活而兴旺起来。

10.2.2.3　臭氧层的破坏

臭氧层是大气层的平流层中臭氧浓度相对较高的部分，是地球生物的活动创造出来的。随着光合作用的产生，大气氧含量上升，在太阳光线中短波紫外线的照射下，氧分子（O_2）形成了臭氧（O_3）。臭氧层对保护陆生生物免受紫外辐射的伤害有着重要作用。人类工业合成的含氯和氟的烃类物质，如氟利昂等散失到大气，在紫外线的照射下分解，释放出原子态的氯和氟与臭氧分子结合并降解臭氧。目前臭氧层正在遭受破坏。近年来在南极上空出现臭氧层稀薄的地区，被称为“臭氧洞”。臭氧层的破坏将使全球皮肤癌的发病率上升，农作物产量下降，为人类社会带来严重的后果。

10.2.2.4　环境污染

环境污染指环境中出现对人体和其他生物体有毒的成分。主要包括空气和水源的污染。

1. 空气污染：工农业生产和生活中产生的某些有害气体或微细固体颗粒物进入大气层，对人体健康、生态系统及生产和生活造成危害的现象。大气污染物的种类包括气体污染物，如 CO、SO_2、NO_2、NH_3、H_2S 等，和颗粒污染物两大类。PM2.5 是一种颗粒污染物，指直径小于等于 2.5μm 的细颗粒物。由于 PM2.5 粒径小，容易进入细支气管和肺泡等组织；表面积大，易附带重金属、微生物等有毒、有害物质；且有不易沉淀、在大气中的停留时间长、输送距离远等特点，因而对人体健康的危害性较大。目前已成为检测空气质量的重要指标之一。

这些污染物主要来源包括机动车尾气排放，生活燃煤，冶金、电力、水泥、石化等行业污染物的排放，建筑工地和道路交通产生的扬尘，装修产生的粉尘，对秸秆、树叶、垃圾等的焚烧等。雾霾中的 SO_2 等成分还可以造成酸雨的出现，除了危害人体健康外，还会影响气候，腐蚀工业设备，改变土壤、湖泊和河流的化学成分。

2. 水源污染：造成水体污染的原因主要包括有机污染、重金属污染、富营养化污染等。有机污染是指天然有机物质及人工合成有机物质形成的污染物，如有机卤化物、多环芳烃、表面活性剂、石油类污染物等，是我国主要的水污染类型。富营养化污染是指大量的氮磷等营养物引起藻类等浮游生物迅速繁殖，导致鱼类和其他生物大量死亡的水体污染现象。当排入天然水体的污染物超过了水体的自净能力，即造成水质质量下降。水体污染的负面影响是多方面的，包括危害人体健康，降低农作物的产量和质量，制约工业的发展，造成生态环境的破坏等。

3. 污染物的生物富集：生物富集又称生物浓缩，是生物有机体从环境中蓄积某种元素或难分解化合物，使生物体内该物质的浓度超过环境中浓度的现象。生物富集与食物链有关，一些有害物质难以排出体外，存留在体内，造成有害物质随着食物链在体内浓度越来越高，在顶级食肉动物中含量最高的现象。例如如果发生草原重金属污染，在草、兔子、老鹰这个食物链中，有害的重金属会在老鹰体内积累程度最高。

10.2.2.5 外来物种入侵

人类在世界范围内的广泛活动也造成许多物种跨越地理障碍进入新的生态系统，从而造成原有生态系统的扰动和新的物种间竞争，可在入侵地区造成灾难性繁殖和对原有物种的挤压。入侵有时是人为的，例如原产自巴西的水葫芦，作为花卉引入中国，不慎流出野外。由于其繁殖能力超强，现已广布于中国长江、黄河流域及华南各省，常阻塞水道，影响交通。有时则是人类不经意中带入他地。例如德国蟑螂作为分布最广泛，也是最难治理的一类世界性家居卫生害虫，原产自非洲，经常会夹杂在蔬菜、服装、木材、布匹和其他食品等以“搭便车”的方式被带入家中或运到其他的城市和国家。

10.2.3 人口增长对环境的影响

人作为万物之灵，在生物界中获得了无与伦比的进化优势。近几万年来，几乎没有其他生物因素和环境因素能制约人类数量的持续增长。尤其是工业革命以来，人口几乎是呈指数生长（图 10-8）。过多的人口带来对环境资源的过度开发利用，对粮食、能源、水和其他资源造成了压力，对世界政治、经济和社会发展产生了多重的影响。它影响着生活水平的提高，也是造成生态环境破坏的重要因素。

10.2.3.1 人口增长对土地资源的压力

土地资源是人类生存的首要制约因素。人类发展过程中人口的增加与地球上人类分布范围的日益广泛，抢占其他生物的土地资源密切相关。在历史上对土地的争夺也是人类战争的原因之一。如今在世界范围内可为人类利用的土地资源已经非常有限，人类的发展还面临着土地资源的重新分配的问题：城市的扩展、工矿企业的建设、交通路线的开辟，都在挤占原来用于耕作的土地。好在农业技术，如杂交育种技术、转基因技术等的发展提高了土地利用率，使我们可以利用较少的土地养活较多的人口，并创造了退耕还林，恢复原有生态环境的

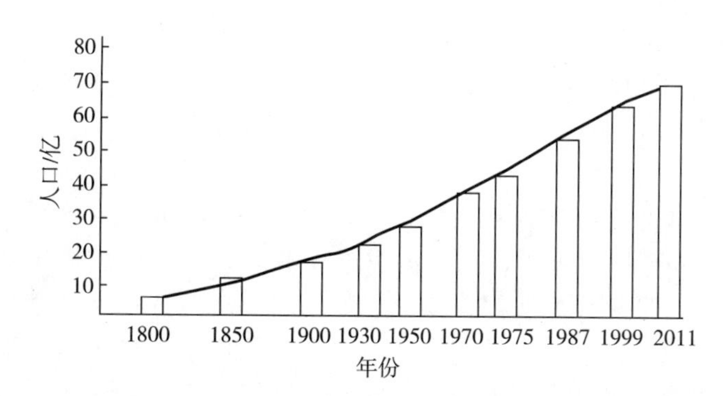

图 10-8　世界人口自 1800 年后的增长（引自王金亭，生命科学基础，2014）

条件（详见第 15 章）。

由于巨大的人口量，中国是土地资源短缺的国家，人均占有耕地较少，不足世界平均水平的 40%。为了解决粮食和食品问题，广泛采用新的生物技术，改良品种，提高产量是今后农牧业发展的必然方向。当今社会上许多反对现代农业技术，鼓吹“原生态”的观点，不但在科学上站不住脚，在实践方面也难以大规模实施。若如此，现有的土地资源更难以支撑如此广大的人口。

10.2.3.2　人口对水资源的影响

一方面人口的增多使人均占有的水资源减少，另一方面人类的活动造成水源污染，因此水资源短缺成为制约人类发展的一个瓶颈。在过去的 300 年间，人类用水量增加了 35 倍之多。目前全世界淡水用量以每年 5% 左右的速度递增。过度用水造成河流干枯和地下水位下降。人类调配水资源的能力也不断上升，像南水北调工程就是一例。

我国是全球人均水资源最贫乏的国家之一，人均水资源仅为世界平均水平的 1/4。因此合理用水、节约用水、调配用水，兴建各种水利工程就显得十分重要。

10.2.3.3　人口增长对能源的影响

人口的增长带来对能源的巨大需求，对能源的争夺也是世界不稳定的重要因素。当今的世界战争多是与能源的争夺有关。传统社会依赖于砍伐树木作为燃料，造成森林环境的破坏，化石能源的使用有利于改善这种情况，但会造成温室效应和全球变暖。因此提高能源利用率，开发新的清洁能源，如核能、风能等，成为人类面临的重要课题。

10.3　保护生物学

鉴于人类活动造成的环境改变引起的野生生物量减少和物种灭绝，为了保护现有的生物资源，防止环境的进一步恶化，保护生物学的概念应运而生。保护生物学以维持地球上生物多样性，防止生物群落的破坏，营造人类更美好家园为目的，涉及相应的理论和实践。

10.3.1　生物多样性

生物多样性（biodiversity）是指生物界的遗传复杂性，包括生物物种数量、种内遗传变异量和生态系统复杂性等三个层次。这里的生物既包括动物、植物、真菌等，也包括各种微生物。

10.3.1.1 遗传多样性

遗传多样性（genetic diversity）也被称为种内多样性，广义的遗传多样性是指地球上所有生物携带的各种遗传信息的总和；狭义的遗传多样性是指某一物种内部的不同个体之间的遗传信息和表型的差异，而这种遗传差异与一个物种的个体数量有关，反映为基因库的大小差异。例如，在上一章讲到人类群体的遗传多样性为每 1 300 碱基中有 1 个不同，小于黑猩猩和红毛猩猩的遗传多样性。表明在人类进化过程中，现代人群是由 10 000 个左右的个体组成的有效个体数在短期内发展起来的，也说明黑猩猩和红毛猩猩比人类群体保存了更多的 DNA 变异类型。一个物种遗传多样性越多，所包含的等位基因越丰富，越有可能应付自然选择的压力。

细菌耐药性的产生与细菌自身的遗传多样性有关。抗生素可以将细菌杀死。但如果细菌群体具有足够的遗传变异，其中个别变异具有对该种抗生素的抗药性，则当大多数细菌被杀死后，这种抗药细菌可以存活扩增，并占据因其他细菌死亡而腾出的生态位，最终形成优势菌株。

10.3.1.2 物种多样性

物种多样性（species diversity）反映了全球或某一区域内所有生物物种及其变异的总和。物种多样性是衡量一定区域生物资源丰富程度的一个重要指标，反映了地球上基因库种类的多少；群落类型的多样性也与物种多样性密切相关。一个地区的物种多样性依赖于该地区环境的复杂程度和对生物的友好程度。复杂的环境下物种具有较高多样性，例如珊瑚礁群落中珊瑚的空间构造为许多动植物提供了栖息或活动场所；而现代农业单一农产品的生产降低了环境的复杂性。大规模地砍伐森林，使之变成一望无际的麦田或稻田等，会明显降低多样性。对生物友好的环境，如水源充足、温度适宜、成熟的生物群落等，可以产生较多的物种；而像沙漠、冻土地带等不友好环境中，物种的多样性较低。

10.3.1.3 生态系统多样性

生态系统多样性指地球上生态系统类型的多样性。生态系统的特征取决于生物群落的差异，以及地形、气候、土壤等环境因子的不同，其中生态环境因素决定了生态系统的类型。生态系统主要类型在第一节中已有所介绍。现代农牧业会造成原有生态系统类型的减少，但又形成许多与人类活动有关的新的生态系统。

近年来，有些学者还提出了景观多样性（landscape diversity）的概念。这一概念融进了更多的人文因素，一个景观相当于一个生态系统。如农业景观、森林景观、草原景观、荒漠景观等。

10.3.1.4 生物多样性的价值

地球生物作为人类赖以生存的自然资源，具有多种多样的价值。主要包括：

1. 直接价值，指生物资源为人类直接提供食物、纤维、薪柴、药物、建筑材料等生活生产资料。有些生物还能提供观赏价值，如花草、珍稀动植物等，或变成宠物等。直接价值又分显著实物形式的直接价值和无显著实物形式的直接价值两类。

2. 间接价值，表现为涵养水源、净化水质、巩固堤岸、防止土壤侵蚀、降低洪峰、改善地方气候、吸收污染物，并通过影响二氧化碳的浓度调节全球气候的变化等等间接影响人类生活的价值。这种非直接的经济利益普通的经济实体难以顾及，需要政府的主导，在国家间、职能部门间的通力合作来实现。

3. 选择价值，指虽然目前还看不出这些生物的价值，但将来的社会发展有可能体现出价值。为此需要保留这些生物品种，为子孙后代提供选择的机会。一种野生生物从地球上一旦消失就无法再生，其潜在价值也就不复存在了。

4. 遗产价值，指当代人把某种资源保留给后代人，为此需要付出一定的费用。

5. 存在价值，存在价值常常受保护愿望的决定，反映出人们对自然的同情和责任。

后面这两种价值到底有多大，它的消失会带来什么损失受主观因素的影响，难以准确评估，正如人们无法评估一只恐龙的存在价值一样。不同的价值类型有时会发生转变，比如大熊猫数量稀少，基于它的存在价值而被保护。但由于其憨态可掬、受人喜爱因而产生观赏价值和其他文化价值。

10.3.1.5　生物多样性的减少

生物多样性的减少至少表现在两个方面：

1. 物种的减少。

在第 8 章中提到，物种的产生和灭绝始终处于动态过程中，当后者明显超过前者时就造成生物多样性的减少。在地球历史上曾发生多次物种集群灭绝造成的生物多样性的减少，它们多与地理环境和气候变化等自然环境的改变有关，目前人类的活动正造成新一轮物种灭绝。一部分的物种灭绝是由人类的狩猎、捕杀和过度开发造成的，如渡渡鸟、毛象、恐鸟等，都是由于人类捕猎而灭亡的。更多的灭绝是人类对生态环境的破坏而间接造成的。据估计，1600 年以来，也就是工业化以来物种的灭绝率大约是地质年代“自然”灭绝的 100～1 000 倍。

2. 生态系统破坏。

人类对生态系统的破坏是全方位的。比较引人关注的有：

（1）热带雨林面积的减少。热带雨林在调节气候、涵养水源、保持水土、净化空气、消除污染等方面起着重要作用。根据联合国粮农组织 2001 年的报告，全球森林每年消失近千万公顷。

（2）湿地的减少。湿地在蓄洪防旱、调节气候、控制土壤侵蚀、降解环境污染等方面起到重要作用。近年来，中国内陆大量的湿地被围垦变为农田，如果不加以控制，这些沼泽湿地将丧失殆尽。

10.3.2　可持续发展

10.3.2.1　可持续发展的内涵

可持续发展（sustainable development）是一个涉及经济、社会、文化、技术及自然环境的综合概念，目的是自然－经济－社会复合系统能够持续和长期支持人类社会稳定和发展。生物多样性与可持续发展密切相关。如要贯彻可持续发展的原则，保护和发展现有生物资源是一个重要方面。

可持续发展与经济增长并不矛盾，但反对为了单纯经济增长的目的而破坏环境，给将来的发展带来的困难的“杀鸡取蛋”的方式。更不能损害支持地球生命的自然系统，对人类自身的生存带来威胁。

10.3.2.2　可持续发展的原则

1. 公平性原则。包括两个方面的含义：一是同代人之间的公平，要求给予世界各地区全体人民平等的发展机会，以满足他们实现较好生活的愿望。二是代际间的公平，本代人不能因为自己的需求和发展而损害人类世世代代需求的自然资源和环境，要给后代利用自然资源以满足需求的权利。

2. 可持续性原则。人类对环境资源的汲取不能超越资源和环境的承载能力，对不可再生资源的使用速度不能超过寻求作为替代品资源的速度，向环境排放的污染物量不能超过环境的自净能力。

3. 共同性原则。各国可持续发展的模式和政策不同，但公平性和持续性原则是共同的，必须开展全球合作，以求共同进步和发展。

10.3.2.3 可持续发展的对策

可持续发展的行动涉及国家决策和国际的广泛合作，而生物学家可以参与的就是保护生物学的工作（在下小一节介绍）。

10.3.3 保护生物学的措施

保护生物学以保护现有生物为目的。这种保护既要基于生态学的理论和实践知识，也需要社会权力部门的介入和引导，建立各种政策法规，及广泛的、深入人心的宣传。主要措施有以下几个方面：

10.3.3.1 加强国际合作，共同维护全球生物多样性

全球生态系统是相互联系、相互制约的，任何国家生态系统的破坏都可能造成全球性的影响，故需要各国政府和相关组织的通力合作，共同承担责任和义务。目前保护生物多样性已经形成全球共识。1992 年 6 月在巴西里约热内卢召开的联合国环境与发展大会上，包括中国在内的世界一百多个国家共同签署了《生物多样性公约》，并于 1993 年 12 月 29 日正式生效。2001 年，联合国大会通过决议，将每年的 5 月 22 日定为“国际生物多样性日”，以提高人们对保护生物多样性重要性的认识。2015 年 12 月在巴黎气候变化大会上通过的《气候变化协定》（巴黎协定），为 2020 年后全球应对气候变化行动做出安排。2016 年 4 月 22 日，100 多个国家在联合国总部共同签署了这将对人类可持续发展有重要意义的协定。可惜的是，2017 年 6 月 1 日，美国总统唐纳德 · 特朗普在华盛顿宣布，美国将退出应对全球气候变化的《巴黎协定》。

10.3.3.2 建立自然保护区和国家公园

建立自然保护区和国家公园的初衷是保护这些地区的自然生物群落。建立保护区的地区通常具有丰富的野生动植物资源，尤其是有珍稀的濒危野生动植物的天然分布。有时是为保护某一种濒危动植物而设立专门的自然保护区，如我国设立的 13 个大熊猫保护区，但保护大熊猫的前提依然是对大熊猫所在生态环境的保护。国家公园是指国家为了保护一个或多个典型生态系统的完整性而划定的需要特殊保护、管理和利用的自然区域。1872 年，美国国会批准建立了世界上第一个国家公园——黄石国家公园。目前全世界的自然保护区已达上万个，国家公园 1 300 个以上。

10.3.3.3 濒危物种的迁地保护

这一措施把因生存条件不复存在，或物种数量过于稀少等原因，其生存和繁衍受到严重威胁的物种迁出原地，移入他地、动物园、植物园、水族馆和濒危动物繁殖中心，进行特殊保护和管理。例如对美洲狮（cougar）的保护。生活在佛罗里达南部的美洲狮由于种群数量

过少，遗传多样性很低，为了能保护佛罗里达美洲狮的繁衍，从德克萨斯移入美洲狮以增加那里美洲狮的遗传多样性。人工饲养的动物希望最终能再度回归野外，这方面还有待于经验的积累。我国许多濒危物种，如大熊猫、东北虎、扬子鳄、金丝猴等均已人工繁殖成功，在人类饲养下形成一定规模的种群。

10.3.3.4　退化生态系统的恢复

对已经改变面貌的生态系统实施还原和恢复。封山育林就是其中一种措施，希望通过树林的建立，使野生动植物重新繁衍，重建原有的生物群落，促进天然植被的顺行演替与发展，这种系统恢复需要一个漫长的过程。

10.3.3.5　发展现代生物技术

许多现代生物技术有利于保护生物多样性，例如超低温保存濒危动物的胚胎或生殖细胞，利用克隆技术繁衍濒危物种，利用组织培养快速繁殖经济植物等。

10.3.3.6　建立健全生物多样性保护的法律法规，加强宣传教育

1978年以来，我国制定了一系列的生物多样性保护的法规政策，如《森林法》《草原法》《野生动物保护法》《中国自然保护纲要》等。但法律体系尚不完善，更重要的是执法力度欠缺，法规条文不能形成有效的制约，破坏环境资源、买卖野生动物的行为还时有发生。保护生物多样性的工作还任重而道远。

本章提要

本章介绍了种群、群落、生态系统，以及生物圈等生物界不同层次的概念，并阐明了生态系统内的能量和各种物质的循环过程。随后介绍人类活动与环境改变的关系，说明早期的人类活动已经对周围环境和其他生物造成明显的影响，农业和工业的出现彻底改变了生态环境，造成全球变暖、环境污染、原有生态环境的破坏和新的生态系统的出现等。人口的激增是环境变化的重要因素。生物多样性对人类生活具有重要价值，但目前生物多样性在减少。基于人类可持续发展的目的，需通过保护生物学的各项措施以保护生物所依存的环境，保护生物品种免受灭绝，以维持生物多样性。

（谭　信）

第4编　人体的生理过程与健康

“认识你自己”，相传是刻在德尔斐的阿波罗神庙的三句箴言之一，苏格拉底将其作为自身哲学宣言。在千奇百怪的生物世界中，人们最感兴趣的，也是最想了解的还是其自身。我们身体结构是怎样的？它们是如何工作以服务于我们的健康需要的？人为什么会得病？我们需要做些什么来保持身体的健康？这些都是本编所要论述的。通过前面三编的学习，我们已经掌握了生命科学最基础的内容：生命的化学和细胞基础；生命过程的调节、控制和遗传；现今生命、包括人类的产生，并形成今日面貌的原因等。在此基础上我们就可以更充分地理解人体的组织结构、生理过程、防御系统、疾病与预防、饮食与健康等这些与我们每天的生活息息相关、实用性强的生命科学知识。这些知识不但有益于我们的健康生活，而且也会加强对社会上种种不正确的、非科学的健康养生和饮食言行的辨别能力。

第 11 章
人体的基本结构与生理

比利时医生维萨里发表《人体结构》一书，对盖伦的“三位一体”学说提出挑战。西班牙医生塞尔维特发现血液的小循环系统，证明血液从右心室流向肺部，通过曲折路线到达左心室。英国解剖学家哈维通过大量的动物解剖实验，发表《心血运动论》等论著，系统阐释了血液运动的规律和心脏的工作原理，他指出，心脏是血液运动的中心和动力的来源，这一重大发现使他成为近代生理学的鼻祖。现在，人们知道人体是由有机质和无机质构成细胞，由细胞与细胞间质组成组织，再由组织构成器官，功能相似的器官组成系统，由九大系统组成一个人体，完成精细而又复杂的各种生理活动。同时，我们的体内还有一个具有不可思议力量的系统——免疫系统，是人体本身的防御机制。自从抗生素发明以来，科学界一直致力于药物的发明，期望它能治疗疾病，但事与愿违，研究人员逐渐发现，人们对化学药物的使用会刺激免疫系统中的某种成分，但它无法替代免疫系统的功能，并且还会产生对人体健康有害的副作用，扰乱免疫系统平衡。而适当的营养却能使免疫系统全面有效地运作，有助于人体更好地防御疾病、克服环境污染及毒素的侵袭。营养与免疫系统之间密不可分、相互促进的关联，成了营养免疫学创立的理论基础。

11.1 组织与器官

细胞是构成人体和动物体的基本结构和功能单位，由相似的细胞和细胞间质组成的执行相似功能的细胞群体，我们称之为组织。人体主要包括四大类组织，分别是上皮组织、神经组织、肌肉组织和结缔组织。由不同的组织按照一定的次序联合起来，形成具有一定功能的结构，即为器官。每一种器官完成与其形态特征相适应的生理功能。如心脏是以心肌组织为主，联合上皮组织、结缔组织、神经组织等构成推动血液循环的器官。

1. 上皮组织（epithelial tissue），是衬贴或覆盖在其他组织上的一种结构，是人体最大的组织。由密集的上皮细胞和少量细胞间质构成，其特点是细胞结合紧密，细胞间质少，具有保护、吸收、分泌、排泄的功能，可以防止外物损伤和病菌侵入。上皮组织再生能力强，可保持动态平衡。此外，由腺上皮为主构成腺体，发挥主要的分泌功能。

2. 结缔组织（connective tissue）由细胞和大量细胞间质构成，起源于胚胎性结缔组织——间充质，在体内广泛分布，具有连接、支持、营养、防卫、修复等多种功能。像血液、淋巴、脂肪组织、软骨与骨组织都是结缔组织。

3. 肌肉组织（muscle tissue）由特殊分化的肌细胞构成，伴有少量结缔组织，并有毛细血管和神经纤维等，具有收缩和舒张的功能。按形态和功能可分为骨骼肌、平滑肌和心肌三类。骨骼肌的纤维一般为长圆柱形，平滑肌的纤维一般为梭形，心肌纤维呈圆柱形。机体内多数平滑肌分布于消化管、子宫壁等处，除具有收缩功能外，还有产生细胞间质的功能。心肌能够自动有节律地收缩主要取决于心肌的电生理特性，即心肌自律细胞能不依赖于神经控制，具备自动节律性、传导性和兴奋性。

4. 神经组织（nerve tissue）广泛分布于人体各组织器官内，具有联系、调节和支配各器官的功能活动，使机体成为协调统一的整体。神经组织由神经细胞和神经胶质细胞组成。

（1）神经细胞（nerve cell）是神经组织的主要成分，是高度分化的细胞，数量庞大、形态多样、结构复杂，在生理功能上具有能感受刺激和传导冲动产生反应的特点。它是神经组织的结构和功能单位，故神经细胞又称为神经元（neuron）。神经元有胞体和突起两部分，突起又分轴突和树突两种。

（2）神经胶质细胞（neuroglial cell）是神经组织的辅助成分，多数细胞也有突起。神经胶质细胞的胞体一般比神经细胞的胞体小；而数量却为神经细胞的 10 倍左右，对神经细胞起支持、营养、绝缘、保护和修复等功能。

神经元胞体或近胞体处严重损伤时，可导致神经细胞解体死亡，一般难以修复再生。但是在损伤部位周围，可见到神经细胞有丝分裂过程，说明神经细胞损伤后，在一定条件下仍有一定分裂能力，但再生的条件和功能的恢复仍然受诸多因素影响，研究证明神经营养因子（neurotrophic factors）是能支持神经元生存和促进神经突起生长的可溶性化学物质，该类物质对神经系统的发育和神经再生起重要作用，如神经生长因子 NGF（nerve growth factor），成纤维细胞生长因子 FGF（fibroblast growth factor），表皮生长因子 EGF（epidermal growth factor）等。关于神经再生仍是当今研究的重要课题。

11.2　九大系统

人体首先是一个精密的、有机的整体，各部分通力协作、密不可分。无论多微小的地方出现了差错或疾病，都会引起全身的反应，正所谓“牵一发而动全身”。若干个功能相关的器官联合起来，共同完成某一特定的生理功能，即形成系统。研究者们根据人体内各组成部分生理功能的相对不同，常常把人体分为九大系统，即运动系统、消化系统、呼吸系统、血液循环系统、排泄系统、内分泌系统、免疫系统、神经系统和感觉器官、生殖系统。

11.2.1　运动系统

运动系统由骨、关节和骨骼肌组成，构成坚硬骨支架，赋予人体基本形态。骨骼肌附着于骨，在神经系统支配下，以关节为支点产生运动。骨骼肌属横纹肌，接受神经支配，随人的意志而收缩，又称随意肌。成人有 600 多块骨骼肌。骨骼主要由骨组织构成，有一定形态及构造，外被骨膜，内容骨髓，含有丰富的血管、淋巴管及神经。成人有 206 块骨，可分为颅骨、躯干骨和四肢骨。骨骼与骨骼之间借纤维组织、软骨或骨相连，称为关节或骨连接。可分为纤维连接（纤维关节）、软骨和骨性连接（软骨关节）以及滑膜关节三大类，滑膜关节常简称关节。

11.2.2　消化系统

消化系统由消化管和消化腺两大部分组成。消化管是一条自口腔延至肛门的很长的肌性管道，包括口腔、咽、食管、胃、小肠（十二指肠、空肠、回肠）和大肠（盲肠、结肠、直肠）等部分。消化腺有小消化腺和大消化腺两种。小消化腺散布于消化管各部的管壁内，大消化腺有唾液腺（腮腺、下颌下腺、舌下腺）、肝和胰这三种，它们均借导管将分泌物排入消化管内。

11.2.3　呼吸系统

呼吸系统由呼吸道和肺两部分组成。

（1）呼吸道包括鼻腔、咽、喉、气管和支气管。临床上将鼻腔、咽、喉称为上呼吸道，气管和支气管为下呼吸道；呼吸道的壁内有骨或软骨支持以保证气流的畅通。

（2）肺主要由支气管分支及其末端形成的肺泡共同构成，气体进入肺泡内，在此与肺泡周围的毛细血管内的血液进行气体交换。呼吸道吸入的 O_2，透过肺泡进入毛细血管，通过血液循环输送到全身各个器官组织，供给各器官氧化过程所需；各器官组织产生的代谢产物，如 CO_2，再经过血液循环运送到肺，然后经呼吸道呼出体外。

11.2.4　血液循环系统

血液循环系统又称心血管系统，由心脏、血管及血液所组成，负责体内物质运输功能，维持内环境的稳定，参与机体免疫。

（1）血液包括血细胞和血浆两大部分。血细胞是血液中的有形成分，它包括红细胞、白细胞、血小板。血浆是血液中无一定形态的液体部分，含大量的水和多种化学物质，如无机盐、蛋白质、血糖、血脂等。

（2）心脏可分为左心房、左心室、右心房、右心室 4 腔。具有射血功能，被称为心泵。

（3）血管又分为动脉、静脉和毛细血管。

11.2.5　排泄系统

其由肾、输尿管、膀胱和尿道组成。在新陈代谢过程中所产生的废物（尿素、尿酸、无机盐等）及过剩的水分，需要不断地经血液循环送到排泄器官排出体外。排泄的渠道有二：一是经皮肤汗腺形成汗液排出，二是通过肾形成尿再经排尿管道排出。经过肾排出的废物数量大、种类多，肾不仅是排泄器官，对维持体内电解质平衡也有重要作用。

11.2.6　内分泌系统

其由身体不同部位和不同构造的内分泌腺和内分泌组织构成，对机体的新陈代谢、生长发育和生殖活动等进行体液调节。人体主要的内分泌腺有下丘脑、垂体、松果体、甲状腺、甲状旁腺、胸腺、肾上腺、胰岛、性腺等，此外心、肾、消化道等器官也具有内分泌功能。

11.2.7　免疫系统

人体免疫系统是由各个具有免疫防护作用的组织和器官形成的庞大系统，主要构成是淋巴系统。淋巴系统像遍布全身的血液循环系统一样，也是一个网状的循环系统。该系统由淋巴管道、淋巴器官、淋巴液组成。与血液循环系统不同的是，淋巴系统没有心脏那样的泵驱动液流；而是依赖周围肌肉的收缩挤压促使淋巴液的流动。淋巴结的淋巴窦和淋巴管道内含有淋巴液，是由组织液形成，它比血浆轻，水分较多。骨髓和胸腺是人体主要的淋巴器官，外周的淋巴器官则包括扁桃体、脾、淋巴结、集合淋巴结与阑尾。脾脏是最大的淋巴器官，脾能过滤血液，除去衰老的红细胞，平时作为一个血库储备多余的血液。淋巴组织为含有大量淋巴细胞的网状组织。该系统在体内起保卫身体对抗病原体侵害的作用。我们会在后面的章节里详细介绍淋巴系统参与的机体免疫防御。

11.2.8 神经系统和感觉器官

11.2.8.1 神经系统

神经系统由脑、脊髓以及与之相连并遍布全身的周围神经组成。其中脑和脊髓被称为中枢神经系统。

脑（图 11 -1）包括端脑（大脑）、间脑、小脑、脑干（脑干包括中脑、脑桥和延髓），其中分布着很多由神经细胞集中而成的神经核或神经中枢，并有大量上、下行的神经纤维束通过，连接大脑、小脑和脊髓，在形态上和机能上把中枢神经各部分联系为一个整体。脑各部内的腔隙称脑室，充满脑脊液。延髓亦称延脑、末脑，位于脑干的后段，向下延接脊髓，它是管理呼吸、心搏等重要反射的中枢，故又有“生命中枢”之称。

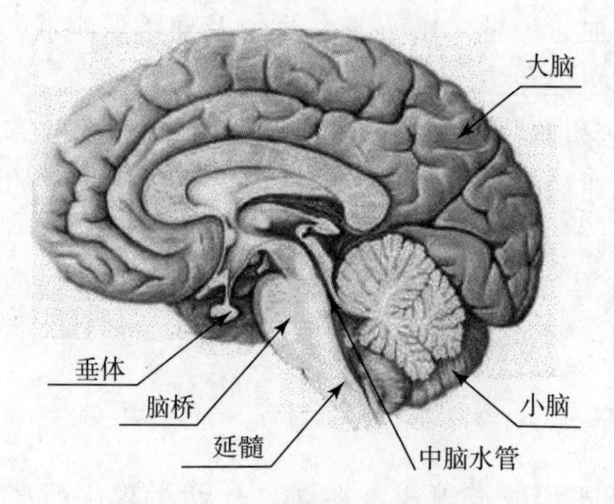

图 11 -1 脑结构组成示意图

脊髓是人和脊椎动物中枢神经系统的一部分，在椎管里面，上端连接延髓，两旁发出成对的神经，分布到四肢、体壁和内脏。脊髓的内部有一个 H 形（蝴蝶形）灰质区，主要由神经细胞构成；在灰质区周围为白质区，主要由有髓神经纤维组成。脊髓是许多简单反射的中枢。

11.2.8.2 感觉器官

感觉器官是人体与外界环境发生联系，感知周围事物的变化的一类器官。人体有多种感觉器官。主要是眼（图 11 -2）、耳（图 11 -3）、鼻、舌、皮肤等。

眼是视觉的感觉器官，包括眼球及其附属器。眼球是一个球形器官，分成眼球壁和眼内容物两部分。眼球壁分外、中、内三层：

（1）外层称为纤维膜。包括角膜和巩膜，正常角膜内不存在血管，它的营养由角膜缘的血管网供应。角膜可为眼睛提供大部分屈光力，现在有一种类似隐形眼镜的角膜接触镜，通过夜间佩戴在角膜上改变角膜的曲率，从而达到纠正视力的目的。

（2）中层为葡萄膜。因其有丰富的血管和深浓的色素，又称色素膜，可分为虹膜、睫状体和脉络膜三部分。虹膜在胎儿发育阶段形成后，在整个生命历程中将是保持不变的。这些特征决定了虹膜特征的唯一性，同时也决定了身份识别的唯一性。因此，可以将眼睛的虹膜特征作为每个人的身份识别对象。

（3）内层即视网膜。它的厚度相当于一张薄纸。视网膜是眼光学系统的成像屏幕。眼内容物包括晶状体、房水和玻璃体。通常人眼会产生大量有害自由基，会导致晶状体受到浸润而变得不通透、不透明，即是我们常说的晶状体浑浊，即白内障，有的人随着年龄的增长，晶体混浊会逐渐加重，发展到最后至失明，必须进行手术治疗才能复明。

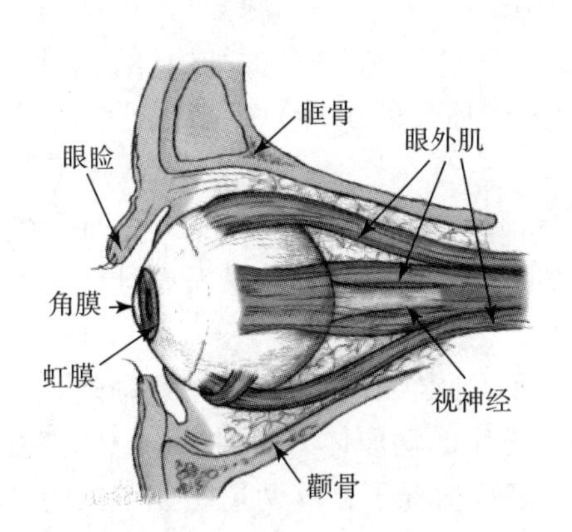

图 11－2　眼的结构示意图

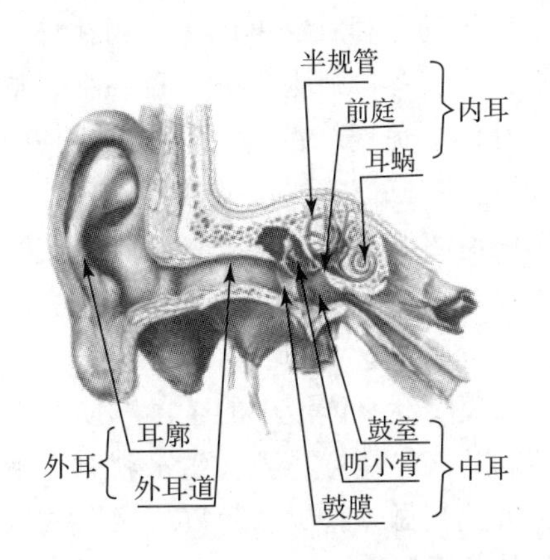

图 11－3　耳的结构示意图

耳是传导和感受声波的听觉器官，可分为外耳、中耳和内耳。

（1）外耳包括耳廓和外耳道两部分。耳廓有收集外来声波的作用，还常作临床采血的部位。外耳道的皮肤上生有耳毛和一些腺体，腺体分泌物和耳毛对外界灰尘等异物的进入有一定的阻挡作用。

（2）中耳包括咽鼓管、鼓室、鼓窦及乳突气房等，儿童好发累及中耳全部或部分结构的炎性病变，即中耳炎。

（3）内耳耳蜗能感受到声波的刺激，形成听觉；前庭和三个半规管能感受头部位置的变化和身体的直线或旋转运动，是维持身体平衡的位觉器官之一。

鼻是呼吸道的起始部，也是嗅觉器官，属于高度分化的感受化学刺激的器官，对于动物接受外界化学信息、识别环境、辨认敌我、归巢、捕猎、避敌、寻偶和觅食有重要作用。

舌与味觉、吞咽、语言等功能有直接关系，人主要通过舌上的味蕾来感知味觉。基本味觉只有酸、甜、苦、咸、鲜五种，其余都是基本味觉的不同组合，如辣觉是热觉、痛觉和基本味觉的混合。

皮肤是人体最大的器官，主要承担着保护身体、排汗、感觉冷热和压力等功能。皮肤覆盖全身，它使体内各种组织和器官免受物理性、机械性、化学性和病原微生物性的侵袭。人和高等动物的皮肤由表皮、真皮（中胚层）、皮下组织三层组成。

11.2.9 生殖系统

生殖系统是生物体内的和生殖密切相关的器官成分的总称。雌性哺乳动物的生殖系统包括卵巢、输卵管、子宫、阴道和外生殖器等。临床上常将卵巢和输卵管称为子宫附件。雄性哺乳动物生殖系统由睾丸、附睾、输精管、尿生殖道、副性腺、阴茎和包皮等组成。生殖系统的功能是产生生殖细胞，繁殖新个体，分泌性激素和维持副性征。

11.3 机体的防御系统

免疫系统（immune system）是人体抵御病原菌侵犯最重要的防御系统。这个系统由免疫器官（骨髓、脾脏、淋巴结、扁桃体、小肠集合淋巴结、阑尾、胸腺等）、免疫细胞（淋巴细胞、单核吞噬细胞、中性粒细胞、嗜碱粒细胞、嗜酸粒细胞、肥大细胞等），以及免疫分子（补体、免疫球蛋白、干扰素、白细胞介素、肿瘤坏死因子等）组成。通常意义上来说，人体共有三道防线来抵抗外来病菌的入侵：

第一道防线：是由皮肤和黏膜构成的，它们不仅能够阻挡病原体侵入人体，而且它们的分泌物（如乳酸、脂肪酸、胃酸和酶等）还有杀菌的作用。呼吸道黏膜上有纤毛，可以清除异物，也属于这一类。

第二道防线：体液中的杀菌物质和吞噬细胞，它们是人类在进化过程中逐渐建立起来的天然防御功能，特点是人人生来就有，不针对某一种特定的病原体，对多种病原体都有防御作用，因此叫做非特异性免疫（又称先天性免疫）。多数情况下，这两道防线可以防止病原体对机体的侵袭。

第三道防线：主要由免疫器官和免疫细胞组成，是人体在出生以后逐渐建立起来的后天防御功能，特点是出生后才产生的，只针对某一特定的病原体、异物或肿瘤起作用，因而叫做特异性免疫（又称后天性免疫）。因此尽管免疫应答是一个多细胞多组织联合调控的过程，但我们经常可将其分为固有免疫（即非特异性免疫）和适应性免疫（即特异性免疫）两大类，其中适应性免疫又分为体液免疫和细胞免疫。同时，当病原体入侵机体时，免疫系统一方面能发现并清除异物、外来病原微生物，但另一方面其功能的亢进可能也会对自身器官或组织产生伤害，在很多自身免疫疾病中，$CD4^+$ T 细胞常造成免疫负面效应。

11.3.1 免疫系统的组成

人体的免疫系统像一支精密的军队，24 小时昼夜不停地保护着我们的健康。它是一个了不起的杰作！在任何一秒内，免疫系统都能协调调派不计其数、不同职能的免疫“部队”从事复杂的任务。它不仅时刻保护我们免受外来入侵物的危害，同时也能预防体内细胞突变引发癌症的威胁。如果没有免疫系统的保护，即使是一粒灰尘就足以让人致命。根据医学研究显示，人体百分之九十以上的疾病与免疫系统失调有关。而人体免疫系统的结构繁多而复杂，并且不限定在某一个特定位置或器官，相反它是由人体多个器官共同协调运作，这些关卡都是用来防堵入侵的毒素及微生物，以及体内的癌变细胞。当我们喉咙发痒或眼睛流泪时，都是我们的免疫系统在努力工作的信号。长久以来，人们因为盲肠和扁桃体没有明显的功能而选择割除它们，但是研究显示盲肠和扁桃体内有大量的淋巴结，这些结构能够协助免疫系统运作。

11.3.1.1　固有免疫中的屏障作用（图 11－4）

1. 机械或化学屏障：包括物理、化学和微生物屏障。

（1）物理屏障：由致密上皮细胞组成的皮肤和黏膜组织具有机械屏障作用，可阻挡病原侵入；

（2）化学屏障：皮肤黏膜分泌物中含有多种杀菌、抑菌物质，如胃酸、唾液等，是抵御病原体的化学屏障；

（3）微生物屏障：寄居在皮肤黏膜的正常菌群，可通过与病原体竞争或通过分泌某些杀菌物质对病原体产生抵御作用。

2. 体内组织屏障：包括血脑屏障、胎盘屏障等。

（1）血脑屏障：血脑屏障由软脑膜、脉络丛的毛细血管壁和包在壁外的星状胶质细胞等组成的胶质膜组成。其组织结构致密，能阻挡血液中病原体和其他大分子物质进入脑组织和脑室，对中枢神经系统产生保护作用。婴幼儿血脑屏障尚不够完善，易发生中枢神经系统感染。

（2）胎盘屏障：由母体子宫内膜的基蜕膜和胎儿绒毛膜组成。正常情况下，母体感染的病原体及其毒性产物难于通过胎盘屏障进入胎儿体内。但若在妊娠 3 个月内，此时胎盘结构发育尚不完善，则母体中的病原体等有可能经胎盘侵犯胎儿，干扰其正常发育，造成畸形甚至死亡。药物也和病原体一样有可能通过母体侵犯胎儿。因此，在怀孕期间，尤其是早期，应尽量防止发生感染，并尽可能不用或少用副作用较大的各类药物。

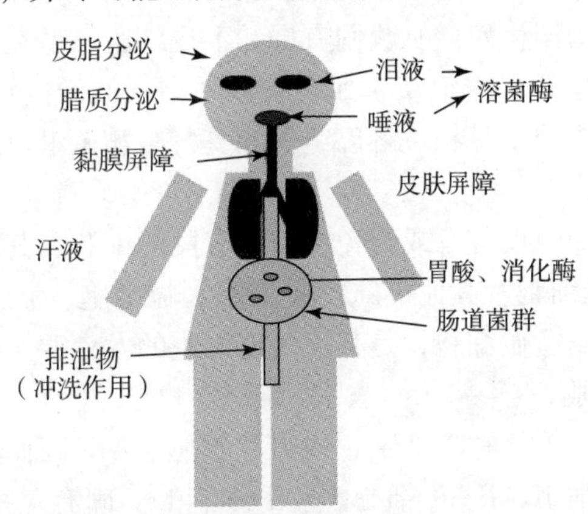

图 11－4　固有免疫中的屏障作用

11.3.1.2　免疫器官

1. 中枢免疫器官：包括胸腺、骨髓和法氏囊（禽类）。

（1）胸腺：胸腺位于胸骨后、心脏的上方，是 T 细胞分化发育和成熟的场所。人胸腺的大小和结构随年龄的不同具有明显的差异。胸腺于胚胎 20 周发育成熟，是发生最早的免疫器官，到出生时胸腺重 15～20g，以后逐渐增大，至青春期可达 30～40g，青春期后，胸腺随年龄增长而逐渐萎缩退化，到老年时基本被脂肪组织所取代，随着胸腺的逐渐萎缩，功能衰退，细胞免疫力下降，对感染和肿瘤的监视功能减低。胸腺具有以下 3 种功能：

①T 细胞分化、成熟的场所；

②免疫调节：对外周免疫器官和免疫细胞具有调节作用；

③自身免疫耐受的建立与维持。

（2）骨髓：骨髓位于骨髓腔中，分为红骨髓和黄骨髓。红骨髓具有活跃的造血功能。因此，骨髓是各类血细胞和免疫细胞发生及成熟的场所，是人体的重要中枢免疫器官；是B细胞分化成熟的场所；还是体液免疫应答发生的场所。

2. 外周免疫器官：包括脾脏、淋巴结、黏膜相关淋巴组织、皮肤相关淋巴组织。

（1）脾脏：脾脏是胚胎时期的造血器官，自骨髓开始造血后，脾就演变为人体最大的外周免疫器官。脾具有4种功能：

①T细胞和B细胞的定居场所；

②免疫应答发生的场所；

③合成某些生物活性物质；

④过滤作用。

（2）淋巴结：人全身有500~600个淋巴结，是结构完备的外周免疫器官，广泛存在于全身非黏膜部位的淋巴通道上。淋巴结具有以下功能：

①T细胞和B细胞定居的场所；

②免疫应答发生的场所；

③参与淋巴细胞再循环；

④过滤作用。

（3）黏膜相关淋巴组织：黏膜相关淋巴组织（MALT）亦称黏膜免疫系统（MIS），主要是指呼吸道、胃肠道及泌尿生殖道黏膜固有层和上皮细胞下散在的无被膜淋巴组织，以及某些带有生发中心的器官化的淋巴组织，如扁桃体、小肠的派氏集合淋巴结（PP）及阑尾等。主要包括肠相关淋巴组织、鼻相关淋巴组织和支气管相关淋巴组织等。

11.3.1.3　免疫细胞

免疫细胞泛指所有参加免疫应答或与免疫应答有关的细胞及其前身，主要包括造血干细胞、淋巴细胞、单核/巨噬细胞及其他抗原提呈细胞、粒细胞、肥大细胞。造血干细胞是存在于造血组织中的一群原始造血细胞，是其他免疫细胞的发育源泉（图11-5）。

1. 固有免疫的应答细胞。

主要包括中性粒细胞、单核吞噬细胞、树突状细胞、NK T细胞、NK细胞、肥大细胞、嗜碱性粒细胞、嗜酸性粒细胞、B-1细胞、γσT细胞等。固有免疫细胞主要是发挥非特异性抗感染效应，是机体在长期进化中形成的防御细胞，能对侵入的病原体迅速产生免疫应答，亦清除体内损伤、衰老或畸变的细胞。

2. 适应性免疫的应答细胞。

B淋巴细胞：由哺乳动物骨髓或鸟类法氏囊中的淋巴样干细胞分化发育而来。成熟的B细胞主要定居在外周淋巴器官的淋巴结内。B细胞约占外周淋巴细胞总数的20%。其主要功能是活化为浆细胞后产生抗体，介导体液免疫应答，同时也可提呈加工可溶性抗原。

T淋巴细胞：来源于骨髓中的淋巴样干细胞，在胸腺中发育成熟，定居在外周淋巴器官的胸腺依赖区。T细胞表面具有多种表面标志，TCR-CD3复合分子为T细胞的特有标志。根据功能不同可将T细胞分为不同亚群，如辅助性T细胞、杀伤性T细胞和调节性T细胞。

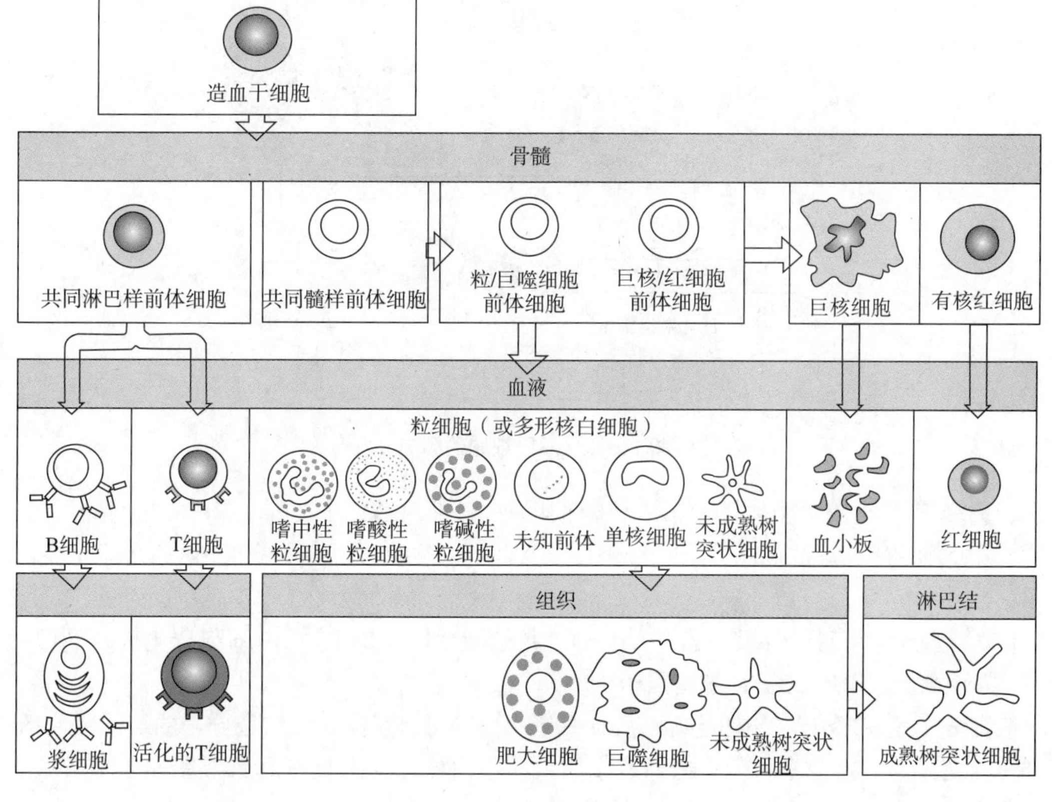

图 11－5　免疫细胞的来源

其主要功能是介导细胞免疫。在病理情况下，可参与迟发型超敏反应和器官特异性自身免疫性疾病。活化的 T 细胞具有细胞毒作用和免疫调节作用。

淋巴细胞循环（图 11－6）：

（1）淋巴细胞归巢：成熟淋巴细胞离开中枢免疫器官后，经血液循环趋向性迁移并定居于外周免疫器官或组织的特定区域。如 T 细胞定居于胸腺副皮质区，B 细胞定居于浅皮质区；不同功能的淋巴细胞亚群也可选择性迁移至不同的淋巴组织。

（2）淋巴细胞再循环：淋巴细胞可在血液、淋巴液、淋巴器官或组织间反复循环。该过程的生理意义有以下几个方面：

①使体内淋巴细胞在外周免疫器官和组织的分布更趋合理，有助于增强整个机体的免疫功能；

②增加与抗原接触机会，有利于产生初次或再次免疫应答；

③使机体所有免疫器官和组织联系成为一个有机整体；

④传递免疫信息到全身，有利于免疫细胞的动员和效应细胞的迁移。

11.3.1.4　免疫分子

概括来说，免疫相关分子可以依据其在细胞中存在或发挥作用的位置分成三大类：

①免疫细胞内构成性蛋白分子，功能是参与细胞内信号传导、物质转运及蛋白合成；

②免疫细胞膜表达的蛋白分子（TCR、BCR、MHC；细胞黏附分子），功能是参与免疫

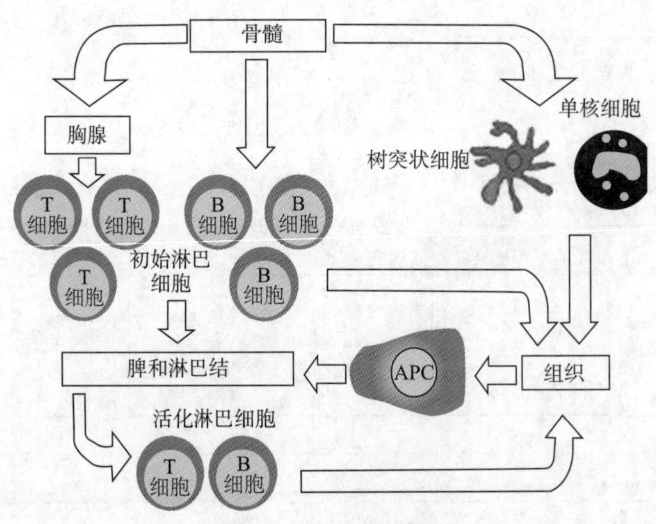

图 11-6　淋巴细胞的循环

识别、免疫细胞间受体配体相互作用，也称其为接触性对话；

③免疫细胞所分泌的多肽分子（细胞因子），功能是免疫细胞间的功能协调，即非接触性对话。

1. 膜型分子：包括 T 细胞受体（TCR）、B 细胞受体（BCR）、白细胞分化抗原（CD 分子）、黏附分子、MHC 分子、细胞因子受体。

黏附分子是众多介导细胞间或细胞与细胞外基质间相互接触和结合分子的统称，包括免疫球蛋白超家族、整合素家族、选择素家族、黏蛋白样血管地址素和钙黏蛋白家族五大类，常见黏附分子有 CD4、CD8、CD22、CD28、CTLA-4、ICOS 等，其主要功能表现为：

（1）淋巴细胞归巢；

（2）免疫细胞识别中的辅助受体和协同刺激或抑制信号；

（3）炎症过程中白细胞与血管内皮细胞黏附。

2. 分泌型分子：包括免疫球蛋白、补体、细胞因子。

（1）免疫球蛋白：具有抗体活性或化学结构与抗体相似的球蛋白称之为免疫球蛋白。可简单分为两大类：

①分泌型球蛋白：主要存在于血液及症状液中，具有抗体的各种功能；

②膜型球蛋白：主要构成 B 细胞膜上的抗原受体。

免疫球蛋白的功能集中表现为五个方面：

①识别并特异性结合抗原；

②激活补体；

③结合 Fc 段受体，如 IgG、IgA 和 IgE 抗体可通过其 Fc 段与表面具有相应受体的细胞结合，产生不同的生物学作用，如调理作用、抗体依赖的细胞介导的细胞毒作用和介导 I 型超敏反应；

④穿过胎盘和黏膜；

⑤对免疫应答的调节作用。

（2）补体：是一个具有精密调节机制的蛋白质反应系统，是体内重要的免疫效应放大系统。其广泛存在于血清、组织液和细胞膜表面，包括补体固有成分、补体调节蛋白和补体受体等30余种成分。其功能表现为：

①溶菌、溶解病毒和对细胞的细胞毒作用；

②调理作用；

③免疫黏附；

④炎症介质作用。

（3）细胞因子：是由免疫原、丝裂原或其他因子刺激细胞所产生的低分子量可溶性蛋白质，为生物信息分子，具有调节固有免疫和适应性免疫应答，促进造血，以及刺激细胞活化、增殖和分化等功能。可分为六大类：

①白细胞介素；

②干扰素家族：包括IFN－α、IFN－β、IFN－ε、IFN－ω、IFN－κ、IFN－γ；

③肿瘤坏死因子；

④集落刺激因子；

⑤趋化因子；

⑥其他细胞因子，如转化生长因子－β、血管内皮细胞生长因子等。

11.3.2 吞噬作用原理

人类的吞噬细胞有大、小两种。小吞噬细胞是外周血中的中性粒细胞。大吞噬细胞是单核吞噬细胞，它包括血液中的单核细胞和多种器官、组织中的巨噬细胞，两者构成单核吞噬细胞系统。

当病原体穿透皮肤或黏膜到达体内组织后，吞噬细胞首先从毛细血管中穿出，聚集到病原体所在部位。多数情况下，病原体被吞噬杀灭；若未被杀死，则经淋巴管迁移到附近淋巴结，在淋巴结内的吞噬细胞进一步把它们消灭。淋巴结的这种过滤作用在人体免疫防御能力上占有重要地位，一般只有毒力强、数量多的病原体才有可能不被完全阻挡而侵入血流及其他脏器。但是在血液、肝、脾或骨髓等处的吞噬细胞仍然会对病原体继续进行吞噬杀灭。

吞噬杀菌过程分为三个阶段，即吞噬细胞和细菌接触、吞入细菌、杀死和破坏细菌。简单来说，细菌被吞噬后，在吞噬细胞内形成吞噬体，细胞的溶酶体与吞噬体融合成吞噬溶酶体；溶酶体中含有多种杀菌物质和水解酶可将细菌杀死并消化（其中的溶菌酶、过氧化物酶、乳铁蛋白、防御素、活性氧物质、活性氮物质等能杀死病菌，而蛋白酶、多糖酶、核酸酶、脂酶等则可将菌体降解）。最后不能消化的菌体残渣，将被排到吞噬细胞外。

病菌被吞噬细胞吞噬后，其结果根据病菌类型、毒力和人体免疫力不同而不同。化脓性球菌被吞噬后，一般经5～10分钟死亡，30～60分钟被破坏，这是**完全吞噬**。而结核分枝杆菌、布鲁氏菌、伤寒沙门氏菌、军团菌等，则是已经适应在宿主细胞内寄居的胞内菌，在无适应性免疫应答能力的人体中，它们虽然也可以被吞噬细胞吞入，但不被杀死，这是**不完全吞噬**。不完全吞噬可使这些病菌在吞噬细胞内得到保护，免受机体体液中特异性抗体、非特异性抗菌物质或抗菌药物的杀菌作用；有的病菌尚能在吞噬细胞内生长繁殖，反使吞噬细胞死亡；有的可随游走的吞噬细胞经淋巴液或血流扩散到人体其他部位，造成广泛病变。此外，吞噬细胞在吞噬过程中，溶酶体释放出的多种水解酶也能破坏邻近的正常组织细胞，造成对人体不利的免疫病理性损伤。

正常人体的血液、组织液、分泌液等体液中含有多种具有杀伤或抑制病原体的物质。主要有补体、溶菌酶、防御素、乙型溶素、吞噬细胞杀菌素、组蛋白、正常调理素等。这些物质直接杀伤病原体的作用不如吞噬细胞强大，往往只是配合其他抗菌因素发挥作用。例如补体对霍乱弧菌只有弱的抑菌效应，但在霍乱弧菌与其特异抗体结合的复合物中若再加入补体，则很快发生溶解霍乱弧菌的溶菌反应。

11.3.3 免疫系统的功能

如果用一句话概括免疫系统的功能，我们可以说免疫就是使人体免于病毒、细菌、污染物及疾病的攻击。正是有了免疫细胞和分子的协同作用，最终实现了免疫系统的三大基本功能，即

(1) 识别和清除外来入侵的抗原，如病原微生物等。这种防止外界病原体入侵和清除已入侵病原体及其他有害物质的功能被称之为**免疫防御**；

(2) 识别和清除体内发生突变的肿瘤细胞、衰老细胞、死亡细胞或其他有害的成分。这种随时发现和清除体内出现的“非己”成分的功能被称之为**免疫监视**；

(3) 通过自身免疫耐受和免疫调节使免疫系统内环境保持稳定。这种功能被称之为**免疫自身稳定**。

11.3.4 免疫应答过程

当病菌、病毒等致病微生物进入到人体后，免疫系统中的巨噬细胞首先发起进攻，将它们吞噬到“肚子“里，然后通过酶的作用，把它们分解成一个个片段，并将这些片段显现在巨噬细胞的表面，成为抗原。我们通常将这一过程称为**感应阶段**，或**抗原识别阶段**。

T细胞与巨噬细胞表面的微生物抗原片段相遇后，如同原配的锁和钥匙一样，马上做出反应。这时，巨噬细胞便会产生细胞因子，激活T淋巴细胞。T细胞一旦“醒来”，便立即向整个免疫系统发出“警报”，报告有“敌人”入侵的消息。这个阶段我们称之为**反应阶段**，因其主要特征是淋巴细胞（T、B淋巴细胞）的活化、增生、分化为效应T细胞（如杀伤性T细胞）和浆细胞，故也称**增生分化阶段**。

杀伤性T淋巴细胞能够找到那些已经被感染的人体细胞，一旦找到之后便像杀手那样将这些受感染的细胞摧毁掉，防止致病微生物的进一步繁殖。在摧毁受感染细胞的同时，B淋巴细胞产生抗体，与细胞内的致病微生物结合，进而达到清除的目的。因此这一过程被称为免疫应答的**效应阶段**。

通过以上一系列复杂的过程，免疫系统终于保卫住了我们的身体。当第一次的感染被抑制住以后，免疫系统会把这种致病微生物的所有过程记录下来，形成**免疫记忆**。如果人体再次受到同样的致病微生物入侵，免疫系统已经清楚地知道该怎样对付它们，并能够很容易、很准确、很迅速地作出反应，将入侵之敌消灭掉。

11.3.5 神经和免疫的关系

现实生活中工作压力大，心理负担重，以及情绪紧张的时候，人们往往容易生病，原因何在？专家认为，这就是动物神经系统影响免疫系统的表现。当动物神经系统功能紊乱时，免疫系统的功能就会紊乱，进而出现各种顽固性疾病。比如：副交感神经正常活动，可以促进唾液、胃液、肠液、胰液与胰岛素分泌，当副交感神经活动减弱和持续时，会出现以下病

理反应：

（1）唾液减少导致口腔有害菌无法彻底消灭，使慢性咽喉炎、口腔溃疡难以治愈；

（2）胃液减少导致幽门螺杆菌无法杀灭，出现慢性胃炎、胃溃疡；

（3）肠液减少导致肠道菌群失衡，结肠炎久治不愈；

（4）蛋白质代谢紊乱，免疫力降低，病毒乘虚而入，容易患病毒性肝炎、风湿性关节炎等免疫系统疾病。

11.3.6　免疫异常

一般情况下，免疫应答的结果是产生免疫分子或效应细胞，具有抗感染、抗肿瘤等对机体有利的效果，称为**免疫保护**（immuno protection）；但在另一些条件下，过度或不适宜的免疫应答也可导致病理损伤，称为**超敏反应**（hyper sensitivity），包括对自身抗原应答产生的自身免疫病。与此相反，特定条件下的免疫应答可不表现出任何明显效应，称为**免疫耐受**（immuno tolerance）。另外，在免疫系统发育不全时，可表现出某一方面或全面的**免疫缺陷**（immuno deficiency）；而免疫系统的病理性增生称为**免疫增殖病**（immuno proliferation）。

11.3.6.1　免疫系统与病毒性肝炎

在讨论免疫系统时，频繁用到两个重要术语——抗原和抗体。可以想象，抗原是外来物质（如肝炎病毒），抗体是免疫系统中与抗原作战的士兵。当抗原（如乙肝抗原）感染机体时，免疫系统制造出来相应的抗体，例如乙肝表面抗原抗体。抗体与抗原结合在一起，并将抗原从身体中清除，因此免疫功能良好的人，很少发展成为慢性感染。但对于免疫功能低下的人，在接触病毒后，则很难将病毒从体内清除出去。临床上可以通过特殊的化验检测特异的肝炎抗原和抗体，该项化验称为**血清学检查**。为了确定患者与肝脏有关的异常是否因为病毒性肝炎引起，是哪一种肝炎，进行肝炎血清学检查是很必要的。乙肝病毒携带者虽然没有肝炎的症状表现，但实际上很多患者的肝脏依然存在着肝损伤，主要是因为患者长期携带乙肝病毒以及机体内、外界因素，导致肝功能不稳定，致使病情时轻时重，进而会出现不同程度的肝纤维化，若得不到有效控制，存在进一步发展为肝硬化，甚至肝癌的风险。已有临床研究表明抗病毒治疗除了治疗病毒本身外，还可以降低肝癌发生的长期风险。而科学家注意到由于长期携带病毒而导致的肝损伤的原因之一与免疫系统清除被病毒感染的靶细胞的作用有关。

11.3.6.2　自身免疫性疾病

自身免疫性疾病是指机体对自身抗原发生免疫反应而导致自身组织损害所引起的疾病。常见的自身免疫性疾病有桥本氏甲状腺炎、I型糖尿病、重症肌无力、溃疡性结肠炎、恶性贫血伴慢性萎缩性胃炎、多发性脑脊髓硬化症、急性特发性多神经炎，还包括系统性红斑狼疮、类风湿关节炎、硬皮病、皮肌炎等胶原病或结缔组织病。

造成自身免疫性疾病的原因还不清楚。可能的机理包括：

（1）淋巴细胞出现突变，造成抗原识别的异常。

（2）一些组织器官在胚胎期没有被免疫系统识别和保护，一旦因为感染、外伤等原因使这些自身抗原释放，即可刺激产生自身抗体。

（3）正常组织的抗原性发生变异，被免疫系统误认为是非自身组织。

（4）某些组织成分与外界抗原具有相似性，因而被免疫系统当作异己攻击；例如临床上常会观察到当机体对特定感染性微生物（抗原）产生免疫应答后，可能会出现风湿热等自身免疫疾病。此外，年龄、性别、遗传等因素都与自身免疫病的发生有关。

11.4 人体生理活动的调节

人体生理活动的主要调节方式有三种，即神经调节、体液调节和自身调节。神经调节和体液调节是主要的，神经调节起主导，体液调节影响神经调节。从广义上来说免疫也是一种调节机制。自身调节是一种很局部的调节，多半是与平滑肌自身的性质有关。比如肾脏的球管平衡，就是典型的自身调节，可以保持自身的血流量等环境的稳定，在没有神经和体液激素支配的条件下也可以进行。三种调节方式比较起来，神经调节较迅速、精确和短暂，体液调节则缓慢、持久、弥散，而自身调节则幅度范围都较小。

11.4.1 神经调节

神经调节是人和动物的生理活动的一种主要调节形式，通过神经—体液—免疫调节网络的调节，人和动物体内各个器官、系统才能协调统一，成为一个整体。我们把人体通过神经系统对各种刺激做出应答性反应的过程叫做反射，反射是神经调节的基本方式。反射的结构基础为反射弧，包括五个基本环节：感受器、传入神经、神经中枢、传出神经和效应器。感受器是接受刺激的器官，效应器是产生反应的器官；中枢在脑和脊髓中，传入和传出神经是将中枢与感受器和效应器联系起来的通路。例如当血液中氧分压下降时，颈动脉等化学感受器发生兴奋，通过传入神经将信息传至呼吸中枢导致中枢兴奋，再通过传出神经使呼吸肌运动加强，吸入更多的氧使血液中氧分压回升，维持内环境的稳态。反射调节是机体重要的调节机制，神经系统功能不健全时，调节将发生混乱。因此，神经调节是一个接受信息→传导信息→处理信息→传导信息→作出反应的连续过程，是许多器官协同作用的结果。

11.4.2 体液调节

体液调节是指体内的一些细胞能生成、分泌某些特殊的化学物质（如激素、代谢产物等），经体液（血浆、组织液、淋巴）运输，到达全身的组织细胞或某些特殊的组织细胞，通过作用于细胞上相应的受体，对这些细胞的活动进行调节。体内各种激素就是借体液循环的通路对机体的功能进行调节的。例如，胰岛 B 细胞分泌的胰岛素能调节组织、细胞的糖与脂肪的新陈代谢，有降低血糖的作用。血糖浓度之所以能保持相对稳定，主要依靠这种体液调节。

（1）有些内分泌细胞可以直接感受内环境中某种理化因素的变化，直接作出相应的反应。例如，当血钙离子浓度降低时，甲状旁腺细胞能直接感受这种变化，促使甲状旁腺激素分泌增加，转而导致骨中的钙释放入血，使血钙离子的浓度回升，保持了内环境的稳态。

（2）神经 - 体液调节：有些内分泌腺本身直接或间接地受到神经系统的调节，在这种情况下，体液调节是神经调节的一个传出环节，是反射传出道路的延伸。例如，肾上腺髓质接受交感神经的支配，当交感神经系统兴奋时，肾上腺髓质分泌的肾上腺素和去甲肾上腺素增加，共同参与机体的调节。

（3）激素与分泌系统间存在着反馈调节作用。例如，在大脑皮层的影响下，下丘脑可以通过垂体调节和控制某些内分泌腺中激素的合成和分泌；而激素进入血液后，又可以反过来调节下丘脑和垂体有关激素的合成和分泌。通过反馈调节作用，血液中的激素经常维持在正常的相对稳定的水平。

(4) 激素与激素间存在着协同作用和拮抗作用。拮抗作用是指不同激素对某一生理效应发挥相反的作用，例如，胰岛素和胰高血糖素。协同调节是指不同激素对同一生理效应都发挥作用，例如，生长激素和甲状腺激素，甲状腺激素和肾上腺素。

(5) 局部性体液调节，或旁分泌（paracrine）调节。除激素外，某些组织、细胞产生的一些化学物质，虽不能随血液到身体其他部位起调节作用，但可在局部组织液内扩散，改变邻近组织细胞的活动。无论是哪种调节方式，我们不难发现神经调节和体液调节虽各有特点，但两者相互配合可使生理功能调节更趋于完善。

11.4.3　自身调节

除了神经调节和体液调节之外，人体的器官、组织、细胞尚有自身调节作用。所谓自身调节（autoregulation），指的是人体在体内、外环境发生变化时，器官、组织、细胞可不依赖于神经和体液调节而产生的适应性反应。例如，心肌收缩力在一定范围内与收缩前心肌纤维的初长度成正相关。也就是说，在一定范围内，收缩前心肌纤维愈长，收缩时产生的收缩力量愈大。当回心血量突然增加时，心肌被拉长，心肌的收缩力量自动加强，排出更多的血液，使心脏不致过度扩张。又如，脑血管在动脉血压波动不大时，可通过血管的自身舒缩活动以改变血流阻力，使脑的血流量能经常保持相对恒定。自身调节是一种局部调控作用，它所能调节的范围虽然较小，但对人体生理功能活动的调控仍有一定生理意义。自身调节的特点：调节幅度小，范围小，灵敏度小。

总而言之，自身调节也是功能调控方式中的一种不可忽视的方式。它作为生理功能调节的最基本的调控方式，与神经调节和体液调节密切配合，共同为实现机体生理功能活动的调控发挥各自应有的作用。神经调节、体液调节和自身调节三者是人体生理功能调控过程中相辅相成、不可缺少的三个环节。

11.5　动物的发育

高等动物的个体发育包括胚的发育和胚后发育。胚的发育是指受精卵发育成幼体的过程；胚后发育是指由幼体从卵膜内孵化出来（卵生动物）或从母体生出来（胎生动物）并发育为成体的过程。如人在母体中的“十月怀胎”是胚胎发育，分娩后的婴儿进入胚后发育阶段。因此，从出生之日起计算人的年龄并不科学，所谓“虚岁”更符合实际。

11.5.1　人的胚胎发育

11.5.1.1　概述

人的受精作用是在输卵管的上段完成。当受精卵在输卵管中段时，胚胎发育就开始了。受精卵一边进行有丝分裂，一边沿输卵管向子宫方向下行，2～3 天可到达子宫。那时的胚胎是由许多细胞构成的中空的小球体，称为胚泡。受精后约一周，胚泡植入增厚的子宫内膜中，称为着床。胚泡不断通过细胞分裂和细胞的分化而长大，分成了两部分。一部分是胚胎本身将来发育成胎儿；另一部分演变为胚外膜，最重要的是羊膜、胎盘和脐带，胎儿通过胎盘和母体进行物质交换。

在前两个月中，胚胎继续细胞分裂、分化，产生各种细胞，组建各种组织、器官，这是发育中的稚嫩和敏感时期，对各种外界刺激的抵抗力、适应力很差，要十分注意安全，包括孕妇服药、接受辐射或接触其他有害因子等都会影响胎儿的正常发育。到第三个月末，各器官系统基本建成，已称为胎儿。以后主要是增大和少数结构的改变，这时抵抗能力增强，但如不注意，仍能发生流产。第5个月之后，就比较安全了。由于胎儿迅速生长，母亲的负担日益加重。一般到280天左右，也就是九个月多一点（常说“十月怀胎”实际上不准确）将发生分娩。

11.5.1.2 胚胎的发育过程（图11-7）

受精1周之后，受精卵发育成囊胚，开始在子宫内膜着床。胎盘开始形成，从胎盘分泌一种叫做绒毛膜促性腺激素进入母体血液，可以通过对这种激素的检查确知怀孕。

受精后3周，胚细胞发育成三个胚层，是胎体发育的始基。三胚层每一层都将形成身体的不同器官。

受精后6周，胚形已隐约可见，长7~12 mm，肾和心脏的雏形已经发育，神经管开始连接，大脑和脊髓开始发育。开始出现心跳，每分钟140~150次，是母亲心跳的两倍。

到第8周，所有哺乳动物的胚胎差别不大，尚很难区分。胚胎开始有运动。

第9周，胚已基本成形，能看到五官发育和手的进一步分化。此时由于胚已初具人形，故将胚（embryo）改称为胎（fetus）。

第11周的胎儿，生殖器开始发育，胎儿身长45~63mm，体重约14g，胎儿开始能做吸吮、吞咽和踢腿动作，胎儿的手指甲和绒毛状的头发等细微之处已经开始发育，维持胎儿生命的器官如肝脏、肾、肠、大脑以及呼吸器官也已开始工作。

第20周的胎儿，已经能够自如地移动手臂，把手指放在唇边，促进吮吸反射的形成。此时经腹壁可触到子宫内的胎体。胎头圆而硬，有浮球感；胎背宽而平坦；胎臀宽而软，形状略不规则；胎儿肢体小且有不规则活动

第27周时，体内器官逐步分化和成熟，生殖器官清晰可辨。这时胎儿的听觉神经系统已发育完全，胎儿如果出世，有的已经可以存活。

第32周，胎盘已形成，眼、肺、胃、肠功能接近成熟，可用膀胱排泄。

第36周，胎儿耳、肾脏等已发育完全，肝脏已能处理一些代谢物。

第40周，胎儿周围的羊水变浑浊，呈乳白色，胎盘功能退化。大多数的胎儿都将在这一周诞生，但提前两周或推迟两周都是正常的。

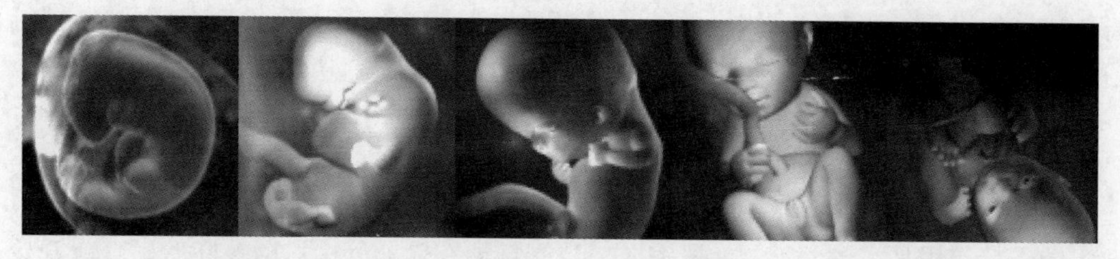

图11-7　不同时期的人类胚胎。从左到右：第2周、6周、10周、20周、37周。一般在第9周之前叫胚，之后叫胎。第37周之前出生的叫早产儿，之后出生的为正常产

11.5.1.3 分娩

分娩是指成熟的胎儿从母体子宫经阴道排出的过程。分娩时，子宫肌强烈收缩，并伴膈肌和腹肌的收缩，以增加腹压。在催产素和前列腺素的作用下，子宫颈开大，胎儿和胎盘娩

出。分娩分三个阶段：第一产程，从出现规律宫缩开始，至宫颈口完全扩张，胎儿准备出生为止；初产妇需要 11 ~ 12 小时，经产妇需 6 ~ 8 小时。第二产程，胎儿娩出的过程，初产妇需 1 ~ 2 小时的时间，经产妇时间较短。第三产程，胎盘娩出的过程，一般半小时内完成。

11.5.1.4　授乳

直接由乳腺供给婴儿乳汁的过程称为授乳。妊娠后，在雌激素和孕激素的作用下，乳腺导管反复分支，形成腺泡。妊娠末期，腺泡逐渐膨胀，发育完全。

11.5.2　试管婴儿

试管婴儿是指通过体外受精与胚移植的方式使妇女受孕而生出的婴儿。人类第一例试管婴儿于 1978 年 7 月 23 日诞生在英国，婴儿名叫路易斯 · 布朗。她的母亲由于输卵管堵塞不能生育。妇产科医生与剑桥大学的生物学教授合作，成功地从婴儿母亲卵巢滤泡中取出卵细胞，并采取了婴儿父亲的精液，使卵细胞和精子成功地在试管中完成受精。把受精卵放在盛有特制营养液的试管中，保持和体温一样的温度，使受精卵发育到胚泡时期，再移植到母亲的子宫内，完成发育过程，直至诞生一个健康的婴儿。因此，这个技术是治疗某些不孕症的好办法。中国第一个试管婴儿于 1985 年 4 月在台湾诞生；我国大陆的第一位试管婴儿于 1988 年 3 月在北京医科大学附属第三医院诞生。至今全世界已有上百万试管婴儿出生。可以说试管婴儿技术已相当成熟。

11.5.3　器官移植

移植是指将一个个体的细胞、组织或器官用手术或其他方法，导入自体或另一个个体的某一部分，以替代原已丧失功能的一门技术。根据导入移植物不同，分为细胞、组织和器官移植。一般说来器官移植的适应证主要是所需移植器官的功能衰竭，可导致器官功能衰竭的原因很多，如严重疾病、外伤、手术、感染、休克等。由于器官移植患者术前即存在器官功能不全，手术创伤大，而且器官移植后的常见并发症是排斥反应，这是器官移植患者需要终生警惕的问题。目前临床上常规应用免疫抑制药物进行预防。依据移植物种类不同，移植术后的免疫抑制方案也存在较大差异，其中肝脏移植术后排斥反应的发生率较低、程度也较轻，因而术后应用的免疫抑制药物剂量也最小。由于长期应用免疫抑制药物，器官移植受者容易罹患移植术后新发肿瘤、移植术后新发糖尿病、高脂血症、高尿酸血症、心脑血管疾病等并发症。临床上不同器官移植预后不尽相同，肝移植及肾移植的患者预后相对较好。肾移植在器官移植中疗效最显著，患者存活率超过 97%。肝移植目前术后 1 年生存率为 80% ~ 90%，5 年生存率达到 70% ~ 80%，最长存活时间可达 30 多年。

器官移植的发展历史可追溯到 20 世纪 70 年代，医学界科学家发现了组织相容性（即对异体生理组织起同样的作用）的类别之后，器官移植手术越来越多。到 1989 年，器官移植技术日趋成熟。英国的亚库布教授在近 10 年时间进行了 1 000 例心脏移植手术，5 年以上存活率约 80%。1989 年，美国进行了世界首例心、肝、肾同时手术。日本东京女子医科大学的太田和夫教授成功地进行了首例异血型肾移植手术，将一 B 血型母亲的肾脏移植到她的 O 血型儿子的身上。澳大利亚、英国、美国还进行了活供体肝脏移植手术，如把母亲的肝的一部分移植给其肝损伤的孩子。奥地利因斯布鲁克市的赖蒙德 · 玛格赖特尔大夫及其医疗组对一位 45 岁男性病人进行了一次移植 4 个器官的手术并获得成功。这次移植的器官为胃、肝、胰腺和小肠，手术历时 13 个小时。器官移植发展迅速的一个重要原因是较好地解决了抗排异问题。1989 年，美国发明了高效能抗排异药物环孢菌素（FK 506）。此药可制止人体排斥异体器官，为同时移植几个器官创造了条件。在解决移植器官不足的问题上，美、英学者还独辟蹊径，研究用少量肝细胞长成完整肝的方法，已取得很大成功。中国在胰岛移植、甲状腺移植、肾上腺移植、胸腺移植以及睾丸移植等达到国际先进水平。

本章提要

本章节概括性学习了组成人体的基本组织、器官及执行一类主要功能的器官集合的系统，重点介绍了机体抵抗外来病原侵入的防御系统，即免疫系统。在了解免疫系统的组成、工作原理、功能和免疫应答的过程基础上，还要关注到免疫的局限性及由此带来的对人类健康的副作用。目前有很多人类还未能克服的重大疾病都和免疫功能紊乱有关。此外，我们还从三大生理活动调节方式及动物的发育角度进一步深入地了解和认识了我们自身。

- 人体基本结构与生理
  - 组织和器官：上皮组织、结缔组织、肌肉组织和神经组织
  - 九大系统：运动系统、消化系统、呼吸系统、血液循环系统、排泄系统、内分泌系统、淋巴系统、神经系统和感觉器官、生殖系统
  - 防御系统
    - 免疫系统的组成：免疫器官、免疫细胞、免疫分子
    - 吞噬作用原理
    - 免疫系统的功能
    - 免疫应答过程
    - 神经和免疫
    - 提高免疫力的方法
    - 免疫的局限
  - 人体生理活动的调节：神经调节、体液调节、自身调节
  - 动物的发育：胚胎发育、试管婴儿、器官移植

资源链接

[1] 器官和系统：http://v. youku. com/v _ show/id _ XNzU1NDE4ODg4. html? &f = 27383625&from = y1. 2 - 3. 4. 2&spm = a2h0j. 8191423. item_XNzU1NDE4ODg4. A.

[2] 免疫系统：http://v. youku. com/v_show/id_XMTM2Mjg5NDIwNA = =. html.

[3] 人的胚胎发育：http://www. 99. com. cn/taierfayuguochengtu/100. html.

[4] http://www. iqiyi. com/w_19rt2n5ys5. html.

[5] http://www. iqiyi. com/w_19ruh94vd9. html.

[6] http://www. 5ykj. com/Health/gaoer/45666. html.

[7] http://www. iqiyi. com/v_19rrkq7j88. html? list = 19rrobtk3y.

（马　宏）

第 12 章

人类的常见疾病与预防

通过前面的学习，我们了解了作为生物机体的防御系统，尤其是高等生物的免疫系统是如何发挥作用的、它的基本构成以及它发挥作用的具体机制。然而，尽管我们有如此强大的防卫系统保护我们身体的健康，抵抗外来病原的入侵，但实际上作为高级生命的一种存在形式，还是会遇到很多影响健康的不利因素，进而诱导了各种各样的疾病。这一章节我们就来一起看一看对于人体的健康来讲，都有哪些常见的疾病，以及这些疾病将如何预防。本章节包括心脑血管疾病、癌症、常见的传染病，以及由病毒引起的大家熟知的艾滋病和流感这几个主要有代表性的严重危害人类健康的疾病。

12.1　心脑血管疾病

心脑血管疾病实际上是心血管和脑血管疾病的简称，指的是心血管或者脑血管相关的一些疾病。据世界卫生组织统计，每年有 1 700 万人死于心血管病，居全球死因之首，每三个人死亡，就有一人死于心血管病。到 2030 年，死于心血管疾病的人数将达到每年 2 300 万。

12.1.1　心脑血管疾病的成因

我们知道，无论是对于脑还是对于心脏，血液供应都是相当关键的。由于血管硬化、血管内壁的一些纤维化，还有血栓的形成，导致了生命活动两大中枢的血液供应受阻，进而影响其正常机能的发挥，严重威胁生命健康。心脑血管的发病原因有两大类：一类是血管硬化，另一类是血栓的形成。血栓栓塞性疾病是当前危害人类健康、导致病死率最高的原因之一，如心肌梗死、脑血栓形成、深静脉血栓形成、脑栓塞等。此外，血栓形成是许多疾病发病机制中涉及的一种重要病理过程。据有关资料，在 40 岁以上人群中，心肌梗死发生率每年为 39. 7/10 万 ~64. 0/10 万，脑卒中发生率为每年 109. 7/10 万。在 1 182 例脑卒中经 CT 证实为脑梗死者占 73. 5%，表明血栓栓塞症在中国有很高的发生率。

12.1.1.1　血管硬化的因素

血管是非常富有弹性的，为了使血液流动顺畅，所以内壁很柔软。但是在高血压、糖尿病、高脂血症等病理条件下，或者肥胖、吸烟、大量饮酒、内分泌紊乱、压力大、精神刺激、不良饮食与生活习惯、运动量不足以及年龄增大情况下，血管均会增厚与变硬，内壁出现胆固醇、血小板附着所造成的隆起。于是，血管内腔变窄，使得血液循环不顺畅，继续恶化下去就会完全堵塞。

12.1.1.2 血栓形成的因素

血栓是血液里的某些成分发生聚集，形成团块，影响了血液流动。它由不溶性纤维蛋白、沉积的血小板、积聚的白细胞和陷入的红细胞组成。其成因主要是血液成分改变、血管内皮受阻和血流流动改变。这三个基本因素受到许多先天和后天因素的影响，例如正常血管内壁有内皮细胞，内皮细胞有抗血栓形成的功能。血液有凝血和抗凝血系统、纤维蛋白溶解系统和抗纤维蛋白溶解系统，因此血液可保持溶胶状态。当心或血管内膜受到损伤时，内皮细胞发生变性、坏死脱落，内皮下的胶原纤维裸露，从而内源性凝血系统被激活。此外，损伤的内膜还可以释放组织凝血因子，激活外源性凝血系统。受损伤的内膜变粗糙，血小板易于聚集，黏附于裸露的胶原纤维上。在正常情况下，这三种因素保持正常，因此不易发生血栓，但是在一些因素，如高脂血的长期影响下和血流切应力对血管壁作用下，可发生动脉粥样硬化。动脉粥样硬化斑块破溃则血管内壁表面的内皮细胞受损，血小板会在破溃处黏附、聚集使管腔狭窄，并且使凝血系统激活而形成血栓。所以动脉粥样硬化是动脉血栓形成的主要因素，而动脉粥样硬化斑块破溃使血小板黏附、聚集，造成血栓形成，这也是为什么抗血小板药物，如阿司匹林、氯吡格雷（波立维）有助于预防动脉血栓形成。再比如在严重创伤、产后及大手术后，虽然大多数没有血管内皮细胞的改变，但血液凝固性增高，血液黏度增加，血小板和凝血因子增多亦易引发血栓。

其实，血栓形成和血管硬化常常是相随而生的。血栓主要是脂质成分沉积在血管壁上，长期沉积就会使血管内壁变厚，尤其是动脉血栓，血管收缩就会受到影响，那么进一步沉积或者硬化，血流受到影响最终可能致使阻塞血管。因此可以看出，血栓的沉积是个慢性积累的过程，它从儿童期或者说青年期就已经开始了。到了中年以后才会在不同的人身上表现出不同的危害健康的病理特征。例如研究显示，动脉硬化实际上在35～55岁之间男性的发病率要明显高于女性，说明脂质积累的过程在男性健康威胁中表现得更为明显。到了70岁以后，男女动脉硬化发病率就基本持平了。

依据血管硬化或者血栓形成出现在脑区还是跟心脏相关的血管，分为脑血管疾病和心血管疾病。其中脑血管疾病主要是血管硬化、血栓形成造成脑供血不足或者是脑相关的重要血管形成血栓，影响血流的速度，进而影响相关细胞的正常功能和活性，严重的引发细胞坏死，造成肢体瘫痪或者死亡。心血管疾病也是一样的，它主要影响冠状动脉、主动脉这样的心脏供血重要血管，形成血栓或冠状动脉硬化，临床表现为冠状动脉粥样硬化、心绞痛或者心肌梗死。究其原因也是血流不畅，阻塞了血管周围一些重要的心肌细胞的营养物质供应，细胞代谢力下降，长期得不到充足的营养，这些细胞就会走向死亡，引起心绞痛或是心肌梗死。

12.1.2 心脑血管疾病的预防

了解了常见的心血管疾病发病的原因，那么如何预防呢？现在很多的研究认为高血压、高脂血、吸烟、酗酒、肥胖、糖尿病以及不合理的膳食结构等都是导致心脑血管疾病的主要因素。因为它们易引起动脉硬化和血栓的形成，所以尽量避开这些因素是防治的关键。最新的研究揭示了一个以往生活中的认识误区，那就是胆固醇的日常摄入。我们在前面介绍脂类时讲过胆固醇，它对蛋白的合成，包括一些激素的合成都是十分必要的。科学家们最新研究证明，人体内每天要摄入的胆固醇的量要达到950mg，胆固醇主要存在于动物性食物之中，但是不同的动物以及动物的不同部位，胆固醇的含量很不一致。一般而言，蛋黄、鱼子、动物内脏的胆固醇含量最高。但我们所吃的肉中，胆固醇含量也不少，其中兽肉的胆固醇含量高于禽肉，肥肉高于瘦肉。胆固醇可由身体合成，不是必需的营养素。在过去很长一段时间里针对这类高脂食物的摄入营养学界普遍认为胆固醇属于被限制摄入行列，2010 年美国公布的膳食指南中，建议胆固醇日摄入量应在 300mg 以内。然而最新研究发现，每天机体实际需要 950mg 的胆固醇以供给我们机体细胞的生长需要，当摄入量不足时，肝脏作为合成胆固醇的最主要的器官，就要加速或者加快合成更多的胆固醇来补充机体的需要。如果长期处在这样一种状况下，我们的肝脏就处在一个总是负荷运转的状态，因此胆固醇摄入量不足对机体是有害的。所以适量摄入胆固醇含量比较高的食物，如海鲜类，对保证我们的心脏和大脑的正常生理活动是十分必需的。

美国明尼苏达大学的生理学家 Ancel Keys 在 1958—1968 年组织了一项多国研究，观察了 10 万名中年男性，证实心血管疾病的死亡率随着血胆固醇水平的增高而增高。研究表明，总胆固醇水平增加 1%，冠心病危险性增加 2% ~3%。参见图 12 -1。

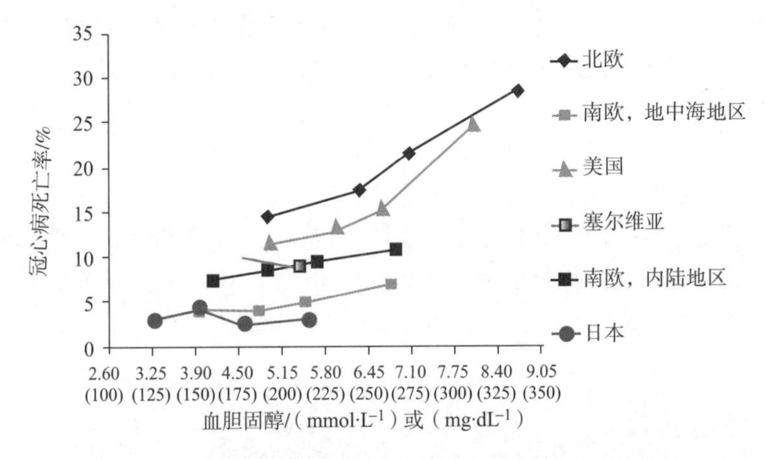

图 12 -1 血胆固醇水平与人群冠心病死亡率关系示意图

而真正打消疑虑的是他汀类药物的临床应用。他汀类药物通过抑制肝脏胆固醇的生物合成降低血胆固醇水平，可显著降低冠心病死亡率。降低低密度脂蛋白胆固醇 25%，并维持 5 年，就可降低心血管病死亡达 30% ~40%。如今，大量的证据显示，血液中胆固醇升高是动脉粥样硬化的最主要病因。动脉粥样硬化疾病是可以预防的。我国的情况也说明了胆固醇的危害。北京在 1984—1999 年，因冠心病而死亡的男性增加了 50%，女性增加了 27%，而其间胆固醇增幅达 24%。这里我们要明确，饮食中胆固醇和血液中的胆固醇不同，研究证据一致表明，血液中的胆固醇与心血管疾病的关系是确凿的，但饮食胆固醇和心脏病之间没有明确相关性。一个有效避免血液中胆固醇的方法是减少食物中的脂肪，特别是饱和脂肪的摄入。美国最新的膳食指南里并没有否认血中胆固醇和心血管病的关系。相反关于脂肪的摄入，美国膳食指南咨询委员会和美国心脏协会/美国心脏病学院（AHA/ACC）一致认为，减少饱和脂肪的摄入可以降低人群中的心血管病风险。如果将饮食中饱和脂肪的摄入量从供热量的 14% 降至 5% ~6%，可显著降低低密度脂蛋白胆固醇水平。因此多吃水果、蔬菜、粗粮、低脂或脱脂奶制品、海产品、豆类和坚果，少吃红肉、加工肉类、糖和细粮，保持合理饮食和良好生活习惯，节制不良的嗜好，还要适度地体育锻炼、控制体重是预防心脑血管疾病的关键。这里的控制体重不是一般意义上的减肥，它是指在适当的范围内不要过轻，也不要过重，这是一种很好的预防心脑血管疾病的方法。如果已经出现了高血压、高脂血、动脉硬化等情况，可以进行一些药物的干预，改善血栓的形成和硬化情况。

12.2 肿瘤与癌症

《英国癌症杂志》曾发表的一项研究显示英国每两人中将会有一人在人生某一阶段患癌症，这听起来似乎很恐怖。世界癌症报告估计，2012 年中国癌症发病人数为 306.5 万，约占全球发病人数的五分之一；癌症死亡人数为 220.5 万，约占全球癌症死亡人数的四分之一。癌症正越来越多地侵入人们的日常生活。癌症也被称作“恶性肿瘤”，在英文中叫 cancer。其实导致我们机体产生癌症有各种各样的因素，比如基因、污染、饮食、不良习惯等物理、化学或者是遗传的因素。这些致癌因素在长期的作用下会引起细胞分化异常，细胞增殖受到破坏，细胞生长周期紊乱，最终导致恶性生长和增殖，形成我们常说的“瘤”。实际上成为恶性肿瘤还有一个非常显著的特点，即它可以扩散或具备转移能力。恶性肿瘤不论大小，如果已经发生转移，就有可能出现在血液系统，也可能在淋巴系统，亦或已经到了身体其他器官。很多癌症（如乳腺癌）转移一般先到达淋巴结，然后随淋巴系统循环到达其他系统，所以临床上对肿瘤病人常进行淋巴结穿刺检查，如果淋巴结未见肿瘤细胞，说明病人风险较小，通过一般化疗或放疗即可控制病情。

大家谈癌色变，主要原因是其死亡率高，严重威胁到人类的健康。其实从它发病的简单过程来看，癌症就是我们机体控制细胞生长和分化的严格的调控机制失常，不发挥作用或者作用减弱而引起的一类疾病。可以把诱发人类患癌的因素概括为三大类，即物理因素、化学因素和生物因素。

12.2.1 致癌因素

12.2.1.1 生物因素

首先，同样的生活条件下为什么有的人癌症发病率比较高？其实这和日常的生活习惯息息相关。据流行病学调查，吸烟是 22% 的癌症导致死亡的原因，肥胖与 10% 的癌症死亡密切相关。此外还有过度饮酒，酒精摄入后在体内它通过化学反应可以生成醛类物质，醛类对机体细胞是十分有害的。因此，不良的生活习惯如吸烟、肥胖、饮酒，尤其是过量饮酒都可引起细胞分裂或者分化的异常。

其次，致癌的原因还有慢性感染和组织损伤。慢性炎性刺激如慢性皮肤溃疡、结石引起的慢性胆囊炎、慢性子宫颈炎和子宫内膜增生等病变有时可发生癌变。骨肉瘤、睾丸肿瘤、脑瘤等患者常有外伤史。很多研究已经证实持续的炎症可以使病变从感染或者自身免疫性的炎症进展为肿瘤。例如肝炎、胃炎等，临床表现为炎症，伴随着人体系统炎症因子的增加，细胞反应蛋白水平的升高，也是导致癌症发病的重要环节之一。同时，炎症的发生与保持，可能更容易由感染性的媒介所导致，感染了乳头瘤病毒的患者更容易患肛门及生殖器肿瘤，特别是宫颈癌。胃幽门螺杆菌的感染有增加胃癌风险的趋势。慢性乙肝及丙肝，或者肝吸虫病可增加肝癌风险。自身免疫性疾病，例如自身免疫性肠病，与结肠癌的发病密切相关。空气中的刺激性物质，如石棉、PM2.5 等，有可能增加胸膜间皮瘤或者肺癌的风险。这些是典型的炎症导致癌症发病的例子。某一个组织器官的细胞因病毒感染，长期受炎性环境刺激，引起细胞的损伤或代谢紊乱，导致癌症。近期的结果进一步说明了炎症导致的癌症可能不仅仅由个体的年龄和性别影响，也受到地区/地理因素或者国家经济发展水平的影响。性别因素表现为生殖系统、乳腺、甲状腺、胆囊的癌瘤多见于女性；食管癌、肺癌、胃癌、肝癌、鼻咽癌则多见于男性。年龄因素表现为多数癌多见于 40 岁以上的人，肉瘤多见于青年。而视网膜母细胞瘤、肾母细胞瘤、神经母细胞瘤则多见于幼儿。除此之外，4 种主要感染媒介的预防措施，如 HPV、HBV、HCV 以及幽门螺杆菌，在经济发展不同、地域不同的区域是不一样的。HPV 对肿瘤负荷的影响相对来说在发达国家和发展中国家是相似的，然而，幽门螺杆菌明显在发达国家更多，而乙肝、丙肝明显在发展中国家更多。2012 年，世界范围内大约有 1 410 万新增癌症致死病例；在肿瘤死亡当中，大约 65%（530 万）的人属于非发达国家。由于感染因素占肿瘤发病因素的 20% 左右，可以预测大概每年有 280 万人因炎症患肿瘤，并且 170 万人死于炎症导致的肿瘤。

最后，遗传因素是一个导致癌症的生物原因。从遗传学角度说，人体内一切生命过程都与遗传有关，肿瘤也是如此，但肿瘤的遗传表现与一般遗传病不同。肿瘤的细胞不仅形态和结构异常，能自主性增殖，而且肿瘤的发生也是在基因结构或表达异常的基础上，经过复杂的演变而成的，因此肿瘤也是细胞或分子遗传病。流行病学调查显示，肿瘤存在家族聚集现象。

（1）癌家族：指一个家系在几代中有多个成员发生同一器官或不同器官的恶性肿瘤。

图 12－2 是一个癌家族综合征前三代的系谱图，经过跟踪调查发现，在 842 名后裔中有 95 名癌患者，其中患结肠癌（48 人）和子宫内膜癌（18 人）者占多数。这 95 人中有 13 人为多发性癌，有 19 人癌发生于 40 岁之前，有 72 人的双亲之一患癌，男女患者比为 47∶48。

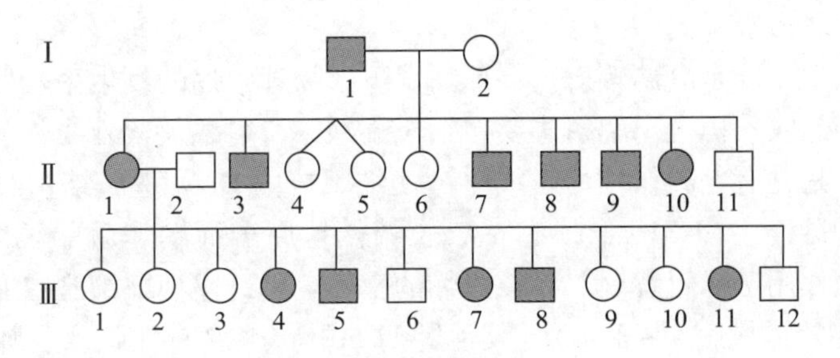

图 12－2　癌家族系谱

（2）家族性癌：在一个家族内多个成员患同一类型的肿瘤称家族性癌。

12%～25% 的结肠癌患者都有结肠癌家族史。许多常见肿瘤（如乳腺癌、肠癌、胃癌等）通常是散发的，但一部分患者有明显的家族史。此外，患者的一级亲属发病率通常高于一般人群 3～4 倍。这表明一些肿瘤有家族聚集现象（图 12－3），或家族成员对这些肿瘤的易感性很高。

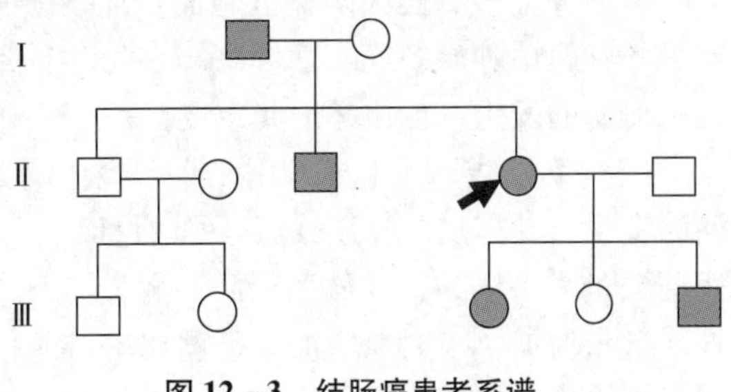

图 12－3　结肠癌患者系谱

一些常见的恶性肿瘤是遗传因素和环境因素共同作用的结果。例如乳腺癌、胃癌、肺癌、前列腺癌、子宫颈癌等，患者一级亲属的患病率都显著高于群体患病率。所谓肿瘤遗传易感性，即指在相同生活条件下的人群中，有的个体有更易发生癌症的倾向。遗传因素多以肿瘤综合征形式出现，并呈家族集聚性。

12.2.1.2　化学因素

致癌的化学因素主要指我们的机体长期接触的一些致癌的化学物质，例如多环的芳香烃、亚硝酸盐类化合物等。日常生活中腌制食品、熏烤食品都会产生大量的亚硝酸盐，此类物质亦能使我们的细胞产生癌变。此外，一些由真菌分泌的毒素都属于致癌的化学物质。主要的化学致癌物见表12－1。

表12－1　主要的化学致癌物

化学致癌物	易感人群	诱发的主要肿瘤
烷化剂	接受化学治疗的恶性肿瘤病人	白血病
多环芳烃	吸烟者、食用熏制鱼肉者	肺癌、胃癌
亚硝胺	亚硝酸盐污染食物的食用者	食管癌、胃癌
氯乙烯	塑料厂工人	肝血管肉瘤
黄曲霉毒素	污染食物的食用者	肝细胞性肝癌
苯	橡胶工人、染料工人	白血病
砷	矿工、农药工人和喷撒者	皮肤癌、肺癌、肝癌
镉	接触者	前列腺癌、肾癌

12.2.1.3　物理因素

物理性致癌因素主要是电离辐射。一般情况下，物理致癌的发生率较低，其原因相对明确，防护措施也容易收效。电离辐射主要包括γ射线、X射线及紫外线。

（1）γ射线，是具有电离作用的射线，可使细胞核内DNA基因结构改变而引起细胞突变，从而诱发多种肿瘤。1945年日本广岛、长崎两地原子弹爆炸后的长期观察资料显示，辐射对人类的致癌作用已毋庸置疑。在核爆炸的幸存者中，慢性粒细胞白血病的发生率明显增高（发病高峰在核爆炸后4～8年），其他肿瘤如甲状腺癌、乳腺癌、肺癌、胃癌等的发生率也较高。另外，在铀矿工人中的肺癌发病率比一般人群高出约10倍。

（2）X射线，若无防护措施而长期接触X射线及镭、铀、氡、钴、锶等放射性同位素，罹患各种恶性肿瘤的危险性较高。在出生前或出生后反复接受过X射线照射的儿童中，急性白血病的发生率也比一般儿童要高。

（3）紫外线，无电离作用。太阳光中的紫外线因受其穿透力所限，一般只诱发皮肤癌。癌的发生与外露皮肤长期暴露于强烈日光下有关，在患着色性干皮病（一种罕见的遗传性疾病）的人群中，其发病率很高。随着地球的温室效应，臭氧层受到破坏，日光里面的紫外线含量增加，极大地增加了患癌比率。流行病学调查，西方人非常喜欢日光浴，但也导致罹患皮肤癌的概率也远远地高于东方亚裔。

此外，我们这里面说的电离辐射不包括日常的低能的电磁波。比如说一些微波、可见光、红外线和无线电波。因此，说手机、微波炉致癌性没有根据。

综上可见，肿瘤的发生是多因素、多阶段和多基因过程，是记载了遗传缺失基础上的体内外环境因素和遗传物质相互作用的产物。在日常生活中要注意尽量避免去接触这些因素，积极预防肿瘤的发生。

12.2.2　肿瘤的治疗

对于癌症，临床上是有着比较传统和有效的治疗手段的，如外科手术切除、化学治疗和放射治疗。化学治疗实质是运用化疗药物抑制肿瘤细胞的过度增殖，放射疗法的实质是利用一些射线以及一些高速发射的电子、中子或质子，通过定位直接照射到恶性肿瘤上，使得癌细胞的 DNA 分子受到破坏从而不能继续存活。除了这三种传统的癌症治疗手段之外，癌症的治疗还包括使用冷冻疗法（利用低温）和热疗（利用高温）来杀死癌细胞。

免疫功能降低是发生肿瘤最关键的内因，肿瘤细胞是正常机体细胞在各种致癌因素作用下发生恶变产生的，任何引起机体生存环境恶化的因素都可以作为外因诱发体内产生肿瘤细胞。随着工业的高度发展，人类生存环境日趋恶化，实际上任何人都无法摆脱致癌外因条件的作用，机体随时都有肿瘤细胞产生，正常机体每天都有 3 000 ~ 6 000 个肿瘤细胞产生。人体免疫功能对肿瘤细胞能够及时识别和消灭。正常的免疫功能能够消灭机体内 10^6 以下肿瘤细胞。因此只要机体保持正常免疫功能状态，即使每天有 3 000 ~ 6 000 个肿瘤细胞产生也不会发展成癌。大部分肿瘤细胞被机体免疫系统及时发现而清除，少部分变成 G_0 期肿瘤细胞，它能够逃避免疫功能监视和攻击而长期在健康人体内存在，在一定条件下可活化进入分裂期。只有在人体免疫功能下降的条件下，G_0 期肿瘤细胞才有可能发展成肿瘤或癌。由一个癌细胞发展成原位癌一般需要 2 ~ 10 年时间。这时间长短差异主要取决于病人机体免疫功能的好坏。肿瘤和机体免疫功能关系十分复杂，总结起来说免疫功能降低可导致机体肿瘤形成，而肿瘤进一步发展又反过来抑制机体的免疫功能。免疫功能降低，肿瘤发展引起病人体内内环境平衡失调，进而引起一系列并发症，最后因多器官功能衰竭死亡。临床上大多数肿瘤病人死亡的原因不是肿瘤本身引起的，而是因内环境紊乱，诱发一系列并发症而死亡。因此，病人机体免疫功能状况好坏直接影响治疗效果，手术、放疗、化疗三种治疗方法可以清除肿瘤病灶，消灭一定数量转移瘤细胞和病灶残余癌细胞，对改变体内肿瘤发展势力，改善免疫功能的恶性循环状况有一定积极作用，但是这三种治疗方法不可能消灭全部分裂期癌细胞及大部分 G_0 期癌细胞，剩余的细胞就要靠机体正常免疫功能去消灭。肿瘤痊愈的实质是自愈能力的恢复——如果病人经过手术、放疗、化疗后免疫力能够尽快恢复正常，具有比较好的癌细胞杀伤力（ATK），有一定的自愈能力，病人就会取得比较好的治疗效果。日本文献报导，如果病人综合治疗后 ATK 指数 >800，则 90% 的病人都可治愈。而实际情况是肿瘤病人免疫功能比较差，同时手术、放疗和化疗对病人免疫功能都产生一定的破坏作用，尤其化疗破坏作用更严重。因此近几年产生一类新型的肿瘤治疗方式，即免疫疗法。免疫疗法实际上就是利用机体免疫应答的能力去对抗肿瘤细胞，与免疫系统的作用有关系。其实质是利用正常细胞的表面没有的而只在癌细胞表面表达的肿瘤抗原，针对这类肿瘤特异性的抗原设计一些疫苗，然后通过免疫接种使机体获得预防或对抗肿瘤的能力。免疫疗法是前景比较看好的一类癌症治疗的新策略。

12.3 常见传染病

了解完前两大类威胁人类健康的疾病，我们再来看一看另一大类常见病——传染病。实际上从其命名我们就可以了解其定义，传染病主要危害是在人群中可以传播，易造成广泛发病，引发社会恐慌，因此将其列为威胁人类健康的最主要的一类疾病类型。传染病有许多传播途径，比如说可以空气传播，如流行性感冒、流行性腮腺炎、风疹等；水源传播，如霍乱；食物传播，如甲肝，最早发现甲肝的时候是因为食用了毛蚶；还有接触传播，如埃博拉出血热，可通过日常的接触达到传播。此外还有虫媒传播，所谓的虫媒就是以昆虫类作为传播的媒介，如疟疾，它主要是由蚊子来传播；血液传播，如艾滋病，它主要是由血液制品这样的传播途径；医源性传播，是指在医院的环境条件内，患者与患者之间，患者和健康人之间进行的交叉性感染。究竟什么样的病原可以引起人类的传染病呢？归结在一起可以有十几种病原类型，这里重点了解一下细菌、真菌和病毒。

12.3.1 细菌性传染病

在正常人的体表以及与外界相通的腔道，如口腔、鼻咽部、肠道、生殖道等存在各种各样的微生物，它们在人体免疫功能正常条件下，对人体有益无害，称为正常菌群。但一些致病菌在代谢过程中能够分泌毒素，引起细胞功能障碍，如霍乱（霍乱杆菌）、伤寒（伤寒杆菌）、细菌性痢疾（痢疾杆菌）、感染性腹泻（细菌、病毒、真菌均可诱发，其中病原十分明确的有霍乱、细菌性痢疾、伤寒和副伤寒等）、流脑（脑膜炎双球菌）和猩红热（溶血性链球菌），等等。

12.3.2 真菌性传染病

真菌也是一类主要的引起传染病的病原，它主要表现为诱发头癣、股癣、脚癣等。脚癣就是我们日常提到的“香港脚”或者是“脚气”，是致病性很强的真菌感染之后形成的一种烈性传染病，易复发，不易彻底治愈。

12.3.3 病毒性传染病

尽管现代的医疗手段可以有效地控制病毒性传染类疾病的发生或发展，但是人类还是经常会面临着一些致病病毒的变种，而新的病毒出现严重危害人类的健康，如流感、肝炎、艾滋病、狂犬病、天花、水痘、湿疹、黄热病、脊髓灰质炎都是由于病毒引起的传染病。

12.3.3.1 水痘

水痘（varicella，chickenpox）是由水痘－带状疱疹病毒初次感染引起的急性传染病。主要发生在婴幼儿和学龄前儿童，成人发病症状比儿童更严重。以发热及皮肤和黏膜成批出现周身性红色斑丘疹、疱疹、痂疹为特征，皮疹呈向心性分布，主要发生在胸、腹、背，四肢很少。冬春两季多发，其传染力强，水痘患者是唯一的传染源，自发病前1～2天直至皮疹干燥结痂期均有传染性，接触或飞沫吸入均可传染，易感儿发病率可达95%以上。该病一般不留瘢痕，如合并细菌感染会留瘢痕，病后可获得终身免疫，有时病毒以静止状态存留于神经节中，多年后感染复发可出现带状疱疹。水痘减毒活疫苗是第一种在许多国家被批准临床应用的人类疱疹病毒疫苗，接种后的随访观察发现水痘疫苗对接种者具有较好的保护作用。

12.3.3.2　麻疹

麻疹（measles）是儿童最常见的急性呼吸道传染病之一，其传染性很强，在人口密集而未普种疫苗的地区易发生流行，2～3 年一次大流行。麻疹病毒属副黏液病毒，通过呼吸道分泌物飞沫传播。临床上以发热、上呼吸道炎症、眼结膜炎及皮肤出现红色斑丘疹和颊黏膜上有麻疹黏膜斑，疹退后遗留色素沉着伴糠麸样脱屑为特征。常并发呼吸道疾病如中耳炎、喉－气管炎、肺炎等，麻疹脑炎、亚急性硬化性全脑炎等是严重并发症。目前尚无特效药物治疗。我国自 1965 年开始普种麻疹减毒活疫苗后，发病人数显著下降。

12.3.3.3　唇疱疹

唇疱疹（herpes labialis）是由单纯疱疹病毒所引起的一种急性疱疹性皮肤病。人类单纯疱疹病毒分为两型，即单纯疱疹病毒 I 型（HSV－I）和单纯疱疹病毒 II 型（HSV－II）。I 型主要引起生殖器以外的皮肤黏膜（口腔黏膜）和器官（脑）的感染。II 型主要引起生殖器部位皮肤黏膜感染。病毒经呼吸道、口腔、生殖器黏膜以及破损皮肤进入体内，潜居于人体正常黏膜、血液、唾液及感觉神经节细胞内。当机体抵抗力下降时，如发热、胃肠功能紊乱、月经、疲劳等时，体内潜伏的 HSV 被激活而发病。人是单纯疱疹病毒唯一的自然宿主，此病毒存在于病人、恢复者或者是健康带菌者的水疱疱液、唾液及粪便中，传播方式主要是直接接触传染，亦可通过被唾液污染的餐具而间接传染。

12.3.3.4　出血热

出血热即流行性出血热，又称肾综合征出血热，是很多种病毒都可以导致的危害人类健康的重要传染病，如流行性出血热病毒（汉坦病毒）、EB 病毒均可诱发。其主要传染源为鼠类，临床表现为发热，器官出血、充血，低血压休克及肾脏受损，病死率高达 20%～90%。体内病毒量高，肝肾等主要脏器功能损害严重者预后差，可见其危害还是相当大的。

12.3.3.5　天花

天花（small pox）是由天花病毒感染人引起的一种烈性传染病，痊愈后可获终生免疫。天花是最古老也是死亡率最高的传染病之一，传染性强，病情重，没有患过天花或没有接种过天花疫苗的人，均能被感染，主要表现为严重的病毒血症，染病后死亡率高。最基本、有效而又最简便的预防方法是接种牛痘。天花病毒是痘病毒的一种，人被感染后无特效药可治，患者在痊愈后脸上会留有麻子，“天花”由此得名。天花病毒繁殖速度快，而且是通过空气传播，传播速度惊人。带病毒者在感染后 1 周内最具传染性，因其唾液中含有最大量的天花病毒。但是直到病人结疤剥离后，天花还是可能通过病人传染给他人。被史学家称为“人类史上最大的种族屠杀”事件不是靠枪炮实现的，而是天花。在人类历史上，天花和黑死病、霍乱等瘟疫都留下了惊人的死亡数字。最早有记录的天花发作是在古埃及。公元前 1156 年去世的埃及法老拉美西斯五世的木乃伊上就有被疑为是天花皮疹的迹象。从 15 世纪末开始后的 300 年间，天花多次在欧洲爆发，后世学者估计，共有多达 2 亿人死于这种瘟疫。18 世纪 70 年代，英国医生爱德华·詹纳发现了牛痘，人类终于能够抵御天花病毒，但天花病患者的死亡率仍高达三分之一。后来，发达国家逐步控制了这种疾病，只在非洲农村仍有流行。从 1967 年开始，全球进行了最后一次大规模消灭天花的活动。现在，天花病的病毒只保留在两个实验室中，即美国亚特兰大的疾病控制和预防中心（CDC），以及俄罗斯新西伯利亚的国家病毒学与生物技术研究中心（VECTOR），以供研究之用。最后一名患天花的自然患者在1977年10月26日于非洲索马里出现，后来一名英国医学摄影师珍妮特.帕克（Janet Parker）在1978年从实验室内染上天花，是全球最后一名患者（实验室的负责人亨利·贝德森（Henry Bedson）教授后来因此事自杀）。1979年10月26日，联合国世界卫生组织在肯尼亚首都内罗毕宣布，全世界已经消灭了天花病，并且为此举行了庆祝仪式。这样，天花成为最早被彻底消灭的人类传染病。

此外，还有很多的传染性的疾病都是由于病毒引起的，如由登革病毒感染引起的登革热，经伊蚊传播，是东南亚地区儿童死亡的主要原因之一；由EBV病毒感染引起的淋巴瘤；还有像孕妇感染CMV后，通过胎盘将此病毒传播给胎儿，部分患儿在出生后有明显症状，表现为肝脾肿大、持续性黄疸、皮肤瘀点、小头畸形、脉络膜视网膜炎、智力低下和运动障碍等。有的先天性CMV感染的患儿无症状，体格发育正常，仍可有先天畸形及听力损害。

12.3.4 其他常见传染病

细菌引起的传染病我们称其为感染，在2002年之前通过免疫学的发展，医学水平的不断提高，此类疾病得到了非常好的控制，它已经不是严重威胁人类健康的疾病。除了细菌和病毒以外，其他微生物也可以诱发传染病，例如支原体、衣原体。我们所熟知的沙眼就是由沙眼衣原体感染所致，在卫生条件差的流行区，常有重复感染。原发感染使结膜组织对沙眼衣原体致敏，再遇沙眼衣原体时，可引起迟发超敏反应。这可能是沙眼急性发作的原因，是重复感染的表现。随着生活水平的提高，沙眼的发病率已大大降低。有关沙眼病原的研究历史已久，1907年科学家在沙眼结膜上皮细胞内发现包涵体。此后，相继有不少研究。但是，沙眼的病原体直到1955年才由中国汤飞凡、张晓楼等用鸡胚培养的方法首次分离出来。沙眼衣原体易侵犯柱状上皮细胞如尿道、子宫颈内膜、子宫内膜、输卵管皱襞上皮、眼、鼻咽及直肠黏膜并引起病变，不侵犯阴道扁平上皮，故感染后仅寄生于阴道但不引起阴道炎。支原体、衣原体可通过性接触，还可通过手、眼、毛巾、衣物、浴器、便具和游泳池等传播。因此，预防感染的关键是洁身自爱，做好个人卫生保健。

寄生虫也是可成为诱发传染病的一种病原体，通常将寄生虫引起的传染病称为寄生虫病。目前，由寄生虫引起的多种传染病仍严重威胁人类的健康。据世界卫生组织（WHO）报道，近年全球平均每年有1700多万人死于传染病。WHO/TDR要求重点防治的10类热带病中，有七类都是寄生虫病，它们包括疟疾、血吸虫病、利什曼病、淋巴丝虫病、盘尾丝虫病、非洲锥虫病、美洲锥虫病。我国有四种：疟疾、日本血吸虫病、黑热病和淋巴丝虫病。人类离不开动物性食品，但很多肉类、水产品等食物携带有寄生虫病原体。由于不良饮食习惯，造成病原体进入人体，引起食源性寄生虫病。卫生部一项调查显示，近年来，食源性寄生虫病已成为新“富贵病”，我国城镇居民特别是沿海经济发达地区的感染人数呈上升势头。

12.4 艾 滋 病

艾滋病的全称是获得性免疫缺陷综合征，简称为AIDS，最早是于20世纪80年代初期在美国被识别的，至今在世界范围内艾滋病导致了近 1 200 万人的死亡，超过 3 000 万人受到感染。艾滋病是由人类免疫缺陷病毒（Human Immunodeficiency Virus，HIV，现在习惯性称其为艾滋病毒）进入人体后攻击 T 淋巴细胞导致的。通过前面的学习我们知道，T 淋巴细胞是机体免疫系统中最重要的发挥免疫应答功能的一类淋巴细胞，因此这类病毒将 T 细胞作为主要感染对象，很显然最终它会破坏人体的免疫防御能力，人就会失去抵抗外来病原感染的能力，出现一系列严重的机会感染，常见的有细菌（鸟胞内分枝杆菌复合体，MAI）、原虫（卡氏肺囊虫、弓形体）、真菌（白色念珠菌、新型隐球菌）、病毒（巨细胞病毒、单纯疱疹病毒、乙型肝炎病毒），最后导致无法控制而死亡，另一些病例可发生 Kaposis 肉瘤或恶性淋巴瘤。此外，感染单核巨噬细胞中 HIV 呈低度增殖，不引起病变，但损害其免疫功能，可将病毒传播全身，引起间质肺炎和亚急性脑炎。由于 HIV 的变异极其迅速，难以生产特异性疫苗，至今无有效治疗方法，对人类健康造成极大威胁。

HIV 是一种感染人类免疫系统细胞的慢病毒（lentivirus），属逆转录病毒的一种。1981 年，在美国首次被发现。2015 年 3 月 4 日，多国科学家研究发现，HIV 已知的 4 种病株，均来自喀麦隆的黑猩猩及大猩猩，是人类首次完全确定艾滋病毒毒株的所有源。从形态结构上来看，HIV 直径约 120nm，大致呈球形。病毒外膜是类脂包膜，来自宿主细胞，并嵌有病毒的蛋白 gp120 与 gp41；gp41 是跨膜蛋白，gp120 位于表面，并与 gp41 通过非共价作用结合。向内是由蛋白 p17 形成的球形基质（matrix），以及蛋白 p24 形成的半锥形衣壳（capsid），衣壳在电镜下呈高电子密度。衣壳内含有病毒的 RNA 基因组、酶（逆转录酶、整合酶、蛋白酶）以及其他来自宿主细胞的成分（如 tRNAlys3，作为逆转录的引物）。

从 HIV 感染者的血液、精液、阴道分泌液、乳汁等可分离出 HIV，因此它的传播途径主要是性传播，尤其是在男性的同性恋之间进行传播；另外还有血液传播和母婴传播。感染了 HIV 的妇女在妊娠及分娩过程中，可通过胎盘的血液供应传递给婴儿；感染的产妇还可通过母乳喂养将病毒传给吃奶的孩子。

我们来看看艾滋病的致病机制。HIV 进入机体后选择性地侵犯带有 CD4 分子的细胞，主要有 T4 淋巴细胞、单核巨噬细胞、树突状细胞等。这些细胞表面 CD4 分子是 HIV 受体，通过 HIV 囊膜蛋白 gp120 与细胞膜上 CD4 结合后，gp120 构像改变使 gp41 暴露，同时 gp120 - CD4 与靶细胞表面的趋化因子 CXCR4 或 CXCR5 结合形成 CD4 - gp120 - CXCR4/CXCR5 三分子复合物。gp41 在其中起着桥的作用，利用自身的疏水作用介导病毒囊膜与细胞膜融合，最终造成细胞被破坏。HIV 感染后可刺激机体生产囊膜蛋白（gp120，gp41）抗体和核心蛋白（p24）抗体。在 HIV 携带者、艾滋病病人血清中测出低水平的抗病毒中和抗体，其中艾滋病病人水平最低，HIV 携带者最高，说明该抗体在体内有保护作用。但抗体不能与单核巨噬细胞内存留的病毒接触，且 HIV 囊膜蛋白易发生抗原性变异，原有抗体失去作用，使中和抗体不能发挥应有的作用。在潜伏感染阶段，HIV 前病毒整合入宿主细胞基因组中，因此 HIV 不会被免疫系统识别，所以单单依靠自身免疫功能无法将其清除。

世界卫生组织把每年的 12 月 1 号定为世界艾滋病日，主要是由于目前医学手段还不能完全治愈或者是预防艾滋病的发生。21 世纪最严重的人类浩劫有可能就是由艾滋病所带来的，它是一场人类输不起的战争。

12.5 流行性感冒

流行性感冒（简称流感）是流感病毒引起的急性呼吸道感染，也是一种传染性强、传播速度快的疾病。其主要通过空气中的飞沫、人与人之间的接触或与被污染物品的接触传播。典型的临床症状是：急起高热、全身疼痛、显著乏力和轻度呼吸道症状。一般秋冬季节是其高发期，所引起的并发症和死亡现象非常严重。该病是由流感病毒引起的，可分为甲(A)、乙（B)、丙（C）三型，甲型病毒经常发生抗原变异，传染性大，传播迅速，极易发生大范围流行，这也是流感至今没有被完全得以控制的一个主要的因素。

人流感主要是甲型流感病毒和乙型流感病毒引起的。甲型流感病毒经常发生抗原变异，可以进一步分为H1N1、H3N2、H5N1、H7N9等亚型（其中的H和N分别代表流感病毒两种表面糖蛋白，即外膜的血凝素和神经氨酸酶，血凝素简称为H，神经氨酸酶简称为N)。流感病毒对外界抵抗力不强。动物流感病毒通常不感染人，人流感病毒通常不感染动物，但是猪比较例外。猪既可以感染人流感病毒，也可以感染禽流感病毒，但它们主要感染的还是猪流感病毒。少数动物流感病毒适应人后，可以引起人流感大流行。

流感病毒呈球形，其直径在80～120nm之间，结构自外而内可分为包膜、基质蛋白以及核心三部分，遗传物质是单股负链RNA，简写为ss－RNA，ss－RNA与核蛋白（NP）相结合，缠绕成核糖核蛋白体。参见图12－4。

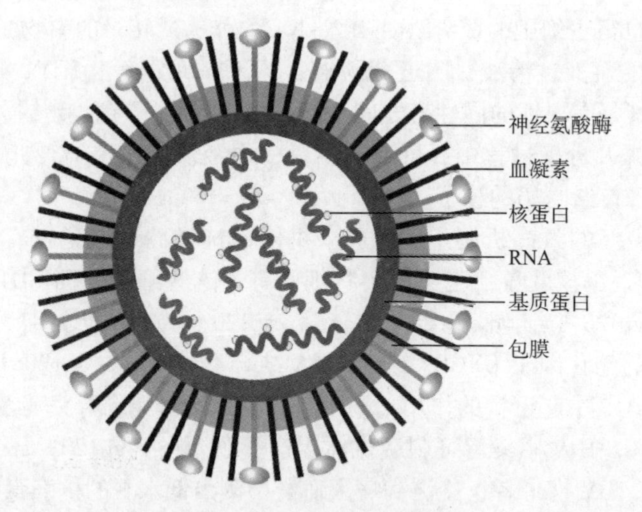

图12－4　流感病毒结构模式

流感病毒传染源主要是患者，其次为隐性感染者，被感染的动物也可能是一种传染源。主要传播途径是带有流感病毒的飞沫，经呼吸道进入体内。少数也可经共用手帕、毛巾等间接接触而感染。流感病毒感染将导致宿主细胞变性、坏死乃至脱落，造成黏膜充血、水肿和分泌物增加，从而产生鼻塞、流涕、咽喉疼痛、干咳以及其他上呼吸道感染症状，当病毒蔓延至下呼吸道，则可能引起毛细支气管炎和间质性肺炎。一些患者还可能有消化道的症状，如腹泻，严重的也可以危及生命。虽然一年四季人都可能受到流感病毒的攻击，但冬季是一个高发季节。冬天天气寒冷，人体抵抗力减弱，容易受寒。加之，人们多半时间在室内活动，窗户常关闭，导致空气不流通，病毒更容易传播。另外，冬季气候干燥，人体呼吸系统的抵抗力降低，容易引发或者加重呼吸系统的疾病。只要进行适量运动，注意合理饮食，增强身体抵抗力，流感是完全可以预防的。预防流感除加强自身体育锻炼增强体质、保持居室卫生、流行期间避免人群聚集、公共场所要进行必要的空气消毒之外，接种疫苗可明显降低发病率和减轻症状。但由于流感病毒不断发生变异，只有经常掌握流感病毒变异的动态，选育新流行病毒株，才能及时制备出有特异性预防作用的疫苗。

本章提要

本章节重点介绍了包括心脑血管疾病、癌症、常见传染病三大类严重威胁人类健康的疾病，了解了疾病发生的可能成因，在此基础上提出了目前的预防或治疗措施。此外也列举了大家熟知的艾滋病和流感这两个主要有代表性的严重危害人类健康的病毒感染性疾病。

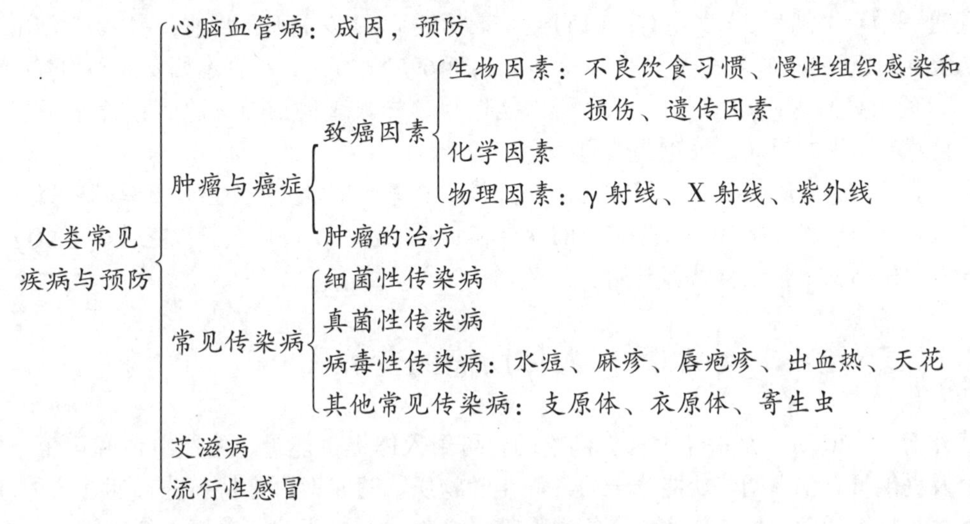

资源链接

［1］心脑血管疾病：http://news.medlive.cn/heart/info-progress/show-123678_129.html; http://health.sohu.com/20160513/n449252380.shtml.

［2］癌症：https://v.qq.com/x/cover/6akju1wypohr5o1.html.

［3］传染病：http://infect.dxy.cn/article/93722; http://www.56.com/u34/v_NjEyNTQ5NzU.html.

（马　宏）

第 13 章

均衡营养与人体健康

良好的营养是健康的第一要义。随着人类文明的不断发展，特别是进入工业化、信息化社会以来，全人类的健康水平和寿命大大提高。在两千年前人类的平均寿命只有 20 岁左右；18 世纪这一数字增加到 30 岁左右；19 世纪末期达到了 40 岁上下；目前，在 2015 年出生的儿童期望寿命已经为 71.4 岁（女性 73.8 岁，男性 69.1 岁）；其中日本妇女的平均寿命已达 86.8 岁，瑞士男性达到 81.3 岁……之所以能取得这样显著的成就，除了医疗水平的进步外，饮食营养水平的提高是最重要的原因。

为了能够做到健康长寿，必须重视饮食营养，了解有关知识，知道什么是营养素、不同食物的营养价值，均衡饮食，排除错误的饮食和营养观念，知道什么可以吃什么不该吃。让真正的科学生活从日常饮食营养开始。

13.1　人体所需的营养素

营养素（nutrient）是指经由食物供给的，可给人体提供能量、构成机体和用于组织修复，以及提供具有生理调节功能分子的各种化学物质。营养素对维持新陈代谢、人体健康、生长发育、日常活动、抵抗疾病、修复损伤都是必需的。主要的营养素包括糖类、蛋白质、脂类、无机盐（矿物质）、维生素、膳食纤维和水等。

在营养素当中，有一些人体不能合成，或合成速度太慢，不能满足机体的需要，必须由食物供给，称为必需营养素；但在使用这一概念时，通常把那些身体大量需求，不宜仅靠体内营养物之间转换形成的营养物也称为必需营养素，例如蛋白质。

13.1.1　主要营养素的类型

13.1.1.1　蛋白质

蛋白质是行使生命活动的基本生物大分子，其功能广泛多样。除了水分，人体的主要结构是蛋白质；肌肉、骨骼、筋腱、血液、皮肤、毛发等都主要是由蛋白质构成。人体每天代谢活动损失的蛋白质需要由食物提供补充。富含蛋白质的食物主要有瘦肉、鱼虾、禽蛋类、乳制品、豆类及豆制品，谷物食物蛋白含量不高，但因每天进食量大，也是蛋白质的主要来源。

蛋白质必须在消化道分解成氨基酸后才能被吸收，在体内再度合成所需蛋白质。在合成蛋白质所需的 20 种氨基酸中，有 12 种可以在体内由其他有机化合物转化合成，8 种不能合成，只能由食物供给，称为必需氨基酸。

13.1.1.2 碳水化合物

碳水化合物即糖类，是每日进食量最大的食品，也是每日活动主要的能量来源。如果把蛋白质比作汽车的结构，糖类就是汽车中的汽油。进食蛋白质如同修补汽车耗损零件，进食糖类就像给汽车加油。食物中碳水化合物除了带有甜味的单糖、二糖外，更多的是多糖化合物，最主要的是淀粉；纤维素也是多糖营养素。人体不能消化利用纤维素，但食草动物可以通过肠道内细菌产生的纤维素酶，将纤维素分解成葡萄糖而吸收利用。如果饮食中缺乏碳水化合物，机体将通过分解蛋白质和脂肪来提供能量，但分解蛋白质时多余的氮元素会形成尿素等含氮废物；分解过多脂肪则可能形成酮体，造成酮症酸中毒。如果每日进食的碳水化合物超过能耗所需，由于机体储存糖类物质的能力有限，糖类将主要转化成脂肪，使人体发胖。

13.1.1.3 脂类

脂类食品主要是脂肪（油脂），食入的胆固醇、磷脂等也属于脂类。脂类的来源分为植物性的和动物性的。富含脂类的植物性食物包括各种植物的种子，如花生、大豆、芝麻、干果等，以及植物油；富含脂类的动物性食物包括动物的脂肪组织，如肥猪肉、牛油、鱼油等，以及奶油、内脏、蛋黄等。脂类除了构成生物膜等重要身体结构外，主要作为能量物质储存起来，形成脂肪组织；在身体需要能量的时候分解供能，脂肪的产能效率比糖类高。过多摄入脂类导致超重或肥胖。

在体内的其他有机化合物可以转化合成一些脂肪酸，但有几种人体需要的脂肪酸不能在体内合成，必须由食物供给，称为必需脂肪酸（essential fatty acids），例如亚油酸、亚麻酸、花生四烯酸等，它们都是多不饱和脂肪酸。不过人体可用亚油酸和亚麻酸合成花生四烯酸。缺乏必需脂肪酸可引起生长迟缓、生殖障碍、出现皮疹，以及肾脏、肝脏、神经和视觉方面的损伤。

13.1.1.4 矿物质

即各种无机盐，无机盐约占人体体重的5%。矿物质以各种离子的形式存在于体液中，包括细胞内液、细胞外液、血液等，行使维持不同体液的渗透压，调节酸碱平衡，调节酶和其他蛋白质的活性，维持细胞内外的电位差，产生动作电位等功能；矿物质还参与人体的骨骼、牙齿等坚硬组织的构成。每天都有无机离子从尿液中排出，需要每日随时补充。这些元素每日的排出量不同，因此每日的需要量也各不相同。下面择其重要的加以说明：

1. 钙：钙以二价离子的形式为机体所吸收、利用、排泄。人体中的钙约占体重的2%，主要是以钙盐的形式沉积在骨骼和牙齿中。其余钙以钙离子的形式参与各种生命活动，如神经冲动的传导、肌肉的收缩、蛋白质活性的调节等。在细胞内，钙离子作为一种第二信使，参与细胞内生理信号传导。体液中的钙与骨骼中的钙维持着动态平衡。一旦机体缺钙就会造成骨质疏松、佝偻病等病症，并会引发肌肉抽搐。如果体内钙过量容易导致肾结石。含钙食品包括虾米、虾皮、蟹、鱼、海藻、菠菜、大豆、核桃、花生等。

2. 氯化钠和氯化钾：是两种不可或缺的重要矿物质。钠离子和钾离子分别存在于细胞外和细胞内。它们对维持细胞膜电位、细胞内外渗透压、酸碱平衡的调节、一些酶的活性等方面起着重要作用。氯化钠和氯化钾主要通过食盐供给，缺乏它们会造成严重营养不良。不过现代社会极少见到摄入的缺乏，相反的氯化钠有进食过多的倾向。钠盐摄入过多与高血压的发生有关。因此建议减少食盐用量。

低钠盐实际上是用钾来代替钠，以减少钠的摄入。正常人食用可以减低高血压的风险，但有高钾血症风险的人应谨慎食用，防止血钾过高。

3. 磷：磷也是人体的必需元素，是核酸、磷脂和众多含磷化合物的组成成分，磷酸起到调节众多蛋白质功能的作用。在体内磷主要与钙形成盐，集中在骨骼和牙齿中。由于含磷食品众多，身体不容易出现缺磷的情况。

4. 铁：铁的主要作用是参与氧的转运和组织呼吸过程，存在于血红蛋白、肌红蛋白、铁硫蛋白等含铁蛋白质中。食物中的铁以血红蛋白中的血红素铁和非血红素铁两种形式存在。前者存在于肉类食品中，铁的吸收率在23%上下；后者主要存在于蔬菜等植物性食品中，吸收率仅3%～5%。有一些因素抑制非血红素铁的吸收，这些因素包括植物酸盐、草酸盐、胃酸缺乏、服用过多抗酸药等；维生素C则促进铁的吸收。机体缺铁可导致缺铁性贫血，见于各种偏食和营养不良。我国居民每日铁供给量标准为：成年男子12mg，成年女子18mg，孕期及哺乳期妇女28mg。0～9岁儿童每日铁供给量10mg，10～12岁儿童12mg，13～16岁男子15mg，女子为20mg等。饮食中铁的来源主要有：动物性食品，尤其是肝脏等，蔬菜中的芹菜、海带、豆类、苋菜、油菜、芝麻等。奶类食品含铁量较低。长期摄入铁过多，会产生血色素沉着症，造成肝、胰、心脏和关节等器官的铁质沉积，并损害其功能。

5. 碘：碘主要用于甲状腺素的合成。人体吸收的碘主要为甲状腺选择性地吸收，其他部位的碘很少。这些碘一般从饮水、食物和食盐中获取。含碘高的食物主要是一些海产品，如海带、紫菜、海参、海蜇、鱼虾等。一些远离海洋的内陆的土壤中含碘量少，使生活在那里的人容易造成碘缺乏。碘的摄入不足会导致甲状腺功能低下，造成儿童的呆小症，表现为发育障碍，身材矮小，智力发育迟缓等。成年人的甲状腺功能低下，会造成精神萎靡、面色虚肿、皮肤干燥、水肿、记忆力减退、反应迟钝、心动过缓、血压低、厌食、腹胀、肌肉软弱无力、月经过多、闭经、不育、阳痿等症状。

鉴于缺碘可造成严重的疾病状态，而碘又属于微量元素，每日需要量不大，也不容易摄入过量，为了保障必要的碘摄入，很多国家，包括中国都采用全民无差别地在食盐中添加碘的做法。我国曾经是碘缺乏比较严重的国家，自1994年起国家采取了全民食用加碘盐政策之后，极大降低了我国呆小症的发生率，我国儿童智商总体提高了近12个百分点，这是一个了不起的成就。但也引起了一些人过量摄入碘的恐慌，一个个体如有高碘性甲状腺肿或甲亢等疾病，可以根据医生的意见改用无碘盐。

6. 硒：已知硒在体内是谷胱甘肽过氧化物酶的组成成分，而谷胱甘肽是重要的自由基清除剂。如果体内缺硒，会造成克山病等心脏疾病，及癌症、儿童智力低下、老年痴呆等疾病。我国是缺硒比较严重的国家，通过在一些缺硒的地方补硒，已经在20世纪80年代消灭了克山病。

然而硒也是一种有毒元素，摄入过量会引起硒中毒，导致脱发、肝损伤、神经系统疾病等。因此在食物中硒含量正常的地区，最好正常均衡饮食，而不要动则补充硒。一般的海产品、动物肝脏、肾脏、肉类、全谷食品都含有适量的硒，而精制食品和过分加工食品则可能造成硒的损失。

13.1.2　维生素

13.1.2.1　维生素的定义

维生素是一类人体不能合成的，为体内代谢所必需的，但需要量微小的小分子营养物质。维生素的发现只是近一百年的事，在此之前人类长期不知它们的存在，一般人也基本上没有明显健康问题，就是因为维生素依附在常用食品里边，悄悄地进入人体发挥作用。它们广泛地存在于食品当中，一般不会缺乏。正因为如此，在进化的选择压力下，人类才不在体内自己设计一套化学途径合成它们，而只搭便车地从食物中摄取。不同动物“维生素”的种类不同，当一种动物不能自己合成某种小分子营养物，该化合物就是该动物的“维生素”，另一种动物能够自身合成它，就不算“维生素”。比如说维生素 C 对人是“维生素”，对猫就不是。在人类进化过程中这种合成没必要，退化了。有些被列入维生素的小分子营养素，实际上人体可以合成，如维生素 D，但因人体容易缺乏，因而也列入维生素的行列中。

一般来讲，单食性动物因为食品来源单一，不能指望从食品提供各种“维生素”，就只能自己合成，所以对单食性动物来说，“维生素”的种类就少。同理，杂食性动物，如人的“维生素”的种类就多。因此，我们要想不缺乏维生素，就要保持像祖先那样“杂食”。

所以正常饮食的人不会缺乏任何维生素，只有特定人群，如食品来源单一的海员、探险家，消化道功能差、不能吸收某类食物的病人，有特殊饮食信仰的信徒，烹调不当，及营养缺乏的穷人等才有可能缺乏维生素，需要适当补充。

根据维生素的溶解性，维生素可分为水溶性维生素和脂溶性维生素。

13.1.2.2　水溶性维生素

水溶性维生素来源广泛，动植物食品都存在，但会随水流失。过度洗涤、浸泡蔬菜，食用精致大米、精面，过度长期烹调，如炖煮食品等，易造成食品中水溶性维生素的损失。水溶性维生素随尿液排出，不会在体内蓄积，因此不会蓄积中毒，但需要时常补充。水溶性维生素包括 B 族维生素、维生素 C 等。

1. B 族维生素：B 族维生素是一大类水溶性维生素的总称，其中有一些并不冠以维生素的编号，包括维生素 B1、维生素 B2、维生素 B6、维生素 B12、烟酸、泛酸、叶酸等。它们在结构上没有共同性，但在体内经过转化后，都会形成辅酶或辅基参与某些酶的活性反应。

B 族维生素在食物中广泛存在，但偏食或单纯使用过精谷物时可能造成缺乏。例如单纯食用精白面粉会造成维生素 B1 缺乏症，表现为周围神经炎、全身倦怠等。有些 B 族维生素可以作为某些疾病的辅助治疗药物。例如在治疗末梢神经疾患时常给以维生素 B1、维生素 B12（钴胺素）等，帮助神经系统的恢复。

2. 维生素 C：维生素 C 是强还原性物质，功能众多。它参与机体的氧化还原反应，保护包括酶在内的许多生物分子不被氧化；参与细胞间质的形成，维持牙齿、骨骼、血管、肌肉的正常发育功能，促进伤口愈合。维生素 C 对铅、苯、砷等化学毒物具有解毒能力，还可阻断致癌物质亚硝胺的形成。维生素 C 通过还原铁离子，促进铁的吸收，有利于治疗缺铁性贫血等。

维生素 C 广泛存在于新鲜蔬菜和水果中，尤其是绿色蔬菜和酸性水果含量丰富。但维生素 C 不够稳定，易被氧化，是所有维生素中最不稳定的，过度烹煮、过度加热等都会破坏维生素 C。

需要澄清的是，传说的维生素 C 可以治疗感冒是错的，可辅助治疗许多疾病的说法多半也是错的。大量服用维生素 C 并没有特别的好处。

13.1.2.3　脂溶性维生素

该类维生素溶于脂肪和有机溶剂，主要来源于动物食品。食用脂肪过少的人可能因此缺乏。脂溶性维生素不易随尿排出，长期留在体内，过多进食会造成蓄积中毒。也正因为它们可以蓄积，不是每日必须进食，短期不进食脂溶性维生素关系不大。

1. 维生素 A：又名视黄醇，只存在于动物性食品中。但有些植物，特别是黄色蔬菜和水果中含有的 β－胡萝卜素，可以在人体内转化为维生素 A。因此，维生素 A 最好的食物来源是肝脏、鱼肝油、鱼卵、全脂牛奶、奶油、禽蛋等动物性食品，含 β－胡萝卜素较多的胡萝卜、菠菜、西兰花、荠菜、番茄、芹菜、韭菜、苋菜等植物性食品。一般的烹调方法对食物中的维生素 A 无严重破坏，但如果长时间加热，油炸，就能使维生素 A 受到损失。

维生素 A 是维持上皮组织健全所必需的物质。维生素 A 缺乏病表现为皮肤干燥、粗糙，毛囊角化性丘疹，角膜干燥和软化、生殖功能衰退，骨骼生长不良，生长发育受阻等。维生素 A 也是构成视觉细胞内感光物质的成分，缺乏维生素 A 时，对弱光敏感度降低，产生暗适应障碍，甚至产生夜盲。在世界上维生素 A 缺乏病非常普遍。

作为一个人道主义项目，由美国先正达公司研发的一种大米，通过转基因技术将 β－胡萝卜素转化酶系统转入到大米胚乳，培育出富含胡萝卜素的大米。在维生素 A 缺乏地区的妇女儿童只要日常以这种大米为食，就可以补充足够的维生素 A。因为这种大米含有 β－胡萝卜素呈黄色，故大米的颜色是黄的。因此称为“黄金大米（Golden Rice）”。如果这种大米能够得到推广，每年将会拯救上百万儿童的生命。不幸的是，这种大米目前受到了反转基因势力的阻挠，还无法进入市场。

维生素 A 作为脂溶性维生素，过量会出现中毒现象，如头痛、呕吐、嗜睡等。但不直接服用维生素 A，而进食它的前体 β－胡萝卜素则不会产生维生素 A 蓄积现象。

2. 维生素 D：是类固醇的衍生物，可以在体内合成，方式是晒太阳。皮肤细胞中的 7－脱氢胆固醇在紫外线的作用下可以合成维生素 D3，因此严格讲维生素 D 不算是“维生素”。但许多人长期室内生活，很少晒太阳，就要从食品补充维生素 D，儿童生长期和绝经后妇女更要特别注意维生素 D 的进食。维生素 D2 是植物油、酵母等含有的麦角固醇经紫外线照射后转变而成的，维生素 D3 存在于鱼肝油、奶油、肝脏、鸡蛋黄等动物性食品中。

维生素 D 的主要功能是促进钙、磷的吸收和利用，维持骨质钙化，促使儿童骨骼和牙齿正常发育。缺乏时，儿童患佝偻病，成人则患骨质软化病。过量服用维生素 D 会产生中毒症状，主要表现为消化道症状、头昏眼花、走路困难、肌肉骨头疼痛，以及心律不齐等。

3. 维生素 E：其水解产物叫做生育酚，这是因为发现维生素 E 与动物的生育功能有关，但实际上维生素 E 还有更广泛的功能。维生素 E 是一种强氧化剂，可防止不饱和酸的氧化，维持细胞膜的正常结构和功能，保持红细胞的完整性；还有改善微循环，防治动脉硬化等作用。缺乏维生素 E 时，可引起生殖障碍，肌肉、肝脏、骨髓和脑功能异常，溶血，胚胎缺陷等。维生素 E 主要存在于棉籽油、玉米油、花生油、菠菜、芹菜、干辣椒等植物食品，和肉、奶、奶油、蛋等动物食品中。正常情况下人体不会缺乏维生素 E。大剂量的服用有可能产生副作用。

4. 维生素 K：维生素 K 有促进凝血的作用，主要存在于绿色蔬菜中；在菠菜、白菜中含量最为丰富，肝脏、瘦肉中也含有维生素 K，肠道细菌也可以合成维生素 K。

总之，一般情况下，维生素是一类无需特别考虑的营养物质。除非特别担心自己的胃肠功能，或者有严重影响胃肠功能的疾病，也不用特别补充。人们对维生素的重视可能来源于其名称的误导。那些使用“富含维生素”之类的说辞，来吹嘘某种食品营养丰富的说法多半没有实际意义。只有维生素 A 和 D 在一些营养不良群体中需要特别留意补充，维生素 A 和 D 容易产生蓄积中毒。

13.1.3　营养素的吸收、消化和利用

13.1.3.1　摄取和消化

消化是将食物转变为可直接被身体吸收的营养物质的过程，例如将蛋白质或多肽分解为氨基酸，淀粉分解为葡萄糖等。消化分为机械消化和化学性消化两种，前者在口腔和胃中完成，后者主要在胃和小肠中完成。人体口腔的唾液、胃内的胃液、小肠内的胰液、胆汁和小肠液用于化学性消化；有的动物，如鸡鸭、蛇、青蛙等，只有胃肠提供消化场所，口腔只用于摄取，不能用于消化。

如果摄取的是可直接被身体吸收的营养物质，如氨基酸和葡萄糖，则不需要消化，用于消化不好的个体和某些病人。易消化的食品的特点：

（1）容易被机械消化，例如质地软、易嚼碎，或易被胃磨碎的食品。

（2）链长比较短的分子，比如由 40 个氨基酸串联形成的蛋白质就比由 80 个氨基酸串联形成的蛋白质容易消化。由 100 个葡萄糖串联形成的淀粉比 1 000 个葡萄糖串联形成的淀粉容易消化等。

（3）蛋白质变性的食品，如熟食。

13.1.3.2　吸收和同化

吸收是消化形成的简单生物分子从消化道进入循环系统的过程。吸收在人的小肠中完成。人的小肠分为十二指肠、空肠和回肠三部分，其中空肠是主要吸收场所。人类小肠全长 4～6m，之所以这样长，是为了扩大吸收的面积，保证吸收的完全；非但如此，小肠细胞上还布满绒毛以扩大细胞膜表面积，据估计，小肠的内表面积可达 $200m^2$ 左右。即便如此，进食一次也需要数小时的吸收时间。吸收包括自由扩散、协助扩散、主动运输、胞吐和胞吞等方式。

同化是吸收的小分子营养物质在体内经过化学修饰、改造，重新组装成机体所需的生命分子的过程。

13.1.3.3　营养素的利用

营养素除了构成新的蛋白质、核酸、脂肪等，用于补充机体每日的损耗外，还要提供能量用于机体的运动耗能。其能量消耗大小视一个人活动量而定：重体力劳动、轻体力劳动、锻炼等都影响能耗。即使一个人完全静止，不做任何运动，依然要产生能耗，这种能耗叫做基础代谢（basal metabolism）。

1. 基础代谢率（Basal Metabolic Rate，BMR）：是指机体在完全休息的状态下的能耗水平。这些能量用于呼吸、心跳、血液循环、消化过程的耗能、体温维持等。测定基础代谢率是合理制定营养标准，安排人们膳食的依据。人们每日的最低进食量必须满足基础代谢率的

这一要求。

2. 特别动力效应（Specific Dynamic Action，SDA）：是人们进食时所消耗的能量，大约为每日摄入能量的10%，也就是说我们每吃进去100g食物有10g所产能量用于进食活动本身，包括消化液的产生和分泌、胃肠蠕动等。这些用于进食所消耗的能量最后变成热能。因此每次进食后体温会稍稍升高。

13.1.4 不同人群需要的营养素

13.1.4.1 孕妇和哺乳

妊娠和哺乳期妇女营养素的摄取除了满足母体自身的需要外，还要满足胚胎和婴儿发育所需。中国营养学会建议和推荐的妊娠期蛋白质增加量是：妊娠前12周：5g/d，妊娠第13～27周：15g/d。乳母应比妊娠妇女每天多摄入20g蛋白质，以满足产乳的需要。孕妇和哺乳期妇女还应该注意补钙和铁，钙为胎儿和婴儿骨骼发育所必需。最好的补钙方法是喝牛奶。如果不能或不愿喝奶，就应服用钙片或其他富含钙的食品。

为了保障后代的发育，孕妇和哺乳期妇女应特别注意饮食的卫生和营养标准，防止进食未知营养成分和价值的食品；避免中药和其他药材不必要的摄入。孕妇还应避免饮酒、吸烟、咖啡因、毒品等。

孕妇需要补充的维生素只有一种：叶酸（维生素B12），大多数生育年龄女性仅通过食物并不能摄入足够的叶酸。研究证明，每日补充叶酸可以防止先天性脊柱裂等先天畸形的发生。育龄女性每日需摄入的叶酸量为0.4～0.8mg，在准备怀孕阶段就要开始服用。

13.1.4.2 儿童和青少年

幼儿、儿童和青少年处于生长阶段，同样需要足够的，或更多的营养素以保障需要。中国营养学会建议的蛋白质推荐摄入量为，婴儿每千克体重摄入蛋白质1.5～3.0g/d，1～2岁幼儿为35g/d，2～3岁幼儿为40g/d，青少年75～85g/d。

除了三大营养素外，矿物质和维生素的摄入不容忽视，特别要关注钙、锌、铁和脂溶性维生素的摄入。一些孩子可能产生偏食的习惯，要注意纠正。例如儿童普遍不愿进食蔬菜，要坚持供给，直到他们习惯为止。儿童喜欢甜食，要防止过多摄入，可以购买那些含有较高钙等营养矿物质的奶酪、酸奶等。另外，儿童有自我调节进食量的机制，家长不宜过多劝食。

13.1.4.3 老年人

老年人的消化和吸收功能逐渐下降，体内分解代谢大于合成代谢，蛋白质的合成能力差，使体重逐渐减轻；又由于肝、肾功能下降，过多的蛋白质摄入可增加肝肾负担，因此蛋白质的摄入量不宜过多。但应该补充某些营养素，包括植物油、维生素E、钙等。

13.2 食物的营养价值

随着食品科技的发展，人类所能选择的食品空前地多了起来。就上一节所述的营养素而言，每种食物所含的成分、比例都不同。目前有很多加工食品，是由许多不同来源的食品调配制成的，因此每种加工食品，无论是干果还是点心，都会有一个食品成分表列入各种原料来源，和营养成分表包括蛋白质、脂肪、糖等各自的比例，以及卡路里等。在选用食品时应该养成阅读这些表格的习惯。

13. 2. 1　食物选择的适应性

在人类发展的过程中，通过尝错和自然选择，已经进化出一套选择食物的机制，并保留在人类行为和心理特征中。人类似乎先天就知道什么东西可食、什么不可食、什么有营养、优选什么食品等。

13. 2. 1. 1　食物的选择和防止有害食物摄入的天然机制

1. 人类倾向于食用高能量、含有基本维生素、矿物质、无毒且易于得到的动植物。

2. 植物为防止自身被动物食用，也进化出了一些机制。例如，产生一些棘刺以防止动物接近；在一些不希望被食用的部位合成毒素，多是一些生物碱。这些“毒素”对植物没毒，但可使食用的动物中毒。而在植物的一些可食部分，例如果实，就不含这些毒素；实际上果实也是植物“希望”动物食用的部分：可以帮助植物实现生殖细胞的传送。

3. 人类已进化出食物品尝和偏好系统，防止进食毒物。这一系统的重要环节就是嗅觉和味觉系统的进化。味道不好的食物通常就是含有毒素的，或缺乏营养的食物。例如：花椰菜和甘蓝芽含有烯丙基异硫氰酸酯，对儿童有毒，但对大人毒性不大；因此孩子不喜欢吃，而大人愿意吃。儿童的偏食，很大程度上是对陌生食品的警惕：防止误食有毒食品。这是进化出来的先天心理机制，用于保护自身。

4. 人类也进化出排出已食入毒物的方法，即呕吐和腹泻。呕吐和腹泻的生理意义在于尽快将误食的有毒食物排出体外。喝酒过多的人就是通过呕吐来保护自己身体的。因此一旦发生进食后胃肠不适，并出现呕吐或腹泻时，一般只要不是过度，就随其自然，让胃肠排空，但应注意补充损失的水和电解质。

5. 孕吐：孕吐是一种特殊的自我保护机制，具有适应意义。孕吐一般发生在怀孕头三个月左右的时间，正是胎儿发育的关键期。造成孕吐的食物常含有较高水平的对胎儿不利的毒素。这些对胎儿的有害物质对成人害处不大，平时也感觉不出来，一旦怀孕，妇女的食物感觉系统就变得敏感起来。研究发现，孕妇不喜欢肉食、油腻食品，但对面包等主食则不发生孕吐。这是因为肉食和油脂容易滋生细菌，产生腐败和有毒物质，而米、面等这类问题则小得多。因此对于不爱吃的食品，如油腻食品等，一般要避免食入。Klebanoff 等在 1985 年发现，在孕期头三个月发生严重呕吐的妇女流产率较不发生孕吐的妇女低，这说明了孕吐的适应性意义。

13. 2. 1. 2　口味、营养与毒素

味觉和嗅觉的主要作用是辨别食品。人类天生欣赏易消化、营养价值高的食物，躲避有毒的、低营养的食物，这依赖于味觉和嗅觉器官的辨别。

味觉包括甜、酸、咸、苦、鲜等几种；嗅觉种类较复杂，香和臭是主要的两种。辣味不是独立的味觉，实际是食物对口腔的伤害引起的痛觉和热效应。这些感觉具有对食物成分辨别的功能。

1. 甜味：提示有糖类营养物质的存在，而糖类是能量的最直接来源，又可以转化为氨基酸和脂类等其他营养物质。与其说糖类有甜味，不如说糖类的化学结构使我们感受到了甜味。

2. 鲜味：鲜味是谷氨酸的味道，是提示有蛋白质的信号。1907 年日本学者池田菊苗在

一种海带中发现了“味精”，即谷氨酸。不久，味精风靡全世界，成为人们不可缺少的调味品。食用味精实际上是在“欺骗”我们的味觉系统，使人们“误以为”是在食用蛋白质，但实际上只是食用了一种产生鲜味的氨基酸。

3. 咸味：咸味是各种盐的信号，人们对咸味的嗜好帮助人们进食必要的盐。

4. 香味：是油脂的味道，油脂也是高能量营养食物。

5. 酸味：酸味比较复杂，很多食物腐败后会产生有机酸，食物中不愉快的酸味提示该食物不可食用。但有些酸味，如酸奶是人类可以接受的。人类已经进化出辨别哪些酸味不可食用，哪些酸味可以。

6. 苦味：常提示食物有毒，也是植物为防止动物食用它们而制造出来的毒素的味道。在进化过程中，人们已经学会用“苦味”来辨别植物中的有毒部分，避免食用。植物的茎和叶通常是苦的，但果实不苦，反而可能还是甜的，这正是植物“允许”人和动物品尝的部分。目前人类所栽培的蔬菜往往已经去掉了苦味，这是人类对野生植物多年驯化的结果，实际上是一个人工选择的过程。在选择中淘汰掉有毒成分较多的品种，保留含有毒成分少的，经过代代选择，使野生植物进化成蔬菜。因此最可靠的食用植物就是人类栽种的农作物。不要迷信山珍野味、地头野菜之类。与常规蔬菜相比，野菜和中药往往含有更多的苦味，如果没有充分的把握，还是不食为好。

7. 臭味：是有毒物质的嗅觉信号。排泄物具有臭味，通常有毒。吲哚、腐胺、尸胺是几种典型的粪便中的毒素，其中吲哚是粪便主要臭味来源。人类天生躲避排泄物，是为了防止误食的发生。

13.2.2 烹调对食物营养的影响

13.2.2.1 烹调的益处

加热是烹调的主要方式，可以产生如下作用：

1. 烹调改变了食物的口味，使食物易消化。熟食之所以易消化是因为加热可以将食物中的某些化学键打断，使食物松散，从而减轻消化负担。比如加热可以将长链的淀粉变短，让蛋白质和核酸变性而松散开来。在蛋白质解聚过程中释放出的谷氨酸产生了鲜味，促使人们喜爱熟食。鲜和易嚼是人们喜爱熟食的直接原因。

2. 加热食品可以杀菌。烹调的另一个效果是加热食品杀菌，防止病菌进入体内，也有利于食品长期存放。这是加热食品，包括加热水这种行为得以保持的重要原因，也是人们喜食热食的原因。

13.2.2.2 烹调可能产生的问题

1. 加热可以杀菌，但食用过热食品也会有弊端，过热食品会损伤口腔、食道和胃的黏膜细胞。一些人喜欢喝下很烫的热水，这有可能是慢性胃肠损伤的原因之一。与世界其他地方的人相比，东亚人的食管癌、胃癌等上消化道肿瘤的发病率明显较高，这与东亚人的热食习惯、食用刺激性食物习惯有关。

中国人向来有饮用热食的文化，热水、热茶、热汤……并认为冷食会伤身。但实际上只要冷食已经除菌（比如经过烹调加热后再冷却），就不会对身体有伤害；即使冬天吃冰激凌，只要个人喜欢，都不会对身体产生任何不良影响。相反，过热的食物反而有害。日前，世界卫生组织下属的国际癌症研究机构发布报告：将非常热的饮料列入2A级致癌物。报告指出，在中国、土耳其及南美洲国家的研究发现，饮用 65℃或 70℃以上的水、咖啡或茶后，罹患食管癌的风险上升。

2. 过度烹调会破坏维生素等营养成分，还会产生新的损害健康的化合物。例如烧烤会分解食物一些营养成分，产生有毒物质，例如苯并芘、丙烯酰胺等致癌物。油炸食品时，食用油的沸点常达 200℃，易破坏营养，形成有毒物质，所以油炸食品不好。因此勿使烹调过程过于复杂，时间也不要过长。

食物在水中加热比直接在火中或油中加热更安全，理由是水中食物温度最多 100℃，不会更高。产生有毒物质要少得多。微波炉加热是一种好的烹调方式。微波加热的原理是微波的能量可使食物中的水分子运动而产生热能，其温度可超过 100℃，但一般不会到油炸的温度。微波炉加热的一个好处是不像水煮那样在食物中引入大量的水，但缺点是食物受热不均。

综上所述，健康烹调方式排列是：水煮最好，微波炉次之，煎、烙和油炸再次之，烧烤再次之。无论哪种，时间过长都不好。一些传统烹调方式弊病很多，过分复杂的程序，过浓重的口味追求，过高的烧烤温度都在降低食品的营养，增加毒性，尤其是致癌物的含量。事关健康的实物，不能因为变成文化就听之任之。

13. 2. 3　主要食物所含的营养素

13. 2. 3. 1　谷类及薯类

谷类食品是人类的主食，包括大米、面粉、玉米、小米、荞麦和高粱等。薯类则包括马铃薯、甘薯、木薯等。它们的特点是含有大量以淀粉形式存在的碳水化合物、少量植物蛋白质、膳食纤维及 B 族维生素。

这类食品淀粉含量一般在 70% ~80%，是人类每日能源的主要提供者。谷类蛋白质的含量多在 8% ~12%之间，燕麦含量可达 15%，而稻米和玉米蛋白质含量平均在 8%左右。谷类的脂肪含量较少，只占约 2%；其中玉米和小米中略高一点，占 4%，其中有较多不饱和脂肪酸。谷物中含有较多 B 族维生素，以维生素 B1、维生素 B2 和尼克酸居多，主要集中在谷胚和谷皮中。此外，谷类还含有少量无机盐，主要是磷、钙和镁等。精制的大米和面粉因过多地去除了外皮，维生素含量明显减少，蛋白质的含量也较糙米、粗米和全麦为低，无机盐含量和膳食纤维也减少，淀粉含量上升。

13. 2. 3. 2　肉类食品

肉类食品又分为红肉和白肉。红肉一般指猪、牛、羊等畜类的肉，而白肉指禽类、鱼、虾等非哺乳动物的肉。红肉的慢肌纤维较多，含有较多的肌红蛋白及血红蛋白，这两种蛋白呈红色，因而得名；白肉的快肌纤维较多，缺乏肌红蛋白，因此呈现白色。尽管如三文鱼、煮熟的虾蟹等的肉都是红色的，但算作白肉。

红肉的特点是肌肉纤维较粗、脂肪含量高，尤其是饱和脂肪酸含量高于白肉。其中猪肉的脂肪含量最高，羊肉其次，牛肉最低。饱和脂肪酸摄入过高可能导致高脂血症。流行病学研究发现，食用红肉与直肠癌、乳腺癌的发病有一定关联。2015 年，世界卫生组织下属的国际癌症研究机构（IARC）发布报告，将香肠、火腿、培根等加工肉制品列为致癌物，把牛肉、羊肉、猪肉等红肉列为“较可能致癌物”（即 2A 类致癌物）。世界卫生组织解释说，目前红肉与癌症之间的证据是有限的，这个报告只是不建议增加食用红肉的数量。

目前的证据认为食用其他肉比红肉要健康。

然而红肉中有丰富的铁、锌、磷、烟酸、维生素 B12、硫胺、核黄素等营养素。如果只吃鸡肉又会产生铁摄入不足等问题。任何食品都是有利有弊。平衡，而不是过分依赖一种肉类才是最好的饮食之道。

13.2.3.3　豆类及其制品

豆类及其制品含较多植物蛋白质，中等量脂肪和碳水化合物。大豆含蛋白质最高，在35%～40%；脂肪含量也高，在15%～20%，且以不饱和脂肪酸为主。其他豆类，如蚕豆、豌豆、绿豆和赤豆等蛋白质和脂肪相对较少，碳水化合物较多。豆类是植物油的主要来源。此外，豆类含有较多的钙、磷、铁和 B 族维生素。豆芽中含有较多的维生素 C。另外，豆腐中钙含量较高。

13.2.3.4　蔬菜与水果

蔬菜含大量纤维素，蛋白质和碳水化合物含量少，是无机盐的主要来源。水果则含有膳食维生素、糖类和无机盐。

蔬菜与水果是膳食中不可缺少的部分，虽然蔬菜和水果中的主要营养素，像蛋白质、糖类、脂类等，相比于其他食品都是最少的；但蔬菜与水果的主要作用并不是提供这些营养素，而是含有较多的纤维素等膳食纤维，这些纤维并不能为人体所消化吸收。食用蔬菜与水果，可以克服饥饿感，减缓营养物质在胃肠的吸收速度，减少能量的过多摄入所导致的肥胖，促进肠道蠕动，使人产生便意，预防便秘。另外食用蔬菜与水果可以补充各种维生素和无机盐。例如叶菜类蔬菜主要提供维生素 C、维生素 B2、胡萝卜素，及叶酸和胆碱等。根茎类蔬菜含有较多淀粉和能量。水果中含有糖类、维生素 C 和无机盐等。

近年来发现多吃蔬菜和水果有助于预防心血管疾病、减少癌症的发病、减肥、延缓衰老等功效。但仅仅是相关，达不到显著的效果。

13.2.3.5　蛋类和奶类食品

蛋类和奶类食品是营养价值最高的两类食品。蛋类和奶类中所储藏的营养素都是为了动物下一代的发育专门准备的，而不像肌肉或内脏那样用于其他生理目的，因此它们各种营养素的比例，不同氨基酸的构成都最接近于人体所需；并且在蛋类中还有维生素 A、维生素 D、维生素 B2、维生素 B1 等丰富的维生素，和钙、磷、铁等机体发育必需的矿物质；在奶类中同样有维生素 A、核黄素等许多维生素和钙、磷、钾等矿物质。奶类被认为是补钙的最佳食品。对蛋类唯一的担心是蛋黄中胆固醇含量较多，但目前认为日常 1～2 个鸡蛋量与血液胆固醇浓度之间没有关联。奶类食品的缺点是有些人不适合饮用。患有乳糖不耐受症的个体到成年后体内缺乏乳糖酶，不能利用乳糖，食用乳制品后乳糖不能被消化利用，造成恶心、腹痛、腹泻等症状。这种个体不适合食用普通乳制品，但可以食用酸奶等经过食品加工处理后减少了乳糖含量的乳制品。

不同类型蛋的营养没有明显差别。黄皮蛋和白皮蛋之间，农家鸡蛋和鸡场的蛋之间都没有明显差别。有些人热衷于土鸡蛋，感觉更“自然”；但放养鸡的一个担心是卫生状况不能保障，沾染病菌机会也多。咸蛋和松花蛋属于腌制食品，营养下降，有毒成分可能上升，偶尔尝鲜即可。

天然牛奶含有细菌，需经过除菌处理才能出售，其方法有两种：

（1）只加热至70℃～80℃，杀死大部分细菌，称为巴氏奶，也称鲜奶。这种奶只可以保鲜几天，随后细菌数会增加，使奶变坏，故不能长存。巴氏奶的优点是营养成分保存较好，不会因过度加热而分解。

（2）将牛奶烧开，彻底除菌，然后密封保存，在常温下可保存一个月，甚至更长，所以称为常温奶。

与巴氏奶相比，常温奶营养略有下降。因为巴氏奶的优点就是不过度加热以便保持营养，所以应该不加热直接饮用，如果彻底烧开，营养价值就等于常温奶了。在国外以饮用巴氏奶为主，都是直接喝的。但国内巴氏奶很少，中国人也不习惯喝冷奶。

牛奶中脂肪含量较高，有高脂血症风险的人可以选用经过脱脂处理的奶。脱脂的水平可有不同，供消费者选择。比如市售牛奶脂肪含量从 0、1%、2%、3%、4%到6%不等。

13.2.3.6　食用油

食用油主要提供人体所需能量，也是不可或缺的食品调味剂，但过多摄入会导致高脂血症，特别是高胆固醇血症，因而提高了心脑血管疾病的风险。就减少高脂血症发病风险来讲，不饱和脂肪酸好于饱和脂肪酸。不饱和脂肪酸中，顺式脂肪酸好于反式脂肪酸。

植物油含不饱和脂肪酸多，故好于动物油，但鱼油可能更好。这是基于食用油与体内胆固醇含量的关系得到的结论。按照这一标准，在植物油中，橄榄油、菜籽油、花生油等好于大豆油、芝麻油、玉米油、葵花籽油等。但花生油和玉米油容易有致癌物质黄曲霉素。动物油脂最好不吃。鱼油含有两种好的脂肪酸 EPA 和 DHA。人们一般是通过吃鱼来进食鱼油的，所以吃鱼有益，不吃鱼时也可以吃含有 EPA 和 DHA 的鱼油做补充。

反式脂肪酸（Trans Fatty Acids，TFA）主要来源于部分氢化处理的植物油，故称为部分氢化油。这种油有耐高温、不易变质、存放久等优点，曾在蛋糕、饼干、速冻比萨饼、薯条、爆米花等食品中普遍使用。自从发现摄入反式脂肪酸增高血液胆固醇水平后，现已逐渐放弃食用。

13.2.4　不同来源蛋白质的优劣

食物蛋白质中的 20 种氨基酸比例越接近人体自身蛋白质的氨基酸比例，含有越全的必需氨基酸，则吸收利用效率越高，产生的代谢废物如氨、尿素等越少。这种蛋白质称为优质蛋白质（又称完全蛋白质）。人属于哺乳动物，其蛋白质构成更接近其他动物，故蛋、奶、肉、鱼等的动物蛋白质属于完全蛋白质。植物蛋白质中大豆的蛋白质也属于相对优质蛋白质。其他的植物蛋白质，如米、面、水果、豆类、蔬菜中的蛋白质就属于不完全蛋白质，或称粗蛋白质了。

对于一个成年男性来说，如果每天食用完全蛋白质的话，对蛋白质的需要量仅为 30 多克，但如果食用的是粗蛋白质，则需要量就要增加一倍，才能满足含量最少的那种氨基酸的需要量，而其他相对多余的氨基酸就有可能代谢掉，转变成其他生物分子，形成更多的尿素了。这部分多出的氨基酸的代谢将加重肾脏的负担。

动物蛋白质优于植物蛋白质这一结论与很多人的认知不同。实际上对动物食品的担心应该主要在于它的脂类物质，而不是蛋白质。对于素食者来说，坚持只食用植物蛋白质有可能出现营养不平衡，需要仔细权衡不同植物中氨基酸含量的比例，制定详细的不同植物的饮食配方，使各种氨基酸的摄入量尽量符合人体的需要量。如果能做到这一点，则素食者也可以吃出完全蛋白质的效果。

13.3　膳食指南与均衡营养

根据人体对不同营养素的需求和人类常用食品的营养成分构成，一些食品科学家对每日进食方式、进食量提出建议，制定了一些膳食指南以帮助人们正确调配自己的膳食，通过对饮食环节的把控，达到营养充分、身心健康、减少疾病和长寿的目的。

13.3.1　制定膳食指南的依据

进食应以满足身体对营养素的需要为目的。这种需要因不同人、不同的性别、不同的年龄段、不同的生理状况、不同的经济水平而有所不同。

13.3.1.1　膳食基本原则

1. 成人营养素每日的需求以能补充其消耗的能量和物质为准。测量基础代谢率可估算一个人每日最低能量需求；检测每日氮的排出量可估算每日蛋白质的需求。有时不能够直接测量出实际日常活动状态下的能量和物质消耗，就要采用间接的方法。比如在一定的进食方案下体重是否能够维持，身体是否感到健康有力，体脂比例是否合乎要求，身体各项生理指标是否正常等。通过不断修订达到比较好的膳食基准。

2. 对儿童、孕妇、哺乳期妇女、不同体力的劳动者、病人、老人制定特殊的膳食标准，以满足特定个体的营养需要。由于不同体质的个体消化能力不同，在给予同样量的营养素时机体实际吸收的营养素并不相同。

3. 生物化学告诉我们，不同的营养素在体内一定程度上是可以相互转换的。如果一个人食糖过多而进食脂肪酸过少时，糖类物质可以在体内通过一定的代谢渠道转化成脂肪酸；如果一个人进食了大量蛋白质而摄入糖类不足时，蛋白质分解形成的氨基酸可以替代单糖，经过体内的生化转换，脱掉氨基，进入三羧酸循环氧化分解，提供机体所需要的能量。这说明即使摄入的营养素不太符合机体所需的比例，机体仍有相当大的缓冲余地进行调整和转化，以满足身体的各种需要。

但在确定不同营养素的比例时要符合经济原则，即要求各种营养素在体内尽量以最少的生化转换就能满足各种生理需要。进食的不同氨基酸尽量符合机体合成的蛋白质的氨基酸比例，以避免有些氨基酸富余出来；如果氨基酸只用于蛋白质合成，则糖和脂肪等能量物质的供应就要满足每日能量的消耗。虽然在糖类缺乏时可由其他营养物替代供能，但这种替代有可能要付出一定代价。在进食糖类过少，或体内不能利用葡萄糖的情况下，机体在消耗过多脂肪时会产生一类叫做酮体的酸性化合物。酮体过多会产生酸中毒。糖尿病患者由于不能利用血糖，有时就会出现酮症酸中毒，甚至由此丧失生命。

4. 一些流行病学的资料会给膳食指南的制订提供指导。例如有科学家发现在“二战”时期心脏病的死亡率下降了，经调查发现这是由于战争造成的食物短缺，人们进食的肉类食品减少，而高脂食品与血液中胆固醇的含量有关，后者又与心脏病的发病有关。这一发现影响到了对肉类和脂类的食用标准的限定。再比如流行病学发现肥胖与20多种疾病的发病有关，从而制定了体重标准，限定了每日卡路里的摄入量。

5. 遗传和表观遗传对营养素的摄取和需求的影响。经常能够见到一些人，进食很少，但却容易肥胖，或者反过来，进食很多，却始终胖不起来。这其中遗传因素的作用不容小视。

表观遗传也会造成长远影响。一个著名的例子是所谓“荷兰的冬天效应”。在1944年冬天，占领荷兰的德国法西斯运走了大批粮食，造成荷兰长达3个月的饥荒，数万人饿死。科学家对在那个饥荒的冬天出生的孩子进行几十年的追踪研究，发现这些人长大后普遍肥胖，糖尿病和心血管病发病率也高于非饥荒年代出生的人。这是一种表观遗传效应：在发育期的胎儿如果感受到营养匮乏的话，将会通过表观遗传效应发育出一种“节俭型”的消化系统。这一系统比常人有更高的消化吸收营养素的效率，以应对将来可能的饥荒。因此在食品匮乏年代出生的人，成年后糖尿病和心血管病发病率会较高。

另外，饮食偏好也是可以被印记的。一个个体小时候食用什么食品，他长大就有可能对这种食品产生偏好，尽管其他食品能产生同样的营养素，甚至更好。对小鼠的一项研究证实了这一点。有科学家往怀孕的母鼠羊水中注射糖水，结果发现出生后的小鼠对甜食有偏好，而普通小鼠对甜食并没有特殊的兴趣。这说明胎鼠在羊水中品尝到甜味，将会影响到胎鼠的味觉和消化系统的发育，使之偏好甜食。

13.3.1.2　饮食量的设定

1. 限制进食量，机体通过饥饿与否自动调节进食量。人类长期在缺乏食物的环境下进化，一旦食品充足，有在体内以脂肪的形式过度存储营养物质的趋向，以备饥荒的发生。尤其是那些“节俭型”的个体。机体储存营养有利有弊。利：以备日后食物来源不测；弊：加重机体负担，提高患糖尿病、心脑血管疾病的可能。一个物种的营养储存量是利弊权衡的结果，取决于食品供应的稳定性。当食品经常青黄不接，储存营养是良好的策略；但现代食品供应充分，过多营养储存的弊端显露，这就是当今社会不宜过胖的理由。因此，在现代社会，仅依靠个体的饥饿与否来调节进食量往往会造成进食过多。

在对小鼠进行的实验研究中发现，适当节制饮食的小鼠寿命更长。当在饮食中只给予老鼠70%的自然进食热量时，这些老鼠的寿命大约延长40%。对其他动物的研究也得到了相似的结果。这些研究提示，如果人也每日进食七八成饱的话，有可能延长寿命。但实际情况可能没这么简单。对此下一小节还有进一步说明。

2. 过度消瘦是不可取的，它影响人体的基本生理机能，使其对外界病源的抵抗力变差，造成个体体弱多病，特别是对各种消耗性疾病的耐受力变差。它影响人体生理的一个明显的例子是对女性生殖不利。

女性身体的脂肪比例远高于男性。这是由于女性负有哺育后代的繁重任务，需要比男性更多的营养储备。脂肪作为一种最有效的能量储存方式，更多地出现在性成熟女性身上。在长期进化过程中，体脂含量的多少已经成为女性据以评估自身是否适合生育的内在标杆。研究表明，女性脂肪含量与月经初潮年龄密切相关，体脂不足会推迟初潮的时间。对于16岁以上女性，脂肪组织至少达到全身重量的22%时，才能维持正常的月经周期。在旧中国社会，由于营养不良，女性月经年龄明显迟于现代女性，生育力也明显低下。由于体脂过少造成的不孕症比较容易康复，只需增加体重就可以了。

女性减肥在很大程度上是为了追求美丽，这与文化影响有关，但有可能是一个误区。美国的调查显示，女性错误地认为男性偏爱较消瘦的女性，但在对男性的调查中却发现他们挑选具有平均胖瘦水平的女性。科学的调查否定了男性渴望较瘦女性的流行观念。

13.3.1.3　饮食平衡——营养素的比例

根据不同营养素各自的功能，需要恰当调配各自进食的比例，以满足最佳的人体需要。

蛋白质：成年人每日只要补充体内正常分解的蛋白质就够了；但未成年人、孕妇、哺乳期妇女、病后恢复期或只是想增加肌肉者，就要多进食蛋白质。

糖类和脂类主要是能量物质，糖类更容易氧化分解，而脂类更容易储存，因此进食后，机体总是优先使用糖类，优先储存脂肪。另外脂类不溶于水，不易在血液中运输，易于沉淀在血管壁，因此易造成动脉硬化和高血压，所以作为能量物质，摄取的糖类应该多于脂类。但食品内许多物质只能溶解在油脂中，如脂溶性维生素，所以拒绝脂肪饮食会造成脂溶性营养物质的缺乏，也会造成必须脂肪酸的缺乏。

综合上述特点和利弊，对于低能量摄入者，大致比例是蛋白质∶脂肪∶糖类的重量比约为65∶30∶220。这些比例可根据运动量、性别、年龄、消化能力等进行调整，精确比例可查专业书籍资料。

13.3.2　体重指数及与寿命的关系

13.3.2.1　体重指数（BMI）

基于胖瘦各自的利弊，国际上制定了衡量人体胖瘦程度的各种标准，最常使用的是体重指数（Body Mass Index，BMI，也有翻译成身体质量指数、体质指数等），计算方法是：BMI = 体重（kg）/［身高（m）］^{2}。这个指标虽然没有直接给出体脂含量这一最重要的肥胖判定标准，但由于计算简便，还是被包括世界卫生组织在内的各卫生职能部门、医疗机构和研究单位广泛使用。在这个指标中，BMI < 18.5 为体重过低；BMI 在 18.5 ~ 24.9 为正常体重；这个上限值和下限值随时间有时会发生调整，总的趋势是上限值下调（原来是 27）。BMI 在 25 ~ <30 为超重（overweight），BMI≥30 为肥胖（obesity）；其中 BMI 在 30 ~ <35 为 I 度肥胖；BMI 为 35 ~ <40 是Ⅱ度肥胖；BMI 在 40 以上为 III 度肥胖。这个标准适用于 20 岁以上的所有成年人，无论种族、男女都是这个标准。有的中国专家认为中国人体质与西方不同，推荐中国人的正常上限值为 24。

为了方便直观理解，表 13 - 1 给出若干身高的人（男性或女性）属于体重过低、正常体重、超重、肥胖时的体重范围供参考：

表 13 - 1　不同身高个体的体重过低、正常体重、超重、肥胖时的体重范围

身高/cm	体重/kg			
	体重过低	正常体重	超重	肥胖
160	<47.36	47.36 ~ 64	64 ~ 76.8	>76.8
170	<53.47	53.47 ~ 72.25	72.25 ~ 86.7	>86.7
180	<59.94	59.94 ~ 81	81 ~ 97.2	>97.2

按照这个标准，1980 年以来，世界肥胖人数增长了近一倍；2008 年，20 岁及以上的成年人中已有超过 14 亿人超重；其中有 2 亿多男性，近 3 亿女性为肥胖。按百分比统计，世界上成年人中有 35% 的人超重，11% 的人肥胖。在某些发达国家，这一数字还会明显提高，比如美国肥胖人群比例高达 36%（BMI 大于 30 者），加拿大 24%，英国 26%。

13.3.2.2　体重指数与寿命

2010 年，在《新英格兰医学杂志》发表的文章综合分析了 19 项对共计 146 万白人的研

究，如果将所有的死亡原因都统计在一起，则 BMI 与相对死亡风险之间呈 U 形的关系，即体重过低或体重过高的个体相对死亡风险都比较高。死亡风险最低的 BMI 范围是在世界卫生组织推荐的正常体重范围中偏胖的一端，即 BMI 20 到 25 之间。与此相比，女性体重过低（BMI 15.0～18.4）时死亡风险提高了 47%；在正常体重的低限附近时（BMI 为 18.5～19.9）死亡风险也会提高 14%。超重和肥胖个体的死亡风险明显提高。男性结果与之基本类似。由于吸烟与较高的死亡风险相关，研究者又将吸烟者排除在外后再进行统计。图 13－1 中的死亡风险比率（Hazard Ratio，HR）是以死亡风险最低的人群做基数进行比较，计算死亡风险增加的倍数。统计还显示：心血管疾病和癌症的死亡风险主要和体重过高有关，而呼吸系统疾病和消耗性疾病的死亡则主要与体重过低有关。

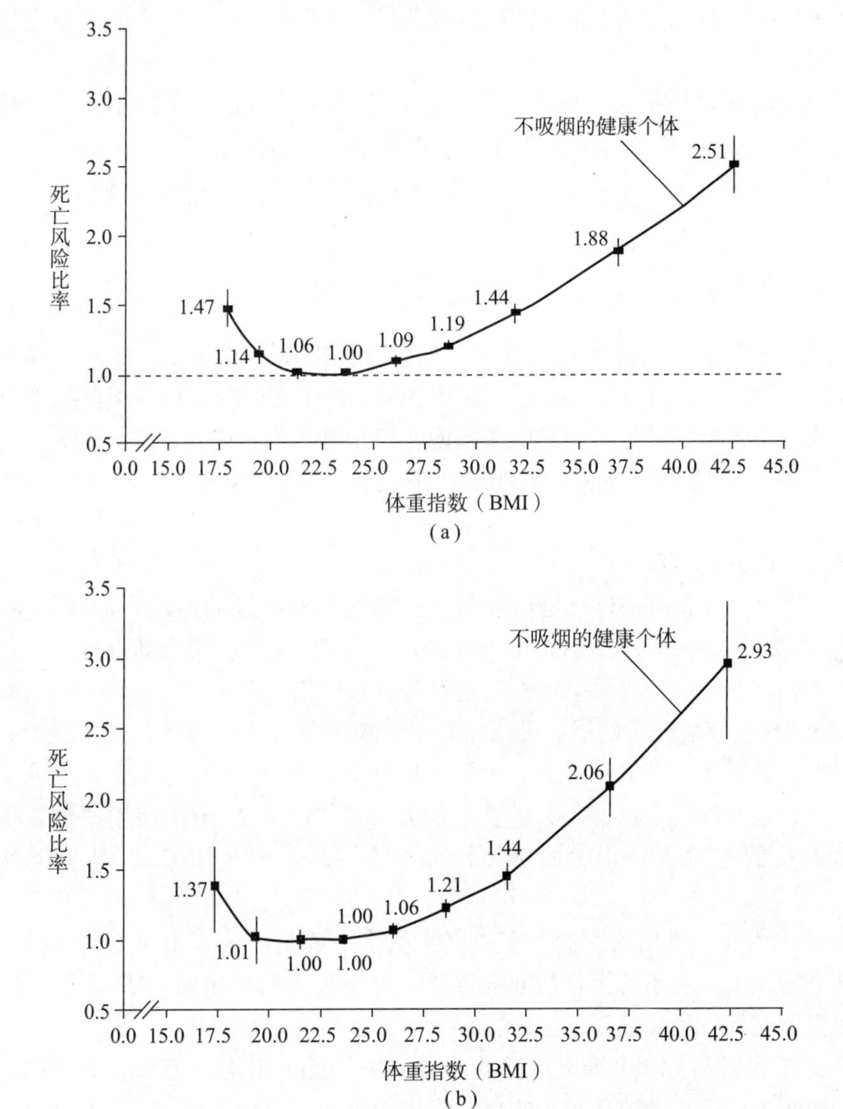

图 13－1　不同 BMI 个体的死亡风险比率（de Gonzalez AB，Hartge P，Cerhan JR，at al. N Engl J Med 2010，363：2211－2219）

（a）女性白人；（b）男性白人

《美国医学会杂志》（JAMA）在2013年刊登了一篇研究范围包括不同人种的文章，得到的结果令人感到意外：超重群体的死亡风险才是最低的，甚至低于正常体重人群。只有Ⅱ度以上肥胖者的死亡风险比率会明显提高。不同的结果说明对这一问题还没有最后结论，但肥胖还是应该尽量避免的。

早期针对东亚人的研究提示，在与西方人相同的BMI情况下，包括中国人、朝鲜人、日本人在内的东亚人体脂比例更高，与此伴随的是高血压和糖尿病的发病率更高，因此世界卫生组织的一个机构曾在2000年的一个报告中建议将东亚人超重的BMI界限下调到23。然而到2004年，世界卫生组织的专家组认为证据不足，他们在《柳叶刀》杂志上发表文章提出世界卫生组织的BMI标准仍应是国际上的通用标准，不过不同国家也可以根据自身情况设定自身标准。在亚洲所做的BMI和相对死亡风险的关系研究得到的结论与上述在世界范围内的结论相似。

体重指数过高或过低都会影响生育能力。除了体脂过少造成女性不来月经外，脂肪过多的女性也会出现生育问题，这种女性一旦减轻体重，就可以恢复生育能力。男性体重指数低于18时也不容易生育，可能出现阳痿，或精液减少、精子生命力和存活率低等问题。

13.3.3 指导食物种类及进食量的配餐指南

任何天然食物都不能包括所有营养素，需要合理搭配不同食品，做到营养素齐全且均衡。为此，世界卫生组织（WHO）、联合国粮食及农业组织（FAO）、美国农业部、中国营养协会等权威组织各自推出了不同的配餐指南，以帮助人们正确选择和调配食品，做到营养配餐和平衡膳食。这些配餐指南常采取通俗的图解形式展示每日应该进食的食品种类和含量。

13.3.3.1 饮食金字塔

饮食金字塔（food pyramid），是指导每日食物种类及数量的图形式配餐指南，有多种，其中以1992年美国农业部（USDA）推出的最广为人知。超过25个其他国家和组织也发表类似的食物金字塔。中国营养协会也推出自己的饮食宝塔。

USDA的饮食金字塔分为四层，最顶层有每日添加的油脂、糖等，进食最少；第二层有肉禽类、鱼类、奶制品、豆类、蛋类、干果等蛋白质类食品；第三层是蔬菜和水果；最底层是每日的主食，为五谷类食物，每天进食量最大（图13－2）。图中使用“SERVING”作为单位来表示进食的相对含量。比如奶类制品是2～3个SERVINGS，而主食为6～11个SERVINGS，等等。

2005年美国农业部推出的饮食金字塔修正版，主要是改变了金字塔的画法，将各类食物都由底部直通顶端，表示各类食物同样重要，每类食物的量用通向塔顶的彩带粗细表示，其中最粗的仍旧是五谷类食品。

2016年，中国营养协会也推出自己的饮食宝塔，这个宝塔与美国农业部的金字塔大同小异。也是底座大上面小的结构，将饮食金字塔的第四层分成了两层。各种食品的建议食用量用克表示（图13－3）。

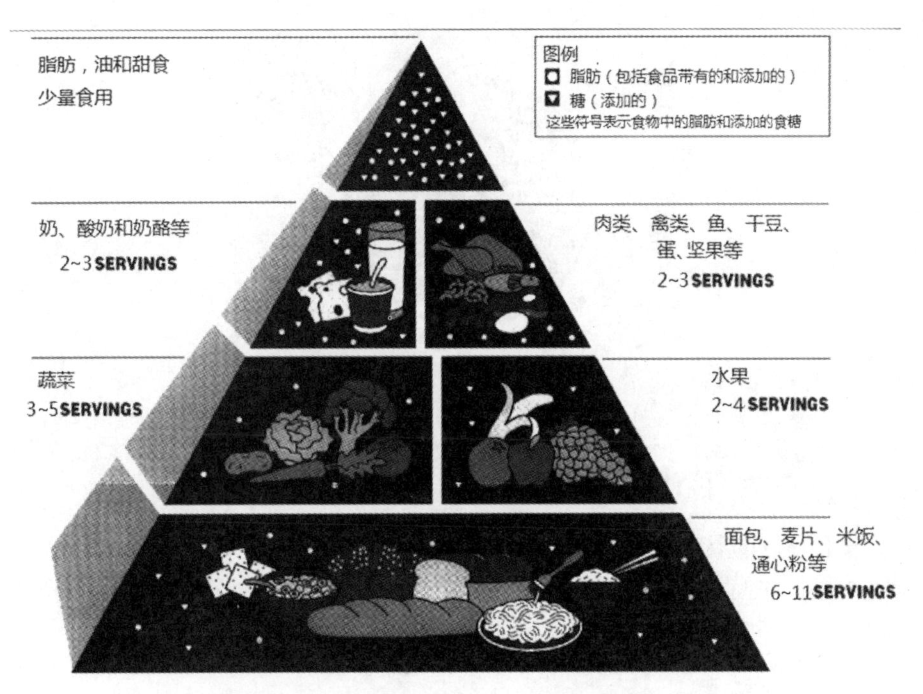

图 13－2　美国农业部 1992 年推出的饮食金字塔

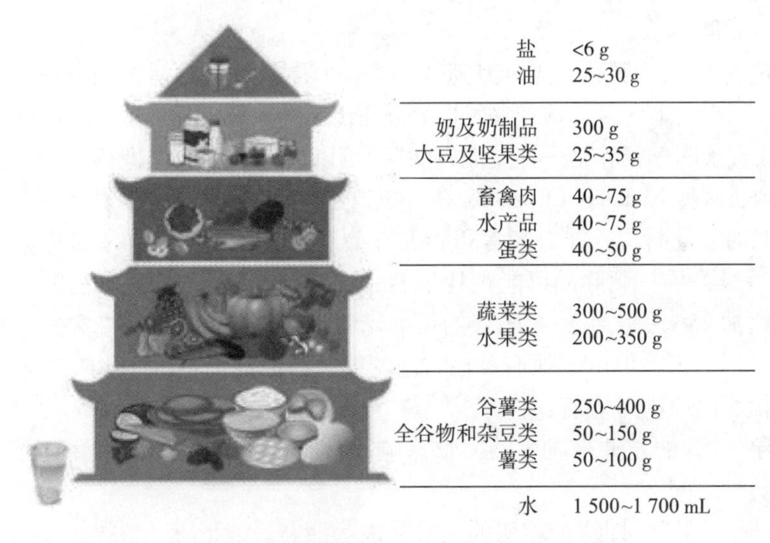

图 13－3　中国居民平衡膳食宝塔（2016）

13. 3. 3. 2　“我的餐盘”（My Plate）

2011 年美国农业部又推出更简洁的“我的餐盘”。这也是一个指导进食不同食物种类及食用量的指南，但其图案并非金字塔造型，而是一个盘状（图 13－4）。这个盘子将食物也分为五类，并按进食的比例切割餐盘。

类似的配餐指南还有很多，都会结合当时的研究结果提出一些或大或小的修改。如哈佛大学公共健康学院设计的健康饮食金字塔，包含了补充钙和维生素等内容，并建议减少进食

图 13-4　美国农业部 2011 年推出的“我的餐盘”

红肉、马铃薯和精制的谷类食物，多进食全谷类食物、蔬菜和生果，减少进食饱和脂肪，由不饱和脂肪如植物油代替等。一些学者认为传统的饮食金字塔没有区分不同的脂肪或肉类，有的认为食物金字塔所建议的大量进食碳水化合物有可能导致肥胖。

13.3.4　饮食失调

饮食失调主要有三种情况：肥胖、贪食症（bulimia）和神经性厌食症（anorexia nervosa），这些疾患常与生活在其中的社会文化有关，并伴有心理因素。

13.3.4.1　肥胖

体重指数超过 30 时为肥胖。肥胖有遗传因素，但更主要与生活方式有关。调查显示从肥胖低发地区移民到高发地区时，这些移民也会倾向于肥胖，说明了生活方式和社会环境对肥胖的影响。一些研究表明，肥胖是一种“流行病”，可以通过社会交往进行传播。美国耶鲁大学的社会学家兼内科医生 Nicholas Christakis 在一项长达 30 年的研究中发现：不同体型的人通常喜欢找体型相似的人交朋友；胖人经常和胖人有关系，而瘦人之间也是如此。如果一个人肥胖，其朋友（一级关系）肥胖的可能性比随机关系增加 45%；其朋友的朋友（二级关系）也肥胖的可能增加 25%；三级关系肥胖的可能增加 10%。尽管所谓二级、三级关系中的两个人可能已经互不认识，但由于他们存在共同的朋友，彼此仍然可能影响对方的体重。

造成这一情况的原因可能有：

（1）“诱导”，即朋友的一种生活习惯影响了对方。调查发现同性朋友之间更容易发生诱导，尤其是男性之间。

（2）“相似性吸引”，即特征相似的人容易成为朋友。

（3）朋友们共同暴露在导致肥胖的因素之下，比如他们常吃同样的食品，共同参加某俱乐部的活动等。

了解了这种规律后，可以利用它做相反的事：通过社会关系传播健康的生活习惯，改造过胖的体型。事实已经证明，通过社会关系网进行戒烟或戒酒比单个个体独自进行有效得多。因此传播健康的生活理念，改变人们对肥胖的心理标准，对身材苗条朋友的心理认同等，就可以成为一种新的减肥方式。改变肥胖没有捷径，只能是减少饮食和增加运动。有一些需要心理、药物，甚至外科手术治疗。

13.3.4.2　贪食症

患者通常无节制饮食，又伴随着通过呕吐、吃泻药等方式来减轻体重。这是一种心理障碍，常伴有抑郁、不自信、易怒、人格障碍、强迫行为等，需要进行心理治疗。

13.3.4.3　神经性厌食症

这是一种饮食失调症。特点是无限制地节制饮食，造成身体过度消瘦。他们通常过度惧怕肥胖，社会文化因素在其中起到重要作用。患者多为青少年女性，她们常有自我认知障碍，即使已经非常消瘦，仍然认为自己过度肥胖。神经性厌食症者常有头晕、头痛、嗜睡、发热、缺乏活力，患者可能经常从事自我伤害行为，如吸烟，以掩盖饥饿的感觉。患者常有其他精神障碍，如强迫症、抑郁症。由于长期饥饿，患者可有低钾血症、闭经、脱发、电解质紊乱、体温降低、生长停止、心律失常，严重者可能导致死亡。

13.3.5　有关营养的常见误区

“食色性也”，饮食乃人之大事，怎么重视也不过分。社会上种种关于营养、烹调、保健的说法和书籍多如牛毛，种种传说也真假难辨。从科学的眼光看，很多观念是不正确的，很多说法也缺乏根据。这里仅就一些常见的误区进行说明。

13.3.5.1　过分强调民族和体质的差别，为一些饮食陋习做掩护

从第9章我们了解到，全世界人类是一个种族，彼此之间的遗传多样性非常低，生理结构基本一致。因此，营养学的成果是全人类普适的。从一个民族取得的营养、养生、治病的经验完全可以推广到世界任何人群中。比如前面讲到的过热食品问题，有人拿中国人的体质做辩护，是没有道理的。过热饮食就是一种文化习惯，与体质无关。一个在美国出生的华裔孩子可以毫无障碍地和美国孩子一样在冬天吃冰激凌。

13.3.5.2　固体食品和汤的营养价值

中国人有过于抬高汤的营养价值的倾向。比如长期煮炖鸡肉，然后只给产妇喝汤。实际上固体食物营养更加浓缩，而汤溶解的营养物质有限；只有在个体消化功能有严重障碍的情况下，汤才更有营养价值。只给产妇喝鸡汤不吃肉的理由据说是产妇虚弱，需要易消化的食物，但实际上产妇是人群中胃肠和食欲最好的，因为需要大量营养以便喂养婴儿，消化道的功能也会因此提高。另外长期煮炖食物会分解食物中存在的某些营养物质，如维生素等。还有用骨头汤补钙也行不通。钙离子一般不会通过长期加热溶解到汤中，所以只是人的一厢情愿。

13.3.5.3　野生食物和工农业生产的食物

出于对食品安全的不信任，以及迷恋原生态，现代人更倾向于野生食物，或散养的动物。但没有经过人驯化的野生动植物往往有一些不确定的有害成分，比如有毒化合物，或携带有害病毒、细菌等，难以控制。人类长期驯养、栽培动植物的过程也是逐渐减毒，隔离有害野生群体，使之逐渐适合人类食用的过程。中国古代有“神农尝百草，一日便遇七十毒”之说，就是指先人们为了能得到可食的食品，而不断进行尝试的过程。我们不能因为食品安全有问题而因噎废食，放弃先人们通过一点点选择和培育出来的动植物。中国人喜欢“山珍海味”，但过度杂食，不明成分过多，如果什么都吃（包括“药用”动植物、野味、“补品”等），不但对直接接触到的胃肠不利，也加重肝脏的解毒负担，还可能造成肝病和肝癌。

13.3.5.4　什么是垃圾食品

垃圾食品没有精确定义，一般指含油脂能量高、含盐多、添加剂多、营养成分不平衡，

或制作方法不当的食品，但在使用时有扩大化的倾向。首先没有一种食品能做到营养成分绝对齐全，任何所谓健康食品都不行，所以也不应用“营养不齐全”来定义“垃圾食品”，如方便面等。任何时候都要做到不同的食品平衡食用。汉堡包不是垃圾食品，因为它里边有菜有肉，已经均衡了营养。把快餐视作垃圾食品也是不严谨的，并不是各种饭菜只有一道一道地吃才是健康的，快餐只要是平衡地食用一样是健康食品。

真正的垃圾食品是油炸食品、腌制食品、肥肉和动物内脏类食物、烧烤类食品。这是些在烹调时能够产生有毒物质、脂肪太多、重金属含量大或胆固醇太高的食品。不过肝脏含有丰富的维生素和矿物质，尽管胆固醇含量高，可以适当吃些。

13.3.5.5　食肉过多，主食过少

现代人生活水平提高，饮食逐渐从素食向肉食转变，一些人走向了另一个极端，尤其是在桌餐聚会时，只点肉食和菜，放弃主食，这种饮食是不平衡的。前面提到，肉是不宜作为碳水化合物的替代品的。另外不同肉食的营养也有误区。比如对胶原蛋白营养的认识。筋、腱、皮肤等富含胶原蛋白，其营养价值被高估，更被谬传成美容食品。因构成胶原蛋白的各氨基酸的比例与其他体内蛋白质的氨基酸的比例差别较大，所以胶原蛋白只是一般营养蛋白质，其价值不高于普通动物蛋白质。

13.3.5.6　转基因食品

转基因食品与非转基因食品营养价值没有实质差别。有些转基因作物，比如黄金大米还有添加的营养素胡萝卜素。社会上对转基因食品的恐惧很大程度上源于对它们的不了解和误解。例如对“基因”这个词感到恐惧。其实，我们每天进食的所有食品无一例外都带有大量 DNA，即基因。转基因食品并没有让我们食入更多的基因。有人担心作为食物的生物带有别的生物的基因不好，但是在自然界中，基因在不同物种之间的转移比比皆是。在第 6 章“基因组”讲到，我们自己的基因组里已经存在大量的外来基因。人类所培育的所有作物都有某种转基因成分，各种杂交作物，比如杂交水稻的培育就伴随着不同品种作物之间的基因转移。大自然中由基因在不同生物间的横向转移造成的“转基因事件”千百倍于在实验室中进行的转基因操作。目前，所有转基因食品都经过比普通食品更严格的安全性检测，它们的安全性只会比普通食品更高。

本章提要

首先，介绍了营养素的概念，主要营养素的类型，营养素的吸收、消化和利用过程，不同人群需要的营养素的差别，基础代谢率和特别动力效应。

然后，介绍食物与营养的关系，包括自然选择所造成的食物偏好，口味与营养和毒素的关系，烹调对食物营养的影响，主要食物所含的营养素，不同来源蛋白质的优劣等。

最后，介绍各种膳食指南及其科学依据：包括膳食基本原则，饮食量的设定，进食不同营养素的比例、体重指数，在此基础上推出配餐指南。

本章还介绍了各种饮食失调的类型，有关营养的常见误区。本章在内容的选择上强调科学饮食，重点澄清社会上各种不正确的混乱观点。

（谭　信）

第5编　生物学研究与生物技术产业

21世纪是生命科学的世纪，生命科学作为一门多学科综合发展的学科，正与其他学科不断交叉渗透，其发展之快，影响之大，为科学史上少有。新问题不断产生和解决，新概念、新理论不断提出，新技术、新方法不断发明与改进。人类基因组计划的完成，标志着后基因组时代的到来，演化出各种思想火花，使生命科学进入了一个全新时代。

追逐生命的真谛一直是人类的梦想，随着各个学科的发展以及与生命科学的不断融合，已经涌现出许多的科学分支和研究技术手段，推动生命科学快速发展。然而，人类依旧遭受着各种病痛的折磨，这使得我们为寻求人类的健康生活而不断探索，特别是进入21世纪，各国先后启动“脑计划”等重大科研计划，极大地推动了生命科学的前进步伐，也涌现出一大批前沿热点和新技术、新方法。人类社会的发展总会不断地产生新的机遇和新的问题，现代生物技术的发展，已经深入到人类生产、生活的方方面面，蛋白质工程、基因工程、干细胞技术、酶和发酵工程等在工业、农业、医药健康等领域的广泛应用，正在极大地改变我们的生活面貌。

第 14 章

生物学研究进展概述

本章内容就生物学研究前沿领域和最新研究手段作一简要论述。第一节我们就系统生物学、非编码 RNA、基因编辑、神经科学、表观遗传以及癌症生物学等热点领域简要概述，第二节我们对当前生命科学领域较为火热和实用的前沿技术，如基因编辑技术、膜片钳技术、光遗传技术、钙成像技术、病毒示踪技术等，从它们的发展历程和重要应用进展等方面加以阐释，这些包含的仅仅是生命科学知识中的沧海一粟，加之我们学识有限，文中不足和错误之处在所难免，恳请读者批评指正。

14.1　生物学研究前沿领域介绍

21 世纪，人类进入生命科学大发展时代，生命科学前沿不断变化，一些最新成就和进展知识也在日新月异，不断涌现。随着技术的发展、知识的累积，生命科学领域学科的界限逐渐模糊，分子、细胞、个体间已密不可分。分子生物学在微观层次对生物大分子的结构和功能的研究取得突破性进展，正逐步从分子水平解释细胞活动、个体发育、遗传和进化的现象与规律。基因、蛋白质、细胞、发育与疾病已成为基础生物学研究主线。另一方面，从分子、细胞到个体水平的系统研究，以及数学、物理、化学等多学科与生命科学的相互融合渗透，复杂系统理论和非线性科学的发展，特别是基因组学（genomics）、蛋白质组学（proteomics）、代谢组学（metabonomics）等技术平台的建立，使得基础生物学研究在思维和方法论上从分析走向综合，形成系统生物学体系。此外，新技术新方法的建立和引入，如基因编辑技术、膜片钳技术、光遗传技术、钙成像技术、病毒示踪技术等，在生命科学研究领域中发挥越来越重要的作用。

当今世界，生命科学作为自然科学中最为活跃的领域，其地位和重要性是不言而喻的。人类逐步由对外界的认识，过渡到对自身的认识，而世界发展的潮流也由集团间的军事对抗走向了和平与发展这一崭新主题。特别是 20 世纪末由人类基因组组织（D/EF）和美国国家健康研究所（4GD）向美国国会提交美国人类基因组联合项目——人类基因组计划（Human Genome Project，HGP），被称为“生命科学阿波罗登月计划”；人类基因组计划与曼哈顿原子弹计划和阿波罗计划并称为三大科学计划。随着基因组计划的顺利完成，生命科学涌现出一系列的前沿研究领域，本节就系统生物学、细胞与分子生物学、基因编辑、神经科学、细胞治疗、表观遗传、癌症生物学以及糖生物学等热点领域简要论述，旨在为广大读者提供一点系统化的知识。

14.1.1 系统生物学

21世纪的生命科学正在发生巨大的变化，高通量技术可对成千上万的基因、mRNA和蛋白质进行定量分析。这些大数据带来挑战，也产生了一门新兴的交叉学科：系统生物学(systems biology)。系统生物学试图整合不同层次信息以理解生物体如何行使功能，通过研究某生物系统各不同部分之间的相互关系和相互作用（例如，与细胞信号传导、代谢通路、细胞器、细胞、生理系统与生物等相关的基因和蛋白网络），基于这些生物中的大数据，用计算和数学的方法对海量生物数据进行生物信息分析和建模，分析关键调控节点，结合分子生物实验，探索基因调控和疾病的发生发展的机理。

随着“后基因组”时代的来临，海量的生物数据不断产生，生物芯片、质谱仪等高通量技术日渐成熟，使在收集、整合、数据挖掘的基础上全方位地研究生命活动的规律成为可能。如何将数据进行系统整合，赋予实际意义是当前科学急需解决的问题。以生物信息学和计算生物学为引导的、以整体和相互关系为研究对象的系统生物学应运而生，为从分子到系统探究个体生命提供了可能。

生物信息学是生物学与信息科学、数学、计算机科学等科学相互交叉而形成的一门新兴科学。生物信息学依据一些描述和模拟复杂生物系统的数据库、计算机网络和应用软件，在各种技术平台（基因组学、蛋白组学平台）产生海量数据的基础上，整合数学、计算机技术和生物学工具，通过对生物学实验数据的获取、处理、存储、检索与分析，来阐明和理解大量数据所包含的生物学意义。目前生物信息学技术在人类疾病与功能基因的发现与识别，基因与蛋白的表达与功能研究，寻找新基因，探究生命体发育进化等方面取得可喜成果，生物信息学已成为系统生物学发展的一个强有力的工具。系统生物学已成为整个生命科学发展的重要组成部分，成为生命科学研究的前沿。

14.1.1.1 系统生物学研究内容

系统生物学的研究范围非常广泛，其研究内容主要从以下不同的层面展开：

（1）系统的结构。如基因调控及生化网络，以及实体构造。

（2）系统的行为。定性、定量地分析系统动力学，并具备创建理论或模型的能力，可用来进行预测。

（3）系统的控制。研究系统控制细胞状态的机制。

（4）系统的设计。根据明确了的理论，设计、改进和重建生物系统。

14.1.1.2 系统生物学研究平台

系统生物学研究平台包括：

（1）基因组学、转录组学、蛋白质组学、代谢组学分别在DNA、RNA、蛋白质和代谢产物水平检测和鉴别各种分子并研究其功能。

（2）相互作用组学系统研究各种分子间的相互作用，发现和鉴别分子机器、途径和网络，构建类似集成电路的生物学模块，并在研究模块的相互作用基础上绘制生物体的相互作用图谱。

（3）表型组学是生物体基因型和表型的桥梁，目前仅在细胞水平开展表型组学研究。

14.1.1.3 系统生物学研究流程

系统生物学的研究流程（图14-1）：

（1）针对选定的生物系统进行实验设计，了解系统所有的组成成分，如基因、RNA、蛋白、膜脂等；

（2）通过系统行为动力学的分析，总结系统的设计和控制规律；

（3）通过总结的规律来提出新的实验设计，验证系统模拟的正确性。

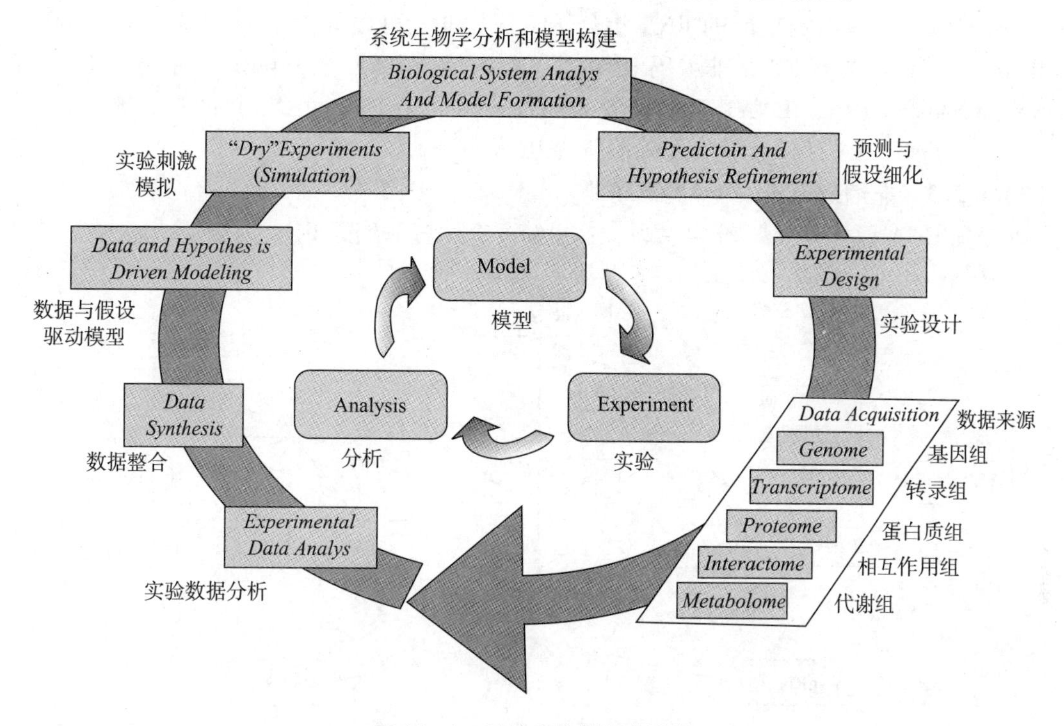

图 14－1　系统生物学研究流程

14.1.1.4　系统生物学的应用

系统生物学使生命科学由描述式的科学转变为定量描述和预测的科学，已在预测医学、预防医学和个性化医学中得到应用，如用代谢组学的生物指纹预测冠心病人的危险程度、肿瘤的诊断和治疗过程的监控；用基因多态性图谱预测病人对药物的应答，包括毒副作用和疗效。表型组学的细胞芯片和代谢组学的生物指纹将广泛用于新药的发现和开发，使新药的发现过程由高通量逐步发展为高内涵，以降低居高不下的新药研发投入。美国能源部 2002 年启动了 21 世纪系统生物学技术平台，以推动环境生物技术和能源生物技术产业的发展。系统生物学将不仅推动生命科学和生物技术的发展，而且将对整个国民经济、社会和人类本身产生重大和深远的影响。此外，系统生物学能够进行疾病预测与诊断，推动新基因和新 SNP 的发现与鉴定、非编码区信息结构的分析，解析遗传密码的起源和生物进化，促进完整基因组的比较研究、大规模基因功能表达谱的分析以及生物大分子的结构模拟与药物设计。

系统生物学是系统论与生物学在功能基因组时代全新技术背景下结合产生的一门新兴学科，已成为当今生命科学的热点和前沿。系统生物学将在基因组序列的基础上完成由生命密码到生命过程的研究，使人们能够更深刻更全面地揭示生命复杂体系和行为。系统生物学在揭示复杂生命现象和疾病发生发展内在规律、开发新型诊断治疗药物和方法上所具有的显著优势和巨大的潜在商业价值，将推进现代医学进入预测性、预防性、个性化和系统化的时代，为未来的疾病预测、预防、个性化和系统化的医疗带来全新的变革。

14.1.2 非编码 RNA

进入 21 世纪以来，随着人类基因组计划的完成，非编码核糖核酸研究逐渐成为生命科学领域的研究热点。非编码 RNA（non-coding RNA，ncRNA）是近年来发现的一类能转录但不编码蛋白质且具有特定功能的 RNA 小分子，从长度上可以分为小于 50 nt、50 ~ 500 nt、大于 500 nt 三种类型。狭义上非编码 RNA 是不包括信使 RNA（message RNA，mRNA）、转运 RNA（transfer RNA，tRNA）和核糖体 RNA（ribosomal RNA，rRNA）的其他 RNA 分子。而广义上非编码 RNA 是指除 mRNA 外的所有 RNA 分子。

14.1.2.1 非编码 RNA 的种类及功能

非编码 RNA 种类繁多（图 14－2），这里简要介绍各非编码 RNA 内涵及功能。

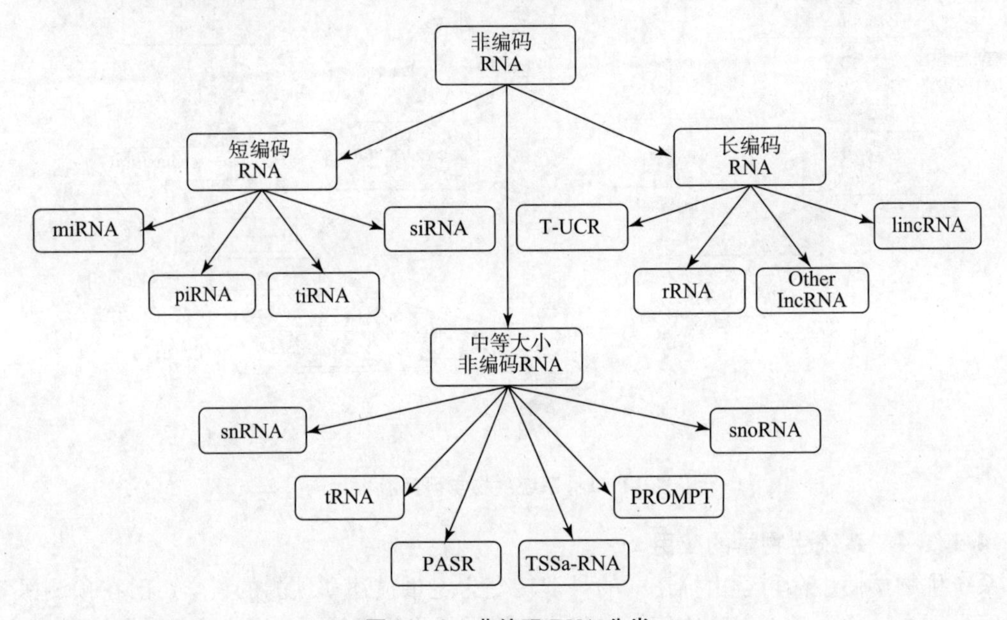

图 14－2 非编码 RNA 分类

转运 RNA（transfer RNA，tRNA）是具有携带并转运氨基酸功能的类小分子核糖核酸。其主要功能是解读 mRNA 的遗传信息；作为运输工具转运氨基酸；在没有核糖体或其他核酸分子参与下，携带氨基酸转移至专一的受体分子，以合成细胞膜或细胞壁组分；作为反转录酶引物参与 DNA 合成；作为某些酶的抑制剂；有的氨酰—tRNA 还能调节氨基酸的合成等。

核糖体 RNA（ribosomal RNA，rRNA）是细胞中含量最多的 RNA，它与蛋白质结合形成核糖体，其功能是作为 mRNA 的支架，使 mRNA 分子在其上展开，实现蛋白质的合成。rRNA 单独存在时不执行其功能，它与多种蛋白质结合成核糖体，作为蛋白质生物合成的“装配机”。

小核 RNA（small nuclear RNA，snRNA）是真核生物转录后加工过程中 RNA 剪接体（spilceosome）的主要成分，包括 U1、U2、U4、U5、U6，它们与蛋白质组成核糖核蛋白，参与 mRNA 前体的加工过程，在真核细胞中涉及 RNA 拼接、转录因子（7sRNA）调控和维持端粒等过程。

小核仁 RNA（small nucleolar RNA，snoRNA）是一类小型 RNA 分子，可引导核糖体 RNA（rRNA）或其他 RNA 的化学修饰（如甲基化）作用。根据 MeSH 的分类，此分子属于小核 RNA（snRNA）的一种，可分为 C/D box 与 H/ACA box 两种。

反义 RNA（antisense RNA，atRNA）是指与 mRNA 互补的 RNA 分子，也包括与其他 RNA 互补的 RNA 分子。由于核糖体不能翻译双链的 RNA，所以反义 RNA 与 mRNA 特异性的互补结合，抑制了该 mRNA 的翻译。通过反义 RNA 控制 mRNA 的翻译是原核生物基因表达调控的一种方式，最早是在 E. coli 的产肠杆菌素的 Col E1 质粒中发现的，许多实验证明在真核生物中也存在反义 RNA。近几年来通过人工合成反义 RNA 的基因，并将其导入细胞内转录成反义 RNA，即能抑制某特定基因的表达，阻断该基因的功能，有助于了解该基因对细胞生长和分化的作用。

小胞质 RNA（small cytoplasmic RNA，scRNA）是存在于细胞质中的小 RNA 分子，如信号识别颗粒（signal recognition panicle，SLIP）组分中含有的 7S RNA。

微小 RNA（microRNA，miRNA）长度约 22nt，具有破坏目标特异性基因的转录产物或者诱导翻译抑制的功能，与转录基因互补，介导基因沉默（RNAi）。同时，参与基因表达、细胞周期等过程的调控。

小干扰 RNA（small interfering RNA，siRNA）激发与之互补的目标 mRNA 的沉默，siRNA 在 RNA 沉寂通道中起中心作用，是对特定信使 RNA（mRNA）进行降解的指导要素。siRNA 是 RNAi 途径中的中间产物，是 RNAi 发挥效应所必需的因子。

指导 RNA（guide RNA，gRNA）是一种有编辑功能的小分子 RNA，含 60 ~ 80 个核苷酸，指导在 mRNA 中插入或缺失 U，介导 RNA 的编辑过程。

eRNA，从内含子（introns）或非编码 DNA 转录的 RNA 分子，精细调控基因的转录和翻译效率。

端粒酶 RNA（telomerase RNA）是端粒酶的一个组成部分，由端粒酶 RNA 基因（TERC）编码。作为真核细胞染色体端粒复制的模板，参与染色体复制和维持其结构的完整性。

信号识别体 RNA（signal recognition particle RNA，srpRNA）是一种 RNA—蛋白质复合物，细胞质中与含信号肽 mRNA 识别，决定分泌的 RNA 功能分子。它是一种核糖核酸蛋白复合体，参与细胞中的分泌性蛋白质的转运，能够识别并结合刚从游离核糖体上合成出来的信号肽，暂时中止新生肽的合成，又能与其在内质网上的受体（即停靠蛋白质）结合而将新生肽转移入内质网腔，防止蛋白水解酶对其产生损害。

转移 - 信使 RNA（transfer-messenger RNA，tmRNA）既像 tRNA 可以转运氨基酸，又像 mRNA 作为编码多肽链的模板广泛存在细菌中，识别翻译或读码有误的核糖体，也识别那些延迟停转的核糖体，介导这些有问题的核糖体的崩解。

核糖核酸酶 P - RNA（RnasePRNA，pRNA）在 tRNA 前体和 rRNA 前体加工中发挥催化作用。真核的 RNase P RNA 在没有蛋白存在的时候是不具有催化功能的，细菌的 RNA 则相反——没有蛋白也同样可以催化底物。

mRNA 样 RNA（mRNA - like RNA）是一类没有典型阅读框、3′—端有多聚腺苷酸尾、不编码蛋白质的 RNA 分子，是细胞生长分化和胚胎发育的调节子。

长链非编码 RNA（long noncoding RNA，lncRNA）虽然与蛋白质合成无关，但能形成一定的二级结构，并调节蛋白质的活性。在生物体内，lncRNA 直接以 RNA 的形式在表观遗传调控、转录调控、转录后调控及细胞周期调控和细胞分化调控等多种层面上调控基因表达水平，在细胞核内表达量低时以顺式的形式作用，表达量高时则以反式的形式作用等。

与 Piwi 蛋白相互作用的 RNA（Piwi interacting RNA，piRNA）主要存在于哺乳动物的生殖细胞和干细胞中，通过与 Piwi 亚家族蛋白结合形成 piRNA 复合物（piRC）来调控基因沉默途径。对 Piwi 亚家族蛋白的遗传分析以及 piRNA 积累的时间特性研究发现，piRC 不仅在配子发生过程中起着十分重要的作用，还能维持生殖系和干细胞功能和调节翻译及 mRNA 的稳定性。

14.1.2.2 非编码 RNA 研究热点

非编码 RNA 即不能编码蛋白质的 RNA，主要包括小 RNA 以及长链 RNA，在细菌、真菌、哺乳动物等许多生物体的生命活动中发挥着极广泛的调控作用。目前越来越多的科学家开始关注非编码 RNA 的生物学功能及其与重大疾病的关系，人们逐渐意识到，非编码 RNA 的研究对了解基因调控、基因敲除、人类疾病防治及生物进化探索等都具有重要意义。

非编码 RNA 研究热点大致可以分为以下几类：

（1）非编码 RNA 及其相关基因的识别与鉴定；

（2）非编码 RNA 的结构与功能，如生物学功能、功能作用和生物学过程等；

（3）非编码 RNA 的表观遗传调控，如 DNA 甲基化、表观遗传修饰与表观遗传机制等；

（4）非编码 RNA 与疾病关联，如人类疾病、癌症病程和癌症疗法等；

（5）非编码 RNA 资源，如小 RNA、长非编码 RNA 和小干扰 RNA 等；

（6）非编码 RNA 相关技术及其应用，如 RNA 干扰、治疗靶标和潜在生物标志物等。

近年来非编码 RNA 领域的前沿变化特点包括：

（1）研究对象丰富多样，从 rRNA、tRNA 等“传统”非编码 RNA 发展到以 miRNA、lncRNA 和 circRNA 等种类与功能多元化的“现代”非编码 RNA；

（2）研究角度层次分明，既开展非编码 RNA 的系统识别、功能确定等基础研究，又进行非编码 RNA 资源平台建设及相关技术的开发；

（3）研究目标向应用转移，从非编码 RNA 的分子机制到以临床治疗、药物开发为导向的转化医学研究，研究目标与人类的健康需求结合得越发密切。

14.1.3 CRISPR/cas9 基因编辑系统

CRISPR/cas9 系统是继锌指核酸酶（ZFN）和转录激活因子样效应物核酸酶（TALEN）等技术后的第三代基因组编辑技术（其他编辑技术在第二节中进行了详细论述）。与其他基因组编辑技术相比，CRISPR/cas9 系统利用的是 RNA，使得实验变得较为容易和有效，因此，该系统在被发现后的短短几年内，就已经被应用于世界各地的实验室，成了热门的研究和应用领域（图 14-3），并分别被美国《Science》和《Nature Methods》杂志评选为 2013 年度的十大科学突破之一和近十年中对生物学研究最有影响力的方法之一。

14.1.3.1 CRISPR/cas9 基因编辑系统的发展史

CRISPR 酶最初发现于 20 世纪 80 年代，日本研究人员在大肠杆菌中发现有串联间隔重复序列，并于 2002 年被正式命名。2012 年，加州大学伯克利分校的 Doudna J A 等发现了一个比较简单的 CRISPR（TypeII）系统的机理，进一步阐明了 RNA 及目标 DNA 配对的原则，并分析了 cas9 作为核酸酶的活性位点，为 CRISPR/cas9 的应用奠定了理论基础。同年，她们也拉开了 CRISPR 编辑技术迅速发展和描述 CRISPR/cas9 功能的序幕。2013 年初，三个研究组几乎同时报道了 CRISPR/cas9 系统在哺乳动物细胞上的应用。其中，来自美国博德研究所的张锋团队通过证实它能够在真核细胞中起作用揭示了它的巨大潜力。目前 CRISPR/cas9 系统已经在基因功能研究、动物模型建立、基因治疗等领域得到广泛应用，有力地推动了相关领域的研究进展。2014 年，来自美国博德研究所和东京大学的科研人员生成了 CRISPR/cas 系统的关键组成部分——cas9 复合体的第一张高分辨率图像；同年，加州大学伯克利分校的研究人员证实 cas9 的基因组编辑能力是通过称作“PAM”（protospacer adjacent motif）的短 DNA 序列来实现的，解答了 cas9 基因组编辑的核心谜题。上述这些研究结果，有望帮助研究人员改良及进一步操控这一工具加速基因组研究，向更深层次地了解一些酶“编辑”基因的机制迈出了重要一步，为纠正患者的遗传疾病铺平了道路。2014 年，CRISPR/cas9 系统首次应用于遗传筛选，为寻找人类健康和疾病相关的基因功能开辟了无限的可能性。值得一提的是，北京大学的魏文胜研究员团队开发了一种基于 CRISPR 的策略结合深度测序分析的高效遗传筛选技术。与其他类似的技术比较，该方法具有更为广泛的细胞系适应性，对于功能性基因的筛选和鉴定具有十分重要的意义。

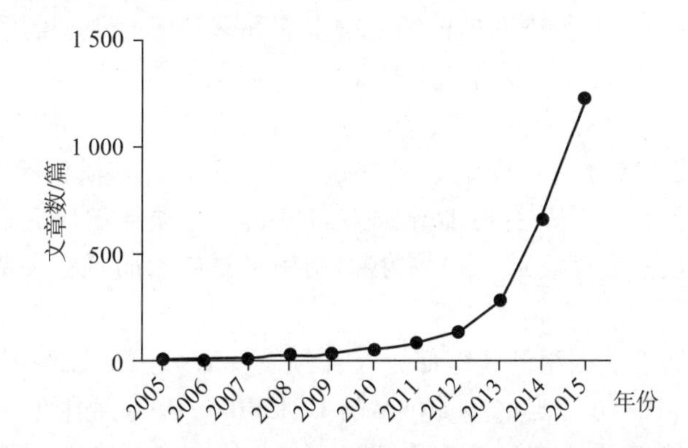

图 14－3　2005—2015 年 CRISPR 基因编辑系统文章数目

14.1.3.2　CRISPR/cas9 基因编辑系统最新研究大记事

CRISPR/cas9 基因编辑系统已被广泛应用于转基因动物的构建、疾病的发病机制研究以及疾病的治疗。这里将简要介绍最近 CRISPR/cas9 系统的前沿领域。

1. 利用 CRISPR/cas9 系统介导成纤维细胞直接转化为神经元。

传统诱导分化成为干细胞技术需要借助外源加入特定基因来实现，而来自美国杜克大学的研究人员开发出一种不再需要导入额外基因拷贝的策略。利用一种经过基因修饰的 CRISPR/cas9 基因编程技术直接激活已经存在于细胞基因组中的自然拷贝，从而将从小鼠结缔组织中分离出的成纤维细胞直接转化为神经元。且利用这种经过基因修饰的 CRISPR/cas9 方法实现小鼠胚胎成纤维细胞直接变成神经元的转化过程更加完全和更加持久。随着系统的不断完善，我们有理由相信，这些神经元能被用来构建疾病模型、发现新的治疗方法、开发个人化疗法以及开展细胞疗法。

2. 利用 CRISPR/cas9 系统治疗 HBV 感染。

乙型肝炎病毒（HBV）是一种 DNA 病毒，可导致肝硬化和肝癌的发生，给全球带来严重的健康负担。HBV 的基因组（rcDNA）进入到细胞核后，在病毒蛋白和宿主细胞因子的帮助下修复成共价闭合环状 DNA（cccDNA）。cccDNA 是乙肝病毒前基因组 RNA 复制的原始模板。只要还存在于肝细胞中，乙肝病毒 cccDNA 的复制就不会停止，并与病毒蛋白装配成新的完整 HBV 病毒颗粒，以芽生的方式再感染健康的肝细胞，从而导致乙肝复发。因此，清除肝细胞内的 cccDNA 是乙肝彻底治愈所必需的。CRISPR/cas9 系统为精确沉默 cccDNA 提供了有力工具。

目前，利用 CRISPR/cas9 系统治疗 HBV 感染，已取得一些重大进展。将筛选有效的 sgRNA 和 cas9 蛋白插入到慢病毒载体中，转导进整合 HBV DNA 到宿主基因组的人类肝细胞内，观察到 HBV 总 DNA 和 cccDNA 逐渐减少，在 36 天时 cccDNA 下降了 92%。他们还观察到 HBV 病毒基因表达和复制水平显著减少。利用 CRISPR/cas9 抑制 HBV 感染以及让 HBV cccDNA 功能性灭活。总之，已证实 CRISPR/cas9 系统是迄今为止在功能上让 HBV cccDNA 失活和提供一种慢性乙肝治愈疗法的最好途径。

3. 利用 CRISPR/cas9 靶向清除多种疱疹病毒感染。

疱疹病毒（Herpesviruses）有多种类型，如导致唇疱疹和疱疹性角膜炎的 1 型单纯疱疹病毒（HSV-1）；人巨细胞病毒（HCMV），最为常见的病毒性出生缺陷病因（当这种病毒由妈妈传播给胎儿时）；导致传染性单核细胞增多症和多种癌症类型的爱泼斯坦-巴尔病毒（Epstein-Barr virus，EBV，也被称作 EB 病毒）。在初始的急性感染后，这些病毒在它们的宿主体内建立终生感染，并导致唇疱疹、角膜炎、生殖器疱疹、带状疱疹、传染性单核细胞增多症和其他疾病。在潜伏性感染阶段，这些病毒长时间地保持潜伏状态，但是也具有偶尔重新激活的能力。这种重新激活有可能导致人们患病。一项新的研究揭示，利用 CRISPR/cas9 基因组编辑技术攻击疱疹病毒 DNA 能够抑制病毒复制，而且在一些情形下，能够导致病毒清除。

通过设计与疱疹病毒基因组的关键部分互补且发挥着分子地址作用的短 RNA 片段，即特异性的向导 RNA（gRNA）。当这些 gRNA 与 CRISPR/cas9 系统中发挥着分子剪刀作用的 cas9 结合在一起时，能够诱导在疱疹病毒 DNA 的特定位点上发生切割，随后诱导它们的 DNA 发生突变，从而破坏这些病毒。

4. 利用 CRISPR/cas9 改善遗传性失明。

视网膜色素变性患者是最常见的遗传性视网膜疾病，在疾病的早期阶段出现夜盲症，连同视网膜的萎缩和色素变化、视野缩小，最终失明。通过去除遗传缺陷治疗遗传性疾病，可阻止患有遗传性失明的大鼠的视网膜变性。研究人员设计了一个 CRISPR/cas9 系统，来去除一个基因突变——该突变引起眼睛中的感光细胞缺失。将这个系统注入年轻的实验室大鼠体内，这种大鼠已被改造成模拟一种涉及该基因突变的遗传性视网膜色素变性，呈常染色体显性遗传。单次注射后，通过视动反射测量——包括转动头部响应运动不同亮度的条纹，与对照组动物相比，这些大鼠的视力变得更好。

CRISPR-cas9 系统正在逐渐成为一个对基因表达进行序列特异性调控的多功能平台。CRISPR-cas9 基因组编辑技术，是进入 21 世纪后影响深远的遗传学研究技术，它大大推动了生命科学相关领域的研究，促进了生物学的发展。在生命科学基础研究、生物技术和医药领域有广泛的应用前景。利用 CRISPR-cas9 系统研究治疗重大疾病的研究已然成为当前研究热点，自 2012 年 CRISPR-cas9 系统正式应用于基因编辑，已推动生命科学迈上了一个新的台阶。

14.1.4　表观遗传学

随着后基因组时代的到来和成果的产出，人们越来越深入地认识到，生物体除了具有编码的遗传信息外，还存在大量隐藏在 DNA 序列之中或之外的遗传信息，这些高层次基因组信息如非编码 RNA、DNA 甲基化和组蛋白共价修饰系统构成的组蛋白密码等，统称为表观遗传学（epigenetic）信息。表观遗传学探讨在不发生 DNA 序列改变的情形下由 DNA 甲基化、组蛋白修饰、非编码 RNA 作用等，产生基因组印记、母性影响、基因沉默、核仁显性、休眠转座子激活等效应，使基因功能发生可遗传的变化，并最终导致表型变异的遗传现象及本质。编码遗传信息提供了生命必需的蛋白质模板，表观遗传学信息提供了何时、何地、以何种方式去应用遗传信息的指令。因此，有关表观遗传修饰和调控的研究已成为生命科学的研究热点和发展前沿。

14.1.4.1　表观遗传学的发展历史

1939 年生物学家 Waddington C H 首先在《现代遗传学导论》一书中提出了“epigenetics”这一术语，他认为表观遗传学是研究基因型产生表型的过程。1942 年他把表观遗传学定义为“生物学的分立，研究基因与决定表型的基因产物之间的因果关系”。1975 年 Holliay R 对表观遗传学进行了较为准确的描述，他认为表观遗传学不仅在发育过程，而且应在成体阶段研究可遗传的基因表达改变，这些信息能经有丝分裂和减数分裂在细胞和个体世代间传递，而不借助于 DNA 序列改变，也就是说表观遗传是非 DNA 序列差异的核遗传。1990 年，他对表观遗传学的定义为“研究复杂生物发育过程中基因活动的时间和空间上机制的学科”。1996 年，美国遗传学家 Athur Riggs 等将表观遗传学定义为“在不改变遗传序列的情况下，基因在功能上因有丝分裂或减数分裂而发生的遗传变化”。2007 年，英国遗传学家 S A Bird 将表观遗传学定义为“染色体区域结构的调整，导致表达、发出信号或保持改变的活动状态”。2008 年，在冷泉港学术会议上，公认表观遗传学的特性为“在 DNA 顺序没有发生改变的情况下，染色体变化导致稳定遗传的表型”。此外，2013 年美国国立卫生研究院（NIH）根据表观遗传学研究方面的外延，认为表观遗传学既包括细胞或个体基因活动和表达的遗传变化，也包括在细胞转录潜在水平上稳定、长期且没有遗传的变化。

14.1.4.2　表观遗传学的研究内容

表观遗传调控是指转录前基因在染色质水平上的结构调整，是真核基因组一种独特的调控机制（图 14-4），因此，表观遗传调控又被称为以染色质为基础的基因表达调控。这里我们仅简要介绍当前表观遗传的研究内容。

表观遗传有三个密切相关的含义：

①可遗传的，即这类改变通过有丝分裂或减数分裂，能在细胞或个体世代间遗传；

②可逆性的基因表达调节，也有部分学者描述为基因活性或功能的改变；

③没有 DNA 序列的变化或不能用 DNA 序列变化来解释。

当前表观遗传学研究内容包括 DNA 甲基化表观遗传学（DNA methylationbased epigenetics）、染色质表观遗传学（chromatin based epigenetics）、表观遗传基因表达调控（epigenetic gene regulation）、表观遗传学变异（epigenetic variation）、表观遗传基因沉默（epigenetic gene silencing）、细菌的限制性基因修饰（restriction modification in bacteria）、DNA 甲基化在发育中的作用（developmentary role of DNA methylation）、表观遗传在进化中的

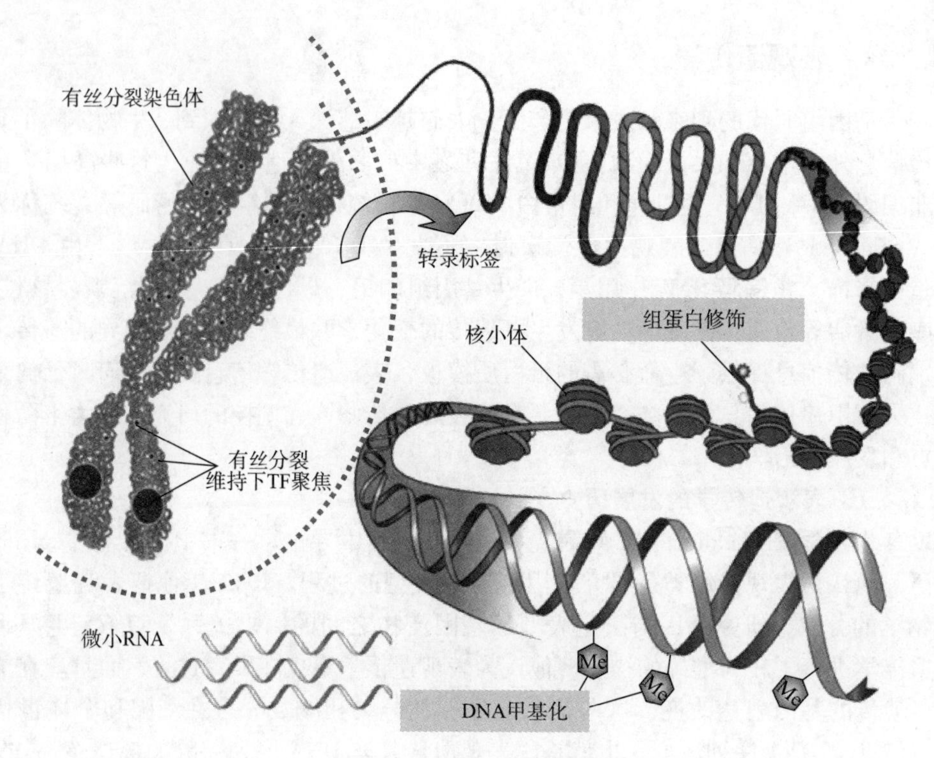

图 14－4　表观遗传学机制

作用（evolutionary role of epigenetics）等方面。

表观遗传学研究的具体内容主要分为两大类：基因选择性转录表达的调控，基因转录后的调控。其中，基因选择性转录表达的调控包括：DNA 甲基化、基因印记、DNA 甲基化与转座子的稳定性、组蛋白共价修饰、染色质重塑、随机染色体（X）失活和假基因等；基因转录后的调控则主要包含非编码 RNA、内含子和核糖开关等。

14.1.4.3　表观遗传学与疾病

1. 表观遗传学与肿瘤。

表观遗传学的基因调控着正常与异常细胞，因此与疾病的产生息息相关，尤其是肿瘤。目前，对于肿瘤的治疗，越来越多地通过表观遗传现象，做出定向判断，更加明确地进行靶向目标治疗。Kundson 提出异常的 DNA 甲基化是肿瘤抑制基因失活的机制。许多研究认为启动子区甲基化是导致肿瘤抑制基因功能丧失的原因。基因启动子区的 CpG 岛在正常状态下一般是非甲基化的，当其发生甲基化时，常导致基因转录沉默，使重要基因如抑癌基因、DNA 修复基因等丧失功能，从而导致正常细胞的生长分化失调以及 DNA 损伤不能被及时修复，这在肿瘤的发生和发展过程中起到了不容忽视的作用。如胃癌、结肠癌、乳腺癌和肺癌等众多恶性肿瘤都不同程度地存在一个或多个肿瘤抑制基因 CpG 岛甲基化。此外，细胞的大量去甲基化影响染色体的稳定性。整个基因组中很多区域普遍存在低甲基化现象，主要发生在 DNA 重复序列中，如微卫星 DNA、长散布元件（LINES）、Alu 顺序等。这种广泛的低甲基化会造成基因组不稳定，并与多种肿瘤如肝细胞癌、尿道上皮细胞癌、宫颈癌等的发生有关。

表观遗传学对肿瘤的作用不仅限于肿瘤早期转化，也影响到肿瘤转移。DNA 甲基化和组蛋白修饰的表观遗传学模式的破坏可解释部分转移相关基因表达的改变。基因表达的变化可能是由于表观遗传学修饰直接或通过影响染色质间接改变了基因转录水平。此外，表观遗传学机制不仅调节经典的肿瘤和转移相关基因，而且调节参与肿瘤发生与发展相关的 miRNA 基因。随着研究的深入，基于表观遗传修饰的肿瘤机制逐渐被阐明，为肿瘤的诊治提供了新的契机。

2. 表观遗传与自身免疫性疾病。

表观遗传机制对免疫系统的正常发育和功能有重要的作用。如果外界因素影响使表观遗传在免疫反应中出现不平衡会导致基因异常表达，使免疫系统紊乱，在有些情况下可以导致自身的先天性免疫疾病的发生。T 淋巴细胞在生命的不同时期表达是不同的，表观遗传在调控特定基因的表达中起着重要作用。Th1 细胞中的 IL－4、Th2 细胞中的 IFN－γ 和 $CD4^+$ 细胞中的穿孔蛋白，都涉及 DNA 甲基化的改变，去甲基化会导致这些基因的表达。此外，ITGAL 和 TNFSF7，是靠启动子区侧面的甲基化修饰。甲基化方式紊乱会改变 T 细胞基因表达和免疫功能，从而导致狼疮、皮肤病等自身免疫性疾病的发生。另外，DNA 甲基化酶的突变会导致先天性免疫缺陷综合征。

免疫系统作为人类的防御屏障，在人类与环境的斗争中留下了诸多痕迹。所以免疫系统可作为研究表观遗传的模式材料，研究环境变化造成的表观遗传修饰改变，从而阐明表观遗传修饰在生物体生长发育中的调节作用，为免疫学研究开拓新领域。

3. 表观遗传与心血管疾病。

研究发现表观遗传学在心血管疾病发生与防治中具有深远意义。表观遗传学在阐明基因和环境相互作用、改变疾病进程等方面发挥了重要作用。如 DNA 低甲基化促使血管平滑肌细胞增殖及纤维沉积，从而致使动脉粥样硬化恶化，同样外部损伤也会引起新生血管内膜组织 DNA 低甲基化。外周血的低甲基化可使参加免疫和炎性反应的细胞过度增殖从而加重动脉粥样硬化时的炎性反应。对心血管疾病的表观遗传学机制深入研究，有利于制定心血管疾病的有效防御策略，同时表观遗传变化的可逆性，为采用控制饮食及其他环境手段干预心血管疾病的进程提供了新的方法。结合表观遗传学理论，进一步研究高脂饮食等外环境改变所致心血管疾病 DNA 甲基化、组蛋白修饰和染色体重塑等表观遗传学规律，将有助我们了解基因－环境相互作用的心血管疾病发生机理，进而指导心血管疾病的治疗和新药的研发。

4. 表观遗传与精神疾病。

已证实，表观遗传在抑郁、成瘾、双向情感障碍、孤独症、精神分裂等精神类疾病发病机制中起重要作用。如，有学者发现 DNA 甲基转移酶 1 mRNA 在精神分裂症患者端脑 GABA 能神经元选择性高表达。此外，有研究发现，在动物实验中探索到 reelin 基因甲基化突变与动物类精神分裂症症状表型密切相关。精神疾病表观遗传学相关研究将是精神疾病病因学研究的又一切入口，它是联系个体与环境的一个纽带，是稳定的基因在多变环境中适应性反应的途径和载体，致病性甲基化改变对外环境、内环境改变较敏感，也能成为药物作用的新靶点。表观遗传的研究将带来临床治疗的新途径，表观治疗药物将比现在基于症状治疗的药物拥有新的、潜在的、实质性的高效性和低不良反应发生率，进一步将表观遗传与遗传机制相结合的深入研究将为精神疾病的病理机制研究揭开新的一页。

5. 表观遗传与代谢综合征。

代谢综合征是多种代谢成分异常聚集的病理状态，包括：腹部肥胖或超重；动脉粥样硬化血脂异常（高甘油三酯（TG）、血症及高密度脂蛋白胆固醇（HDL－C）低下）；高血压；胰岛素抗性及/或葡萄糖耐量异常；有些标准中还包括微量白蛋白尿、高尿酸血症及促炎症状态（C－反应蛋白 CRP）增高及促血栓状态（纤维蛋白原增高和纤溶酶原抑制物－1，PAI－1）增高。在代谢综合征的发展过程中表观遗传修饰具有重要作用。表观遗传机制对于环境或营养影响是易感的，表观遗传修饰是生命早期程序化的机制之一。DNA 甲基化、组蛋白翻译后修饰、ATP 依赖的染色质修饰、RNA 编辑和非编码 RNAs 等表观遗传变化均在胎儿程序化中起作用。妊娠期间限制蛋白质会提高小鼠后代中胰腺细胞凋亡的速率，导致胰腺 B 细胞量降低和破坏下一代胰腺的发育。在成年动物中，一些基因甲基化方式的改变影响代谢综合征发展。衰老过程中随着时间不断累积的 DNA 甲基化可能会通过降低某些基因的反应度而加速Ⅱ型糖尿病的发展。另外，碳水化合物含量低的食物会诱导酮体生成，从而保护神经并增强神经元对氧化损伤的抵抗力，代谢控制的组蛋白乙酰化被认为是这一过程的主要机制。这些 DNA 甲基化和组蛋白乙酰化修饰往往发生在生命周期的第一周并一直持续到成年。此外，研究证实，糖尿病和肥胖是与遗传印记变化密切相关的疾病。

6. 表观遗传学与衰老。

表观遗传和衰老的关系早在 1967 年 Berdyshevetal 就指出全基因组 DNA 甲基化在驼背大马哈鱼中随着年龄的增加而减少；1973 年 Vanyushinetal 指出大脑和心脏中的胞嘧啶甲基化随着年龄的增加而减少，此外，变异的老鼠组织和人的支气管上皮细胞的甲基化随着年龄的增加逐渐减少，同样，人的白细胞的甲基化水平也随着年龄的增加而减少。除了全基因组 DNA 甲基化，一些特异位点也会随着衰老而出现甲基化。因此，随着衰老会出现两种甲基化变化，一个是全局 5－胞嘧啶甲基化的减少，另一个是特异位点的甲基化。其他的表观遗传现象，如组蛋白修饰也随着衰老而变化。

14.1.5 癌症生物学——奋斗在人类健康第一线

癌是一个大的疾病家族的统称，涉及异常的细胞生长和潜在的入侵或扩散到身体其他部位，是恶性肿瘤的统称。癌细胞往往具备以下六个特征：

（1）细胞生长和分裂缺乏适当的信号；

（2）连续生长和分裂，甚至给出了相反的信号；

（3）避免程序性细胞死亡；

（4）无限数量的细胞分裂；

（5）促进血管构建；

（6）组织浸润和转移灶形成。

癌症是影响人类健康的主要疾病之一，大约三分之一的癌症死亡源自五种主要行为和饮食危险因素：高体重指数、水果和蔬菜摄入量低、缺乏运动、使用烟草及饮酒。烟草使用是最重大致癌风险因素，它导致约 70% 的肺癌死亡。乙肝病毒和丙肝病毒以及人乳头瘤病毒等致癌感染导致的死亡病例在低收入和中等收入国家多达 20%。在未来 20 年中，估计每年癌症病例将由 2012 年的 1 400 万上升到 2 200 万。显然，癌症已然成为影响人类健康的幕后黑手，是各国科学研究的热点。

14.1.5.1 癌症生物学的发展史

2500 年前，当古希腊医师希波克拉底给恶性肿瘤命名为 καρκίνος（意为螃蟹或小龙虾，英文译为 cancer，中文译为癌）的时候，仅仅是对病人体表可见的恶性肿瘤做了形态上的描述：恶性肿瘤通常从中心的肿块向周边伸出一些分支，状如螃蟹。然而，希波克拉底不知道的是，更多的情况下，癌症可以发生在人体的不同组织和器官，隐藏于机体的深处。因此，从某种意义上说，癌症不是一种，而是一百多种病变的总称，但所有这些病变有一个共同的特征：病变细胞的增殖脱离机体的控制，而且这些失控的细胞会毫不顾忌地入侵身体的其他部分。

千百年来，人类对癌症的病因、病理和治疗的研究和思考从来没有停止过。直到 20 世纪中叶，科学家将癌症的发生与人类细胞染色体的异常联系起来，最终将癌症归因于体细胞遗传密码的改变——基因突变，才让人类对癌症有了生物学本质上的认识：是基因突变，让原本正常的细胞摆脱机体内环境的控制，肆意扩增，如脱缰野马，破坏机体正常的组织和器官。由此衍生出一门新兴学科——癌症生物学，它旨在探究与癌症相关的基因表达变异以及癌症的生物学特性，进而为我们提供更多切实可行的癌症预防策略。世界卫生组织曾提出了控制癌症的 3 个 1/3 的战略：即 1/3 的癌症可以预防；1/3 的癌症可以早期发现而治愈；另外 1/3 的癌症病人可以运用现有的医疗措施延长生命，改善生存质量。由此可见，肿瘤预防在降低发病率、提高治愈率、改善病人生存质量以及降低病人死亡率中的重要性。无独有偶，“健康中国 2020”战略也提出坚持以预防为主，并强调要加强国际交流合作，充分吸纳和利用各种国际资源。

随着全球化进程的加快，科研数据逐步实现全球范围内共享，为癌症的预防与诊治提供了契机。近年来有关癌症的研究日新月异，收到更多青睐，各国设立了专门的癌症研究基金，资助资金与项目也在逐年攀升，有理由相信，21 世纪人类将可能攻克癌症。

14.1.5.2　癌症生物学重要进展

近年来有关癌症的研究数不胜数，取得了众多可喜的进展，可参考 R A Weinberg 主编，詹启敏、刘芝华主译的《癌生物学》，这里我们仅就近年取得的一些重要进展做一简单介绍。

1. 癌症与端粒酶基因调控有关。

1997 年，科学家们发现了一个他们认为是细胞不死关键原因的基因，端粒酶逆转录酶（TERT）是端粒酶的催化亚单位。尽管细胞永生听起来不错，但实际上它是癌性肿瘤在癌症患者体内生长和繁殖的方式。近年，科学家发现控制 TERT 基因表达的调控区域的基因发生突变，这些突变出现在黑色素瘤、脑癌、肝癌和膀胱癌等许多癌症中。说明癌症与端粒酶基因调控有关。

2. 癌症免疫疗法。

在过去的 10 年中，癌症免疫学研究有了重大的发展。新的理论和认识发展出很多癌症治疗的新策略，并运用到临床试验中。作为最终攻克癌症的希望之一，免疫治疗已经成为了该领域的研究热点。2010 年美国 FDA 批准首个治疗性肿瘤疫苗 Provenge 用于治疗晚期前列腺癌，经过临床实验，表明这项治疗可以延长患者生命四个月。2011 年 FDA 又批准了负向共刺激因子抑制剂的单克隆抗体 ipilimumab，用于治疗转移性黑色素瘤，并取得良好的治疗效果。2014 年 5 月 PD-1 免疫检查点抗体 nivolumab 疗法也被 FDA 认定可用于治疗自体干细胞移植和 brentuximab 失败的霍奇金淋巴瘤（HL）患者的治疗。2015 年科学家利用个性化疫苗来集结病人的 T 细胞对抗其癌肿中的特定突变，他们为三位不同黑色素瘤病人定制的一种新型疫苗初步成功地为患者增多了抗癌 T 细胞的数量。虽然，癌症的免疫疗法存在着诸多争议，但其依旧具有广阔的前景。

3. 癌症干细胞。

在第 4 章中提到肿瘤组织中存在具有无限增殖能力的肿瘤干细胞，这些细胞相当于癌症的种子，能抵抗化疗并在多年后导致癌症复发，特异性靶标这些细胞，就可以控制住癌症(图 14－5)。研究证实，在乳腺中癌症干细胞和正常干细胞起源于不同的细胞类型，它们接入了不同但相关的干细胞程序。这些干细胞程序之间的差异非常显著，未来的治疗或许可以利用这些差异。

了解了肿瘤来源于异常细胞分化的机制，就可以使用诱导肿瘤细胞分化作为治疗肿瘤的一种策略。该策略通过设计分化诱导剂，诱导肿瘤细胞分化成正常细胞。目前已有众多的实验和临床研究。例如使用全反式维甲酸对人急性早幼粒细胞性白血病的诱导分化治疗，全反式维甲酸可以诱导白血病细胞沿着粒细胞分化渠道分化。有人甚至提出可以诱导肿瘤细胞形成干细胞或成熟细胞，使之成为干细胞来源的一个渠道，应用于临床的细胞替代疗法。

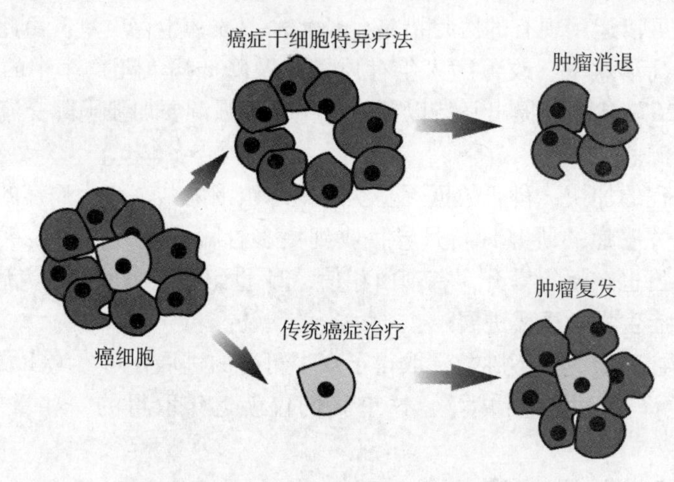

图 14－5　癌症传统疗法与干细胞疗法

4. 癌症是进化产物。

一项发表在《Proceedings of National Academy of Sciences》上的研究阐明，健康的组织生态系统促使健康细胞战胜癌变细胞，当组织生态系统发生变化，如老化、吸烟或者受其他压力影响时，癌变细胞可迅速适应变化后的环境，并在自然选择中一代又一代传承。这种肿瘤形成的新思路对癌症治疗和药物设计有深远的影响。同时，还有很多研究也侧面支持这一观点，包括微环境支持肿瘤发生的学说等。这就使得我们不得不从进化角度考虑抗癌计划，重新审视癌症。

5. 癌症精准治疗。

蛋白质的遗传编码可以使得我们对组织深处的生物学过程进行成像并且靶向追踪，而蛋白质的光控开关特性也可用作新的成像功能；BphP1 蛋白可以感知不同类型的光，同时相应改变其吸收特性，这种特性就可以帮助研究者利用两种类型的光：红光或近红外光来获取癌性组织的成像结果，同时也可以对成像结果进行对比来获取癌细胞高度敏感性及高分辨率的成像结果。研究者通过遗传性地修饰胶质母细胞瘤细胞使其表达 BphP1 蛋白，利用光声层析成像（Photoacoustictomography）在组织 1cm 深处清楚地观测到成百上千个活的癌细胞，相比较传统药理学方法以及化疗、放疗，这种使用光激活攻击癌细胞的免疫细胞淋巴球来消灭癌细胞的疗法，更为精确，且副作用小。此外，来自曼彻斯特大学等地方的科学家通过研究开发了一种新型成像检测技术，可以在肿瘤扩散之前帮助医生们鉴别出更多危险的肿瘤，并且指导临床治疗。

14.1.6　神经科学——脑科学

大脑被称为人体中最复杂、最难解的器官。脑科学是当前国际重要科技前沿，其对人类健康意义重大，是国际科技界必争的重要战略领域。2013 年 4 月 2 日，美国总统奥巴马宣布启动脑科学计划（Brain Initiative）。随即欧盟委员会宣布将“人脑工程”列入未来新兴技术旗舰（Future and Emerging Technology Flagship）计划。日本、德国、英国、瑞士等国也都先后推出本国的脑科学研究计划。我国的脑科学计划已通过，并有望在今年启动。

14.1.6.1　脑科学发展史

早在古代，人们对大脑就充满好奇，文艺复兴大大推动了对脑认识的革新，从达·芬奇的脑室图到威利斯的《大脑解剖》，经过文艺复兴的催化，脑科学逐渐成长。19 世纪末意大利科学家戈尔基（Golgi）与西班牙科学家卡哈尔（Cajal）发明的神经细胞染色法——高尔基染色，在技术上为脑科学的飞速发展准备了前提条件。人脑研究已经走过了辉煌的百年，在过去的一百年中，全球有 34 位顶级神经科学家共计 17 次荣获诺贝尔生理学或医学奖。20 世纪末是推动脑科学快速发展的时期，脑科学迎来了春天，1990 年由美国发起的“脑的十年”，在国际上引发和推动了对脑的广泛研究，在欧洲也发起了一场相似的运动，欧共体在 1991 年成立了“欧洲脑的十年”委员会。在我国，“八五”期间“脑功能及其细胞和分子基础”的攀登计划也取得了可喜成果。日本启动了面向 21 世纪的 20 年的“脑科学时代”计划——提出了脑科学的宏伟的战略目标：通过阐明智力与思维的脑机制来“理解脑”；通过延缓衰老和治疗神经性和精神性疾病来“保护脑”；通过发展类脑风格的人工智能和神经计算系统来“创造脑”。短短数百年间，神经科学已经发展成 21 世纪中一门最为重要的前沿尖端科学。

进入 21 世纪，世界范围内掀起新一轮脑科学热潮，2013 年美国启动“通过推动创新型神经技术开展大脑研究”计划，暨探索人类大脑奥秘的脑计划，该项目旨在通过创新型技术的开发以及应用，从而能更好地理解大脑的功能特征，帮助人类攻克阿尔兹海默综合征、帕金森综合征以及其他大脑顽疾。欧洲脑计划紧随美国之后启动，该计划联合欧洲 26 个国家、数百个实验室，预计耗时 10 年，耗资 12 亿欧元。紧随美国和欧盟之后，日本也宣布其脑计划，旨在理解大脑如何工作以及通过建立动物模型，研究大脑神经回路技术，从而更好地诊断以及治疗大脑疾病。中国的脑计划有望年内启动，名称为“脑科学与类脑科学研究”，旨在解决：

（1）大脑对外界环境的感官认知，即探究人类对外界环境的感知，如人的注意力、学习、记忆以及决策制定等；

（2）对人类以及非人灵长类自我意识的认知，通过动物模型研究人类以及非人灵长类的自我意识、同情心以及意识的形成；

（3）对语言的认知，探究语法以及广泛的句式结构，用以研究人工智能技术。

14.1.6.2 脑科学重要进展

复杂的脑科学离我们并不遥远，脑科学的研究成果已经开始改变我们的生活，我们已经开始逐渐了解大脑是如何工作的，了解了各种奇怪病症是脑的哪里出了故障，我们将这些脑科学成果应用到现实生活，使大脑“黑箱”不再那么神秘。相信在不久的将来，脑科学成果还会对我们普通人产生更加深刻的影响。

随着各国脑计划的实施，人类已取得一系列可喜成果，这里简要介绍其中一部分较具影响力的重要进展。

1. 大脑功能的实施。

科学家们绘制了大脑的语义地图，可以将不同的词汇定位到理解它们的大脑区域。为了更好地理解大脑是如何处理语言的，研究人员运用功能性核磁共振成像（fMRI）绘制聆听讲故事的人们的大脑地图，可以准确地预测参与者听新故事时的神经反应。这些反应在不同的个体之间，竟然惊人地相似。另一个令人吃惊的发现是，所研究的个体的脑半球之间，在语言的理解方面的功能性对称。此外，海马参与引导了我们去我们想去的地方，网格细胞被用于与海马体交互作用的内嗅区皮质创建一个虚拟地图，科学家们探索了大脑的哪些部分参与旅行时的导航，结果发现远比原先知道的海马和网格细胞要广泛和复杂。

2. 大脑神经元基因转录。

该项研究成果可做到在哺乳动物的大脑中对基因表达精确定量并定位检测。作为方法学的革新，它使大脑所有的区域基因表达定位成为可能。人脑细胞用来从 DNA 到 RNA 转录遗传信息和产生蛋白的分子有惊人的多样性。研究人员通过从人的大脑中分离单个神经元细胞核进行分析来完成这一壮举，这将促进对正常脑和疾病的认识。

3. 大脑皮层神经元连接网络。

即便是大脑中最简单的神经元网络也是由数百万的连接所构成，探究这些庞大的网络对了解大脑的运作机制至关重要。利用超薄脑切片和三维重建，科学家们发现，完成相似任务的神经元比执行不同任务的神经元更有可能彼此连接。并且，尽管与执行完全不同功能的许多其他神经元缠结在一起，这些相似神经元连接更大。此外，利用功能性核磁共振成像（fMRI）技术，David Van Essen 团队根据皮质的厚度、响应刺激的反应等将左右大脑半球划分为 180 个区域。这种大脑地图的绘制，可指导神经系统或精神疾病的治疗。例如不同类型的老年痴呆症，是以不同的大脑区域的退化为特征的。临床医生可以根据受影响的区域，或监测治疗的反应来使用个人脑图进行个性化治疗。参见图 14－6。

4. 神经胶质细胞的新作用。

神经胶质细胞一向不太受人重视。与神经元不同，它们之间没有生物电通信，数百年来，科学家认为这些细胞虽然在大脑中含量丰富，但仅仅作为包装材料进行大脑的辅助功能。“科学家认为比起令人兴奋的神经元来，它们是无关紧要的迟钝细胞，” NIH 的 Fields 说。然而，新的成像方法终于给了科学家研究胶质细胞的机会，他们发现，在记忆和学习等重要的大脑功能中，神经胶质细胞起着关键作用。这是个全新的领域。神经胶质细胞更为复杂和多样，并不像神经元，他指出，“胶质细胞的作用不同于神经元，这意味着，我们必须了解它们。”

5. 神经移植。

当人们因为受伤、疾病或者中风，导致大脑某处十分关键的部位受到损伤时，恢复治疗

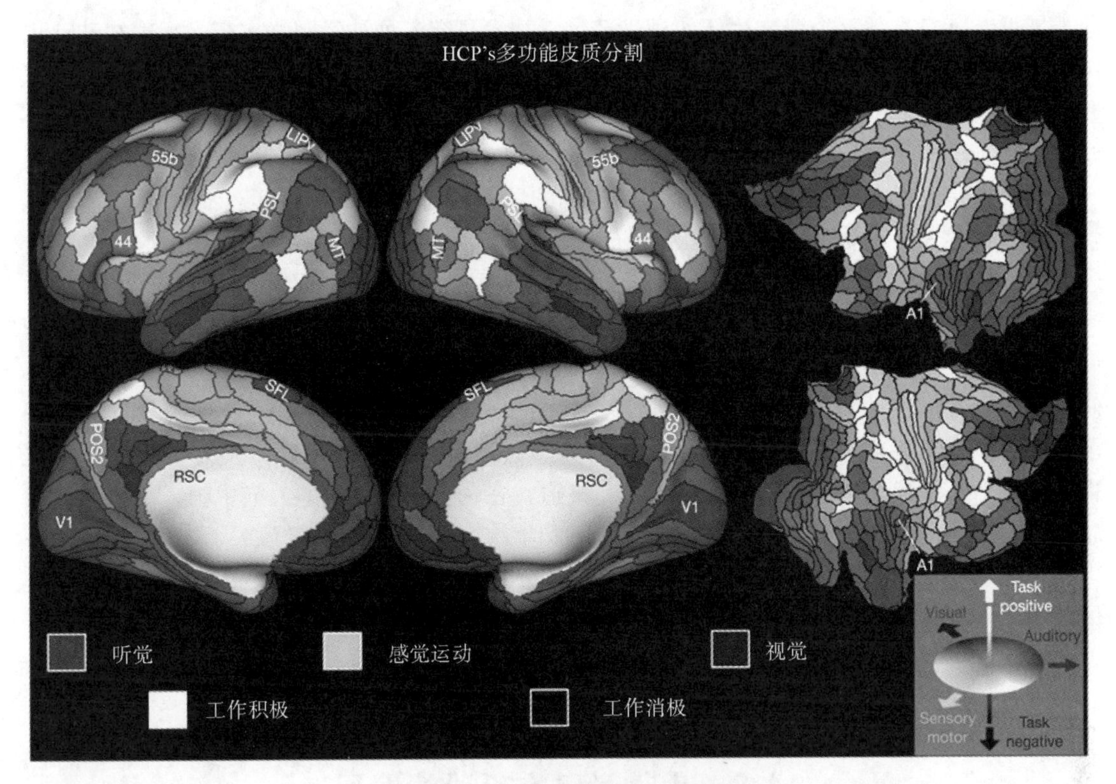

图 14－6　人脑皮质新分区示意图

会变得相当困难。此时，神经移植技术也许将成为修复大脑损伤的唯一手段。历史上第一个被广泛使用的可移植神经装置是人造耳蜗，一个在 20 世纪 80 年代开始推广的内耳装置。劳伦斯－利弗莫尔国家实验室中心生物工程科主任 Satinderpall Pannu 这样评价道："在过去的十年里，由于半导体制造业的飞速发展，人造耳蜗的音质得到了大幅度的提升。"人工耳蜗已经让全球超过 25 万人恢复了听觉，而刚刚投入医疗使用的人工视网膜将有同样广泛的应用。2011 年，第一个人工视网膜移植手术获得了临床实验成功。该技术在 2013 年正式投入市场，为广大退化性眼部疾病患者带来福音。

其他的神经移植治疗技术，比如大脑深度刺激法和迷走神经刺激法，为深受脑部顽疾困扰的患者，比如帕金森病患者和癫痫患者，带来了前所未有的希望。近来，研究者们正在探索这些新技术在最常见的精神疾病中的应用，比如抑郁症、强迫症、成瘾和疼痛等。现在的神经移植技术已经改变了利用电流对大脑特定区域刺激的传统方式。Pannu 还大胆地预测了未来的神经治疗图景——利用释放化学物质来修复造成大脑疾病的神经紊乱，这样就可以治疗很多棘手的疾病。

6. 光遗传技术。

2005 年，斯坦福大学的 Edward S Boyden 和 Karl Deisseroth 教授在《Nature Neuroscience》发表的一篇论文提出可以通过光线像开关一样高精度地激活或抑制实验个体的神经元，由此光遗传技术应运而生。

将光敏分子植入某一类脑细胞，它们只能控制特定类型的神经元和神经网络。通过光照，使这些脑细胞激活或抑制特定神经元，从而阐明它们与行为和精神疾病的关系。在过去的十年里，已经有数百个研究团体使用光遗传学技术研究各种神经网络在行为、感知和认识过程中的作用。在未来的研究中，光遗传学技术将向人们揭示大脑细胞如何产生感情、思想和运动，以及它们的功能紊乱如何导致精神疾病。

7. 大脑植入式设备。

脑科学是人类理解自然界现象和人类本身的“最终疆域”，是21世纪最重要的前沿科学之一。科学界甚至认为，把研究人脑的神经科学称为“人类科学最后的前沿”也毫不为过。大脑植入式设备已经应用在一些神经性疾病的病人中，并取得了比药物更安全的效果。当患者受到创伤性脑损伤后，医生需要监测其大脑内外压力防止进一步的脑损伤。但是监测设备过于庞大，需要连接患者、监视器。近期，伊利诺伊大学厄巴纳 - 香槟分校（UIUC）研究团队研发出一种新型的大脑植入芯片，代替了大体积的医疗设备。这种芯片，可以记录、传输大脑温度、压力等生理指标，可溶解。通过借助无线传感器，大大简化了医疗过程，且提高了医疗安全性。此外，一项最新报道，在一个四肢瘫痪的人脑中植入微芯片，微芯片从大脑发出信号给肌肉，允许他活动右手和手腕，已获得成功。

脑科学的知识将奠定即将到来新时代之基础。凭这些知识我们可医治大量疾病，建造模仿脑功能的新机器，而且更深入地理解我们自己的本质以及我们如何认识世界。在各国脑计划的推动下，越来越多的脑研究新成果与我们见面，为我们了解自我提供了新的希望，也为众多重大疾病的诊治提供了新的理论与技术支撑。

14.2 生物学研究手段的发展

生物学的发展与数学、物理、化学等学科的发展相辅相成，物理、数学的发展为生物学研究提供了技术发展理论依据。生物学研究已然从最初的利用人眼和显微镜观察的宏观层面，逐步过渡到基于基因代谢的分子层面；从个体泛泛研究过渡到细胞分子的精细化研究。生物学研究技术逐渐趋于成熟，诸如电生理技术使我们对细胞膜电信号有了一个直观的认识，钙成像、病毒示踪等技术实现了细胞的实时监视等。本节就目前较为火热的膜片钳技术、光遗传、钙成像，从定义、优缺点和应用方面作一系统阐述，旨在为读者提供一些简单明了的知识背景。

14.2.1 膜片钳技术概述

膜片钳技术被称为研究离子通道的“金标准”，是研究离子通道的最重要的技术。自1976年德国马普生物物理化学研究所 Erwin Neher 和 Bert Sakmann 博士创建膜片钳技术以来，它给电生理学和细胞生物学的发展乃至整个生物学研究带来了一场革命。该技术在生物学领域里的广泛应用已成为现代生物学的主要内容之一。膜片钳技术能活灵活现地观察到一个蛋白质分子的生理活动，膜片钳技术对离子通道的功能及细胞的调控研究起到了巨大的推动作用，其为阐明离子通道病的发病机理并预示治疗的新途径提供了有效可靠的研究方法。

1. 膜片钳技术（patch clamp techniques）的原理。

早期的膜片钳技术是指：通过微电极与细胞膜之间形成紧密接触的方法，采用电压钳或电流钳技术对生物膜上离子通道的电活动进行记录的微电极技术（图 14 – 7）。随着膜片钳技术的发展，不仅对离子通道电流进行记录，还可对转运体、离子泵等电流进行记录；此外，还可进行细胞内注射、细胞内容物的抽取，等等。

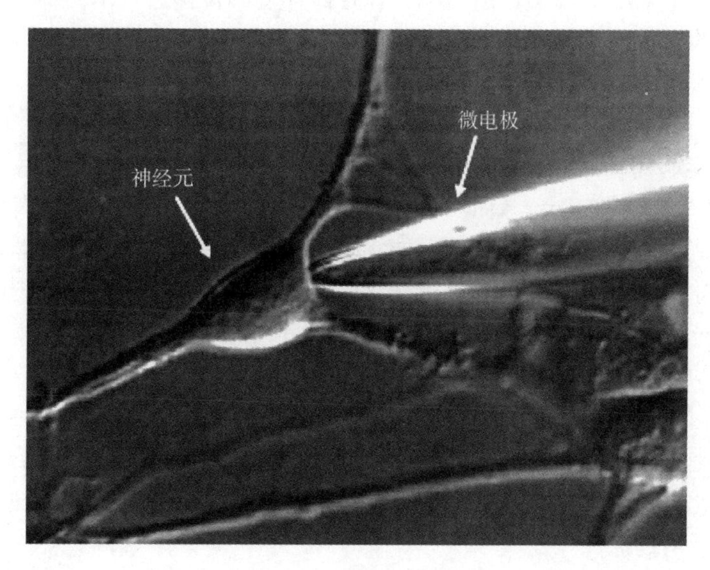

图 14－7　微电极技术

膜片钳技术的基本原理是，轻轻地将玻璃微电极接触在细胞膜表面，给电极尖端施加负压，这样在玻璃电极尖端与膜之间就形成了紧密接触，即高阻封接（gigaohm seal），其电阻达 $10^9\Omega$ 以上，使离子不能从玻璃电极尖端与膜之间通过，只能从膜上的离子通道进出。这样通过膜片钳放大器就可将电流信号捕捉到，并记录到计算机中。

2. 电压钳技术（voltage clamp techniques）。

电压钳技术是在细胞内记录的基础上发展起来的，通过负反馈电路维持细胞跨膜电位在某一固定数值，同时观察跨膜电流的变化情况，而跨膜电流反映了细胞膜上离子通道的活动。细胞膜内外存在电压差，膜上有离子通道，当这些离子通道开放时，会有离子的跨膜运动，膜内外电压差就会改变，如果将膜电位人为地固定在某一数值，当有一定量离子流动时，为使膜电位保持不变，就必须向细胞内注射相同数量且方向相反的电荷，这一电荷可被测定并通过分析确定流动离子的种类。

具体方法：通过插入细胞内的一根微电极向细胞内输入电流，使膜电位固定在某一数值，如 －70 mV。当细胞受到电刺激或药物作用引起离子通道开放而产生跨膜电流时，为维持膜电位就必须向细胞内补充电流，补充电流的大小恰等于跨膜电流，但方向相反。只要测定出所补充的电流，就知道了跨膜电流的大小。

双微电极电压钳技术是采用一根电极监测跨膜电位，采用另一根电极向细胞内注入电流使膜电位得以钳制。用于大细胞，如非洲爪蟾卵母细胞。在小细胞上（如一般的神经元）同时插入两根微电极不仅非常困难而且严重损伤细胞，因此不适合小细胞。

单微电极电压钳技术采用一根微电极，同时监测膜电位和向细胞内注射电流，使膜电位得以钳制。其记录与切换速度很高，目前对大多数细胞的电压钳制都采用单根电极钳制技术。其缺点是存在空间钳位问题（见后述）。

3. 电流钳技术（current clamp techniques）。

向细胞内注射恒定或变化的电流刺激，记录由此引起的膜电位的变化，这就是电流钳技术。实际上它模拟了细胞的真实自然情况，如神经冲动的传递过程中，神经递质的释放可引起神经元膜电位的去极化或超极化。在具体实验中，可通过给予细胞一系列电流脉冲刺激，诱发细胞产生电紧张电位、动作电位等。

4. 全自动膜片钳技术的崛起。

传统膜片钳技术（traditional patch clamp techniques）的局限：传统膜片钳实验中，通常每天可获得3~5个成功的记录，有时一天中也可能没有一个成功记录，满足不了需要观察大量细胞的实验，也不适合短期获得结果的实验，这使得膜片钳实验成为非常耗时耗力的一件工作。不仅如此，随着人们对离子通道药物靶标的研究，越来越多的化合物需要用膜片钳技术来筛选，传统膜片钳技术的低效率（即通量低）和需要熟练掌握该技术的要求，成了限制该技术发展的瓶颈。

全自动膜片钳技术的出现在很大程度上解决了这些问题，它不仅通量高，一次能记录几个甚至几十个细胞，而且记录质量均已稳定。此外，从找细胞、形成封接到破膜等整个实验操作实现了自动化，免除了这些操作的复杂与困难。这些优点使得膜片钳技术的工作效率大大提高了（图14-8）。

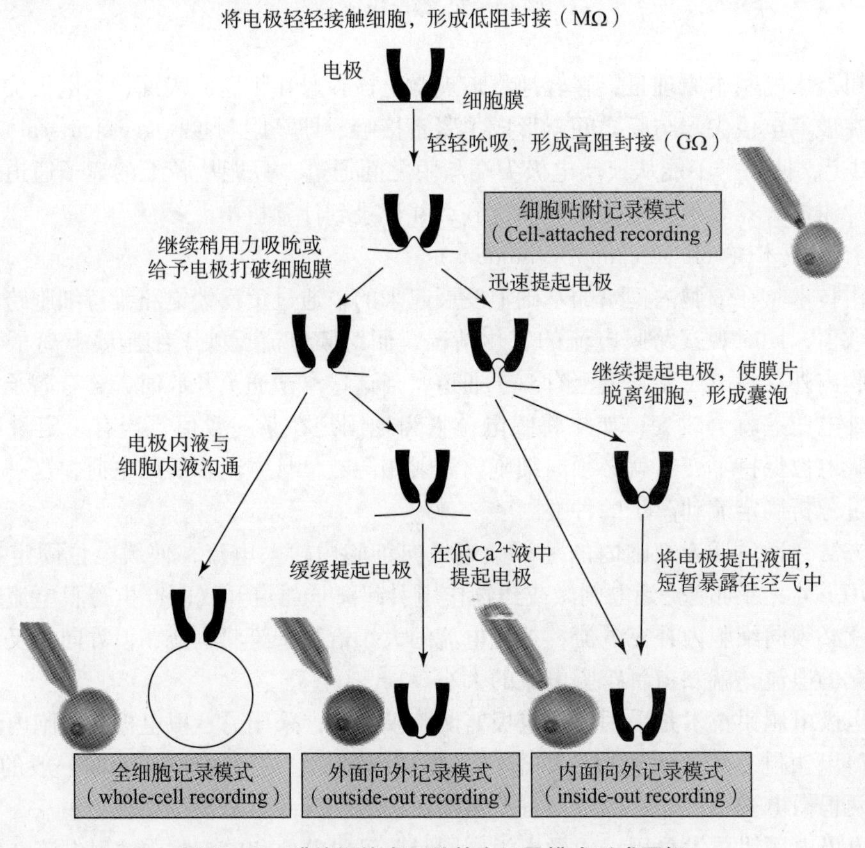

图14-8　膜片钳技术四种基本记录模式形成图解

全自动膜片钳主要应用于：

（1）检测药物对人心脏 hERG 通道的毒性作用，即进行 hERG 通道的药物安全性评价；

（2）先导化合物的药物筛选：高通量筛选有效的离子通道靶标药物，可明显缩短临床前的实验时间；

（3）基础科学研究：与常规的传统膜片钳一致。

全自动膜片钳技术具有如下优势：①通量高。这是全自动平面膜片钳的最突出的优点，目前的最高通量是 48，每天获得的数据量比传统膜片钳要高 1000 ~ 10000 倍。②自动化。找细胞、形成封接、破膜等整个实验操作全部自动化，实验人员不再那么耗时耗力了。传统膜片钳技术中所需要的显微镜、微操纵器、微电极拉制仪、防震台/屏蔽网、灌流/给药系统、浴槽系统等全部不需要了。③获得数据的均一性高，人为影响因素少。④数据分析处理软件的自动化程度高，可迅速获得离子通道的 I－V 曲线以及化合物的量效曲线与 EC50/IC50 值。

5. 膜片钳技术应用。

膜片钳技术已经渗透到生物学领域的许多学科中，如分子生物学、药理学、免疫学等，成为生物学研究中的一种主要技术手段，与其他生物学技术的结合应用已经成为膜片钳技术的主要发展趋势。

（1）膜片钳技术与钙离子成像技术相结合：光电联合检测技术。在记录离子通道电流的同时，对细胞内钙含量进行测量。

（2）膜片钳技术与碳纤电极的结合：电化学微量检测技术。用于检测分泌物质的种类与含量。

（3）膜片钳技术与 PCR 技术的结合：单细胞 PCR 技术。1991 年，Eberwine 和 Yeh 等首先用全细胞膜片钳技术记录离子通道电流，然后将细胞内容物收集到微电极吸管内，将其中的 mRNA 反转录成 cDNA，用 PCR 扩增，扩增产物通过凝胶电泳和 DNA 序列进行分析。这样在观察通道功能的同时，又分析了有关基因表达改变的情况对通道功能的影响。

（4）膜片钳技术与基因工程技术的结合：采用基因敲除或基因重组等技术手段，改变离子通道某个特定亚单位，对其进行膜片钳研究，可探讨离子通道各个亚单位的具体功能，对研究离子通道病以及新药研发有重要意义。

（5）用于检测细胞或膜片分子结构的原子力显微镜技术（atomic force microscopy）。

14.2.2　光遗传技术

光学遗传学（optogenetics）是指结合光学和遗传学手段兴奋或抑制活体组织上指定类型细胞活动的方法。该技术利用遗传学手段选择性在某些类型细胞上表达光敏感通道，以及活体组织内光传送技术，改变这些细胞的活动及功能，为精确定位与剖析不同类型神经元在神经环路及神经系统疾病、精神疾病中的作用提供了有力的工具。在过去的十年里，光遗传学经历了从第一次出现不被权威认可，到 2010 年获得年度方法，再到 2015 年《Nature neuroscience》的年度特刊的发展过程。

光学调控有其独特的优势：光对自然组织没有损伤，却可以根据遗传工程的设计，选择性地对神经细胞活动进行激活或调控。这为治疗多种神经、精神疾病带来曙光。虽然目前光遗传学还在早期临床试验阶段，其潜力却令很多领域的科学家兴奋不已。

14.2.2.1 光遗传学发展史

2005 年，斯坦福大学的 Edward S Boyden 和 Karl Deisseroth 教授在《Nature Neuroscience》发表的一篇论文，初次使用慢病毒基因载体结合高速光开关将一种天然的海藻蛋白质 ChR2 (Channel rhodopsin - 2) 转染到神经元中，实现动作电位与突触传导的兴奋抑制性控制。然而，其工作的实用性遭到了多方质疑。尽管光遗传学一出现就遭遇到了一些坎坷，但其新奇的想法深深地吸引了全世界的科研工作者开发这个工具。随后的两年，这种可以轻而易举地在神经元中表达的蛋白质帮助神经科学家在多个层次上取得突破。

直到 2009 年，随着光学与遗传学的紧密结合，这种对微生物产生的视蛋白的光遗传学操控才被广泛采用。与此同时，对神经环路的基因靶向也从最初的海马细胞系发展到了线虫、果蝇、斑马鱼、啮齿动物，最终形成了可特异性转染视蛋白的鼠系。数据显示，2005 年开始，有关光遗传学的论文成指数增长（图 14 -9）。

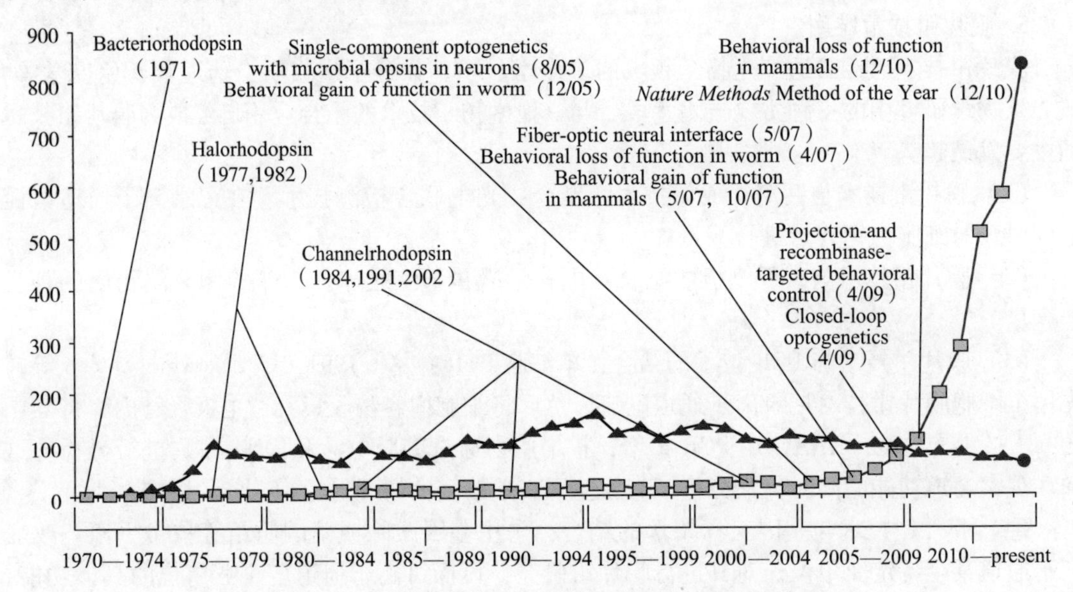

图 14 -9 2005—2015 年光遗传学相关的论文数量

（来自 Nature Neuroscience，2015，18：1213 - 1225）

此外，细菌视紫质（bacteriorhodopsin）与盐细菌视紫红质（halorhodopsin）都被顺利地表达于神经细胞中。盐细菌视紫红质是一种负离子通道，当被光打开时大量氯离子涌入细胞，会降低静息电位，产生抑制作用。这样，人们可以通过不同的光来激活或抑制特定的神经细胞。随着光遗传学的发展和广泛合作，构建于光遗传学之上的材料和方法层出不穷，光遗传学技术迅速席卷整个神经科学领域。

光遗传学的出现使科学家对神经环路的研究更加可控，特别是当随机检测一个神经元对于神经环路的意义时。同时，光遗传学已经逐渐成为无脊椎动物研究行为基础的神经回路的标尺。即使目前无法完全理解任何感觉、行为和认知的过程，但科研工作者们已经尝试应用光遗传学来绘制信息流形成的大脑图谱，例如结合功能性磁共振成像（functional magnetic resonance imaging，fMRI）、正电子辐射断层成像（positron emission tomography，PET）技术对限定神经细胞产生的活动模式进行全脑范围成像。

光遗传学工具应用到神经科学领域带来了众多的挑战与机遇，为我们清晰理解大脑之谜提供了基础。光遗传工具服务于临床还需要很长的路要走，相信随着基础研究的不断深入，光遗传技术最终可用于重大复杂疾病的诊疗。

14.2.2.2　光遗传学基本原理

光遗传学技术允许科学家们将发射激光的光纤插入动物大脑，这种激光脉冲会使视蛋白传输兴奋性的阳离子流或者抑制性的阴离子流，进而高度精确地控制细胞行为。兴奋性视蛋白的作用机制大致为：光脉冲会使视蛋白打开细胞膜上的通道，随后阳离子流入细胞，持续性的离子流也让细胞对光刺激更为敏感。与此相反的是，抑制性视蛋白并不是通道而是“泵”，进来一个光子就跨膜移动一个离子。

光遗传工具的核心是视蛋白，是实现光开关的关键部分，它充当着离子通道或离子泵的角色。常见的视蛋白包括通道视紫红质（ChR）、细菌视紫红质（BR）、盐视紫红质（NpHR）和Ⅱ型视蛋白（optoXR），其中通道视紫红质是一种阳离子通道蛋白，阳离子内流引起去极化；细菌视紫红质是一种质子泵，引发质子外流，引起超极化；盐视紫红质则是一种离子泵，诱发氯离子内流，引起超极化；而Ⅱ型视蛋白必须偶联到一种转导蛋白上才能实现光反应，一般用来调控信号通路，哺乳动物视网膜上的视紫红质就是此类蛋白（图 14 - 10）。用于神经元激活的通道蛋白受到光激活可以使细胞去极化，这种通道蛋白通常被蓝光激活；抑制性通道蛋白受到光刺激使细胞超极化，这种蛋白通常被黄光激活。

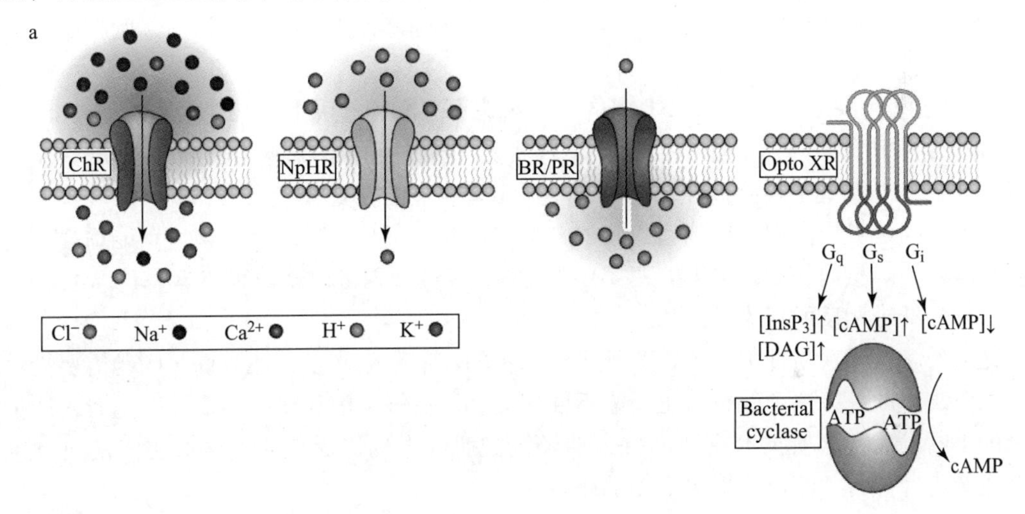

图 14 - 10　光敏通道蛋白原理（来自 Nat Rev Neurosci. 2012；13（4）：251 - 66.）

14.2.2.3　光遗传学的应用举例

光遗传学研究使用的新技术可以推广到所有类型的神经细胞，比如大脑的嗅觉、视觉、触觉、听觉细胞等。光遗传学开辟了一个新的让人激动的研究领域，可以挑选出一种类型的细胞然后发现其功能。光遗传技术已然成为 21 世纪神经科学最引人注目的领域。

光遗传技术具有独特的高时空分辨率和细胞类型特异性两大特点，克服了传统手段控制细胞或有机体活动的许多缺点，能对神经元进行非侵入式的精准定位刺激操作而彻底改变了神经科学领域的研究状况，为神经科学提供了革命性的研究手段。随着技术的革新，光遗传技术将可能发展出一系列中枢神经系统疾病的新疗法。

光遗传学技术的应用在 2010 年后得到飞速的发展，应用研究领域涵盖多个经典实验动物种系（果蝇、线虫、小鼠、大鼠、绒猴以及食蟹猴等），并涉及神经科学研究的多个方面，包括神经环路基础研究、学习记忆研究、成瘾性研究、运动障碍、睡眠障碍、帕金森症模型、抑郁症和焦虑症动物模型等。

光遗传学技术用于研究抑郁行为神经机制：阐明脑奖赏神经环路上与抑郁行为有关的神经元类型及其相互联系是当前抑郁行为神经机制研究的热点。目前，一些学者已将光遗传学技术应用于抑郁行为神经机制的研究中，主要为：

（1）在成熟的抑郁动物模型上，明确或发现与抑郁行为关系密切的神经元类型及其作用；

（2）借助光遗传学的准确定位优势，揭示与抑郁相关的神经通路。

利用光遗传使得兴奋投射到 VTA 的终纹床核（Bed Nucleus of the Stria Terminalis, BNST）神经纤维时，小鼠的位置偏爱行为、旷场检测的中央区停留时间、高架十字迷宫检测的开臂停留时间等也会出现变化，而 BNST 是与 VTA 内非多巴胺能神经元形成突触联系的。抑制 VTA—NAc 多巴胺神经通路能预防社会挫败应激复制的抑郁小鼠出现。当用光遗传学方法连续重复（20 min/day × 5 days）刺激抑郁小鼠 VTA—NAc 多巴胺神经通路进一步增强 VTA 内多巴胺神经元的高反应性时，抑郁小鼠的社交逃避行为和糖水偏爱等抑郁行为则受到抑制。VTA—内侧前额叶皮质多巴胺神经通路可抑制社交逃避抑郁行为。抑制此神经通路，能促进社会挫败应激复制的抑郁小鼠出现社交逃避行为，而兴奋该通路则抑制上述抑郁行为。

应用光遗传学技术发现，BNST 内的 γ—氨基丁酸能神经元和谷氨酸能神经元的传出神经纤维都可投射到 VTA。上述两类神经元对奖赏和探索行为的影响作用截然相反。当兴奋 BNST—VTA γ—氨基丁酸能神经纤维时，小鼠出现明显的位置偏爱行为，并且旷场检测的中央区停留时间延长、高架十字迷宫检测的开臂停留时间延长，提示兴奋该通路能增强奖赏行为和探索能力。然而，兴奋 BNST—VTA 谷氨酸神经纤维则可出现与兴奋 BNST—VTA γ—氨基丁酸神经纤维相反的行为学效果。

光遗传学技术在与抑郁相关行为神经机制中的应用刚刚起步，还有许多问题需要借助该技术来解决。此外，这项新技术也尚需不断发展，以更好地满足研究的需要。随着光遗传学技术的不断发展和这项技术在抑郁行为神经机制研究中的广泛应用，会有更多的机制被阐明，也会为抑郁行为的治疗提供更多的靶点。

14.2.2.4　展望

尽管光遗传学进展十分迅速，但仍处于发展阶段。在它的前十年中，相比神经细胞、突触等领域划时代的发现，光遗传学还没有为神经科学带来根本性的突破。光遗传学目前所做的事情只是让神经回路更易操纵，明确某些神经细胞对某神经回路的意义，或者是探索细胞类型与特定回路之间的关系。Karl 教授认为，目前关于光遗传学技术可想到的最充分具体的就是在哺乳动物大脑中分别控制所有细胞，即便这个想法由于基本物理条件的限制可行性不大（存在光的散射，靶向特化细胞时产生的能量沉积等问题）。我们现在仅仅掌握人类大脑里粗略的细胞类型和功能，要精确定位可作为临床研究靶点的神经细胞还需要更坚实的基础科学依据。可以肯定的是，通过光遗传学在基础神经科学中的应用，未来将会发现更多的供药物开发的分子靶点，更多的供计算机模拟人脑的环路位点，更多的供再生医学如修复人脑使用的方法策略。正如 Edward S Boyden 所言："10 年对于科学来说并不算长，我们才刚刚开始。”

14.2.3　钙成像

钙成像（calcium imaging）技术是指利用钙离子指示剂监测组织内钙离子浓度的方法。其基本原理是：用荧光探针标记样本中的钙离子，根据样本中的荧光探针特性单色光源发出单色光，诱发出荧光，然后根据传感器检测到的荧光特性即可分析样本中的钙离子浓度。在在体（in vivo）或者离体（in vitro）实验中，钙成像技术被广泛应用于同时监测成百上千个神经元内钙离子的变化，从而检测神经元的活动情况。有了钙成像技术，原本悄无声息的神经活动就变成了一幅斑斓闪烁的壮观影像，科学家终于可以亲眼看着神经信号在神经网络之中往来穿梭。因此，这种技术一出现，就受到了全世界神经科学家们的追捧，至今依然是人们观测神经活动最为直接的手段。参见图 14－11。

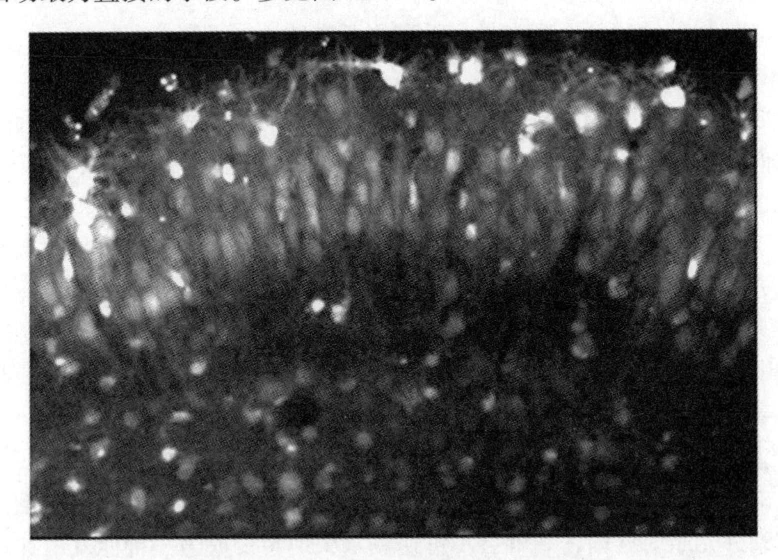

图 14－11　钙离子成像显示神经元活性

14.2.3.1　钙成像技术的基本原理

在生物有机体，钙离子产生各种各样的胞内信号，这些胞内信号几乎在每种类型的细胞中都存在，且在很多功能方面有重要作用，例如对心肌细胞收缩的控制和从细胞增殖到细胞死亡整个细胞周期的调节等。在哺乳动物的神经系统中，钙离子是一类重要的神经元胞内信号分子。在静息状态下，大部分神经元的胞内钙离子浓度为 50～100nM，而当神经元活动的时候，胞内钙离子浓度能上升 10～100 倍，增加的钙离子对于包含有神经递质的突触囊泡的胞吐释放过程必不可少。也就是说神经元的活动与其内部的钙离子浓度密切相关，神经元在放电的时候会爆发出一个短暂的钙离子浓度高峰。神经元钙成像技术的原理就是借助钙离子浓度与神经元活动之间的严格对应关系，利用特殊的荧光染料或者蛋白质荧光探针（钙离子指示剂，calcium indicator），将神经元当中的钙离子浓度通过荧光强度表现出来，从而达到检测神经元活动的目的。

14.2.3.2　钙离子指示剂

现在广泛使用的钙离子指示剂主要有化学性钙离子指示剂（chemical indicators）和基因

编码钙离子指示剂（genetically-encoded indicators）两类，近年人们又发现了一种新型钙离子指示剂 CaMPARI，相比较传统指示剂有其独特优势，已被用于神经活性标记。

1. 化学性钙离子指示剂。

其指的是可以螯合钙离子的小分子，所有这些小分子都基于 EGTA（乙二醇双四乙酸）的同系物 BAPTA（氨基苯乙烷四乙酸），BAPTA 能够特异地和钙离子螯合，而不会和镁离子螯合，所以被广泛用作钙离子螯合剂。现在使用较广泛的化学性钙离子指示剂有：Oregon Green－1，fura－2，indo－1，fluo－3，fluo－4。

2. 基因编码钙离子指示剂。

这些指示剂是来自于绿色荧光蛋白（GFP）及其变异体（例如循环排列 GFP，YFP，CFP）的荧光蛋白质，与钙调蛋白（CaM）和肌球蛋白轻链激酶 M13 域融合。现在使用较广泛的基因编码钙离子指示剂有：GCaMP6，Pericams，Cameleons，TN－XXL 和 Twitch。其中 GCaMP 6 由于它超强的敏感度，现在被广泛应用于在体钙成像研究。

3. 新型指示剂 CaMPARI。

传统的钙成像技术受限于显微镜的视野，只能对很小的一片区域进行记录。随着神经科学的进步，人们认识到大脑运作需要借助许多不同脑区的相互协作，要对这些过程进行研究，需要对整个大脑的神经活动进行细致的观测，而传统的钙成像技术在这一方面毫无办法。另外，由于传统钙成像实验要求成像的光路极为稳定，因此科学家需要把实验动物的脑袋固定起来以方便成像实验。脑袋被固定的实验动物，大脑活动与自由状态下势必存在差别，对于科研家而言，这样获得的数据可能还是不够准确。正因如此，神经科学方面迫切需要一种能够兼顾全局和微观的新型钙成像技术。2015 年 2 月科学家在 Science 上发表的文章介绍了一种全新的蛋白 CaMPARI（calcium-modulated photoactivatable ratiometric integrator），能够很好地解决上述缺陷。

CaMPARI 蛋白在正常状态下会发出绿色荧光（green），而如果对这种蛋白同时使用高浓度钙离子与紫外光照射处理，它就会不可逆、永久地转变成另一种能发出红色荧光（red）的构象，即实现将瞬间的神经元活动变成永久的红色荧光蛋白表达（如图 14－12）。研究人员通过转基因等技术将这种新型蛋白导入到实验动物的神经系统中，然后用高强度的紫外光照射动物的大脑。通过检查荧光，找到发红色荧光的神经元，这些神经元即是在紫外光照射期间活跃的神经元。由于紫外光可以对整个大脑进行照射，所以理论上，人们可以对全脑进行检查。

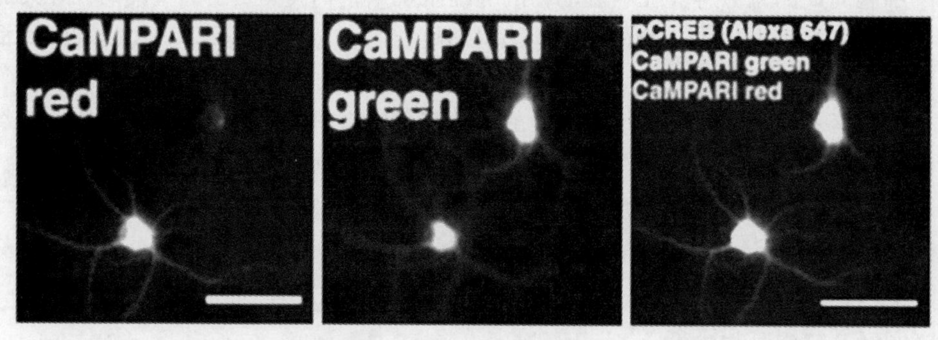

图 14－12　在紫外照射期间，一个活跃的神经元和一个不活跃的神经元

为了验证 CaMPARI 的效果，研究团队分别在斑马鱼幼鱼、果蝇和小鼠这三类主要的模式动物身上进行了测试。由于斑马鱼的头部完全透明，所以斑马鱼经常被用作钙成像的模式生物。研究团队通过简单的方法改变斑马鱼的状态，然后通过 CaMPARI 检测不同状态下斑马鱼脑部的神经活动。结果显示 CaMPARI 可以良好地反映斑马鱼脑部的神经活动，比如在麻醉状态下，斑马鱼神经元的活动因为受到抑制而表现出一片绿色，而当有药物诱导癫痫的状态下，神经元的广泛异常放电导致红色荧光蛋白的表达异常丰富。作为一种快速灵敏的神经活性标记技术，CaMPARI 可能在脑功能图谱和连接组学的研究方面有着重要且广泛的潜在应用价值。

14. 2. 3. 3　功能性多神经元钙成像（functional Multineuron Calcium Imaging，fMCI）

fMCI 是一种大规模光学记录技术，能够在单细胞水平记录重建神经网络内大量神经元的功能活动。fMCI 思想最早起源于 1991 年，Yuste 等利用 Ca^{2+} 指示剂使许多单个神经元的活动成像，评价了神经递质对突触后 Ca^{2+} 的影响，并提出可采用 Ca^{2+} 敏感的指示剂通过光学成像研究神经网络的功能。fMCI 技术的理论基础是神经元的动作电位可诱发钙瞬变。钙瞬变和动作电位的产生是两个在时间上紧密关联的事件，钙瞬变可真实的反映神经元的动作电位活动，因此通过监测胞内 Ca^{2+} 影像就能记录神经网络活动的信息（图 14－13）。

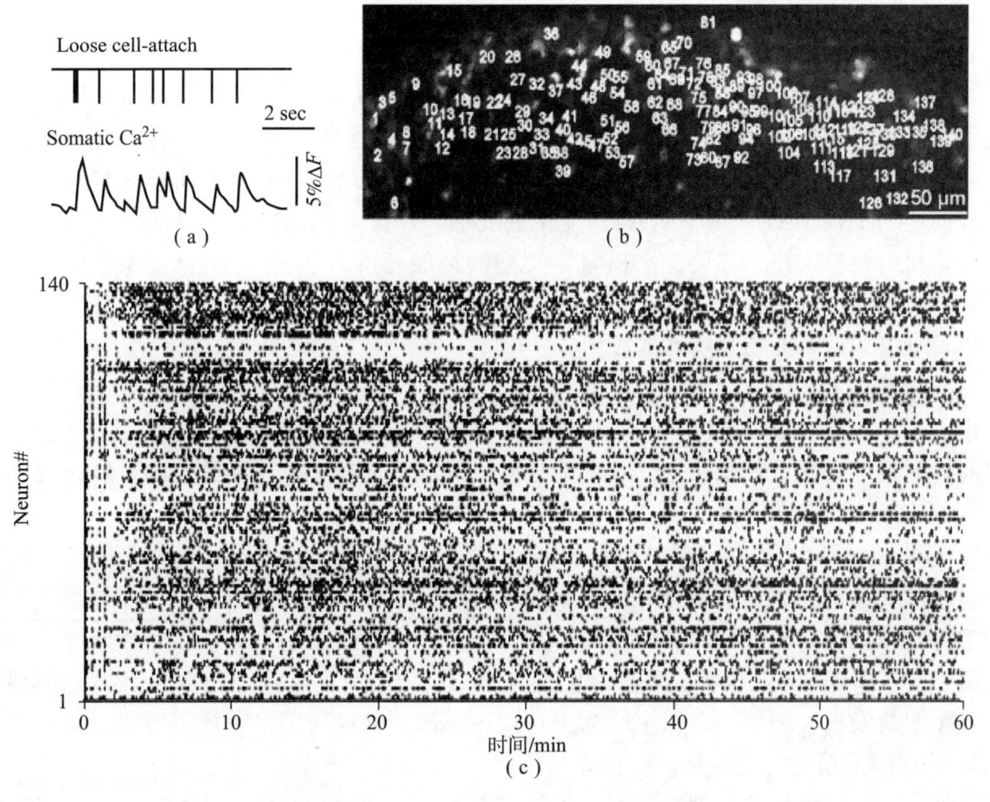

图 14－13　海马 CA1 神经元功能钙成像

与其他脑功能成像技术相比，fMCI 技术的特点有：能同时记录的神经细胞数可达 10^4 数量级；空间分辨率可达到单个神经元的水平；可辨认神经元的空间位置；可检测到非活动神经元。fMCI 在研究神经网络功能的独特优势，依赖于成像技术和光学仪器的不断发展。

Ca^{2+}成像是目前监测细胞内钙信号的常用方法，使胞内Ca^{2+}成像的方法主要有两种，一是使组织负载荧光Ca^{2+}指示剂，二是利用基因重组技术使细胞表达Ca^{2+}敏感荧光蛋白。前者在fMCI技术中应用较常见，二者主要不同点如表14－1所示。

表14－1　两种荧光指示剂的不同点

类别	制备	原理	方法	优点	缺点
荧光Ca^{2+}指示剂	化学合成	螯合	侵染或压力注入	方便、时间分辨率更高	细胞选择性较差
Ca^{2+}荧光蛋白	基因重组	荧光共振能量转移	病毒感染或转基因	表达时间长、稳定	浓度依赖性较差

荧光Ca^{2+}指示剂常用的有OGB－1AM和fluo－4AM等。对于离体脑片，多通过浸染的方法使脑片负载指示剂。Namiki等通过研究发现，成年大鼠的脑组织不易负载指示剂，且不同的脑区对指示剂的亲和力不同，如对OGB－1AM负载效率较高的大鼠脑区有嗅球颗粒细胞层、海马齿状回、缰核和小脑颗粒细胞层等。在活体动物脑组织，采用压力喷射注入的方法可获得较好的负载效果，不但能使新生鼠脑组织负载指示剂，也可使成年鼠脑组织负载。

利用基因重组技术使细胞表达Ca^{2+}敏感荧光蛋白，是最有发展前景的方法。绿色荧光蛋白（GFP）及其突变体本身并不与Ca^{2+}结合，但通过基因重组方法引入Ca^{2+}敏感的结合序列后，如钙调蛋白（CaM）或肌钙蛋白（troponin C）作为传感蛋白，利用荧光共振能量转移原理，即可用于测定Ca^{2+}浓度。Mank等在肌钙蛋白结构的基础上通过氨基酸突变和结构重排构建的TN－XXL，对胞质Ca^{2+}变化更敏感，并且可长期跟踪记录活体动物脑组织功能成像。利用转基因技术还可使小鼠特定类型的神经元群表达Ca^{2+}敏感荧光蛋白，可观察记录特定神经元群的功能活动。

14.2.3.4　钙离子成像技术的应用

1. 活体记录神经元的活动。

由于离体实验本身的限制，现在越来越多的神经方面科学家倾向于做在体钙成像实验，希望能得到更准确且更能反映生理状况的数据。得益于双光子荧光显微镜的发展，现在在实验动物处于活体状态下的钙成像技术取得了飞速进展。

2. 活体记录神经元树突和树突棘（spine）的活动。

由于对实验精度的要求，有些科学家不仅仅想记录单个神经元的反应，他们还想更确切地知道神经元上哪些树突和树突棘参与了某个行为，也就是说他们需要在活体条件下，对单根树突以及某些spine进行钙成像记录实验。由于双光子荧光显微镜和GCaMP 6基因编码钙离子指示剂的发展，现在，对树突和树突棘用钙成像实验进行记录也成了可能。

3. 从功能上重建突触连接。

突触是神经网络信息处理和储存的重要节点。作为理解神经网络功能的前提，首先要绘制各种类型神经元之间的突触连接，或是与某个神经元构成的所有突触连接。Nikolenko等通过双光子激发“解笼”脑片神经元胞体的谷氨酸，使胞体产生动作电位经荧光钙离子成像，同时膜片钳记录特定神经元的活动。当那些与被记录的特定神经元有兴奋性突触连接的神经元被双光子激发时，膜片钳就会记录到神经元的兴奋性突触后电位。依据时间相关性确定突触前神经元的位置，这样不仅可以建立神经元之间的突触连接的三维图像，而且可以建立突触连接的功能特性。Sasaki 等利用 fMCI 绘制了大鼠海马 CA3 – CA1 神经元间的突触连接。在负载荧光指示剂 CA3 区给予谷氨酸以激活该区神经元，并用 fMCI 记录 CA3 区数据，同时在 CA1 区用膜片钳记录特定神经元的突触后电流，若 fMCI 记录的钙瞬变和膜片钳记录的突触后电流同时发生，说明两个神经元间有突触连接。依据不同的研究手法，fMCI 可高通量的重建突触连接。

4. 记录神经网络的自发活动。

大多数神经元即使在没有外部信息输入的情况下也有自发活动，自发活动有助于神经网络的形成，可反映脑的可塑性。在活体非麻醉新生小鼠，fMCI 通过钙成像可记录到新皮质的自发活动即“早期网络振荡”，这种类型的自发活动只在静息状态时出现，而运动时消失，是新生鼠脑发育过程中高度可塑性的过程，如轴突、树突的伸展，突触的形成等。离体培养脑片可反映神经网络的固有特征，Usami 等用 fMCI 研究了大鼠脑片海马 CA3 区的自发活动，在神经网络的水平显示自发活动在可塑性事件结束后仍可持续一段时间，表明神经网络可通过动态调整以维持稳态。

5. 神经网络对感觉信息的处理。

单个神经元对刺激的反应很有代表性，但感觉信息在神经网络的传递和处理是依赖于大量神经元的群体反应特性，因此我们并不能从单个神经元来认识神经网络是以怎样的空间时间模式处理感觉信息的。Kerr 等研究了大鼠桶状皮质 2/3 层神经元群对胡须刺激反应的空间模式。从单个细胞、单个峰电位的水平发现，神经元群对刺激的反应率较低且变异较大，重复的刺激并不能诱发同样的反应模式，即不能引起相同的神经元参与反应。

6. 研究疾病状态下神经功能的改变。

除了应用于正常组织，fMCI 也可用于研究神经组织疾病状态下功能的变化。在癫痫模型脑片中，Trevelyan 等研究发现当抑制性输入不能限制癫痫放电时，便导致成簇的神经元被募集参与癫痫传播。募集是间歇性的，表现为神经元群放电的同步化。Winship 等在小鼠中风引起的脑功能受损模型中，用 fMCI 从单细胞分辨率的水平，确认躯体感觉皮质 2/3 层神经元对肢体反应的恢复过程是由未损伤的神经元取代已损伤神经元的功能。

7. 神经药理学中的应用。

绝大多数有中枢作用的药物作用机制是影响突触化学传递的某一环节或神经细胞膜上的离子通道，进而引起神经组织相应的功能变化。目前，多数研究是在细胞培养水平观察药物对神经细胞内 Ca^{2+} 的影响，以研究药物的药理作用及机制，但以离体脑组织或活体脑组织为对象，以 fMCI 大规模的成像技术和神经网络筛选评价药物的研究还较少，究其原因主要是拥有掌握 fMCI 相关仪器和技术的实验室并不多，钙成像信号的科学计算模型较复杂，另外研究兴趣目前较多的集中在神经网络的基础研究，对药理学的涉及很少。现在只有 Usami 等利用 fMCI 研究了神经氨酸苷酶抑制剂奥塞米韦（Oseltamivir）对新生大鼠中枢神经网络的影响，开启了用 fMCI 研究药理学的先河。他们发现该药可作用于海马 CA3 区抑制性中间神经元引起神经元群同步阵发性放电，并募集神经网络内的其他神经元参与。这一现象可能与奥塞米韦治疗流感时产生的神经精神副作用如头痛、眩晕、嗜睡等有关。

14.2.3.5　展望

钙离子成像技术使得我们的研究对象变得可视化，也使得疾病治病机理的研究可视化，从而让我们能够更为直观地观察体内神经活动以及药物在细胞或体内的代谢方式。随着钙成像技术与其他技术的融合，其应用范围越来越广泛，如将钙成像技术与光纤记录耦合在一起发展的光纤记录技术，能够记录清醒动物特定神经元类型的发放模式，从而在电信号水平阐释动物行为机制。

本章提要

本章内容就系统生物学、非编码 RNA、神经科学、表观遗传以及癌症生物学等热点领域及当前生命科学领域较为火热和实用的前沿技术，如膜片钳技术、光遗传技术、钙成像技术等，从它们的发展历程和重要应用进展等方面加以阐释。

首先，从系统生物学的研究范围及其研究内容中的系统结构、行为、控制，系统的设计等不同的层面展开，详细阐述系统生物学研究平台基因组学、转录组学、蛋白质组学、代谢组学、相互作用组学和表型组学等。系统生物学将在基因组序列的基础上完成由生命密码到生命过程的研究，使人们能够更深刻更全面地揭示生命复杂体系和行为。

其次，介绍非编码 RNA 即不能编码蛋白质的 RNA，主要包括小 RNA 以及长链 RNA，在细菌、真菌、哺乳动物等许多生物体的生命活动中发挥着极广泛的调控作用。目前越来越多的科学家开始关注非编码 RNA 的生物学功能及与重大疾病的关系，人们逐渐意识到，非编码 RNA 的研究对了解基因调控、基因敲除、人类疾病防治及生物进化探索等都具有重要意义。

另外，CRISPR - cas9 基因组编辑技术，是进入 21 世纪后影响深远的遗传学研究技术，它大大推动了生命科学相关领域的研究，促进了生物学的发展。CRISPR - cas9 系统正在逐渐成为一个对基因表达进行序列特异性调控的多功能平台。在生命科学基础研究、生物技术和医药领域有广泛的应用前景。利用 CRISPR - cas9 系统治疗重大疾病的研究已然成为当前热点，2012 年 CRISPR - cas9 系统正式应用于基因编辑，已推动生命科学迈上了一个新的台阶。

而表观遗传学探讨在不发生 DNA 序列改变的情形下由 DNA 甲基化、组蛋白修饰、非编码 RNA 作用等，产生基因组印记、母性影响、基因沉默、核仁显性、休眠转座子激活等效应，使基因功能发生可遗传的变化并最终导致表型变异的遗传现象及本质。编码遗传信息提供了生命必需的蛋白质模板，表观遗传学信息提供了何时、何地、以何种方式去应用遗传信息的指令。因此，有关表现遗传修饰和调控的研究已成为生命科学的研究热点和发展前沿。

脑科学的知识将奠定即将到来新时代之基础。凭这些知识我们可医治大量疾病，建造模仿脑功能的新机器，而且更深入地理解我们自己的本质以及我们如何认识世界。在各国脑计划的推动下，越来越多的脑研究新成果与我们见面，为我们了解自我提供了新的希望，也为众多重大疾病的诊治提供了新的理论与技术支撑。

生物学的发展与数学、物理、化学等学科的发展相辅相成，物理、数学的发展为生物学研究提供了技术发展理论依据。生物学研究已然从最初的利用人眼和显微镜观察的宏观层面，逐步过渡到基于基因代谢的分子层面；从个体泛泛研究过渡到细胞分子的精细化研究。生物学研究技术逐渐趋于成熟，诸如电生理技术使我们对细胞膜电信号有了一个直观的认识，钙成像等技术实现了细胞的实时监视等。

光遗传学进展十分迅速，但仍处于发展阶段。在它的前十年中，相比神经细胞、突触等领域划时代的发现，光遗传学还没有为神经科学带来根本性的突破。光遗传学目前所做的事情只是让神经回路更易操纵，明确某些神经细胞对某神经回路的意义，或者是探索细胞类型与特定回路之间的关系。可以肯定的是，通过光遗传学在基础神经科学中的应用，未来将会发现更多的供药物开发的分子靶点，更多的供计算机模拟人脑的环路位点，更多的供再生医学如修复人脑使用的方法策略。

资源链接

[1] 系统生物学：http://www. bioon. com/biology/integrated/Index. shtml.

[2] 非编码 RNA：http://news. bioon. com/ncRNA/.

[3] 光遗传技术：http://baike. so. com/doc/6390665 – 6604321. html.

（庆　宏）

第15章
现代生物技术产业

15.1　蛋白质工程技术

在人类文明不断发展的过程中，人们发现可以在各个领域当中利用蛋白质的微观结构。1983年，Ulmer在《Science》杂志上发表了以"Protein Engineering"（蛋白质工程）为题的专论，从此产生了蛋白质工程。蛋白质工程在近30年间发展迅速，无论是在基础理论研究，还是生产实际应用方面都取得了较好成果。2006年6月，人类基因组计划（human genome project）完成，标志着生命科学迎来了后基因组时代，其中心任务是研究基因组及其所包含的全部蛋白质的化学合成和修饰以及利用基因工程进行蛋白质表达，这是人类认识和利用蛋白质的巨大飞跃。

15.1.1　蛋白质工程的概念

蛋白质工程就是以蛋白质的结构规律及其与生物功能的关系为基础，利用基因工程技术或化学修饰技术对现有蛋白质加以改造、设计构建并最终生产出性能比自然界存在的蛋白质更加优良、更加符合人类社会需求的新型蛋白质，通过对蛋白质结构和功能关系的认识，按人类的需要通过基因工程途径定向地改造和创造蛋白质的理论及实践。

重组DNA技术和基因定点突变技术的建立为蛋白质工程的诞生奠定了技术基础；蛋白质结构和动力学的研究为人工改造蛋白质提供了理论基础；二者结合则产生了蛋白质工程。在DNA的水平从改变基因入手，通过对蛋白质已知结构和功能的了解，利用重组DNA技术和定点诱变等技术直接修饰改变或人工合成基因，有目的地按照设计来改变蛋白质分子中某一个直接修饰或人工合成基因，从而定向改变蛋白质的性质，其结果是可以预期的，而不是盲目的。要达到定向改变蛋白质的目的，就要获得新的重组基因，然后将它们克隆到特定的表达载体上，并在特定的宿主细胞中表达，因此蛋白质工程技术就是在基因工程技术的基础上发展起来的，还包括蛋白质分子的结构分析和功能分析技术，蛋白质结构的设计和预测、蛋白质定点突变技术和蛋白质纯化等内容。其中，基因工程为实现蛋白质工程已经提供了基因克隆、表达、突变以至活性测定等关键技术，而蛋白质分子的结构分析、设计和预测为蛋白质工程的实施提供了必要的结构模型和结构基础。蛋白质工程的实施实际上是一个由理论到实践、由实践到理论的周而复始的研究过程，对蛋白质结构功能关系的规律性认识是一个螺旋式上升的过程。

15.1.2　蛋白质工程的原理

蛋白质是由许多氨基酸按一定顺序连接而成的，每一种蛋白质都有自己独特的氨基酸序列，所以改变其中关键的氨基酸就能改变蛋白质的性质。而氨基酸是由三联体密码决定的，因此只要改变构成遗传密码的一个或者两个碱基就能通过改变氨基酸顺序达到改造蛋白质的目的，蛋白质工程的操作对象是基因。基因工程是以 DNA 双螺旋分子结构为理论基础，以 DNA 的体外操作为技术基础，按人们的意愿对不同生物的遗传基因进行切割、拼接或重新组合，再转入生物体内产出人们所期望的产物，或创造出具有新遗传性状生物的一门技术。

蛋白质工程是从 DNA 水平改变基因入手，通过基因重组技术改造蛋白质，或设计合成具有特定功能的全新蛋白质的新兴研究领域。基因工程为蛋白质工程提供基因克隆、表达、突变或活性检测等关键技术。两者比较（关系）如下：

（1）基因工程为蛋白质工程提供基因克隆和基因表达两类技术。其中基因表达就是利用基因工程合成蛋白质。

（2）蛋白质工程可分为基因工程方法和化学修饰方法两类。

（3）一般基因工程利用表达载体合成天然蛋白，蛋白质工程利用基因工程合成新型蛋白质。

蛋白质工程的原理如图 15－1 所示。

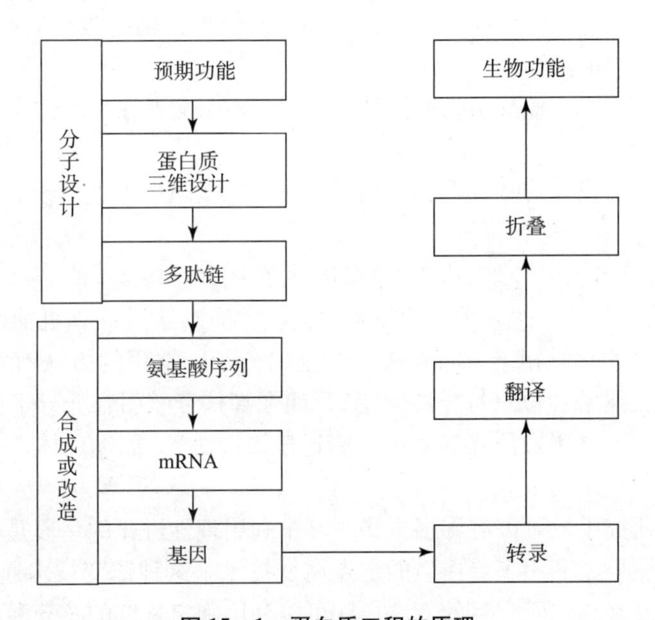

图 15－1　蛋白质工程的原理

蛋白质工程的理论依据是基因指导蛋白质的合成。人们可以根据需要对负责编码某种蛋白质的基因进行重新设计和改造，借以改造蛋白质的物理和化学性质，使合成出来的蛋白质的结构和性能更加符合人们的要求，由此可见，蛋白质工程是在基因工程基础上发展起来的，所以又被称为“第二代基因工程”。蛋白质工程设计原理是，首先了解需要改造的蛋白质的结构和功能，再提出蛋白质改造的设计方案，然后从基因水平和蛋白质水平进行改造。基因水平改造是在功能基因开发的基础上对编码蛋白质的基因进行改造，蛋白质水平改造是对制造出的蛋白质进行加工、修饰，如糖基化、磷酸化等。

15.1.3 蛋白质工程的操作方法

蛋白质工程的基本任务就是研究蛋白质分子的结构规律与生物学功能的关系，对现有的蛋白质加以修饰改造或设计全新的蛋白质，从而产生出比天然蛋白质更加优良的新型蛋白质。蛋白质工程的基本流程是从预期功能出发，设计期望的结构，合成目的基因且有效克隆表达或通过诱变、定向修饰和改造等一系列工序，合成新型优良蛋白质。首先分离纯化少量纯蛋白质，测定其部分肽段的氨基酸组成，根据编码原则合成同位素标记的核苷酸探针，以此从基因组 DNA 中克隆化基因，将基因连接到表达载体获得较大量该蛋白质，进一步进行功能研究和结构测定。在研究的基础上，提出改造方案，通过定点突变的方法，表达并获得突变蛋白质。

蛋白质工程主要通过以下步骤完成：

①筛选纯化需要改造的目的蛋白质；

②研究其特性常数等；

③制备结晶，通过氨基酸测序、X 射线结晶体衍射分析、核磁共振分析等研究，获得蛋白质结构与功能相关的数据；

④结合生物信息学的方法对蛋白质改造进行分析；

⑤由氨基酸序列及其化学结构预测蛋白质的空间结构，确定蛋白质结构与功能的关系，找出可修饰的位点与可能的途径；

⑥根据氨基酸序列设计核酸引物和探针，并从 cDNA 文库或基因文库中获取编码该蛋白质的基因序列；

⑦在基因改造方案设计的基础上，对编码蛋白质的基因序列进行改造，并在不同的表达系统中表达；

⑧分离纯化表达产物，并对表达产物的结构和功能进行检测。

以重组 DNA 技术为核心的基因工程技术改造蛋白质。通过计算机辅助设计（生物信息学）与基因工程、生物化学相结合的方法改造蛋白分子。常用的方法有突变、重组和功能筛选技术，基因突变技术（位点特异性突变），如在寡核苷酸引物介导下的定点突变、盒式突变、PCR 突变等技术，蛋白质筛选系统（高通量筛选法），如噬菌体表面展示技术、细菌表面展示技术和体外展示技术等。

蛋白质工程的研究手段可以有许多方式，其中利用理性进化的手段是一种常见的研究方向。这种研究方向主要是利用了蛋白质的定点诱变技术。这种诱变技术通过在已知 DNA 序列中插入或缺失碱基来达到研究目的。这样就可以利用确定长度的核苷酸的分子段，来改变蛋白质的分子组成，使其成为新的蛋白质分子，其结果就达到了定点突变氨基酸残基的目的。在利用理化进展研究过程中，通过对蛋白质工程的研究，已有不少成功改造了蛋白质的组分的例子，使人类获取了新型的蛋白质，应用在现代生物技术和医药之中。

非理性蛋白质进化是研究工作者的又一成果，又可以称为定向进化或者体外分子进化，这一实验成果目前只是停留在实验室模拟状态。这一研究方法遵循自然进化过程使人类需要的蛋白质分子结构得到改变。主要是利用分子生物学的研究分析手段，在传统的蛋白质分子结构水平上，通过非理性进化研究，增加蛋白质分子结构的多样性，并使蛋白质的性能发生改变，然后利用高科技手段，结合高通量的筛选技术，来完成蛋白质的进化过程。这一进化过程，在自然界中是需要千百万年才有可能完成的。这一过程的成功给研究者带来希望，因为它不仅可以缩短变化时间，而且可以在短时间内就得到理想的变异结果，使其在现代生物技术和医药中得以应用。尤其值得提出的是，在研究设计这类变异过程中，利用这种方法的实验结果，是不需要事先了解蛋白质结构、催化位点的具体位置的。为了达到最后的结果，在研究中只需要人为地为蛋白质制造进化条件，就能够使蛋白质的体外对酶的编码基因发生改变。新的蛋白质分子出现后，再通过定向筛选方法，就可以获得预期特征的改良蛋白质，使它们具有设定的性能。这种方法可以弥补当前定点诱变技术领域的不足，因此具有很大的实际应用价值。

15.1.4　蛋白质工程常用数据库

15.1.4.1　核酸序列数据库

核酸序列是了解生物体结构、功能、发育和进化的出发点。国际上权威的核酸序列数据库有三个，分别是美国生物技术信息中心（National Center for Biotechnology Information，NCBI）的GenBank（http://www.ncbi.nlm.nih.gov/Web/Genbank/index.html），欧洲分子生物学实验室的EMBL－Bank（European Molecular Biology Laboratory，EMBL，http://www.ebi.ac.uk/embl/index.html），日本遗传研究所的DDBJ（DNA Data Bank of Japan，DDBJ，http://www.ddbj.nig.ac.jp/）。三个组织相互合作，各数据库中的数据基本一致，仅在数据库格式上有所差别，对于特定的查询，三个数据库的响应结果一样。这三个数据库是综合性的DNA和RNA序列数据库，其数据来源于众多的研究机构、核酸测序小组和科学文献。用户可以通过各种方式将核酸序列数据提交给这三个数据库系统。数据库中的每条记录代表一个单独、连续、附有注释的DNA或RNA片段。由于DNA测序能力的极大提高，DNA序列增长的速度也非常快速。

15.1.4.2　蛋白质信息资源数据库（Protein Information Resource，PIR）

PIR（http://www.nbrf.georgetown.edu/pir/）是由美国生物医学基金会NBRF（National Biomedical Research Foundation）于1984年建立的，其目的是帮助研究者鉴别和解释蛋白质序列信息，研究分子进化、功能基因组，进行生物信息学分析。它是一个全面的、经过注释的、非冗余的蛋白质序列数据库。所有序列数据都经过整理，超过99%的序列已按蛋白质家族分类，一半以上还按蛋白质超家族进行了分类。PIR提供一个蛋白质序列数据库、相关数据库和付诸工具的集成系统，用户可以迅速查找、比较蛋白质序列，得到与蛋白质相关的众多信息。PIR还包含以下信息：

（1）蛋白质名称、蛋白质的分类、蛋白质的来源；

（2）关于原始数据的参考文献；

（3）蛋白质功能和蛋白质的一般特征，包括基因表达、翻译处理、活化等；

（4）序列中相关的位点、功能区域。对于数据库中的每一个登录项，有与其他数据库的交叉索引，包括到GenBank、EMBL、DDGJ、GDB等数据库的索引。目前，PIR包括三个子数据库，分别是蛋白质序列数据库PIR－PSD，蛋白质分类数据库iProClass以及非冗余的蛋白质参考资料数据库PIR－NREF。

15.1.4.3 蛋白质序列数据库（SWISS－PROT）

SWISS－PROT（蛋白质序列数据库：Swiss-Prot Protein Sequence Database，http://www.ebi.ac.uk/swissprot/）是由 Geneva 大学和欧洲生物信息学研究所（EBI）于 1986 年联合建立的，它是目前国际上权威的蛋白质序列数据库。SWISS－PROT 中的蛋白质序列是经过注释的。SWISS－PROT 中的数据来源于：

（1）从核酸数据库经过翻译推导而来；

（2）从蛋白质数据库 PIR 挑选出的合适数据；

（3）从科学文献中摘录；

（4）研究人员直接提交的蛋白质序列数据。

与其他蛋白质序列数据库相比较，SWISS－PROT 有三个明显的特点：

（1）注释：在 SWISS－PROT 中，数据库分为核心数据和注释两大类。对于数据库中的每一个序列登录项，核心数据包括：序列数据、参考文献、分类信息（蛋白质生物来源的描述）等，而注释包括：

①蛋白质的功能描述；

②翻译后修饰；

③域和功能位点，如钙结合区域、ATP 结合位点等；

④蛋白质的二级结构；

⑤蛋白质的四级结构，如同构二聚体、异构三聚体等；

⑥与其他蛋白质的相似性；

⑦由于缺乏该蛋白质而引起的疾病；

⑧序列的矛盾、变化等。

（2）最小冗余：对于给定的蛋白质，许多数据库根据不同的文献报道设置分立的登录项，而在 SWISS－PROT 中，尽量将相关的数据归并，降低数据库的冗余程度。如果不同来源的原始数据有矛盾，则在相应序列特征表中加以注释。

（3）与其他数据库的链接：SWISS－PROT 目前已经建立了与其他 30 多个相关数据库的交叉索引，即对于每一个 SWISS－PROT 的登录项，有许多指向其他数据库相关数据的指针，这便于用户迅速得到相关的信息。

生物信息数据库是将不断累积的生物学实验数据按一定的目标收集和整理而成，其几乎涉及生命科学各个研究领域。Nucleic Acids Research 每年第一期均详细介绍各种最新版本的生物信息学数据库。常用的数据库有：

核酸序列数据库（Nucleotide Sequence Databases）

RNA 序列数据库（RNA Sequence Databases）

蛋白质序列数据库（Protein Sequence Databases）

结构数据库（Structure Databases）

基因数据库（Genomics Databases）

代谢酶相关产物（Metabolic and Signaling Pathways）

人类和其他脊椎动物基因组（Human and other Vertebrate Genomes）

人类基因和疾病（Human Genes and Databases）

芯片和其他基因表达数据库（Microarray Data and other Gene Expression Databases）

蛋白组资源（Proteomics Resources）

其他分子生物学数据库（Other Molecular Biology Databases）

细胞器官数据库（Organelle Databases）

植物数据库（Plant Databases）

免疫学数据库（Immunological Databases）

根据数据库来源又可将生物信息学数据库分为一次数据库和二次数据库两大类。一次数据库的数据直接来源于实验获得的原始数据，仅对原始数据进行简单的归类整理和注释。例如，GenBank、EMBL 和 DDBJ 等核酸序列数据库，SWISS - PROT、PIR 等蛋白质序列数据库，PDB 等蛋白质数据结构数据库。二次数据库非常多，针对不同的研究内容和需要在一次数据库、实验数据和理论分析的基础上对相关生物学知识和信息进行进一步分析和整理，如人类基因组图谱库 GDB、转录因子和结合位点库 TRANSFAC、蛋白质结构家族分类库 SCOP 等。

各数据库提供相关的数据查询、数据处理等服务，大多可以通过网络免费访问或下载到本地使用。一些生物学计算机中心将多个相关数据库进行整合，提供综合服务。

15. 1. 5　蛋白质分子设计

蛋白质一级结构决定其空间结构，蛋白质空间结构决定其生物学功能。因此可通过对蛋白质进行分子设计，有目的地改造其空间结构，使其发挥特定功能。

蛋白质分子设计的过程：首先建立所研究对象的结构模型，该结构模型的构建可通过生物信息学获得支持，在此基础上进行结构 - 功能关系研究，然后提出设计方案，通过实验验证后进一步修正设计。

蛋白质的分子设计可按照改造部位的多寡分为三类：

第一类“小改”，可通过定位突变或化学修饰来实现；

第二类“中改”，对来源于不同蛋白的结构域进行拼接和组装；

第三类“大改”，即完全从头设计出一种具有特异结构域功能的全新蛋白质。

15. 1. 6　蛋白质结构预测

蛋白质的空间结构决定其生物学功能。大量的实验证明：蛋白质的空间结构由蛋白质的氨基酸序列决定。随着生物信息学的发展，利用生物信息学手段直接从氨基酸序列预测蛋白质空间结构的效率和精确度不断提高。目前，蛋白质结构预测方法主要由理论分析方法和统计方法两种。蛋白质结构预测流程见图 15 - 2。

（1）二级结构预测。通过分析、归纳已知结构蛋白质的二级结构信息，建立各自的预测规则，预测蛋白质序列的二级结构。蛋白质结构的理论预测方法都是建立在氨基酸的一级结构决定高级结构的理论基础上，目前蛋白质二级结构预测方法已有十几种。可分为统计方法、基于已有知识的预测方法和混合方法三大类。常用的蛋白质二级结构预测软件有 nnPredict、SSPRED、PredicProtein 和 SOPMA。

（2）三维结构预测。蛋白质单位结构很大程度上决定了蛋白质的功能，因此如何获得蛋白质的结构并对之序列分析研究是现代分子生物学的重要课题。目前应用 X 射线晶体衍射法和核磁共振法已测定出 1 万多种蛋白质及其复合物的结构，但与已测得的 3 多万种蛋白

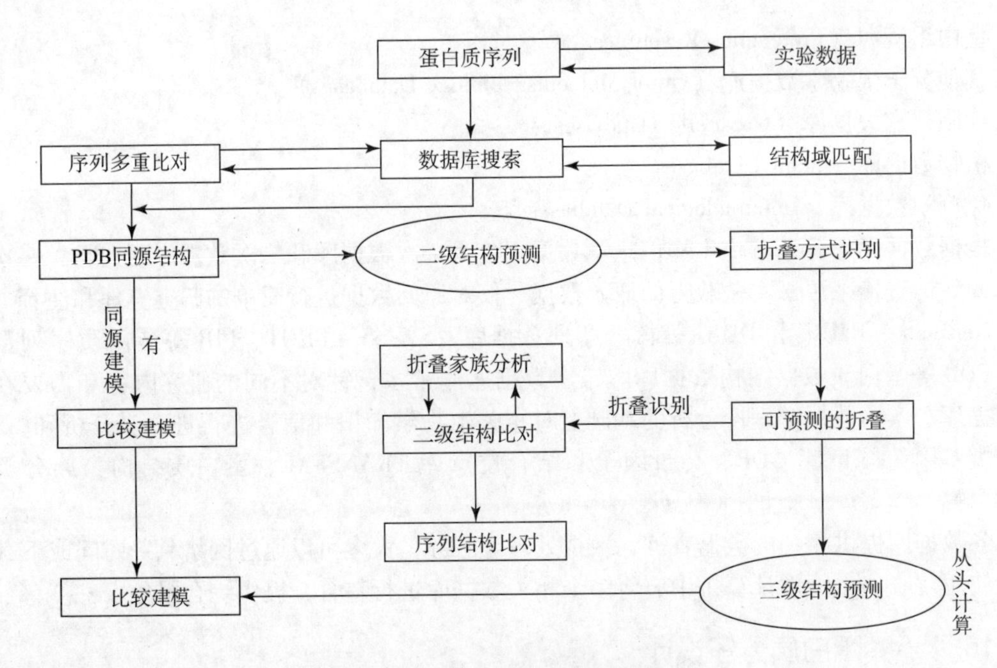

图 15－2　蛋白质结构预测流程图

质序列相比，还有很大的差距，大大地影响了人们对蛋白质结构和功能关系的研究。近年来，有几种常用方法用于三维结构预测：比较建模法、反向折叠法、从头预测法。

15.1.7　蛋白质序列比对

通过序列比对确定两个或多个序列之间的相似性，是生物信息学中最基本、最重要的操作，通过序列比对可以发现生物序列中的功能结构和进化的信息。

通过蛋白质序列之间或核酸序列之间的双重比对或多重比对，确定序列之间的相似区域、保守性位点，从而探寻相互间的分子进化关系以及产生共同功能的序列模式。通过蛋白质序列与对应核酸序列间的比对有助于确定核酸序列中可能的阅读框，分析和预测一些新基因的功能。通过蛋白质序列与新的蛋白质序列间的比对，预测该蛋白的空间结构及生物学功能。此外，将所提交序列与整个数据库序列进行比对，找出最相似的序列，从而获得有价值的参考信息，有助于进一步分析该序列的结构和功能。

序列的相似性可以是定量的数值，也可以是定性的描述。相似度是一个数值，反映两条序列的相似程度。关于两条序列之间的关系，有许多名词，如相同、相似、同源、同功、直向同源、共生同源等。在进行序列比较时经常使用“同源”（homology）和“相似”（similarity）这两个概念，这是两个经常容易被混淆的不同概念。两条序列同源是指它们具有共同的祖先。在这意义上，无所谓同源的程度，两条序列要么同源，要么不同源。

蛋白质基本性质分析：利用生物信息学软件可直接预测蛋白质的许多基本性质，如氨基酸组成、相对分子质量、等电点、疏水性、分布、信号肽、跨膜区域及结构功能与分析等。用于蛋白质基本性质预测的生物信息软件较多，可预测蛋白质的序列性质（ExPASy 工具：http://www.Expasy.ch/tools/与 PROSEARCH：http://www.embheidelberg.de/prs.html）、蛋白质的理化参数（ProtParam 程序）、等电点和相对分子质量预测（Compute Pi/MW 程序）、疏水性分析（Protscale 程序）、酶切肽段预测（PeptideMass 程序）。

利用生物因子进行人类疾病治疗的独到作用已越来越被人们重视，基因工程技术诞生后首先就被用于人生长激素释放抑制因子、胰岛素等医用蛋白质产品开发，大大降低了用于治疗的成本。利用大肠杆菌进行真核生物蛋白质表达会遇到生物活性低等问题，解决这些问题的出路一是研究开发新的表达系统，如酵母、哺乳动物细胞等，这方面已取得很大的成效。另一方面就需要借助蛋白质工程，如利用分子设计和定点突变技术获得胰岛素突变体的工作国内外都取得了相当多的成果。此外，干扰素、尿激酶等蛋白质工程也都取得进展，即将得到长效、速效、稳定作用更广的蛋白质药物。医用蛋白质的市场广大，待开发的产品也非常多。此外，利用蛋白质工程技术进行分子设计，通过肽模拟物（peptidomimetics）构象筛选药物等方面的研究更加丰富了蛋白质工程的内容。

15.1.8　蛋白质工程应用

15.1.8.1　工业用酶的蛋白质工程

以酶的固定化技术为核心的酶工程是 21 世纪继生物发酵工程后又一次创造出巨大工业应用价值的现代生物工程技术，蛋白质工程在这一领域应用可以说前景最看好。通过酶的结构或局部构象调整、改造，可大大提高酶的耐高温、抗氧化能力，增加酶的稳定性和适用 pH 范围，从而获得性质更稳定、作用效率更高的酶，用于食品、化工、制革、洗涤等工业生产中。这方面已取得了许多成功的先例，如食品工业中用于制备高果糖浆的葡萄糖异构酶，用于干果生产的凝乳酶，用于洗涤工业的枯草杆菌蛋白酶等蛋白质工程产品。

15.1.8.2　病毒疫苗的蛋白质工程

疫苗在病毒等病原引起的人及畜禽传染性疾病的预防中起着不可替代的作用，从制备疫苗的途径来说已有几代产品，目前如乙肝等基因工程疫苗已开始得到应用。通过抗原移植构建各种颗粒体、活载体及多价疫苗的研究已经成为生物技术领域的研究热点，但也遇到一些问题，主要是移植抗原三级结构没有完全恢复天然状态，因而使得抗原性不够理想。蛋白质工程技术将在今后的疫苗改造中发挥重要的作用，不但可使抗原性能得到最大的提高，还可使重组疫苗抗病作用更加广泛。近年来越来越多的病毒精细结构的阐明正在为开展蛋白质工程奠定基础。

15.1.8.3　抗体的蛋白质工程

抗体不仅在哺乳动物机体中担负着重要的体液免疫功能，还在医学、生物学免疫诊断中被广泛地应用。免疫学研究成为生命科学前沿领域。同时抗体的制备技术也经历着一次又一次革命，由血清抗体到杂交瘤单克隆抗体，再到基因工程抗体库技术，可谓日新月异。单克隆抗体给人类疾病的药物导向治疗带来了曙光，但应用上遇到鼠抗体对人具有免疫原作用的问题，蛋白质工程已成功用于解决这个问题。

15.2　基因工程与蛋白质工程

基因工程是发展最快的一种生物技术，在生物技术中处于核心地位。基因工程使得原核生物与真核生物之间，动物与植物之间，以至人和其他生物之间的遗传信息可以进行重组和转移。本节我们将先对基因工程和蛋白质工程做一个概述，然后介绍一些基本概念和原理，再阐述基本的实验过程，最后介绍蛋白质工程中的基因工程是如何应用在实际生活中的。

15.2.1 概述

基因工程，又叫基因改造，是用生物技术对有机体的基因组进行直接的操作。基因工程人为地将外源目的基因插入质粒、病毒或其他载体，构成遗传物质的新组合，并将这种遗传物质导入到宿主或者细胞中，从而使宿主或者细胞获得新的遗传特性，或形成新的基因产物。

基因工程技术广泛应用于许多领域包括：科研、农业、工业生物技术和制药。

15.2.1.1 基因工程发展的历史

人类改变物种基因组已经有上千年的历史，通过选择育种或人工选择来对抗自然选择。基因工程的诞生依赖于分子生物学、微生物学等多学科研究的一系列重大突破。理论上的三大发现和技术上的三大发明对于基因工程的诞生起到了决定性的作用。

1967 年，世界上有五个实验室几乎同时发现 DNA 连接酶，特别是 1970 年 H. G. Khorana 等发现的 T4 DNA 连接酶具有更高的连接活性。1970 年 Smith 等分离并纯化了限制性核酸内切酶 H*in*d II。1972 年，H. W. Boyer 等相继发现了 *Eco*R I 等一类重要的限制性内切酶。载体主要是小分子量的复制子，如：病毒、噬菌体、质粒。1972 年，美国斯坦福大学的 P. Berg 等首次成功地实现了 DNA 的体外重组，参见图 15－3。

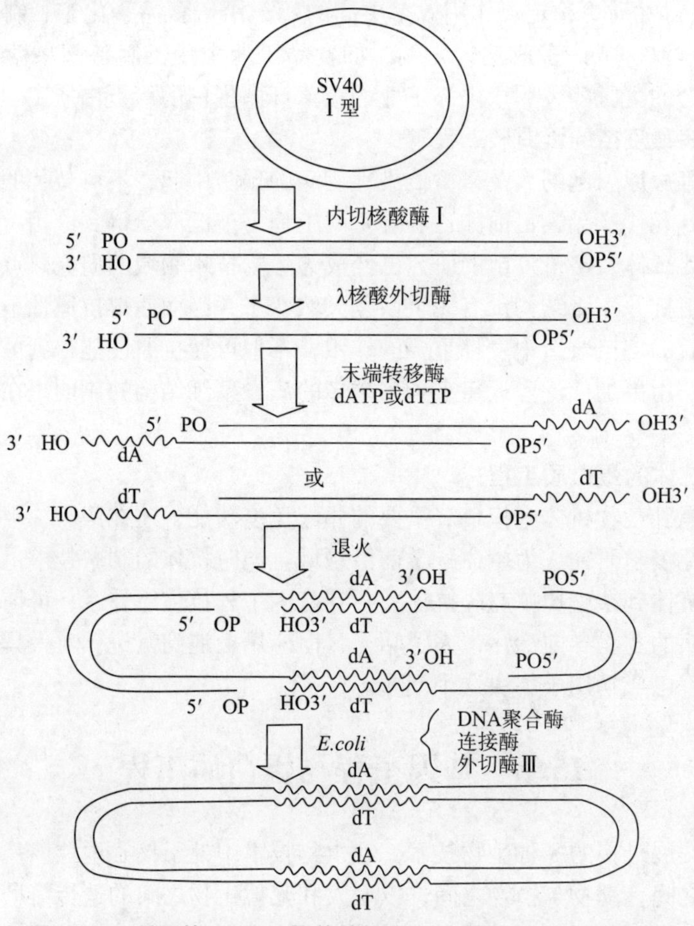

图 15－3 重组的 SV40 二聚体的构建（引自 Berg *et. al*，1972）

1970 年，Baltimore 和 Temin 等在 RNA 肿瘤病毒中各自发现了反转录酶，完善了中心法则，也使得真核生物目的基因的制备成为可能。1973 年，斯坦福大学的 Cohen 等成功地利用体外重组实现了细菌间性状的转移，获得了卡那霉素和四环素双抗性的转化子菌落。1973 年被定为基因工程诞生的元年。

15.2.1.2　基因工程基本流程

根据基因工程的概念，目前通常把基因工程的基本流程分为以下五个环节，如图 15－4 所示。

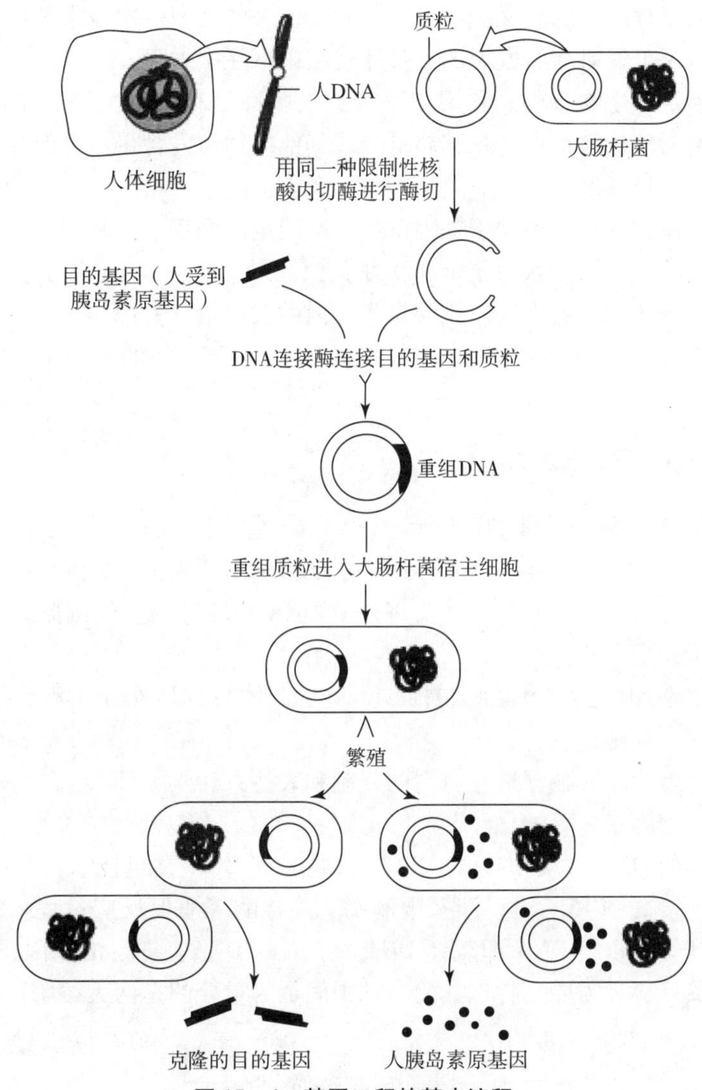

图 15－4　基因工程的基本流程

（1）从生物体中分离得到目的基因（或 DNA 片段）。

（2）在体外，将目的基因插入能自我复制的载体中得到重组 DNA 分子。

（3）将重组 DNA 分子导入受体细胞中，并进行繁殖。

（4）选择得到含有重组 DNA 分子的细胞克隆，并进行大量繁殖，从而使得目的基因得到扩增。

(5) 进一步对获得的目的基因进行研究和利用。比如序列分析、表达载体构建、原核表达以及转基因研究和利用等。

15.2.1.3 基因工程的研究意义

近半个世纪的分子生物学和分子遗传学研究结果表明，基因是控制一切生命运动的物质形式。基因工程的本质是按照人们的设计蓝图，将生物体内控制性状的基因进行优化重组，并使其稳定遗传和表达。这一技术在超越生物王国种属界限的同时，简化了生物物种的进化程序，大大加快了生物物种的进化速度，最终卓有成效地将人类生活品质提高到一个崭新的水平。因此，基因工程诞生的意义毫不逊色于有史以来的任何一次技术革命。

概括地讲，基因工程研究与发展的意义体现在以下三个方面：

第一，大规模生产生物分子。利用细菌（如大肠杆菌和酵母菌等）基因表达调控机制相对简单和生长速度较快等特点，令其超量合成其他生物体内含量极低但却具有较高经济价值的生化物质。

第二，设计构建新物种。借助于基因重组、基因定向诱变甚至基因人工合成技术，创造出自然界中不存在的生物新性状乃至全新物种。

第三，搜索、分离和鉴定生物体尤其是人体内的遗传信息资源。

目前，日趋成熟的DNA重组技术已能使人们获得全部生物的基因组，并迅速确定其相应的生物功能。

15.2.2 基因工程基本步骤

15.2.2.1 DNA片段和载体的连接

外源基因（DNA片段）很难直接透过受体细胞的细胞膜进入受体细胞，即使进入，也会受到细胞内限制性酶的作用而分解。要将外源DNA片段导入受体细胞，必须选择适当的载体，这是关键步骤之一。

载体是携带外源基因进入受体细胞的工具。作为载体的DNA分子，需具备以下基本条件：

①容易进入寄主细胞；

②进入寄主细胞后能够独立进行自主的复制和表达；

③容易从宿主细胞中分离纯化。

含有目的基因的DNA片段和载体DNA连接技术即DNA重组技术，其核心步骤是DNA片段之间的体外连接（图15-5），涉及限制酶、连接酶等酶促反应过程。载体为细菌中的质粒、温和噬菌体等。重组DNA即载体DNA+引入的DNA。把目的基因连接到载体上去，要经过一系列酶促反应，需要几种工具酶，这中间最为重要的是两大类酶：

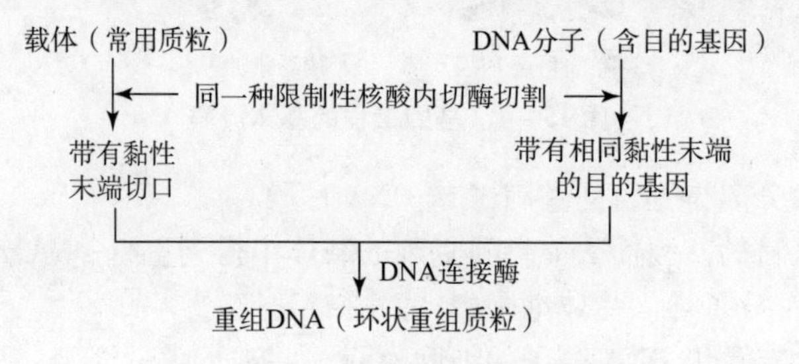

图15-5 DNA与载体的连接过程

①DNA 限制性内切酶：把载体 DNA 片段切开。

②DNA 连接酶：用于连接载体和外源 DNA 片段。

此外，在构建 DNA 重组分子中使用的工具酶还有：DNA 聚合酶、逆转录酶、DNA 修饰酶、RNA 修饰酶、核酸外切酶、碱性磷酸酶等。

（1）黏性末端的连接：用同一种限制性内切酶或者用能够产生相同黏性末端的两种限制性内切酶分别消化外源 DNA 分子和载体，所形成的 DNA 末端彼此互补，用 DNA 连接酶共价连接起来，形成重组体 DNA 分子。

（2）平末端的连接：在带平头末端的 DNA 片段的 3′－末端加上多聚核苷酸的尾巴，在载体上加上互补的尾巴，然后用 DNA 连接酶连接。

15.2.2.2　外源 DNA 片段引入受体细胞

重组体 DNA 分子只有导入合适的受体细胞，才能进行大量的复制、扩增和表达。其导入过程参见表 15－1。

受体细胞有多种，原核细胞、低等真核细胞生物的细胞如酵母、植物细胞、哺乳动物细胞等。胰岛素基因工程生产就是将外源 DNA 导入原核细胞大肠杆菌中进行表达实现的。兔 beta－球蛋白的基因通过 SV40（猴病毒）作为载体，并侵入培养的猴肾细胞后，猴肾细胞就可大量产生兔 beta－球蛋白。

表 15－1　外源 DNA 导入受体细胞的过程

生物种类	植物细胞	动物细胞	微生物细胞
常用方法	农杆菌转化法	显微注射技术	Ca^{2+} 处理法
受体细胞	体细胞	受精卵	原核细胞
转化过程	将目的基因插入 Ti 质粒的 T DNA 上→农杆菌→导入植物细胞→整合到受体细胞的 DNA→表达	将含有目的基因的表达载体提纯→取卵（受精卵）→显微注射→受精卵发育→获得具有新性状的动物	Ca^{2+} 处理细胞→感受态细胞→重组表达载体与感受态细胞混合→感受态细胞吸收 DNA 分子

特别注意：受体细胞中常用植物受精卵或体细胞（经组织培养）、动物受精卵（一般不用体细胞）、微生物——大肠杆菌、酵母菌等，但要合成糖蛋白、有生物活性的胰岛素则必须用真核生物酵母菌——需内质网、高尔基体的加工、分泌。一般不用支原体，原因是它营寄生生活；一定不能用哺乳动物成熟红细胞，原因是它无细胞核和众多的细胞器，不能合成蛋白质。

15.2.2.3　选择目的基因

通过以上方法将目的基因导入受体细胞后，还需要经过筛选（图 15－6），才能确定真正所需要的目的基因。

选择目的基因的方法有：

（1）遗传学方法，根据转基因生物体的性状来确定是否满足需要，例如对于转基因作物，要判断这些作物是否有需要的性状，而且没有带来不利的性状。

（2）免疫学方法，用来判断蛋白质的功能。

（3）分子杂交（molecular hybridization）的方法。

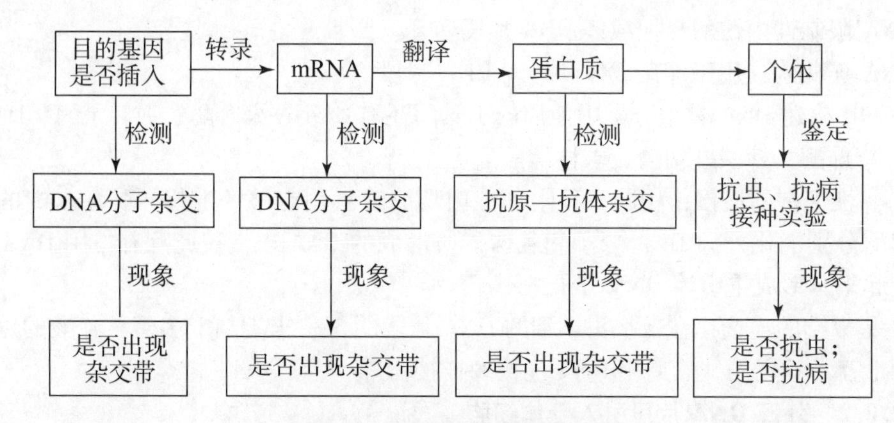

图 15 - 6　筛选目的基因示意图

通常人们着眼于某一感兴趣的蛋白质，首先找到编码这个蛋白质的基因，从基因文库中“钓”得该基因，然后才可进行后面的基因工程操作步骤。首先需要制备探针（probes）。探针是根据所需基因的核苷酸顺序制成一段与之互补的核苷酸短链，并用同位素标记。原理是：两条具有碱基互补序列的 DNA 分子变性后，在溶液中一起进行复性时，可以形成杂种双链 DNA 分子。同样，一条 DNA 链和与之具有互补碱基序列的 RNA 链在一起复性时，也能形成双链结构（DNA - RNA 杂交体）。杂交包括下列过程：

①DNA 的“熔解”，即变性，目的是使双螺旋解开成为单链，这可将 DNA 溶液的温度升高超过解链温度即可；

②退火，即 DNA 的复性，将加热过的 DNA 溶液缓慢冷却即可发生。

15. 2. 3　蛋白质工程中应用的基因工程技术

为使改造或新合成出来的蛋白质的结构与功能符合人们的要求，需要对负责编码该种蛋白质的基因进行重新设计。归根结底，改造蛋白质的实践是通过改造基因序列实现的。因此蛋白质工程是改造基因、创造新的目的基因的一条途径。

蛋白质的分子设计就是为有目的的蛋白质工程改造提供设计方案。虽然经过漫长岁月的进化，自然界已经筛选出了数量众多、种类各异的蛋白质，但天然蛋白质只是在自然条件下才能起到最佳功能，在人造条件下往往就不行，例如工业生产中常见的高温高压条件。因而需要对蛋白质进行改造，使其能够在特定条件下起到特定的功能。常见的蛋白质工程改造包括提高蛋白的热、酸稳定性，增加活性，降低副作用，提高专一性以及通过蛋白质工程手段进行结构 - 功能关系研究等。由于对蛋白质结构 - 功能关系的了解不够深入，成功的实例还不很多，因此更需要在蛋白质分子设计的方法学上开展深入研究。

15. 2. 3. 1　定点诱变

定点诱变（site-directed mutagenesis），是在体外特异性地取代、插入或缺失 DNA 序列中任何一个特定碱基的技术，包括盒式取代诱变、寡核苷酸引物诱变及 PCR 定点诱变等。

（1）盒式诱变（cassette mutagenesis）：利用一段人工合成的具有突变序列的双链寡核苷酸片段，取代野生型基因中的相应序列，参见图 15 - 7。

这种诱变的双链寡核苷酸片段是由两条人工合成的寡核苷酸链组成的，当它们退火时，会按照设计要求产生出克隆需要的黏性末端。这些合成的寡核苷酸片段就好像不同的盒式录音磁带，可随时插入到已制备好的载体分子上，便可获得数量众多的突变体，故称为盒式诱变。该方法的优点是简单易行，突变率高。

（2）寡核苷酸引物诱变：将待诱变的目的基因插入到 M13 噬菌体上，制备此种含有目的基因的 M13 单链 DNA，即正链 DNA，再使用化学合成的含有突变碱基的寡核苷酸短片段作为引物，启动单链 DNA 分子进行复制，随后这段寡核苷酸引物便成为新合成的 DNA 子链的一个组成部分。因此所产生的新链便具有已发生突变的碱基序列。参见图 15－8。

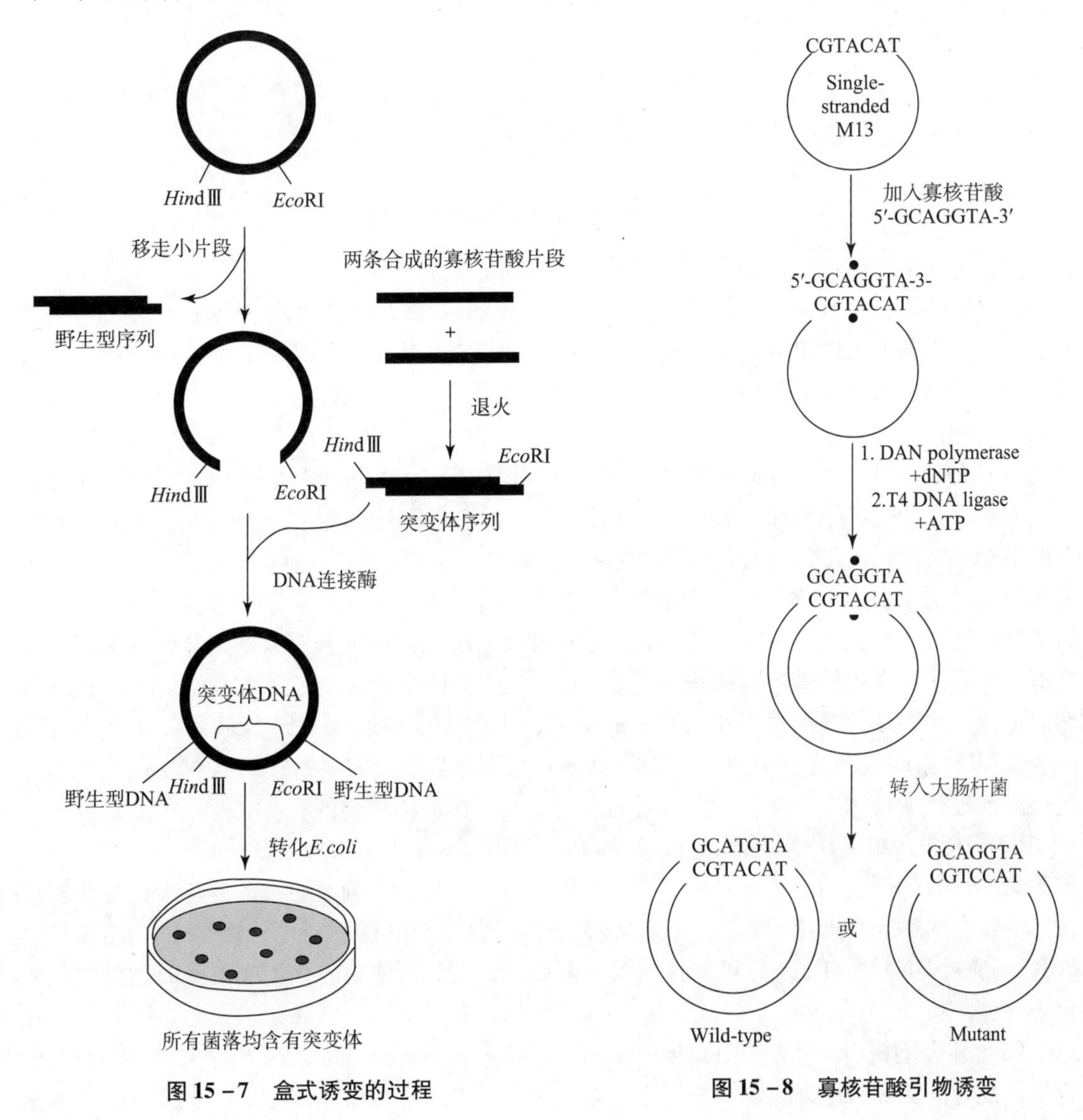

图 15－7　盒式诱变的过程

图 15－8　寡核苷酸引物诱变

（3）PCR 定点诱变：应用 PCR 原理，设计包含突变位点的引物，通过 PCR 扩增将特异突变点导入克隆基因，参见图 15－9。

15.2.3.2　定向进化技术

蛋白质的体外定向进化（directed evolution *in vitro*），是指在不十分明确蛋白质的氨基酸序列与特异功能相对应的关系时，要改造蛋白质只能选择随机改造的方法，即先产生大量随

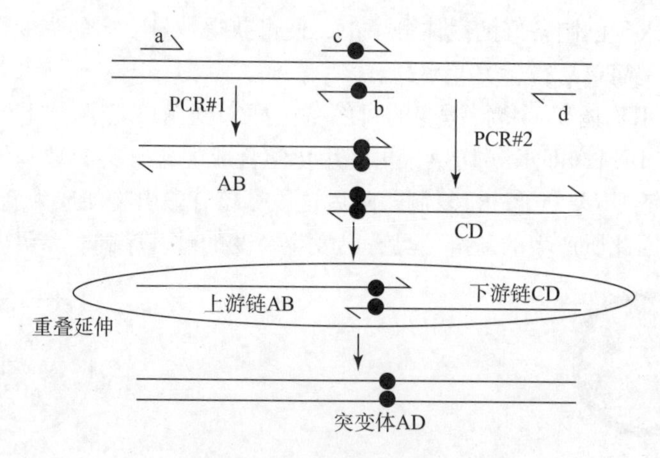

图 15－9　PCR 定点诱变

机突变，再在突变体中筛选符合人类需要的特殊功能的突变体。

目前体外随机引入突变的方法主要是利用 Taq DNA 聚合酶不具有 3′→5′校对功能的性质，配合适当条件，以很低的比率向目的基因中随机引入突变，构建突变库，凭借定向的选择方法，选出所需性质的蛋白质，从而排除其他突变体。常用的随机引入突变的 PCR 方法有如下几种：

（1）易错 PCR（error prone PCR）：是在采用 DNA 聚合酶进行目的基因扩增时，通过调整反应条件，如提高镁离子浓度、加入锰离子、改变体系中的四种 dNTPs 浓度或运用低保真度 DNA 聚合酶等，来改变扩增过程中的突变频率，从而以一定的频率向目的基因中随机引入突变，获得蛋白质分子的随机突变体。其关键在于对合适突变频率的选择，突变频率太高会导致绝大多数突变为有害突变，无法筛选到有益突变；突变频率太低则会导致文库中全是野生型群体。理想的碱基置换率和易错的最佳条件主要依赖于突变的 DNA 片段的长度。然而，经一次突变的基因很难获得满意的结果，由此发展出连续易错 PCR（sequential error prone PCR）策略。即将一次 PCR 扩增得到的有用突变基因作为下一次 PCR 扩增的模板，连续反复地进行随机诱变，使每一次获得的小突变累积而产生重要的有益突变。

（2）DNA 改组（DNA shuffling）：又称有性 PCR（sexual PCR），原理如图 15－10 所示。该策略的目的是创造亲本基因群中的突变尽可能组合的机会，导致更大的变异，最终获取最佳突变组合的酶。在理论和实践上，它都优于“重复寡核苷酸引导的诱变”和“连续易错 PCR”。通过 DNA 改组，不仅可加速积累有益突变，而且可使酶的 2 个或更多的已优化性质合为一体。

（3）体外随机引发重组（Random Primingin vitro Recombination，RPR）：以单链 DNA 为模板，配合一套随机序列引物，先产生大量互补于模板不同位点的短 DNA 片段，由于碱基的错配和错误引发，这些短 DNA 片段中也会有少量的点突变，在随后的 PCR 反应中，它们互为引物进行合成，伴随组合，再组装成完整的基因长度。如果需要，可反复进行上述过程，直到获得满意的进化酶性质。该法优于 DNA 改组法的特点在于：RPR 可以利用单链 DNA 为模板，故可 10～20 倍地降低亲本 DNA 量；在 DNA 改组中，片段重新组装前必须彻底除去 DNase Ⅰ，故 RPR 方法更简单；合成的随机引物具有同样长度，无顺序倾向性。在理论上，PCR 扩增时模板上每个碱基都应被复制或以相似的频率发生突变；随机引发的

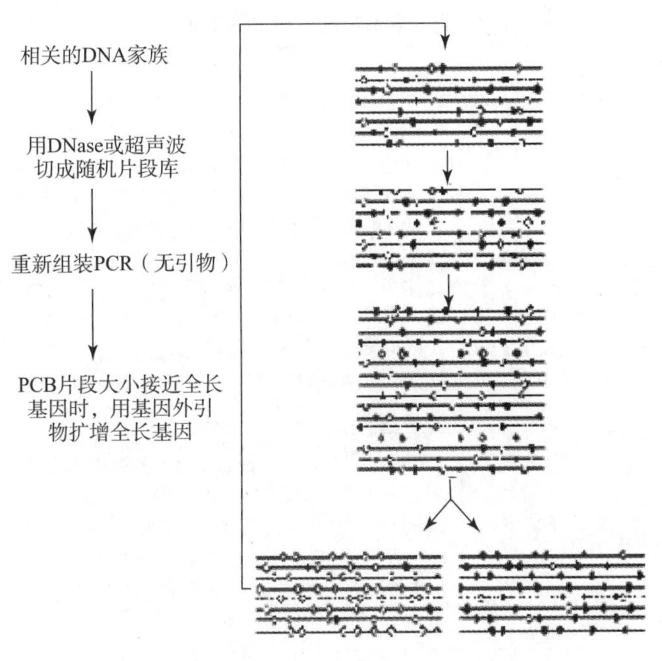

图 15－10　DNA 改组

DNA 合成不受 DNA 模板长度的限制。

15.2.4　基因工程和蛋白质工程的应用

基因工程的理论和技术几乎在所有生命科学分支学科中得到应用。

在分子生物学领域，利用基因工程技术，大肠杆菌体内的基因 50% 以上已被定位，其 DNA 序列已被测出，基因表达调控关系也基本搞清。N 噬菌体的基因 60% 已被定位，其 DNA 全序列被测出。在真核生物中，利用基因工程的理论和技术已发现上百种癌基因和 200 余种抗癌基因，它们分别是细胞增殖调控的正负信号。

在发育生物学中，精细胞的分化及受精过程所发生的变化，基因表达的发育调控等的研究与基因工程技术的应用是密不可分的。

在神经生物学方面，利用基因工程技术对脑结构与功能研究结果显示，脑中约有 3 万个基因处于表达状态，其中脑特异的 mRNA 占总 mRNA 的 6.5%，这些 mRNA 编码的蛋白质承担着神经系统的特异功能。研究脑组织不同功能区的 mRNA 分布，从 cDNA 推知其表达的蛋白质结构，结合抗体标记这些蛋白质在脑中的分布，将最终导致在分子水平上揭示脑思维、记忆功能的机制。

15.2.4.1　基因工程在农牧业中的应用

运用蛋白质工程的方法，把特定的基因转入农作物中去，构建转基因植物，表达特定蛋白，有抗病虫害、抗逆、保鲜、高产、高质的优点，参见表 15－2。例如，苏云金芽孢杆菌（*Bacillus Thuringiensis*），天生可以释放出一种杀虫毒素（BT），运用基因工程的技术把这种细菌的基因提取出来，转入对抗生素具有抗性的细菌体内，再把它放在抗生素环境中，只有那些既具有杀虫基因，又对抗生素有抗性的细菌能够存活下来，把这些细菌的基因抽取出来，转入到玉米细胞中，于是这种玉米便获得了杀虫的功能。

表 15－2　常见的抗虫和抗除草剂基因

基因类别	基因名称	作用机制	转基因作物举例
抗虫基因	BT（苏云金芽孢杆菌，*Bacillus thuringiensis*）毒蛋白基因	BT 毒蛋白基因合成一种对昆虫有毒的内毒素蛋白。这种杀虫蛋白可以使害虫消化管产生穿孔，从而导致其死亡，而对人畜在内的高等动物无任何毒副作用	玉米、棉花、马铃薯等
	蛋白酶抑制剂（Proteinase Inhibitor，PI）基因	用含 PI 的植物材料或饲料饲喂昆虫后，PI 与消化酶（主要为蛋白酶）结合抑制消化酶功能，而 PI 本身则不被降解，严重干扰了昆虫的消化系统，使其生长发育受到严重抑制，最后导致死亡	大豆、玉米、棉花、油菜、马铃薯和番茄等
	外源凝集素（lectin）基因	外源凝集素会在昆虫的消化管内释放出来，并与肠道围食膜上的糖蛋白相结合，影响营养物质正常吸收。同时，还可能在昆虫的消化管内诱发病灶，促进消化管内细菌增殖，对害虫本身造成危害，达到杀虫的目的	油菜、西红柿、水稻、甘蔗、甘薯、向日葵、烟草、马铃薯、大豆和葡萄等
	胆固醇氧化酶（cholesterol oxidase）基因	胆固醇氧化酶基因也被称为第二代抗虫基因，其表达的产物是一类新型杀虫剂。胆固醇氧化酶属于乙酰胆固醇氧化酶家族的成员，可催化胆固醇形成 17－酮类固醇和过氧化氢。胆固醇是细胞膜的主要组分，伴随着上述反应，昆虫摄食后其肠道表皮细胞出现胞溶现象，导致昆虫死亡	棉花、烟草等
抗除草剂基因	抗 EPSPS 抑制剂基因	草甘膦类除草剂可破坏植物体内的莽草酸代谢关键酶 EPSPS，导致植物死亡。抗 Ef′SPS 抑制剂基因所产生的酶分子由于点突变，对草甘膦类除草剂不敏感	大豆、玉米、棉花和油菜等
	膦丝菌素（PPT）乙酰转移酶基因	PPT 除草剂是谷氨酰胺合成酶的抑制剂，可导致植物细胞内氨的大量积累而死亡。PPT 乙酰转移酶（PAT）可催化 PPT 的游离氨基乙酰化而解毒	大豆、油菜、甜菜、马铃薯和番茄等
	腈水解酶（nitrilase）基因	溴苯腈（bromoxynll）是一种抑制植物光合作用的除草剂。腈水解酶可使溴苯腈失去活性，使转基因植物对 PPT 产生抗性	棉花、油菜和烟草等

下面列举基因工程在农业上应用的几个有代表性的方法。

（1）增加农作物产品的营养价值，如增加种子、块茎的蛋白质含量，改变植物蛋白的必需氨基酸比例等。

（2）提高农作物抗逆性能，如抗病虫害、抗旱、抗涝、抗除草剂等性能。

（3）提高光合作用效率将是提高农作物产量的一个有效方法。

（4）生物固氮的基因工程。若能把禾谷等非豆科植物转变为能同根瘤菌共生，或具固氮能力，将代替无数个氮肥厂，参见图 15－11。

图 15－11　豆科植物根瘤固氮

（5）增加植物次生代谢产物产率。植物次生代谢产物构成全世界药物原料的 25%，如治疗疟疾的奎宁、治疗白血病的长春新碱、治疗高血压的东莨菪碱、作为麻醉剂的吗啡等。

（6）运用转基因动物的技术，可培育畜牧业新品种。

上述几个方面都已在不同程度上取得了进展。例如：苏云金芽孢杆菌所产生的毒素蛋白对许多鳞翅类害虫有杀灭作用，已有喷洒苏云金芽孢杆菌发酵产物或提纯了的 BT 于农作物叶面，用于虫害防治的实验。近来，用植物基因工程的方法，已经培育出能表达 BT 毒素的转基因植物，如烟草、马铃薯、番茄等。它们在田间实验表现出对玉米螟、棉铃虫、烟草天蛾等虫害有杀灭防治效果。另外，利用基因工程技术可以进行动物遗传转化，将外源基因导入动物染色体基因组内能稳定整合并遗传给后代，现已完成转基因鼠、猪、羊、兔、鱼等，这不但为动物基因工程育种提供了新途径，还可作为一种生物反应器生产各种有用的蛋白质。例如，把生长激素基因转入奶牛或肉牛，可以提高牛奶产量，提高饲料转化率。

15.2.4.2　基因工程在工业中的应用

酿酒、食品、发酵、酶制剂等工业门类均利用微生物代谢过程。基因工程方法在改造所用微生物的特性中有极大潜力，因此，可以应用在工业生产的许多方面，提高质量、改进工艺或发展新产品。下面仅举几个例子。

1. 啤酒酿造中，主要的发酵微生物是酿酒酵母。酵母把麦芽汁中的葡萄糖、麦芽糖、麦芽二糖等成分转变成乙醇。但是麦芽汁中还有占碳水化合物总数约 20% 的糊精不能被酿酒酵母利用。另一种酵母叫糖化酵母，能分泌把糊精切开成为葡萄糖的酶，但是它产生的啤酒口味不好。用基因工程的方法，把糖化酵母中编码切开糊精的酶的 DNA 基因引入酿酒酵母中去。这样的酿酒酵母工程菌能最大限度地利用麦芽中的糖成分，使啤酒产量大为提高；并且因为残余糊精量的降低，亦提高了啤酒的质量。

2. 在白酒和黄酒的酿造和酒精生产中，常用霉菌产生的淀粉水解酶使淀粉糖化，然后由酿酒酵母把糖转化为乙醇，淀粉需先经高温蒸煮，淀粉颗粒溶胀糊化，才能被霉菌产生的淀粉糖化酶所作用。蒸煮消耗的能量甚多，不少实验室尝试将淀粉糖化酶基的基因转入酿酒酵母，使淀粉糖化及乙醇发酵两步操作均由酵母来完成，并且力求免去蒸煮过程，可以大为节约能源。

3. 干酪是高附加值奶制品，且有极高的营养价值。制造干酪需要大量的凝乳酶。传统的方法是从哺乳小牛的第四个胃中提取凝乳酶粗制品，当然很不经济。现在已经做到将小牛的凝乳酶基因转入酿酒酵母中，经酵母菌培养生产出大量具天然活性的凝乳酶，用于干酪制造业。

4. 乳清的利用：干酪生产中，取出凝乳块后，产生大量乳清。乳清中含有很多乳糖、少量蛋白质，以及丰富的矿物质和维生素。把乳清作为废弃物排出，BOD 值甚高，造成污染。近来把乳酸克鲁维酵母的水解乳糖的基因转入酿酒酵母，后者可利用乳清发酵来产生酒精。

5. “吃油”工程菌：油轮的海上事故常常使海面和海岸产生严重的石油污染，造成生态问题。早在 1979 年美国 GEC 公司构建成具有较大分解烃基能力的工程菌，并经美国联邦最高法院裁定，获得专利。这是第一例基因工程菌专利。图 15 – 12 为在石油污染时，人们把“吃油”工程菌和培养基喷洒到污染区，收到良好效果。

图 15 – 12　工人在喷洒工程菌清理污染

15.2.4.3　基因治疗

基因治疗（gene therapy）是指将外源正常基因导入靶细胞，以纠正或补偿因基因缺陷和异常引起的疾病，以达到治疗目的，也包括转基因等方面的技术应用；也就是将外源基因通过基因转移技术插入病人适当的受体细胞中，使外源基因制造的产物能治疗某种疾病。从广义说，基因治疗还可包括从 DNA 水平采取的治疗某些疾病的措施和新技术。

医生可以选择体内或者体外治疗，前者是直接将携带基因的载体注射到受损细胞所在区域，后者则是抽取病人的血液或者骨髓，分离出未成熟的细胞，接着将基因送入这些细胞，再重新注射到病人的血液中。这些细胞会移动到骨髓，在那边成熟并大量增殖，最终替换掉那些受损的细胞。

基因本身是无法自己进入到细胞体内的，必须依靠一定的载体才行，而病毒就是最好的选择，因为病毒可以侵入人体。可是病毒插入染色体后的位置是随机的，谁也无法保证它不会突然触碰到某些癌基因，治病不成，反把它们给激活了。从开始的盲目乐观与热情到意识到副作用时的失望与怀疑，对于基因治疗，人们正在回归理性。

基因进入细胞的过程如下：

①将修饰的 DNA 注入载体；

②载体结合到细胞膜；

③载体通过囊泡进入细胞；

④囊泡解体释放出载体；

⑤载体将新基因导入细胞核内；

⑥细胞利用新基因表达蛋白。

15.2.4.4　基因工程用于生产蛋白质类药物

治疗糖尿病的胰岛素是一种 51 个氨基酸残基组成的蛋白质，1982 年美国 Eli Lilly 公司推出基因工程制造的人胰岛素，商品名为 Humulin。传统的生产方法是从牛的胰脏中提取。每 1 000 磅（1 磅≈453 克）牛胰脏，才能得到 10g 胰岛素。通过基因工程方法，把编码胰岛素的基因送到大肠杆菌细胞中去，造出能生产胰岛素的工程菌；从 200L 发酵液就可得到 10g 胰岛素。

干扰素具有广谱抗病毒的效能，是一种治疗乙肝的有效药物，国际上批准治疗丙型病毒性肝炎的药物只有它。但是，通常情况下人体内干扰素基因处于“睡眠”状态，因而血中一般测不到干扰素。只有在发生病毒感染或受到干扰素诱导物的诱导时，人体内的干扰素基因才会“苏醒”，开始产生干扰素，但其数量微乎其微。即使经过诱导，从人血中提取 1mg 干扰素，也需要人血 8 000ml，其成本高得惊人。据计算：要获取 1 磅纯干扰素，其成本高达 200 亿美元，这使大多数病人没有使用干扰素的能力。1980 年后，干扰素与乙肝疫苗一样，采用基因工程进行生产，其基本原理及操作流程与乙肝疫苗十分类似。现在要获取 1 磅纯干扰素，其成本不到原成本的 1%。从人血中分离纯化干扰素治疗一个肝炎病人的费用高达二三万美元，用基因工程技术生产干扰素治疗一个肝炎病人大约只需二三百美元。基因工程生产出来的大量干扰素，是基因工程药物对人类的又一重大贡献。

生产基因工程药物的基本方法是：将目的基因用 DNA 重组的方法连接在载体上，然后将载体导入靶细胞（微生物、哺乳动物细胞或人体组织靶细胞），使目的基因在靶细胞中得到表达，最后将表达的目的蛋白质提纯及做成制剂，从而成为蛋白类药或疫苗。目的基因直接在人体组织靶细胞内表达，就成为基因治疗。

目前用基因工程生产的蛋白质药物已达数十种，许多以前本不可能大量生产的生长因子、凝血因子等蛋白质药物，现在用基因工程办法便可能大量生产（图 15－13）。已有 50 多种基因工程药物上市，近千种处于研发状态。每年平均有 3～4 个新药或疫苗问世，开发成功的药品已广泛应用于治疗癌症、肝炎、发育不良、糖尿病、囊纤维变性和一些遗传病上，在很多领域特别是疑难病症上，起到了传统化学药物难以达到的作用。

基因工程用于疫苗生产。常用的制备疫苗的方法，一种是弱毒活疫苗，一种是死疫苗。两种疫苗各有自身的弱点：活疫苗隐含着感染的危险性；死疫苗免疫活性不高，需加大注射量或多次接种。利用基因工程制备重组亚基疫苗，可以克服上述缺点，亚基疫苗指只含有病原物的一个或几个抗原成分，不含病原物遗传信息。重组亚基疫苗就是用基因工程方法，把编码抗原蛋白质的基因重组到载体上去，再送入细菌细胞或其他细胞中去大量生产。这样得到的亚基疫苗往往效价很高，但绝无感染毒性等危险。在酵母中表达乙型肝炎表面抗原

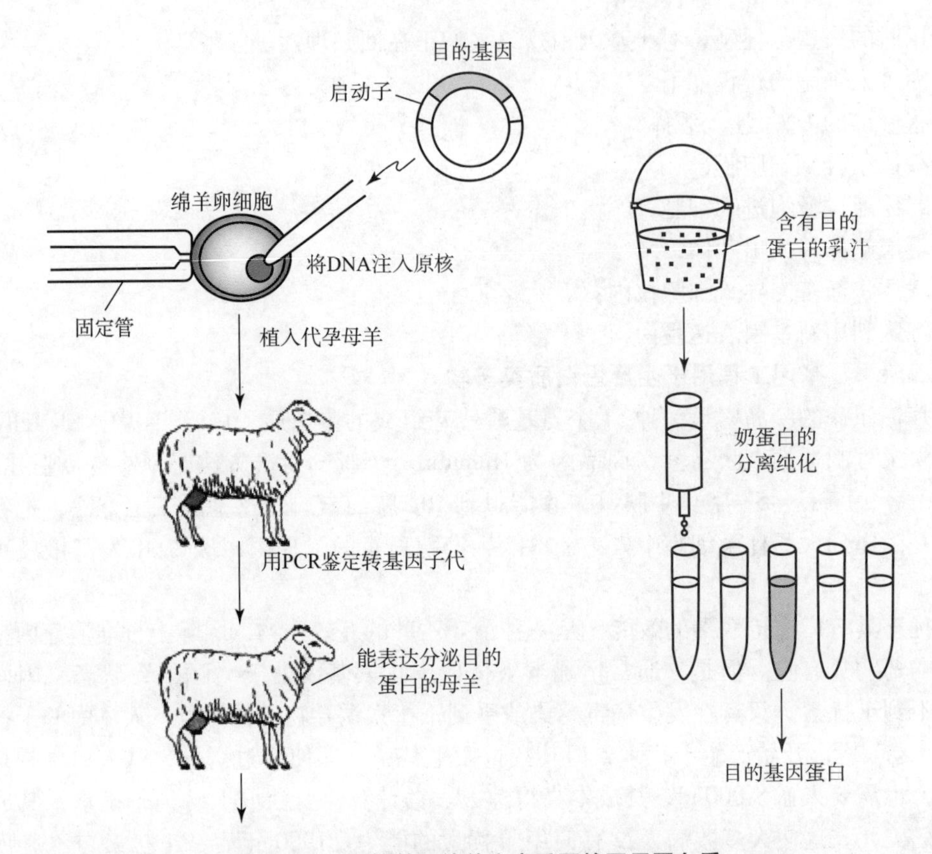

图 15－13　用转基因绵羊生产重要的医用蛋白质

HBsAg 产量可达 2.5mg/L，已于 1984 年问世。

以乙型病毒性肝炎（以下简称乙肝）疫苗为例。长期以来，医学工作者在防治乙肝方面做了大量工作，但曾一度陷于困境。乙肝病毒（HBV）主要由两部分组成：内部为 DNAs，外部有一层外壳蛋白质，称为 HBsAg。把一定量的 HBsAg 注射入人体，就使机体产生与 HBV 抗衡的抗体。机体依靠这种抗体，可以清除入侵机体内的 HBV。过去，乙肝疫苗的来源主要是从 HBV 携带者的血液中分离出来的 HBsAg，这种血液是不安全的，可能混有其他病原体，如其他型的肝炎病毒，特别是艾滋病病毒（HIV）的污染。此外，血液来源也是极有限的，使乙肝疫苗的供应犹如杯水车薪，远不能满足需要。基因工程疫苗解决了这一难题。利用基因剪切技术，用一种“基因剪刀”将调控 HBsAg 的那段 DNA 剪裁下来，装到一个表达载体中，所谓表达载体，是因为它可以把这段 DNA 的功能发挥出来；再把这种表达载体转移到受体细胞内，如大肠杆菌或酵母菌等；最后再通过这些大肠杆菌或酵母菌的快速繁殖，生产出大量我们所需要的乙肝疫苗。

15.3　细胞工程技术

15.3.1　干细胞技术

干细胞技术，又称为再生医疗技术，是指通过干细胞分离、体外培养、定向诱导、甚至基因修饰等过程，在体外繁育出全新的、正常的甚至更年轻的细胞、组织或器官，并最终通过细胞组织或器官的移植实现对临床疾病的治疗。

干细胞技术是生物技术领域最具有发展前景和后劲的前沿技术，其已成为世界高新技术的新亮点，势将导致一场医学和生物学革命。干细胞技术最显著的作用就是：能再造一种全新的、正常的甚至更年轻的细胞、组织或器官。由此人们可以用自身或他人的干细胞和干细胞衍生组织、器官替代病变或衰老的组织、器官，并可以广泛涉及用于治疗传统医学方法难以医治的多种顽症，诸如白血病、早老性痴呆、帕金森氏病、糖尿病、中风和脊柱损伤等一系列目前尚不能治愈的疾病。从理论上说，应用干细胞技术能治疗各种疾病，且其较很多传统治疗方法具有无可比拟的优点。

15.3.2　干细胞的分离纯化

干细胞表面有许多特殊的标记，如 ES 细胞特异性表达胚胎阶段性抗原 SSEA1、3、4，TRA－1－81，Oct4 等。另外，各种成体干细胞还有其独特的标记物，如人造血干细胞表现为 CD34 阳性和 Thylo 阳性，而 CD10、14、15、16、19、20 皆为阴性。可利用特异性抗体结合荧光染料采用流式细胞仪、免疫磁珠抗体标记技术等分离与纯化干细胞，用 Hoechst 33342 和 rhodamine 123 等采用流式细胞仪分选造血干细胞；另外，也可以利用干细胞的一些生物、物理化学特性来分离与纯化干细胞，例如利用干细胞与一般体细胞密度大小差异，用密度梯度离心筛选；也可以利用干细胞对一些酶或细胞基质、细胞因子反应的差异性来分离与纯化干细胞。使用干细胞的特异标记，就可以容易地从相应活检组织中分离筛选出目的干细胞，以便进行体外扩增。目前，已经初步建立各种干细胞标记和分离技术。

15.3.3　干细胞的鉴定与监测

尽管在许多组织中存在干细胞，但由于其数量很少，且与组织中的其他细胞无明显差别，很难清楚地区分它们。因此，在各种不同的组织中如何准确地区分干细胞或者发现一些有效简便的鉴别方法，是干细胞研究所必须解决的首要问题。慢周期性和自我更新能力是干细胞最显著的两个特征，过去人们利用其来鉴定在体与离体干细胞。根据干细胞的慢周期性，可采用标记滞留细胞的分析方法以识别在体的静息干细胞。根据干细胞的自我更新能力，可对其进行体外培养，形成细胞克隆，从而识别离体的干细胞。

目前，研究人员普遍依靠干细胞的表面标志及生长特性（形态和生长方法）来区分和鉴定各种干细胞，通过干细胞表面受体与标志（一些特异性基因、mRNA 和蛋白等）可以区分干细胞和其他细胞。不同组织的干细胞具有自身的特性及特异的表面标志。

基因组和分子生物学的发展扩展了干细胞研究的方法。如通过分子生物学技术鉴别干细胞表达的特异性基因和转录因子，即通过“基因标志”来区分干细胞。例如，PDX1 基因负责胰岛素基因的最初活化，可通过其来鉴别出能发育为胰岛细胞的干细胞。人们用分子生物学技术、免疫技术、结合荧光细胞标记等技术，来检测分化或定向分化的干细胞。利用这些技术，研究人员可以进行早期的干细胞分离，在组织中识别出它们或在分化的过程中追踪它们。

15.3.4　干细胞的体外培养

以胚胎干细胞（embryonic stem cells）和诱导多能干细胞（iPSC，induced pluripotent stem cells）为代表的多能干细胞（pluripotent stem cells）可以在体外无限培养扩增，在再生医学以及疾病模型的研究中有着广阔的前景。

由于干细胞的数目很少，因此需要在体外对干细胞进行未分化增殖。这需要许多生长因子和饲养细胞的共培养。如ES细胞培养，一般需要小鼠胎儿成纤维细胞（MEF）或STO等作为饲养层，另外需要添加LIF、SCF、bFGF等细胞因子。各类成体干细胞在体外培养也需要特殊的培养环境，既能满足干细胞分裂增殖又不能分化的微环境，如神经干细胞培养需要EGF、bFGF等细胞因子。不同组织来源细胞的培养条件不尽相同。在临床应用前还需要依据靶组织类型进行定向分化诱导，准确的分化诱导是干细胞应用的基础，这需要对有关干细胞发育分化的信号调节及微环境的影响进行深入研究。总之，分离、纯化、体外人工大量培养及保存，使之成长为各种组织和器官是干细胞研究的首要课题。可体外培养的生殖细胞来源的干细胞种类如表15－3所示。

表15－3　可体外培养的生殖细胞来源的干细胞种类

细胞株	细胞来源	培养条件	性能	多能性评价			
				畸胎瘤	嵌合体	生殖细胞发育贡献	基因印记
ES细胞	胚泡（内细胞群）	LIF＋FCS LIF＋2i 3i	多能性	○	○	（嵌合体） ○ （PGC样细胞诱导和曲精小管内取样）	Parental
EpiS	外胚层	bFGF＋ActivinA	多能性	○	×	×	Parental
EG细胞	原始生殖细胞（胚龄8～12天）	LIF＋bFGF SCP*2 LIF＋2i	多能性	○	○	○ （嵌合体）	Erased*2
GS细胞	精原细胞	GDNF＋LIF＋bFGF＋EGF	单能性（雄性生殖细胞）	×	×	○ （曲精小管内移植）	Parental
mGS	精原细胞（GS细胞）	LIF＋FCS	多能性	○	○	○ （嵌合体）	Parental

*1. bFGF和SCF对于EG细胞的维持并不是必要的。

*2. 基因印记的消除状态根据起源的PGCs的发育阶段或者性别而不同。

15.3.5　干细胞和表观遗传学

构成生物体内的组织和脏器的细胞拥有同一基因，但是每个细胞由于表观遗传的调节，使细胞受到严密的遗传情报的表达调节，进而获得多态性和多种机能。近年来，通过以胚胎干细胞为模型进行更详尽研究解析，以及对于全基因组染色质的免疫沉降解析等，干细胞的表观遗传学调节研究有了很大进展，可以从表观遗传的角度观察干细胞特有的细胞形态性质。

干细胞重编程指不改变基因序列的情况下，通过表观遗传学修饰如 DNA 甲基化来改变细胞命运的过程。原指哺乳动物生殖细胞发育过程中消除其亲本携带的表观遗传标志的过程，后被证实，胚胎的体外操作如核移植、细胞融合也能改变其原本的表观遗传特征。目前重编程主要指两个过程：其一，分化的细胞逆转恢复到全能性状态的过程；其二，从一种分化细胞转化为另一种分化细胞的过程。

15.3.5.1　干细胞调节中的 DNA 甲基化

干细胞是由 DNA 甲基化水平低的内部细胞团产生的，ES 细胞的产生过程中基因组的 DNA 甲基化水平上升。值得注意的是，通过研究分析 DNA 未甲基化的 Dnmt1$^{-/-}$、Dnmt3a$^{-/-}$、Dnmt3b$^{-/-}$ ES 细胞，发现 DNA 甲基化并不是 ES 细胞维持自我更新能力和稳定性的必要条件。因为低甲基化状态并不能反映内部细胞团的状态。但是，研究后确切证明，某些 DNA 甲基化可以抑制基因表达。

随着 ES 细胞的分化，基因组 DNA 甲基化水平虽然没有很大的变化，但随着分化的进行，DNA 甲基化动态变换。重新甲基化的基因中，Oct3/4 等具有多能性的转录因子群包含 ES 细胞特异性基因，通过这些基因的分化，细胞能够抑制异位性表达。与 ES 细胞不同，DNA 甲基化的调节对于成体细胞的维持是必需的。

15.3.5.2　干细胞调节中的组蛋白修饰

ES 细胞中有细胞分化相关的分化调节基因。随着分化诱导，可以使转录活化的转录因子、信号分子等的启动子领域、PRC2 所致的转录抑制（H3K27me3）和 TRXG 所致的转录活化（H3K4me3），均可以进行组蛋白修饰。在 ES 细胞中，与细胞发育和分化相关的遗传促进子领域被称为二价结构域的组蛋白修饰。二价结构域中存在着 H3K4me3（促进转录）与 H3K27me3（抑制转录）两个相反的组蛋白的共同修饰，同时还存在 H2AK119 的单向化修饰。在二价结构域中，转录开始型 RNA 聚合酶 II（S5 - RNAP）不能变换成共同存在的转录延长型（S2 - RNAP）。二价结构域接受分化信号，TRXG 与 PCG 的组蛋白修饰的平衡发生变化，从结果来说，调节目标基因表达的开关决定 ES 细胞分化的方向。之后又发现二价结构域的大部分都有 PCR1 的组蛋白修饰（H2AK119Ub1）。重要发现在于，二价结构域中第五个丝氨酸与磷酸化的转录开始型 RNA 聚合酶 II（S5 - RNAP）共同存在，而此 RNA 聚合酶 II 没有变换成第二个丝氨酸再次磷酸化后的转录延长型（S2 - RNAP）。所以可以认为，二价基因虽然处于转录开始状态，却已维持在转录延续反应被阻断状态。二价结构区域接受分化信号，TRXG 与 PCG 的组蛋白修饰平衡发生变化，目标基因表达的开关得到调节，ES 细胞分化的方向得以确定。之后决定分化的二价结构域就随之减少。二价结构域的多功能调节如图 15 - 14 所示。

15.3.6　干细胞的临床应用

干细胞具有增殖和分化为组织特异细胞的潜能，还能与组织整合，恢复受损组织器官的功能，因此是临床应用研究的重要方面，如何应用干细胞治疗临床疾病是临床应用研究的重点。干细胞研究几乎涉及生命科学及生物医药的所有领域，除了对细胞治疗、组织器官移植、基因治疗具有重要推动作用外，还将对新基因的发现、基因功能分析、新药开发、药效与药物毒性评估等领域产生重要的影响。其意义主要表现在以下几个方面：

（1）为临床多种疑难病的治疗带来希望；

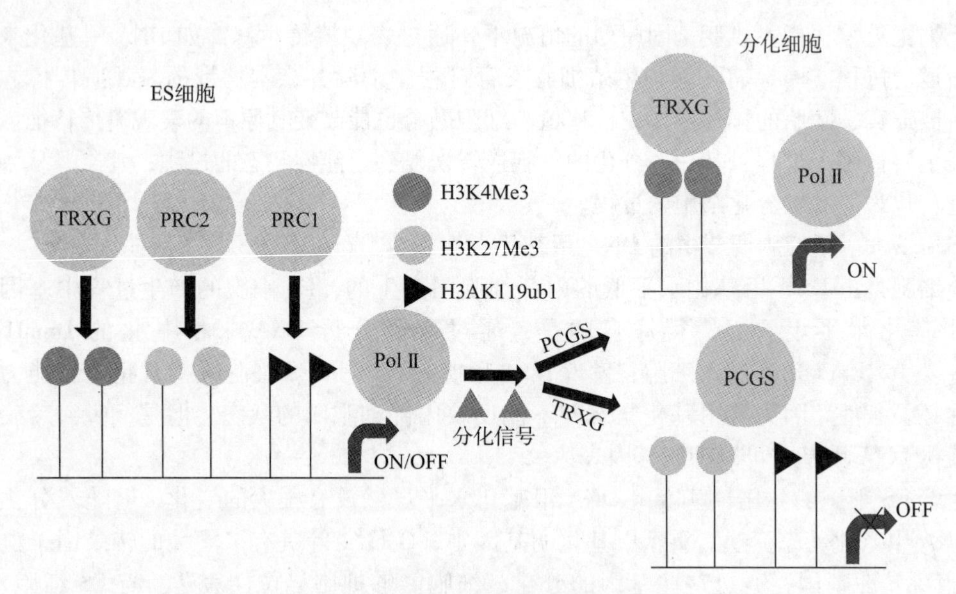

图 15－14　二价结构域的多功能调节性

（2）为组织工程提供取之不尽、用之不竭的原料；

（3）为探讨哺乳动物早期胚胎发育的机制提供模型；

（4）为研究与发育相关的基因的功能提供良好的模型；

（5）提供更为便捷的转基因动物方案；

（6）在发现新基因、基因功能分析方面有重要意义；

（7）对新药开发、药效与药物毒性评估等领域产生重要的影响。

很多疾病目前是传统医药难以攻克的，于是利用再生医学帮助病人缓解痛苦就逐渐成为研究者的兴趣。干细胞很早就被科学家视为再生医学的一场革命。但是目前对干细胞的治疗还没有进入临床，更多的只是相关的临床研究。人们相信，绝大多数疾病，包括神经性疾病、糖尿病、慢性心脏疾病、肾脏病、肝脏疾病、癌症和艾滋病等，都可望借助干细胞技术得到康复。

15.3.6.1　干细胞恢复记忆

干细胞能够恢复病人的记忆。2013 年来自上海复旦大学张素春团队利用人类胚胎干细胞成功修复了小鼠记忆受损的神经细胞，使得小鼠重新获得记忆。这项研究是在小鼠身上进行实验的，如应用在人体身上，还需要走一段很长的路，该研究可应用于药物的筛选。同样发表在《自然·生物技术》杂志上的另一项研究称，伦敦大学科学家利用干细胞技术，将胚胎干细胞诱导合成人工视网膜，从而使得失明的小鼠重见光明。奥地利科学家利用皮肤干细胞克隆出一个迷你大脑，让世界为之惊艳，它们未来在医学上的应用价值顿时被媒体放大许多倍，但是这同样需要我们进行观察才能够发现它们未来的主要应用。

15.3.6.2　再生医学的新契机

再生医学的概念起源于蝾螈和壁虎等动物，它们在断肢或尾巴的时候，迅速启动再生机制，从而长出新的组织。年龄的增长会增加器官的衰老，随着人口老龄化的到来，对器官移植的需求逐渐增大，这也是为什么近年来再生医学发展得如此迅速。干细胞的发展，能使得再生医学产生一种革命性的变化。科学家可以通过体外建立病人的干细胞系，这些干细胞能够分化成不同的细胞，从而对病人的疾病进行治疗。2006 年，日本科学家山中伸弥利用细胞重编程技术成功将小鼠纤维细胞诱导成诱导多能干细胞（ips cells）。该方法发表出来后，研究者逐渐将研究兴趣转移到 ips 细胞上，因为以往的胚胎干细胞不仅成功率比较低，而且还受到伦理组织的严密监管。ips 细胞的建立是干细胞研究的一个里程碑式的研究，山中伸弥也因此同约翰 · 戈登一同分享了 2012 年的诺贝尔生理或医学奖。

1. 癌症。

癌症的治疗目前一般采用化疗或放疗，虽然这些疗法可以杀死癌细胞，但同时也会杀死组织的正常细胞，导致组织毒性，特别是免疫系统的破坏。免疫功能的恢复对于癌症患者的治疗至关重要，无论采用免疫治疗还是采用肿瘤疫苗治疗，患者的抵抗力都有赖于其自身的免疫功能。骨髓干细胞移植在恢复大剂量放疗、化疗后患者的造血和免疫系统功能方面，以及修复因癌症治疗而受损的细胞、组织干细胞方面都起着重要作用。造血干细胞移植最早被用于治疗血液恶性肿瘤，以后扩展到治疗先天性免疫缺陷、先天性贫血、自身免疫性疾病及实体瘤。

干细胞是一种理想的载体细胞，在癌症的基因治疗中可发挥重要作用。在基因治疗研究中，最困难的问题之一是基因被导入已分化的细胞后不能表达，而将基因导入干细胞就不存在这样的问题，可以获得长期表达。由于干细胞具有多分化潜能，可将单个基因导入干细胞，诱导其分化为血液、皮肤甚至神经的细胞。在癌症治疗中，这些载有“设计基因”的细胞可以阻止化疗的攻击，从而实现保护作用。对于癌症机制的研究，近年来发现干细胞与癌细胞非常相似，除了癌细胞是异常细胞、一般具有异常核型以外，其他特性（例如无限增殖、自我更新能力，诱导分化潜能）两者几乎都相同。研究表明，控制干细胞和癌细胞增殖的可能是同一种蛋白质。这项发现将有助于了解两种类型细胞的分裂特性，但也引起了对干细胞移植可能埋下癌症种子风险的担忧。因此，急需解决的问题是控制干细胞的增殖，这样移植细胞才不会发生癌变。伦敦皇家学院组织工程和再生医学中心的主任说：在正常情况下，机体维持着某些干细胞进行自我更新以替代受损细胞的能力。癌细胞“篡夺”了这个特性，转化为肿瘤。目前在干细胞与癌细胞之间建立了分子联系。

2. 心血管疾病。

临床医生可以利用干细胞治疗许多心血管疾病，如用干细胞局部注射治疗心肌梗死，应用干细胞产生新的心房和心室治疗先天性心肌病，治疗高血压和动脉粥样硬化引起的心血管损害。在小鼠和其他动物中已初步研究证实干细胞具有治疗心肌梗死的功能。干细胞用于治疗心脏疾病已经成为干细胞在心血管疾病临床应用研究中的热点。

3. 糖尿病、消化系统疾病及肾脏疾病。

诱导胚胎干细胞、骨髓基质干细胞分化为胰岛细胞并分泌胰岛素，用于治疗糖尿病。用干细胞替代病变组织、细胞，或用干细胞分化为肾细胞、膀胱细胞替代相应的细胞。目前有人尝试大量培养膀胱细胞，用于人类膀胱再生的研究。美国佛罗里达大学的 Ramey 及其同事曾报道从糖尿病小鼠的胰岛导管中分离出胰岛干细胞，可在体外诱导分化为能产生胰岛素的细胞，将细胞移植至患糖尿病鼠后能较好地控制血糖浓度。

4. 神经系统疾病。

大多数神经系统疾病是由神经细胞发生退行性病变或细胞丢失后，成熟的神经细胞又不能分化并替代丢失的细胞所致的。帕金森氏病由多巴胺能神经元的死亡所致，老年性痴呆由分泌胆碱的神经元死亡引起，多发性肌萎缩由支配肌运动的运动神经元死亡所致。脊髓损伤是多种神经损伤性疾病，也造成神经细胞死亡。对上述这些疾病以及脑外伤、中风等引起的脑组织损伤，利用干细胞移植进行治疗，使之与脑组织整合，在受损组织再生方面具有重要前景。瑞典神经学家 Brookline 及其同事将从流产羊胎脑中分离的神经组织细胞移植入患者脑中以治疗帕金森氏病，术后跟踪 10 年，发现移植的干细胞仍然存活并产生多巴胺，患者症状明显改善。

在实验动物中发现，用体外培养的神经干细胞诱导分化的多巴胺能干细胞、前体细胞移植治疗帕金森氏病模型鼠获得成功，表现为病鼠控制运动能力明显改善。用基因重组的方法将氨基己糖苷酶 A 基因导入神经干细胞，使之能分泌此酶，然后将这些细胞移植至患家族性痴呆病的实验动物，获得令人鼓舞的效果。还可将神经生长因子基因导入干细胞，使之能自分泌；而干细胞又能分化为相应的细胞类型，将其移植后，更有助于脑功能的恢复。马里兰州国家神经疾病与中风研究院的 Tsai 教授说：干细胞带给医学的希望是有一天它可能用来替代或修复机体受损的组织。目前已经有用干细胞治疗神经退行性疾病，特别是帕金森氏病成功的报道。

5. 感染性疾病的研究。

对各种因感染造成的细胞组织功能损害，通过移植多能干细胞并使其在相应的微环境中增殖、分化成受损细胞，从而恢复受损组织的功能，例如用干细胞移植治疗人类免疫缺陷病毒（HIV）感染所致的艾滋病等。人多能干细胞不但可分化，还可以在受损组织移植的干细胞中人为地导入抗 HIV 的抗体基因，使其后代细胞能分泌相应的抗体，具有抗 HIV 的功能，达到抗感染、恢复损伤组织的作用。

15.3.6.3 干细胞与组织工程

组织工程是应用生命科学和工程学的原理与方法，认识哺乳动物的正常和病态组织的结构与功能的关系，研究和开发用于修复、维护或增进人体各种组织或器官损伤后的功能和形态的一门新学科。

在美国每年有数以百万计的人患有各种组织或器官的功能障碍或丧失，需进行 800 万人次的手术修复，年耗资超过 400 亿美元。在组织工程中，种子细胞的研究是重要的研究方向，而干细胞是研究种子细胞的最佳材料。

15.3.6.4 干细胞可以作为研究疾病的良好模型

有的疾病在动物和人类表现出相同的临床症状，可建立相应的动物模型，用于研究疾病的发病机制、药物筛选及治疗方案。有的疾病仅限于人类或少数几种动物才患病，如分别引起艾滋病和丙型肝炎的 HIV 和丙型肝炎病毒（HCV）仅感染人类和黑猩猩，干细胞的出现，为研究这类疾病提供了极好的模型。

15.3.6.5 干细胞可以作为新药开发的工具细胞

在通常情况下，为了找到一种新药，药物工作者通常要提取上千种化合物，然后再用药物筛选模型进行筛选。动物模型作为常用的药物筛选模型，动物用量大，药物样品需要量多，大大增加了研制的成本。

干细胞为药物筛选提供了极好的模型。首先，干细胞可无限增殖，获得大量的细胞，并能分化为具各种功能的特化细胞，为新药药效、毒性、药理、药物代谢、药物动力学、耐药性等的检测提供了细胞水平的研究手段。例如，诱导干细胞分化为胰岛细胞或用胰腺干细胞诱导分化为胰腺细胞，可以用来筛选糖尿病的治疗药物；将神经干细胞分化为神经细胞，用以筛选治疗神经系统疾病如老年性痴呆、帕金森氏病等疾病的药物。利用干细胞进行药物筛选可大大提高效率，降低成本。

此外，通过克隆的方式将一些细胞因子（如干扰素、促红细胞生成素、抗凝血酶等）的基因导入干细胞，然后制备转基因动物，最后从动物的体液或组织中提取细胞因子以制备生物制剂。

15.3.7　干细胞启用前景

干细胞在生命科学的各个领域都有着重要而深远的影响，尤其在克隆动物，转基因动物生产，发育生物学，药物的发现、筛选和毒理实验，动物和人类疾病模型，细胞组织和器官的修复和移植治疗，基因治疗，组织工程等众多领域上有着极其诱人的应用前景。

15.3.7.1　生产克隆动物的高效材料

1. ES 细胞克隆动物的方法。利用 ES 细胞核移植技术，可在短期内克隆大量的遗传同质型动物。所谓 ES 细胞核移植技术就是将具有发育全能性的 ES 细胞导入去除染色质的成熟的卵母细胞，经过电脉冲作用使卵母细胞质和导入的细胞融合并激活，使细胞分裂发育形成胚胎。将重组胚通过胚胎移植的方法移植给受体母畜，使其妊娠产仔，就可获得克隆动物。ES 细胞既可以在体外培养大量增殖传代、冷冻保存，又能保持全能性，是进行细胞核移植理想的供体材料。

2. ES 细胞克隆动物的优势。动物 ES 细胞是由胚胎内细胞团或 PGCs 中分离的具有全能性或多能性的细胞。由于其在体外抑制分化培养中保持全能性或多能性，并可以在体外增殖、冷冻，因而是克隆动物的理想材料。

ES 细胞克隆动物的意义在于：

1. 利用良种家畜胚胎或 PGCs 分离克隆 ES 细胞，用 ES 细胞核移植可大幅度提高良种家畜的繁殖效率，ES 细胞胚胎嵌合、细胞核移植技术可使一头良种家畜在短期内生产无数的具有遗传同质型的动物。这不但可以充分发挥良种动物的生产潜力，而且可以迅速扩大良种动物群体规模，加速动物良种化育种进程，迅速提高有利目的基因及其组合在动物群体中的频率。

2. 抢救濒危动物，保存稀有动物遗传资源，利用 ES 细胞克隆动物在短期内可以繁殖大量的濒危动物，迅速扩大濒危动物的群体数量。

3. 创造新物种，用异种动物的 ES 细胞核移植和异种动物胚胎嵌合方法可获得异种动物嵌合体，这样有可能克服种间繁殖远缘杂交的困难，创造出珍贵动物新品种，获得用传统交配方法无法获得的新性状。

4. 为实验生物学提供新材料，利用 ES 细胞核移植技术可以在短期内获得大量基因型和表现型完全相同的个体。这些生物个体用于遗传的估测，饲料营养价值的评定及环境与动物关系的研究领域，采用胚胎嵌合技术将少量外源细胞注入囊胚，通过检测克隆动物组织变化，可以用来研究细胞分化、细胞免疫，胚胎细胞多能性和全能性等生物领域的重大问题。

5. 建立人类遗传病动物模型，人类许多疾病，大都可以利用嵌合技术和核移植技术建立特定的动物疾病模型。如利用基因工程技术可以人为制作基因缺失突变 ES 细胞株，将含有突变基因的 ES 细胞与正常胚胎嵌合所获得的嵌合体，可以为某些遗传病的研究提供动物模型。理论上，ES 细胞可以无限传代和增殖而不失去其基因型和表现型，以其作为核供体进行核移植。自绵羊“多莉”问世至今，体细胞克隆牛、山羊、猪、鼠均有成功的报道。仅从生产克隆动物而言，体细胞克隆具有易于取材的优点，但应注意的是体细胞克隆动物的成功率仍很低；相当多的个体在出生后表现出严重的生理或免疫机能缺陷等问题，且多是致命的。法国农业研究院称 90% 克隆牛不能正常生长。另据报道“多莉”羊早衰是由于其继承了供核细胞的生理年龄，其体细胞染色体上的端粒较相应年龄正常动物短，而 ES 细胞高度表达端粒酶活性，这也从侧面揭示了用 ES 细胞比体细胞核移植具更现实的应用前景。Wakayama 等用长期传代（30 代以上）的小鼠 ES 细胞克隆出 31 只小鼠，14 只存活，而目前体细胞克隆动物用的体细胞均是新分离细胞或传代较少的细胞，有人认为体细胞容易突变，ES 细胞和其他成体干细胞做供核细胞，克隆成功率较其他终末分化细胞做供核细胞成功率高，体细胞克隆动物尚不能简单地替代 ES 细胞克隆，ES 细胞克隆研究仍很有必要，也很有前途。

15.3.7.2 ES 细胞是生产转基因动物的高效载体

目前，常用的转基因动物生产方法是向受精卵中注射目的基因。外源基因的整合表达、筛选工作只能在个体水平上进行，这样工作困难繁琐，周期长。而利用 ES 细胞作为载体，体外定向改造 ES 细胞，使得基因的整合数目、位点、表达程度和插入基因的稳定性及筛选工作等都需在细胞水平上进行。经过动物克隆途径，可获得携带目的基因的转基因动物，或通过与胚胎嵌合得到嵌合体动物，ES 细胞在嵌合体中分化发育成为全能的性生殖细胞，即可得到携带有目的基因的转基因动物（技术路线图见图 15－15）

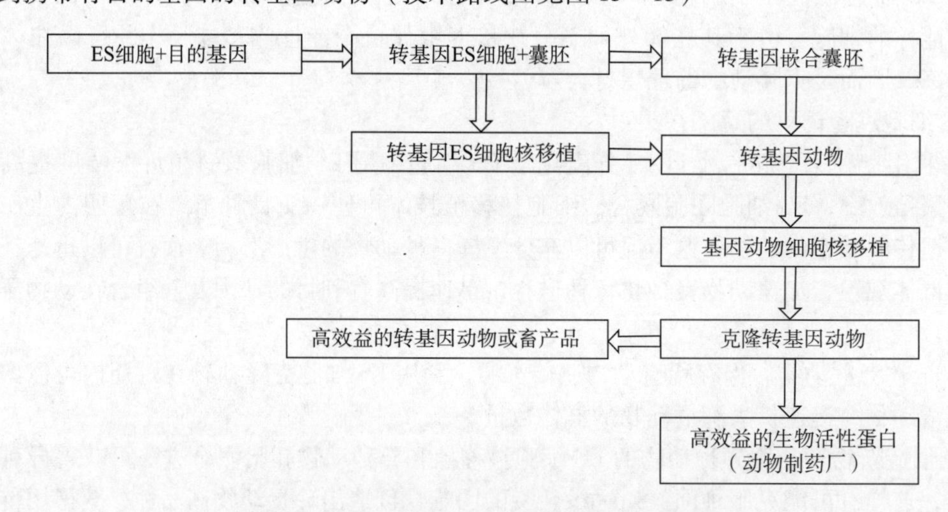

图 15－15　ES 细胞生产转基因动物的技术路线

15.3.7.3 高效新型药物的发现，筛选及动物和人类疾病的模型

干细胞提供了新药物的药理药效、毒理及药物代谢等研究的细胞水平的研究手段，可大幅减少药物实验所需要实验动物的数量，ES 细胞、ips 细胞及其他成体干细胞还可以用来研究动物和人类疾病的发生机制和发展过程，以便找到有效和持久的治疗方法。

一直以来，科研人员在药物研发过程中依赖动物模型，而动物模型不能很好地再现人体生理学，致使成功率很低。约 1/3 的研究因为药品对心脏的毒性而被撤回。因此，急需研发出预测药品对心脏毒性的体系。最近，美国加州大学伯克利分校的 Mathur 等（2015）使用

iPS 技术，生产芯片心脏，可用于药物筛选。

细胞、组织、器官的修复和移植治疗或组织工程、基因治疗的种子细胞干细胞具有发育分化未构成机体的所有类型组织细胞的能力。任何因物理、化学或生物学因素等造成的细胞损伤或病变引起的疾病都可以通过移植由 ES 细胞、iPS 细胞定向分化而来的特异组织细胞或器官来治疗通过 ES 细胞、iPS 细胞和基因治疗技术，可以矫正缺陷基因。成体干细胞用于治疗疾病，近年也取得令人振奋的进展，如用造血干细胞、间质干细胞、表皮干细胞、神经干细胞等治疗一些重大疾病都展现出美好的前景。

15.3.8　干细胞研究面临的挑战和急需解决的问题

（1）干细胞研究的伦理问题和社会问题。

体细胞克隆技术的成功，引起世界范围的有关克隆人的恐慌，人们担心克隆人会引发人类伦理道德的混乱。各国政府做出严厉禁止克隆人的研究的决定。人类 ES 细胞基础研究提供了良好的模型，然而研究人类 ES 细胞需要大量的胚胎，伦理宗教界人士认为胚胎就是一个生命，科学家认为胚胎不具备生命的特征，掀起了新一轮因人类 ES 细胞研究而引起的伦理道德之争。

（2）治疗性克隆的挑战。

目前，科学界把克隆分为生殖性克隆和治疗性克隆两种。生殖性克隆，即通常所说的克隆人，生殖性克隆从伦理上讲明显违背了自决权原则，从技术上讲又不能解决安全问题，因而禁止进行克隆人实验已经成为一种世界范围内的普遍共识。治疗性克隆是指按人们意愿将克隆胚胎源 ES 细胞定向分化为特异细胞，并在体外构建各种组织器官，供临床移植治疗疾病用。这是国际科学界和伦理界普遍支持的，用于治疗克隆性的胚胎不能超出妊娠 14 天这一界限。治疗性克隆是把克隆出来的组织和器官用于治疗疾病，而生殖性克隆则是克隆人，不以治疗为目的。治疗性克隆及其研究在伦理上可以得到认可。但生殖性克隆人得不到伦理上的辩护，因为人是生物、心理、社会的集合体，具有在特定环境下形成的特定人格。只能克隆基因，无法克隆环境。特定的人体是不能复制的，是克隆不出来的，所以克隆出来的只是与其父本或母本相同的基因，而不是与其父本母本一样的人。

研究表明，来自成体机体组织器官的各类成体干细胞具有较人们所设想更广的分化潜能，有的甚至可以与 ES 细胞媲美。另外，这些成体细胞易于获取，不存在伦理问题，采用机体的成体干细胞还可以避免免疫排斥，因此，在临床研究应用上展现出美好的前景。随着科技的不断进步，相信在不久的将来科学家们一定会利用干细胞突破再生难题，人类将很方便地用干细胞自我产生的“原配件”修理自己。

（3）ES 细胞、iPS 细胞及成体干细胞的建系和储存。

ES 细胞是源于 ICM 或 PGCs，经体外抑制分化培养克隆出的一种具全能性的细胞系。由于在胚胎及机体发育过程中，分化和分裂增殖一般同时进行，而 ES 细胞的建系，要求 ES 细胞既能快速无限增殖，又呈未分化状态。抑制分化和扩增是矛盾的，必须筛选适宜的条件培养基。目前，虽然科学家已建立人类 ES 细胞系和 iPS 细胞株，但各个细胞株特性并不完全相同，有的细胞株并不完全具有 ES 细胞的生物学特性。成体干细胞的扩增和储存已取得重要进展，我国已建立了多个干细胞库，以储存不同级别的成体干细胞，目前储存的成体干细胞以脐带血干细胞、脐带间充质干细胞和造血干细胞等居多。

（4）ES 的定向分化。

ES 细胞高度未分化，具有形成畸胎瘤的可能性，因此在用 ES 细胞进行克隆治疗前必须首先进行体外诱导 ES 细胞分化产生某种特异类型的组织细胞前体。如何控制 ES 细胞定向分化是 ES 细胞应用于临床医学的关键，基因修饰和选择、提纯特异性分化细胞是 ES 细胞成功应用于临床的重要前提。

（5）免疫排斥问题。

免疫排斥问题是干细胞临床应用的一大障碍。可通过以下 4 个途径解决免疫排斥问题：

①通过建立“干细胞库”，建立储存大量的人类 ES 细胞系，挑选与患者遗传型和 MHC 相近的 ES 细胞；或通过治疗性克隆（基因替换）以尽量减少供受体之间的免疫排斥，这是一项基础性和长远的工作。

②应用免疫抑制剂，减轻排斥，这是临床上最通用的方法，但问题是免疫抑制剂具副作用，长期用药较复杂繁琐。

③通过遗传操作，创建“万能供体细胞”。

④通过造血细胞嵌合。预先移植供体源细胞等技术提高供者细胞耐受性，此技术需首先将干细胞诱导分化为造血细胞、血细胞，可行性不大。

干细胞对体外研究动物、人胚胎的发生和发育，非正常发育（通过改变细胞系的靶基因），新人类基因的发现，药物的筛选和致畸实验及作为细胞组织移植治疗、克隆性治疗和基因治疗的细胞源及克隆动物，转基因动物等领域必将产生重大影响，人们借助干细胞治疗、组织器官生产已将人类从传统的治疗医学带入再生医学时代。

15.3.9 单克隆抗体

1975 年，分子生物学家克勒和米尔斯坦在自然杂交技术的基础上，创建杂交瘤技术，他们把可在体外培养和大量增殖的小鼠骨髓瘤细胞与经抗原免疫后的纯系小鼠 B 细胞融合，成为杂交细胞系，既具有瘤细胞易于在体外无限增殖的特性，又具有抗体形成细胞的合成和分泌特异性抗体的特点。将这种杂交瘤作单个细胞培养，可形成单细胞系，即单克隆。利用培养或小鼠腹腔接种的方法，便能得到大量的、高浓度的、非常均一的抗体，其结构、氨基酸顺序、特异性等都是一致的，而且在培养过程中，只要没有变异，不同时间所分泌的抗体都能保持同样的结构与机能。

传统重磅抗体药物 Humira、Remicade、Herceptin、Avastin、Rituxan 等，依然是最畅销药物，Humira 更是凭借 2015 年 140 亿美元销售额蝉联最畅销药物。2015 年全球已有 57 个抗体药上市，其中，自身免疫病抗体和抗肿瘤抗体为销售额占比最大的两类，二者合计占到抗体总份额（753 亿美元）的 82%。自身免疫病抗体 17 个，合计销售额达到 321 亿美元，占 42%；27 个抗肿瘤抗体合计销售额达到 301 亿美元。

癌症是威胁人类健康的主要疾病之一，预防和治疗癌症也是研究和开发抗体药物的主要目标之一。最初抗体主要被用于肿瘤体外免疫诊断和体内免疫显像，随着抗体工程技术的不断进步，近年来人们将更多的目光集中在治疗肿瘤的抗体药物开发上。第一个被美国批准用于人肿瘤治疗的基因工程抗体——Rituxan 最初被用于非何杰金氏淋巴瘤，总有效率达 60%，现在正在探索用于治疗抗体病相关淋巴瘤和中枢神经系统淋巴瘤。

抗肿瘤血管生成抗体治疗肿瘤的研究最近也取得了很大的进展。在动物模型中用抗血管生成因子（如 FGF、VEGF）抗体封闭血管内皮生长因子取得了抑制肿瘤生长的作用，此法仍有待于临床验证；而抗 erbB－2 癌基因产物抗体——Herceptin 作为生物技术药品已经在美国上市，配合化疗用于乳腺癌和卵巢癌的治疗，获得较好疗效。

在进行器官移植时，可以采用某些抗体类药物来逆转器官移植引起的排斥反应。如最早批准（1986 年）进入美国市场的治疗性抗体类药物——抗 CD3 单抗即被用于肾、心脏、肝脏移植排斥的逆转。

单克隆抗体的大量制备主要采用动物体内诱生法和体外培养法。

体内诱生法：杂交瘤细胞在小鼠腹腔内增殖，并产生和分泌单克隆抗体。经 1～2 周，可见小鼠腹部膨大。用注射器抽取腹水，即可获得大量单克隆抗体。

体外培养法：将杂交瘤细胞置于培养瓶中进行培养。在培养过程中，杂交瘤细胞产生并分泌单克隆抗体，收集培养上清液，离心去除细胞及其碎片，即可获得所需要的单克隆抗体。但这种方法产生的抗体量有限。各种新型培养技术和装置不断出现，大大提高了抗体的生产量。

单克隆抗体制备过程如下（图 15－16）：

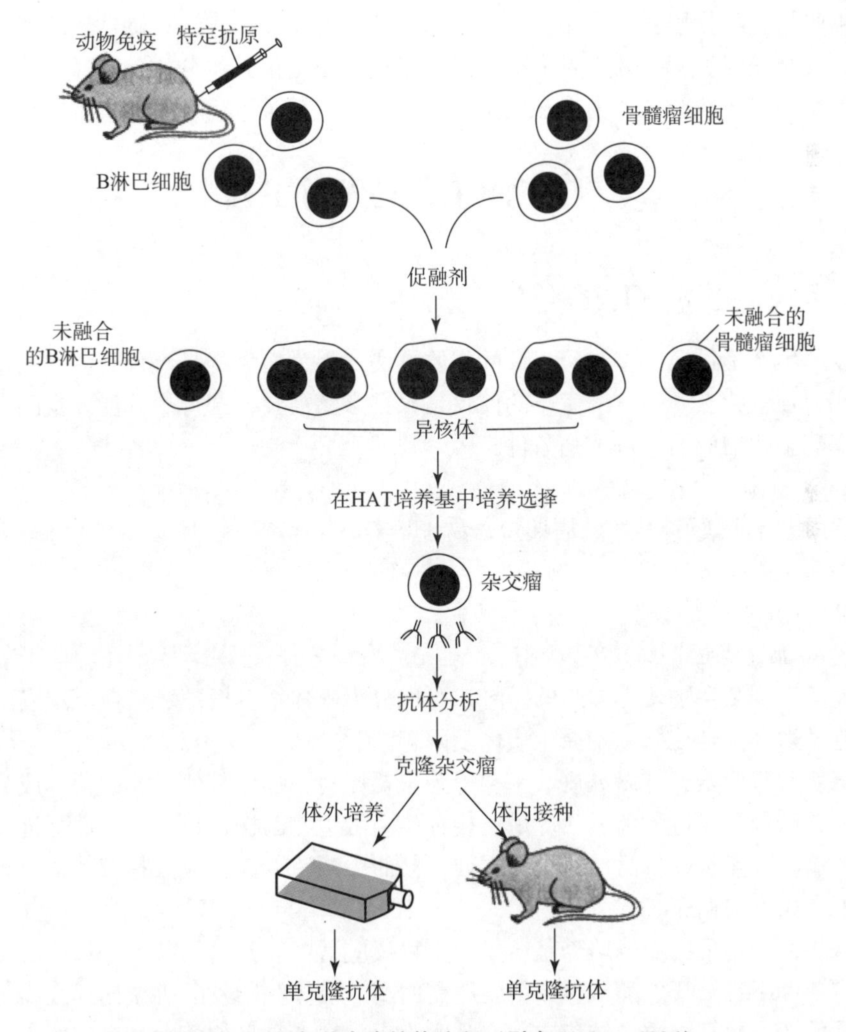

图 15－16　制备单克隆抗体流程（引自 Kuby，1994）

①免疫动物。免疫动物是用目的抗原免疫小鼠，使小鼠产生致敏B淋巴细胞的过程。一般选用6~8周龄雌性BALB/c小鼠，按照预先制定的免疫方案进行免疫注射。抗原通过血液循环或淋巴循环进入外周免疫器官，刺激相应B淋巴细胞克隆，使其活化、增殖，并分化成为致敏B淋巴细胞。

②细胞融合。处死小鼠，取出脾脏，制备脾细胞悬液。在聚乙二醇作用下，各种脾细胞中的淋巴细胞可与骨髓瘤细胞发生融合，形成杂交瘤细胞。

③选择性培养。选择性培养的目的是筛选融合的杂交瘤细胞，一般采用HAT选择性培养基。在HAT培养基中，未融合的骨髓瘤细胞因缺乏次黄嘌呤—鸟嘌呤—磷酸核糖转移酶，不能利用补救途径合成DNA而死亡。未融合的淋巴细胞虽具有次黄嘌呤-鸟嘌呤-磷酸核糖转移酶，但其本身不能在体外长期存活也逐渐死亡。只有融合的杂交瘤细胞由于从脾细胞获得了次黄嘌呤-鸟嘌呤-磷酸核糖转移酶，并具有骨髓瘤细胞能无限增殖的特性，因此能在HAT培养基中存活和增殖。

④杂交瘤阳性克隆的筛选与克隆化。在HAT培养基中生长的杂交瘤细胞，只有少数是分泌预定特异性单克隆抗体的细胞，因此，必须进行筛选和克隆化。通常采用有限稀释法进行杂交瘤细胞的克隆化培养。采用灵敏、快速、特异的免疫学方法，筛选出能产生所需单克隆抗体的阳性杂交瘤细胞，并进行克隆扩增。经过全面鉴定其所分泌单克隆抗体的免疫球蛋白类型、亚类、特异性、亲和力、识别抗原的表位及其分子量后，及时进行冻存。

15.4 酶工程与发酵工程

15.4.1 微生物产酶发酵

酶的发酵生产是目前大多数酶生产的主要方法，因为微生物具有种类多、繁殖快、易培养、代谢能力强等特点。酶发酵生产的前提是根据产酶需要，选育出性能优良的微生物。通常优良的产酶微生物应当具备下列条件：

1. 酶的产量高；
2. 能利用廉价的原料，发酵周期短，易于培养；
3. 产酶稳定性好；
4. 目的产物含量高且利于酶的分离纯化；
5. 安全可靠，无毒性。

酶的发酵根据微生物培养方式的差异，可以分为固体培养发酵、液体深层发酵、固定化微生物细胞发酵和固定化微生物原生质体发酵等。

固体培养发酵的培养基以麸皮、米糠等为主要原料，加入其他必要的营养成分，制成固体或半固体的麸曲，经过灭菌、冷却后，接种产酶微生物菌株，在一定条件下进行发酵，以获得所需的酶。优点是设备简单，操作方便，麸曲中酶浓度高；缺点是劳动强度较大，原料利用率较低，生产周期较长。

液体深层发酵是采用液体培养基，置于生物反应器中，经过灭菌、冷却后，接种产酶细胞，在一定条件下，进行发酵，生产得到所需的酶。液体深层发酵机械化程度高，技术管理较严格，酶的产率较高，质量较稳定，产品回收率较高，是目前酶发酵生产的主要方式。

固定化微生物细胞发酵是指将微生物细胞固定在水不溶性的载体上，细胞仅在一定的空间范围内进行生命活动的技术。固定化微生物细胞发酵具有许多优点：细胞浓度大，产酶能力高；发酵稳定性好，可以反复使用或连续使用较长时间；细胞固定在载体上，流失较少，可以在高稀释率的条件下连续发酵；发酵液中含菌体较少，利于产品分离纯化。

固定化微生物原生质体是指固定在载体上，在一定的空间范围内进行新陈代谢的微生物原生质体。固定化微生物原生质体发酵具有许多优点：固定化微生物原生质体可以使原本属于胞内产物的胞内酶分泌到细胞外，这样就可以不经过细胞破碎直接从发酵液中分离得到所需的酶；采用固定化微生物原生质体发酵，使原来存在于细胞间质中的物质如碱性磷酸酶等，游离到细胞外，变为胞外产物；固定化微生物原生质体由于有载体的保护作用，稳定性较好，可以连续或重复使用较长的一段时间。

微生物细胞在一定条件下培养，其生长过程一般经历调整期、生长期、平衡期和衰退期四个阶段。根据细胞生长与酶产生的关系，可以把酶的生物合成模式分为四种类型，即同步合成型、延续合成型、中期合成型和滞后合成型（图 15－17）。

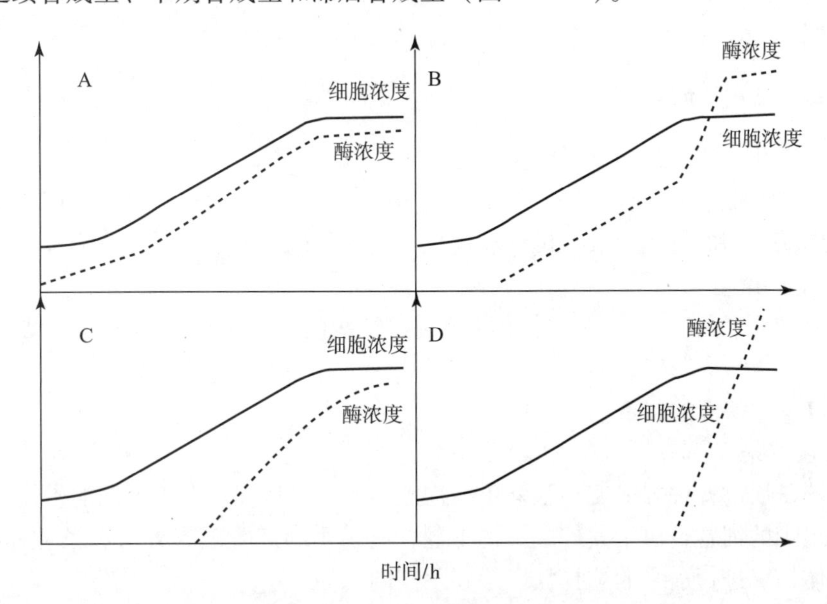

图 15－17　酶的生物合成模式

①同步合成型是酶的生物合成与细胞生长同步进行的一种酶生物合成模式。同步合成型的酶，其生物合成伴随着细胞的生长而开始；在细胞进入旺盛生长期时，酶大量合成；当细胞生长进入平衡期后，酶的合成逐渐停止（A）。

②延续合成型是酶的生物合成在细胞的生长阶段开始，在细胞生长进入平衡期后酶还可以延续合成较长时间的一种酶的生物合成模式（B）。

③中期合成型酶在细胞生长一段时间后才开始，而在细胞生长进入平衡期以后，酶的生物合成也随之停止（C）。

④滞后合成型酶是在细胞生长一段时间或者进入平衡期以后才开始其生物合成并大量积累的酶（D）。

酶所对应的 mRNA 的稳定性以及培养基中阻遏物的存在是影响酶生物合成模式的主要

因素。mRNA 稳定性好的，可以在细胞生长进入平衡期以后，继续合成其所对应的酶；mRNA 稳定性差的，就随着细胞生长进入平衡期而停止酶的生物合成。不受培养基中存在的某些物质阻遏的，可以伴随着细胞生长而开始酶的合成；受到培养基中某些物质阻遏的，则要在细胞生长一段时间甚至在平衡期后，酶才开始合成并大量积累。

在酶的发酵生产中，为了提高产酶率和缩短发酵周期，最理想的合成模式应是延续合成型。因为属于延续合成型的酶，在发酵过程中没有生长期和产酶期的明显差别。细胞一开始生长就有酶产生，直至细胞生长进入平衡期以后，酶还可以继续合成一段较长的时间。

对于其他合成模式的酶，可以通过基因工程/细胞工程等先进技术，选育得到优良的菌株，并通过工艺条件的优化控制，使它们的生物合成模式更加接近于延续合成型。

对于同步合成型的酶，要尽量提高其对应的 mRNA 的稳定性，为此可降低发酵温度；对于滞后合成型的酶，要设法降低培养基中的阻遏物浓度，尽量减少甚至解除产物阻遏或分解代谢物阻遏作用，使酶的生物合成提早开始；对于中期合成型的酶，则要在提高 mRNA 的稳定性以及解除阻遏两方面下功夫，使其生物合成的开始时间提前，并尽量延迟其生物合成停止的时间。

15.4.2 酶的分离纯化

酶的分离纯化工作，是酶学研究的基础，也是酶工程的主要内容之一。酶的分离纯化是指将酶从细胞或其他含酶原料中提取出来，再与杂质分开，从而获得符合使用目的、有一定纯度和浓度的酶制剂的过程。合理设计和优化分离纯化过程可以降低生产成本，有利于酶制剂的大规模工业化生产。

酶的分离纯化过程主要包括：粗酶液的制备、酶的分离纯化、酶浓缩、结晶与干燥等工艺。

15.4.2.1 粗酶液的制备

（1）细胞破碎。

细胞破碎是通过各种方法使细胞外层结构破坏的技术过程。对于不同的生物体，或同一生物体不同组织的细胞，由于其外层结构不同，所采用的细胞破碎方法和条件亦有所不同，必须根据具体情况进行适当的选择，以达到预期的目的。

细胞破碎方法主要可以分为机械破碎法、物理破碎法、化学破碎法和酶促破碎法。

（2）酶的提取。

酶的提取是指在一定的条件下，用适当的溶剂或溶液处理含酶原料，使酶充分溶解到溶剂或溶液中的过程，也称为酶的抽提。

针对不同溶剂的选择，酶的抽提方法可以分为盐溶液提取、酸溶液提取、碱溶液提取和有机溶剂提取。

15.4.2.2 酶的分离纯化

（1）沉淀分离。

沉淀分离是通过改变某些条件或添加某种物质，使酶的溶解度降低，而从溶液中沉淀析出，与其他溶质分离的技术过程。主要包括盐析沉淀法、等电点沉淀法、有机溶剂沉淀法、复合沉淀法、选择性变性沉淀法。

（2）离心分离。

离心分离是借助离心机旋转所产生的离心力，使不同大小、不同密度的物质分离的技术过程。主要包括沉淀离心法、差速离心法、密度梯度离心法等。

（3）过滤分离。

过滤分离是指在一定的条件下，借助于一定的过滤介质，将混合液中的固相与液相及相对分子质量大小不同的物质进行分离的技术过程。根据过滤介质的不同，可将过滤分为膜过滤和非膜过滤两种。膜过滤采用各种高分子膜为过滤介质，而非膜过滤采用高分子膜以外的物质作为过滤介质。

（4）层析分离。

层析分离也称色谱分离，是一种物理的分离方法。它利用混合物中各组分的物理化学性质的差异，使各组分以不同程度分布在两相当中，其中一个为固定相，另一个为流动相。各组分以不同速度移动，从而达到分离目的。主要包括吸附层析、分配层析、离子交换层析、凝胶层析、亲和层析等。

（5）层析聚焦。

层析聚焦是将酶等两性物质的等电点特性与离子交换层析的特性结合在一起，实现组分分离的层析技术。

（6）电泳分离。

电泳分离是指利用带电质点在直流电池中与溶液发生相对运动从而将其分离的技术。电泳分离常用于分析和分离各种蛋白质。其分离的依据包括：

①质点所带电荷量不同；

②质点大小或形状不同；

③质点的等电点不同。

主要包括聚丙烯酰胺凝胶电泳、SDS－聚丙烯酰胺凝胶电泳、等电聚焦电泳、双向电泳、免疫电泳、蛋白质印迹、毛细管电泳。

（7）萃取分离。

萃取分离是利用物质在两相中的溶解度不同而使其分离的技术。萃取分离中的两相一般为互不相溶的两个液相。有时也可采用其他流体。

15.4.2.3　酶浓缩

浓缩是从低浓度酶液中除去水或其他溶剂而成为高浓度酶液的过程。

离心分离、过滤与膜分离、沉淀分离、层析分离等都能起浓缩作用。用各种吸水剂，如硅胶、聚乙二醇、干燥凝胶等吸去水分，也可以达到浓缩效果。

常用的方法是蒸发浓缩，蒸发浓缩是通过加热或者减压方法使溶液中的部分溶剂汽化蒸发，使溶液得以浓缩的过程。由于酶在高温条件下不稳定，容易变性失活，故酶液的浓缩通常采用真空浓缩。即在一定的真空条件下，使酶液在60℃以下进行浓缩。

（1）结晶。

结晶是溶质以晶体形式从溶液中析出的过程。酶的结晶是酶分离纯化的一种手段。它不仅为酶的结构与功能研究提供了适宜的样品，而且为较高纯度的酶的获得和应用创造了条件。常用的结晶方法主要包括盐析结晶、有机溶剂结晶、透析平衡结晶、等电点结晶等。

（2）干燥。

干燥是将固体、半固体或浓缩液中的水分或其他溶剂除去一部分，以获得含水分较少的固体物质的过程。物质经过干燥以后，可以提高产品的稳定性，有利于产品的保存、运输和使用。常用的干燥方法包括真空干燥、冷冻干燥、喷雾干燥、气流干燥和吸附干燥等。

15.4.3 酶与细胞的固定化

酶的固定化是指将酶固定在一定载体上并在一定空间范围内进行催化反应。固定化酶既保持了酶的催化特性，又克服了游离酶的不足之处，具有提高酶的催化效率，增加稳定性，可反复或连续使用以及易于和反应物分开等显著优点。

15.4.3.1 固定化酶的优缺点

固定化酶与游离酶相比，有以下优点：

①容易将固定化酶和底物、产物分开；

②可以在较长时间内进行反复分批反应和装柱连续反应；

③在大多数情况下，能够提高酶的稳定性；

④酶反应过程能够加以严格控制；

⑤产物溶液中没有酶的残留，简化了产物的提取纯化工艺；

⑥比游离酶更适于进行多酶反应；

⑦可以增加产物的收率，提高产物的质量；

⑧酶的使用效率提高，成本降低。

同时固定化酶存在一些缺点：

①固定化时，酶活有损失；

②增加生产成本；

③只能用于可溶性底物，而且适于小分子底物，对于大分子底物不适合；

④与完整菌体相比不适宜于多酶反应；

⑤胞内酶必须经过酶的分离过程。

15.4.3.2 酶的固定化方法

固定化酶应用的目的和环境各不相同，而可用于固定化制备的理化手段、材料也多种多样，因此要根据不同的情况来选择适宜的方法。但在方法的选择上必须遵循以下基本原则：

①酶与载体要有一定的结合程度；

②固定化有利于自动化、机械化操作；

③固定化酶应有尽可能小的空间位阻；

④能够维持酶的构象；

⑤固定化酶应有尽可能大的稳定性；

⑥固定化酶的成本应适中。

酶的固定化方法主要分为吸附法、包埋法、共价结合法和交联法四种。

①吸附法分为离子吸附法和物理吸附法，是利用离子键、物理吸附等方式，将酶固定在载体上的固定方式。具有工艺简便、条件温和、载体选择范围大、酶失活后可重新活化，载体可以再生等优点。

②包埋法是用一定方法将酶包埋于半透性的载体之中，制成固定化酶。该载体（包埋剂）的孔径只允许小分子的底物、产物自由穿过，不允许大分子的酶穿过，从而使酶易于与产物分离。

③共价结合法是酶蛋白分子上的官能团和固相支持物表面上的反应基团之间形成化学共价键连接，从而固定酶的方法。由于酶与载体间连接牢固，不易发生酶脱落，有良好的稳定性及重复使用性，成为目前研究较为活跃的一类酶固定方法。

④交联法是用多功能试剂进行酶蛋白之间的交联，使酶分子和多功能试剂之间形成共价键，得到三向的交联网架结构。

15.4.3.3　固定化酶的性质

酶分子经固化后，从游离态变为结合态。酶分子处在一个与游离态酶完全不同的微环境中，微环境的许多性质会影响酶原有的性质。如微环境的化学组成，与酶相结合的表面结构，底物进入与底物排出微环境的速度，微环境的局部 pH 值等。

固定化酶活力一般情况下比天然酶小，专一性也能发生变化。原因主要有以下几个方面：

（1）固定化过程中，空间构象会有所变化，甚至影响了活性中心的氨基酸。

（2）酶分子的空间自由度受到限制，会直接影响活性中心与底物的作用。

（3）内扩散阻力使底物分子与活性中心的接近受阻。

（4）包埋时酶被高分子物质半透膜包围，大分子底物不能透过膜与酶接近。

固定化酶的稳定性比游离酶高，主要表现在以下 5 个方面：

（1）热稳定性：固定化酶热稳定性较之天然酶提高，如氨基酸酰化酶。

（2）pH 值稳定性：固定化酶 pH 值稳定性较之天然酶提高，如扩展青霉脂肪酶。

（3）对蛋白酶水解作用稳定性：固相酶比天然酶有更强的抵抗蛋白酶水解作用的能力。

（4）对变性试剂、酶抑制剂作用的稳定性：固相酶对各种蛋白变性剂的稳定性，一般都比天然酶强。

（5）储藏稳定性：固定化酶比天然酶保存的时间更长。

固相酶的最适温度一般比游离酶高，个别会有所降低。同种酶，采用不同的方法或不同载体固定化后，其最适温度可能不同。

酶经固定化后，其最适 pH 值常会发生偏移：固定化酶颗粒在水溶液中被一层几乎不流动的液体包围着，这层不流动液体叫做扩散层。扩散层与其周围外部溶液之间存在着杜南（Donnan）平衡效应：若是多阴离子载体就会吸引溶液中的阳离子（如 H^+），使其附着于载体表面，导致扩散层的 H^+ 浓度比其周围外部溶液高，于是扩散层 pH 值就比外部溶液 pH 值低。因此，外部溶液的 pH 值必须向碱侧偏移，才能抵消微环境作用，使固定化酶达到最大效率，因此使用带负电荷的载体制备的固定化酶，其最适 pH 值比游离酶高，反之亦然。

固定化酶的底物特异性与游离酶相比有一定变化：一般认为由于载体的空间位阻，作用于小分子底物的酶经固定化后，专一性基本不变；而既可作用大分子也可作用小分子底物的酶类经固定化后专一性会发生变化。

15.4.4　酶工程技术

天然酶在使用的过程中往往暴露出一系列缺点，严重影响其使用范围和效果。为此需要对酶进行改造，以改善其理化性质，于是产生一门新兴学科——酶工程。根据研究方法和手段不同，酶工程中对酶的改造可以分为化学酶工程和生物酶工程。化学酶工程又称初级酶工程，是以化学的手段来改造已经分离出来的天然酶分子或创造新的酶分子，研究的主要内容包括酶分子的化学修饰、模拟酶的设计与开发、自然酶制剂的开发等。生物酶工程又称高级酶工程，是以蛋白质工程的方法来改造和创造酶分子，研究内容主要包括酶的基因克隆、定点突变、定向进化以及抗体酶和杂合酶等。

15.4.4.1 酶修饰的化学途径

酶修饰的化学途径包括功能基团的特异性修饰和蛋白质片段嵌合修饰。

（1）功能基团的特异性修饰。

在20种常见天然氨基酸的侧链中，大约有一半可以在足够温和的条件下产生化学取代而不使肽键受损，其中氨基、羧基、羟基和巯基特别容易产生有用的取代。

用化学的方法对氨基酸进行修饰时，正常情况下所有相关的氨基酸侧链都要被取代，很难将肽链的 α－氨基或 α－羧基基团与侧链上的氨基或羧基相区别。因此，寻找一种有效的方法，能使特定位点上的氨基酸残基被修饰而不作用于处在肽链其他位置上的氨基酸残基仍是努力的方向。

功能基团的特异性修饰主要包括多位点取代、单一或限制性取代和次级取代。

（2）蛋白质片段嵌合修饰。

蛋白质片段嵌合修饰是通过非共价键相互作用、二硫键、常规肽键（通过化学法或酶法产生）或其他非肽共价键，将较小的肽段连在一起，即通过半合成的方法对蛋白质进行工程操作。

蛋白质片段嵌合修饰方法主要有：通过非共价缔合系统形成嵌合蛋白质，通过二硫键连接形成嵌合蛋白质，通过化学激活形成肽键从而形成嵌合蛋白质，通过酶促反应形成肽键从而形成嵌合蛋白质，以及通过非肽键形成嵌合蛋白质，如双功能试剂。

15.4.4.2 酶修饰的生物途径

酶修饰的生物途径主要包括编码基因的专一性位点突变、区域性定向突变以及基因融合。

（1）编码基因的专一性位点突变。

此类突变是在含有突变序列的寡核苷引物介导下进行的，因此又称为寡核苷酸介导的位点特异性突变。该方法从问世至今不断更新，特别是PCR技术出现后变得更高效。

突变方法主要包括：Kunkel突变法、基于抗生素抗性“回复”的突变方法、基于去除特定限制酶切位点的突变、同源重组法定点突变、DpnI法定点突变（依赖于甲基化的限制性内切酶）以及利用PCR进行突变。

（2）区域性定向突变。

区域性定向突变常用的方法是盒式突变法（cassette mutagenesis），又称片段取代法（DNA fragment replacement）。本章前面已有论述。

（3）基因融合。

融合基因（fusion gene）通常是指通过自发突变事件形成的或是应用DNA重组技术构建的一类具有来自两个或两个以上不同基因的核苷酸序列的新型基因。由克隆在一起的两个或数个不同基因的编码序列组成的融合基因，转译产生的单一的多肽序列称为融合蛋白质。

15.4.5 酶反应器

游离酶或固定化酶在体外进行催化反应时，都必须在一定的反应容器中进行，以便控制酶催化反应的各种条件和催化反应的速度。利用酶或生物催化剂进行催化反应的容器及其附属设备称为酶反应器。酶反应器是用于完成酶促反应的核心装置。它为酶催化反应提供合适的场所和最佳反应条件，以便在酶的催化下，使底物最大限度地转化为产物。它处于酶催化反应过程的中心地位，是连接原料和产物的桥梁，也是多种学科的交叉点。

酶反应器在选择与设计上需要遵循如下要求：高产率、高浓度和高纯度，也就是使反应过程中一些难分离的副产物及添加剂的浓度降低，如缓冲液；高催化效率，即酶催化剂有较高的催化效率和操作稳定性；低成本、低维护费、低空间要求，即优先考虑使用一个或者几个容量小且配件少的反应器。

15.4.5.1　酶反应器的分类及特点

按照几何形状和结构，可分为罐型、管型、膜型或片型几种。按进料和出料的方式可分为分批式、半分批式与连续式反应器。按功能结构可分为膜反应器、液—固反应器及气—液—固三相反应器三大类。根据酶的应用形式可分为直接应用天然酶进行反应的游离酶反应器和应用固定化酶进行反应的非均相酶反应器。不同反应器特点如表 15 -4 所示。

表 15 -4　反应器与酶的适用类型

反应器类型	适用的操作方式	适用的酶	特点
搅拌罐式反应器（BSTR，CSTR）	分批式、追加分批式、连续式	游离酶、固定化酶	反应比较完全，反应条件容易调节控制
填充床反应器（CPBR）	连续式	固定化酶	密度大，可以提高酶催化反应的速率，在工业生产中普遍应用
流化床反应器（FBR）	分批式、追加分批式、连续式	固定化酶	具有混合均匀，传质和传热效果好，温度和 pH 值的调节控制比较容易，不易堵塞，对黏度较大反应器也可进行催化反应
鼓泡式反应器（BR）	分批式、流加分批式、连续式	游离酶、固定化酶	结构简单，操作容易，剪切力小，混合效果好，传质、传热效率高，适合于有气体参与的反应
膜反应器	连续式	游离酶、固定化酶	清洗比较困难

15.4.5.2　酶反应器的设计

酶反应器的设计要考虑既能充分发挥生物反应器的优点，又可以克服一些限制因素，以最低的生产成本，获得最高的产量和质量。

酶反应器设计的基本要求是通用和简单，设计的目的是希望酶反应器在时间、空间、经济上最佳。应用固定化酶的工艺化过程也不例外，该过程包括酶的生产、精制、固定化、反应、产物的提纯精制以及许多辅助生产过程等。必须在综合考虑这些分过程和辅助过程及它们之间的相互作用和结合方式等因素的基础上，对整个工艺过程进行最优化。酶反应器的设计原理如下：

（1）底物的酶促反应动力学以及温度、压力、pH 值等操作参数对此特性的影响。

（2）反应器的类型以及反应器内流体的流动状态以及传热特性。

(3) 需要的生产量和生产工艺流程。

上述3项组合所建立的式子被称为设计方程式或操作方程式。通常情况下，要建立数学模型，把所要设计和控制的各个量即设计变量等以数量表示，制定出打算进行最优化的定量函数。表示物料平衡、热量平衡、反应动力学和流动特性等的各关系式都是反应器设计所需要的。反应器的性能评价是在模拟原生产条件的情况下，通过测量活性、稳定性、选择性达到的产物产量、底物转化率等来衡量其加工制造质量。测定的主要参数有空时、转化率、生产强度等。

15.4.6 发酵工程

15.4.6.1 发酵工程概述

借助微生物在有氧和无氧条件下的生命活动来制备微生物体本身，或产生直接代谢产物或次级代谢产物的过程统称为发酵。

发酵工程是发酵原理与工程学的结合，是研究由生物细胞参与的工艺过程的原理和科学，是研究利用生物材料生产有用物质，服务于人类的一门综合性科学技术。发酵工程是生物工程的重要组成部分和基础，是生物工程产业化的重要环节。

现代发酵工程不但应用于生产酒精类饮料、醋酸和面包，而且还可以生产胰岛素、干扰素、生长激素、抗生素和疫苗等多种医疗保健药物，天然杀虫剂、细菌肥料和微生物除草剂等农用生产资料，在化学工业上生产氨基酸、香料、生物高分子、酶以及维生素和单细胞蛋白等。

15.4.6.2 发酵过程基本流程

发酵工业中，从原材料到产品的生产过程非常复杂，包含了一系列相对独立的工序。一般来说，发酵工业的生产过程主要包括以下环节：

①原材料预处理；

②培养基配置；

③发酵设备和培养基灭菌；

④无菌空气的制备；

⑤微生物菌种制备和扩大培养；

⑥发酵；

⑦发酵产品的分离纯化。

这些环节分别涉及一系列相关的设备和操作程序，它们共同组成了工业发酵过程，见图15-18。

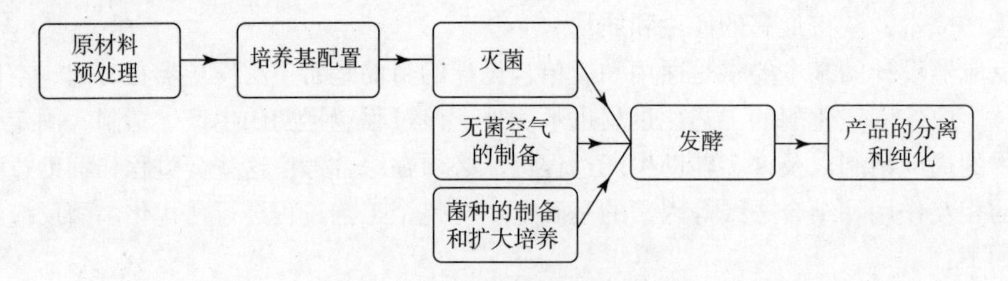

图15-18　工业发酵过程简图

15.4.6.3　发酵方法

微生物发酵是一个错综复杂的过程，尤其是大规模工业发酵，要达到预定目的，需要采用和研究开发多种发酵技术。根据微生物需氧或不需氧，可分为好养发酵和厌氧发酵；根据培养基是固态或者液态，可分为液态发酵和固态发酵；根据发酵位置是表面或深层，可分为表面发酵和深层发酵；根据发酵是间歇或是连续进行可分为分批发酵和连续发酵；根据菌种是否被固定，可分为游离发酵和固定化发酵；根据所用菌种是单一或多种可分为单一纯种发酵和混合发酵。

1. 菌种选育、扩大化培养与保藏。

微生物菌种是发酵工程中最重要的条件之一，优良的菌种是发酵工业的基础和关键。如果要使发酵工程在产品的种类、产量以及质量方面能有明显的改善和提高，就必须首先通过各种育种方法选育出性能优良的微生物生产菌种。

工业上通常对微生物菌种有如下要求：

（1）能在廉价原料制成的培养基上迅速生长并生成所需的代谢生产物，产量高。

（2）可以在易于控制的培养条件下，迅速生长和发酵，且所需酶活力高。

（3）生长速度和反应速度较快，发酵周期短。

（4）根据代谢控制的要求，选择单产高的营养缺陷型突变株或调节突变株或野生菌株。

（5）选育抗噬菌体能力强的菌株，使其不易感染噬菌体。

（6）菌种纯粹，不易变异退化，以保证发酵生产和产品质量的稳定性。

（7）菌种不是病原菌，不产生任何有害的生物活性物质和毒素（包括抗生素、激素、毒素等），以保证安全。

1）菌种选育。

菌种选育，就是利用微生物的遗传变异的特性，采用各种手段，改变菌种的遗传性状。菌种的选育包括自然选育和人工选育。自然选育是指根据菌种自然变异的特点进行的选育过程，而人工选育则是经过人为方式改变微生物菌株的遗传物质，使之快速产生人们所需要的新菌种的选育过程，包括传统的诱变育种、杂交育种以及近年来发展非常迅速的原生质体融合、基因工程育种等高新技术。

①自然选育：在生产过程中，不经过人工处理，利用菌种的自发突变，选育出优良菌种的过程。

②诱变育种：是利用物理或化学诱变剂处理均匀分散的微生物细胞群，促使其突变率大幅度提高，然后采用简便、快速和高效的筛选方法，从中挑选少数符合育种目标的突变株用于生产和研究。

③杂交育种：一般指人为利用真核微生物的有性生殖或准性生殖，或原核微生物的结合、F 因子转导、转导和转化等过程，促使两个具有不同遗传形状的菌株发生基因重组，以获得性能优良的生产菌株。

④原生质体融合：是通过人工方法，使遗传性状不同的两个细胞的原生质体发生融合，并产生重组子的过程，亦可称为“细胞融合”。

⑤基因工程育种：利用基因工程的方法产生新的菌株。

2）微生物菌种的扩大化培养。

现代发酵工业生产的规模越来越大，发酵罐的容积从几十立方米发展到几百立方米，需要数量巨大的微生物细胞。菌种扩大培养的目的就是为发酵工业提供适宜微生物生长的特定的理化环境，使其迅速繁殖，为生产提供足够数量的微生物。

（1）种子制备。

种子制备的过程大致分为实验室种子制备阶段和生产车间种子制备阶段。

在实验室种子制备阶段，对于产孢子能力强的及孢子发芽、生长繁殖快的菌种可以采用固体培养基培养孢子，孢子可直接作为种子罐的种子，这样操作简便，不易污染杂菌。对于产孢子能力不强或孢子发芽慢的菌种，可以用液体培养法。

在生产车间种子制备阶段，实验室制备的孢子或液体种子移种至种子罐扩大培养，种子罐的培养基虽因不同菌种而异，但其原则为采用易被细菌利用的成分，如葡萄糖、玉米浆、磷酸盐等，如果是需氧菌，同时还需供给足够的无菌空气，并不断搅拌，使菌（丝）体在培养液中均匀分布，获得相同的培养条件。

（2）培养方法。

工业微生物的培养方法分为静置培养和通气培养。

①静置培养法：将培养基盛于发酵容器中，在接种后，不通空气进行发酵，又称为嫌气性发酵。

②通气培养法：其生产菌种以需氧菌和兼性需氧菌属多，它的生长的环境必须供给空气，以维持一定的溶解氧水平，使菌体迅速生长和发酵，又称为好气性发酵。

（3）种子扩大培养阶段。

①固体培养：浅盘固体培养和深层固体培养（固体曲霉活性高）。深层固体通风制曲：在曲房周围用循环的冷却增湿的无菌空气来控制温度和湿度，灵活调节适应菌种不同的生理需要。

②液体深层培养：由罐底部通气搅拌培养，相当于由气、液界面靠自然扩散使氧溶解的表面培养。特点：容易按照生产菌种对于代谢的营养要求以及不同生理时期的通气、搅拌、温度与培养基中氢离子浓度等条件选择最佳培养条件。（好气性发酵采用此法）

③载体培养：以天然或人工合成的多孔材料代替麸皮之类固态基质作为微生物生长的载体，营养成分可严格控制，发酵结束只需将菌体和培养液挤压出来进行抽提，载体又可以重新使用。载体要求：材料耐蒸汽加热、药物灭菌、多孔结构有足够表面积，可允许空气流通。

④两步法液体深层培养：应用于酶制剂，氨基酸生产。

⑤氨基酸两步法：第一步，菌种＋培养基→有机酸或氨基酸发酵。第二步，在某种酶作用下，把第一步产物转化为所需的产物氨基酸（酶转化法）。

3）菌种保藏。

菌种保藏的目的是提高菌种存活率和减少菌种的变异，尽量使菌种保持原有的优良生产性能。菌种保藏的基本原理是根据菌种的生理、生化特性，人为地创造条件使菌种的代谢活动处于不活泼状态。

4）菌种的衰退、退化与复壮。

（1）菌种衰退是指菌种经过长期人工培养或保藏，由于自发突变的作用而引起某些优良特性变弱或消失的现象。主要是菌种遗传特性的改变和生理状况的改变。菌种退化是指群体中退化细胞在数量上占一定比例后，所表现出菌种生产性能的下降。

防止菌种退化的措施包括：控制传代次数、选择合适的培养条件、选择合适的保藏方法、菌种稳定性检查。

（2）菌种复壮是指使衰退的菌种重新恢复原来的优良特性。复壮措施主要是对已衰退菌种配合一定培养条件进行单细胞分离纯化，淘汰衰退的个体，包括：

①纯种分离（自然分离法）：把衰退菌种的细胞群体中一部分仍保持原有典型性状的单细胞分离出来，通过扩大培养可以恢复菌种的原有性状。

②淘汰衰退的个体：芽孢产生菌经高温（80℃）处理，则不产芽孢的个体被淘汰。

③选择合适的培养条件：添加剂加入形成综合培养基；一定培养条件进行单细胞分离纯化；用高剂量 UV（紫外线）和低剂量 NTG（亚硝苯甲醛脲）联合对退化菌株进行处理，通过复壮寄主体和淘汰已衰退个体等方法。

2. 发酵控制。

微生物发酵是一个复杂的生化过程，涉及诸多因素。除了培养基的成分及各种原材料的影响外，环境条件对微生物的生长代谢也起着重要作用。一般来说，环境的条件如 pH 值、温度、通气搅拌等越适合于微生物的生长代谢的要求，就越能使微生物生产菌种表现出优良的生产性能。为了使发酵能够得到最佳效果，必须对各种发酵条件加以控制。常规的发酵条件有：罐温、搅拌转速、搅拌功率、空气流量、罐压、液位、补料、加糖、油或前体、通氨速率以及补水等的设定和控制。

15. 4. 6. 4　菌体浓度的影响与控制

菌体浓度是指单位体积培养液中菌体的含量。无论在科学研究上，还是工业发酵控制上，它都是一个重要参数。

菌体浓度的大小对发酵产物的得率有着重要的影响。在适当的比生长速率下，发酵产物的得率与菌体浓度成正比关系，菌体浓度越大，产物的产量也越大。但是菌体浓度过高，也会产生其他的影响，如营养物质消耗过快，培养液的营养成分发生明显的改变，有毒物质的积累，这些都可能改变菌体的代谢途径，特别是对培养液中的溶解氧营养的影响尤为明显，菌体浓度增加而引起的溶氧浓度下降会对发酵产生各种影响。

发酵过程中主要通过接种量和培养基中营养物质的含量来控制菌体浓度。接种量是指种子液体积与培养液体积之比，接种量的多少由发酵罐中菌体的生长繁殖速度来决定。菌体的生长速率可以通过调节培养基的浓度来控制。生产上还可利用菌体代谢产生的 CO_2 量来控制补糖量，以控制菌体的生长和浓度。

15. 4. 6. 5　基质的影响及控制

基质是产生菌代谢的物质基础，既涉及菌体的生长繁殖，又涉及代谢产物的形成，它与菌体代谢物又是许多调节控制机制的效应剂。因此基质的种类和浓度与发酵代谢有着密切的关系。基质浓度对菌体的比生长速率有着重要影响，在发酵中要及时了解发酵液的浓度变化，并按照微生物的需要，及时补充各种缺少的基质，提高发酵产物的产量。其中，工业生产中主要考虑碳源、氮源和磷酸盐的种类和浓度对发酵过程的影响。

以碳源的种类和浓度对发酵过程的影响及控制为例。快速利用的碳源（如葡萄糖）能较快地参与微生物的代谢，合成菌体、产生能量，并分解代谢产物（如丙酮酸），对菌体生长有利，但有的分解代谢产物对产物的合成会产生阻遏作用；缓慢利用的碳源多数为聚合物（如淀粉），不能被微生物直接吸收利用，需要微生物分泌胞外酶将聚合物分解为小分子物质，因此被菌体利用缓慢，有利于延长代谢产物的合成时间，特别是延长抗生素的分泌时间。碳源的浓度对于菌体生长和产物的合成亦有明显影响，如培养基中碳源含量超过5%，细菌的生长会因为细胞脱水而下降，且在某一浓度下碳源会阻碍一个或更多的负责产物合成的酶，这称之为碳分解代谢物阻碍。碳源浓度的优化控制，通常采用经验法和发酵动力学法，即在发酵过程中采用中间补料的方法进行控制。在实际生产中，要根据不同的代谢类型来确定补糖时间、补糖量、补糖方式等。而发酵动力学法要根据菌体的比生长速率、糖比消耗速率及产物的比生产速率等动力学参数来控制。

15.4.6.6 温度的影响及其控制

温度的变化可对发酵过程产生两方面的影响：一方面是影响各种酶反应的速率和蛋白质的性质；另一方面是影响发酵液的物理性质。发酵过程当中产生热能和散失热能的过程产生了发酵热，是引起发酵温度变化的原因。发酵过程当中的菌体对培养基的利用、氧化分解有机物质、机械搅拌、发酵罐壁向外散热、水分蒸发等都会产生热量交换，综合起来就是发酵热。

工业生产上，因发酵过程中释放了大量的热量，所以所用的发酵罐在发酵过程中一般不需要加热，相反需要冷却的情况较多。将冷却水通入到发酵罐的夹层或蛇形管中，通过交换热来进行降温。如温度太高，可使用冷却盐水进行循环式降温。大型工厂可以建立冷冻站来为发酵罐降温。

15.4.6.7 pH值的影响及其控制

微生物的生长繁殖，代谢产物的合成、分泌都对培养基中的pH值有一定要求。pH值会影响微生物生长代谢所需的酶的活性，因为酶蛋白的电离环境受环境中pH值影响较大，pH值能改变酶蛋白的结构和功能，引起酶活性的改变，从而影响菌体代谢和产物合成；pH值的改变也会影响微生物细胞膜电荷分布，引起膜通透性的改变，从而影响菌体对培养基营养物质的吸收利用；pH值的变化会引起菌丝的畸形；pH值还会对发酵液和代谢产物理化性质产生影响，从而影响代谢产物的分离提纯及回收率。

控制pH值在合适范围应首先从基础培养基的配方考虑，使培养基有恰当的配比，然后通过加酸碱或中间补料来控制，如在基础培养基中加适量的$CaCO_3$。有的抗生素品种采用过程通NH_3控制pH值，既调节pH值至适合于抗生素合成的范围内，也补充了产物合成所需的氮源。

15.4.6.8 溶氧的影响及其控制

溶氧是需氧发酵控制的最重要参数之一，空气中的氧在水中溶解度很小，所以需要不断通气和搅拌，才能满足溶氧的要求。需氧发酵并不是溶氧越大越好。溶氧高虽然利于菌体生长和产物合成，但溶氧太大有时反而会抑制产物的形成。最适溶氧浓度的大小与菌体和产物的合成代谢的特性有关，这是由实验确定的。

15.4.6.9 二氧化碳的影响及其控制

工业发酵中，发酵罐内CO_2的分压是液体深度的函数。在1.01×10^5Pa作用下，10m高的发酵罐中，底部的CO_2分压是顶部的两倍。CO_2是微生物在生长繁殖过程中的代谢产物，又是细胞代谢的重要指标，几乎所有的发酵都产生CO_2。将CO_2生成量与细胞量关联，通过碳质量平衡可推算细胞生长速率和细胞量。同时CO_2也是某些合成代谢的基质，如在精氨酸的合成过程中其前体氨甲酰磷酸的合成需要CO_2；CO_2对微生物生长和发酵具有刺激或抑制作用；CO_2 还是大肠杆菌的生长因子；CO_2 还影响培养液的酸碱平衡，可能使发酵液pH值下降，或与其他物质发生化学反应，或与生长必需的金属离子形成碳酸盐沉淀，造成间接作用而影响菌体的生长和发酵产物的合成。

在发酵过程中可采用减少通气量和增加罐压的方法来调节 CO_2 浓度，通气和搅拌速率的调节可以调节 CO_2 的溶解度。

15.4.6.10　泡沫对发酵的作用及其控制

在微生物发酵中，由于大部分为好氧性发酵培养，故发酵要通入大量的空气，为了增加发酵培养基中的溶解氧浓度，还要进行搅拌，将大气泡打碎；微生物发酵也会产生气体，从而在发酵液中产生大量气泡。发酵液中糖、蛋白质和代谢物等物质具有稳定泡沫的作用，使发酵液含有一定数量的泡沫。

泡沫的存在可以增加气液接触面积，有利于氧的传递。同时，也会有副作用：降低发酵罐的装料系数；增加了菌群的非均一性；增加了杂菌污染的机会；大量气泡可能引起“逃液”；消泡剂的加入可能给发酵和提炼工序带来不便。

泡沫的控制方法可分为机械控制法和使用消泡剂两类。机械消泡是用机械引起的强烈振动或变化使泡沫破裂而消沫。消沫剂是在泡沫中加入某些活性物质，降低泡沫的局部表面张力，使泡沫破裂。

15.4.6.11　发酵终点判断

发酵类型不同，需要达到的目标也不同，因而对发酵终点的判断标准也不同。一般当原材料成本是整个产品成本的主要部分时，追求的是提高产物得率；当生产成本是整个产品成本的主要部分时，追求的是提高生产率和发酵系数；当下游技术成本占整个产品成本的主要部分，而产品价格又较贵时，追求的是较高的产物浓度。

15.4.7　发酵工业培养基

培养基是人们提供微生物生长繁殖和生物合成各种代谢产物所需要的按一定比例配制的多种营养物质的混合物。适宜于大规模发酵的培养基应该具备以下几个共同的特点：

①培养基能够满足产物最经济的合成；

②发酵后所形成的副产物尽可能地少；

③培养基的原料应因地制宜、价格低廉，且性能稳定、资源丰富，便于采购运输，适合大规模储存；

④所选择的培养基应能满足总体工艺的要求，如不影响通气、提取、纯化及废物处理等。

15.4.7.1　培养基类型及用途

（1）按物质来源分：

①自然培养基：化学成分不清楚，异养微生物完全培养基；

②合成培养基：由已知组成成分的各种营养物质组合的培养基；

③半合成培养基：天然碳、氮、生长因子和化学药品，多数微生物使用；

④复合培养基（天然＋半合成）：由一些组成成分不完全明确的天然有机物与一些无机盐组合的培养基。

（2）按物理性状态分：

①固体培养基：适合于菌种和孢子的培养和保存，也广泛应用于有子实体的真菌类，如香菇、白木耳等的生产。

②半固体培养基：即在配好的液体培养基中加入少量的琼脂，一般用量为0.5%～0.8%，主要用于微生物的鉴定。

③液体培养基：80%～90%是水，其中配有可溶性的或不溶性的营养成分，是发酵工业大规模使用的培养基。

（3）按生产工艺用途分：

从发酵生产应用考虑，可分为孢子培养基、种子培养基、发酵培养基。工业中常用种子培养基和发酵培养基。

15.4.7.2 发酵培养基的成分及来源

（1）碳源：用于构成微生物细胞和代谢产物中碳素的营养物质，主要包括碳水化合物、脂肪、有机酸、醇和碳氢化合物。

（2）氮源：构成微生物细胞和代谢产物中的氮素的营养物质主要包括有机氮源（氨基酸、蛋白质水解物和尿素等）和无机氮源（铵盐、硝酸盐及氨气、氯化铵等）。

（3）无机盐和微量元素：构成菌体成分，作为酶的辅基或激活剂，调节微生物体内氧化还原电位、pH值及维持渗透压。

（4）生长因子、消沫剂、前体和产物促进剂。

①生长因子：微生物生长必需而少量的、自身不能合成或少量合成、以满足机体生长需要的有机化合物，如维生素。有机氮源是这些生长因子的重要来源，多数有机氮源含有较多的B族维生素和微量元素及一些微生物生长不可缺少的生长因子。

②消沫剂：工业化生产中消除发酵中产生的泡沫，防止逃液和染菌，保证生产的正常运转。常用的消沫剂有植物油、动物油、高分子化合物。

③前体：在产物的生物合成过程中，被菌体直接用于产物合成而自身结构无显著改变的物质称为前体，可自身合成。

④产物促进剂：是指那些非细胞生长所必需的营养物，又非前体，但加入后却能提高产量的添加剂。促进剂提高产量的机制尚不清楚。有些促进剂本身是酶的诱导物；有些促进剂是表面活性剂，可改善细胞的透性，改善细胞与氧的接触从而促进酶的分泌与生产。

（5）水：对于发酵工厂来说，恒定的水源是至关重要的，因为在不同水源中存在的各种因素对微生物发酵代谢影响甚大。水源质量的主要考虑参数包括pH值、溶解氧、可溶性固体、污染程度以及矿物质组成和含量。

15.4.8 发酵过程中的通气和搅拌

15.4.8.1 工业发酵过程中氧的需求

微生物吸氧量常用呼吸强度和耗氧速率两种方式表示。呼吸强度是单位重量干菌体在单位时间内所吸取的氧量，以Q_{O_2}表示，单位为mmol/（g·h）。耗氧速率是单位体积培养液在单位时间内的吸氧量，以γ表示，单位为mmol/（L·h）。呼吸强度可以表示微生物的绝对耗氧量（相对需氧量），微生物在发酵过程中的耗氧速率取决于微生物的呼吸强度和单位体积液体的菌体浓度。

发酵的不同阶段，对龄菌生长旺盛，呼吸强度大，但种子培养阶段由于菌体浓度低，总的耗氧量也较低；晚龄菌的呼吸强度弱，但在发酵阶段由于菌体浓度高，耗氧量大，培养基丰富，耗氧量也大。

微生物的耗氧速率受发酵液中氧的浓度的影响，各种微生物对发酵液中溶氧浓度有一个最低要求，这一溶氧浓度叫“临界氧浓度”。

15.4.8.2　影响供氧的主要因素

（1）搅拌；

（2）空气流速；

（3）空气分布管、氧分压、发酵罐内液柱高度、发酵的体积和发酵液的物理性质均能影响供氧。

15.4.9　灭菌与空气除菌

所谓“杂菌”，是指在发酵培养中侵入了有碍生产的其他微生物。几乎所有的发酵工业，都有可能遭受杂菌的污染。染菌的结果，轻者影响产量或产品质量，重者可能导致倒罐，甚至停产。发酵染菌能给生产带来严重危害，防止杂菌污染是任何发酵工厂的一项重要工作内容。尤其是无菌程度要求高的液体深层发酵，防止污染工作的重要性更为突出。

15.4.9.1　常用灭菌方法

灭菌是用物理或化学方法杀死或除去环境中所有微生物，包括营养细胞、细菌芽孢和孢子。常用的灭菌方法分为：

化学灭菌：用化学药品直接作用于微生物将其杀死的方法。

射线灭菌：利用紫外线、高能电磁波或放射性物质产生的 γ 射线进行灭菌的方法。

干热灭菌：灼烧或者在电热干燥箱内 160℃保温 1h。

湿热灭菌：在高压蒸汽灭菌锅内 10^5kPa 压力下，121℃保持 15 ~ 20min。

15.4.9.2　微生物死亡定律

在一定温度下，微生物的受热死亡遵照分子反应速度理论。在灭菌过程中，活菌数逐渐减少，其减少量随残留活菌数的减少而递减，即微生物的死亡速率与任一瞬时残存的活菌数成正比，称之为对数残留定律，如下式：

$$-\frac{\mathrm{d}N}{\mathrm{d}t} = kN$$

式中：N——培养基中残留的活菌数，个；

t——灭菌时间，s；

k——灭菌反应常数，s^{-1}，k 值大小与灭菌温度和菌种特性有关；

$\frac{\mathrm{d}N}{\mathrm{d}t}$——活菌的瞬时变化速率，即死亡速率，个/s。

当培养基被加热灭菌时，常会出现这样的矛盾：加热时，微生物固然会被杀死，但培养基中的有用成分也会随之遭到破坏。实践证明，在高压加热的情况下，培养基中的氨基酸和维生素极易被破坏，如在 121℃，仅 20min，就有 59% 的赖氨酸和精氨酸及其他碱性氨基酸被破坏，蛋氨酸和色氨酸也有相当数量被破坏。因此，必须选择一个既能满足灭菌需要，又可使培养基的破坏尽可能小的灭菌工艺条件。

在热灭菌过程中，同时会发生微生物死亡和培养基破坏这两种过程，且这两种过程的进行速度都随温度的升高而加速，但微生物的死亡速率随温度的升高更为显著。因此，可选择合适的灭菌温度和时间来调和二者之间的矛盾。

15.4.9.3　培养基湿热灭菌

培养基湿热灭菌方式可分为分批灭菌和连续灭菌。

（1）分批灭菌（实罐灭菌）：将配制好的培养基输入发酵罐内，用直接蒸汽加热，达到灭菌要求的温度和压力后，维持一定时间，再冷却至发酵要求的温度，这一工艺称为分批灭菌或实罐灭菌。分批灭菌适用于小批量生产，固体颗粒培养基，产泡沫多时采用。通常必须灭菌条件：110℃～130℃，5～20min，培养液灭菌采用高温短时加热的方式。

（2）连续灭菌：培养基在发酵罐外经过一套灭菌设备连续的加热灭菌，冷却后送入已灭菌的发酵罐内的工艺过程称为连续灭菌。连续灭菌适用于大规模生产、小颗粒液体培养基，产少量泡沫。

15.4.9.4　空气除菌

空气除菌方法主要包括如下几种：

（1）加热灭菌：可用蒸汽、电能、空气压缩机产生的热量进行灭菌。

（2）电除尘：含有灰尘和微生物的空气通过高压气流电场，正极电场强度 $>1000V/cm^2$ 时，气体产生电离，产生的离子使灰尘和微生物等成为载电体，被捕集于电极上。

（3）介质过滤除菌：经高温灭菌的介质过滤层，将空气中的微生物等颗粒阻截在介质层中，从而达到除菌目的。

15.5　生物技术与农业

农业是人类社会赖以生存的第一大产业，从古至今农业生产技术也随着人类的科学发展在不断进步。进入21世纪以后，生物科学的突飞猛进也给农业科技发展带来了契机。生物技术（biotechnology），或称为生物工程技术，是指利用生物的特定功能，通过现代工程技术的设计方法和手段来生产人类需要的各种物质，或直接应用于工业、农业、医药卫生等领域，改造生物，赋予生物以新的功能和培育出生物新品种等的工艺性综合技术体系。生物技术包括传统生物技术和现代生物技术两部分。现代生物技术是在传统生物技术的基础上发展起来的，但与传统生物技术又有着质的差别。经过最近十多年的努力，农用生物技术的研究已取得一系列引人注目的成果。其中已有一些技术在农业生产上得到应用，并产生了显著的经济效益。满足不断增长的人口对粮食的需求是未来农业的一个重大课题。世界性商品流通改变了有关粮食来源及农用土地使用的政策。世界形势发生了变化，使“粮食自给”论转变到“粮食安全”论，进而发展到“发展生产过剩国与粮食生产不足国之间交换”论，并因此使私有经营者加入世界贸易市场。这种世界范围的自由主义，加上国家的调控功能的逐渐减弱，对竞争能力弱小的国家或地区来说十分不利，所以在发展世界经济贸易一体化的同时，要考虑到世界财富分布不均的问题。要解决不断增长的世界人口的吃饭问题，唯一办法是提高农作物产量和生产力水平。但产量的提高受多种因素的影响，土地的肥沃程度、水利资源是否充足、所用种子质量及植物遗传与抗逆性如何、气候环境是否有利等。与此同时，近代生物科学的发展为现代或未来农业带来了很大的希望。利用生物技术，人们在细胞功能、遗传调控、代谢途径、植物染色体组等领域积累了大量的宝贵知识，这些知识对农业的发展、产量的提高将起到巨大的促进作用。至今，生物技术已经为农业生产中遇到的问题和困难提供了许多创新的解决办法。

15.5.1　生物技术与种植业

植物通过光合作用所形成的产物是人类及其他生物直接或间接的食物来源，植物所创造的产品及用途与人密不可分。长期以来，人们不断地寻求提高重要作物的质量和产量的方法，传统的育种过程是一个缓慢而艰辛的过程，但它取得了重大的成功。现在高质量的水稻、玉米、小麦、土豆等就是从它们早先的种演变而来的。传统的育种方式，包括生殖杂交，将继续作为提高谷物农学性状的主要方式，但一些新技术，如组织培养、单倍体育种、细胞质融合和基因工程等现代生物技术方法将发挥越来越重要的作用。微生物技术的发展，也为生物农药生产和作物病虫害防治提供了更有效的途径，对提高作物产量和质量做出了巨大的贡献。

15.5.1.1　生物技术在诱导植物雄性不育中的利用

植物雄性不育是自然界的普遍现象。早在 1763 年德国学者 Kuehter 就观察到植物雄性不育的现象，1890 年达尔文对植物雄性不育现象作了报道，以后 Kaose（1904）、Bellson（1908）、Rozi（1931，1933）、Owen（1940）、Stems（1954）、木原均（1951）、袁隆平（1964）等分别在欧洲夏季薄荷、甜菜、烟草、玉米、高粱、小麦、水稻等作物发现雄性不育并开展系统研究。中国水稻研究所利用巴斯马蒂（Basmati）水稻品种进行胚根组织培养，然后将愈伤组织进行辐射，从而选育出巴斯马蒂雄性不育系。Kaul（1988）在“高等植物雄性不育”专著中，概括了在植物 43 个科 162 个属 617 个种中发现了雄性不育现象，并进行了研究。其中单子叶植物禾本科、双子叶植物茄科、豆科和十字花科中的雄性不育现象最引起人们的重视，因为这些植物具有重要的经济价值。对于自花授粉的植物利用雄性不育可以培育不育系，利用不育系生产杂交种子，为农作物增加产量和改善品质提供优良种源。以玉米育种为例，如图 15-19 所示。

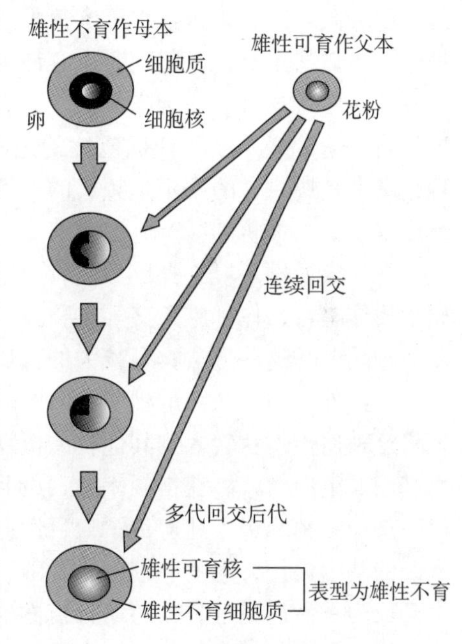

图 15-19　玉米雄性不育育种示意图

雄性不育是一种基因自然突变的结果。利用现代生物技术方法可诱导植物雄性不育，从而产生新的不育材料为育种服务。

目前利用植物基因工程的原理和方法，已人工创造了一批不育系，获得了可喜的成果。其中最典型的例子是在油菜和烟草上的应用。人们从一种芽孢杆菌中分离出一种 RNA 酶（*barnase*）基因，该基因编码的酶可降解高等植物细胞内的 RNA，从而阻止蛋白质的生物合成，破坏细胞的生理功能。同时也分离得到一种 *bastar* 基因，其表达产物能抑制 *barnase* 酶的活性从而能保护植物细胞内的 RNA 免受降解。TA29 启动子是一个只在花粉发育过程中，在花粉绒黏层中特定打开的启动子，而在植物其他组织和其他发育时期处于关闭状态。将 TA29 启动子与 *barnase* 基因连接构建成的重组子，通过 Ti 质粒和根癌农杆菌介导的方法转入油菜和烟草形成转基因植株。TA29 启动子在该植株花粉发育过程中的绒黏层时期打开，*barnase* 基因表达，其产物降解花粉中的 RNA，从而阻断了花粉正常的发育而造成败育。用 TA29 启动子和 *bastar* 基因构成的重组子，转化植株中 *bastar* 基因的表达产物可遏制 *barnase* 酶的活性，从而起到了恢复系的作用，形成二系配套。

基因工程方法人工创造雄性不育植株的另一个重要方法是反义技术。在植物体生殖生长阶段花粉的正常发育同多种因素相关，其中包括一些必不可少的蛋白质。而其基础是建立在编码这些蛋白质的基因能正常表达。例如微管蛋白，如果其表达受到抑制，微管及细胞骨架就形成不了，就会导致细胞无法行使正常功能，从而导致败育。目前我们可根据编码的正常蛋白质的基因序列，设计与之相对应的能转录出反义 RNA 链的反义 DNA，转基因后所产生的反义 RNA 链根据碱基互补配对原理就会与 mRNA 链结合成双链，从而使正常的 mRNA 无法和核糖体结合，导致蛋白质翻译终止，而最终造成雄性不育。目前国内外已在拟南芥、玉米、油菜等植物上创造出相应的不育系。

原生质体融合往往也能产生具有雄性不育特性的胞质杂种。1982 年，匈牙利国家自然科学院 Menczel 等以链霉素抗性基因作标记在烟草品种间进行原生质体融合，实现了烟草细胞质雄性不育基因的转移。

植物雄性不育及杂种优势利用，已成为现代粮食作物和经济作物提高产量、改良品质的一条重要途径，无论其理论研究或实践应用，都日益受到各国科学界和政府的广泛重视。

15.5.1.2　生物技术培育抗逆性作物品种

自然界中的植物与环境间有着密不可分的关系。环境提供了植物体生长、发育、繁殖所必不可少的物质基础，如阳光、水分、土壤、空气等；但环境又会给予植物很大的选择压力，如气候寒冷、土壤或水分含盐量过高、病虫害等。面对这些不利的环境条件，许多种植物生长不良甚至死亡。但同时也有许多品系发生遗传变异，以适应恶劣条件的影响，表现出一种抗逆性，如抗寒、抗冻、抗盐、抗虫害、抗病毒、抗真菌等。在自然条件下，植物体的这种自发遗传变异以达到抗逆性的过程，是一个漫长且效率较低的过程；而逆性环境的出现，特别是病虫害的发生是频繁的，例如水稻的稻瘟病、白叶枯病、棉花的棉铃虫病等都会造成农业上大面积的减产。这就需要人们利用现代生物技术的方法来培育抗逆性作物。

在一定逆性环境选择压力下，采用随机筛选、物理化学诱变等传统方法，或组织培养、原生质体融合、体细胞杂交等生物技术手段，可以定向筛选具有抗逆性的个体，培育抗逆性新品种。但是这些方法具有较大的盲目性、较低的植物遗传变异频率，因而导致较低的筛选效率；此外，由于植物的种属界限明显，在一种植物体上的优良抗逆性状出现后，很难顺利地将这种遗传性状转入到其他种的植物体中。植物基因工程技术一方面可以有效实现特定抗性基因的定向转移，获得频率较高的目标性状（比自发突变高出 10^2 ~ 10^4 倍），从而大大提高选择效率，极大地避免了盲目性；另一方面，其基因来源打破了种属的界限，不仅植物来源的基因可用，动物、细菌、真菌，甚至病毒来源的基因都可用。因此，植物基因工程技术已成为一种广泛且有效的培育植株抗逆性的手段。目前研究最多的抗除草剂基因工程、抗渗透胁迫基因工程和抗寒冻基因工程。

1. 抗除草剂的基因工程。

目前抗除草剂的基因工程的策略主要有两大类。

（1）改变除草剂靶酶的水平和敏感性。其方法有二：第一是将植物中的除草剂靶酶基因克隆出来，加上高表达量的启动子，然后再导入植物，从而培育出对除草剂敏感度较低的植物；第二是寻找除草剂靶酶的突变类型，这些突变的酶对除草剂不敏感，将其基因导入植物，在有除草剂存在时，导入的外源基因仍可以发挥正常的功能，保证植物正常生长的需要。

目前已克隆了草甘膦靶酶的突变基因、抗乙酰乳酸合成酶抑制剂基因、抗三苯杂环类化合物的基因等多种基因，并在植物上得到应用，取得了较好的效果。

（2）导入能解除除草剂毒性的酶基因。在土壤微生物中发现了一些对除草剂具有解毒作用的酶，这为抗除草剂的基因工程提供了新的基因来源。编码的酶具有催化硝基水解、乙酰化、去除乙酸根支链的生化反应，从而使除草剂失活。

农作物抗除草剂基因工程是生物技术在农业领域的主要应用之一，取得了很大的成功。如大豆、玉米、棉花、水稻、油菜、马铃薯等几十种重要农作物的抗除草剂转基因产品已经在市场上流通多年，取得了巨大的经济效益。

2. 植物抗渗透胁迫的基因工程。

研究表明，在一定胁迫范围内，某些植物能透过自身的渗透调节作用表现出抗外界渗透胁迫的能力，其调节的方式主要是增加细胞内的可溶性物质和调节离子的吸收与区域化。所以植物抗渗透胁迫基因工程的主要策略：一是改变植物代谢途径，诱导相容性溶质的生物合成；二是调节离子的吸收和区隔化。

通过基因工程手段，可使转基因植物合成的相容性物质有糖醇、甜菜碱、脯氨酸、海藻糖、胚胎发生晚期丰富的蛋白等。其方法主要是通过合成这些物质的酶的基因，导入使转基因植株中这些物质的表达水平提高，从而提高植物对渗透胁迫的抗性。调节离子的吸收与区隔化主要是对植物细胞膜上的有关离子运输系统进行改善，使其能够在渗透胁迫情况下不至于使细胞的功能受损。

3. 植物抗冻蛋白的基因工程。

植物冻害也会对植物生产造成很大的影响。近年来关于植物抗冻性的研究也取得了不少进展，其中最重要的是植物抗冻蛋白（AFP）的发现及其基因的利用。目前已在多种植物中发现了抗冻蛋白。但由于植物对寒冻的抗性常属于多基因控制与调节，虽然也克隆了很多与抗冻有关的基因，有些植物的抗冻性确实很高，可至今还没有应用于生产的抗冻转基因植株问世。

15.5.1.3　转基因作物品质改良

随着现代生活水平的提高，对农产品的品质要求也越来越高，培育优质产品成为未来农业的重要方向之一。改良作物品质的基因及应用主要有如下几个方面。

1. 改变植物果实成熟期的基因。

很多以果实为产品的作物，其果实在储藏和运输过程当中，由于熟化过程常导致过熟或腐烂，造成巨大的经济损失。研究表明，内源乙烯大量合成是很多果实成熟的主要诱因。对于乙烯的合成途径现已很清楚。另外在果实成熟时会合成一些新蛋白质，其中有多聚半乳糖醛酸酶，对果实软化有很大影响。如果使与乙烯合成有关的酶和多聚半乳糖醛酸酶不能表达或表达量少，则果实的成熟就会推迟。利用反义技术构建控制果实成熟基因的反义基因，加上启动子后导入植物，则会使果实中原有的与果实成熟有关的基因合成 mRNA 无法翻译而不能合成相关的酶，从而实现成熟推迟的目的。

2. 改变植物储藏蛋白的品质的基因工程。

种子储藏蛋白是植物，特别是谷物种子中主要的蛋白质，这些蛋白质的组成不同，其营养价值和其他加工品质都不同。利用基因工程改良谷物种子储藏蛋白的研究主要有两个方面。一种是对种子蛋白营养品质的改良，即改变储藏蛋白组成。最直接的方法是提高植物种子含硫氨基酸蛋白的表达量。目前已有研究将巴西豆中富含蛋氨酸和胱氨酸的2S清蛋白基因转入牧草，以提高其含硫氨基酸含量，从而提高羊毛质量。另一种是影响加工质量的改良。如对与小麦面粉烘烤面包质量有关的种子储藏蛋白特性的改良。由于麦谷蛋白的HMW－亚基和醇溶蛋白决定面包的烘烤质量，因此通过增加HMW－亚基因拷贝数可以增加HWM的含量，从而提高烘烤质量。

3. 调节碳水化合物合成的基因工程。

碳水化合物是许多植物代谢产物和储存物，也是主要的农产品，通过转入外源基因可以改变植物的碳水化合物组成、含量，从而提高其商业价值。该方面正处于研究阶段，也是基因工程应用方面很有前景的领域之一。

4. 基因工程在改良植物产品品质等其他方面的应用。

植物产品除了蛋白质和淀粉以外，还有植物油脂、纤维等。目前提高油料作物种子中饱和脂肪酸含量等方面的基因工程方兴未艾，而对于棉花等纤维植物，纤维质量的提高也是人类的需要，通过基因工程对其进行改良同样受到重视。对果品、花卉、蔬菜等园艺作物应用基因工程进行改良近年来也越来越受到人们的重视，一些转基因产品已经开始大面积推广，取得了很大的经济效益，限于篇幅，不再展开。

15.5.1.4 植物细胞工程的应用

1. 植物次级代谢物的生产。

早在1939年，人们已能从特定植物体中分离一些细胞，这些离体细胞能在人造环境中生存并合成人类有用的次生代谢产物，如生物碱、黄酮类化合物等。近年来，利用植物细胞培养技术以及各种植物细胞固定化技术，像固定化微生物那样，在预先设计的生物反应器中高效地、源源不断地生产出具有商业价值的次生代谢产物，如图15－20所示。

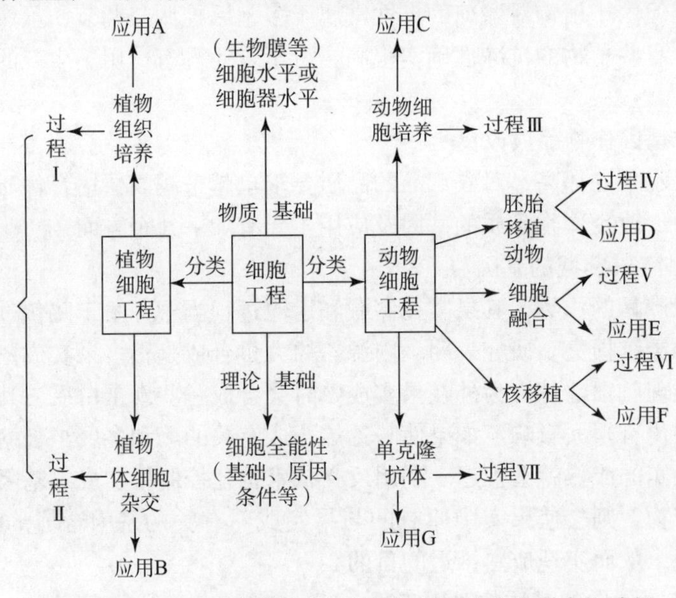

图15－20 工业反应器培养植物组织制取次生代谢产物过程

2. 快速无性繁殖。

自然状态下植物在繁衍后代的过程中，需要经过有性世代传粉受精、生成种子、种子萌发、生长发育后，才能得到新的个体。它有一个较长的周期，并且有性世代的发育受到多种环境因素的影响，如阳光、温度、养分、水分等。而植物细胞培养和组织培养技术可以不经过有性世代过程，直接取营养体细胞或外植体，如茎尖、子叶、胚、芽、下胚轴、子房等，在适当的培养液或培养基中短时间内由愈伤组织诱导产生幼苗从而再生出植株，这就是快速无性繁殖。目前该技术已广泛应用并形成了产业化，例如在花卉生产领域中已获得成功的有：海棠、一品红、百合、蔷薇、孤挺花、君子兰、红掌、玫瑰、南洋金花等。特别是对于一些名贵品种，快速繁殖技术的采用不仅降低了生产成本和价格，而且有些还突破了季节的限制，使人们能够在不同的季节观赏到相同的花卉，丰富了人们的生活。对于许多经济植物如水稻、玉米、小麦、马铃薯、高粱、烟草、咖啡、香蕉、人参等，该技术的应用减少了生产环节、提高了产量，而且为品种的改良奠定了基础。以往快速繁殖技术成功的例子多来源于草本植物，木本植物由于组织结构的致密性和一些特殊物质如单宁等的存在造成组织培养难以进行。白杨是最早通过组织培养获得再生的木本植物，近期在一些经济果树上也已取得成功，但木本植物的快速繁殖技术仍是一个难题。

植物的无性快速繁殖还广泛地应用在生产脱毒植株方面，其经济价值已众所周知。

3. 花粉、花药、胚的培养。

单倍体育种技术易于产生纯系品种，便于优良性状的表达，利于筛选，从而大大缩短育种时间，该技术在大麦、黑麦、燕麦、水稻、番茄等作物的改良上起到了重要的作用。我国利用辣椒游离小孢子细胞团培养方法，创造了新型的辣椒聚合杂交技术，初步解决了辣椒育种中早熟与大果、早熟与早衰、抗病与优质的矛盾，该技术突破了国际性难题，已引起国际种苗公司的关注。

植物胚培养在克服杂种胚败育、解决种子长时间休眠、提高后代抗性、改良品质、测定种子活力，以及进行胚胎发育相关基因研究等方面都具有重要的意义。

同时，花药、花粉、胚、原生质体的培养也是进行转基因等遗传操作的重要基础。

4. 原生质体的融合。

细胞融合能够在细胞水平实现遗传物质的转移和重组，打破种属的界限。这方面典型的技术是原生质体融合技术创造体细胞杂种以实现作物改良。原生质体融合对于克服受精前的不亲和性比克服受精后的不亲和性更为有用。利用这一方法可以获得一些特殊的核质基因组合，例如油菜与萝卜的胞质杂种，其中含有油菜的细胞核及油菜的抗除草剂莠去津（strazine）的叶绿体，同时又含有萝卜的控制雄性不育的线粒体。在水稻、玉米、某些豆科牧草、多数十字花科植物、若干菊科植物，以及差不多所有茄科和伞形花科作物中，由于从原生质体到再生植株研究的进展，原生质体融合用于作物改良的潜力在不断增加。

我国科学家通过原生质体融合技术将野生茄子中的抗黄萎病基因转到普通茄子中，获得抗黄萎病和抗青枯病的育种材料。用 PEG 融合法将甘薯原生质体与其近缘野生种的叶柄（或叶片）原生质体进行融合，从种间体细胞杂交植株中筛选出具有良好结薯性的种间体细胞杂种。

5. 细胞遗传操作。

外源基因向植物转移并能获得性状表达，其中常用和关键的技术是植物细胞培养和组织培养——植物再生体系的建立。这样，一方面突破传统杂交中种属的界限；另一方面，使基因转移工作在组织或细胞水平上进行而利于操作，并且能快速繁殖以利于性状表达和筛选。目前，运用该技术创造的转基因植物很多。例如，上面提到的转移 *barnase* 基因的雄性不育烟草和油菜已广泛用作不育系杂交配种；转 *BT* 基因的抗虫棉已在世界很多国家大面积种植，估计年产值可达 15 亿美元；此外，对经济作物（如花卉、药材、果树等农作物）的品种改良也是研究和开发的热门领域。

15.5.1.5　植物分子育种技术的应用

21 世纪农业分子育种的重要内容是研究主要农作物，特别是水稻、玉米、小麦、棉花、大豆和马铃薯等作物的基因转化技术，获得高产、优质、抗病虫害和抗逆——抗旱、抗盐碱、耐寒等农作物新品种，加强农作物分子标记辅助育种技术研究，建立主要农作物分子标记作图及分子筛选的实验体系，为高产育种提供理论和实践依据并加以应用。

用植物基因工程的方法提高作物环境适应性的工作已取得了不少成绩。例如，将大豆中分离出来的热休克蛋白基因转入烟草中，当把这种烟草放在 42 ℃条件下时，大豆的热休克蛋白基因就在烟草中表达，并起保护的作用。用类似的方法，我们还可以将自然界中其他多种适应性基因转入到优质丰产的农作物品种中，从而扩大优良品种的可种植面积，提高农业生产的产出量。

目前对水稻谷蛋白、菜豆储存蛋白、小麦储存蛋白、巴西豆种子蛋白和玉米醇溶蛋白基因的研究较为深入。利用这些基因进行转化会使受体植株的蛋白质含量得到提高。特别是巴西豆种子蛋白富含必需氨基酸——甲硫氨基酸，而大多数麦类种子蛋白则缺乏此种氨基酸。美国科学家已成功地将玉米醇溶蛋白基因导入向日葵的细胞内，在转化植株内得到部分表达。日本科学家以重组 DNA 技术提高了镇痛药莨菪胺生物合成的效率。研究发现，莨菪胺的合成速率取决于 H6H 酶。因此，首先克隆了茄科植物的天仙子 H6H 酶的 cDNA；接着构建了重组质粒，并导入茄科的颠茄。通常，颠茄天仙子胺转化为莨菪胺的量很少，但导入 H6HeDNA 后几乎 100% 转变为莨菪胺，使产量从 0.3% 提高到 1% 左右，并且该特性是可遗传的。

对重要农作物基因组的研究，从特有的农作物遗传资源中分离克隆出一批有重大经济价值和应用前景的新基因，可以推动品质育种工作走上新台阶。以水稻基因图谱研究为主的植物基因组遗传图谱和全序列测定已取得重大进展。21 世纪的重点是利用已完成的水稻等植物基因图谱，分离和克隆与农作物产量、品质、抗性等性状相关基因，搞清楚这些基因的结构与功能无疑将会对农作物育种以及整个农业生产带来革命性的变化。分离出有重要功能的新基因会创造巨大的经济效益和社会效益。例如，水稻抗白叶枯病基因 Xa21 的成功克隆已在全世界产生了巨大的反响，许多生物技术公司纷纷出资予以开发应用。这些基因开发对于培育水稻新品种、改良水稻抗性具有巨大的促进作用，从而带来巨大的社会效益和经济效益。对于大豆、小麦和棉花的杂种优势利用的重点是，阐明其分子机制及与淀粉、脂肪、储藏蛋白代谢途径和种子发育及成熟相关的关键基因的克隆；利用转基因技术培育出杂交小麦，杂交棉花和杂交大豆，实现上述三种主要农作物的三系配套，并在生产中加以利用。

15.5.1.6　生物农药及生物控制

生物农药是指应用生物体及其代谢产物制成的用于防治危害农作物及农业产品的害虫、螨类、病菌、杂草等有害生物的制剂，它还包括保护生物活体的保护剂，以及提高这些制剂效力的辅助剂、增效剂。随着科学的发展，模拟某些杀虫毒素和抗生素的人工合成制剂也都属于生物农药的范畴。

由于生物农药的技术特征和发展方向与人类未来的生产生活方式、食品安全、营养健康、生态平衡、生物多样性保护都具有良好的相容性，加之以现代发酵工程为基础的工业化生产技术体系日益完善，因此生物农药的研究开发逐渐引起了国内外的广泛关注。以美国为例，为了积极鼓励、支持生物农药的开发和商品化生产，美国环保局（EPA）采取和调整了相应的管理策略，给生物农药的注册简化手续、大开绿灯，在商品登记时间、费用方面仅为化学农药品种的1/3 和1/30。到2000 年，美国已有70 多种微生物农药完成了注册登记，微生物杀虫剂已占美国农药市场的4%。从 1995 年到 2000 年，全世界生物农药每年大约以10% 的速度递增，年销售额约 10 亿美元，约占全球农业市场份额的 2%。

20 世纪 90 年代以来，中国生物农药产业化研究开发的热点主要集中在苏云金杆菌杀虫剂、农用抗生素、昆虫病原真菌制剂、昆虫杆状病毒杀虫剂、拮抗细菌生防制剂及植物农药方面。在市场需求和经济杠杆的作用下，一批新菌种、新工艺、新技术成果从实验室进入企业，许多生物农药产品逐步实现了工业化生产，走向国内外市场。

生物农药与化学农药相比，存在着一些固有的缺点：

①产品的有效活性成分一般比较复杂，质量不易控制和检测；

②使用效果容易受到环境因素（温度、湿度、光照、降雨）的影响；

③适宜应用的范围相对有限（杀虫谱、杀菌谱窄、对高龄害虫的效果差）；

④防治效果比较缓慢，不易被农民接受；

⑤产品的稳定性较低，货架期较短；

⑥制造费用高，工业化难度大。

生物农药目前虽然只占整个农药市场的很小部分，但它在生物防治中起到了重要作用。利用生物农药或者综合利用生物农药和化学农药，可以充分发挥生物农药对环境友好的特点，减少化学农药对环境造成的伤害。安全、有效地控制农作物病虫害永远是种植业生产发展需要解决的问题，而生物农药的发展则对未来农业的可持续发展和农副产品的安全提供了可靠的保障。

15.5.2　生物技术与养殖业

农业动物为人类提供肉、蛋、奶以及毛皮、绢丝等产品，满足人类对动物蛋白的营养需要或其他生活需要。生产农业动物的养殖业包括畜牧、水产和其他有关副业，涉及的动物门类有贝类、昆虫、鱼类、两栖类、爬行类和哺乳类。养殖业的发展和种植业一样需要大量的优良品种，需要不断地改良农业动物的生产性状，才能达到高产、优质、高效的目标。同作物育种一样，传统的动物育种技术主要是对与生产性状有关的表型性状的选择，通过直接选留或淘汰某些直观的表型性状来提高动物的生产性能，如产奶量、产蛋量、瘦肉率、生长速度，等等。由于动物不同于植物的生活方式和繁殖方式，农业动物尤其是大型家畜育种比作物育种存在更多的局限性，往往需要大量的种群和漫长的过程才能使选育的性状稳定下来。虽然传统的育种工作已经取得了很大的成就，养殖业的品种和产量有了很大的增长，但是随着人口的急剧增长和环境的日渐恶化，养殖业面临着越来越大的压力。

现代生物技术的迅速发展将为养殖业的革命提供有效的技术手段。基因工程、细胞工程和胚胎工程技术的日臻成熟，给农业动物生产注入了前所未有的活力，短时间内大量繁殖优良动物品种或创造具有新性状的良种已不再是遥远的梦。

15.5.2.1　动物转基因技术

优良品种在畜牧生产中占有极其重要的地位，这也是人们不断进行品种改良的主要原因。动物品种改良的基础包括遗传理论、育种技术及种质资源。因此，在种质资源存在的条件下，育种技术决定了品种改良的进度，但育种技术的进步又依赖于遗传理论的发展。遗传学的建立经历了经典遗传学、群体遗传学、数量遗传学，发展到现在的分子遗传学。育种技术也经历了从表型选种、表型值选种、基因型值或育种值选种，发展到以 DNA 分子为基础的标记辅助选种、转基因技术和基因诊断试剂盒选种等分子育种技术。

与动物育种有关的现代生物技术包括动物转基因技术、胚胎工程技术、动物克隆技术及其他以 DNA 重组技术为基础的各种技术等。按照常规育种方法，要改变家养动物的遗传特性，如增重速度、瘦肉率、饲料利用率、产奶量等，人们往往需要进行多代杂交，选优交配，最后培育出人们期望的高产、优质的品种。目前大多数生产上所用的品种都是用这种交配与选择相结合的传统动物育种的方法选育出来的。然而，这种育种方法所需时间长，品种育成后引入新的遗传性状困难较大。因为，带有新性状的品种可能同时也携带有害基因，杂交后有可能会降低原有性状。因此，又需要重新进行多代杂交和严格选择。多年来，杂交选择一直是改良动物遗传性状的主要途径。但是，随着现代生物技术的发展，传统的杂交选择法的各种缺陷日益明显，而现代分子育种技术却显示出越来越强大的生命力，逐渐成为动物育种的趋势和主流。通过各种现代生物技术的综合运用，结合传统的育种方法，可以大大加快育种进展。例如利用 DNA 导入细胞的技术，通过胚胎工程，科学家们可以把单个有功能的基因或基因簇插入到高等生物的基因组中去，并使其表达，再通过有关分子生物学技术、DNA 试剂盒诊断和检测，加以选择。

1. 动物转基因技术及基因转移方法。

动物转基因技术是在基因工程、细胞工程和胚胎工程的基础上发展起来的。将外源基因导入动物的基因组并获得表达，由此产生的动物称为转基因动物（transgenic animal）。转基因技术利用基因重组，打破动物的种间隔离，实现动物种间遗传物质的交换，为动物性状的改良或新性状的获得提供了新方法。作为基因工程技术之一，动物转基因同样需要目的基因、合适的载体和受体细胞。由于动物细胞有别于植物细胞，绝大多数不具备发育的全能性，一般情况下不能发育成为完整的个体，只有受精卵才可能发育成个体，所以要得到转基因动物还需要细胞工程和胚胎工程技术的配合。

动物转基因的步骤包括：外源基因的获得与鉴定、外源基因导入受精卵、转基因受精卵移植到母体子宫、胚胎发育、检测新基因的遗传性状表达能力。

导入外源基因的方法主要有：

①显微注射法。这是使用最早、最常用的方法。这种方法用显微注射器直接把外源 DNA 注射到受精卵细胞的细胞核或细胞质中。如果能够成功地把 DNA 注射到细胞核中，可以得到较高的整合率。注射到细胞质的 DNA 因为与受体基因组结合的机会较少，整合率较低。哺乳动物常用注射细胞核的方法，鱼类和两栖类的卵是多黄卵，难以在显微镜下辨认细胞核，通常只能把 DNA 注射到细胞质。显微注射法的优点是直观，基因转移率高，外源 DNA 长度不受限制，实验周期相对较短，常常成为导入外源基因的首选技术。不足之处是

操作难度大，仪器要求高，导入的外源基因拷贝数无法控制。

②病毒载体法。许多动物病毒在感染宿主细胞后会重组到宿主的基因组中。更重要的是动物病毒基因组的启动子能被宿主细胞识别，可以引发导入基因的表达。由于这些特征，一些病毒被选择作为目的基因的载体感染动物细胞，以期得到转化细胞。在转基因操作中，病毒载体可以直接感染着床前或着床后的胚胎，也可以先整合到宿主细胞内，再通过宿主细胞与胚胎共育感染胚胎。最常用的病毒载体是逆转录病毒。病毒载体的优点是单拷贝整合，整合率高，插入位点易分析等；缺点是安全性和公众的接受程度还有待评价。

③脂质体介导法。用脂质体作为人工膜包裹 DNA，以此作为载体将外源 DNA 导入细胞。

④精子介导法。成熟的精子与外源 DNA 共育，精子有能力携带外源 DNA 进入卵里，并使外源 DNA 整合到染色体。这种能力使人们看到提高动物转基因效率的希望。精子作为转移载体的机制还在探索之中，但至少为大型动物转基因的研究又提供了一个新途径。

⑤胚胎干细胞法。胚胎干细胞（embryonic stem cell，ES 细胞）是从早期胚胎的内细胞团经体外培养建立起来的多潜能细胞系，被公认为转基因动物、细胞核移植、基因治疗的新材料，具有广泛的应用前景。用于动物转基因时，作为基因载体，导入早期受体细胞，整合到胚胎中参与发育，形成转基因的嵌合体动物。基本原理如图 15 - 21 所示。

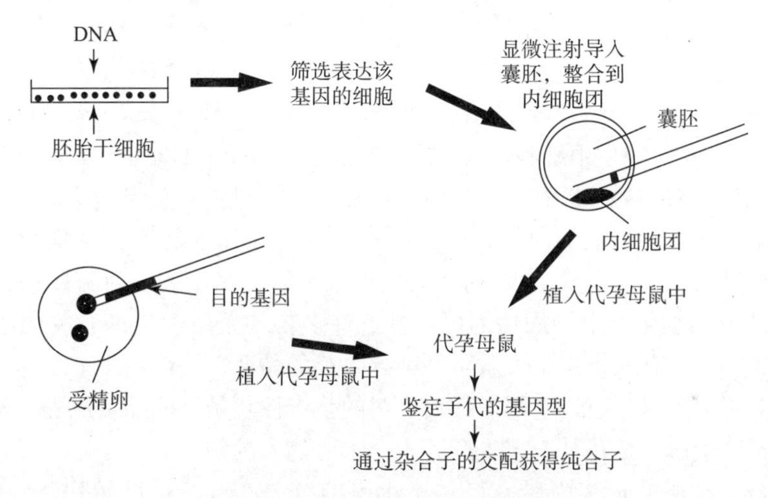

图 15 - 21　转基因鼠制备原理图

2. 转基因技术在动物生产上的应用。

最早问世的转基因动物是转基因小鼠。转基因小鼠证明了生物技术可以改变动物的天然属性，从而显示了动物转基因技术的广阔前景。转基因技术应用于农业动物的主要目标是提高生产性能及抗病性等。除此之外，近年来用转基因动物作为生物反应器的研究越来越受到人们的重视，已逐步走向商品化生产。目前已有转基因鱼、鸡、牛、马、羊等多种动物成功的报道。

转基因鱼：20 世纪 80 年代中期，国内外开始转基因鱼的研究。鱼类因其产卵量大，体外受精等特点，大大简化了转基因操作的步骤。我国学者朱作言首次用人的生长激素基因构建了转基因金鱼，目前已有鲫鱼、鲤鱼、泥鳅、鳟鱼、大马哈鱼、鲶鱼、罗非鱼、鲂等各种淡水鱼和海水鱼被用于转基因研究。转基因鱼的研究主要集中在提高生长速度和抗逆性，以及发育生物学和插入突变的研究。已有多种哺乳类和鸟类的基因被成功地整合到鱼类的基因组中。生长激素能提高动物的生长速度，已经有转生长激素基因鲤鱼明显提高了生长速度，显示出转基因鱼在渔业生产和水产养殖业的潜在经济价值。在提高抗性方面，抗冻蛋白基因被用来提高鱼类的抗寒能力。生长在北美的美洲拟鲽的抗冻蛋白基因导入虹鳟、鲑鱼的细胞系，被测到了该基因的表达；美洲拟鲽的抗冻蛋白基因转到鲑鱼卵中，也检测到有所表达。转抗冻蛋白基因技术有可能成为南鱼北养，扩大优质鱼种养殖范围的有效途径。转基因鱼研究还引进了反义 RNA 技术，有可能开辟鱼类抗病新途径。我国的转基因鱼研究已达到国际先进水平，有不少研究小组使用鱼类基因构建了转基因鱼。使用鱼类自身基因元件构建转基因鱼，可以解决基因表达强度问题和推广转基因鱼的环境问题、伦理道德问题，已经引起广泛的重视。

转基因家禽：生产转基因动物的常规操作用于家禽是很困难的。这是因为鸟类的繁殖系统有别于其他动物。家禽卵的受精是在排卵时发生的，受精卵从输卵管排出需要 20 多个小时，其时已经开始卵裂，产出时的卵已有 6 000 多个细胞。转基因家禽目前只有转基因鸡获得成功的报道。生产转基因鸡的方法可分为蛋产出前的操作和产出后的操作两种类型。蛋产出前的操作方法是在受精后第一次卵裂前取出单细胞的卵，在体外进行转基因操作，然后用代用蛋壳作为培养器皿在体外培养至孵化。英国学者 Perry 和 Sang 等用这种方法，体外显微注射外源 DNA，获得转基因鸡。由于家禽人工授精技术已经相当成熟，精子携带基因具有很好的可行性，不少实验室正在探讨以鸟类精子作为转基因载体的途径，有待解决的问题是提高精子携带外源 DNA 的能力。蛋产出后的操作方法可有多种，被认为较有前景的是胚胎干细胞法和原生殖细胞法。原生殖细胞是鸟类配子的前体，实验证明原生殖细胞可以被从一个胚胎转到另一个胚胎发育。这意味着原生殖细胞转染也可以作为生产转基因家禽的候选方法。

转基因技术在家禽生产上的应用，同样以提高抗病性和改良生产性状为主要目标。例如，用鼠的抗流感病毒基因 *Mx*1 导入鸡胚的成纤维细胞，细胞表现对流感病毒的抗性，提示 *Mx*1 基因导入胚胎细胞产生抗病性的可行性。许多与鸡繁殖和生产有关的激素和生长因子基因已经被克隆，已有人将牛生长激素基因导入鸡的品系，获得高水平表达牛生长激素的鸡，体重大于对照组。因此通过基因操作改变鸡的生产性状是可能的。此外，用鸡蛋生产外源蛋白，例如抗体蛋白，是转基因鸡生产的一个十分诱人的领域。

转基因家畜：家畜的转基因研究得益于小鼠的有关实验，进展较快。转基因猪、牛、马、羊、兔等家畜纷纷出现，并逐步走出实验室进入实用阶段。哺乳动物体外受精和胚胎移植技术为转基因家畜的成功提供了有效的技术手段。转基因家畜除了与其他转基因农业动物一样瞄准抗病性和生产性能以外，还因其与人的生物学相似性，在器官移植、药物生产和特殊疾病模型等方面显示出特殊的价值。

转生长激素基因以提高生长速度的研究已有不少报道。转生长激素基因的猪，饲料转化率、增重率提高，脂肪减少。转 *Mx*1 基因的猪抗流感病毒的能力增强。通过转基因方法解决器官移植中的超敏排斥反应的设想在转基因猪的研究中得到令人鼓舞的结果。这个实验将人的补体（一类参与免疫排斥的蛋白质）抑制因子 *hDAF* 基因导入猪的胚胎，得到在肉皮细胞、血管平滑肌、鳞状上皮等不同组织的不同程度的表达，说明在供体组织中表达受体的补体抑制系统，克服补体介导的排斥反应是可行的。这个研究为异种器官移植展示了美好前景。转基因的家畜作为生物反应器生产新一代的药物已有许多例子，特别是乳腺作为生物反应器，产物已经进入市场。

3. 分子标记技术与动物育种。

进入 20 世纪 80 年代中后期以来，随着分子生物学、分子遗传学的迅速发展，以 DNA 分子标记为核心的各种分子生物学技术不断出现，目前常用的分子标记有十多种。如限制性片段长度多态性（Restriction Fragment Length Polymorphism，RFLP）、DNA 指纹（DNA finger print，DFR）、随机扩增多态性 DNA（Random Amplified Polymorphic DNA，RAPD）、随机扩增微卫星多态性（Random Amplified Microsatellite Polymorphism，RAMP）、特异性扩增多态性（Specific Amplified Polymorphism，SAP）、微卫星 DNA 标记、小卫星 DNA 标记、扩增片段长度多态性（Amplified Fragment Length Polymorphism，AFLP）、单链构型多态性（Single Strand Conformation Polymorphism，SSCP）、线粒体 DNA 的限制性片段长度多态性 mtDNA RFLP）、差异显示（differential display）法等。这些方法的应用，将大大促进动物分子育种工作的开展。这些方法可用于：

（1）构建分子遗传图谱和基因定位。目前用 DNA 分子标记已经构建了一些动物的分子遗传图谱，这些图谱将对动物的进一步开发利用提供重要的基础资料。

（2）主要经济性状相关的基因和一些有害基因的监测、分离和克隆。

（3）亲缘关系的分析。DNA 分子标记所检测的动物基因组 DNA 差异稳定、真实、客观，可用于品种资源的调查、鉴定与保存，还可用于研究动物起源与进化，杂交亲本的选择和杂种优势的预测等。

（4）DNA 标记辅助选种。利用 DNA 标记辅助选种是一个很诱人的领域，将给传统的育种研究带来革命性的变化，成为分子育种的一个重要方面。目前许多研究都集中在各种 DNA 分子标记与主要经济性状之间的关系，从而寻找与经济性状相关的 DNA 标记作为选种指标，加快育种进展。

（5）性别诊断与控制。一些 DNA 标记与性别有密切关系，有些 DNA 标记只在一个性别中存在。利用这一特点可以制备性别探针，进行性别诊断。

（6）突变分析。由于大部分 DNA 分子标记符合孟德尔遗传规律，有关后代的 DNA 带谱可以追溯到双亲。后代中出现而双亲中没出现的带肯定来自于突变，进而可以推算动物在特定条件下的突变率。

15.5.2.2　动物繁殖新技术

1. 人工授精及精液的冷冻保存。

人工授精就是利用合适的器械采集公畜的精液，经过品质检查、稀释或保存等适当的处理，再用器械把精液适时地输入到发情母畜的生殖道内，以代替公母畜直接交配而使其受孕的方法。它已成为现代畜牧业的重要技术之一，得到世界各国的普遍重视和广泛应用，近年来已逐步扩展到特种经济动物、鱼类乃至昆虫等养殖业中，充分地显示了其发展潜力和多方面的优越性。

①人工授精能最大限度地发挥公畜的种用价值，提高了公畜的配种效能。特别是冷冻精液技术的应用，更使优秀公畜的利用年限不再受到寿命的限制，一头公牛的冷冻精液每年可配母牛达万头以上，从而扩大了优良基因在时间和地域上的利用率。

②由于人工授精能有效地提高优良公畜的利用率，因此就有可能对种公畜进行严格的选择，保留最优秀的个体用于配种，从而加速了育种工作的步伐，成为增殖良种家畜和改良畜

种的有力手段。

③由于人工授精减少了公畜的饲养头数，从而节约了饲养管理费用，降低了生产成本。

④人工授精使用检查合格的精液，以保证质量，也便于掌握适时配种，并可提供完整的配种记录，及时发现和治疗不孕母畜，因此有助于解决母畜不孕问题和提高受胎率。

⑤人工授精避免公、母畜直接接触，同时按操作规程处理精液和输精，因此可防止各种疾病，特别是生殖系统传染性疾病的传播。

⑥可以克服公母畜因体格相差太大不易交配或生殖道某些异常不易受胎的困难。在杂交改良工作中，也可解决因公母畜所属品种不同而造成不愿交配的问题。

⑦经保存的精液便于运输、交流和检疫，可使母畜的配种不受地区的限制。为选育工作提供了选用优秀公畜配种的方便，为公畜不足地区解决了母畜配种的困难。

⑧人工授精也是胚胎移植和同期发情技术中一项配套技术措施，可以按计划进行集中或定时输精。同时为开展远缘种间杂交实验研究工作提供了有效的技术手段。

2. 胚胎移植。

胚胎移植也称受精卵移植，它是将一头良种母畜配种后的早期胚胎取出，移植到另一头同种的生理状态相同的母畜体内，使之继续发育成为新个体，所以也有人通俗地叫人工授胎或借腹怀胎。胚胎移植实际上是由产生胚胎的供体和养育胚胎的受体分工合作共同繁殖后代。原理如图 15 - 22 所示。

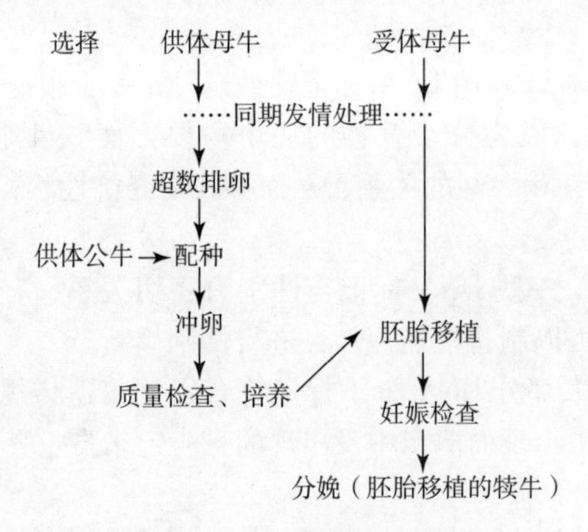

图 15 - 22　胚胎移植示意图

胚胎移植在提高家畜遗传素质、保种与国际贸易、提高生产率和防疫等方面具有重要意义。同时运用胚胎移植可开展受精作用、胚胎学、遗传学等基础科学的研究。

3. 胚胎的冷冻保存。

在冷冻精子技术的基础上发展起来的胚胎冷冻技术进一步解决了胚胎移植中的一些重大难题。胚胎冷冻保存至少有以下的用途及潜在优越性：

①可解决胚胎移植需要同期发情受体的数量问题；

②可在世界范围内运输种质，同时用运输胚胎代替运输活畜还可以降低成本；

③可建立种质库，也有利于转基因动物的种质保存，减少饲养和维持动物所需的巨额费用，避免世代延续可能产生的变异和意外事故产生的破坏；

④可保存即将灭绝的畜种。

总之，冷冻胚胎的推广，使世界范围内的良种推广大大简化。现在已有鼠、兔、牛、羊等十多种动物胚胎冷冻成功，其中有的种类的冷冻技术已经程序化，并出现了商品化的试剂盒。

胚胎冷冻保存技术包括胚胎的冷冻和解冻。抗冻剂种类和浓度、加入抗冻剂的速度、解冻的速度、稀释的速度和温度都关系到冷冻胚胎的成败。抗冻剂的毒性、胚胎渗透压的变化及冰晶形成是保存胚胎必须考虑的因素。

同时，体外胚胎生产、胚胎分割、性别控制技术和发情、排卵及分娩控制等技术也在动物繁殖方面发挥了重要作用。

15.5.2.3　生物技术在动物饲料工业上的应用

生物技术在饲料中的研究与应用，对于推动和维持我国在21世纪的畜牧业高效、持续、稳定地发展，具有极为重要的现实意义和深远的战略意义。国外已在这方面进行了大量研究，取得了明显的进展，主要有以下几个方面。

1. 发酵工程技术研究与应用。

大多数饲用酶制剂、添补氨基酸、饲用维生素、抗生素和益生菌是由微生物发酵工程技术生产的。

由特异微生物发酵生产的饲用外源酶制剂包括β－葡聚糖酶、戊聚糖酶和植酸酶等。前两种酶制剂添加于以大麦、小麦、黑麦、燕麦和淀粉为主的家禽饲料中，能分解饲料中的抗营养因子葡聚糖和戊聚糖，提高养分的消化利用，因而提高了饲料效率。在鸡、猪饲料中添加植酸酶，能明显提高以植物性原料为主的饲料中植酸磷的消化利用，降低无机磷的添加量，故能有效地减少磷排出对环境的污染，而且还能提高氨基酸和其他矿物元素的消化利用。目前，国外学者正利用转基因技术和特殊包被技术研制耐高温和耐胃内酸性环境的高活性植酸酶，并已取得一定成效。如一些公司采用转基因技术生产的植酸酶因质量提高、售价降低而越来越多地应用于鸡、猪饲料中。

由特异微生物发酵生产的饲用添补氨基酸主要有赖氨酸、蛋氨酸、色氨酸和苏氨酸等。在畜禽饲料中使用外源氨基酸，可降低饲料粗蛋白水平，减少非必需氨基酸的过量，改善饲料氨基酸的平衡性，使人们研究与应用畜禽饲料的“理想氨基酸平衡模型”成为可能，因而可进一步提高动物的生产性能，同时减少氮排出对环境的污染。

在畜禽饲料中添加抗生素，可通过抑菌抗病、促进养分吸收等途径促进畜禽的生长，改善饲料转化效率，给养殖业带来显著的经济效益。但使用抗生素易产生抗药性和组织残留，最终危及人类的健康。

益生菌是一类可在动物和人体应用的单一的活的微生物的培养物或多种混合的活的微生物的培养物，这些活的微生物包括真菌、酵母菌和细菌，正常情况下来源于动物肠道，可通过在胃肠道中的黏膜细胞上抢先附着，并大量繁殖，建立优势菌群，从而抑制有害微生物的生长，促进动物的健康和生长。目前，研究人员发现这类物质具有与抗生素相似的功能而无抗生素的抗药性和组织残留问题。在许多方面，益生菌可视为抗生素的天然替代物，所以，饲用益生菌有很好的应用前景，但尚有大量的研究与开发工作要做。

2. 天然植物提取物的研究开发。

开发天然药物以代替现有抗生素和化学合成药物饲料添加剂，是目前的研究热点。国外所采用的方法是以有效成分作为研究天然药物的出发点，通过现代高新科技手段进行有效成分的提取、分离或合成，制成产品。如以常山酮为主要成分的抗球虫药“速丹”，荷兰Alltech公司从丝兰属植物中提取出消除粪臭素的活性成分“CU”等。这些产品凭借先进的技术、雄厚的资金、确切的成分及疗效，以及完善的市场运行机制，迅速占领了世界各国饲料添加剂市场。

3. 营养重分配剂研究与应用。

营养重分配剂可以调控动物体内的营养代谢途径，把用于生产脂肪的养分转向肌肉生产。例如β－肾上腺素能兴奋剂在改善动物生产性能、提高胴体肌肉含量和降低胴体脂肪含量上有明显效果，且不影响肉质，但其安全性尚需进一步评估。

15.5.2.4 畜禽基因工程疫苗

常规疫苗制备工艺简单，价格低廉，且对大多数畜禽传染病的防治是安全有效的，但也有一些病毒需要基因工程技术开发新型疫苗，它们包括：

①有些不能或难以用常规方法培养的病毒，如新城疫弱毒株在鸡胚成纤维细胞中生长不良；

②常规疫苗效果差或反应大，如传染性喉气管炎疫苗；

③有潜在致癌性或免疫病理作用的病毒，如白血病病毒、法氏囊病病毒、马立克氏病病毒；

④能够降低成本，简化免疫程序的多价疫苗，如传染性支气管炎血清型多而且各型之间交叉保护性差，也可以将几个病毒抗原在同一载体上表达而生产出一次接种预防多种疾病的多价疫苗，实现这一计划只有通过基因工程技术才有可能做到。基因工程可以生产无致病性的、稳定的细菌疫苗或病毒疫苗，同时还能生产与自然型病原相区分的疫苗，它提供了一个研制疫苗的更加合理的途径，将大大有助于畜禽传染病的诊断和预防。

目前的基因工程疫苗主要包括以下几种：

（1）基因工程亚单位疫苗：将编码蛋白的基因重组后导入受体细胞，使其在受体中高效表达，提取所表达的特定多肽，加免疫佐剂即制成亚单位疫苗。

（2）基因工程活载体疫苗：这类疫苗是将外源目的基因用重组DNA技术克隆到活的载体病毒中制备疫苗，可直接用这种疫苗经多种途径免疫家禽。

（3）合成肽疫苗：是根据病毒基因的核苷酸序列进行推导，人工合成制备主要抗原相应的多肽，生产合成疫苗。

（4）基因缺失疫苗：通过基因工程手段在DNA或cDNA水平上造成毒力相关基因缺失，从而达到减弱病原体毒力，又不丧失其免疫原性的目的。基因缺失疫苗的复制能力并不明显降低，因此其所导致的免疫应答不低于常规的弱毒活疫苗。

（5）基因疫苗：是指将含有编码某种抗原蛋白基因序列的质粒载体作为疫苗，直接导入家禽或家畜体内，从而通过宿主细胞的转录系统合成抗原蛋白，诱导宿主产生对该抗原蛋白的免疫应答，达到免疫目的。该疫苗又称为核酸疫苗或DNA疫苗，这种免疫成为基因免疫、核酸免疫或DNA介导的免疫。

在实际的畜禽生产中，常规方法制备的疫苗仍然在预防畜禽传染病上占有主要地位，而且在将来很长一段时间仍会占有主导地位。但在生产疫苗的最佳途径和方法以及改进和提高现有疫苗的质量的探索中，常规疫苗中的联苗与多价苗及应用现代生物技术研制新型基因工程疫苗是今后畜禽疫苗发展的重要方向。

15.5.2.5　动物生物反应器

自从DNA重组技术问世以来，人类建立了许多表达系统来生产昂贵的药用蛋白质。尽管利用DNA重组技术在微生物中表达外源蛋白质的技术已经成熟，但是该系统不能对真核蛋白质进行加工，而这个加工对于某些蛋白质的生物活性却极为重要。另一方面，大肠杆菌、酵母和哺乳动物细胞基因工程表达系统成本高，分离纯化复杂。利用转基因动物生产的药用蛋白质具有生物活性，且纯化简单，投资少，成本低，对环境没有污染。转基因动物就像天然原料加工厂，只要投入饲料，就可以得到人类所需要的药用蛋白。畜牧业由此开辟出一个全新天地。

1. 乳腺生物反应器。

哺乳动物乳汁中蛋白质含量为30～35g/L，一头奶牛每天可以产奶蛋白1 000g，一只奶山羊可产奶蛋白200g。由于转基因牛或羊吃的是草，挤出的是珍贵的药用蛋白质，生产成本低，可以获得巨大的经济效益。

许多药用蛋白质已经通过乳腺生物反应器生产出来。首例是荷兰人研制的转人乳铁蛋白基因的牛。乳铁蛋白能促进婴儿对铁的吸收，提高婴儿的免疫力，抵抗消化道感染。接着又培育出促红细胞生成素的转基因牛，红细胞生成素能促进红细胞生成，对肿瘤化疗等红细胞减少症有积极疗效，是目前商业价值最大的细胞因子之一。

乳腺生物反应器成功的关键是转基因动物乳腺能特异性表达外源蛋白质基因。组织特异性表达载体是否有效，包括外源基因在乳腺特异性表达，表达的蛋白质具有生物活性。乳腺生物反应器研制周期受到动物生长繁殖周期的限制，哺乳动物孕后泌乳，因此，必须先经过性成熟、发情、受孕几个阶段，然后才能检测乳汁的药用蛋白质，需要较长的时间。进一步进行乳腺特异性表达的调控研究，建立表达载体构建的有效性及合理性的快速检测系统，将有助于加快乳腺生物反应器走向商品化。

2. 其他生物反应器。

除了乳汁之外，转基因动物的其他蛋白产品同样也可以生产药用蛋白质。转基因动物的血液生产人的血红蛋白可以解决人的血液来源问题。同时避免了血液途径的疾病感染。利用鸡蛋生产重组蛋白的研究正在开展。鸡蛋的蛋白质组成及其生物合成机制均已十分清楚，为鸡蛋生产重组蛋白提供了方便。蛋中可以积累大量的免疫球蛋白，转基因鸡的蛋用来生产重组的免疫球蛋白，有广泛的用途。

15.5.2.6　核移植技术及其在养殖业中的应用

核移植（Nucleic Translation，NT）是将动物早期胚胎或体细胞的细胞核移植到去核的受精卵或成熟卵母细胞中，构建新的胚胎，使重构胚发育为与供核细胞基因型相同后代的技术，又称动物克隆技术。

动物克隆技术发展迅速，在生产和生活中已产生了广阔的应用前景。克隆技术除了与基因治疗结合，使得全面、彻底、高效地治疗遗传病成为可能，还利用克隆技术产生人体所需的器官等，在医学上有重要应用。此外，克隆技术在动物生产上有着十分重要的作用。

自从显微注射法建立以来，对受精卵细胞的细胞核进行DNA显微注射，一直是获得转基因动物的唯一手段，但转基因整合到动物基因组的效率很低，只有0.5%～3 %经显微注射的受精卵可以产生转基因后代。而对大动物如羊、猪等转基因整合到基因组的水平更低。基因打靶与核移植技术相结合后为生产乳腺生物反应器提供了绝好的途径。该法的优点在于使基因转移效率大为提高，转基因动物后代数迅速扩增，所需动物数大为减少。对于与性别有关的性状（如利用乳腺反应器生产蛋白质必须在雌性个体完成）可以进行人为控制。转基因克隆动物技术优于传统的显微注射法的另一个表现是它能实现显微注射法不能实现的大片断基因转移，更重要的是在胚胎移植前就已选好了阳性细胞作为核供体，这样最终产生的后代100%是阳性的。

1. 快速扩大优良种畜。

在畜牧业上，采用体细胞为核供体进行细胞核移植是扩大优良畜种的有效途径。畜牧业的效率主要来自动物个体的生产性能和群体的繁殖性能，可以选用性能良好的个体进行体细胞核移植。例如，为了获得高产奶牛，可以取高产奶牛的体细胞进行体外培养，然后将体细胞核注入去核卵母细胞中、使其发育到多细胞胚胎，再把它移入到普通奶牛的体内，这样，生产出的奶牛具有高产的优良性状，从而加快育种速度并减少种畜数量，更好地实现优良品质的保存。

2. 挽救濒危动物。

通过动物克隆技术增加濒危动物个体的数目，对于避免该物种的灭绝有重要意义。

本章提要

蛋白质工程就是以蛋白质的结构规律及其与生物功能的关系为基础，利用基因工程技术或化学修饰技术对现有蛋白质加以改造，设计构建并最终生产出性能比自然界存在的蛋白质更加优良、更加符合人类社会需求的新型蛋白质；通过对蛋白质结构和功能关系的认识，按人类的需要通过基因工程途径定向地改造和创造蛋白质的理论及实践。

DNA 重组技术和基因定点突变技术的建立为蛋白质工程的诞生奠定了技术基础；蛋白质结构和动力学的研究为人工改造蛋白质提供了理论基础；二者结合则产生了蛋白质工程。在 DNA 的水平从改变基因入手，通过对蛋白质已知结构和功能的了解，利用重组 DNA 技术和定点诱变等技术直接修饰改变或人工合成基因，有目的地按照设计来改变蛋白质分子中某一个直接修饰改变或人工合成基因，从而定向改变蛋白质的性质，其结果是可以预期的，而不是盲目的。要达到定向改变蛋白质的目的，就要获得新的重组基因，然后将它们克隆到特定的表达载体上，并在特定的宿主细胞中表达，因此蛋白质工程技术就是在基因工程技术的基础上发展起来的，还包括蛋白质分子的结构分析和功能分析技术，蛋白质结构的设计和预测、蛋白质定点突变技术和蛋白质纯化等内容。其中，基因工程为实现蛋白质工程已经提供了基因克隆、表达、突变以及活性测定等关键技术，而蛋白质分子的机构分析、结构设计和预测为蛋白质工程的实施提供了必要的结构模型和结构基础。蛋白质工程的实施实际是一个由理论到实践、由实践到理论的周而复始的研究过程，对蛋白质结构功能关系的规律性认识是一个螺旋式上升的过程。

基因工程，又叫基因改造，是用生物技术对有机体的基因组进行直接的操作。基因工程人为地将外源目的基因插入质粒、病毒或其他载体，构成遗传物质的新组合，并将这种遗传物质导入到宿主或者细胞中，从而使宿主或者细胞获得新的遗传特性，或形成新的基因产物。蛋白质工程是以蛋白质的结构和功能的关系研究为基础，利用基因工程技术对现存的蛋白质加以改造，按照人类自身的需要，组建成新型蛋白质的现代生物技术。蛋白质工程汇集了当代分子生物学等学科的一些前沿领域的最新成就，它把核酸与蛋白质结合、蛋白质空间结构与生物功能结合起来研究。因此蛋白质工程又称为第二代基因工程。基因工程技术广泛应用于许多领域，包括：科研、农业、工业生物技术和制药。

干细胞技术是生物技术领域最具有发展前景和后劲的前沿技术，其已成为世界高新技术的新亮点，势将导致一场医学和生物学革命。干细胞技术最显著的作用就是：能再造一种全新的、正常的甚至更年轻的细胞、组织或器官。由此人们可以用自身或他人的干细胞和干细胞衍生组织、器官替代病变或衰老的组织、器官，并可以广泛涉及用于治疗传统医学方法难以医治的多种顽症，诸如白血病、早老性痴呆、帕金森氏病、糖尿病、中风和脊柱损伤等一系列目前尚不能治愈的疾病。从理论上说，应用干细胞技术能治疗各种疾病，且其较很多传统治疗方法具有无可比拟的优点。

天然酶在使用的过程中往往暴露出一系列缺点，严重影响其使用范围和效果。为此需要对酶进行改造，以改善其理化性质，于是产生一门新兴学科——酶工程。根据研究方法和手段不同，酶工程中对酶的改造可以分为化学酶工程和生物酶工程。化学酶工程又称初级酶工程，是以化学的手段来改造已经分离出来的天然酶分子或创造新的酶分子，研究的主要内容包括酶分子的化学修饰、模拟酶的设计与开发、自然酶制剂的开发等。生物酶工程又称高级酶工程，是以蛋白质工程的方法来改造和创造酶分子，研究内容主要包括酶的基因克隆、定点突变、定向进化以及抗体酶和杂合酶等。

生物技术是指应用生物体或其组成部分，在最适宜条件下，生产有价值产物的技术。生物技术又称为生物工程技术，是指利用生物的特定功能，通过现代工程技术的设计方法和手段来生产人类需要的各种物质，或直接应用于工业、农业、医药卫生等领域改造生物，赋予生物以新的功能和培育出生物新品种等的工艺性综合技术体系。生物技术包括传统生物技术和现代生物技术两部分，现代生物技术是在传统生物技术的基础上发展起来的，但与传统生物技术又有着质的差别。经过最近十多年的努力，农用生物技术的研究已取得一系列引人注目的成果。其中已有一些技术在农业生产上得到应用，并产生了显著的经济效益。

资源链接

［1］蛋白质工程：https://en.wikipedia.org/wiki/Protein_engineering.
［2］基因工程：https://en.wikipedia.org/wiki/Genetic_engineering.
［3］干细胞技术：https://en.wikipedia.org/wiki/Stemcell_Technologies.
［4］生物农业技术：https://en.wikipedia.org/wiki/Agricultural_engineering.

（庆　宏）